室内设计
制图讲座

留美幸 著

清华大学出版社
北　京

本书版权登记号：图字：01-2010-1909

本书为旗标出版股份有限公司授权出版发行的中文简体字版本。

内 容 简 介

平面设计图是设计师与客户沟通的工具，也是后续施工的依据，本书从基本的勘查户型、丈量尺寸、平面隔间图的配置开始，循序渐进地介绍室内装修设计中设计师可能会遇到的各种问题及应对办法，详细地讲解了平面配置图与系统图专业规范的绘制技巧。

本书突出的特点是以实际户型和业主的需求为出发点，将资深设计师的设计理念清楚而正确的呈现于设计图上，真正展现专业与设计能力，是专业设计人员、欲进入装修和室内设计行业的人员、大专院校设计专业学生和爱好者提高实战设计技能的最佳工具书。

图书在版编目（CIP）数据

室内设计制图讲座 / 留美幸著. —北京：清华大学出版社，2011.5（2020.9重印）

ISBN 978-7-302-24948-1

Ⅰ.①室… Ⅱ.①留… Ⅲ.①室内装饰设计－建筑制图 Ⅳ.①TU238

中国版本图书馆CIP数据核字（2011）第035007号

责任编辑：夏非彼 张 楠
装帧设计：图格新知
责任校对：闫秀华
责任印制：杨 艳

出版发行：清华大学出版社　　　　　　　　地　　址：北京清华大学学研大厦A座
　　　　　http://www.tup.com.cn　　　　　邮　　编：100084
　　　社　总　机：010-6277017　　　　　邮　　购：010-62786544
　　　投稿与读者服务：010-62776969, c-service@tup.tsinghua.edu.cn
　　　质　量　反　馈：010-62772015, zhiliang@tup.tsinghua.edu.cn
印 装 者：北京天颖印刷有限公司
经　　销：全国新华书店
开　　本：190mm×260mm　　印　张：14.5　　插　页：6　　字　数：407千字
版　　次：2011年5月第1版　　　　　　　　印　次：2020年9月第17次印刷
定　　价：59.80元

产品编号：036154-02

前　言

　　平面设计图的每个物体、线条、尺寸、比例、形状、绘制方法都有其专业的考虑，但国内室内设计制图却不像建筑制图一样有明确的规范可依循，很多室内设计师是凭经验、习惯来绘制设计图。一些新手或经验不足的设计师就常会出现设计图过于简单、元件符号标识不清等问题，业主常因此质疑设计师的专业能力，甚至让施工单位产生误解而造成施工错误。

　　市面上不乏室内设计的书籍，但通常都是教软件操作和使用或者教怎么绘制各种平面图、怎么摆放物体等，却很少教怎么根据实际户型的特点和业主的要求把平面配置图设计出来，这类图书仅仅是机械的绘制图形，并没有从业主的实际需求、设计的实用性、居住的舒适性、美观等方面考虑，更很少照顾到将来施工单位的需求，所以，这种书并不能改变设计师，只能纸上谈兵，而面对实际户型时却面临不知所措的窘境，有少数国外翻译引进的图书内容不错，但施工方法和国内相差太多，参考价值不高。

　　为了改变这种情况，编写了这本为室内设计人员量身打造的室内设计专业图书，目的是帮助设计师绘制出更美观、更专业而且正确清楚的平面设计图，并提供室内设计施工单位参考。

　　全书首先介绍基本的查看户型、丈量尺寸等设计师必须掌握的内容，接下来循序渐进地从平面隔间图的配置开始，讲解室内装修设计中设计师可能会遇到的各种问题及应对办法，以及平面配置图与系统图的专业规范的绘制技巧，此外，还配有全套室内系统图样本，非常专业规范。有志于从事室内设计工作的朋友、在职设计人员都能从本书中学习到专业的设计方法。

目　　录

CONTENTS

第3章 绘制平面配置图

C O N T E N T S

CONTENTS

第1章

室内设计新手
必备基本概念

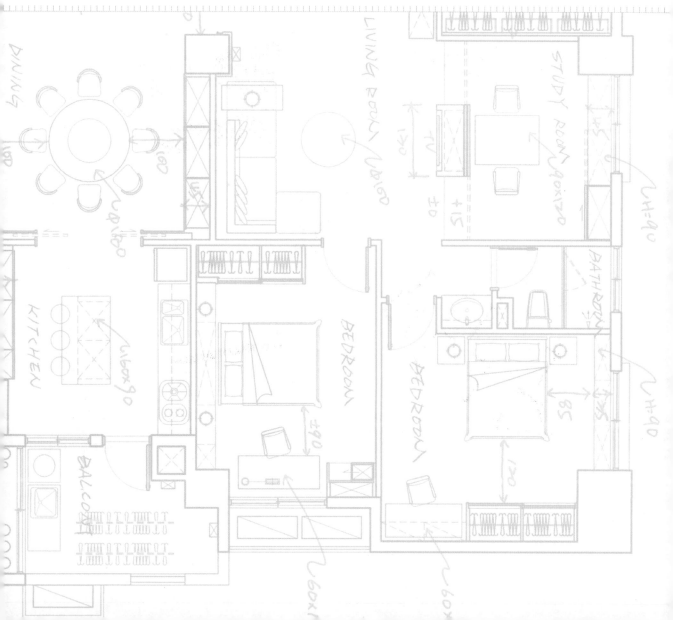

1-1 绘置平面配置图的准备功课

有些人拿到一张平面配置图时，并没有用心思考就开始规划配置；而有些人遇到需变更原有配置时却无法下手规划，所以，事前的准备功课就要从平时做起，至于如何做事前功课，这里提供一些建议供大家参考。

（一）收集平面配置图

平时多看国内外的室内设计相关杂志，一定要用平面配置图来对照完工后的彩色图片，这样才会知道设计者如何处理空间及面材，若有不错的平面配置图可以COPY（复制）下来。在配置平面配置图遇到障碍时，可以作为参考范本。

收集平面配置图

（二）观察现场

室内设计要突破固定思维（暂时舍弃风水问题），如怎么解决客厅视野较差的问题；业主非常需要安静的睡眠环境，而主卧室却位于大马路旁……诸如此类的问题。如何对既有的格局做调整及变更，必须要到现场用心观察，并按照业主的需求做调整。

（三）初次配置

别太快用AutoCAD规划平面配置图，可以试着多COPY几张，或者用描图纸覆盖在现场隔间平面图上手绘，若直接在AutoCAD中绘置，只会花很多时间在小部位或细节上，无法规划出明确的大方向。建议先用草稿方式来规划会比较清楚空间调整的各种可能性。可以先用铅笔粗略绘制空间位置隔间和动线，再用黑色签字笔描绘确定平面配置图，草图不用画得太细致，因为进入AutoCAD绘制时，空间尺寸会再做调整，但整个结构跟草图是一样的。

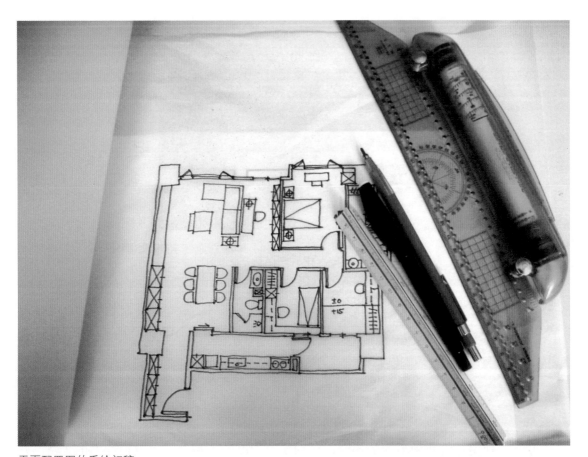

平面配置图的手绘初稿

1-2 现场丈量放样

放样图有很多种，其中现场丈量放样图比较多，所遇到房屋的状况、格局非常多样且多变，下面就对现场丈量流程加以说明。

1 准备丈量工具。

- 卷尺：分为一般卷尺与鲁班尺，室内设计以使用鲁班尺较多。

- 相机。

- 方格纸或白纸。

- 铅笔、圆珠笔（红、蓝、绿色）、橡皮擦、荧光笔（红、绿色）。

其中鲁班尺的标识与使用方法对于初入行的新手可能不熟悉，特别说明如下。

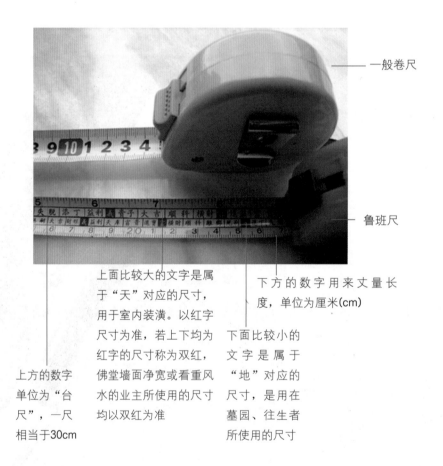

一般卷尺

鲁班尺

上面比较大的文字是属于"天"对应的尺寸，用于室内装潢。以红字尺寸为准，若上下均为红字的尺寸称为双红，佛堂墙面净宽或看重风水的业主所使用的尺寸均以双红为准

下方的数字用来丈量长度，单位为厘米(cm)

下面比较小的文字是属于"地"对应的尺寸，是用在墓园、往生者所使用的尺寸

上方的数字单位为"台尺"，一尺相当于30cm

卷尺的使用分为几种不同的场合，分别是"宽度的丈量"、"室内净高的丈量"与"梁宽的丈量"，测量方法如下：

宽度的丈量

❶ 大姆指按住卷尺头。　　　　　　　❷ 平行拉出，拉至欲量的宽度即可。

室内净高的丈量

❶ 将卷尺头顶到天花板顶。

❷ 大姆指按住卷尺。

❸ 膝盖顶住卷尺往下压。

❹ 卷尺再往地板延伸即可。

梁宽的丈量

❶ 卷尺平行拉伸。

❷ 形成一个"ㄇ"字型。

❸ 往梁底部顶住。

❹ 梁单边的边缘与卷尺整数值齐，再依此推算梁宽的总值。

2 观察建筑物形状及四周环境。

因建筑物造型及所在地的关系，部分外观会出现斜面、弧形、圆形、金属造型、退缩、挑空等，因此有必要对建筑物外观进行了解并拍照。另外建筑物四周的状况，有时也会影响平面图的配置，所以也要做到心中有数。

大楼外观各有不同

3 使用相机拍下门牌号码、记录地址。

4 进入屋内观察格局及形状、间数。

5 使用铅笔勾勒大致的格局。

6 开始丈量。

从大门入口开始丈量，最后闭合点（结束面）也是位于大门入口。现场丈量绘制时是用铅笔且用重（粗）线一边丈量一边慢慢勾画明确的格局。有关柱与管道间的分辨，只要记住"有梁就有柱子，有柱子却无梁时，那就是管道间"即可，如下图所示。

7 记得反应、复述。

若是两个人去丈量，一定是一位拿卷尺丈量，另一位绘制格局及标识尺寸，所以，当一位拿卷尺在丈量及念出尺寸时，另一位需反应他所听到的尺寸数值并进行复述，以使丈量数值误差减到最低。

双箭头尺寸数值是指总长或宽度，若遇到过多凹凸墙面的空间，需再丈量总长或宽度，以方便尺寸的核对及减少误差值的问题

先绘制方向箭头，再写尺寸数字：因为当遇到面积不大的面时，能清楚了解标注尺寸数字是指何处墙面

现场丈量草图

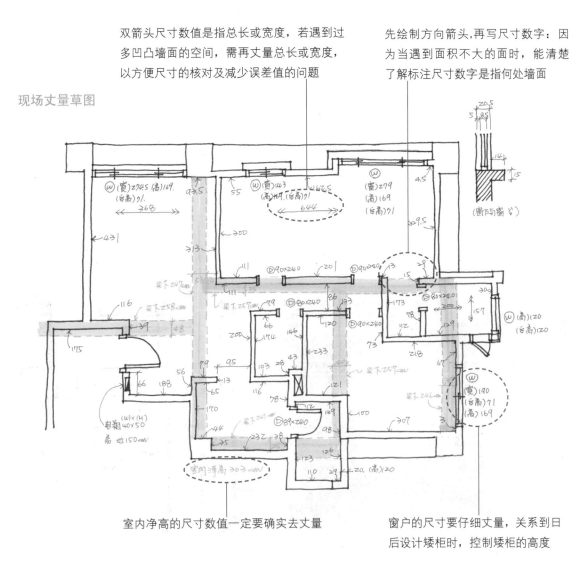

室内净高的尺寸数值一定要确实去丈量

窗户的尺寸要仔细丈量，关系到日后设计矮柜时，控制矮柜的高度

8 丈量梁位。

格局都丈量好后，接下来用绿色圆珠笔粗略勾绘大小梁位。再用卷尺丈量室内净高、梁宽、梁下净高度。

9 对弱电、给排水、空调排水孔、原有设备、地面状况进行拍照或丈量。

10 检查现场丈量草图与现场有无问题：若现场丈量尺寸都已绘制完毕，再确认是否有遗漏或有问题之处。

11 现场拍照：站在角落身体半蹲拍照，每一个场景均以拍到天花板、墙面、地面为最佳。

12 根据现场丈量的草图，由AutoCAD绘制正确完整的图。

房屋内部的格局最常见的是单层平面格局，但也有特殊的格局，如挑空的楼中楼、复式夹层及虽是单层格局但客厅却为挑高空间等。这三种不同格局的空间在绘制平面图时并不相同，尤其是绘制挑空的格局图时容易出错，再者后两种格局在绘制现场图时，最好能再绘制纵横剖立面图，便于了解格局上的落差。下面给出实景现场范例，供读者参考。

+ 范例 1：单层平面格局

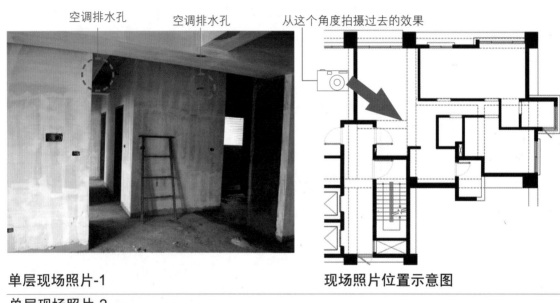

空调排水孔　　　空调排水孔　　　从这个角度拍摄过去的效果

单层现场照片-1　　　　　　　　　**现场照片位置示意图**

单层现场照片-2

开关箱　　　灯具开关出线口　　　弱电出线口

现场照片位置示意图

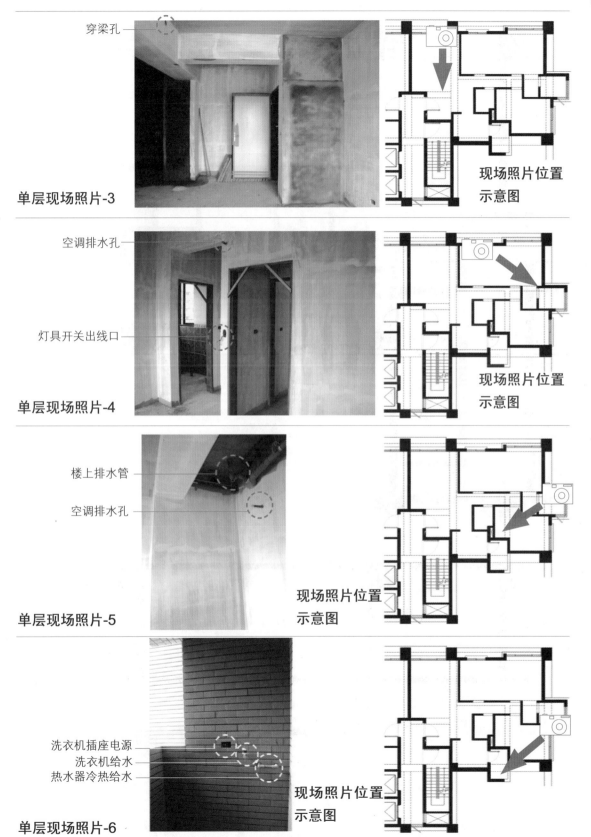

穿梁孔

单层现场照片-3

现场照片位置
示意图

空调排水孔

灯具开关出线口

单层现场照片-4

现场照片位置
示意图

楼上排水管

空调排水孔

单层现场照片-5

现场照片位置
示意图

洗衣机插座电源
洗衣机给水
热水器冷热给水

单层现场照片-6

现场照片位置
示意图

以下为依据现场丈量的草图并用AutoCAD绘制而成的图。

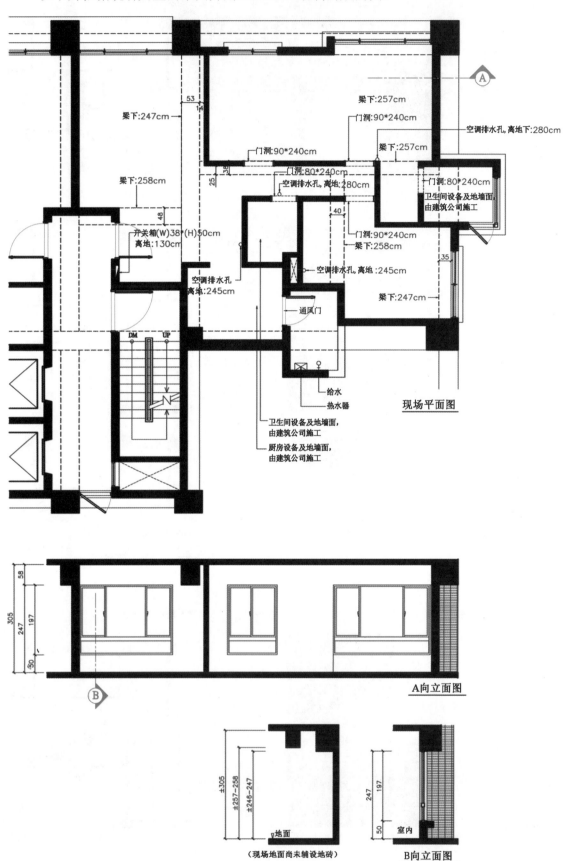

梁下:247cm
梁下:258cm
开关箱(W)38*(H)50cm
离地:130cm
空调排水孔
离地:245cm

53
14
38
25
48

门洞:90*240cm
梁下:257cm
门洞:90*240cm
空调排水孔,离地下:280cm
梁下:257cm
门洞:80*240cm
门洞:80*240cm
卫生间设备及地墙面,由建筑公司施工
空调排水孔,离地:280cm
40
门洞:90*240cm
梁下:258cm
35
空调排水孔,离地:245cm
梁下:247cm

DM   UP

通风门
给水
热水器
卫生间设备及地墙面,由建筑公司施工
厨房设备及地墙面,由建筑公司施工

现场平面图

58
305
247
197
50

A向立面图
B

±305
±257-258
±246-247
地面
(现场地面尚未铺设地砖)

247
197
50
室内
B向立面图

+ 范例 2：楼中楼格局

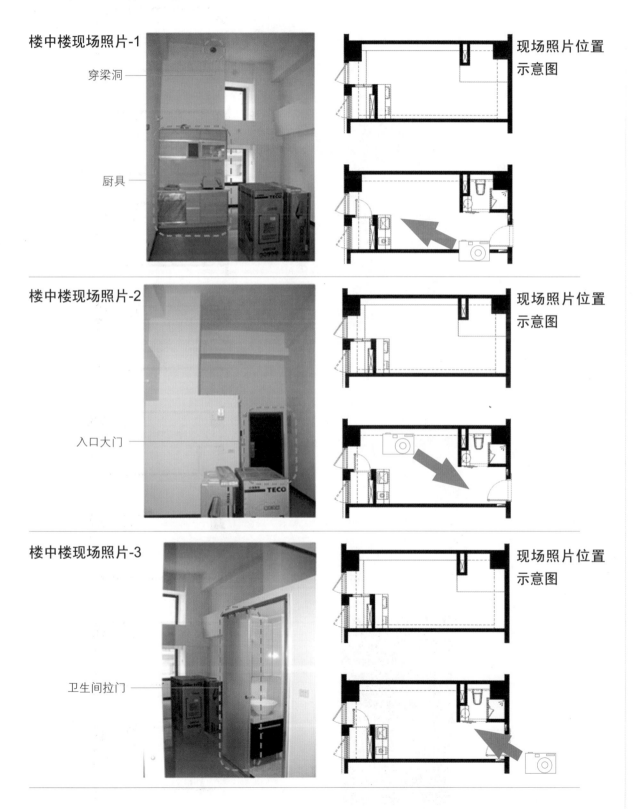

楼中楼现场照片-1

穿梁洞

厨具

现场照片位置示意图

楼中楼现场照片-2

入口大门

现场照片位置示意图

楼中楼现场照片-3

卫生间拉门

现场照片位置示意图

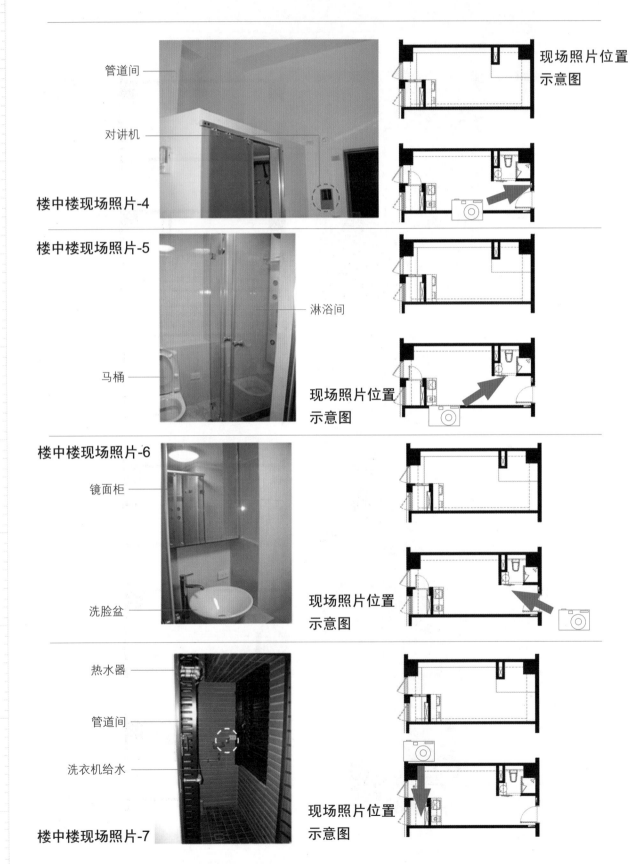

管道间

现场照片位置
示意图

对讲机

楼中楼现场照片-4

楼中楼现场照片-5

淋浴间

马桶

现场照片位置
示意图

楼中楼现场照片-6

镜面柜

洗脸盆

现场照片位置
示意图

热水器

管道间

洗衣机给水

现场照片位置
示意图

楼中楼现场照片-7

下图为依据现场丈量草图并用 AutoCAD 绘制而成的图。

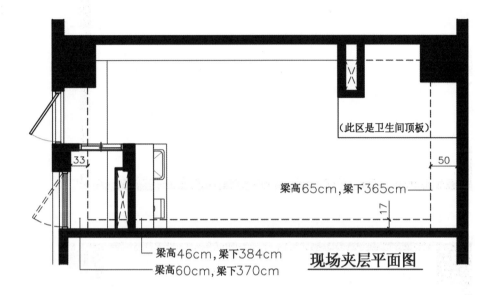

现场夹层平面图

梁高65cm,梁下365cm

50
17

(此区是卫生间顶板)

33

梁高46cm,梁下384cm
梁高60cm,梁下370cm

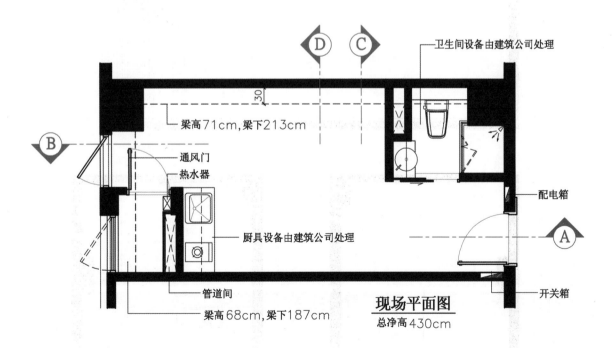

卫生间设备由建筑公司处理

梁高71cm,梁下213cm

30

通风门
热水器

配电箱

厨具设备由建筑公司处理

管道间

梁高68cm,梁下187cm

现场平面图
总净高430cm

开关箱

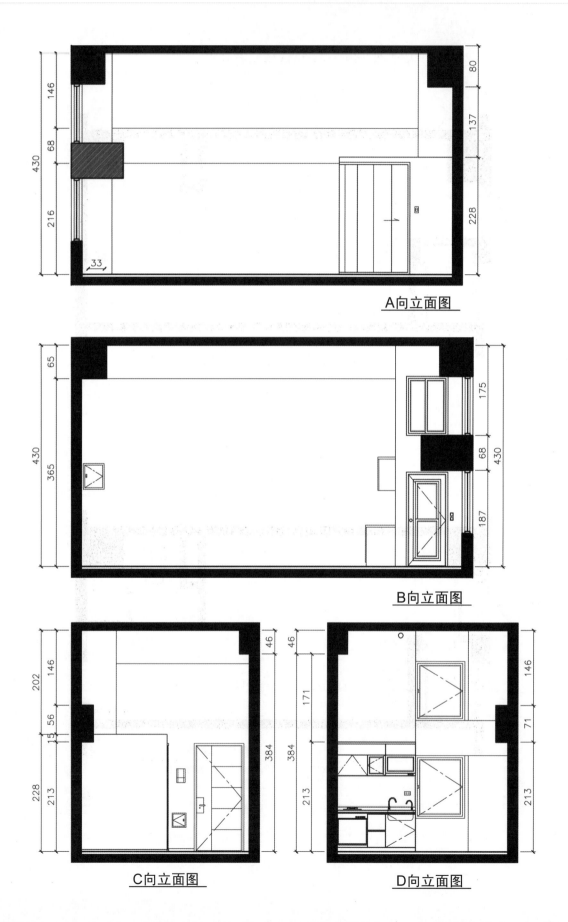

A向立面图

B向立面图

C向立面图

D向立面图

+ 范例 3：复式夹层格局

复式夹层现场照片-1

灯具出线口

弱电出线口

现场照片位置示意图

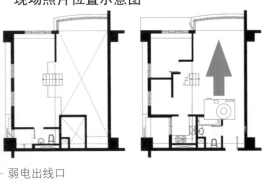

复式夹层现场照片-2

夹层楼板　钢板骨架楼梯

现场照片位置示意图

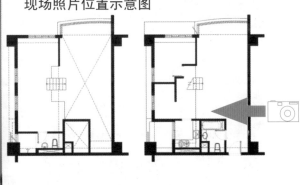

复式夹层现场照片-3

夹层楼板　钢板骨架楼梯

现场照片位置示意图

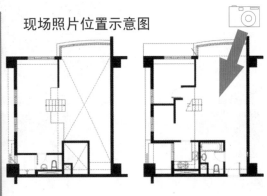

复式夹层现场照片-4

结构梁

现场照片位置示意图

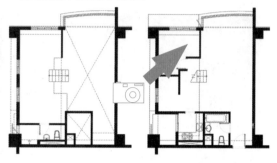

复式夹层现场照片-5

煤气表

现场照片位置示意图

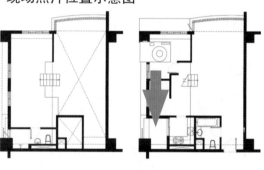

复式夹层现场照片-6　结构梁　　洗衣机给水

现场照片位置示意图

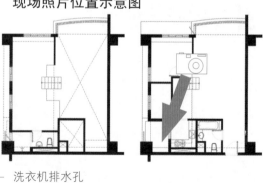

洗衣机排水孔

复式夹层现场照片-7   空调穿孔

弱电出线口

现场照片位置示意图

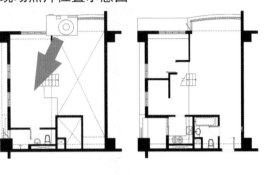

复式夹层现场照片-8   结构梁

现场照片位置示意图

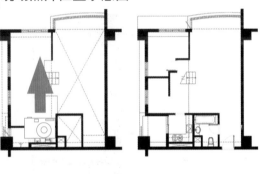

复式夹层现场照片-9   广播喇叭

现场照片位置示意图

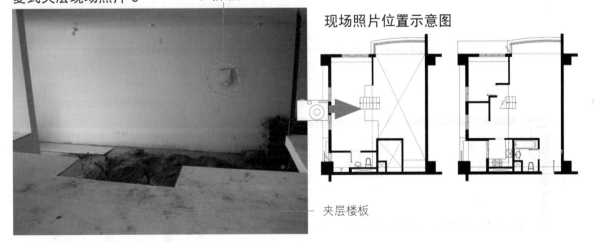

夹层楼板

下图是依据现场丈量草图并用AutoCAD绘制而成的图。

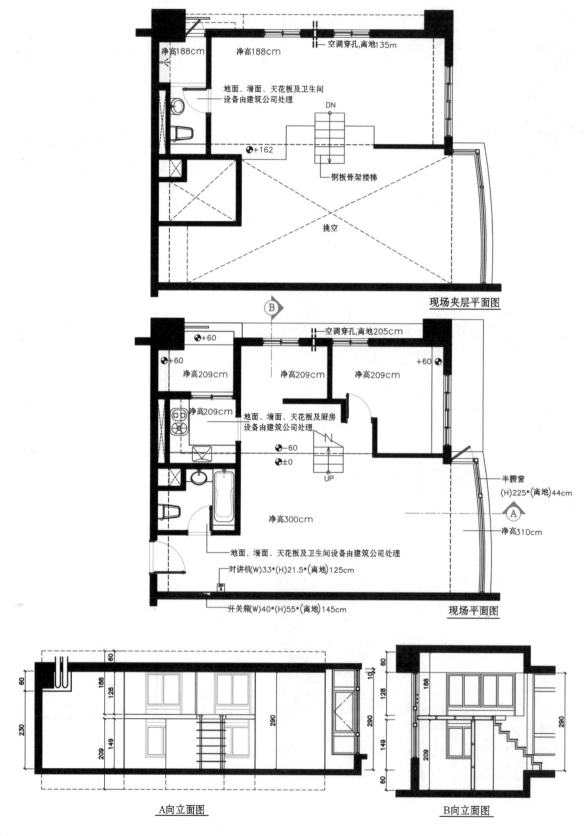

1-3　室内设计的风水问题

　　"风水"是由祖先流传下来，到了现代则转化为各种学派理论。面对不同的内外在环境及各地不同的风俗习惯，设计者需具备一定的风水知识，以避免不良的格局，但不需沉迷，而应理性去看待及适度调整达到合理居住空间的目的。目前不少的设计者也投入风水学的研究，期盼能帮业主解决空间上的问题，但有些空间的条件并不能全然套用"风水"理论，必须考量实际空间格局是否合适，例如"穿堂煞"（如下图），设计者为了避免风水上的问题，在入口处做柜子挡煞，反而造成入口玄关的阴暗和牺牲了空间的开阔性。

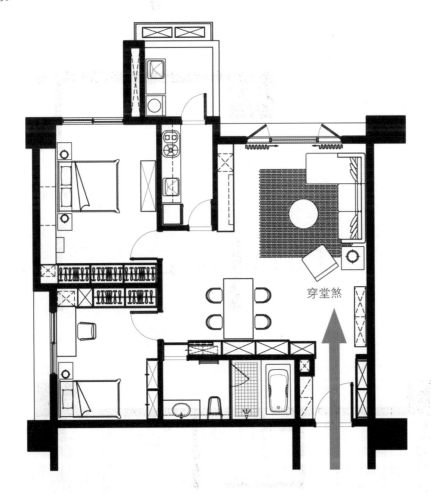

穿堂煞

　　当然设计者也要尊重业主的意见，以设计者的专业素养，在设计与风水中取得一个平衡点作为解决问题的最佳选择。虽然风水学与设计者对空间的看法不一，但能让业主住得平安、舒适放松，便是好风水。

+ 问题格局：梁压到佛桌

❓ 问题风水的原因

佛桌位置是一门大学问，因为会影响家中运势，禁忌事宜也很多。如佛桌后方不宜为卧室、不宜将厨房的炉灶及水管设在佛桌后方、佛桌左右不宜有房间等，因此不得不多加留意。

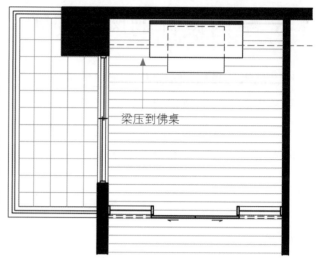

梁压到佛桌

❗ 解决方式

请风水大师确定适合的方位，再去更改佛桌位置。

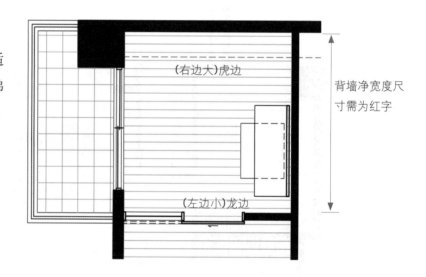

(右边大)虎边

背墙净宽度尺寸需为红字

(左边小)龙边

+ 问题风水的格局：门对门

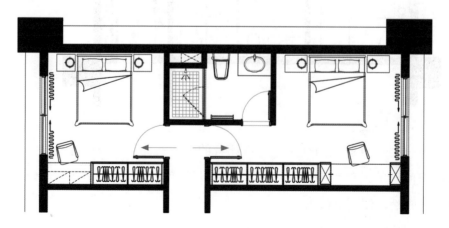

? 问题风水的原因

易发生口角。

! 解决方式

- 在空间许可的情况下，变更其中一个门的位置。
- 或者将其中一个门设计为暗门。
- 若无法更改，可在门上挂上门帘。

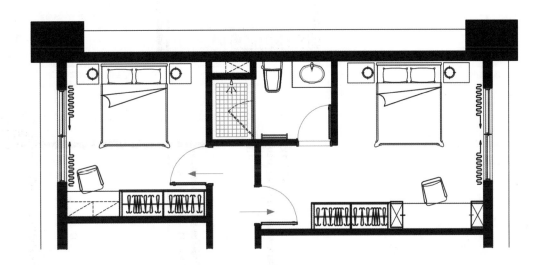

+ 问题风水格局：床头靠近楼梯间

? 问题风水原因

对于忙碌的现代人来说，睡眠是很重要的，床头不宜设置在电梯间、楼梯间、厨房等共同使用的隔墙一侧，这种情况要尽量避免。

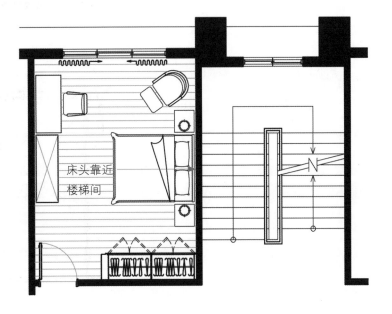

床头靠近
楼梯间

❗ 解决方式

- 若空间无法变更，可于床头墙面加封隔音墙。
- 床头避开楼梯间位置。

更改床头位置

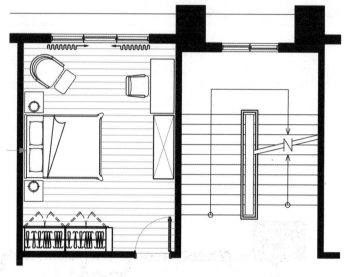

+ 问题风水格局：卫生间变更为卧室

❓ 问题风水原因

就算卫生间变更为卧室，但天花板依旧可见卫生间管道，且整栋大楼的卫生间都集中在此区域，相对秽气及管道的水声都集中于此，会影响睡眠品质及健康。

原有大楼卫生间位置

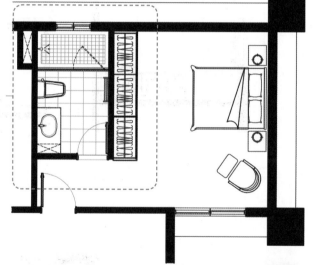

❗ 解决方式

若此卫生间不再使用，可更改为储藏室或工作间。

变更为卧室的位置

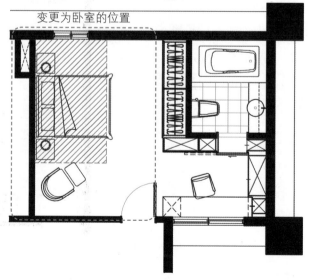

+ 问题风水格局：镜子设计在经常行走的线路范围内

化妆台上方有镜子设计

主要行走线路

? 问题风水原因

若半夜使用卫生间，比较容易被惊吓到。

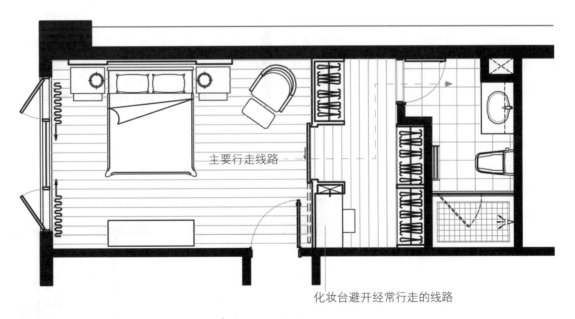

主要行走线路

化妆台避开经常行走的线路

! 解决方式

- 避免镜子设计在经常走的线路范围内。
- 可以设计镜子为隐藏式。

+ 问题风水格局：化妆台镜子照到床

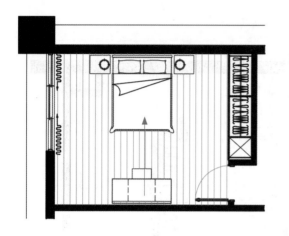
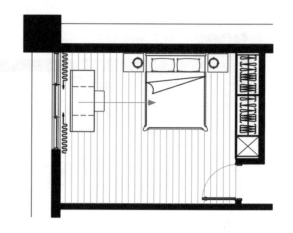

? 问题风水原因

比较容易被惊吓到，会影响睡眠质量。

! 解决方式

请避开镜子直接照到床。

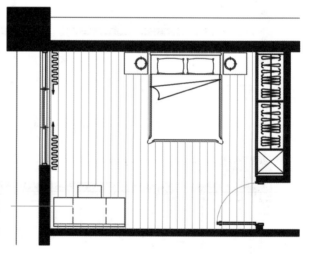

变更化妆台位置,就不会直接照到床

+ 问题风水格局：卧室多窗户及床头靠窗

? 问题风水原因

两种情况皆会影响睡眠。

卧室不可多窗户及床头靠窗

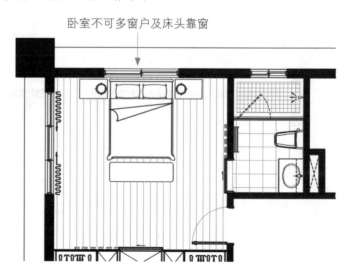

！ 解决方式

- 一间卧室以一个窗户为宜，其余窗户需封闭。
- 可以把床头窗户采用木制造型封闭。

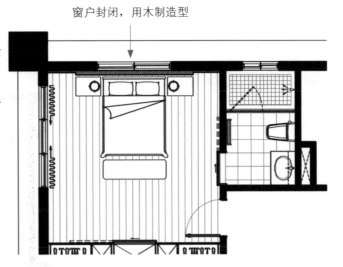

窗户封闭，用木制造型

+ 问题风水格局：卫生间的门直接对到床

？ 问题风水原因

对身体健康造成不良影响。

！ 解决方式

- 若无法更改，可在门上挂上门帘。
- 在空间许可情况下变更卫生间的门位置，避开直冲床位的范围。
- 可变更卫生间的门为暗门。
- 在空间许可情况下可使用木制高柜，将卫生间的门与高柜做成一体，以隐藏卫生间的位置。

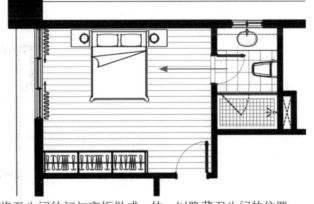

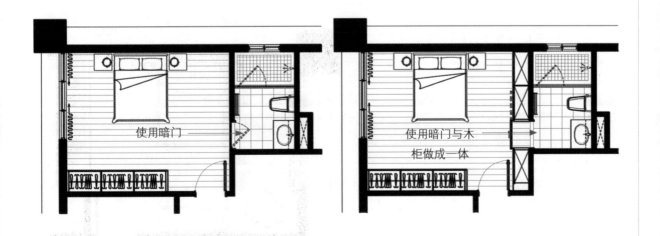

使用暗门

使用暗门与木柜做成一体

+ 问题风水格局：床的位置对到墙角、开门范围及房门对着卫生间的门

❓ 问题风水原因

对居住者的健康影响非常大。

开门直接看到卫生间的门　开门范围对到床　墙角对到床的范围

❗ 解决方式

- 若无法更改，可在卫生间的门上挂上门帘。
- 在空间可变更的情况下更改卫生间的门、床的位置。

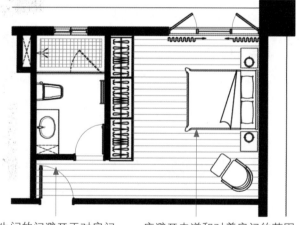

卫生间的门避开正对房门　床避开走道和对着房门的范围

+ 问题风水格局：梁压到床的范围

❓ 问题风水原因

对心理造成压迫感，对睡眠、健康与事业都有影响。

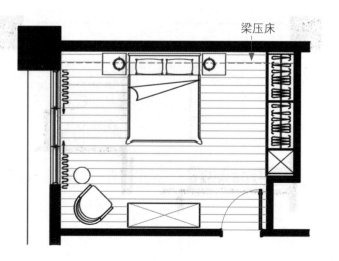

梁压床

! 解决方式

- 若空间不可变更，可对天花板吊顶将梁隐藏。

- 在空间许可情况下，可制作与梁宽同齐的柜子，还能增加收纳空间。

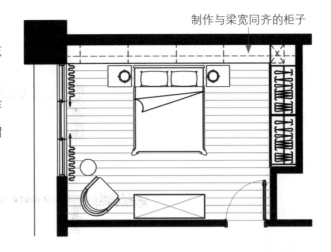

制作与梁宽同齐的柜子

＋问题风水格局：书桌背对窗户

? 问题风水原因

流动气流为散气，此为风水学"坐空"之说，此种情况下，光源易将自己的影子投射于书本上，精神自然无法集中。

书桌背对窗户

! 解决方式

书桌座位后方要有实墙可靠，表示有靠山，可更改书桌位置。

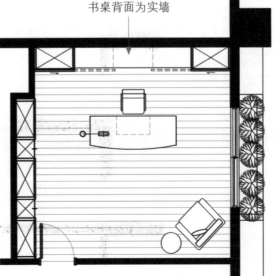

书桌背面为实墙

+ 问题风水格局：炉台正前方开窗

❓ 问题风水原因

会影响炉火的稳定及家里会有火气旺盛的情况。

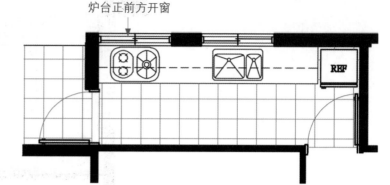

炉台正前方开窗

❗ 解决方式

- 把炉台正前方的窗户用砖封闭起来。
- 若不想大兴土木，可以用不锈钢板封闭，还可增加炉台清理的便利性。

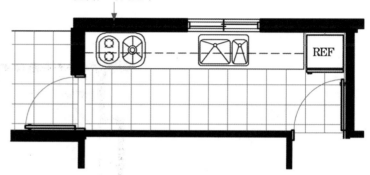

把窗户封闭起来

+ 问题风水格局：冰箱或炉台不要靠近马桶所在墙面

❓ 问题风水原因

食之污秽之气会影响居住者的建康。

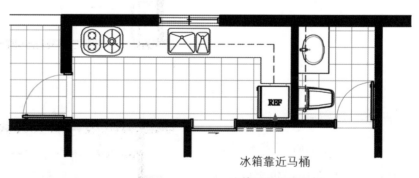

❗ 解决方式

- 更改马桶位置。
- 或者更改冰箱位置。

冰箱靠近马桶

冰箱不要靠近马桶

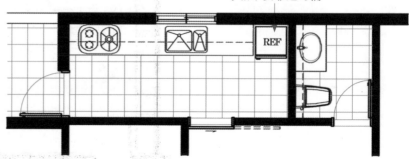

第2章

AutoCAD 绘图前的设置

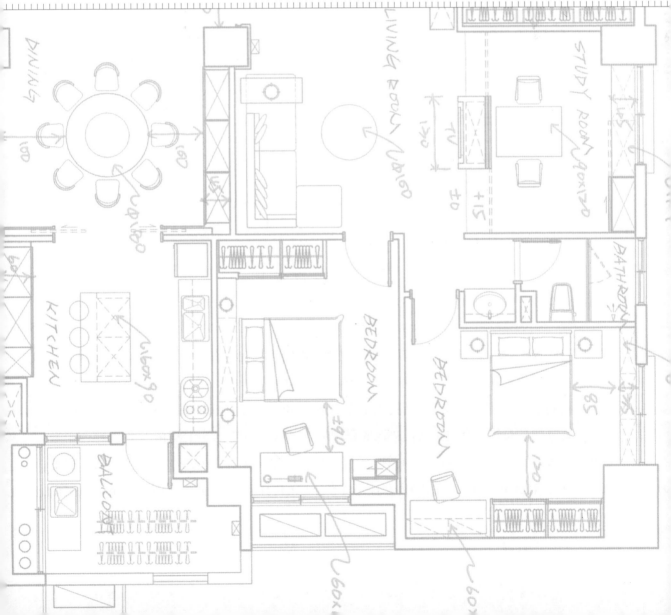

2-1 AutoCAD 出图笔宽设置说明及范例

+ 笔宽观念速递

早期室内设计的图是以手绘为主，线条是以粗细表示，但因为手绘线条在粗细上的表现，只能绘制出 3 条左右粗细的线条。AutoCAD 绘图以及打印机等外围设备的出现，使图上的线条不光只是 3 条左右，而是可最多使用 27 条粗细线条，但真正使用的粗细线条约有 12 种，已足够使线条增加层次感及远近深浅的效果。

所谓远近深浅的效果是指犹如我们在看山景时，靠近自己最近的山非常清楚，而离自己较远的山则不清楚。相对应用在图上也是如此，离自己越近的物体，线条则为**粗线**，离自己越远的物体，线条则是**细线**。例如（如下图）一张椅子放在平面图上，分别只呈现椅座垫及椅背两个组件时，离自己最近的是椅背，离自己比较远的是椅座垫，所以，椅背会使用比较粗的线条，而椅座垫会使用比较细的线条。这样的观念让线条构成的物体不呆板，每个线条不单只是增加宽度变化，而且增加了深浅的效果。

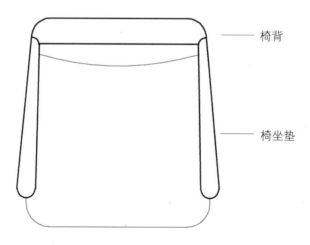

椅背

椅坐垫

在AutoCAD中，若依照线条深浅的观念将粗细线条应用在平面配置上，因遇到物体的高度、种类非常多，此时如何绘制、界定是有具体方法的，因为平面配置图属于平剖图，可将建筑图在平面图上以高度 120~150cm 平剖的观念，应用在室内设计的平面配置图上，让线条及物体有属于它们自己的粗细界定。何谓高度 120~150cm 平剖？即一个平面配置图以高度 120~150cm 平行切开，高度 120~150cm 范围内的物体保留下来，剩下高度 120~150cm 范围以外的物体拿掉，保留下来的物体就是平面配置图。依下图举例说明。

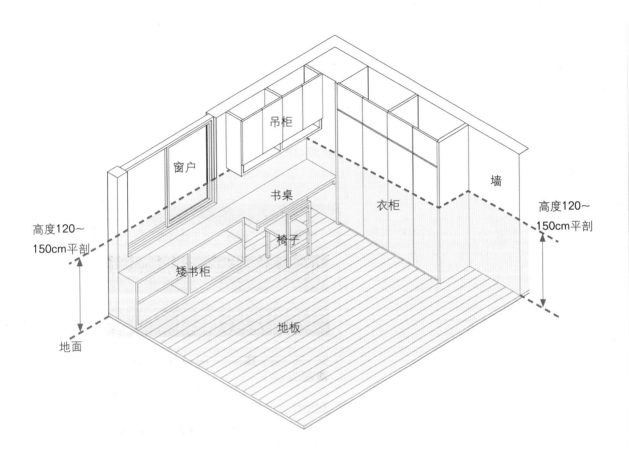

此图面为单一空间的等角示意图，依次出现在示意图的物体分别为地板、墙、衣柜、书桌+矮书柜、吊柜、椅子、窗户等，当以高度120~150cm平剖时，则平剖到的物体为墙、衣柜、窗户，应用在平面配置图上均属于粗（重）线；而没有平剖到的物体为书桌+矮书柜、椅子、地板，应用在平面配置图上按照远近选择中及细线条。超过高度120~150cm平剖范围以外的物体为吊柜，则应用在平面配置图上应以虚线处理，其主要目的是为了避免影响及误导在高度120~150cm平剖范围以内的物体线条的存在，所以，依下图的流程可知，远近深浅及高度120~150cm平剖的观念非常重要，将影响后续设置。

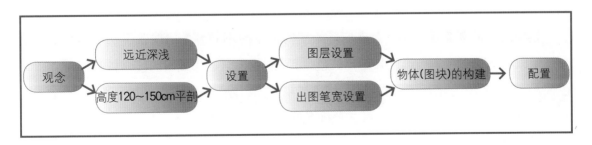

有了上述观念后，再来说明出图打印笔宽设置的原理。笔宽设置犹如一盒彩色笔，共有 255 色，每一个颜色有它独立的编号，如下图虚线范围内的"红色"，其编号为"1"，而黄色为编号"2"，其中1~9号笔的颜色为 AutoCAD 的基本颜色，此 1~9 号颜色是设置出图笔宽的主要颜色，也就是说一盒彩色笔只有1~9号笔的颜色常常拿来画图，若画到不一样的或特殊的物体，则再使用其他 10~255号笔的颜色，这样就可以区分 1~9 号笔与 10~255 号笔在图纸上（AutoCAD的桌面）的显示，而应用 10~255 号笔的颜色通常是在绘制系统图（指弱电、给排水、空调、天花板的灯具等图）时。

AutoCAD的基本颜色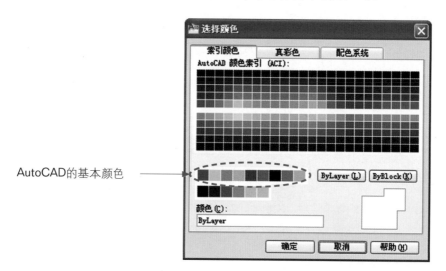

接下来了解一下彩色笔的粗细设置。因为 1~9 号笔的颜色是最常使用的画笔（上图虚线范围），所以，这里以 1~9 号笔作为线条粗细的主要设置范围。按照 1~9 号笔的顺序设置粗→中→细，如果因图面不同比例的需要，可由这一盒 1~9 号彩色笔再建多个略有不同粗细的彩色笔，但仍要维持 1~9 号笔的顺序，设置粗→中→细的笔宽。

举例来说，以红色笔为编号"1"的为粗线，但针对不同的比例，若将红色笔的粗细设置为 0.3~0.4，仍必须是彩色笔盒里最粗线条的笔。而之所以要针对比例不同、设置不同组的笔宽，是为了使笔的线条不会因为图面比例过大而显得太粗，因为使用太粗的线条笔宽组合，会让打印出来的图面线条黏在一起，因此，需以适合图面比例的出图笔宽出图打印，才不会发生线条不分明的状况。

按照这样的观念设置笔宽，在实际绘图时，虽然不同颜色的线条无法明确得知在出图打印时笔宽的数值，但可以知道，红色（1）的线条一定是最粗的线，依顺序可知，青色（4）笔线条一定比蓝色（5）笔线条还要粗一点，灰色（8）及浅灰色（9）一定用于绘制最细线条。由上图的流程可知按照颜色顺序设置笔宽的方法。

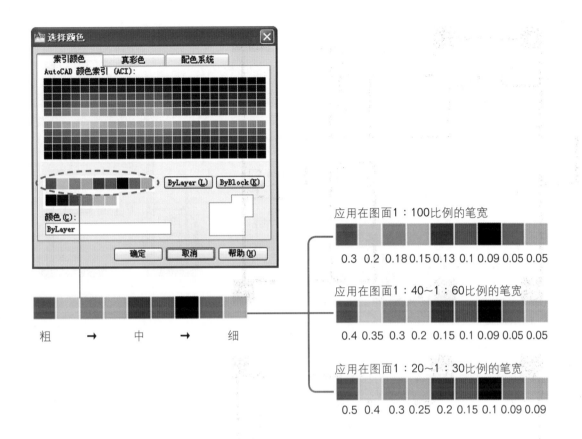

应用在图面1：100比例的笔宽

0.3　0.2　0.18　0.15　0.13　0.1　0.09　0.05　0.05

应用在图面1：40~1：60比例的笔宽

0.4　0.35　0.3　0.2　0.15　0.1　0.09　0.05　0.05

应用在图面1：20~1：30比例的笔宽

0.5　0.4　0.3　0.25　0.2　0.15　0.1　0.09　0.09

粗　→　中　→　细

　　再次强调，设置出图笔宽的主要目的是强调远浅近深、高度 120~150cm 平剖的观念，让打印出来的图所呈现的线条有粗细之别，让线条有远近、深浅、高度尺寸之依据，从而使线条反映视觉上的变化效果。

＋ 有笔宽与无笔宽的范例对照

　　比较两张有、无笔宽设置的平面配置图内的卫生间，可以看到淋浴间的线条明显不同：有笔宽设置的玻璃淋浴隔间与淋浴间的小方格地面线，有粗细落差之分，因为玻璃淋浴隔间实际完成高度约在 180cm，且靠近自己的物体为粗（重）线，而地面是离自己比较远的物体为细线。在未利用 AutoCAD 查询前，通过出图笔宽打印出来的图面，仍然可以用线条来辨别图面物体的高低；而无笔宽设置的玻璃淋浴隔间与淋浴间的小方格地面线，就无法达到这样的辨别程度，所以，设置出图笔宽仍然有它存在的必要性。

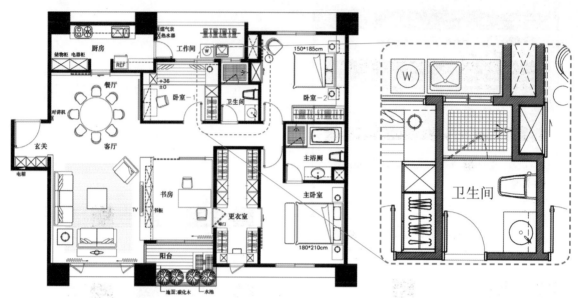

(A)在有笔宽设置下出图

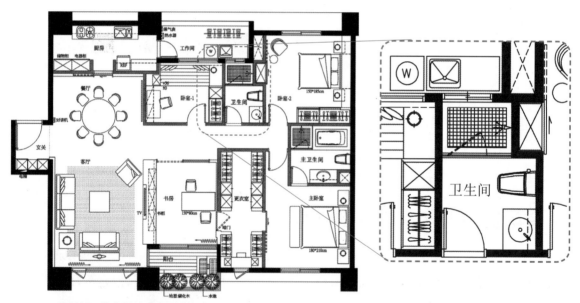

(B)在无笔宽设置下出图

+ 出图笔宽的设置方式

出图笔宽的设置（在AutoCAD中体现为打印设置）路径位于 AutoCAD快速访问工具栏里，单击"打印"按钮则进入"打印"对话框，在对话框右上方有"打印样式表（笔指定）"下拉列表，其中会出现当前 AutoCAD 所有的笔宽设置，下拉列表的最后为"新建"选项，单击"新建"选项进入样式表对话框，分别按照如下步骤进行设置。

STEP 1 单击"打印"按钮。

STEP 2 单击"打印样式表(笔指定)"下拉按钮。

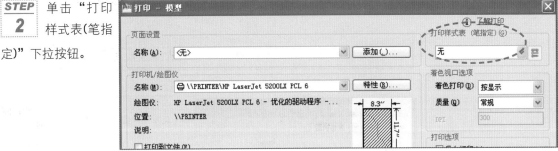

STEP 3 单击"新建"选项。

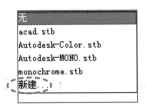

STEP 4 选择"创建新打印样式表"单选按钮,再单击"下一步"按钮。

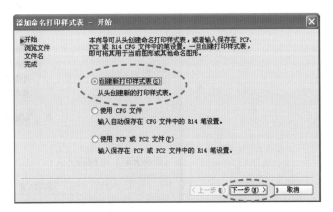

STEP 5 输入文件名,再单击"下一步"按钮。

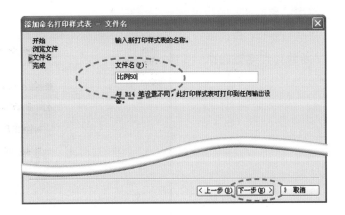

STEP 6 单击"打印样式表编辑器"按钮，即可进入"打印样式表编辑器"的设置对话框，进行打印笔宽的设置。

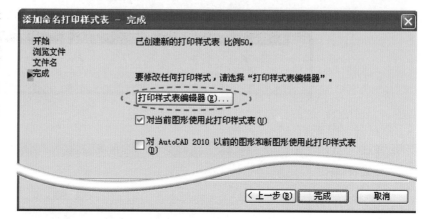

STEP 7 在"打印样式表编辑器"的设置对话框中，设置打印笔宽的顺序。

4 设置完毕后，再单击"保存并关闭"按钮（要设置多少组颜色则依需求而定）

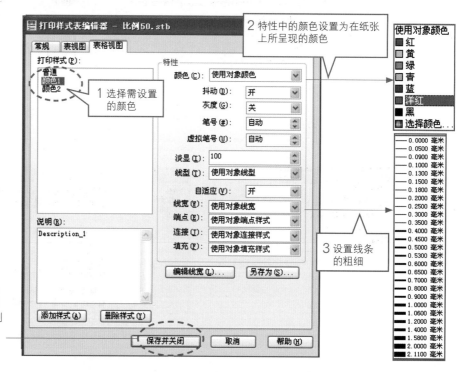

STEP 8 单击"完成"按钮，就完成了新建打印笔宽的操作。

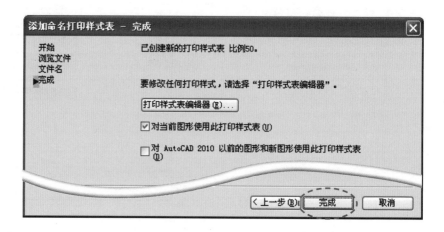

下表为当出图比例为1/100、1/20~1/30、1/40~1/50时，出图笔宽及颜色的设置范例。

出图比例	颜色笔号	出图笔宽	出图颜色
SCALE： 1/100	1	0.3	黑色
	2	0.2	黑色
	3	0.18	黑色
	4	0.15	黑色
	5	0.13	黑色
	6	0.1	黑色
	7	0.09	黑色
	8	0.05	灰色（8）
	9	0.05	黑色
SCALE： 1/20~1/30	1	0.4	黑色
	2	0.35	黑色
	3	0.3	黑色
	4	0.2	黑色
	5	0.15	黑色
	6	0.1	黑色
	7	0.09	黑色
	8	0.05	灰色（8）
	9	0.05	黑色
SCALE： 1/40~1/50	1	0.5	黑色
	2	0.4	黑色
	3	0.3	黑色
	4	0.25	黑色
	5	0.2	黑色
	6	0.15	黑色
	7	0.1	黑色
	8	0.09	灰色（8）
	9	0.09	黑色

 Tip 大部分打印出来的室内设计图均以黑色线条处理，但有个例外，即系统图（第4章会介绍），可以将个别物体或图例依颜色设置打印为彩色，这样就可以凸显其在系统图中的位置。

+ 修改出图笔宽设置

若需要修改出图笔宽的话，其修改方法为：在AutoCAD快速访问工具栏里，单击"打印"按钮，则进入"打印"对话框，在对话框的右上方有"打印样式表（笔指定）"选项组，单击 📇 即可进入"打印样式表编辑器"对话框，当修改完成时再单击"保存并关闭"按钮即可。

小提醒
有一点请读者注意：建议利用"打印样式表编辑器"对话框修改出图笔宽，别使用AutoCAD特性工具栏的粗细列表进行设置(如下图)，主要是因为这种笔宽设置只有绘图者知道，若别人接手此图，将无法得知笔宽粗细的设置值，从而增加修改图的难度，所以，通过"打印样式编辑器"进行设置，所设的笔宽便于其他人知道，这才是正确的做法。

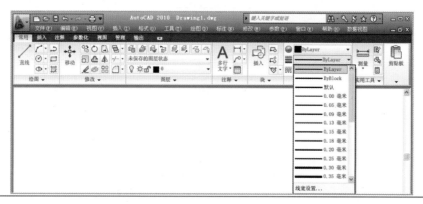

2-2 AutoCAD 图层设置说明及范例

图层设置的目的是为了让图上的物体及线条有属于自己的名称，以方便识别，当进行绘制及修改时，可将不需要的图层暂时关闭或者锁住（如下图），以加快绘制及修改的时间。

举一个例子来说，当一张已经绘制好的平面配置图，面临需要修改部分隔间及家具配置时，此时的图已经绘制了很多的物体及线条，若不执行关闭或者锁住图层的动作，在进行修改时则会删除或移动不需修改的物体及线条，从而增加修改的难度，所以，图层的设置是非常重要的，不光能知道物体及线条的所属名称，还方便对图的延展、绘制和修改。

+ 新建图层

尚未设置图层时，AutoCAD 只提供"0"层而已，其余的图层需自行设置。单击 按钮进入"图层特性管理器"选项板，鼠标至空白处单击右键，在弹出的快捷菜单中选择"新建图层"命令即可进行图层的建立。

选项板中会出现新的图层（例如图层1），更改图层名称及颜色即可。

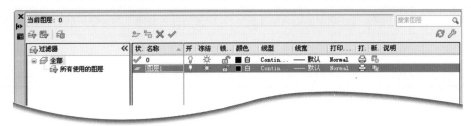

按照新建图层的方法建立需要使用的图层，并对颜色、线型进行修改即可。

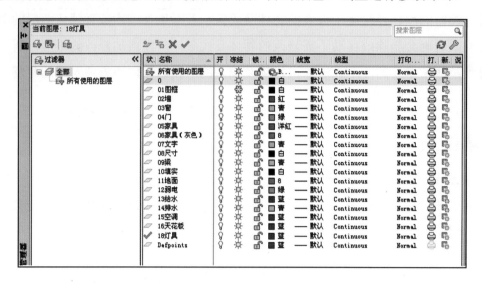

对室内设计来说，所需建立的常用图层有哪些呢？下表整理出了常使用在室内设计中的图层，并加以说明，以供参考。

图层名称	颜色	线型	备注
0	白色（7）	Continuous	AutoCAD的基本图层，此图层用在立面图中，更改颜色即可使用
01图框	白色（7）	Continuous	
02墙	红色（1）	Continuous	遇到轻隔间的话，只要更改颜色为黄色（2）即可
03窗	青色（4）	Continuous	
04门	绿色（3）	Continuous	
05家具	洋红色（6）	Continuous	
06家具(灰色)	灰色（8）	Continuous	用于系统图的底图
07文字	青色（4）	Continuous	
08尺寸	白色（7）	Continuous	
09梁	青色（4）	DASHED	
10填实	白色（7）	Continuous	外墙及砖墙为白色（7），轻隔间为灰色（8）
11地面	灰色（3）	Continuous	用于系统图的图层
12弱电	绿色（3）	Continuous	用于系统图的图层

(续表)

图层名称	颜色	线型	备注
13给水	蓝色（5）	Continuous	用于系统图的图层
14排水	青色（4）	Continuous	用于系统图的图层
15空调	蓝色（5）	Continuous	用于系统图的图层
16天花板	蓝色（5）	Continuous	用于系统图的图层
18灯具	蓝色（5）	Continuous	用于系统图的图层
DEFPOINTS	蓝色（5）	Continuous	隐藏出图的框线所使用的图层，一般用在出图时选择范围基准

+ 设置图层的注意事项

进行图层的设置时需注意以下事项：

* 除了特殊图或者系统图之外，图层颜色的设置尽量利用AutoCAD 基本的 1~9 号颜色。在图层工具栏中单击 图标进入"图层特性管理器"选项板，打开"选项颜色"对话框，就可以看到基本的 1~9 号颜色。

* 各室内设计公司因要求不同，相对会影响图层的增减。又因业主（居住者）生活水平上的要求，可能会再要求增加全热交换机设备配置图、中央集尘设备配置图、二线式设备配置图、监控设备配置图、影音设备配置图等系统图，这样也会再增减图层。

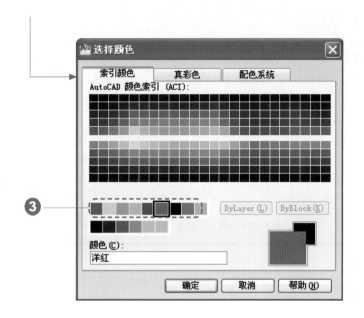

- 绘图时务必使图层分明，方便逐一开启、关闭。这样就能清楚明了，修改图的时间也会缩短许多。

- 非必要时不要建立太多图层，从而缩减绘制的速度。

其中上述第一点要特别说明：对于AutoCAD 初学者来说，图层所设置的名称及颜色与出图打印的笔宽都很难理解，但这两者的设置却是密不可分的。

先拿颜色来说，"打印样式表编辑器"对话框和"颜色"对话框，两者的共用点是使用的颜色一样，都有255种颜色（包括了1~9号基本的颜色），每个颜色都有它的编号。简单来说都是使用同一盒彩色笔，出图打印的笔宽设置代表的是彩色笔的粗细，而图层设置里的颜色则是依彩色笔的粗细来决定是用比较粗的彩色笔还是比较细的彩色笔，因此，出图打印的笔宽设置必须先设置第2-1节的内容，若没有这样的动作，图层的颜色设置将很难定义。

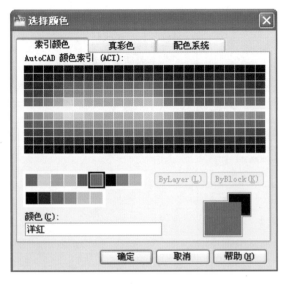

那么，图层的颜色设置如何决定呢？如已知彩色笔的粗细，在新建图层时如何决定颜色？这必须以第 2-1 节提到的观念来决定图层设置的颜色。例如"02墙"图层，墙上的物体或线若在图上是被平剖到的，则为粗（重）线，依出图笔宽的设置范例里颜色笔号为最粗的线，即"1"，为红色，则在"02墙"图层设置时，颜色设置为红色。

建立好绘图的观念，在图层的颜色设置上就没有问题了。

+ 物体在图层中的界定及颜色用法

设置好AutoCAD 的图层后，在绘制的过程中，还必须按照图层设置的规范方式去绘制，这样才能保证一致性和整合性，从而让线条的深浅、层次、轻重更分明。笔者在绘制下面这组图时，"沙发"图块依旧建立在"家具"图层里，为了让沙发更有深浅的感觉，会使用三种左右的颜色；又如"衣柜"图块也建立在"家具"图层里，在平剖高度时会剖到的衣柜也会使用三种左右的颜色，但衣柜外框架线为重（粗）线。其主要目的还是为了营造书中一再强调的线条具有深浅、层次、轻重更分明的效果。

至于平面配置图中哪些物体该归纳界定在哪一个图层中使用，下面取一张平面配置图，利用开关图层的方式延展6张图，为了让图层物体比较鲜明，关闭的图层以灰色表示，而"10填实"图层因为会影响几个图层的线条辨别，从第2~6张图均已将此图层关闭且不显示。

这是在AutoCAD中呈现的一张平面配置图，下面给出其物体归属及图层关闭后的状况。

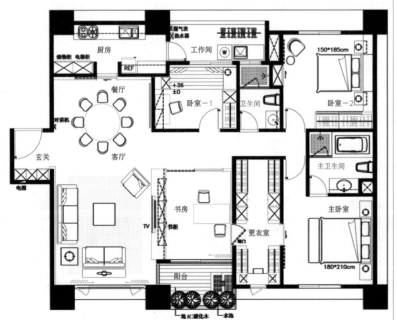

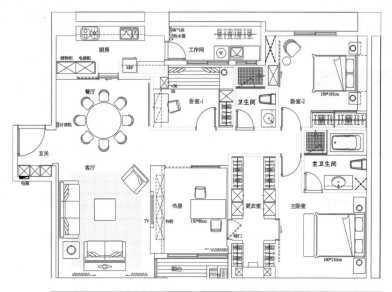

LAYER图层-02墙

包括：柱、RC墙、砖墙、轻隔间、轻质混凝土墙

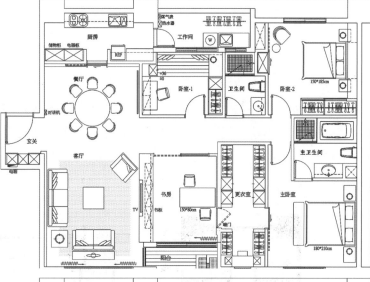

LAYER图层-03窗

包括：飘窗、落地窗、气窗、推窗等窗型

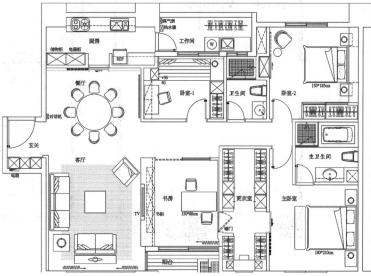

LAYER图层-04门

包括：木质门、大门、暗门、铝门、推拉门等独立的门

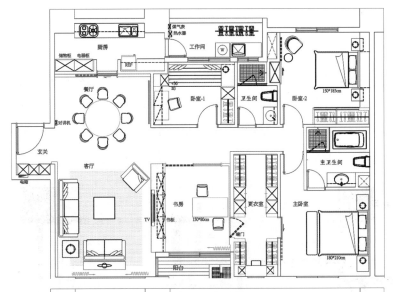

LAYER图层-05家具

包括：沙发、矮柜、衣柜、活动家具、床、书桌、卫浴设备、厨房设备、家电及电器设备、窗帘、木隔间、木制造型墙面、灯具、地面材质、装饰品

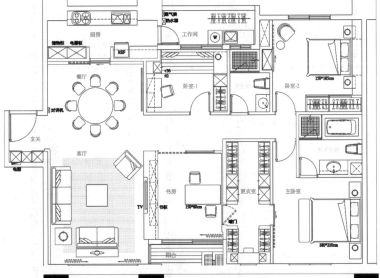

LAYER图层-07文字

包括：文字、副标题文字、内文、中文、英文

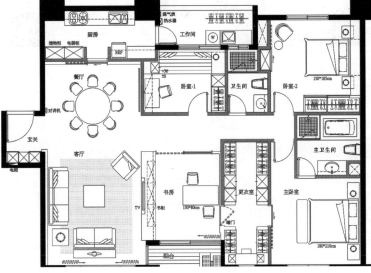

LAYER图层-10填实

包括：柱剖面线、RC墙剖面线、砖墙剖面线、轻隔间剖面线、轻质混凝土墙剖面线

2-3 | 平面配置图的文字

在平面配置图中标识文字可清楚地了解每一个单位空间的用途,然而若文字放置不当,及因比例上的不同使文字过大,从而干扰到平面图配置的整体设计(如下图),或者因过小而无法明确得知空间上的作用及功能,这些都会造成困扰,因此,妥善管理平面配置图的文字是影响效果的关键之一。

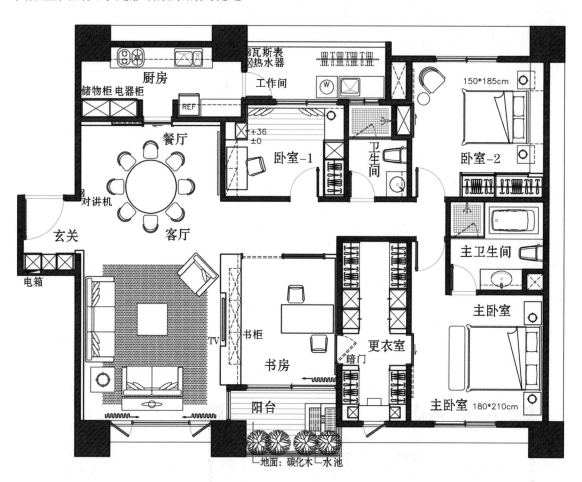

+ 文字的大小设置

以文字的大小来说,因平面配置图的比例不同,相对文字的大小也有所不同,而在一张平面配置图里也要界定文字的不同,如标题文字会比较大,其他的空间名称及内文的文字会比标题字小(如下图),这个原理同报纸及杂志的排版编排方式一样。

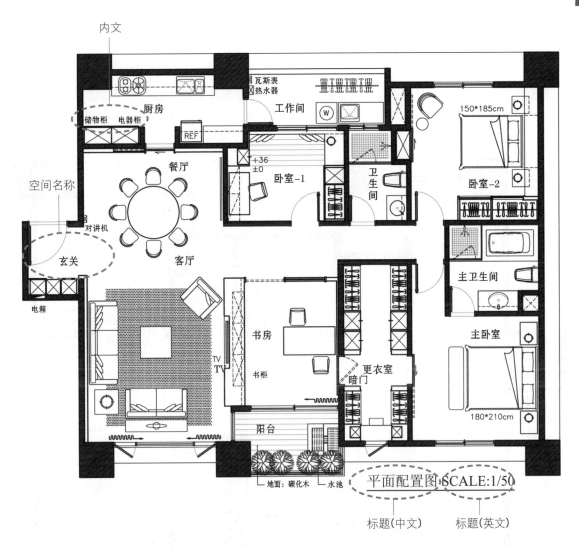

内文

空间名称

标题(中文)   标题(英文)

下表是按照"新细明体"字型在不同比例下的文字大小为例给出的数值，以供读者参考。

图面使用比例	标题		空间名称	内文
	中文	英文		
SCALE：1/100	40	30	20	15
SCALE：1/60	25	20	15	10
SCALE：1/50	20	15	12	10
SCALE：1/40	15	10	8	6
SCALE：1/30	10	8	6	5
SCALE：1/20	8	5	4	3
SCALE：1/10	5	3	3	2

+ 水平、垂直的配置

在每一个空间配置上，通常会将文字放在单一空间的空白处，但就平面配置图的整体而言，文字的位置若没有达到水平及垂直，或压在配置图的图块上，就会呈现尤如跳动音符一般，使平面配置图感觉不协调，或影响到图块物体的独立性（如下图）。

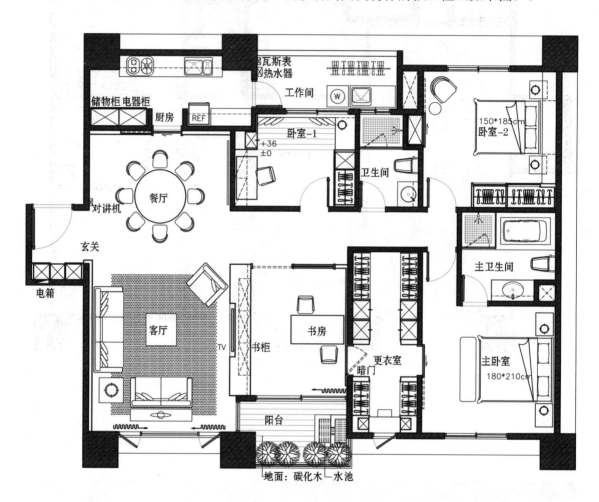

因此，当平面配置图完全绘制好后，可再进行文字位置微调，让文字与文字间尽量能水平及垂直的排列，减少对平面配置的影响。

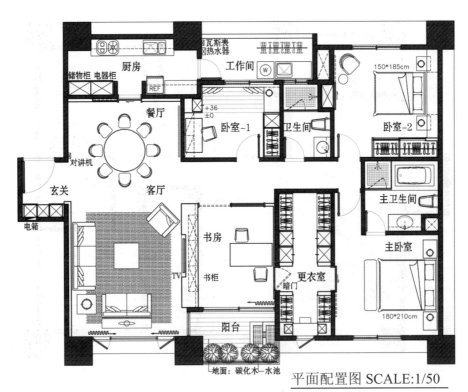

平面配置图 SCALE:1/50

+ 中英文的应用

平面配置图中应用的文字有两种，分别为中文及英文，而要选用中文或英文并没有限制，依设计者（绘图者）的喜好来决定。

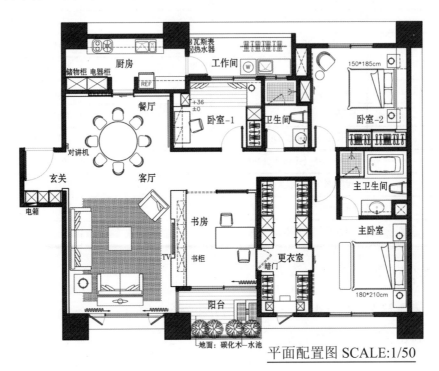

平面配置图 SCALE:1/50

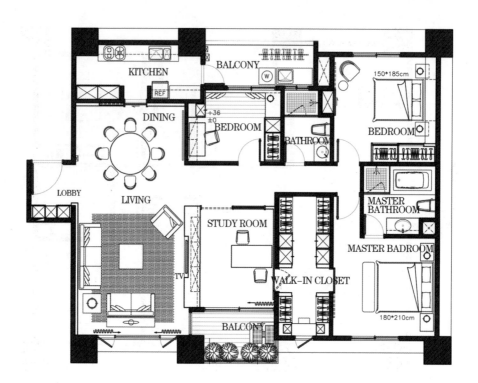

下表是应用在平面配置图中常用空间的中文及英文名称。

空间名称（中文）	空间名称（英文）	空间名称（中文）	空间名称（英文）
玄关	LOBBY	小孩房	KID′S ROOM
客厅	LIVING	卫生间	BATHROOM
起居室	LIVING ROOM	淋浴间	SHOWER
餐厅	DINING	主卫生间	MASTER BATHROOM
厨房	KITCHEN	公共卫生间	PUBLIC BATHROOM
吧台	BAR	佣人房	MAID ROOM
书房	ASTUDY ROOM	储藏室	STORAGE
主卧室	MASTER BEDROOM	走道	WALKWAY
更衣室	WALK-IN CLOSET	阳台	BALCONY
卧室	BEDROOM	楼梯	STAIRCASE
客房	GUEST ROOM		

+ 文字的简写

名称上的简写文字在室内设计上的应用并没有像建筑中的那么多，有时因图案的不同也会接触到建筑图，但因使用的少，有时看到一些简写文字，却无法得知它的含义，从而造成误解。下面整理一些常用和常见到的名称简写文字，如下表所示。

用途	简写文字	说明	用途	简写文字	说明
设备	A/C	空调	门窗	D	门
	REF	冰箱		SD	铁卷门
	W	洗衣机		W	窗
	H	烘衣机		DW	落地窗
尺度及位置	D, d	直径	建筑构材	C	柱
	R, r	半径		FG	地梁
	W	宽度		G, g	梁
	L	长度		S	板
	H	高度		CS	悬臂梁
	T	厚度		W	墙
	@	间距		FS	基础板
	#	材料规格编号		BW	承重墙
	∮	材料直径		SW	剪力墙
尺度及位置	C.C.	中心间距	建筑构造	RC	钢筋混凝土
	℄	中心线		SRC	钢骨钢筋混凝土
	BN	水平点		S	钢构造
	HL	水平线		B	砖构造
	VL	垂直线		W	木构造
	GL	地盘线	配置设备	ELEV	电梯
	WL	墙面线		R	楼梯级高
	CL	天花板线		T	楼梯级深
	1FL	一楼		UP	楼梯(上)
	2FL	二楼		DN	楼梯(下)
	B1FL	地下一层			
	B2FL	地下二层			
	FL	基准面			
	SFL	完成后的高度			
	RF	屋顶			

2-4 AutoCAD 尺寸设置范例

+ 标注尺寸的概念

尺寸的设置需注意箭头符号的使用，在建筑图上使用的标注尺寸箭头的符号为"圆点"，这是因为建筑图在标注尺寸的用法上，均标识墙与墙的中心点。但室内标注的是净宽尺寸，所使用的标注尺寸的箭头符号为"斜线"，所以尽量不要用"箭头"或者"圆点"标注尺寸，以免当标注细小尺寸时无法明确知道标注尺寸的实际范围。

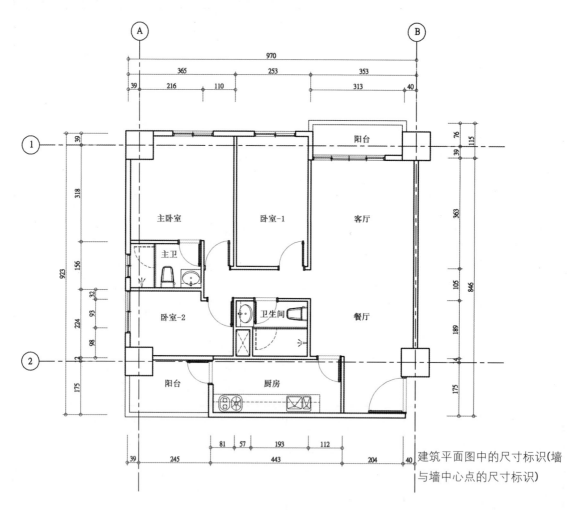

建筑平面图中的尺寸标识(墙与墙中心点的尺寸标识)

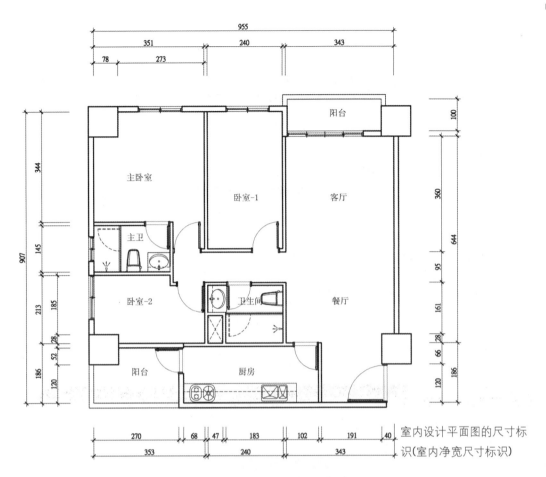

室内设计平面图的尺寸标识(室内净宽尺寸标识)

还有，因画面比例的不同，标注尺寸的设置也有所不同。例如下图的卫生间平面图假设是 1:100 的比例，在标注尺寸的名称上需要另外新建 DESIGN-100 的标注尺寸，其默认值都是针对 1:100 的比例进行调整。

若没有这样的设置，画面上会发生标注尺寸过大（如图1）或尺寸过小（如图2），甚至造成数字与数字之间重叠在一起，看不出尺寸数值为何的情况，因此，标注尺寸要能配合画面比例而有所调整，才能使画面上的尺寸数值具有明确性（如图3）。

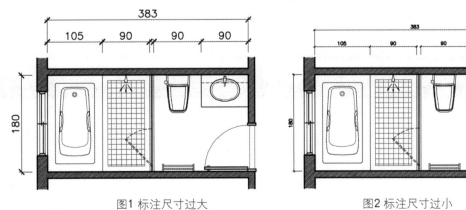

图1 标注尺寸过大   图2 标注尺寸过小

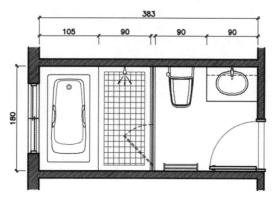

图3 适合的标注尺寸

+ 新建标注尺寸

新建标注尺寸的方式有以下两种。

- 第一种方式是：单击"常用"选项卡中"注释"面板下的"标注样式"按钮，即可进入"标注样式管理器"对话框进行新建。

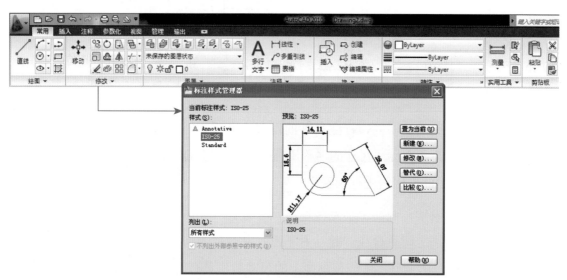

- 第二种方式是：选择"标注"→"标注样式"命令，即可进入"标注样式管理器"对话框进行新建。

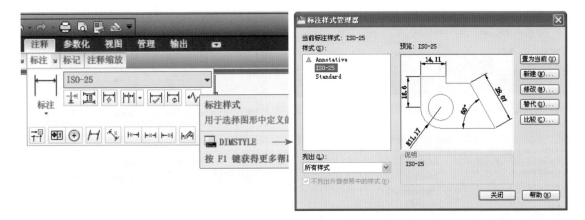

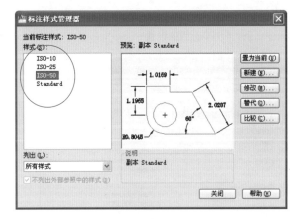

　　按绘图的需要，可新建不同比例的标注样式。若需修改默认数值也是在此对话框中进行设置。

　　在"标注样式管理器"对话框内设置不同的标注样式后，则AutoCAD的样式工具栏中也会显示出来。

＋ 标注尺寸范例

　　平面图或立面图常使用的比例为1:100、1:50、1:30，下面分别整理三种比例的标注尺寸范例，以供读者在不同比例之下进行参考。

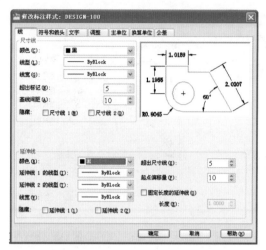

标注比例为1:100时线的设置

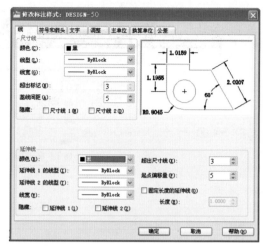

标注比例为1:50时线的设置

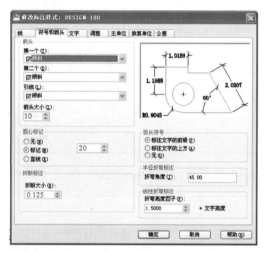

标注比例为1:100时符号和箭头的设置

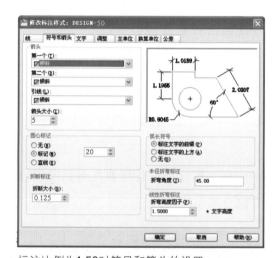

标注比例为1:50时符号和箭头的设置

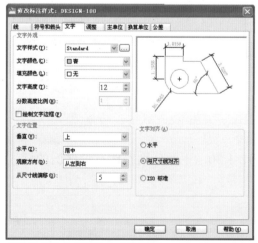

标注比例为1:100时文字的设置

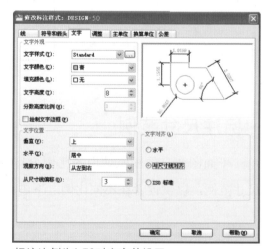

标注比例为1:50时文字的设置

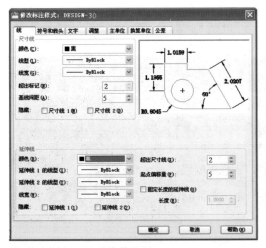

标注比例为1:30时线的设置

标注比例为1:30时箭头和符号的设置

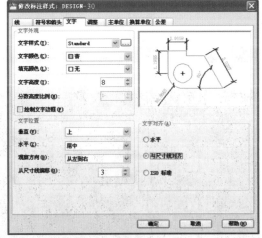

标注比例为1:30时文字的设置

2-5 绘制时的其他注意事项

　　每个人操作 AutoCAD 的习惯并不太相同，当一个项目开始衍生后续的图或者重复修改图时，每个人难免都会按照自己的习惯去处理，经常会发生绘制工作衔接不顺利、后接的人找不到文件或文件容量过大而造成电脑死机等问题，所以，在 AutoCAD 作图时需考虑上述可能发生的问题。

+ 基准点及排列方法

　　不管一个文件里面有多少图，左下角的位置坐标必须在(0,0)点。在命令行中输入"Zoom"（视窗），再输入"A"（全部视窗）时，所有的图才会完整呈现。在图的数量过多、无法拆图的情况下，力求排列工整。笔者的观念是：AutoCAD 的图就如同自己的桌面，有秩序地排列能让图更清楚，也能提高自己或他人的读图速度。

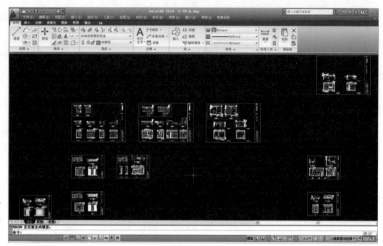

在命令行中输入"Zoom"（视窗），再输入"A"（全部视窗）时，可看到尚未排列工整的图

排列的操作步骤如下：

STEP 1 执行命令"MOVE"（移动），逐一把图排列工整。

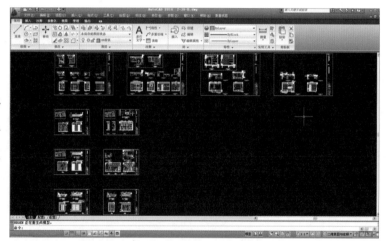

STEP 2 执行命令"MOVE"（移动），框选全部的图，单击基准点，移至左下角的(0,0)点位置。

左下角都需设在(0,0)点

+ 随时做清理的动作

在绘制的过程中，常会有插入或剪切图块、线型、文字、图层及图片等动作，不过讨厌的是，即使删除这些对象，文档的容量并不会因此减少。随着操作动作的积累，文档容量就会慢慢增大，从而影响到绘图速度，学会以下的清除技巧，并养成习惯，就可避免上述情况的发生。操作步骤如下：

STEP 1
❶ 在 Auto CAD 中单击快捷菜单按钮，会弹出快捷菜单。

❷ 选择"图形实用工具"选项。

❸ 在弹出的级联菜单中选择"清理"命令，弹出"清理"对话框。

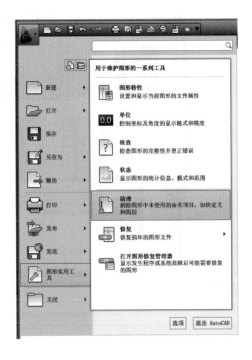

在命令行中输入"PURGE"或者输入简写命令"PU"，则会直接弹出"清理"对话框。

STEP 2

❶ 选中"查看能清理的项目"单选按钮。

❷ 若选项前面出现"⊞"符号，则单击"全部清理"按钮就可清除不需要或者暂存的项目。

❸ 单击"关闭"按钮即可结束清理的动作。

+ 要习惯使用图层

图层界定一定要分明，并在绘制时逐一开、关图层进行修改。

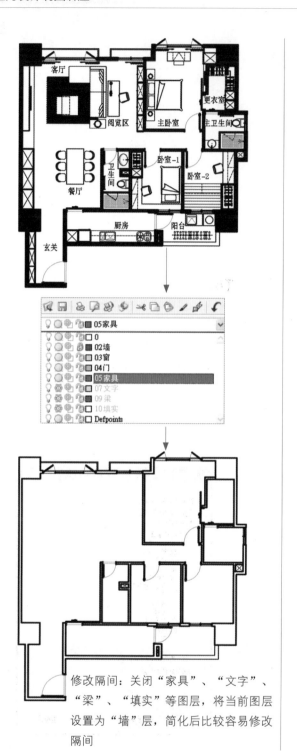

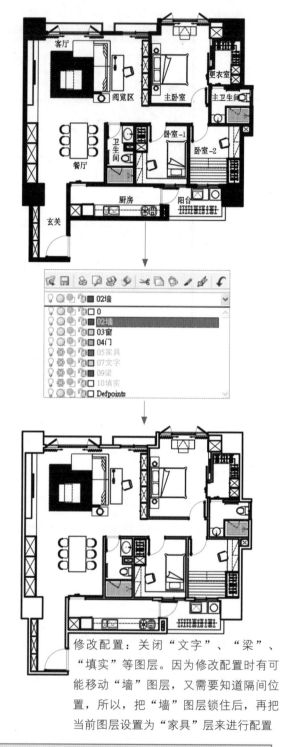

修改隔间：关闭"家具"、"文字"、"梁"、"填实"等图层，将当前图层设置为"墙"层，简化后比较容易修改隔间

修改配置：关闭"文字"、"梁"、"填实"等图层。因为修改配置时有可能移动"墙"图层，又需要知道隔间位置，所以，把"墙"图层锁住后，再把当前图层设置为"家具"层来进行配置

其他平面图的绘制经验分享

1. 绘制一条墙线时，不要分成 2~3 条线段组合而成。

2. 绘制时要留意不可线中有线，若一条线段隐藏覆盖了无意义的线段，出图时会发现线段变得比较粗。

第3章 绘制平面配置图

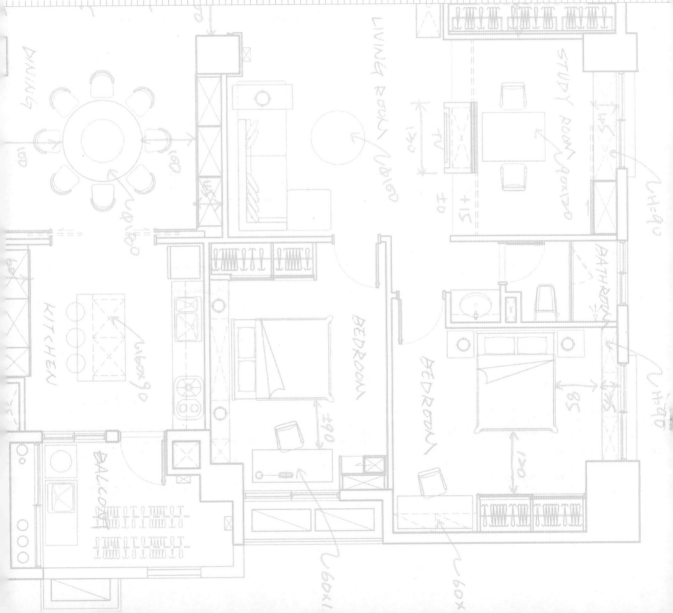

3-1 图块概述

本节将平面配置图中常用的图块及常使用到的尺寸，粗略整理并标识，这些尺寸并不是"一定"或者"绝对"适用，而会因住户的房屋户型、习惯或者设计者的尺寸观念的不同而略有不同，仅供参考。

其他平面配置图的绘制经验分享

绘制开门高柜的尺寸及形状时需注意：

(1)开门尺寸宽度±30~60cm。

(2)开门宽度尽量不要超过60cm，过大会容易变形。

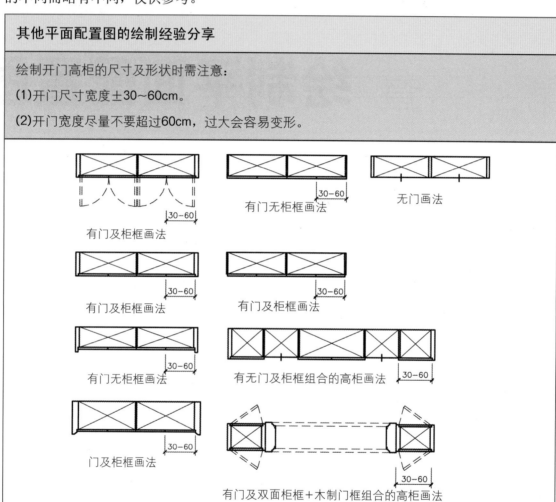

有门及柜框画法

有门无柜框画法

无门画法

有门及柜框画法

有门及柜框画法

有门无柜框画法

有无门及柜框组合的高柜画法

门及柜框画法

有门及双面柜框+木制门框组合的高柜画法

上掀矮柜

绘制上掀矮柜的尺寸及形状时需注意：

(1)上掀矮柜的深度±35~60cm。

(2)吊柜常使用的深度±25~35cm。

(3)常用在床头或者窗台边。

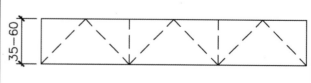

横拉门高柜

绘制横拉门高柜的尺寸及形状时需注意：

(1)横拉门的尺寸宽度约为50～120cm每门。

(2)因为木板材面宽最大为120cm，所以画到横拉门时须再加5～10cm滑轨尺寸。例如：

35cm(柜深) + 10cm(滑轨) = 45cm
(横拉门高柜总深度)

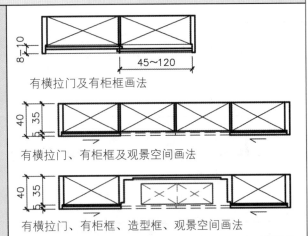

有横拉门及有柜框画法

有横拉门、有柜框及观景空间画法

有横拉门、有柜框、造型框、观景空间画法

书柜

绘制书柜的尺寸及形状时需注意：

(1)一般书柜深度大约为24～45cm。

(2)书柜因使用功能不同，相对画法略为不同。只要掌握柜深的基本深度，就可衍生出不同的柜面造型。

无门及有柜框画法

柜宽不可低于45cm以下
双层有门柜框画法

有门及无柜框画法

有门及有柜框画法

有门、有柜框的高矮书柜画法

洗脸台

绘制洗脸台的尺寸及形状时需注意：

(1)洗脸盆有下嵌式及台面式两种，所以，台面深度为±45～60cm。

(2)镜面柜的常用深度为±15～20cm。

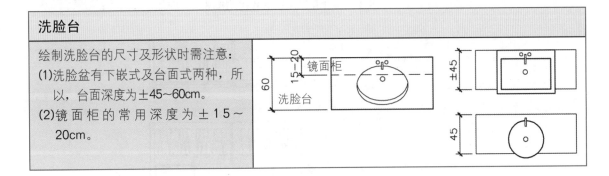

镜面柜

洗脸台

鞋柜

绘制鞋柜的尺寸及形状时需注意：

(1)一般鞋柜深度约35cm。

(2)双层鞋柜深度为65～70cm。

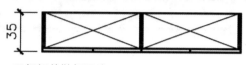

无柜框的鞋柜画法

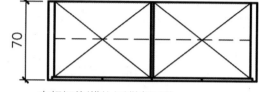

有柜框的(横拉门)鞋柜画法

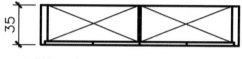

双层鞋柜画法

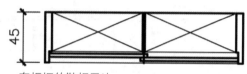

有柜框的鞋柜画法

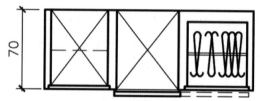

双层鞋柜 + 展示柜 + 衣柜组合的画法

衣柜

绘制衣柜的尺寸及形状时需注意：

(1)无门衣柜，大都使用在更衣室，而衣柜深度约在50cm。

(2)有门衣柜深度约在60cm。

(3)横拉门衣柜，需再加8～10cm滑轨尺寸。例如：

60cm(柜深)+10cm(滑轨)=70cm (横拉门高柜总深度)

(4)双层衣柜采用横拉门使用或者无门比较适用，而双层衣柜总深度约在100～115cm左右。

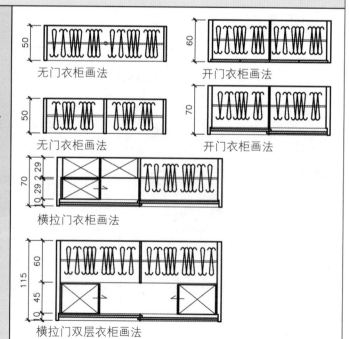

无门衣柜画法

开门衣柜画法

无门衣柜画法

开门衣柜画法

横拉门衣柜画法

横拉门双层衣柜画法

书桌+吊柜

绘制书桌、吊柜的尺寸及形状时需注意:

(1)书桌常使用的深度为±50~70cm。

(2)吊柜常使用的深度为±25~35cm。

(3)书桌及吊柜的宽度按照空间、设计者、使用者的不同需求进行调整。

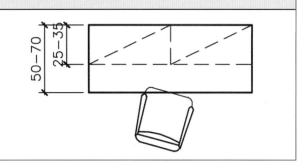

折门高柜

折门高柜常用于电视柜。

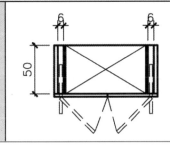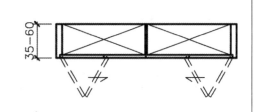

马桶

绘制马桶的尺寸及形状时需注意:马桶使用净宽度为±75~100cm。

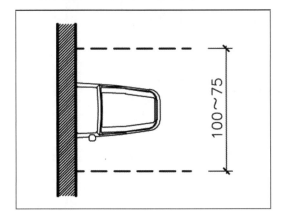

淋浴间

绘制淋浴间的尺寸及形状时需注意:

(1)淋浴间的使用宽度为±85~150cm。

(2)淋浴间的使用长度为±100~200cm。

(3)淋浴间的玻璃隔间门的宽度为±60~70cm。

(4)止水门槛宽度为±8~10cm。

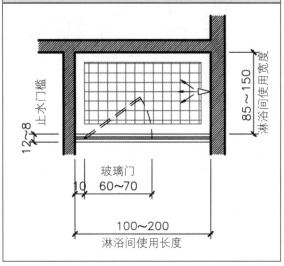

嵌入式浴缸

绘制嵌入式浴缸的尺寸及形状时需注意：

(1)常使用浴缸的长度为±150~190cm。

(2)常使用浴缸的宽度为±70~110cm。

(3)常使用浴缸的深度为±45~64cm。

(4)浴缸边缘的平台约在10~30cm，可设置浴缸四边平台、前后平台、左右平台等。

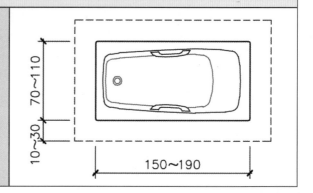

沙发

绘制沙发的尺寸及形状时需注意：

(1)一般沙发深度为±80~100cm，而深度超过100cm多为进口沙发，并不适合东方人体型。

(2)单人沙发(单人沙发)：宽度为±80~100cm。

(3)二人沙发：宽度为±150~200cm。

(4)三人沙发：宽度为±240~300cm。

(5)L型沙发：单座延长深度为±160~180cm。

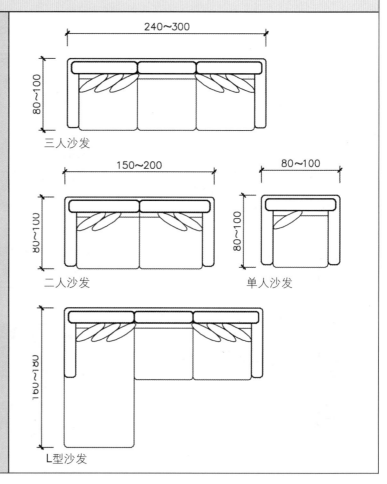

大小茶几

茶几的尺寸有很多种，例如：45cm×60cm、50cm×50cm、90cm×90cm、120cm×120cm等。当客厅的沙发配置确定后，才把茶几图块按照空间比例大小来调整尺寸及决定形状，这样不会让茶几在配置图上的比例过于奇怪。

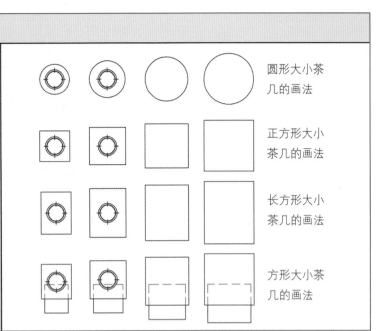

圆形大小茶几的画法

正方形大小茶几的画法

长方形大小茶几的画法

方形大小茶几的画法

床

绘制床的尺寸及形状时需注意：

(1)单人床：105cm x 186cm。

(2)双人床：150cm x 186cm。

(3)QUEEN SIZE双人床：180cm x 186cm。

(4)KING SIZE双人床：180cm x 210cm。

105
186
单人床

180
186
QUEEN SIZE双人床

150
186
双人床

180
210
KING SIZE双人床

铁卷门

联机条用于区分与其他门是不同的种类。

铁卷门的画法

暗门

绘制暗门的尺寸及形状时需注意：

(1)无框门与墙面或木制壁板利用相同的材质造型处理。

(2)任何"门"图块的绘制可以不用太复杂，但重线及细线要表现出来。

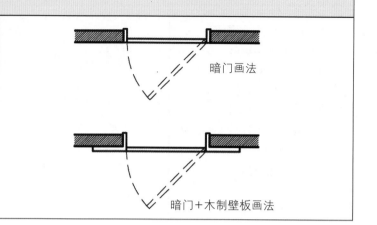

暗门画法

暗门＋木制壁板画法

开门

绘制开门的尺寸及形状时需注意：

(1)门框需凸出墙面1.5~2cm。

(2)门框面宽为±4cm，门厚度为±4cm。

(3)一般室内木制门(含门框)的宽度为±90cm；而厨房及卫生间的门(含门框)宽度为±80~90cm。

(4)木制门的画法有两种，主要是门框及有无门槛之差别。

(5)有门槛的门通常应用在卫生间、厨房、阳台入口等空间上。

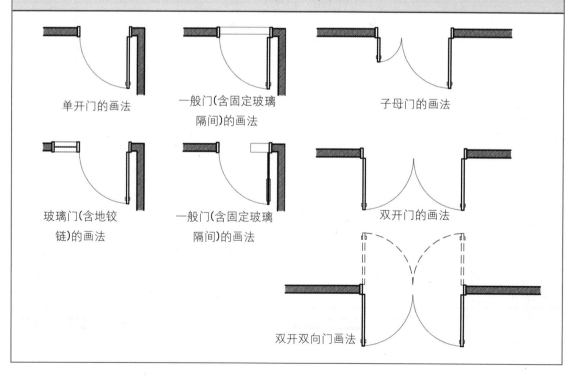

单开门的画法　一般门(含固定玻璃隔间)的画法　子母门的画法

玻璃门(含地铰链)的画法　一般门(含固定玻璃隔间)的画法　双开门的画法

双开双向门画法

横拉门

横拉门的每一扇宽度不得超过120cm。

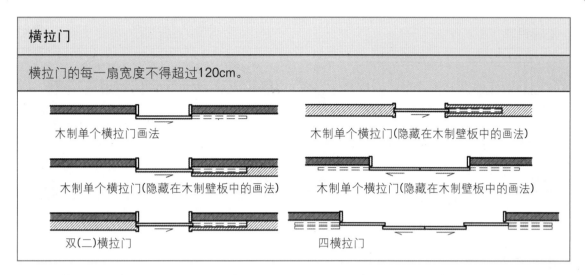

木制单个横拉门画法　　　　　　　木制单个横拉门(隐藏在木制壁板中的画法)

木制单个横拉门(隐藏在木制壁板中的画法)　　木制单个横拉门(隐藏在木制壁板中的画法)

双(二)横拉门　　　　　　　　　四横拉门

折门

折门的每一个门的宽度为±50~120cm。

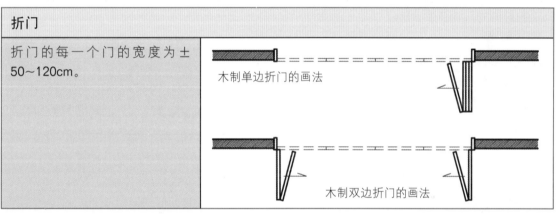

木制单边折门的画法

木制双边折门的画法

铝窗

绘制铝窗的尺寸及形状时需注意:

(1)铝窗造型多样,均依实际情况及设计者而定。

(2)可分为落地铝窗、飘窗、气窗、推窗、景观窗等。

(3)铝框料的厚度有10cm及12cm两种,面宽约为±4cm。

(4)推窗的开口面宽约为±75cm。

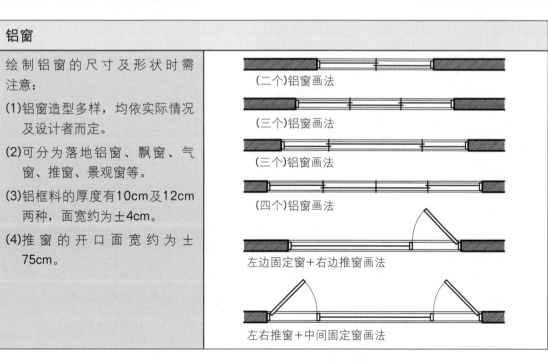

(二个)铝窗画法

(三个)铝窗画法

(三个)铝窗画法

(四个)铝窗画法

左边固定窗+右边推窗画法

左右推窗+中间固定窗画法

景观铝窗

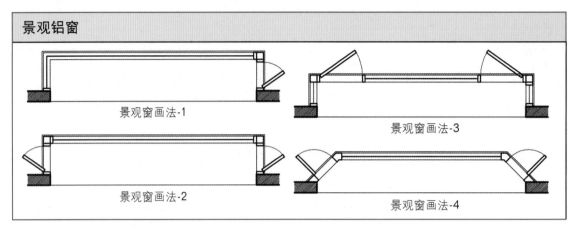

景观窗画法-1

景观窗画法-3

景观窗画法-2

景观窗画法-4

餐桌

绘制餐桌的尺寸及形状时需注意:

(1)根据餐厅的实际空间大小及流畅性来决定餐桌的尺寸及形状。

(2)需考虑住户(业主)成员的多寡。

(3)需考虑住户(业主)的生活饮食习惯。

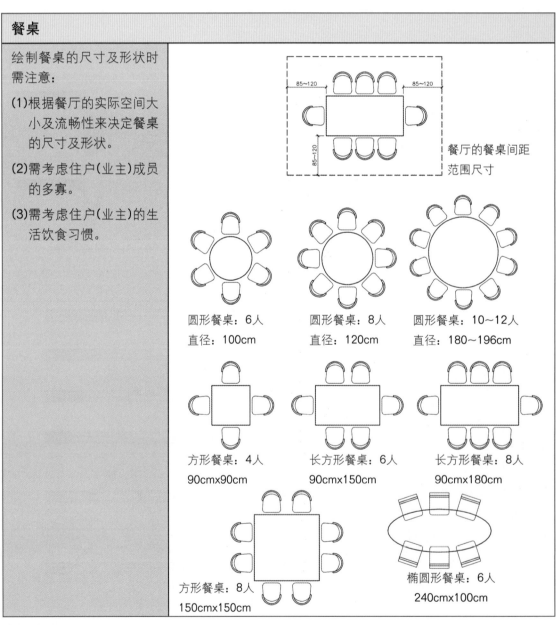

餐厅的餐桌间距
范围尺寸

圆形餐桌:6人
直径:100cm

圆形餐桌:8人
直径:120cm

圆形餐桌:10~12人
直径:180~196cm

方形餐桌:4人
90cm×90cm

长方形餐桌:6人
90cm×150cm

长方形餐桌:8人
90cm×180cm

方形餐桌:8人
150cm×150cm

椭圆形餐桌:6人
240cm×100cm

椅子

绘制椅子的尺寸及形状时需注意：

(1)因造型不同，尺寸有很多种，椅子宽度约为±40~80cm及深度为±37~80cm。

(2)椅子图块可以因使用空间的位置不同、空间不同采用不同样式的图块配置。

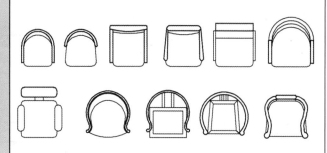

绿植

绘制绿植的尺寸及形状时需注意：

(1)用在室内的绿植图块，若只是点缀，可以使用一种样式配置。

(2)可依画面的比例，选择简易或者复杂的绿植图块。

(3)按照空间比例的需要，绿植需予以缩放处理。

洗衣机 / 烘衣机

绘制洗衣机/烘衣机的尺寸及形状时需注意：

(1)洗衣机：（宽）±60cm x（深）±60cmx(高)±95cm~105cm

(2)烘衣机：（宽）±60cm x（深）±60cm x(高)±86cm

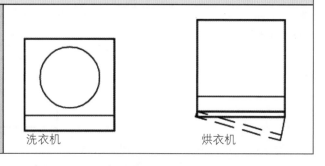

洗衣机　　　　　　烘衣机

灯具

绘制灯具的尺寸及形状时需注意：

(1)灯具的图块直径约为15cm。

(2)灯具的图块应用在客厅的空间中时，可以放大灯具的图块比例。

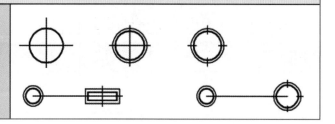

液晶电视

每个品牌的电视，尺寸也不相同，下列表格仅提供构建图块尺寸时的参考值。

寸	（W）宽×（H）高×（D）深 单位：mm	
32"	803×541×117	
37"	905×590×110	
40"	986×646×110	
42"	1054×730×104	
46"	1120×782×115	
52"	1262×871×149	

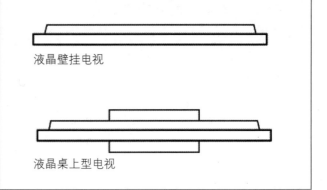

液晶壁挂电视

液晶桌上型电视

电脑

绘制电脑的尺寸及形状时需注意：

(1)液晶电脑：(宽)±50cm x(深)±20cm x(高)±42cm

(2)笔记本电脑：(宽)±36cm x(深)±28cm x(高)±42cm

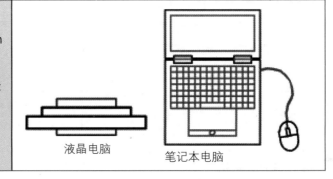

液晶电脑　　笔记本电脑

冰箱(又称REF)

绘制冰箱的尺寸及形状时需注意：

(1)冰箱-A：(宽)±46cm x(深)±53cm x(高)±78cm

(2)冰箱-B：(宽)±60cm x(深)±60cm x(高)±121~158cm

(3)冰箱-C：(宽)±90cm x(深)±60cm x(高)±121~158cm

(4)冰箱-D：(宽)±120 x(深)±74cm x(高)±178cm

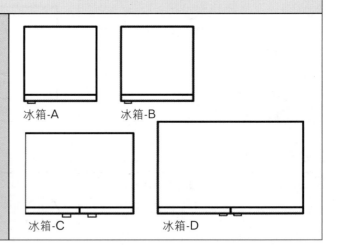

冰箱-A　　　冰箱-B

冰箱-C　　　冰箱-D

3-2 图块及物体的构建注意事项

平面配置图所使用到的既定图块（BLOCK）有卫浴设备、厨房设备、家电设备、活动家具等，木制部分尽量不要使用做好的图块，因为木制部分因设计需求的不同，变化会比较大，通常在绘制平面配置图时再绘制。木制部分是以实体制作的形体来绘制，不需把板材与板材间拼接的细节绘制出来，只要将形体结构绘制出来就可以了。整体来说虽然比较费工，但可以让平面配置图精致化。构建图块或绘制物体时需注意如下几点。

+ 图块构建要有深浅高低

举例1

沙发图块-1的物体均为使用单一颜色及单一笔宽构建的图块，呈现生硬状态，也无法得知此物体的深浅或高低；沙发图块-2的物体就以实体的变化、以深浅高底的概念变更线条的颜色，图块物体能通过简单的线条组合明确地表现物体的高或低。

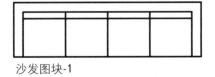
沙发图块-1

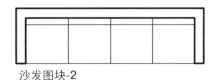
沙发图块-2

+ 图块不宜太复杂也不要太呆板

通常应用在平面配置图中的图块所面临的问题是屋子面积大小不一，另外，所使用到的比例也会不同。当使用比例为1:50或者1:60时，复杂的图块很清楚，但应用在比例为1:100时线条会叠加在一起，所以，需注意构建图块复杂程度上所产生的问题。

举例2

冰箱图块-1的物体，只用方型去表示而太过单调，在平面配置图上很难辨别是何种物体；冰箱图块-2的物体，太过复杂；冰箱图块-3的物体为适中，形体能辨别，也不会因比例的问题而影响到图块物体。

冰箱图块-1　　　　冰箱图块-2　　　　冰箱图块-3

举例3

窗户是平剖时所剖到的物体，窗户图块-1 的物体使用双线厚度时，因比例上的问题，线条几乎叠加在一起，经过多次复印时，会让窗户的样式变得模糊。而窗户图块-2 的物体则使用单一线条绘制，不会因比例变大或者重复性复印而模糊了窗户的造型。

窗户图块-1

窗户图块-2

+ 尽量不要使用简易既有图块

木制高矮柜尽量不要使用简易既有图块，因为这样无法在平面图的画面上辨别出是木制高矮柜还是系统高矮柜。

高矮柜的画法	说明
一般常见高矮柜画法 ×	这是常见简易高矮柜的画法，但无法区别是系统或者木制，以及柜面样式是否有门
系统高矮柜画法 〇 80 90 80	这是系统高矮柜的画法，标识文字可以明确地表示每个柜体都有固定尺寸，左右边角剩下的不足尺寸会以立板封住缝
木制高矮柜画法 〇 84 84 84	这是有框有门的高矮木制柜的画法，标识尺寸可以明确地表示每个柜体都是按照现场实际总宽做等分处理，让整体柜体刚好足尺寸制作，而且也不会浪费任何空间
一般常见衣柜画法 ×	这是常见简易的衣柜画法，但无法区别柜面样式是否有门
木制衣柜画法 〇	此衣柜物体是依实体平剖绘制而成，门数及柜体结构分割也很清楚，也区分了左侧无门展示柜与衣柜

3-3 | 图块及物体的绘制流程

对刚学习电脑绘图的初学者而言,图块的绘制虽然有点复杂,但应用在室内的平面配置图上却是非常实用的。在绘制时,大部分是以辅助线再用矩形或者多段线去组合图块,而不是反复用一条线逐一组合而成,这样做的好处是若此物体在没有作为群组的图块情况下移动时,不会造成物体选取困难或者支离破碎。

本节将给出单一物体图块的绘制流程,可以带你熟悉绘制方法,但不能明确知道物体的组合尺寸为何,例如门的厚度是多少?铝窗、铝框的尺寸有哪些?但这些可以在绘制操作中了解。

由于 AutoCAD 命令的功能是有重复性的,线与线的组合方式有很多种,因此依个人习惯绘制流程也会略有不同,但切记以下几点:

- 在构建或者绘制线条时,必须打开"对象捕捉"功能,若不这样设置,容易发生线与线没有连接或无闭合的情况。

- 在做剖面线(HATCH)时,会搜索不到闭合的范围而无法执行,连编辑多段线也无法执行。

- 在平移或者垂直移动图块及物体时,键盘上F8键的开与关需根据绘制需要适时切换,若没有注意会让线条或图块略有倾斜。

 关于卫浴设备的图块使用,本书并没有介绍,是因为图块本身比较复杂,线条绘制上很难达到顺畅及详尽,只要到卫浴设备的网站,便可搜索到卫浴设备的 CAD 文档图块,下载后重新整理图块的线条、图层及调整比例就可以使用了。而比例部分需注意的是,网站上卫浴设备的 CAD 图块均以毫米为单位构建,需下载后在 AutoCAD 环境下执行 SCALE(比例)命令,并且输入 0.1 的数值即可将以毫米为单位的图块缩小为以厘米为单位的图块,便于后续的应用。

+ 门的画法

 命令:LINE(线)

❶ 选取一个开门洞的开口,进行门的绘制

❷ 指定第一点:→单击相交点(A)点

❸ 指定下一点或[放弃(U)]:→鼠标拖曳至(B)点位置单击 ✔

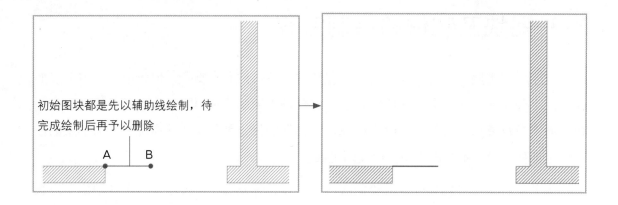

初始图块都是先以辅助线绘制，待完成绘制后再予以删除

STEP 2 命令：LINE(线)

❶ 指定第一点：→单击相交点(A)点

❷ 指定下一点或[放弃(U)]：→鼠标拖曳至(B)点位置单击 ✔

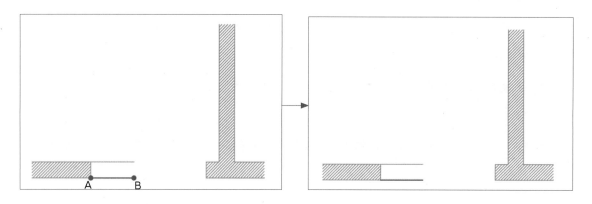

STEP 3 命令：LINE(线)

❶ 指定第一点：→单击相交点(A)点

❷ 指定下一点或[放弃(U)]：→鼠标拖曳至(B)点位置单击 ✔

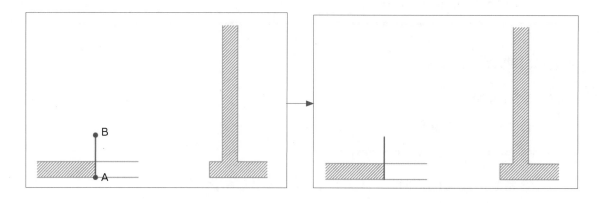

STEP
4

命令：OFFSET(偏移复制)

❶ 指定偏移距离或 [通过(T)/删除(E)/图层(L)]：4 → 输入数值 "4" ✎

❷ 选择要偏移的对象，或 [退出(E)/放弃(U)] <退出>：→单击需要偏移的线条(A)

❸ 指定要偏移的那一侧上的点，或 [退出(E)/多个(M)/放弃(U)] <退出>：→单击右方空白处
(B)点 ✎

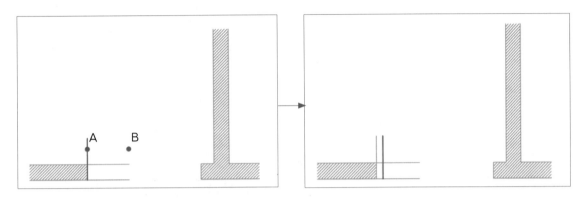

STEP
5

命令：OFFSET(偏移复制)

❶ 指定偏移距离或 [通过(T)/删除(E)/图层(L)]：2 → 输入数值 "2" ✎

❷ 选择要偏移的对象，或 [退出(E)/放弃(U)] <退出>：→单击需要偏移的线条(A)

❸ 指定要偏移的那一侧上的点，或 [退出(E)/多个(M)/放弃(U)] <退出>：→单击上方空白处
(B)点 ✎

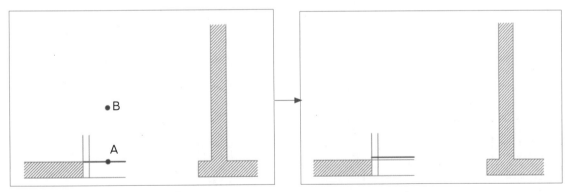

门框并不与壁面同齐，因为当两种接口材质不同而
相平接时，会产生破口。再者当制作踢脚线遇到门
框时会产生无法收尾的问题，所以，门框绘制需凸
出壁面1.5cm或2cm。只有因设计而采用暗门(隐藏
门)时，门框才会与壁面同齐。

STEP 6 命令：OFFSET(偏移复制)

❶ 指定偏移距离或 [通过(T)/删除(E)/图层(L)]：2 →输入数值 "2" ✔

❷ 选择要偏移的对象，或[退出(E)/放弃(U)] <退出>：→单击需要偏移的线条(A)

❸ 指定要偏移的那一侧上的点，或 [退出(E)/多个(M)/放弃(U)] <退出>：→单击下方空白处
　 (B)点 ✔

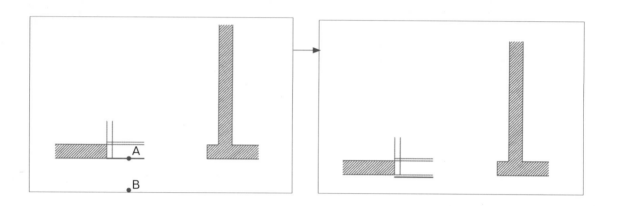

STEP 7 命令：MOVE(移动)

❶ 选择对象：→鼠标单击(A)点至(B)点进行框选 ✔

❷ 指定基点或 [位移(D)] <位移>：→单击(C)对象，鼠标往下方拖曳

❸ 指定第二个点或 <使用第一个点作为位移>：2 →输入 "2" 为位移数值 ✔

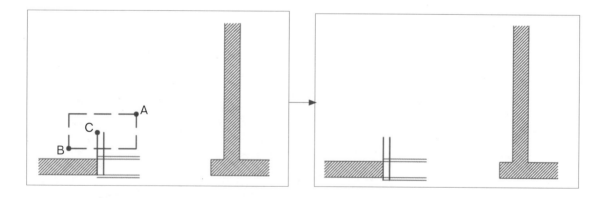

STEP 8 命令操作：

❶ 命令：RECTANG(矩形)

❷ 指定第一个角点或 [倒角(C)/标高(E)/圆角(F)/厚度(T)/宽度(W)]：→单击相交点(A)点至相交点(B)点

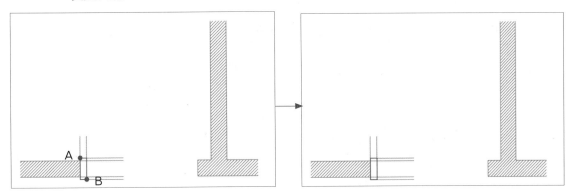

STEP 9 命令：ERASE(删除)

选择对象：选取不再使用的辅助线，并予以删除(红色线段为需删除的部分)

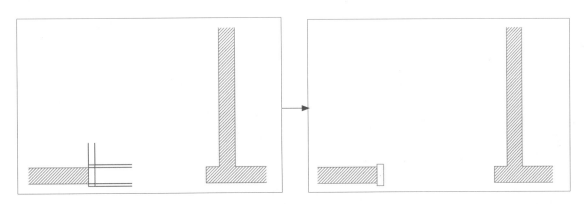

STEP 10 命令：LINE(线)

❶ 指定第一点：→单击相交点(A)点

❷ 指定下一点或[放弃(U)]：→鼠标拖曳至(B)点位置单击 ↙

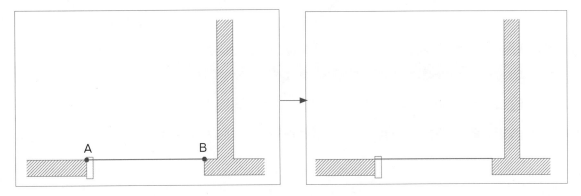

STEP 11 命令：MIRROR(镜像)

❶ 选择对象：→选取左侧矩形框对象(A)

❷ 指定镜像线的第一点：→单击中心点(B)点

❸ 指定镜像线的第二点：→鼠标往下拖曳至(C)点单击

❹ 要删除源对象吗？[是(Y)/否(N)] <N>：N →输入 "N" 保留原有源对象

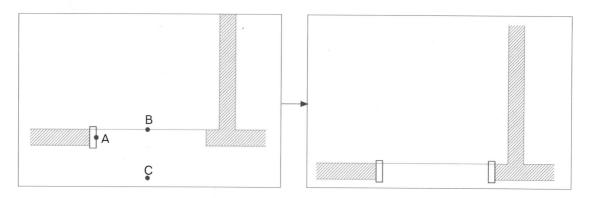

STEP 12 命令：ERASE(删除)

选择对象：选取不再使用的辅助线，并予以删除(红色线段为需删除的部分)

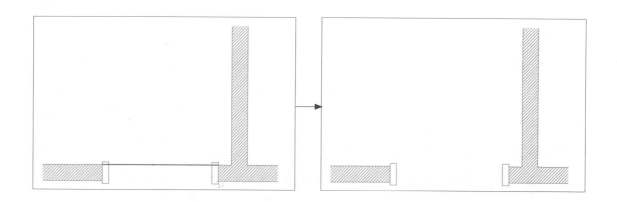

STEP 13 ❶ 命令：COPY(复制)

❷ 选择对象：→单击右边门框的矩形对象

❸ 指定基点或 [位移(D)/模式(O)] <位移>：→单击(A)点对象

❹ 指定第二个点或 <使用第一个点作为位移>：→拖曳至相交点(B)点

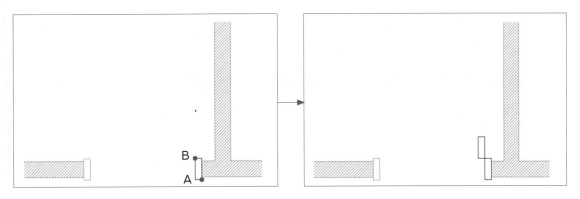

STEP 14 命令：LINE(线)

❶ 指定第一点：→单击相交点(A)点

❷ 指定下一点或[放弃(U)]：→鼠标拖曳至(B)点位置单击 ↙

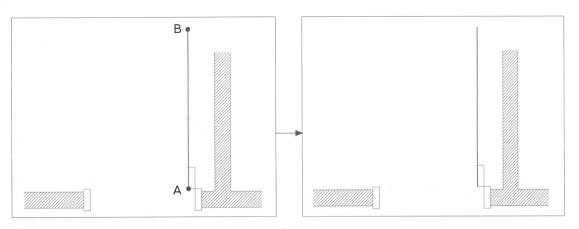

STEP 15 命令：CIRCLE(圆)

❶ 指定圆的中心点或[三点(3P)/两点(2P)/相切、相切、半径(T)]：→单击相交点(A)点

❷ 指定圆的半径或[直径(D)]：→鼠标拖曳至垂直点(B)点单击

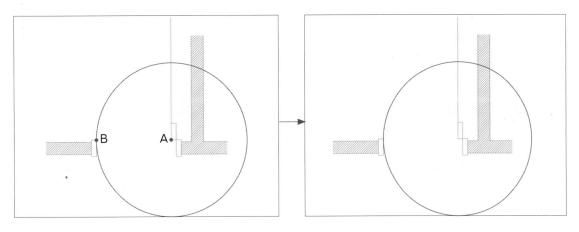

STEP 16

命令：LINE(线)

❶ 指定第一点：→单击相交点(A)点

❷ 指定下一点或[放弃(U)]：→鼠标拖曳至(B)点位置单击 ↙

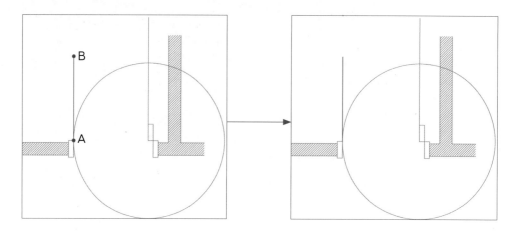

STEP 17

命令：LINE(线)

❶ 指定第一点：→单击相交点(A)点

❷ 指定下一点或[放弃(U)]：→鼠标拖曳至(B)点位置单击 ↙

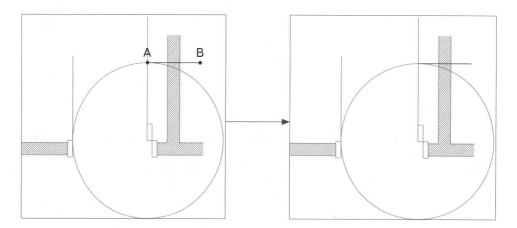

STEP 18 命令：TRIM(修剪)

❶ 选择对象：→选取(A)(B)点线段 ↙

❷ 选取要修剪的对象，或按住Shift键并选取对象以延伸或[投影(P)/边缘(E)/放弃(U)]：→选
取(C)(D)点线段 ↙

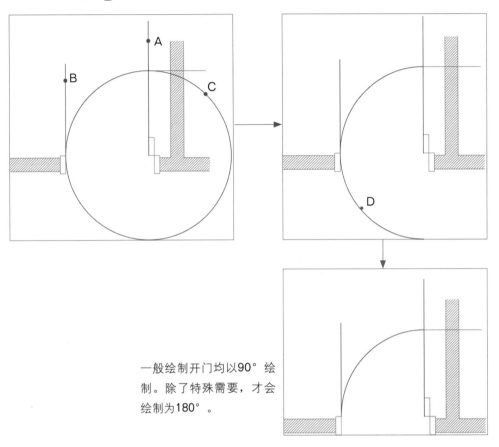

一般绘制开门均以90°绘
制。除了特殊需要，才会
绘制为180°。

STEP 19 命令：ERASE(删除)

选择对象：选取不再使用的辅助线，并予以删除(红色线段为需删除的部分)

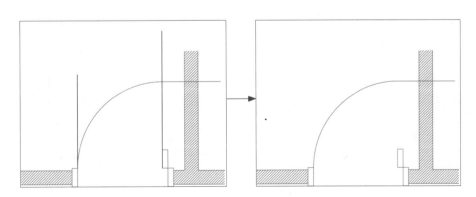

STEP
20

命令：STRETCH(拉伸)

❶ 以"框选窗"或"多边形框选"选取要拉伸的对象……选择对象：→单击(A)点至(B)点框选对象

❷ 指定基点或 [位移(D)] <位移>：→单击中心点的(C)点

❸ 指定位移的第二点或 <使用第一点作位移>：→单击线段垂直点于(D)点

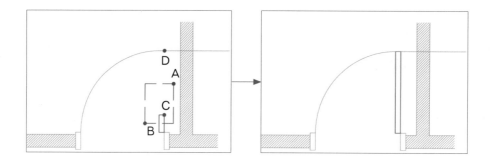

STEP
21

命令：ERASE(删除)

选择对象：选取不再使用的辅助线，并予以删除(红色线段为需删除的部分)

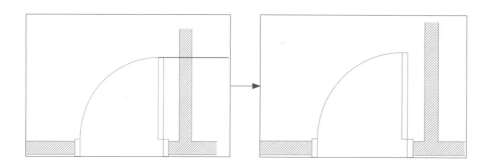

STEP
22

更改正确的图层及颜色，门绘制完成

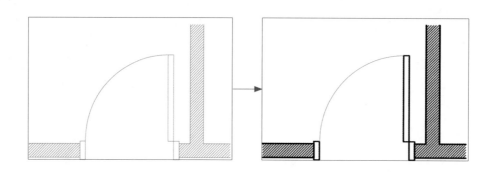

> **注意**
>
> 门框之间加上(A)(B)点线段表示为门槛，一般门槛深度为5~10cm左右(是指(A)(B)线段之间的间距值)，而门槛主要起阻水作用，常用在卫生间、厨房、阳台等处。

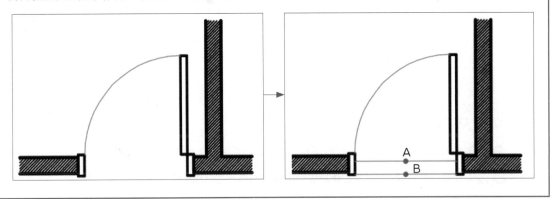

+ 铝窗的画法

STEP 1　命令：LINE(线)

① 选取一个开窗洞的开口，绘制铝窗

② 指定第一点：→单击相交点(A)点

③ 指定下一点或[放弃(U)]：→鼠标拖曳至(B)点位置单击 ↙

绘制初期都是先以辅助线绘制，完成后再予以删除

STEP 2　① 命令：OFFSET(偏移复制)

② 指定偏移距离或 [通过(T)/删除(E)/图层(L)]：10 →输入数值"10" ↙

③ 选取要偏移的物体或 <结束>：→单击需要偏移的(A)点线条

④ 指定要偏移的那一侧上的点，或 [退出(E)/多个(M)/放弃(U)] <退出>复制的点：→单击上方空白处(B)点 ↙

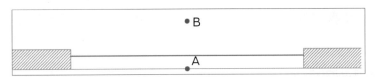

铝窗框分为10cm及12cm两种最常用的尺寸，但为了让铝窗能出现窗台
线条，会使用10cm以下的尺寸绘制

STEP 3 命令：LINE(线)

❶ 指定第一点：→单击相交点(A)点

❷ 指定下一点或[放弃(U)]：→鼠标拖曳至(B)点单击 ✔

STEP 4 命令：OFFSET(偏移复制)

❶ 指定偏移距离或[通过(T)/删除(E)/图层(L)]：4 →输入数值"4" ✔

❷ 选择要偏移的对象，或[退出(E)/放弃(U)]<退出>：→单击需要偏移的(A)点线条

❸ 指定要偏移的那一侧上的点，或[退出(E)/多个(M)/放弃(U)]<退出>：→单击右方空白处(B) ✔

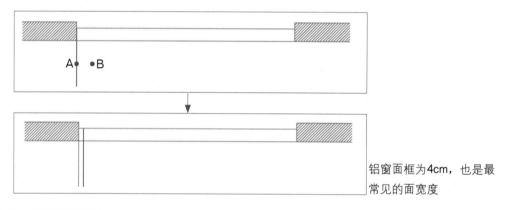

铝窗面框为4cm，也是最常见的面宽度

STEP 5 命令：ERASE(删除)

选择对象：选取不再使用的辅助线，并予以删除(红色线段为需删除的部分)

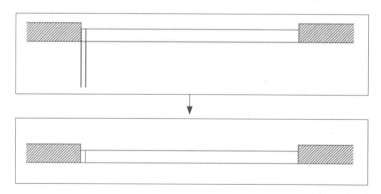

STEP 6 命令：RECTANG(矩形)

指定第一个角点或[倒角(C)/标高(E)/圆角(F)/厚度(T)/宽度(W)]：→鼠标单击(A)点拖曳至(B)点单击

命令：MIRROR(镜像)

❶ 选择对象：→选取左侧矩形框对象(A)

❷ 指定镜像线的第一点：→单击中心点(B)点 ✔

❸ 指定镜像线的第二点：→鼠标往下拖曳至(C)点

❹ 要删除源对象吗？[是(Y)/否(N)] <N>：N→输入"N"保留原有源对象 ✔

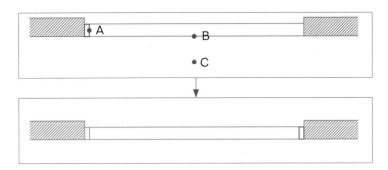

命令：LINE(线)

❶ 指定第一点：→单击相交点(A)点

❷ 指定下一点或[放弃(U)]：→鼠标拖曳至(B)点位置单击 ✔

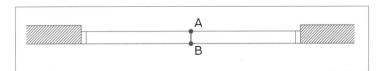

命令：DIVIDE(等分)

❶ 选择要等分的对象：→选取需等分的线条

❷ 输入线段数目或 [块(B)]：3 →输入数值"3" ✔

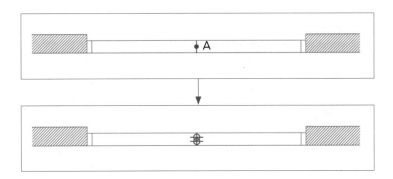

STEP 10

命令：LINE(线)

❶ 指定第一点：→单击相交点(A)点

❷ 指定下一点或[放弃(U)]：→鼠标拖曳至(B)点位置单击 ✎

铝窗单一门不要绘制双线，当图比例较大时，双线条会叠
加在一起成为粗线条

STEP 11

命令：LINE(线)

❶ 指定第一点：→单击相交点(A)点

❷ 指定下一点或[放弃(U)]：→鼠标拖曳至(B)点单击 ✎

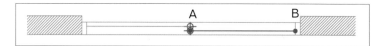

STEP 12

命令：ERASE(删除)

选择对象：选取不再使用的辅助线，并予以删除

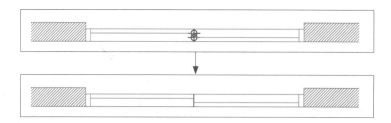

STEP 13

命令：STRETCH(拉伸)

❶ 选择对象：→鼠标单击(A)点至(B)点框选线段 ✎

❷ 指定基准线或位移：→单击端点(C)点，鼠标拖曳至(D)点

❸ 指定位移的第二点或<使用第一点作位移>：3→输入数值"3"，为偏移拉伸数值 ✎

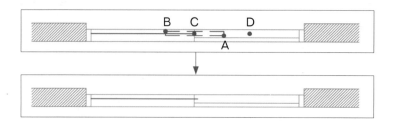

STEP 14

命令：STRETCH(拉伸)

❶ 选择对象：→鼠标单击(A)点至(B)点框选线段 ✔

❷ 指定基准线或位移：→单击端点(C)点，鼠标拖曳至(D)点

❸ 指定位移的第二点或＜使用第一点作位移＞：3→输入"3"，为偏移拉伸数值 ✔

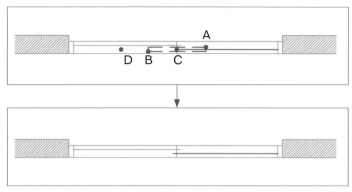

STEP 15

命令：STRETCH(拉伸)

❶ 选择对象：→鼠标单击(A)点至(B)点框选线段 ✔

❷ 指定基准线或位移：→单击端点(C)点，鼠标拖曳至(D)点

❸ 指定位移的第二点或 ＜使用第一点作位移＞：3→输入数值"3"，为偏移拉伸数值 ✔

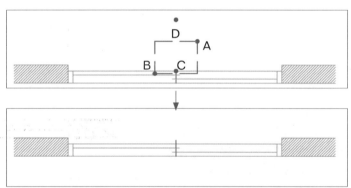

STEP 16

命令：STRETCH(拉伸)

❶ 选择对象：→鼠标单击(A)点至(B)点框选线段 ✔

❷ 指定基准线或位移：→单击端点(C)点，鼠标拖曳至(D)点

❸ 指定位移的第二点或 ＜使用第一点作位移＞：3 →输入"3"，为偏移拉伸数值 ✔

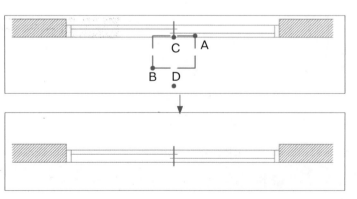

STEP 17 命令：LINE(线)

❶ 指定第一点：→单击相交点(A)点

❷ 指定下一点或[放弃(U)]：→鼠标拖曳至(B)点位置单击 ✎

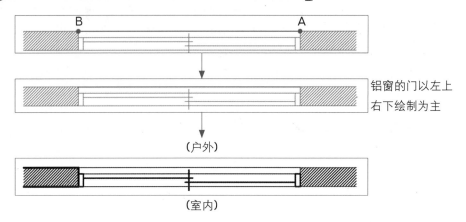

铝窗的门以左上右下绘制为主

（户外）

（室内）

STEP 18 更改正确的图层及颜色，铝窗绘制完成

注意

铝窗绘制完成后，再更改正确的图层及颜色，而在更改窗户线条颜色时需注意(A)(B)点的线段，因为铝窗高低不一，通常分为落地铝窗、飘窗、气窗(用于卫生间的窗户)，为了让窗户在平面图上能区分高低差异，可在(A)(B)点的线段上依窗户的高度而更改颜色。

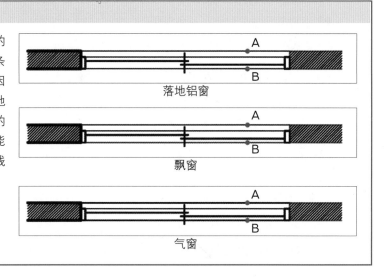

落地铝窗

飘窗

气窗

+ 木制高柜（开门）的画法

STEP 1 命令：LINE(线)

❶ 指定第一点：→单击相交点(A)点

❷ 指定下一点或[放弃(U)]：→鼠标拖曳至(B)点位置单击 ✎

A ————————————————— B

绘制初期都是先以辅助线绘制，完成后再予以删除

STEP 2

命令：LINE(线)

❶ 指定第一点：→单击相交点(A)点

❷ 指定下一点或[放弃(U)]：→鼠标拖曳至(B)点位置单击 ↙

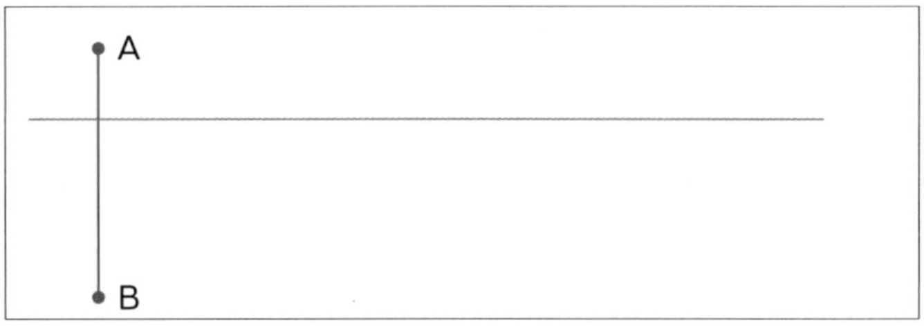

STEP 3

命令：OFFSET(偏移复制)

❶ 指定偏移距离[通过(T)]：180→输入数值“180” ↙

❷ 选择要偏移的对象，或［退出(E)/放弃(U)］<退出>：→单击需要偏移的(A)点线条

❸ 指定要偏移的那一侧上的点，或［退出(E)/多个(M)/放弃(U)］<退出>：→ 单击右侧空白处(B)点 ↙

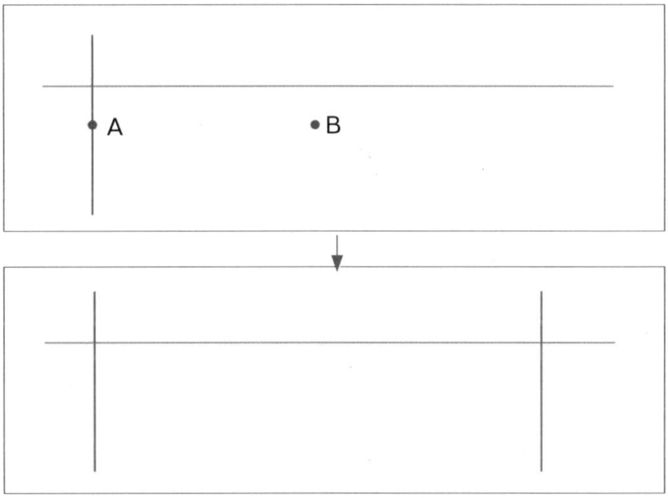

STEP 4

命令：OFFSET(偏移复制)

❶ 指定偏移距离或［通过(T)/删除(E)/图层(L)］：45→输入数值“45” ↙

❷ 选择要偏移的对象，或［退出(E)/放弃(U)］<退出>：→单击需要偏移的(A)点线条

❸ 指定要偏移的那一侧上的点，或［退出(E)/多个(M)/放弃(U)］<退出>：→单击下方空白处(B)点 ↙

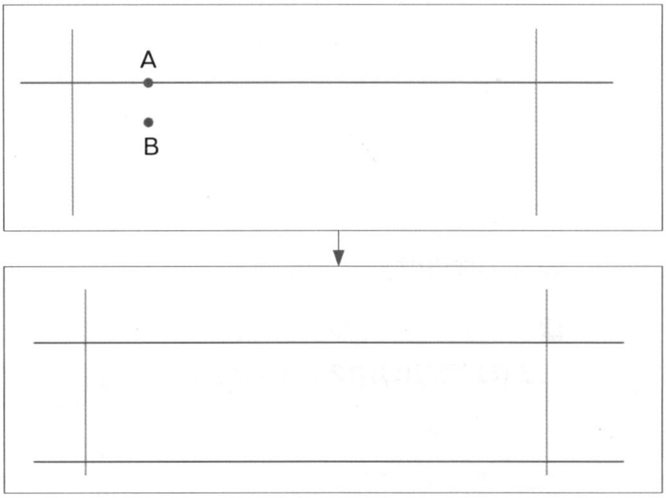

STEP 5 命令：OFFSET(偏移复制)

❶ 指定偏移距离或［通过(T)/删除(E)/图层(L)］：3 →输入数值 "3" ✔

❷ 选择要偏移的对象，或［退出(E)/放弃(U)］＜退出＞：→单击需要偏移的(A)点线条

❸ 指定要偏移的那一侧上的点，或［退出(E)/多个(M)/放弃(U)］＜退出＞：→单击上方空白处(B)点 ✔

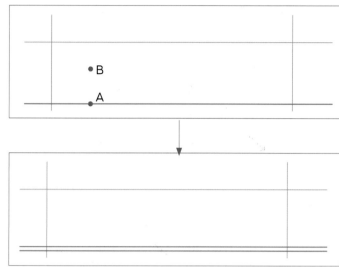

柜门是使用大芯板（厚度为1.8cm）制作，就算表面敷以装饰材质，柜门实际制作的最大厚度约2.4cm，为了让线条分明，会采用3cm绘制

STEP 6 命令：OFFSET(偏移复制)

❶ 指定偏移距离或［通过(T)/删除(E)/图层(L)］：4 →输入数值 "4" ✔

❷ 选择要偏移的对象，或［退出(E)/放弃(U)］＜退出＞：→单击需要偏移的(A)点线条

❸ 指定要偏移的那一侧上的点，或［退出(E)/多个(M)/放弃(U)］＜退出＞：→单击右侧空白处(B)点 ✔

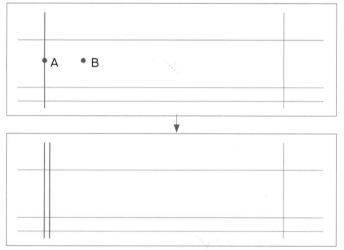

开门式的高柜，可以绘制为有框或者无框，依设计为准

STEP 7 命令：OFFSET(偏移复制)

❶ 指定偏移距离或［通过(T)/删除(E)/图层(L)］：2 →输入数值 "2" ✔

❷ 选择要偏移的对象，或［退出(E)/放弃(U)］＜退出＞：→单击需要偏移的(A)点线条

❸ 指定要偏移的那一侧上的
点，或 [退出(E)/多个(M)/
放弃(U)] <退出>：→单击
右侧空白处(B)点 ↙

为了让柜门在关起来时增加密合度及阻挡效果，会在柜子的内侧再封大芯板（厚度约为1.8cm），但在绘制时只要2cm就可以了

STEP
8

命令：PLINE(多段线)

❶ 指定起点：→单击取
起点

❷ 指定下一点或[弧(A)/闭合
(C)/半宽(H)/长度(L)/放弃
(U)/宽度(W)]：→单击至
结束点 ↙

STEP
9

命令：LINE(线)

❶ 指定第一点：→单击相交
点(A)点

❷ 指定下一点或[放弃(U)]：
→鼠标拖曳至(B)点位置单
击 ↙

STEP
10

命令：ERASE(删除)

选择对象：选取不再使用的辅
助线，并予以删除(红色线段
为需删除的部分)

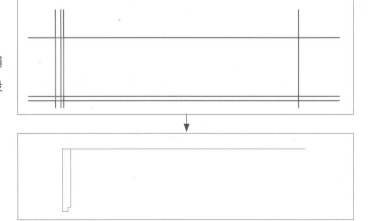

STEP 11 命令：MIRROR(镜像)

1 选择对象：→单击(A)点对象 ✔

2 指定镜像线的第一点：→单击中心点(B)点

3 指定镜像线的第二点：→鼠标往下拖曳至空白处(C)单击

4 要删除源对象吗？[是(Y)/否(N)] <N>：N →输入"N"保留原有源对象 ✔

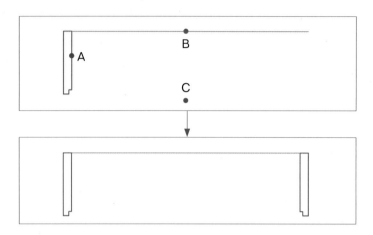

STEP 12 命令：LINE(线)

1 指定第一点：→单击相交点(A)点

2 指定下一点或[放弃(U)]：→鼠标拖曳至(B)点位置单击 ✔

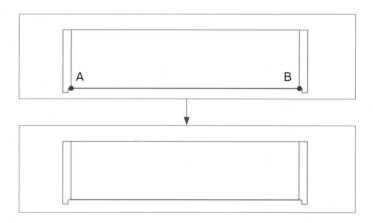

STEP 13 命令：COPY(复制)

❶ 选择对象：→单击(A)点对象

❷ 指定基点或 [位移(D)] <位移>[多重(M)]：→单击(A)点线条

❸ 指定第二个点或 <使用第一个点作为位移>：→单击(B)点

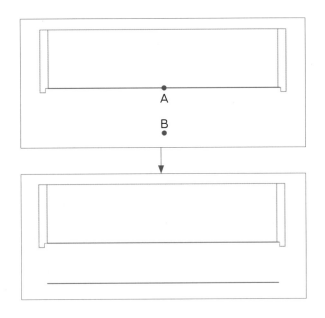

STEP 14 命令：DIVIDE(等分)

❶ 选择要等分的对象：→选取需等分的线条

❷ 输入线段数目或 [块(B)]：4 →输入数值"4"

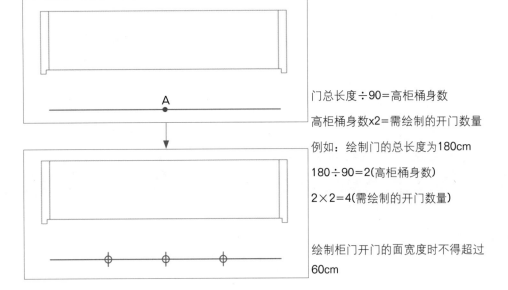

门总长度÷90=高柜桶身数

高柜桶身数x2=需绘制的开门数量

例如：绘制门的总长度为180cm

180÷90=2(高柜桶身数)

2×2=4(需绘制的开门数量)

绘制柜门开门的面宽度时不得超过60cm

STEP 15 命令：LINE(线)

❶ 指定第一点：→单击(A)点

❷ 指定下一点或[放弃(U)]：→鼠标拖曳至(B)点位置单击 ✔

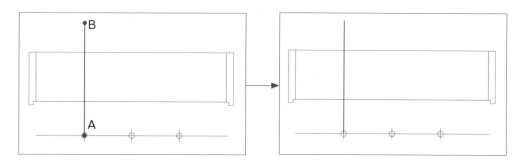

STEP 16 命令：RECTANG(矩形)

指定第一个角点或 [倒角(C)/标高(E)/圆角(F)/厚度(T)/宽度(W)]：→鼠标单击(A)点，拖曳至 (B)点单击

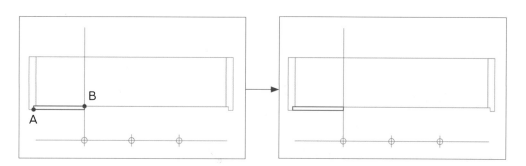

STEP 17 命令：ERASE(删除)

选择对象：选取不再使用的辅助线，并予以删除(红色线段为需删除的部分)

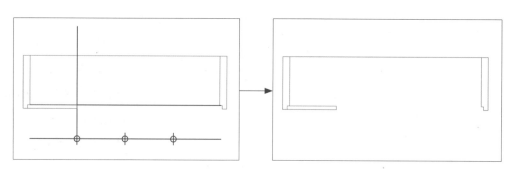

STEP 18 命令：MIRROR(镜像)

❶ 选择对象：→单击(A)点对象 ↙

❷ 指定镜像线的第一点：→单击(B)点

❸ 指定镜像线的第二点：→鼠标往下拖曳至(C)点单击

❹ 要删除源对象吗？[是(Y)/否(N)] <N>：N ↙

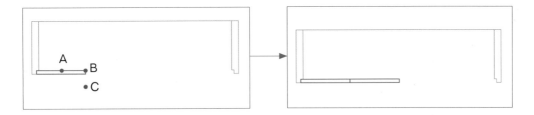

STEP 19 命令：MIRROR(镜像)

❶ 选择对象：→单击(A)点和(B)点进行框选 ↙

❷ 指定镜像线的第一点：→单击(C)点

❸ 指定镜像线的第二点：→鼠标往下拖曳至(D)点单击

❹ 要删除源对象吗？[是(Y)/否(N)] <N>：N →输入"N"保留原有源对象 ↙

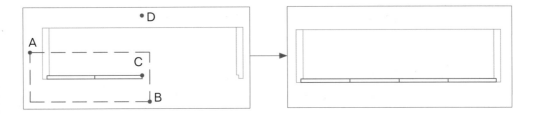

STEP 20 命令：LINE(线)

❶ 指定第一点：→单击相交点(A)点

❷ 指定下一点或[放弃(U)]：→鼠标拖曳至(B)点位置单击 ↙

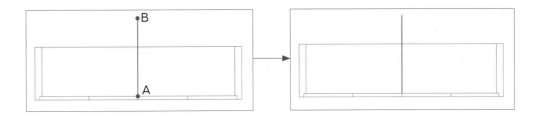

STEP 21 命令：OFFSET(偏移复制)

❶ 指定偏移距离或 [通过(T)/删除(E)/图层(L)]：1 → 输入数值 "1" ✎

❷ 选择要偏移的对象，或[退出(E)/放弃(U)] <退出>：→ 单击需要偏移的(A)点线条

❸ 指定要偏移的那一侧上的点，或 【退出(E)/多个(M)/放弃(U)】 <退出>：→ 单击左侧空白处
(B)点 ✎

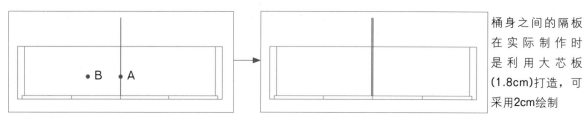

桶身之间的隔板在实际制作时是利用大芯板(1.8cm)打造，可采用2cm绘制

STEP 22 命令：OFFSET(偏移复制)

❶ 指定偏移距离或 [通过(T)/删除(E)/图层(L)]：3 → 输入数值 "3" ✎

❷ 选择要偏移的对象，或 [退出(E)/放弃(U)] <退出>：→ 单击需要偏移的(A)点线条

❸ 指定要偏移的那一侧上的点，或 【退出(E)/多个(M)/放弃(U)】 <退出>：→ 单击右侧空白处
(B)点 ✎

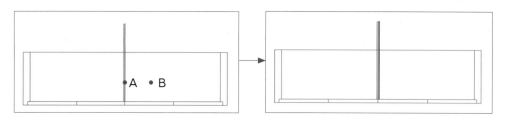

STEP 23 命令：RECTANG(矩形)

指定第一个角点或 [倒角(C)/标高(E)/圆角(F)/厚度(T)/宽度(W)]：→ 鼠标单击(A)点，拖曳至
(B)点单击

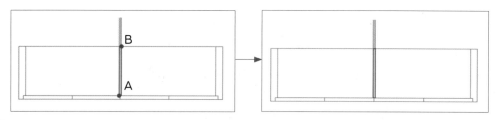

STEP 24 命令：ERASE(删除)

选择对象：选取不再使用的辅助线，并予以删除(红色线段为需删除的部分)

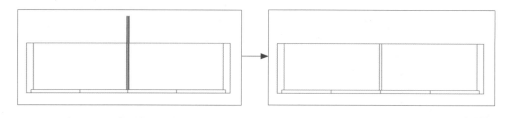

STEP 25 命令：LINE(线)

❶ 指定第一点：→单击相交点(A)点

❷ 指定下一点或[放弃(U)]：→鼠标拖曳至(B)点位置单击

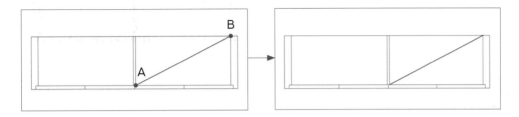

STEP 26 命令：LINE(线)

❶ 指定第一点：→单击相交点(A)点

❷ 指定下一点或[放弃(U)]：→鼠标拖曳至(B)点位置单击 ↙

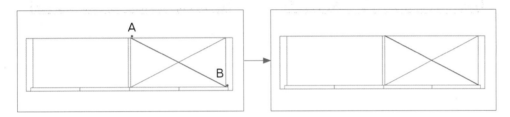

STEP 27 命令：COPY(复制)

❶ 选择对象：→单击(A)(B)点对象 ↙

❷ 指定基点或 [位移(D)] <位移>[多重(M)]：→单击(C)点

❸ 指定第二个点或 <使用第一个点作为位移>：→拖曳对象至(D)点

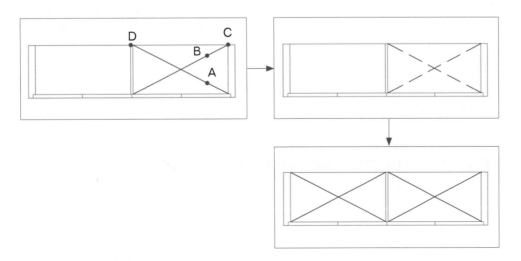

STEP 28 更改正确的图层及颜色，木质高柜(开门)绘制完成。

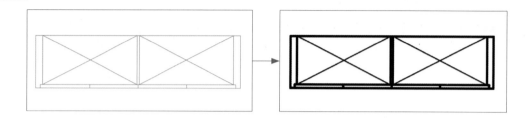

注意

桶身与桶身之间的隔板要尽量避免绘制错误，如下图所示的两个高柜都是错误的画法，主要原因是开门采用铰链五金并固定于门和桶身的侧板，两者均需存在。

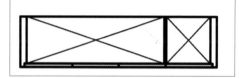 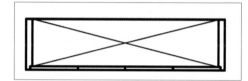

+ 木制高柜(拉门)的画法

STEP 1 命令：LINE(线)

❶ 指定第一点：→单击相交点(A)点

❷ 指定下一点或[放弃(U)]：→鼠标拖曳至(B)点位置单击 ↙

绘制初期都是先以辅助线绘制，完成后再予以删除

STEP 2 命令：LINE(线)

❶ 指定第一点：→单击相交点(A)点

❷ 指定下一点或[放弃(U)]：→鼠标拖曳至(B)点位置单击 ↙

STEP 3

命令：OFFSET(偏移复制)

❶ 指定偏移距离或 [通过(T)/删除(E)/图层(L)]：180 →输入数值"180" ↙

❷ 选择要偏移的对象，或[退出(E)/放弃(U)]<退出>：→单击需要偏移的(A)点线条

❸ 指定要偏移的那一侧上的点，或 [退出(E)/多个(M)/放弃(U)] <退出>：→单击右侧空白处(B)点 ↙

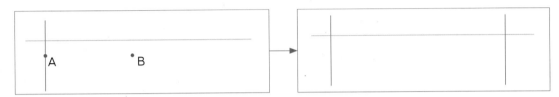

STEP 4

命令：OFFSET(偏移复制)

❶ 指定偏移距离或 [通过(T)/删除(E)/图层(L)]：45 →输入数值"45" ↙

❷ 选择要偏移的对象，或[退出(E)/放弃(U)]<退出>：→单击需要偏移的(A)点线条

❸ 指定要偏移的那一侧上的点，或 [退出(E)/多个(M)/放弃(U)] <退出>：→单击下方空白处(B)点 ↙

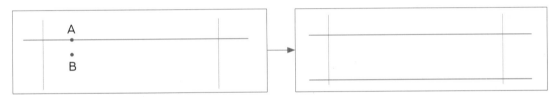

STEP 5

命令：OFFSET(偏移复制)

❶ 指定偏移距离或 [通过(T)/删除(E)/图层(L)]：10 →输入数值"10" ↙

❷ 选择要偏移的对象，或[退出(E)/放弃(U)]<退出>：→单击需要偏移的(A)点线条

❸ 指定要偏移的那一侧上的点，或 [退出(E)/多个(M)/放弃(U)] <退出>：→单击上方空白处(B)点 ↙

高柜若制作横拉门，则滑轨深度为8~10cm

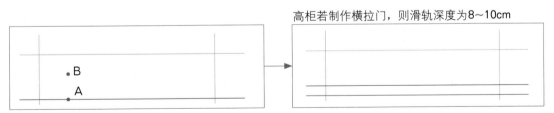

STEP 6

命令：OFFSET(偏移复制)

❶ 指定偏移距离或 [通过(T)/删除(E)/图层(L)]：4 →输入数值"4" ↙

❷ 选择要偏移的对象，或[退出(E)/放弃(U)]<退出>：→单击需要偏移的(A)点线条

❸ 指定要偏移的那一侧上的点，或〔退出
(E)/多个(M)/放弃(U)〕<退出>：→单
击右侧空白处(B)点 ↙

不管是RC墙、砖墙或隔间等墙面都很难达到垂直面
无误差值，若横拉门直接顶到墙面会有缝隙，也无
法达到密合。通常柜体会再加框进行处理，使横拉
门关起来时门片与框是无缝隙状态

STEP 7　命令：OFFSET(偏移复制)

❶ 指定偏移距离或〔通过(T)/删除(E)/图层(L)〕：2 →输入数值"2" ↙

❷ 选择要偏移的对象，或〔退出(E)/放弃(U)〕<退出>：→单击需要偏移的(A)点线条

❸ 指定要偏移的那一侧上的点，或〔退出(E)/多个(M)/放弃(U)〕<退出>：→单击右侧空白处
(B)点 ↙

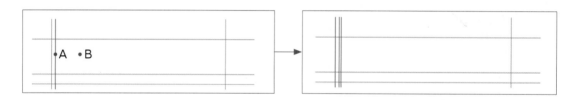

STEP 8　命令：PLINE(多段线)

❶ 指定起点：→单击取起点

❷ 指定下一点或〔弧(A)/闭合(C)/半宽(H)/长度(L)/放弃(U)/宽度(W)〕：→单击至结束点 ↙

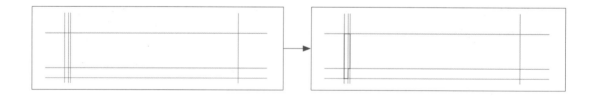

STEP 9　命令：LINE(线)

❶ 指定第一点：→单击相交点(A)点

❷ 指定下一点或〔放弃(U)〕：→鼠标拖曳
至(B)点位置单击 ↙

STEP 10 命令：ERASE(删除)

选择对象：选取不再使用的辅助线，并予以删除(红色线段为需删除的部分)

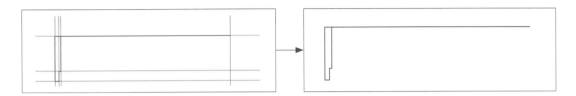

STEP 11 命令：MIRROR(镜像)

① 选择对象：→选取左侧矩形框对象(A)点 ↙

② 指定镜像线的第一点：→单击中心点(B)点

③ 指定镜像线的第二点：→鼠标往下拖曳至至空白处(C)单击

④ 要删除源对象吗？[是(Y)/否(N)]<N>：N→输入"N"保留原有源对象 ↙

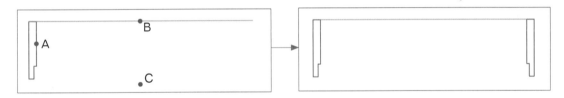

STEP 12 命令：LINE(线)

① 指定第一点：→单击相交点(A)点

② 指定下一点或[放弃(U)]：→鼠标拖曳至(B)点位置单击 ↙

STEP 13 命令：LINE(线)

① 指定第一点：→单击相交点(A)点

② 指定下一点或[放弃(U)]：→鼠标拖曳至(B)点位置单击 ↙

为了让横拉门在关起来时达到双重的密合度,会在柜子的内侧再封大芯板(约1.8cm)，但在绘制时只要绘制2cm就可以了

STEP 14 命令：LINE(线)

① 指定第一点：→单击相交点(A)点

② 指定下一点或[放弃(U)]：→鼠标拖曳至(B)点位置单击 ↙

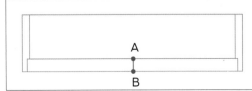

STEP 15 命令：LINE(线)

❶ 指定第一点：→单击相交点(A)点

❷ 指定下一点或[放弃(U)]：→鼠标拖曳至(B)点位置单击 ✔

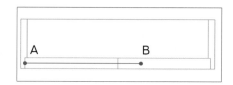

STEP 16 命令：OFFSET(偏移复制)

❶ 指定偏移距离或 [通过(T)/删除(E)/图层(L)]：3 →输入数值"3" ✔

❷ 选择要偏移的对象，或[退出(E)/放弃(U)]<退出>：→单击需要偏移的(A)点线条

❸ 指定要偏移的那一侧上的点，或 [退出(E)/多个(M)/放弃(U)] <退出>：→单击下方空白处
(B)点 ✔

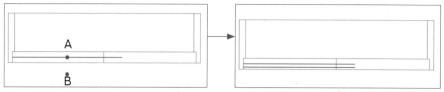

高柜横门的实际完成厚度为3.5cm左右，为了不让线条叠加在一起
以及使线条分明，可采用3cm绘制高柜横拉门框

STEP 17 命令：RECTANG(矩形)

指定第一个角点或 [倒角(C)/标高(E)/圆角(F)/厚度(T)/宽度(W)]：→鼠标单击(A)点拖曳至(B)
点单击

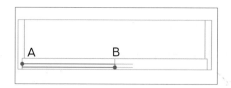

STEP 18 命令：ERASE(删除)

选择对象：选取不再使用的辅助线，并予以删除(红色线段为需删除的部分)

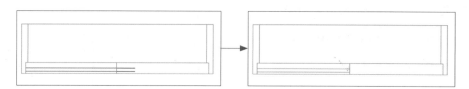

STEP 19 命令：STRETCH(拉伸)

① 选择对象：→单击(A)点至(B)点进行框选 ✔

② 指定基准线或位移：→单击线条端点(C)点，鼠标拖曳后单击(D)点

③ 指定位移的第二点或<使用第一点作位移>：3→输入数值"3"，为偏移拉伸数值 ✔

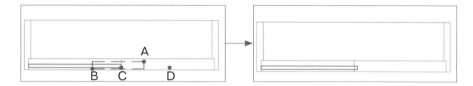

STEP 20 命令：MIRROR(镜像)

① 选择对象：→选取(A)点对象 ✔

② 指定镜像线的第一点：→单击(B)点

③ 指定镜像线的第二点：→鼠标往右侧拖曳至(C)点单击

④ 要删除源对象吗？[是(Y)/否(N)] <N>：N→输入"N"保留源对象 ✔

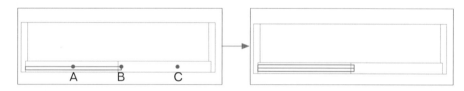

STEP 21 命令：MIRROR(镜像)

① 选择对象：→选取(A)点对象 ✔

② 指定镜像线的第一点：→单击(B)点

③ 指定镜像线的第二点：→鼠标往上方拖曳至(C)点单击

④ 要删除源对象吗？[是(Y)/否(N)] <N>：N→输入"N"保留来源对象 ✔

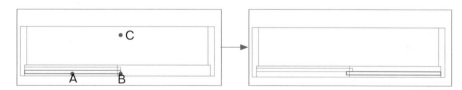

STEP 22 命令：LINE(线)

① 指定第一点：→单击相交点(A)点

② 指定下一点或[放弃(U)]：→鼠标拖曳至(B)点位置单击 ✔

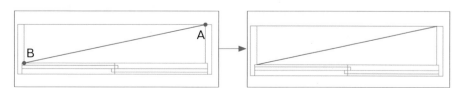

STEP 23 命令：LINE(线)

❶ 指定第一点：→单击相交点(A)点

❷ 指定下一点或[放弃(U)]：→鼠标拖曳至(B)点位置单击 ↙

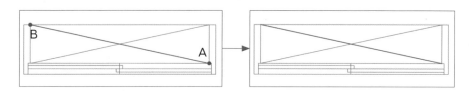

STEP 24 更改正确的图层及颜色，木制高柜(拉门)绘制完成

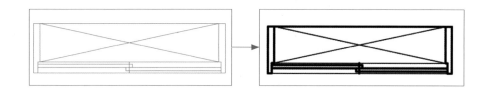

+ 床的画法

单人床

STEP 1 命令：LINE(线)

❶ 指定第一点：→单击相交点(A)点

❷ 指定下一点或[放弃(U)]：→鼠标拖曳
至(B)点位置单击 ↙

图块的绘制初期都是以辅助线先绘
制，当完成后再予以删除

STEP 2 命令：LINE(线)

❶ 指定第一点：→单击相交点(A)点

❷ 指定下一点或[放弃(U)]：→鼠标拖曳
至(B)点位置单击 ↙

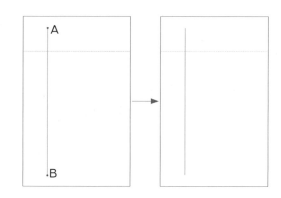

STEP 3

命令：OFFSET(偏移复制)

❶ 指定偏移距离或［通过(T)/删除(E)/图层(L)］：105 →输入数值"105" ✎

❷ 选择要偏移的对象，或［退出(E)/放弃(U)］<退出>：→单击需要偏移的(A)点线条

❸ 指定要偏移的那一侧上的点，或［退出(E)/多个(M)/放弃(U)］<退出>：→单击右侧空白处(B)点位置 ✎

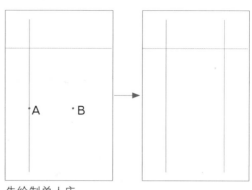

先绘制单人床
(尺寸：105cm*186cm)

STEP 4

命令：OFFSET(偏移复制)

❶ 指定偏移距离或［通过(T)/删除(E)/图层(L)］：186 →输入数值"186" ✎

❷ 选择要偏移的对象，或［退出(E)/放弃(U)］<退出>：→单击需要偏移的(A)点线条

❸ 指定要偏移的那一侧上的点，或［退出(E)/多个(M)/放弃(U)］<退出>：→单击下方空白处(B)点位置 ✎

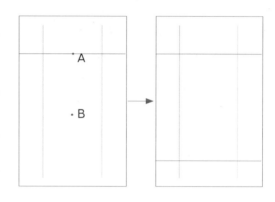

STEP 5

命令：OFFSET(偏移复制)

❶ 指定偏移距离或［通过(T)/删除(E)/图层(L)］：5 →输入数值"5" ✎

❷ 选择要偏移的对象，或［退出(E)/放弃(U)］<退出>：→单击需要偏移的(A)点线条

❸ 指定要偏移的那一侧上的点，或［退出(E)/多个(M)/放弃(U)］<退出>：→单击下方空白处(B)点位置 ✎

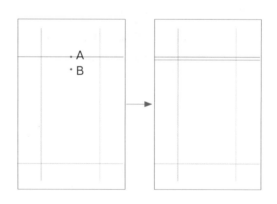

STEP 6

命令：OFFSET(偏移复制)

❶ 指定偏移距离或［通过(T)/删除(E)/图层(L)］：10 →输入数值"10" ✎

❷ 选择要偏移的对象，或［退出(E)/放弃(U)］<退出>：→单击需要偏移的(A)点线条

❸ 指定要偏移的那一侧上的点，或［退出(E)/多个(M)/放弃(U)］<退出>：→单击下方空白处(B)点位置 ✎

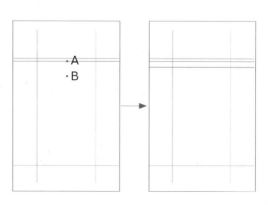

STEP 7 命令：OFFSET(偏移复制)

❶ 指定偏移距离或 [通过(T)/删除(E)/图层
(L)]：35 → 输入数值"35" ↙

❷ 选择要偏移的对象，或 [退出(E)/放弃(U)]
<退出>：→单击需要偏移的(A)点线条指定
要偏移的那一侧上的点，或 [退出(E)/多个
(M)/放弃(U)] <退出>：→单击下方空白处
(B)点位置 ↙

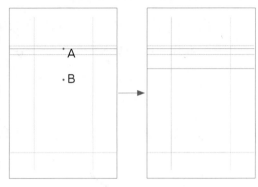

STEP 8 命令：RECTANG(矩形)

指定第一个角点或 [倒角(C)/标高(E)/圆角(F)/
厚度(T)/宽度(W)]： →鼠标单击(A)点拖曳至
(B)点单击

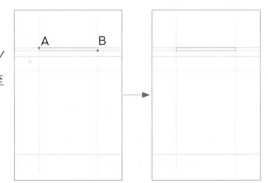

STEP 9 命令：ERASE(删除)

选择对象：选取不再使用的辅助线，并予以删
除(红色为需删除的辅助线部分)

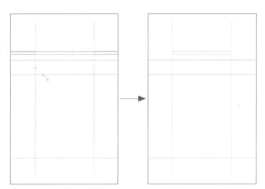

STEP 10 命令：RECTANG(矩形)

指定第一个角点或 [倒角(C)/标高(E)/圆角
(F)/厚度(T)/宽度(W)]：→鼠标单击(A)点拖曳
至(B)点单击

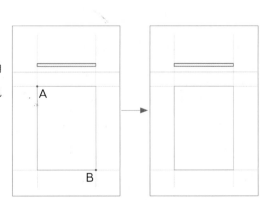

STEP 11 命令：ERASE(删除)

选择对象：选取不再使用的辅助线，并予以删除(红色为需删除的辅助线部分)

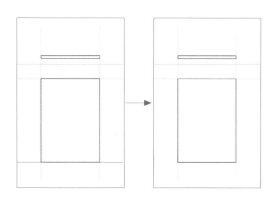

STEP 12 命令：OFFSET(偏移复制)

❶ 指定偏移距离或［通过(T)／删除(E)／图层(L)］：5 →输入数值"5" ✎

❷ 选择要偏移的对象，或[退出(E)／放弃(U)]<退出>：→单击需要偏移的(A)点线条

❸ 指定要偏移的那一侧上的点，或［退出(E)／多个(M)／放弃(U)］<退出>：→单击右方空白处(B)点位置 ✎

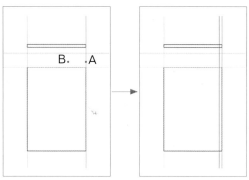

STEP 13 命令：OFFSET(偏移复制)

❶ 指定偏移距离或［通过(T)／删除(E)／图层(L)］：25 →输入数值"25" ✎

❷ 选择要偏移的对象，或［退出(E)／放弃(U)]<退出>：→单击需要偏移的(A)点线条

❸ 指定要偏移的那一侧上的点，或［退出(E)／多个(M)／放弃(U)］<退出>：→单击右侧空白处(B)点位置 ✎

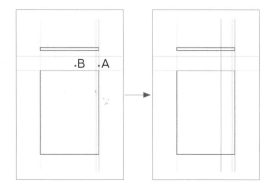

STEP 14 命令：MIRROR(镜像)

❶ 选择对象：→选取(A)(B)点线段 ✎

❷ 指定镜像线的第一点：→单击中心点(C)点

❸ 指定镜像线的第二点：→鼠标往下拖曳至(D)点单击

❹ 要删除源对象吗？［是(Y)／否(N)] <N>：N →输入"N"保留原有源对象 ✎

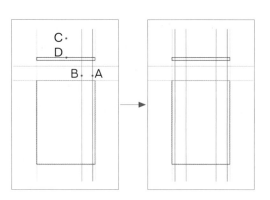

STEP 15 命令：PLINE(多段线)

❶ 指定起点：→单击起点(A)点

❷ 指定下一点或[弧(A)／闭合(C)／半宽
(H)／长度(L)／放弃(U)／宽度(W)]：→至
(B)(C)(D)点 ✔

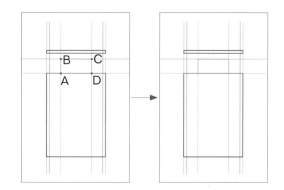

STEP 16 命令：LINE(线)

❶ 指定第一点：→单击相交点(A)点

❷ 指定下一点或[放弃(U)]：→鼠标拖曳至
(B)点位置单击 ✔

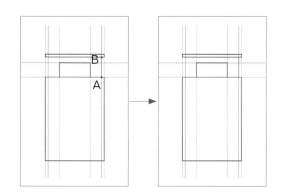

STEP 17 命令：LINE(线)

❶ 指定第一点：→单击相交点(A)点

❷ 指定下一点或[放弃(U)]：→鼠标拖曳至
(B)点位置单击 ✔

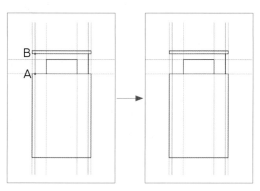

STEP 18 命令：ERASE(删除)

选择对象：选取不再使用的辅助线，并予以
删除(红色为需删除的辅助线部分)

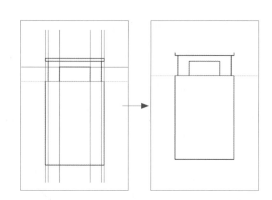

STEP 19

命令：OFFSET(偏移复制)

❶ 指定偏移距离或〔通过(T)/删除(E)/图层(L)〕：15 →输入数值"15" ↙

❷ 选择要偏移的对象，或〔退出(E)/放弃(U)〕<退出>：→单击需要偏移的(A)点线条

❸ 指定要偏移的那一侧上的点，或〔退出(E)/多个(M)/放弃(U)〕<退出>：→单击下方空白处(B)点位置 ↙

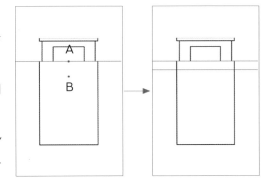

STEP 20

命令：OFFSET(偏移复制)

❶ 指定偏移距离或〔通过(T)/删除(E)/图层(L)〕：25 →输入数值"25" ↙

❷ 选择要偏移的对象，或〔退出(E)/放弃(U)〕<退出>：→单击需要偏移的(A)点线条

❸ 指定要偏移的那一侧上的点，或〔退出(E)/多个(M)/放弃(U)〕<退出>：→单击下方空白处(B)点位置 ↙

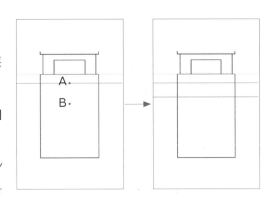

STEP 21

命令：LINE(线)

❶ 指定第一点：→单击相交点(A)点

❷ 指定下一点或〔放弃(U)〕：→鼠标拖曳至(B)点位置单击 ↙

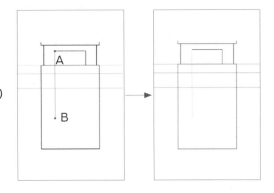

STEP 22

命令：LINE(线)

❶ 指定第一点：→单击相交点(A)点

❷ 指定下一点或〔放弃(U)〕：→鼠标拖曳至(B)点位置单击 ↙

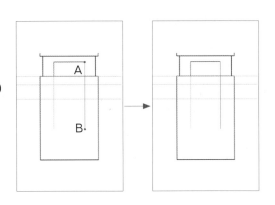

STEP 23

命令：ARC(弧)

❶ 指定圆弧的起点或 [圆心(C)]：→单击 (A)点

❷ 指定圆弧的第二个点或 [圆心(C)/端点 (E)]：→单击(B)点

❸ 指定圆弧的端点：→单击(C)点

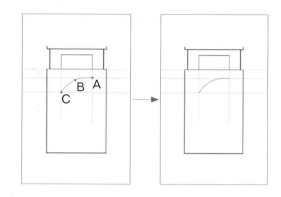

STEP 24

命令：ARC(弧)

❶ 指定圆弧的起点或 [圆心(C)]：→单击 (A)点

❷ 指定圆弧的第二个点或 [圆心(C)/端点 (E)]：→单击(B)点

❸ 指定圆弧的端点：→单击(C)点

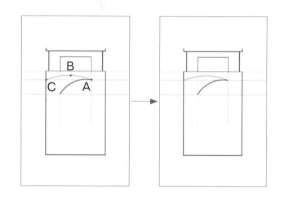

STEP 25

命令：ARC(弧)

❶ 指定圆弧的起点或 [圆心(C)]：→单击 (A)点

❷ 指定圆弧的第二个点或 [圆心(C)/端点 (E)]：→单击(B)点

❸ 指定圆弧的端点：→单击(C)点

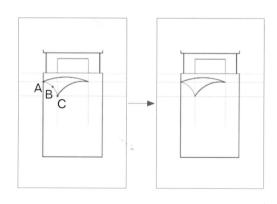

STEP 26

命令：LINE(线)

❶ 指定第一点：→单击相交点(A)点

❷ 指定下一点或[放弃(U)]：→鼠标拖曳至 (B)点位置单击 ↙

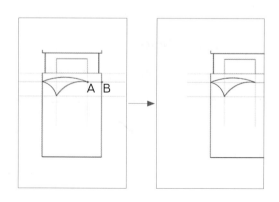

STEP 27

命令：ERASE(删除)

选择对象：选取不再使用的辅助线，并予以删除(红色为需删除的辅助线部分)

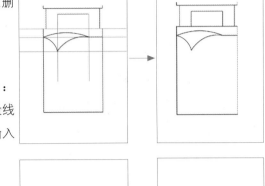

STEP 28

命令：FILLET(圆角)

❶ 目前的设置值：方式＝修剪，半径：0,0000，选择第一个对象或[放弃(U)/多段线(P)/半径(R)/修剪(T)/多个(M)]：R →输入"R" ↙

❷ 指定圆角半径：10→输入数值"10" ↙

❸ 选择第一个对象或 [放弃(U)/多段线(P)/半径(R)/修剪(T)/多个(M)]：→单击(A)点对象

❹ 选择第二个对象，或按住 Shift 键选择要应用角点的对象：→单击(B)点对象

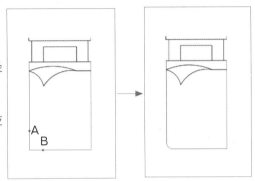

STEP 29

命令：FILLET(圆角)

❶ 目前的设置值：方式＝修剪，半径：0,0000，选择第一个对象或 [放弃(U)/多段线(P)/半径(R)/修剪(T)/多个(M)]：R →输入"R" ↙

❷ 指定圆角半径：10→输入数值"10" ↙

❸ 选择第一个对象或 [放弃(U)/多段线(P)/半径(R)/修剪(T)/多个(M)]：→单击(A)点对象

❹ 选择第二个对象，或按住 Shift 键选择要应用角点的对象：→单击(B)点对象

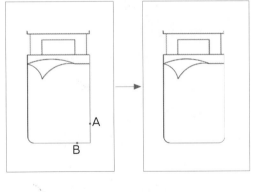

STEP 30

命令：FILLET(圆角)

❶ 目前的设置值：方式＝修剪，半径：0,0000，选择第一个对象或 [放弃(U)/多段线(P)/半径(R)/修剪(T)/多个(M)]：R →输入"R" ↙

❷ 指定圆角半径：5→输入数值"5" ↙

❸ 选择第一个对象或 [放弃(U)/多段线(P)/半径(R)/修剪(T)/多个(M)]：→单击(A)点对象

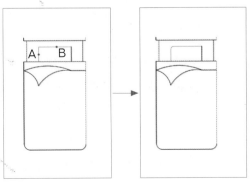

STEP 31 命令：FILLET(圆角)

❶ 目前的设置值：方式＝修剪，半径：0,0000，选择第一个对象或［放弃(U)/多段线(P)/半径(R)/修剪(T)/多个(M)］：R →输入"R" ✔

❷ 指定圆角半径：5 →输入数值"5" ✔

❸ 选择第一个对象或［放弃(U)/多段线(P)/半径(R)/修剪(T)/多个(M)］：→单击(A)点对象

❹ 选择第二个对象，或按住Shift键选择要应用角点的对象：→单击(B)点对象

STEP 32 更改正确的图层及颜色，单人床绘制完成

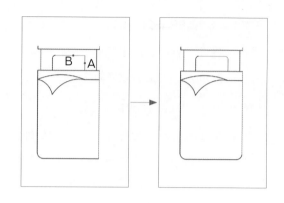

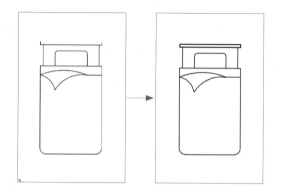

双人、多人床

STEP 1 命令：STRETCH(拉伸)

❶ 以"框选窗"或"多边形框选"选取要拉伸的对象……选择对象：→单击(A)点至(B)点框选对象 ✔

❷ 指定基点或［位移(D)］<位移>：→单击中心点的(C)点，鼠标往右侧平移

❸ 指定位移的第二点或<使用第一点作位移>：45 →输入数值"45" ✔

STEP 2 命令：MOVE(移动)

❶ 选择对象：→鼠标单击(A)对象 ✔

❷ 指定基点或［位移(D)］<位移>：→单击(A)点对象，鼠标往左侧平移

❸ 指定第二个点或<使用第一个点作为位移>：10→输入"10"为位移数值 ✔

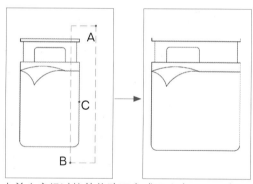

由单人床经过拉伸修改可变成双人床，双人床尺寸为：105cm×186cm

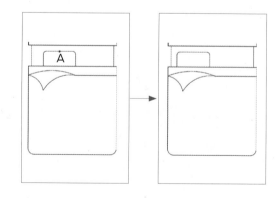

STEP 3 命令：MIRROR(镜像)

❶ 选择对象：→选取(A)点对象 ✎

❷ 指定镜像线的第一点：→单击中心点(B)点

❸ 指定镜像线的第二点：→鼠标往上拖曳，单击至(C)点

❹ 要删除源对象吗？[是(Y)/否(N)] <N>：N→输入 "N" 保留原有来源对象 ✎

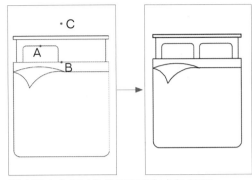

再由双人床经过拉伸修改可变成QUEEN SIZE 双人床或者 KING SIZE 双人床

✛ 沙发的画法

STEP 1 命令：LINE(线)

❶ 指定第一点：→单击相交点(A)点

❷ 指定下一点或[放弃(U)]：→鼠标拖曳至(B)点位置单击 ✎

A •————————————• B

绘制初期都是先以辅助线绘制，完成后再予以删除

STEP 2 命令：LINE(线)

❶ 指定第一点：→单击相交点(A)点

❷ 指定下一点或[放弃(U)]：→鼠标拖曳至(B)点位置单击 ✎

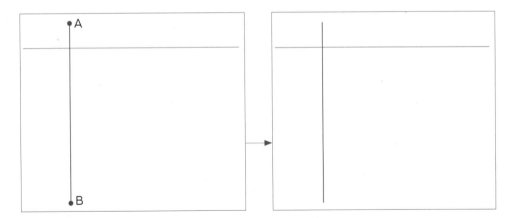

STEP 3 命令：OFFSET(偏移复制)

❶ 指定偏移距离或 [通过(T)/删除(E)/图层(L)]：90 →输入数值 "90" ✎

❷ 选择要偏移的对象，或[退出(E)/放弃(U)]<退出>：→单击需要偏移的线条(A)

❸ 指定要偏移的那一侧上的点，或 [退出(E)/多个(M)/放弃(U)] <退出>：→单击右侧空白处(B)点位置 ✎

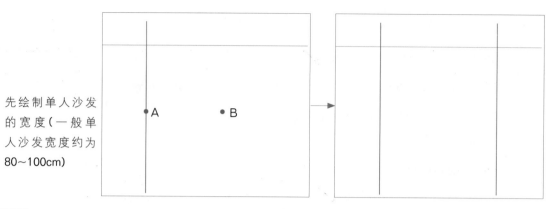

先绘制单人沙发
的宽度（一般单
人沙发宽度约为
80~100cm）

STEP 4 命令：OFFSET(偏移复制)

❶ 指定偏移距离或 [通过(T)/删除(E)/图层(L)]：85 →输入数值"85" ↙

❷ 选择要偏移的对象，或[退出(E)/放弃(U)]<退出>：→单击需要偏移的(A)点线条

❸ 指定要偏移的那一侧上的点，或 [退出(E)/多个(M)/放弃(U)] <退出>：→单击下方空白处

(B)点位置 ↙

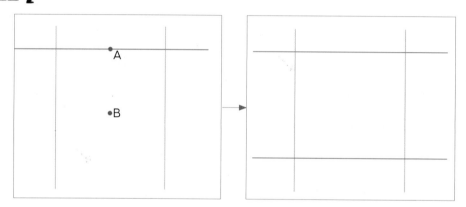

STEP 5 命令：OFFSET(偏移复制)

❶ 指定偏移距离或 [通过(T)/删除(E)/图层(L)]：10 →输入数值"10" ↙

❷ 选择要偏移的对象，或[退出(E)/放弃(U)]<退出>：→单击需要偏移的(A)点线条

❸ 指定要偏移的那一侧上的点，或 [退出(E)/多个(M)/放弃(U)] <退出>：→单击下方空白处

(B)点位置 ↙

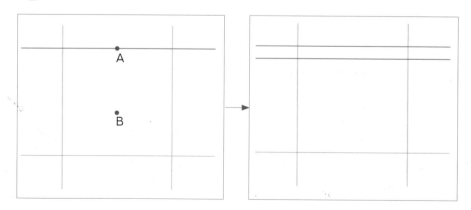

STEP 6 命令：OFFSET(偏移复制)

❶ 指定偏移距离或 [通过(T)/删除(E)/图层(L)]：10 →输入数值 "10" ✎

❷ 选择要偏移的对象，或[退出(E)/放弃(U)]<退出>：→单击需要偏移的(A)点线条

❸ 指定要偏移的那一侧上的点，或 [退出(E)/多个(M)/放弃(U)] <退出>：→单击右侧空白处 (B)点位置 ✎

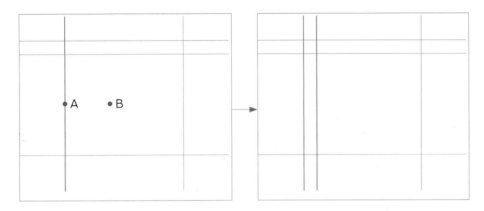

STEP 7 命令：OFFSET(偏移复制)

❶ 指定偏移距离或 [通过(T)/删除(E)/图层(L)]：10 →输入数值 "10" ✎

❷ 选择要偏移的对象，或[退出(E)/放弃(U)]<退出>：→单击需要偏移的(A)点线条

❸ 指定要偏移的那一侧上的点，或 [退出(E)/多个(M)/放弃(U)] <退出>：→单击左侧空白处 (B)点位置 ✎

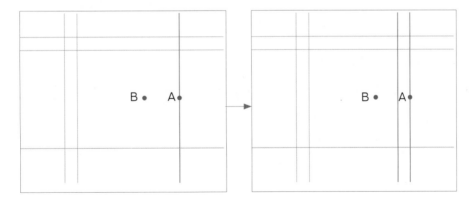

STEP 8 命令：OFFSET(偏移复制)

❶ 指定偏移距离或 [通过(T)/删除(E)/图层(L)]：10 →输入数值 "10" ✎

❷ 选择要偏移的对象，或[退出(E)/放弃(U)]<退出>：→单击需要偏移的(A)点线条

❸ 指定要偏移的那一侧上的点，或 [退出(E)/多个(M)/放弃(U)] <退出>：→单击上方空白处 (B)点位置 ✎

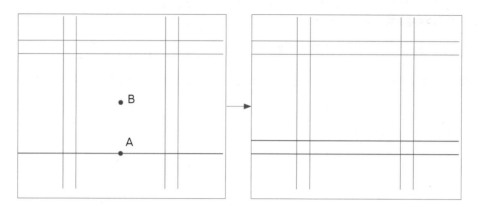

STEP 9 命令：PLINE(多段线)

❶ 指定起点：→单击取起点

❷ 指定下一点或[弧(A)/闭合(C)/半宽(H)/长度(L)/放弃(U)/宽度(W)]：→单击至结束点 ↙

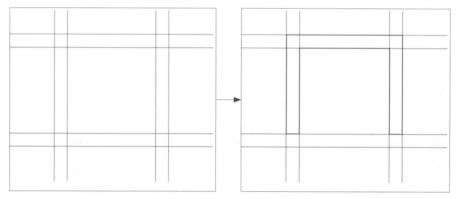

用实线描绘单人沙发的靠背部分

STEP 10 命令：PLINE(多段线)

❶ 指定起点：→单击取起点

❷ 指定下一点或[弧(A)/闭合(C)/半宽(H)/长度(L)/放弃(U)/宽度(W)]：→单击至结束点 ↙

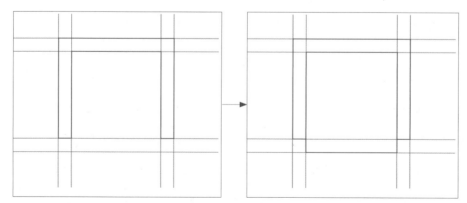

用实线描绘单人沙发的坐垫部分

STEP 11 命令：ERASE(删除)

选择对象：选取不再使用的辅助线，并予以删除(红色为需删除的辅助线部分)

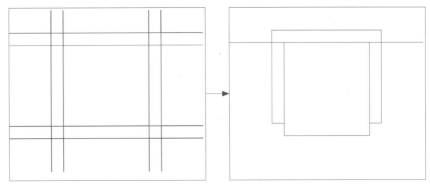

保留需继续使用的辅助线

STEP 12 命令：OFFSET(偏移复制)

❶ 指定偏移距离或 [通过(T)/删除(E)/图层(L)]：12 →输入数值"12" ↙

❷ 选择要偏移的对象，或[退出(E)/放弃(U)]<退出>：→单击需要偏移的(A)点线条

❸ 指定要偏移的那一侧上的点，或 [退出(E)/多个(M)/放弃(U)] <退出>：→单击下方空白处

(B)点位置 ↙

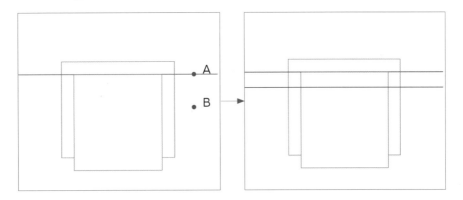

STEP 13 命令：RECTANG(矩形)

指定第一个角点或 [倒角(C)/标高(E)/圆角(F)/厚度(T)/宽度(W)]：→单击(A)点至(B)点单击

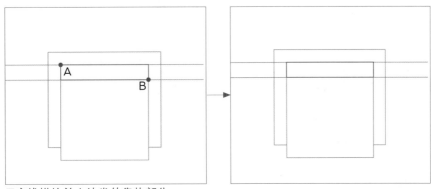

用实线描绘单人沙发的靠垫部分

STEP 14 命令：ERASE(删除)

选择对象：选取不再使用的辅助线，并予以删除。

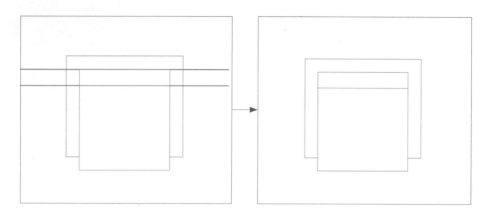

STEP 15 命令：MOVE(移动)

❶ 选择对象：→单击(A)点物体

❷ 指定基点或 [位移(D)] <位移>：→单击(B)点，鼠标往上方拖曳

❸ 指定第二个点或 <使用第一个点作为位移>：→单击(C)点位置

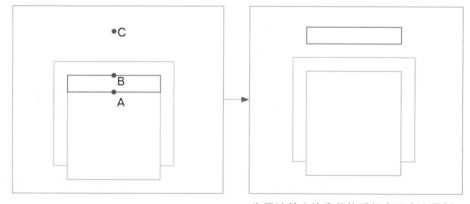

为了让单人沙发整体看起来不会太呆板，可在部分转角处以修圆角方式处理，但此对象的线条与其他对象的线条重叠，必须将此对象移至空白处才能进行修圆角操作

STEP 16 命令：FILLET(圆角)

❶ 目前的设置值：方式＝修剪，半径：0,0000，选择第一个对象或 [放弃(U)/多段线(P)/半径(R)/修剪(T)/多个(M)]：R →输入 "R" ↙

❷ 指定圆角半径：2 →输入数值 "2" ↙

❸ 选择第一个对象或 [放弃(U)/多段线(P)/半径(R)/修剪(T)/多个(M)]：→单击(A)点对象

❹ 选择第二个对象，或按住 Shift 键选择要应用角点的对象：

　　→单击(B)点对象

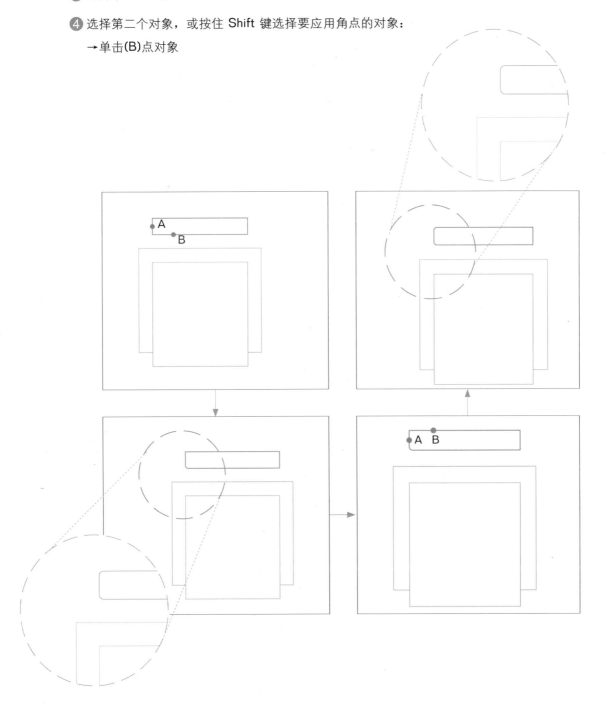

STEP 17 命令：FILLET(圆角)

❶ 目前的设置值：方式=修剪，半径：0,0000，选择第一个对象或 [放弃(U)/多段线(P)/半径(R)/修剪(T)/多个(M)]：R → 输入 "R" ✎

❷ 指定圆角半径：2 → 输入数值 "2" ✎

❸ 选择第一个对象或 [放弃(U)/多段线(P)/半径(R)/修剪(T)/多个(M)]：→ 单击(A)点对象

❹ 选择第二个对象，或按住 Shift 键选择要应用角点的对象：→ 单击(B)点对象

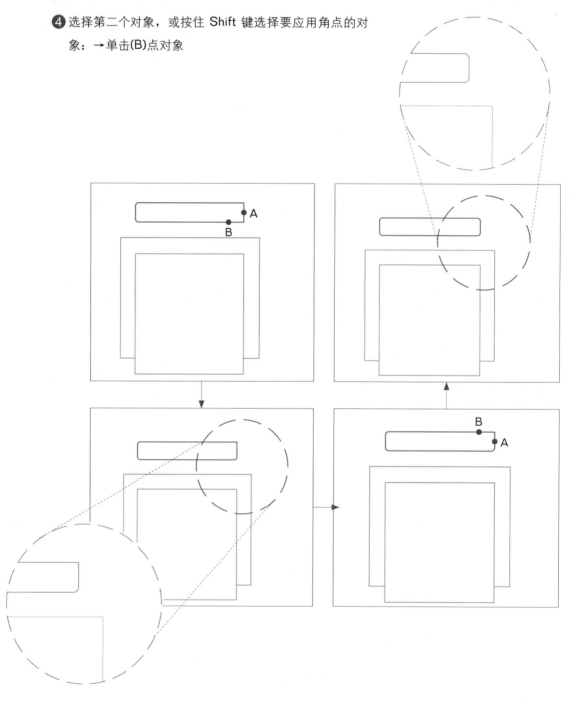

STEP 18 命令：MOVE(移动)

❶ 选择对象：→单击(A)点对象 ✔

❷ 指定基点或 [位移(D)] <位移>：→单击(B)点

❸ 指定第二个点或 <使用第一个点作为位移>：→鼠标往下方拖曳至垂直方向(C)点位置单击
✔

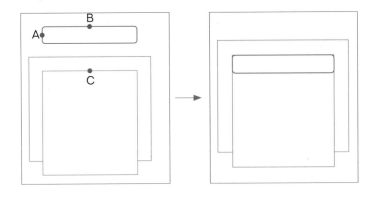

STEP 19 命令：FILLET(圆角)

❶ 目前的设置值：方式＝修剪，半径：0,0000，选取第一个对象或[多段线(D)/半径(R)/修剪(T)/多个(U)]：R →输入 "R" ✔

❷ 指定圆角半径：5 →输入数值 "5" ✔

❸ 选择第一个对象或 [放弃(U)/多段线(P)/半径(R)/修剪(T)/多个(M)]：→单击(A)点对象

❹ 选择第二个对象，或按住 Shift 键选择要应用角点的对象

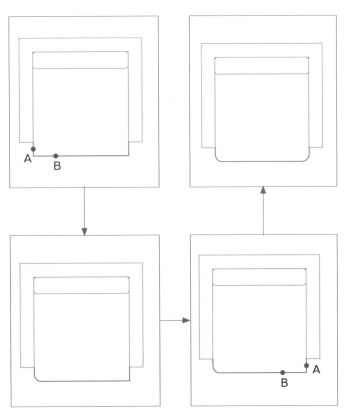

STEP 20 命令：ELLIPSE(椭圆)

❶ 指定椭圆的轴端点或[弧(A)/中心点(C)]：→单击 (A)点

❷ 指定轴的另一个端点：40→输入数值"40" ↙

❸ 指定另一条半轴长度或[旋转(R)]：5 →输入数值 "5" ↙

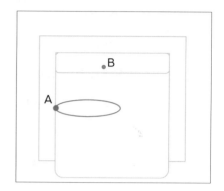

STEP 21 命令：ROTATE(旋转)

❶ 目前使用坐标系统中的正向角： ANGDIR=逆时针方向，ANGBASE=0，选择对象：→单 击(A)点对象 ↙

❷ 指定基准点：→单击(B)点对象

❸ 指定旋转角度或[参考(R)]：30 →输入数值"30" ↙

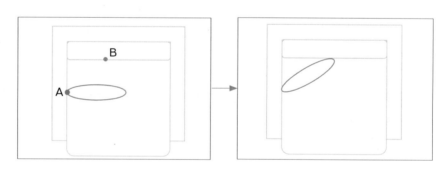

STEP 22 使用MOVE(移动)命令让抱枕两端都能垂直 水平及位于垂直线上。

❶ 选择对象

❷ 指定基点或 [位移(D)] <位 移>

❸ 指定第二个点 或<使用第一个 点作为位移>

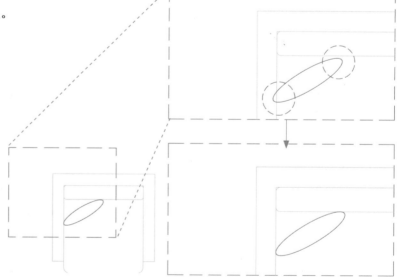

STEP 23 更改正确的图层及颜色，单人沙发绘制完成。

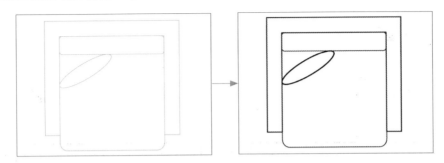

双人沙发

STEP 1 命令：STRETCH(拉伸)

① 以"框选窗"或"多边形框选"选取要拉伸的对象……选择对象：→单击(A)点至(B)点框选对象

② 选择对象：R →输入"R"，移除不需拉伸的对象 ↙

③ 移除对象：→单击(C)点线段

④ 指定基点或[位移(D)]<位移>：→单击端点(D)点

⑤ 指定位移的第二点或 <使用第一点作位移>：90 →输入数值"90"，鼠标单击上方空白处(E)点 ↙

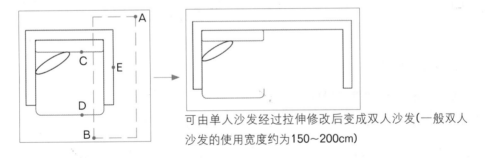

可由单人沙发经过拉伸修改后变成双人沙发(一般双人沙发的使用宽度约为150~200cm)

STEP 2 命令：LINE(线)

① 指定第一点：→单击相交点(A)点

② 指定下一点或[放弃(U)]：→鼠标拖曳至(B)点位置单击 ↙

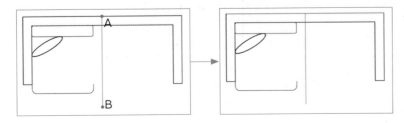

STEP 3 命令：STRETCH(拉伸)

❶ 以"框选窗"或"多边形框选"选取要拉伸的物体……选择对象：→单击(A)点至(B)点框
   选对象 ↙

❷ 指定基点或 [位移(D)] <位移>：→单击中心点的(C)点

❸ 指定位移的第二点或<使用第一点作位移>：→鼠标拖曳垂直于(D)点线段 ↙

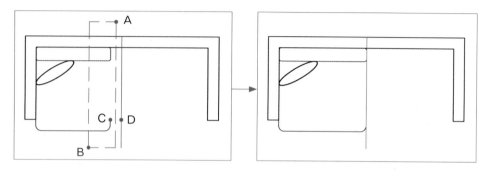

STEP 4 命令：ERASE(删除)

选择对象：选取不再使用的辅助线，并予以删除(红色为需删除的辅助线部分)

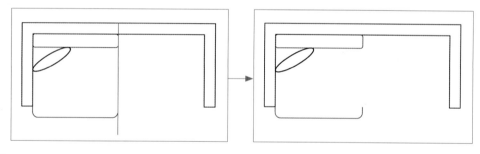

STEP 5 命令：COPY(复制)

❶ 选择对象：→鼠标单击(A)点对象 ↙

❷ 指定基点或[位移(D)]<位移>[多重(M)]：→单击(B)点并且鼠标水平拖曳至右侧

❸ 指定第二个点或 <使用第一个点作为位移>：19 →输入数值"19" ↙

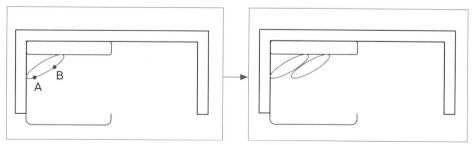

单人沙发为一个抱枕，双人沙发为二个抱枕，三人沙发为三个抱枕

STEP **6**

命令：MIRROR(镜像)

❶ 选择对象：→单击(A)至(B)点框选对象 ✔

❷ 指定镜像线的第一点：→单击中心点(C)点

❸ 指定镜像线的第二点：→鼠标拖曳至(D)点单击

❹ 要删除源对象吗？［是(Y)/否(N)］＜N＞：N →输入 "N" 保留原有来源对象 ✔

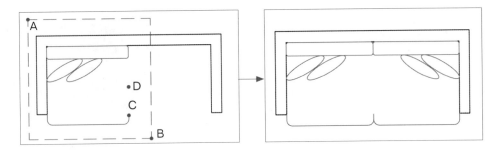

STEP **7**

命令：LINE(线)

❶ 指定第一点：→单击相交点(A)点

❷ 指定下一点或[放弃(U)]：→鼠标拖曳至(B)点位置单击 ✔

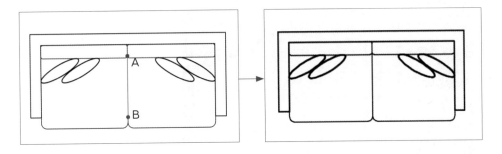

STEP **8**

更改正确的图层及颜色，双人沙发绘制完成

3-4 楼梯概述及绘制

+ 楼梯装修概述

　　一般室内的楼梯主要分为三种，一是木质结构的楼梯，二是铁质结构的楼梯，三是钢筋混凝土(RC)结构的楼梯。楼梯部分都需1~4面的RC梁来进行支撑。

- 木结构的楼梯：通常木质楼梯下方会做木质柜，从而增加楼梯的支撑力。

- 铁结构的楼梯：铁质楼梯变化性比较大，但还是以结构支撑强度为主要考量。不仅铁质楼梯需要靠RC梁来做支点，而且用铁作造型结构时还要考虑在踏板部分加H型钢梁来增加支撑强度，之后再用木质造型进行修饰（如右图）。

- 钢筋混凝土（RC）为结构的楼梯：RC楼梯需要靠RC梁来支撑及延接钢筋（如下图）。

铁结构的楼梯

钢筋混凝土(RC)结构的楼梯

+ 设计楼梯阶数的步骤

1 检查1~4面梁是否适合做楼梯的支撑点面，再设计楼梯的方位。

2 计算出所需阶数：

　　室内净高+楼板厚度÷级高=所需阶数

　　例如：310+25=335cm（室内净高+楼板厚=楼梯所需总高度）

　　　　　335/16（级高尺寸）=20.9375≈21（楼梯总阶数，总阶数要为单数）

除以级高尺寸的数值约为16~18cm(千万别除以20cm，这样阶梯级高会太高，对使用者的膝盖具有伤害性，走起来也很吃力)。

3 楼梯级深：指脚踏阶梯面的尺寸，为24～25cm，转折平台为80～120cm。

4 楼梯行走面宽度：80～120cm。

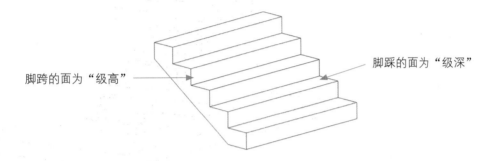

脚跨的面为"级高"

脚踩的面为"级深"

5 若楼梯阶梯阶数在梁位范围内，需检查踏板与梁下净高是否过低，以防行走楼梯时头会撞到梁，以及梁造成压迫感。

下图为一至二楼楼梯示意图，从中可以了解一楼至二楼的楼梯在高度120～150cm平剖时之间的关系，从而在绘制楼梯平面时会更清楚如何绘制。

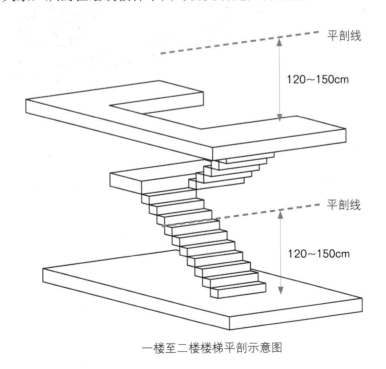

平剖线

120~150cm

平剖线

120~150cm

一楼至二楼楼梯平剖示意图

右图为一至三楼楼梯示意图，从中可以了解一楼至三楼的楼梯在高度120~150cm 平剖时之间的关系，从而在绘制楼梯平面图时会更清楚如何绘制。

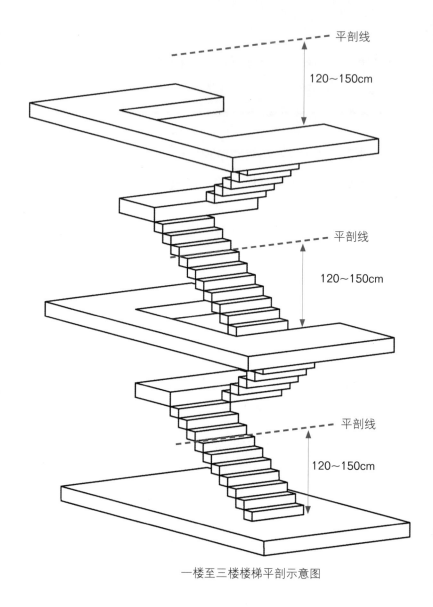

平剖线

120~150cm

平剖线

120~150cm

平剖线

120~150cm

一楼至三楼楼梯平剖示意图

+ 绘制一至二楼的楼梯平面图

一楼的绘制

STEP
1

❶ 确定一个适合放置楼梯的位置(如右图，蓝色虚线为梁线)

❷ 计算需多少阶梯：室内净高＋楼板厚度÷16＝总阶数(总阶数须为单数)

❸ 构想楼梯的方向及设计造型

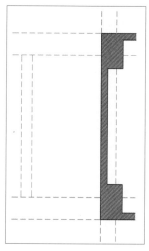

STEP 2 命令：LINE(线)

❶ 指定第一点：→单击相交点(A)点

❷ 指定下一点或[放弃(U)]：→鼠标拖曳
至(B)点位置单击 ↙

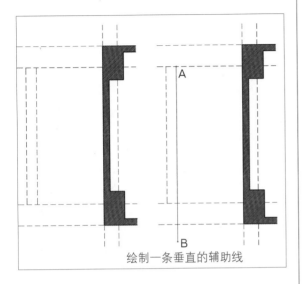

绘制一条垂直的辅助线

STEP 3 命令：LINE(线)

❶ 指定第一点：→单击相交点(A)点

❷ 指定下一点或[放弃(U)]：→鼠标拖曳
至(B)点位置单击 ↙

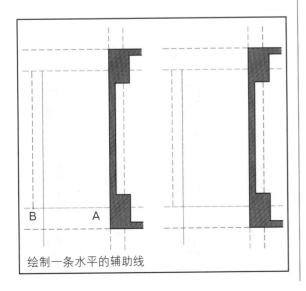

绘制一条水平的辅助线

STEP 4 把"梁"图层锁住或关闭，绘制时需养成
关闭图层或锁住图层的习惯，可以加速绘
制及修改的速度。在开始绘图的同时，要打开
AutoCAD的对象锁点功能。

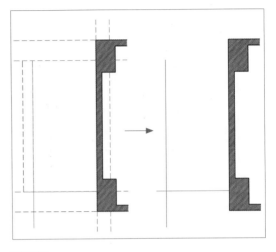

STEP 5 命令：OFFSET(偏移复制)

❶ 指定偏移距离或［通过(T)/删除(E)/
图层(L)]：25→输入数值"25"为楼
梯级深数值 ↙

❷ 选择要偏移的对象，或［退出(E)/放
弃(U)］＜退出＞：→单击需要偏移
的线条(A)点

❸ 指定要偏移的那一侧上的点，或[退出
(E)/多个(M)/放弃(U)]＜退出＞：→单
击上方空白处(B)点 ↙

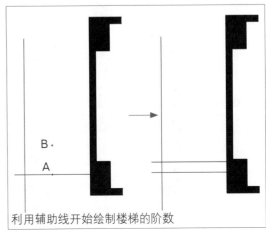

利用辅助线开始绘制楼梯的阶数

STEP 6 重复执行OFFSET(偏移复制)的命令,偏移复制到第7阶即可。一楼楼梯因为120cm、150cm高度的平剖关系,通常会剖到约第7阶左右,所以一楼楼梯平面图,只要绘制第7阶就可以了。

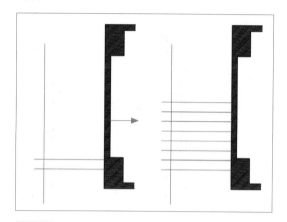

STEP 7 命令:TRIM(修剪)

❶ 选择对象: →选取(A)点线段 ✒

❷ 选取要修剪的对象,或按住Shift 键并选取对象以延伸或[投影(P)/边缘(E)/放弃(U)]: F →输入"F"选择连续修剪动作

❸ 第一篇选点: →单击(B)点

❹ 指定直线端点或[放弃(U)]: →鼠标拖曳至(C)点位置单击 ✒

❺ 选取要修剪的物体,或按住Shift键并选取对象以延伸或[投影(P)/边缘(E)/放弃(U)]: ✒

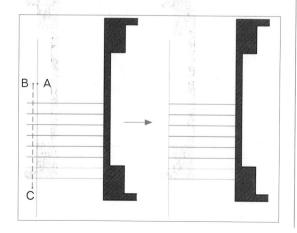

STEP 8 命令:LINE(线)

❶ 指定第一点: →单击中心点(A)点

❷ 指定下一点或[放弃(U)]: →鼠标拖曳至(B)点位置单击 ✒

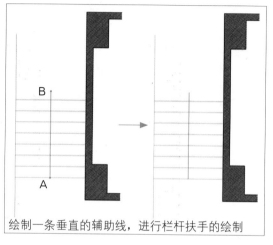

绘制一条垂直的辅助线,进行栏杆扶手的绘制

STEP 9 命令:OFFSET(偏移复制)

❶ 指定偏移距离或[通过(T)/删除(E)/图层(L)]: 5→输入数值"5" ✒

❷ 选择要偏移的对象,或 [退出(E)/放弃(U)] <退出>: →单击需要偏移的(A)点线条

❸ 指定要偏移的那一侧上的点,或 [退出(E)/多个(M)/放弃(U)] <退出>: →单击右侧(B)点空白处 ✒

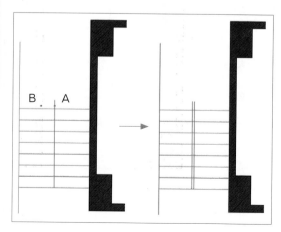

STEP 10 命令：OFFSET(偏移复制)

① 指定偏移距离或[通过(T)/删除(E)/图层(L)]：5→输入数值"5" ✎

② 选择要偏移的对象，或 [退出(E)/放弃(U)] <退出>： →单击需要偏移的(A)点线条

③ 指定要偏移的那一侧上的点，或 [退出(E)/多个(M)/放弃(U)] <退出>： →单击右侧(B)点空白处 ✎

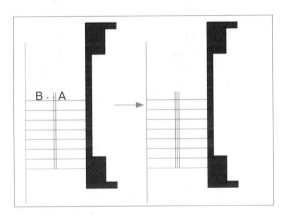

STEP 11 命令：MOVE(移动)

① 选择对象：→单击(A)(B)点线段 ✎

② 指定基点或 [位移(D)] <位移>： →单击端点(C)点，鼠标往下方拖曳

③ 指定第二个点或<使用第一个点作为位移>：5 →输入偏移数值"5" ✎

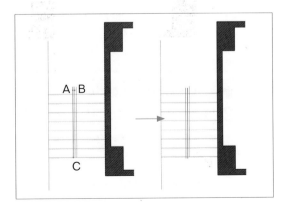

STEP 12 命令：TRIM(修剪)

① 选择对象：→单击(A)点线段 ✎

② 选取要修剪的对象，或按住Shift键并选取对象以延伸或[投影(P)/边缘(E)/放弃(U)]：F →输入"F"做连续修剪动作 ✎

③ 第一篱选点：→单击(B)点

④ 指定直线端点或[放弃(U)]： →鼠标拖曳至(C)点 ✎

⑤ 选取要修剪的对象，或按住Shift键并选取对象以延伸或[投影(P)/边缘(E)/放弃(U)]： ✎

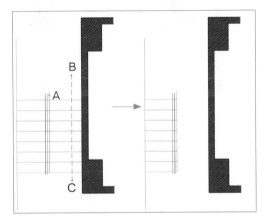

STEP 13 命令：PLINE(多段线)

① 指定起点：→单击起点(A)点

② 指定下一点或[弧(A)/闭合(C)/半宽(H)/长度(L)/放弃(U)/宽度(W)]： →至(B)(C)(D)点结束 ✎

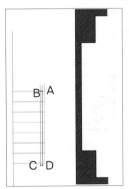

STEP 14 命令：ERASE(删除)

选择对象：选取不再使用的辅助线，并予以删除(红色线段为需删除的部分)

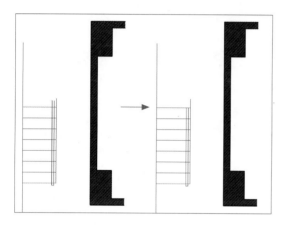

STEP 15 命令：MIRROR(镜像)

❶ 选择对象：→单击(A)点线段 ↙

❷ 指定镜像线的第一点：→单击中心点(B)点

❸ 指定镜像线的第二点：→鼠标往下拖曳，至空白处(C)单击

❹ 删除源对象?[是(Y)/否(N)]< N >：N →输入"N"保留原有源对象 ↙

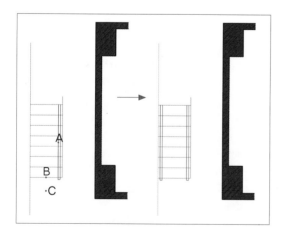

STEP 16 命令：LINE(线)

❶ 指定第一点：→相交点(A)点

❷ 指定下一点或[放弃(U)]：→鼠标拖曳至(B)点位置单击 ↙

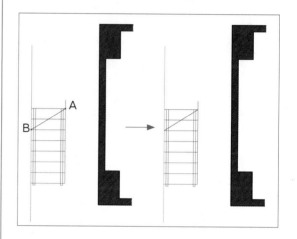

STEP 17 命令：LINE(线)

❶ 指定第一点：→单击中心点(A)点

❷ 指定下一点或[放弃(U)]：→鼠标拖曳至(B)点位置单击 ↙

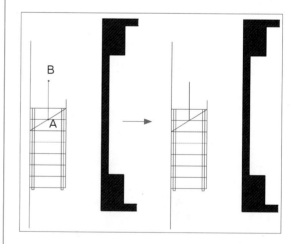

STEP 18 命令：OFFSET(偏移复制)

❶ 指定偏移距离或[通过(T)/删除(E)/图层(L)]：10 →输入偏移数值"10"

❷ 选择要偏移的对象，或[退出(E)/放

弃(U)] <退出>： →单击需要偏
移的(A)点线条

❸ 指定要偏移的那一侧上的点，或 [退
出(E)/多个(M)/放弃(U)] <退出>：
→单击左侧空白处(B)点 ↙

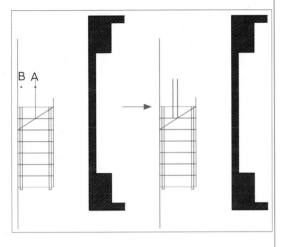

STEP 19 命令：OFFSET(偏移复制)

❶ 指定偏移距离或 [通过(T)/删除
(E)/图层(L)]：10 →输入偏移数
值 "10" ↙

❷ 选择要偏移的对象，或 [退出(E)/
放弃(U)] <退出>： →单击需要
偏移的(A)点线条

❸ 指定要偏移的那一侧上的点，或 [退
出(E)/多个(M)/放弃(U)]<退出>：
→单击右侧空白处(B)点 ↙

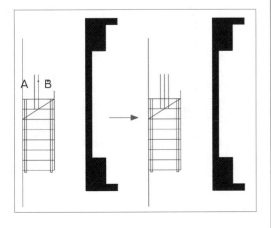

STEP 20 命令：OFFSET(偏移复制)

❶ 指定偏移距离或 [通过(T)/删除(E)/图层
(L)]：10→输入偏移数值 "10" ↙

❷ 选择要偏移的对象，或 [退出(E)/放弃
(U)] <退出>： →单击需要偏移的(A)点
线条

❸ 指定要偏移的那一侧上的点，或 [退出(E)/多
个(M)/放弃(U)] <退出>：→单击下方空白
处(B)点 ↙

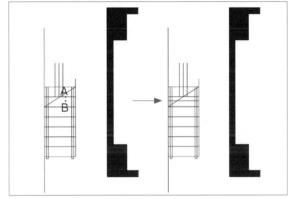

STEP 21 命令：OFFSET(偏移复制)

❶ 指定偏移距离或 [通过(T)/删除(E)/图层
(L)]：10→输入偏移数值 "10" ↙

❷ 选择要偏移的对象，或 [退出(E)/放弃
(U)] <退出>：→单击需要偏移的(A)
点线条

❸ 指定要偏移的那一侧上的点，或 [退出(E)/
多个(M)/放弃(U)] <退出>：→单击上方空
白处(B)点 ↙

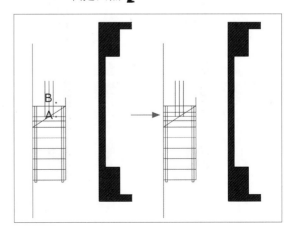

STEP 22 命令：MOVE(移动)

❶ 选择对象：→单击(A)(B)点线段 ↙

❷ 指定基点或 [位移(D)] <位移>：→ 单击端点(C)点

❸ 指定第二个点或 <使用第一个点作为位移>：→鼠标拖曳至垂直点的(D)点单击 ↙

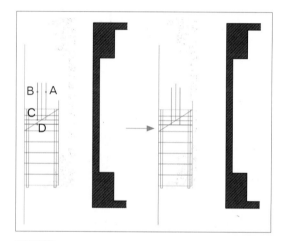

STEP 23 命令：PLINE(多段线)

❶ 指定起点：→单击起点(A)点

❷ 指定下一点或 [弧（A）/ 闭合（C）/ 半宽（H）/ 长度（L）/ 放弃（U）/ 宽度（W）]：→至(B)(C)(D)点结束 ↙

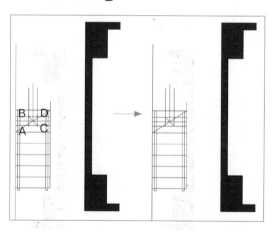

STEP 24 命令：ERASE(删除)

选择对象：选取不再使用的辅助线，并予以删除(红色线段为需删除的部分)

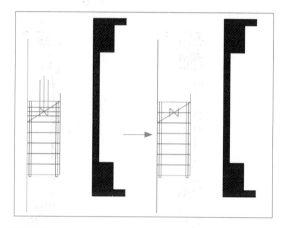

STEP 25 命令：FILLET(圆角)

❶ 目前的设置值：方式=修剪，半径：0,0000，选取第一个对象或[多段线(D)/半径(R)/ 修剪(T)/多个(U)]：→ 单击(A)点线段

❷ 选择第二个对象，或按住 Shift 键选择要应用角点的对象：→单击(B)点线段

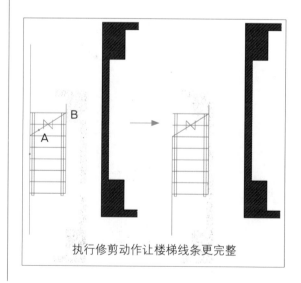

执行修剪动作让楼梯线条更完整

STEP 26 命令：FILLET(圆角)

① 目前的设置值：方式＝修剪，半径：0,0000，选取第一个对象或[多段线(D)/半径(R)/ 修剪(T)/多个(U)]：→单击(A)点线段

② 选择第二个对象，或按住 Shift 键选择要应用角点的对象：→单击(B)点线段

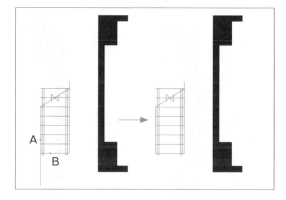

STEP 27 命令：FILLET(圆角)

① 目前的设置值：方式＝修剪，半径：0,0000，选取第一个对象或[多段线(D)/半径(R)/ 修剪(T)/多个(U)]：→单击(A)点线段

② 选择第二个对象，或按住 Shift 键选择要应用角点的对象：→单击(B)点线段

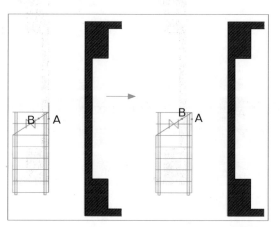

STEP 28 重复执行TRIM(修剪)命令，修剪不需要的线段。

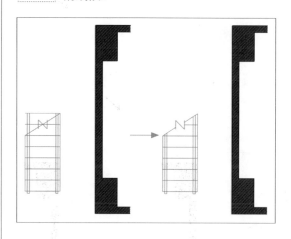

STEP 29 命令：TRIM(修剪)

① 选择对象：→选取(A)对象

② 选取要修剪的对象，或按住Shift键并选取对象以延伸或[投影(P)/边缘(E)/放弃(U)]：→单击需修剪的线段，逐一执行修剪动作

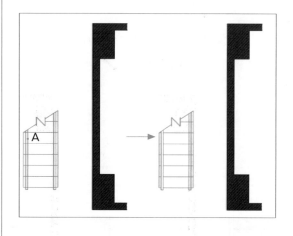

STEP 30 命令：TRIM(修剪)

❶ 选择对象：→选取(A)对象 ✔

❷ 选取要修剪的对象，或按住Shift键并
选择对象以延伸或[投影(P)/边缘(E)/
放弃(U)]：→单击需修剪的线段，逐
一进行修剪动作 ✔

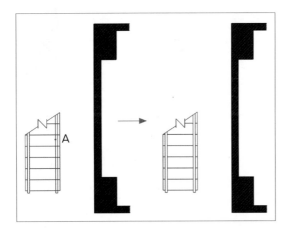

STEP 31 命令：LINE(线)

❶ 指定第一点：→单击中心点(A)点
✔

❷ 指定下一点或[放弃(U)]： →鼠标拖
曳至垂直点(B)点 ✔

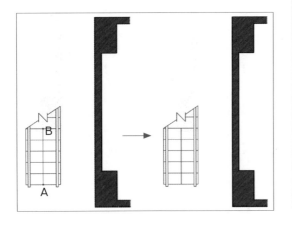

STEP 32 命令：CIRCLE(圆)

❶ 指定圆的中心点或[三点(3P)/两点
(2P)/相切、相切、半径(T)]： →单
击(A)点中心点

❷ 指定圆的半径或[直径(D)]：D →输
入 "D" ✔

❸ 指定圆的直径：12 →输入直径数值
"12" ✔

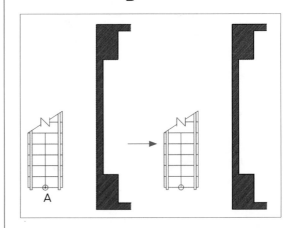

STEP 33 命令：LINE

❶ 指定第一点：→单击相交点(A)点

❷ 指定下一点或[放弃(U)]：@15<-70
→输入 "@15<-70" 线段长度及角
度 ✔

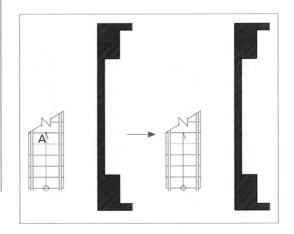

STEP 34 命令：MIRROR(镜像)

❶ 选择对象：→单击(A)点线段

❷ 指定镜像线的第一点：单击相交点(B)点 ↙

❸ 指定镜像线的第二点：→鼠标垂直往上拖曳，单击(C)点

❹ 删除源对象?[是(Y)/否(N)]<N>：N→输入"N"保留原有源对象 ↙

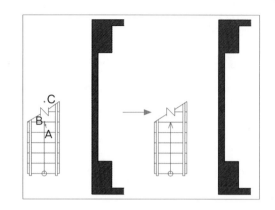

STEP 35 更改正确的图层及颜色

❶ 楼梯对象可以构建于"墙"图层或者"楼梯"图层内

❷ 阶梯及剖折线颜色为"白色07"，而扶手颜色为"青蓝色04"或"深蓝色05"

❸ 输入阶数号码，会让阶梯阶数更清楚

❹ 注记"UP"为上楼梯

❺ 用细的虚线表示其余楼梯的阶数

❻ 打开"梁"图层，检查楼梯阶数及位置是否有问题

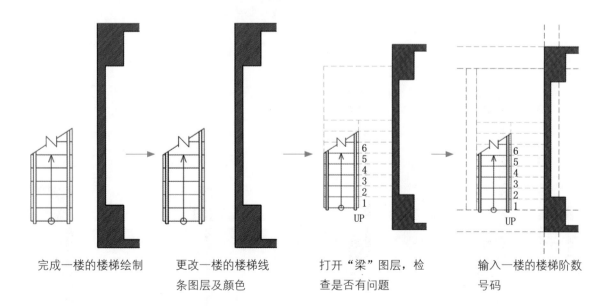

完成一楼的楼梯绘制　　更改一楼的楼梯线条图层及颜色　　打开"梁"图层，检查是否有问题　　输入一楼的楼梯阶数号码

二楼的绘制

STEP 1

❶ COPY(复制)一楼楼梯至二楼楼梯的位置,开始绘制二楼的楼梯

❷ 把"梁"图层、"文字"图层锁住或关闭

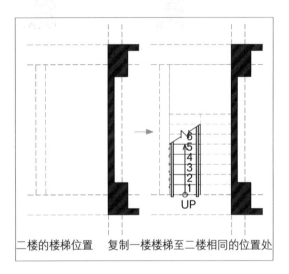

二楼的楼梯位置　复制一楼楼梯至二楼相同的位置处

STEP 2　命令:ERASE(删除)

选择对象:删除不需要的线条(红色为需删除的线条)

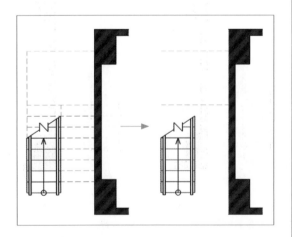

STEP 3　命令:EXTEND(延伸)

❶ 目前的设置:投影:UCS边缘:延伸选择边界边缘……选择对象: →单击(A)点线段

❷ 选取要修剪的对象,或按住Shift键并选取对象以延伸或[投影(P)/边缘(E)/放弃(U)]: →单击(B)点线段

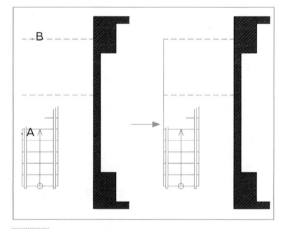

STEP 4　命令:EXTEND(延伸)

❶ 目前的设置:投影:UCS边缘:延伸选择边界边缘……选择对象: →单击(A)点线段

❷ 选取要修剪的对象,或按住Shift键并选取对象以延伸或[投影(P)/边缘(E)/放弃(U)]: →单击(B)点线段

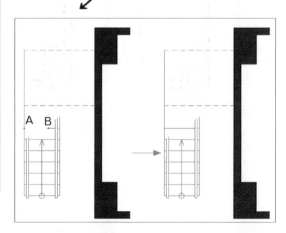

STEP 5

命令：EXTEND(延伸)

❶ 选择对象：→单击(A)点线段 ↙

❷ 选取要修剪的对象，或按住Shift 键并选取对象以延伸或 [投影(P)/边缘(E)/放弃(U)]：→单击(B)(C)(D)(E)(F)点线段 ↙

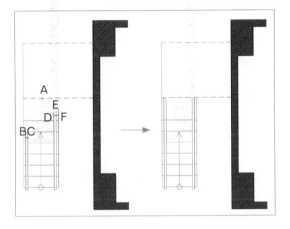

STEP 6

命令：MATCHPROP(复制性质)

❶ 选取源对象：→单击(A)点线段 ↙

❷ 目前作用中的设置值：颜色、图层、线型、线型比例、线宽、厚度、出图造型、文字、标注、剖面线、多段线、视图。选取目的对象或[设置值(S)]：→单击(B)、(C)点线段 ↙

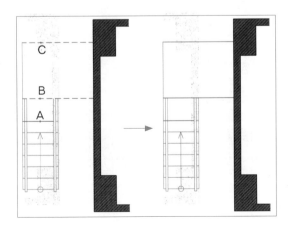

STEP 7

命令：MIRROR(镜像)

❶ 选择对象：→选取镜像线段（红色线段为需镜像的对象）↙

❷ 指定镜像线的第一点：→单击相交点(A)点 ↙

❸ 指定镜像线的第二点： →鼠标拖曳至空白处(B)点单击

❹ 删除源对象?[是(Y)/否(N)]<N >：N→输入"N"保留原有源对象 ↙

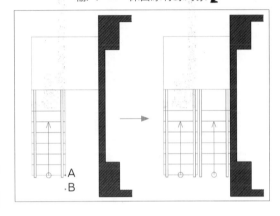

STEP 8

命令：EXTEND(延伸)

❶ 选择对象：→单击(A)点线段 ↙

❷ 选取要修剪的对象，或按住Shift 键并选取对象以延伸或[投影(P)/边缘(E)/放弃(U)]：F →输入"F"执行连续延伸动作 ↙

❸ 第一篱选点：→单击(B)点

❹ 指定直线端点或[放弃(U)]： →鼠标拖曳至(C)点 ↙

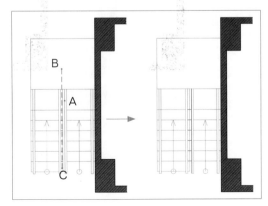

STEP 9 命令：LINE(线)

❶ 指定第一点：→单击端点(A)点

❷ 指定下一点或[放弃(U)]：→鼠标拖曳至垂直点(B)点 ↙

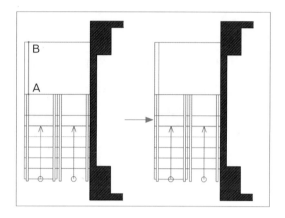

STEP 10 命令：LINE(线)

❶ 指定第一点：→单击端点(A)点

❷ 指定下一点或[放弃(U)]：→鼠标拖曳至垂直点(B)点 ↙

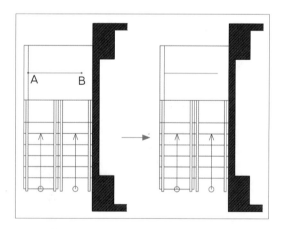

STEP 11 命令：ERASE(删除)

选择对象：选取不再使用的辅助线，并予以删除(红色为需删除的辅助线部分)

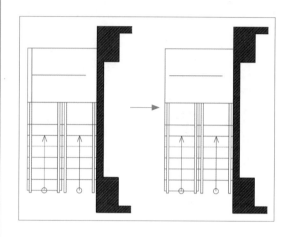

STEP 12 命令：FILLET(圆角)

❶ 目前的设置值：方式＝修剪，半径：0,0000，选择第一个对象或[放弃(U)/多段线(P)/半径(R)/修剪(T)/多个(M)]：→单击(A)点线段

❷ 选择第二个对象，或按住 Shift 键选择要应用角点的对象：→单击(B)点线段

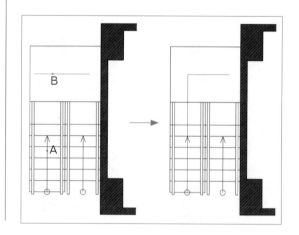

STEP 13 命令：FILLET(圆角)

❶ 目前的设置值：方式=修剪，半径：0,0000，选择第一个对象或［放弃(U)/多段线(P)/半径(R)/修剪(T)/多个(M)］：→单击(A)点线段

❷ 选择第二个对象，或按住 Shift 键选择要应用角点的对象：→单击(B)点线段

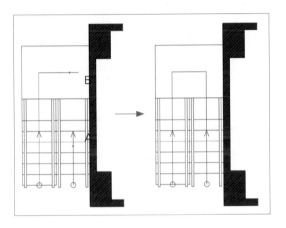

STEP 14 命令：ERASE(删除)

删除对象：删除不需使用到的对象(红色线段为需删除的部分)

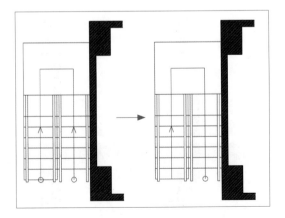

STEP 15 命令：MOVE(移动)

❶ 选择对象：→单击(A)(B)点线段

❷ 指定基点或［位移(D)］<位移>：→单击(C)点

❸ 指定第二个点或 <使用第一个点作为位移>： →鼠标拖曳至下方，并单击(D)点

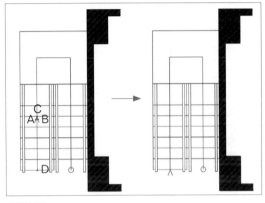

STEP 16 命令：MIRROR(镜像)

❶ 选择对象：→选取(A)(B)点线段

❷ 指定镜像线的第一点：→单击中心点(C)点

❸ 指定镜像线的第二点：→鼠标往左拖曳，单击空白处(D)点

❹ 删除源对象?[是(Y)/否(N)]<N >：Y→输入"Y"删除源对象

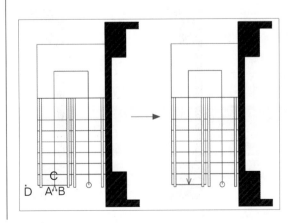

STEP 17 命令：COPY(复制)

① 选择对象：→鼠标单击(A)点拖曳至(B)点框选 ↙

② 指定基点或 [位移(D)] ＜位移＞[多重(M)]：→单击相交点(C)点

③ 指定第二个点或 ＜使用第一个点作为位移＞：→鼠标拖曳至上方空白处(D)点

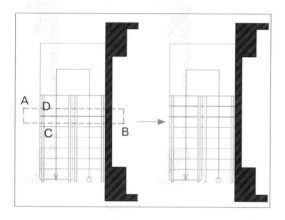

STEP 18 命令：TRIM(修剪)

① 选择对象：→单击(A)至(D)点线段 ↙

② 选取要修剪的对象，或按住Shift键并选取对象以延伸或[投影(P)/边缘(E)/放弃(U)]：→单击不需使用的线段，予以修剪 ↙

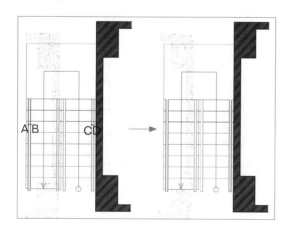

STEP 19 命令：STRETCH(拉伸)

① 以"框选窗"或"多边形框选"选取要拉伸的对象……选择对象：→单击(A)点至(B)点框选对象

② 指定基点或 [位移(D)] ＜位移＞：→单击端点(C)点

③ 指定位移的第二点或＜使用第一点作位移＞：→单击相交点(D)点

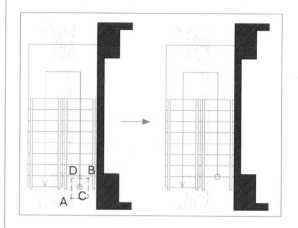

STEP 20 命令：ERASE(删除)

选择对象：删除不需使用的线段(红色线段为需删除的部分)

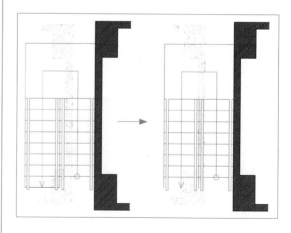

STEP **21** 命令：LINE(线)

❶ 指定第一点：→单击端点(A)点

❷ 指定下一点或[放弃(U)]：→单击(B)点 ✏

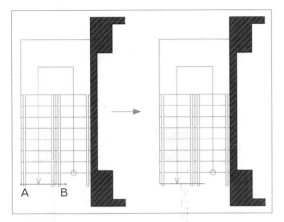

STEP **22** 命令：TRIM(修剪)

❶ 选择对象：→单击(A)点线段 ✏

❷ 选取要修剪的对象，或按住Shift键并选取对象以延伸或[投影(P)/边缘(E)/放弃(U)]：F→输入"F"执行连续修剪动作 ✏

❸ 第一篱选点：→单击(B)点

❹ 指定直线端点或[放弃(U)]：→鼠标拖曳至(C)点 ✏

❺ 选取要修剪的对象，或按住Shift键并选取对象以延伸或[投影(P)/边缘(E)/放弃(U)]： ✏

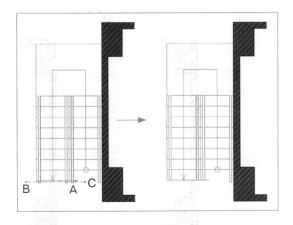

STEP **23** 命令：OFFSET(偏移复制)

❶ 指定偏移距离或[通过(T)/删除(E)/图层(L)]：5→输入偏移数值"5" ✏

❷ 选择要偏移的对象，或[退出(E)/放弃(U)]<退出>：→单击需要偏移的(A)点线条

❸ 指定要偏移的那一侧上的点，或[退出(E)/多个(M)/放弃(U)]<退出>：→单击下方空白处(B)点 ✏

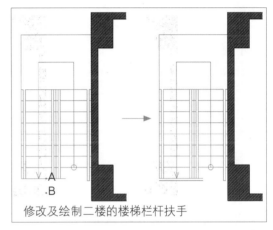

修改及绘制二楼的楼梯栏杆扶手

STEP **24** 命令：OFFSET(偏移复制)

❶ 指定偏移距离或[通过(T)/删除(E)/图层(L)]：5→输入偏移数值"5" ✏

❷ 选择要偏移的对象，或[退出(E)/放弃(U)]<退出>：→单击需要偏移的(A)点线条

❸ 指定要偏移的那一侧上的点，或[退出(E)/多个(M)/放弃(U)]<退出>：→单击下方空白处(B)点 ✏

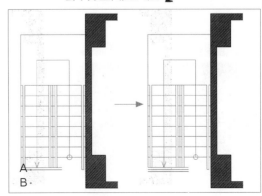

STEP 25 命令：OFFSET(偏移复制)

❶ 指定偏移距离或[通过(T)/删除(E)/图层(L)]：5→输入偏移数值"5" ↙

❷ 选择要偏移的对象，或[退出(E)/放弃(U)]<退出>：→单击需要偏移的(A)点线条

❸ 指定要偏移的那一侧上的点，或[退出(E)/多个(M)/放弃(U)]<退出>：→单击左侧空白处(B)点 ↙

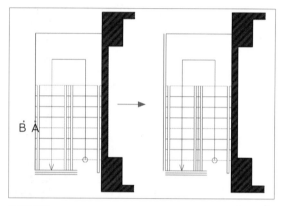

STEP 26 命令：OFFSET(偏移复制)

❶ 指定偏移距离或[通过(T)/删除(E)/图层(L)]：5→输入偏移数值"5" ↙

❷ 选择要偏移的对象，或[退出(E)/放弃(U)]<退出>：→单击需要偏移的(A)点线条

❸ 指定要偏移的那一侧上的点，或[退出(E)/多个(M)/放弃(U)]<退出>：→单击左侧空白处(B)点 ↙

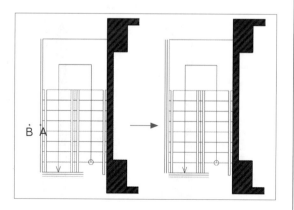

STEP 27 命令：OFFSET(偏移复制)

❶ 指定偏移距离或[通过(T)/删除(E)/图层(L)]：5→输入偏移数值"5" ↙

❷ 选择要偏移的对象，或[退出(E)/放弃(U)]<退出>：→单击需要偏移的(A)点线条

❸ 指定要偏移的那一侧上的点，或[退出(E)/多个(M)/放弃(U)]<退出>：→单击下方空白处(B)点 ↙

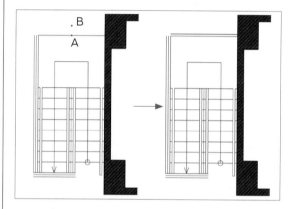

STEP 28 命令：OFFSET(偏移复制)

❶ 指定偏移距离或[通过(T)/删除(E)/图层(L)]：5→输入偏移数值"5" ↙

❷ 选择要偏移的对象，或[退出(E)/放弃(U)]<退出>：→单击需要偏移的(A)点线条

❸ 指定要偏移的那一侧上的点，或[退出(E)/多个(M)/放弃(U)]<退出>：→单击下方空白处(B)点 ↙

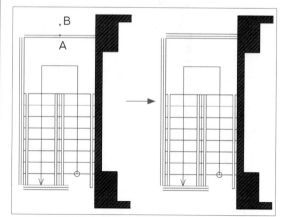

STEP **29** 命令：FILLET(圆角)

① 目前的设置值：方式＝修剪，半径：0,0000，选择第一个对象或〔放弃(U)/多段线(P)/半径(R)/修剪(T)/多个(M)〕：→单击(A)点线段

② 选择第二个对象，或按住 Shift 键选择要应用角点的对象：→单击(B)点线段

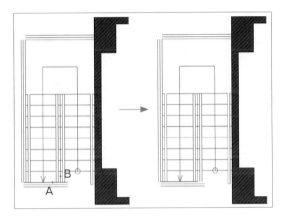

STEP **30** 命令：FILLET(圆角)

① 目前的设置值：方式＝修剪，半径：0,0000，选择第一个对象或〔放弃(U)/多段线(P)/半径(R)/修剪(T)/多个(M)〕：→单击(A)点线段

② 选择第二个对象，或按住 Shift 键选择要应用角点的对象：→单击(B)点线段

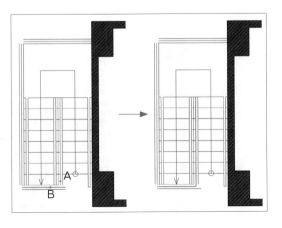

STEP **31** 命令：FILLET(圆角)

① 目前的设置值：方式＝修剪，半径：0,0000，选择第一个对象或〔放弃(U)/多段线(P)/半径(R)/修剪(T)/多个(M)〕：→单击(A)点线段

② 选择第二个对象，或按住 Shift 键选择要应用角点的对象：→单击(B)点线段

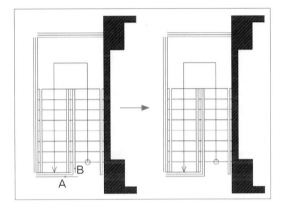

STEP **32** 命令：FILLET(圆角)

① 目前的设置值：方式＝修剪，半径：0,0000，选择第一个对象或〔放弃(U)/多段线(P)/半径(R)/修剪(T)/多个(M)〕：→单击(A)点线段

② 选择第二个对象，或按住 Shift 键选择要应用角点的对象：→单击(B)点线段

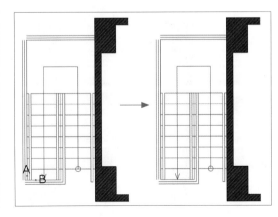

STEP 33

命令：FILLET(圆角)

❶ 目前的设置值：方式＝修剪，半径：0,0000，选择第一个对象或［放弃(U)/多段线(P)/半径(R)/修剪(T)/多个(M)］：→单击(A)点线段

❷ 选择第二个对象，或按住 Shift 键选择要应用角点的对象：→单击(B)点线段

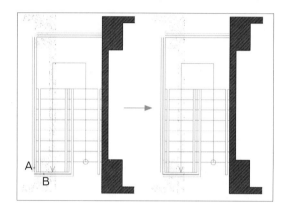

STEP 34

命令：FILLET(圆角)

❶ 目前的设置值：方式＝修剪，半径：0,0000，选择第一个对象或［放弃(U)/多段线(P)/半径(R)/修剪(T)/多个(M)］：→单击(A)点线段

❷ 选择第二个对象，或按住 Shift 键选择要应用角点的对象：→单击(B)点线段

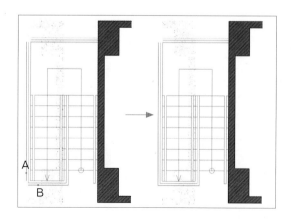

STEP 35

命令：FILLET(圆角)

❶ 目前的设置值：方式＝修剪，半径：0,0000，选择第一个对象或［放弃(U)/多段线(P)/半径(R)/修剪(T)/多个(M)］：→单击(A)点线段

❷ 选择第二个对象，或按住 Shift 键选择要应用角点的对象：→单击(B)点线段

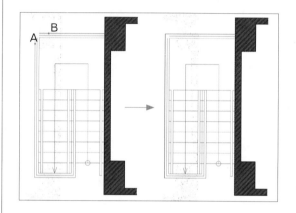

STEP 36

命令：FILLET(圆角)

❶ 目前的设置值：方式＝修剪，半径：0,0000，选择第一个对象或［放弃(U)/多段线(P)/半径(R)/修剪(T)/多个(M)］：→单击(A)点线段

❷ 选择第二个对象，或按住 Shift 键选择要应用角点的对象：→单击(B)点线段

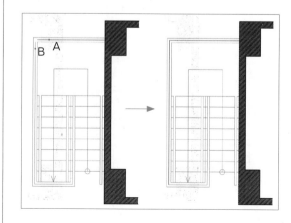

STEP 37

命令：OFFSET(偏移复制)

① 指定偏移距离或 [通过(T)/删除(E)/图层(L)]：5→输入偏移数值 "5" ↙

② 选择要偏移的对象，或 [退出(E)/放弃(U)] <退出>：→单击需要偏移的(A)点线条

③ 指定要偏移的那一侧上的点，或[退出(E)/多个(M)/放弃(U)] <退出>：→单击下方空白处(B)点 ↙

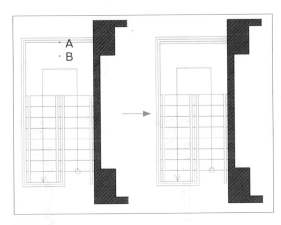

STEP 38

命令：OFFSET(偏移复制)

① 指定偏移距离或 [通过(T)/删除(E)/图层(L)]：5→输入偏移数值 "5" ↙

② 选择要偏移的对象，或 [退出(E)/放弃(U)] <退出>：→单击需要偏移的(A)点线条

③ 指定要偏移的那一侧上的点，或[退出(E)/多个(M)/放弃(U)] <退出>：→单击下方空白处(B)点 ↙

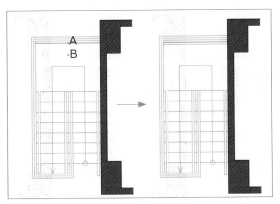

STEP 39

命令：FILLET(圆角)

① 目前的设置值：方式=修剪，半径：0,0000，选择第一个对象或 [放弃(U)/多段线(P)/半径(R)/修剪(T)/多个(M)]：→单击(A)点线段

② 选择第二个对象，或按住 Shift 键选择要应用角点的对象：→单击(B)点线段

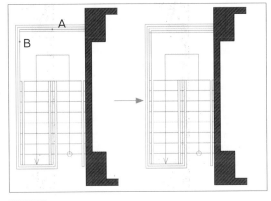

STEP 40

命令：FILLET(圆角)

① 目前的设置值：方式=修剪，半径：0,0000，选择第一个对象或 [放弃(U)/多段线(P)/半径(R)/修剪(T)/多个(M)]：→单击(A)点线段

② 选择第二个对象，或按住 Shift 键选择要应用角点的对象：→单击(B)点线段

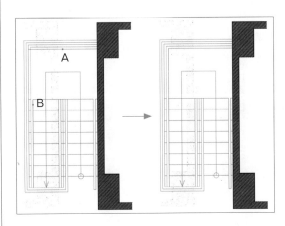

STEP 41 命令：FILLET(圆角)

❶ 目前的设置值：方式＝修剪，半径：0,0000，选择第一个对象或［放弃(U)/多段线(P)/半径(R)/修剪(T)/多个(M)]：→单击(A)点线段

❷ 选择第二个对象，或按住 Shift 键选择要应用角点的对象：→单击(B)点线段

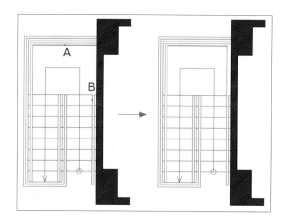

STEP 42 命令：FILLET(圆角)

❶ 目前的设置值：方式＝修剪，半径：0,0000，选择第一个对象或［放弃(U)/多段线(P)/半径(R)/修剪(T)/多个(M)]：→单击(A)点线段

❷ 选择第二个对象，或按住 Shift 键选择要应用角点的对象：→单击(B)点线段

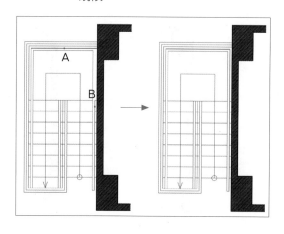

STEP 43 命令：STRETCH(拉伸)

❶ 以"框选窗"或"多边形框选"选取要拉伸的对象······选择对象：→单击(A)点至(B)点框选

❷ 选择对象：R →输入"R"移除不需拉伸的对象

❸ 移除物体：→单击(C)点线段

❹ 指定基点或［位移(D)]＜位移＞：→单击端点(D)点

❺ 指定位移的第二点或＜使用第一点作位移＞：5→输入数值"5"，鼠标往上方空白处单击

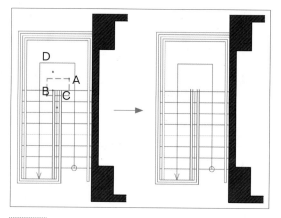

STEP 44 命令：LINE(线)

❶ 指定第一点：→单击端点(A)点

❷ 指定下一点或[放弃(U)]：→单击端点(B)点

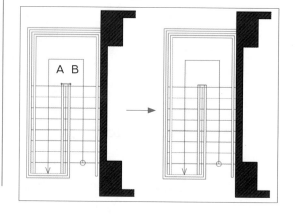

STEP 45 命令：OFFSET(偏移复制)

❶ 指定偏移距离或﹝通过(T)/删除(E)/图层(L)﹞：5 →输入偏移数值"5" ↙

❷ 选择要偏移的对象，或﹝退出(E)/放弃(U)﹞<退出>：→单击需要偏移的(A)点线段

❸ 指定要偏移的那一侧上的点，或﹝退出(E)/多个(M)/放弃(U)﹞<退出>：→单击上方空白处(B)点 ↙

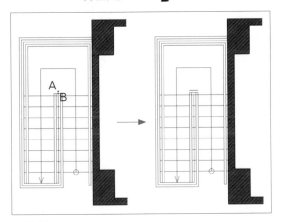

STEP 46 命令：TRIM(修剪)

❶ 选择对象：→单击(A)至(D)点线段 ↙

❷ 选取要修剪的对象，或按住Shift键并选取对象以延伸或﹝投影(P)/边缘(E)/放弃(U)﹞：→单击不需使用的线段，予以修剪 ↙

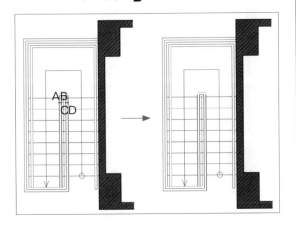

STEP 47 命令：EXTEND(延伸)

❶ 目前的设置：投影：ＵＣＳ边缘：延伸选择边界边缘……选择对象：→单击(A)点线段

❷ 选取要修剪的对象，或按住Shift键并选取对象以延伸或﹝投影(P)/边缘(E)/放弃(U)﹞：→单击(B)(C)点线段

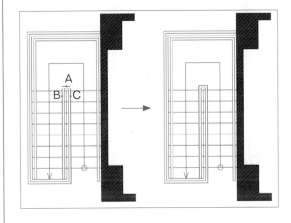

STEP 48 至此已完成二楼的绘制，然后更改正确的图层及颜色

❶ 直接用鼠标按左键框选对象更改颜色

❷ 可以另建一个"楼梯"图层或者隶属于"墙"图层

❸ 阶梯为"白色07"，而扶手颜色为"青蓝色04"或"深蓝色05"

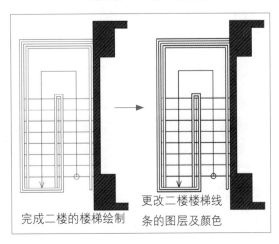

完成二楼的楼梯绘制　　更改二楼楼梯线条的图层及颜色

STEP 49

❶ 输入阶数号码，让阶梯阶数更清楚

❷ "DN" 为下楼梯

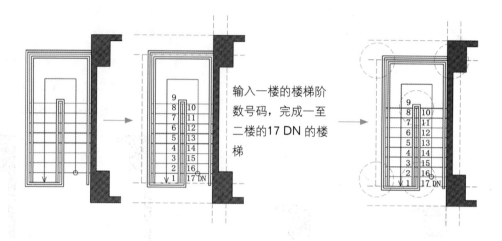

输入一楼的楼梯阶数号码，完成一至二楼的 17 DN 的楼梯

Tip 　二楼楼梯的栏杆扶手部分是比较容易画错的地方，右上图把比较容易画错的地方以红色虚线圆圈框起来，绘制时需多加注意。

+ 绘制一至三楼楼梯的平面图

一楼的楼梯绘制步骤

延用上述一至二楼1~35步骤的楼梯绘制方法，就可以绘制出上图的一楼楼梯。

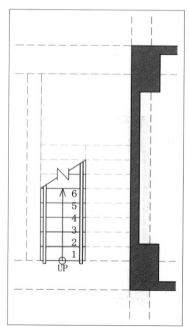

二楼的楼梯绘制步骤

步骤如下:

1 延用一至二楼1~49步骤的二楼楼梯的绘制方法,就可以绘制出下图的二楼楼梯。唯一不同的绘制之处是由二楼通往三楼的楼梯,因为是往上的楼梯,依据120~150cm平剖关系会剖到第7阶左右,所以,在第7阶左右绘制双斜线的剖折线。

2 再把二楼往一楼楼梯阶数全部绘制出来。

3 楼梯阶数的标识是由一楼的第一个台阶算起,至二楼的楼地板才算是完整总阶数。而二楼往三楼的楼梯阶数标识,是由二楼往三楼的第一个台阶开始算起。

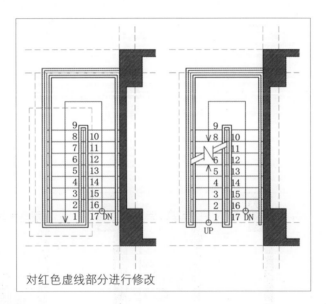

对红色虚线部分进行修改

三楼的楼梯绘制步骤

步骤如下:

1 绘制三楼楼梯时先绘制楼板的挑空范围。

2 复制二楼的楼梯至三楼的楼梯位置,再进行局部修改。

3 因为没有再往上走的楼梯,根据挑空范围把楼梯阶数全部绘制出来。

4 对栏杆扶手的线条进行修改和调整。

5 删除剖折线。

6 输入阶数号码。

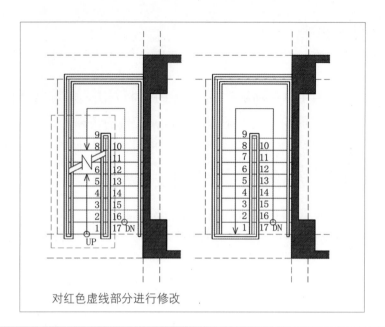

对红色虚线部分进行修改

注意

绘制楼梯需要空间上的观念，尤其在一至三楼的楼梯绘制上，可能会出现的问题是在二楼的楼梯绘制上，但只要明确每一层楼梯的上与下关系，再加上平面图平剖的概念，绘制上就不会出问题了。

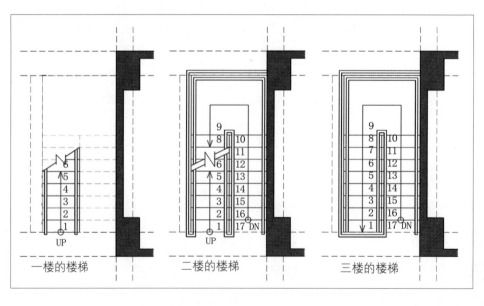

一楼的楼梯　　　　　二楼的楼梯　　　　　三楼的楼梯

+ 楼梯的造型

楼梯的造型有很多种，如一字造型、L造型、螺旋造型、圆造型、1/2圆造型等，需依空间及业主需求设计适合的楼梯造型。有时楼梯会被设计为空间的主轴，有时只作为一个通道而已，全依设计者去诠释。

以下列出常见的楼梯造型范例，供读者参考。

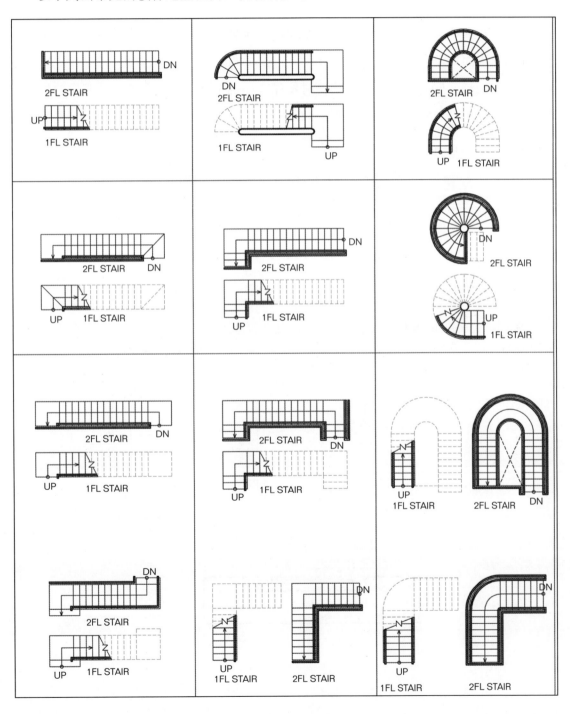

3-5 各空间平面配置范例

前面介绍的是一般绘制上比较容易发生问题的对象,本节则将介绍进行室内设计时的注意事项。

+ 客厅的配置

客厅的配置是室内设计的重点,也是使用最频繁的公共空间,而配置上主要考虑的是客厅的使用面积及动线。客厅配置的对象主要有单人沙发、双人沙发、三人沙发、L型沙发组、贵妃椅、脚凳、茶几等,这些对象让客厅的空间极富变化性。若客厅的配置与其他空间结合,更会让空间具有开阔感。

对客厅的配置需注意以下几点:

* 行走动线宽度约为45~60cm,沙发与沙发转角的间距为20cm。

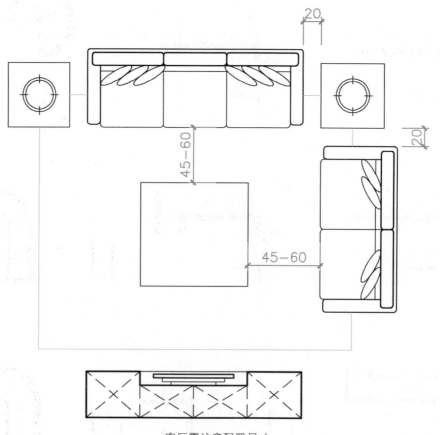

客厅需注意配置尺寸

- 沙发的中心点尽量与电视柜的中心点齐。

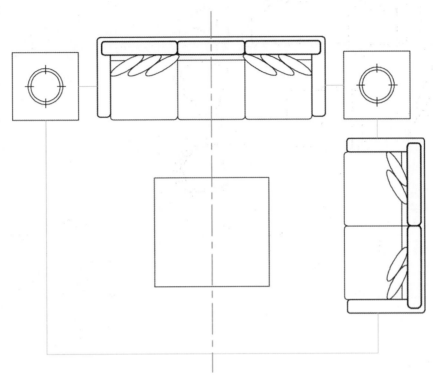

沙发的中心点与电视柜的中心点齐

- 配置沙发组的图块，不一定将图块摆放到水平及垂直面，否则有时会让客厅的配置显得单板。因此可将单人沙发组图块旋转15°、25°、35°，使得客厅的整体配置比较活泼（如下图1、2），或者整组客厅配置旋转45°（如图3）。

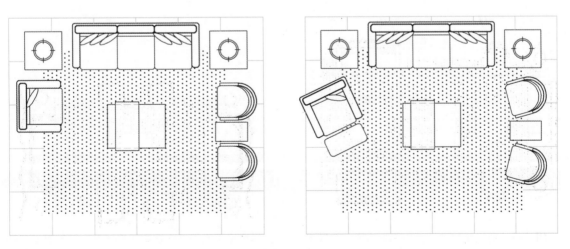

沙发组配置

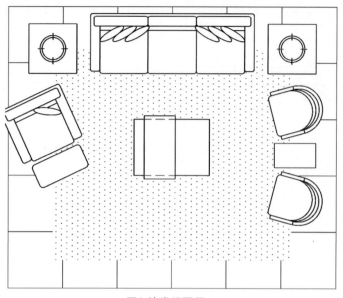

图1 沙发组配置

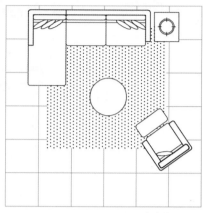

图2 沙发组配置

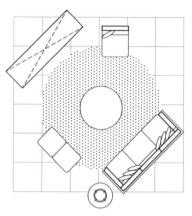

图3 沙发组配置

• 客厅的配置可以使用不同样式的图块对象，以让配置
画面呈现不同的感觉。况且，变更不同图块对象应用
在客厅的配置上，最能感受到画面上不同的风格。想
要让客厅的配置比较有新古典感觉，就可以用新古典
的图块对象（如以下两张图）。

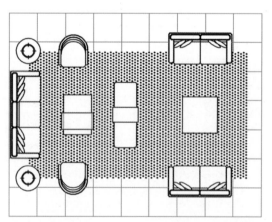

应用在客厅面积比较大且长型的空间中，配置的
组合虽是单一空间，却可以区分为两个区域进行
使用，呈现大器的风格

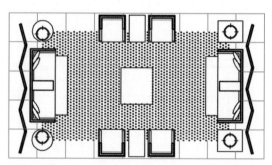

采用中国式的罗汉椅等图块对象，让配置图呈现
另一种风格

• 客厅的配置可与另一个空间结合，可使用开放性、半开放性、穿透性的处理手法，这些方式可让客厅的开阔及延展性更大。客厅与其他空间组合的配置如下：客厅加入了开放的阅读空间，让空间更有机动性（如图1）；客厅配置加入了开放的书房，让空间具有多变互动的作用（如图2）；客厅与开放的餐厅结合，让行动起来更为顺畅（如图3）；客厅与起居室利用图块对象分隔，可独立及合并使用的空间（如图4）；吧台区与客厅的结合，比较适用于好客的居住者使用（如图5）；餐厅与客厅结合，略有不同的是在客厅部分，看似单一组的空间有两种使用的配置（如图6）。

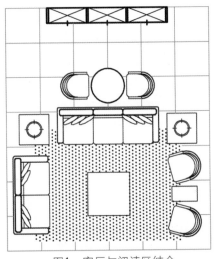

图1：客厅与阅读区结合

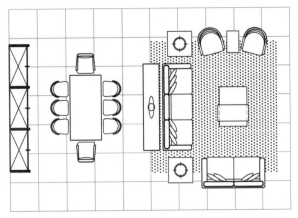

图3：餐厅与客厅结合

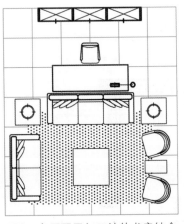

图2：客厅配置与开放的书房结合

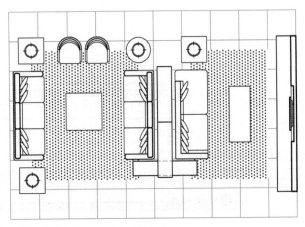

图4：活动家具配置方式的差异

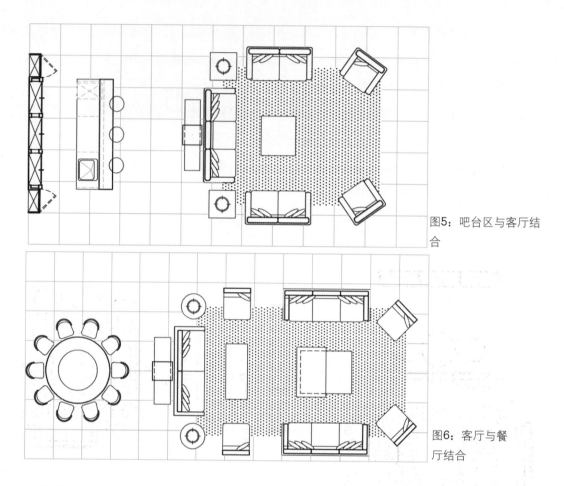

图5：吧台区与客厅结合

图6：客厅与餐厅结合

+ 厨房的配置

厨房的配置需注意厨具使用的流程，此流程为洗、切、煮，这三个流程是影响厨房设计的要素。下图的一字型厨具的配置是最常见的。

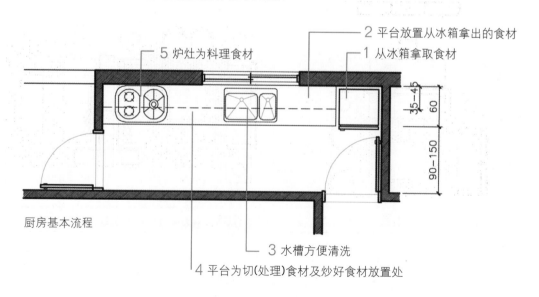

5 炉灶为料理食材

2 平台放置从冰箱拿出的食材

1 从冰箱拿取食材

厨房基本流程

3 水槽方便清洗

4 平台为切(处理)食材及炒好食材放置处

　　岛型台是指独立的台面兼具吧台、简餐台面使用，并处理洗、切、备料的工作台。当岛型台配置在厨房的空间时，此厨房空间以采用开放式厨房造型居多，同时与餐厅空间结合，让厨房具有更大的发挥空间及互动的关系。岛型台在设计上需注意：

- 岛型台与厨柜的距离不得少于 90cm，也不宜大于 120cm。

- 岛型台长度尺寸至少为150cm 以上才够大方，但不宜大于 250cm。

- 岛型台深度尺寸应在 80~120cm 之间。

- 当岛型台用来当吧台或者餐桌时，摆放椅子的位置，需在伸出脚时有容纳之处。

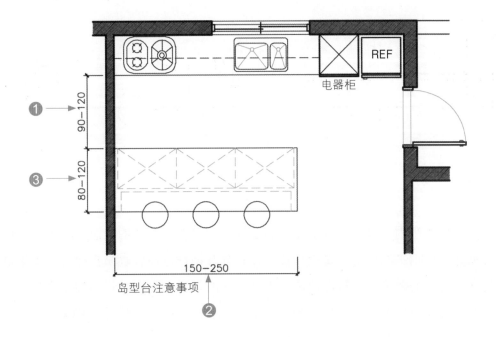

岛型台注意事项

岛型台造型的变化

　　厨房的宽度及纵深会影响岛型台的设计配置，当然也要考虑个人使用需求及习惯，往往因为这些因素而延展出不同的岛型台的造型，如下所示。

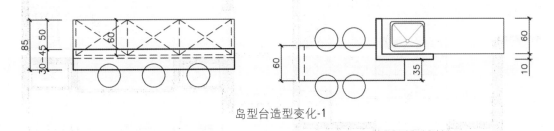

岛型台造型变化-1

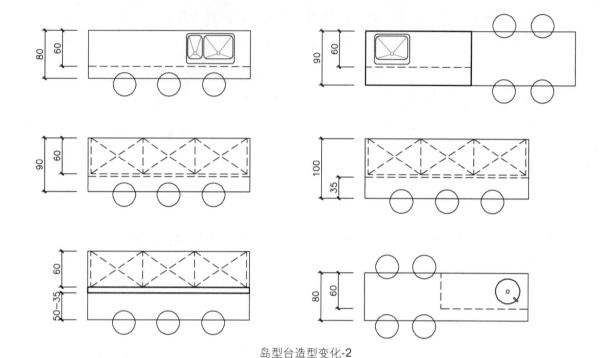

岛型台造型变化-2

厨房的规划

　　厨房的整体规划有一字型、二字型、L型、M型（如下图1~5），而岛型台已成为豪宅的新宠，近年来因饮食习惯及文化上的差异，同时兼具整体的美感而有了"双厨房"的设计概念。所谓"双厨房"是指轻食与熟食分开调理，而轻食是指冷食、水果调理、微波等简单无烟的食物及饮料，通常采用开放式的设计。熟食是指热炒食物且设置于靠阳台、通风良好的空间，与轻食空间用透明玻璃门做空间上的分隔（如图6）。

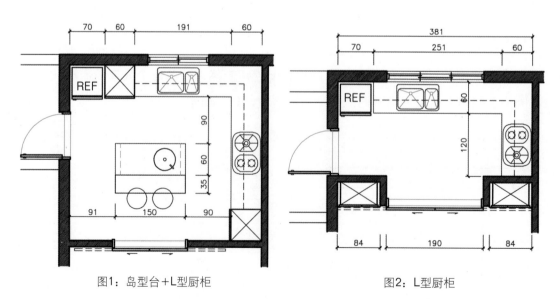

图1：岛型台+L型厨柜　　　　　　　　图2：L型厨柜

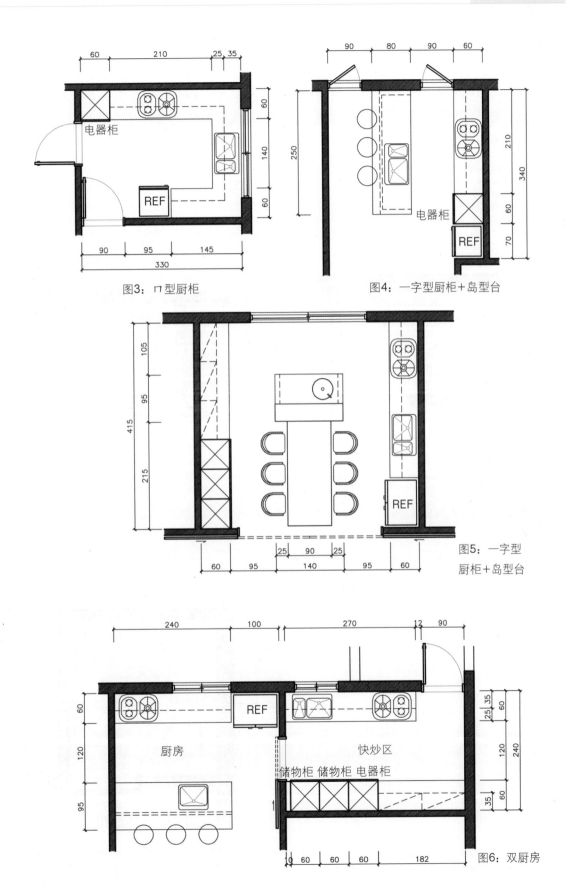

图3：ㄇ型厨柜

图4：一字型厨柜＋岛型台

图5：一字型厨柜＋岛型台

图6：双厨房

＋卫生间的配置

　　卫生间的配置图可分为厕所、浴厕两种，但因使用空间不同，名称上也有所不同。浴厕的配置又可分为"半套"及"全套"。在实际配置时仍需要考量管道间及现场施工的问题。依厕所及浴厕配置上的差异性，下面列举不同配置加以说明。

厕所的配置

　　需要的设备为马桶、洗脸盆（台），如下图。

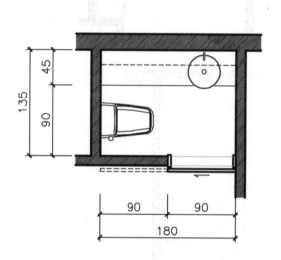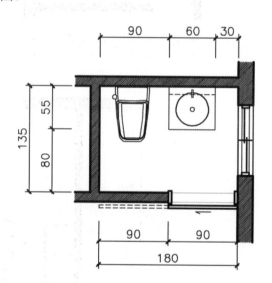

浴厕的配置（半套设备）

　　半套设备为马桶、洗脸盆（台）、淋浴间或者马桶、洗脸盆（台）、浴缸，如下图。

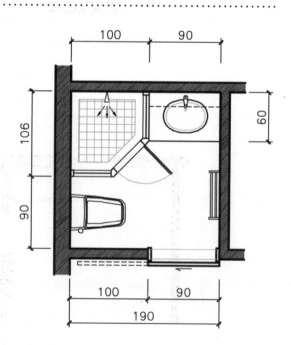

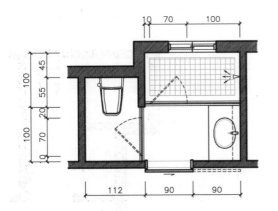

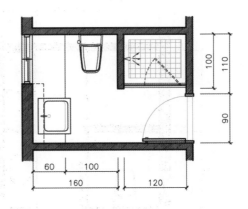

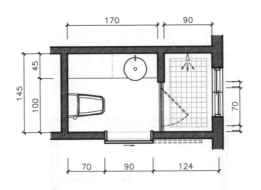

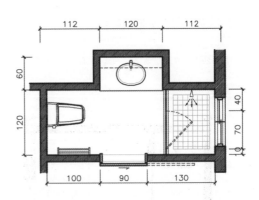

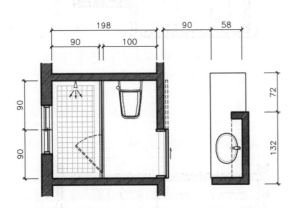

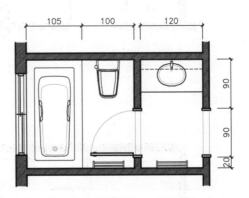

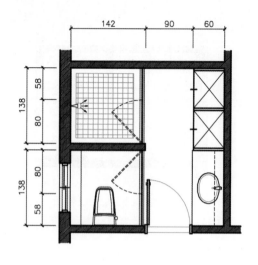
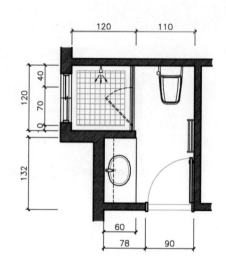

浴厕的配置（全套设备）

全套设备为马桶、洗脸盆（台）、淋浴间、浴缸，如下图所示。

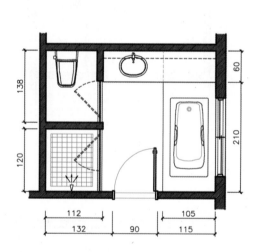
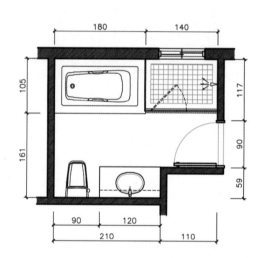

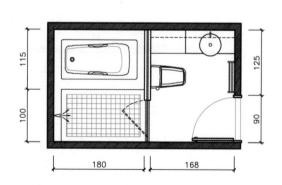
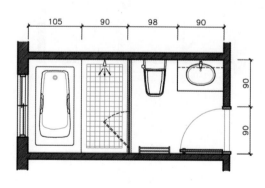

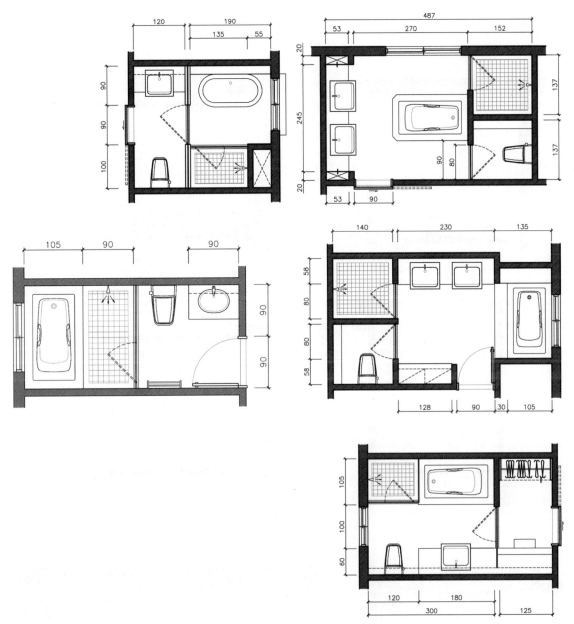

+ 卧室的配置

卧室的配置分为一般卧室、客用卧室（客房）及主卧室，其中变化比较大的是主卧室。在配置卧室时往往会因既定格局而无法突破，建议可以以床为主轴试着配置四面墙，这样演变出来的配置会具有多变性及可能性。

一般卧室的配置

依空间的许可及个人习惯，可配置床、床头柜、台灯、衣柜、电视柜、化妆台、单人沙发、小茶几、书桌等，如下图所示。

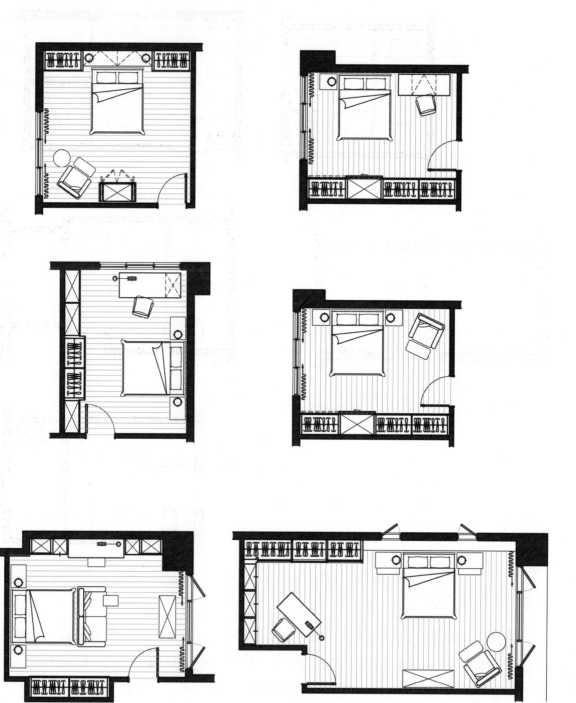

主卧室的配置

　　主卧室的规划必须比其他房间的空间要大，但要比客厅小，主卧室的配置依空间的许可及个人的习惯，可加入书房、更衣室、起居室等，如下图所示。

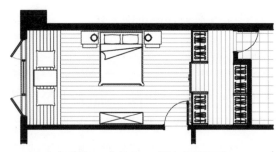

图1：主卧室 + 休闲区 + 更衣室的配置

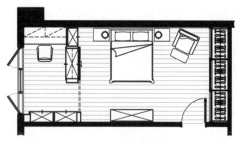

图2：主卧室 + 书房的配置

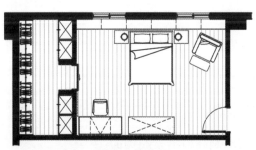

图3：主卧室 + 更衣室的配置

图4：主卧室 + 书房的配置

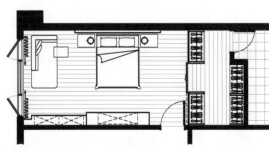

图5：主卧室 + 更衣室的配置

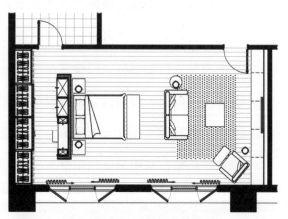

图6：主卧室 + 更衣室 + 起居室的配置

3-6 平面配置图的其他注意事项

在配置上要能对现场确实了解，力求平面图能够正确及完整，这样才不致于影响后续图的绘制及施工的问题。本节为你介绍几个配置上一定要了解的观念，设计者必须审慎思考及加强经验积累，才能让配置图上的每一个线条及对象都能正确无误。

+ 养成检查平面配置图的习惯

看似简单的平面配置图，却是检查设计是否有无问题的基本阶段，而在绘制平面配置图时，应同时思考立面造型、面的延展，以及天花板的配置。若在平面配置图阶段没有注意细节，后面绘制立面图时必会产生问题，严重的话甚至还得重绘平面配置图或重新修改，这样就会造成时间上的浪费，甚至延误工期。

笔者的习惯是：将配置好的平面配置图打印出来检查，用手旋转图纸到每一个角度，想象自己在此空间行走 360° 的视点面，以检查空间的流畅性及配置上的问题。

在此整理平面配置图上常发生的问题，并参考图做以下归纳说明：

❶ 没有做剖面线（Hatch），无法一目了然地看出整个图的隔间及格局。

❷ 靠窗的高柜、衣柜、活动家具没有预留窗帘范围。

❸ 靠墙面的活动高柜及活动家具需留间距，而木制高柜需紧贴墙面。

❹ 木制高矮柜不能与墙角同齐，不是退缩就是凸出。

❺ 空间名称的文字及内文压在家具范围内，没有统一在同一水平线上。

❻ 高柜及衣柜的厚度、门没有在平面配置图上明确地绘制出来。

❼ 卫生间的门、厨房门有无门槛没有在平面配置图上明确地绘制出来。

❽ 拉门方向没有在平面配置图上明确地绘制出来。

❾ 窗户造型没有明确地绘制出来。

❿ 活动家具及空间比例不协调。

⓫ 平面图图块构建的太复杂或者无线条上的层次变化。

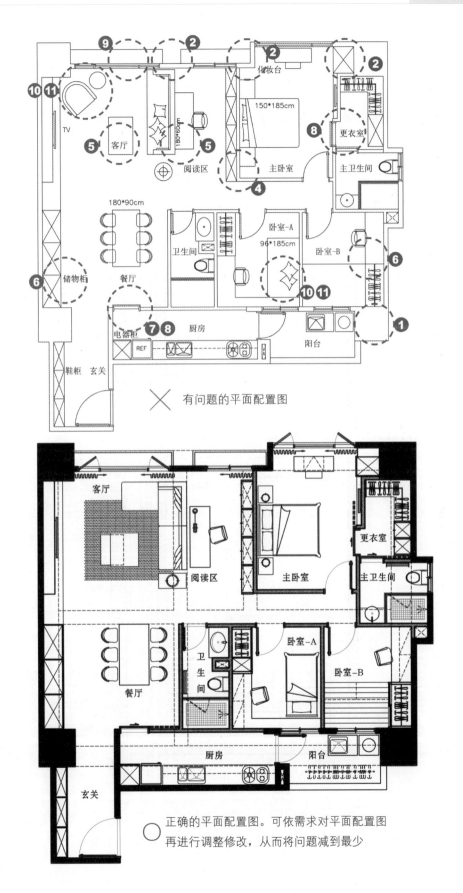

有问题的平面配置图

正确的平面配置图。可依需求对平面配置图
再进行调整修改，从而将问题减到最少

+ 变更厨房及卫生间的位置需考虑现场条件

在配置平面图时，为了让空间更顺畅、更有变化性，会去变更原有既定的格局。厨房及卫生间部分管路（如地面排水、粪管等）都是由整栋大楼由上至下贯穿的，在面临变更厨房位置时，要考虑现场条件是否允许、管路配置是否将造成日后问题等。

而卫生间部分有浴缸的给排水、淋浴间的地面排水及给水、洗脸盆的给水、马桶的给水及粪管等管路都会配至管道间（如下图），所以，一般情况下，住宅的卫生间楼顶板都能看到一些管路。

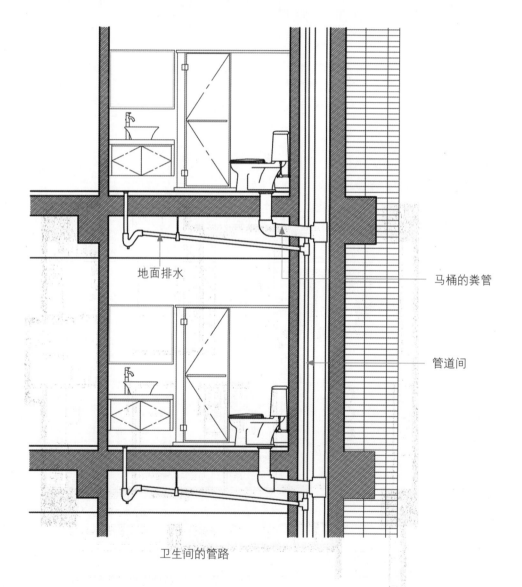

地面排水

马桶的粪管

管道间

卫生间的管路

在变更卫生间的位置时所要考虑的问题比较复杂，归类后主要有下列几点。

- 变更粪管的位置主要考虑粪管的管径要比较大，还有粪管走向需要坡度落差，卫生间则需再垫高约 20cm（是指地面完成面），否则可能造成日后使用上的问题。
- 卫生间空间附近都会有管道间，主要需考虑管路的连通性及污水处理。
- 别把卫生间的位置配置在楼下卧室的正上方或其他空间，因为使用中的排水管路声响及味道并不是楼下住户所愿意的。
- 变更卫生间的管路时，若可以贯穿楼地板施工，需考虑梁位是否影响到管路上的施工。同时需考虑日后渗水及漏水等问题（如下两图）。

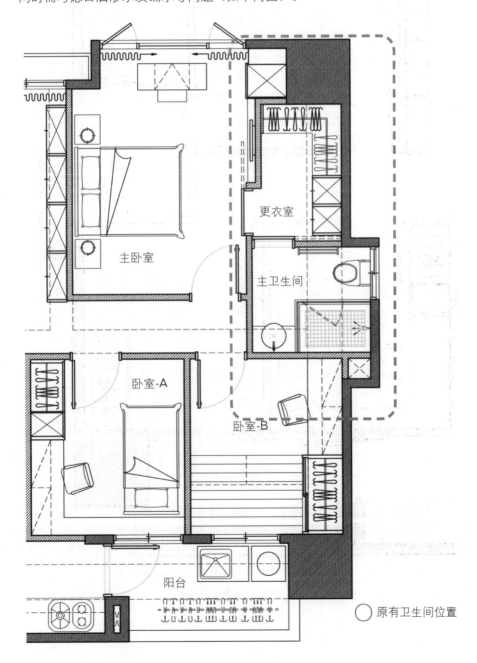

○ 原有卫生间位置

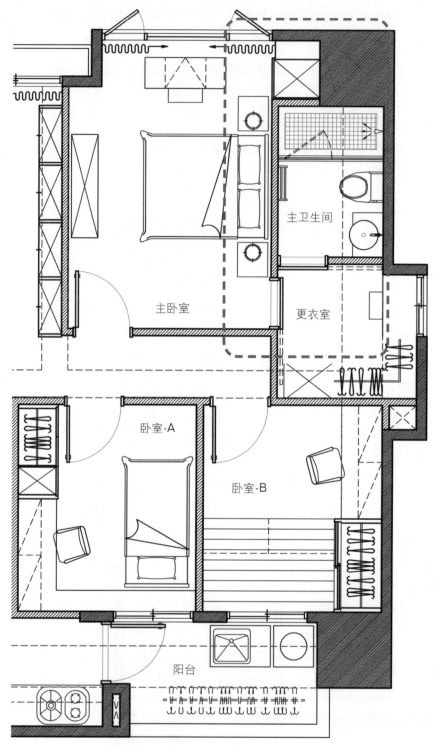

主卫生间

更衣室

主卧室

卧室-A

卧室-B

阳台

变更卫生间位于梁位的范围内，因无法破坏梁的钢筋结构，导致马桶粪管无法施工

3-7 | 平面配置图的练习

本节将提供两张尚未配置的平面图，并且标识尺寸及空间上的资料，读者可动手试着练习从平面配置图绘制到出图的过程。

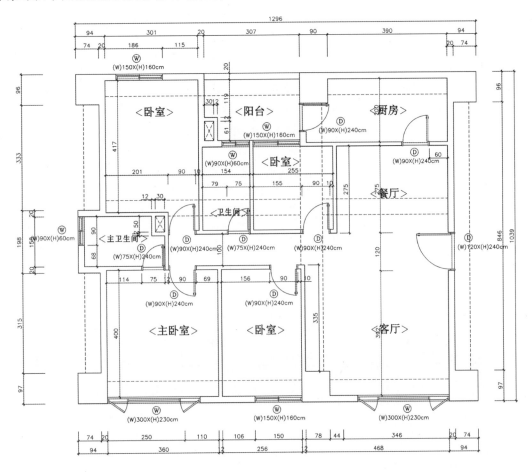

(1)外墙为20cm,室内砖墙为12cm
(2)楼板厚为25cm,室内净高为330cm
(3)"ⓓ"表示门,"ⓦ"表示窗

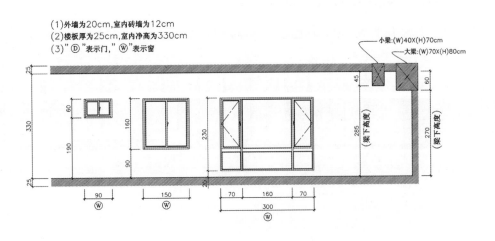

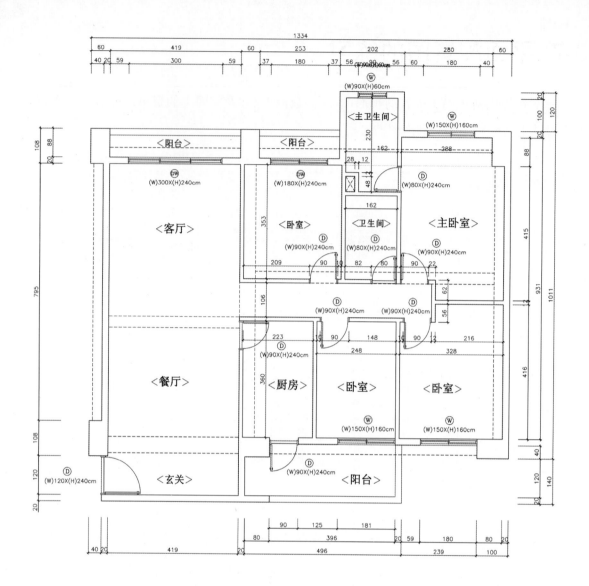

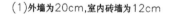
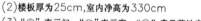

(1)外墙为20cm,室内砖墙为12cm
(2)楼板厚为25cm,室内净高为330cm
(3)"Ⓓ"表示门,"Ⓦ"表示窗,"ⅮⱲ"表示落地窗

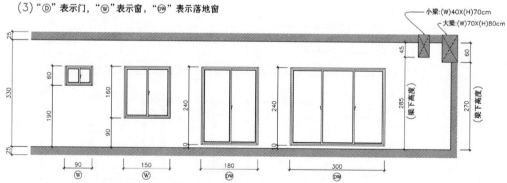

第 **4** 章　绘制系统图

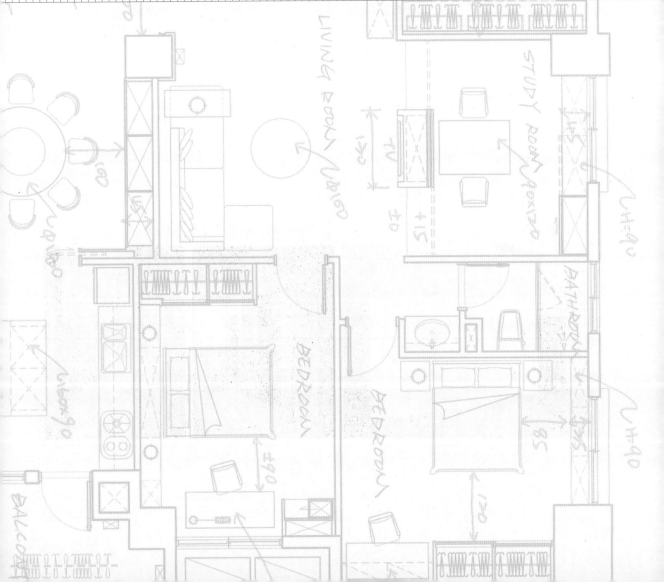

4-1 系统图的基本概念

系统图是在木制部分尚未施工前所使用的图。因现场环境及施工内容的不同，相对系统图也略有不同。而系统图是跟工程相呼应的，只要是施工项目，就必须绘制系统图，因为在一般的施工流程中，用文字解说叙述很难完整地了解清楚。

下面整理了一般工程从开始至完工的流程图，从而使读者知道工程上的施工流程，以便在绘制一户个案的工程系统图时，会比较清楚需要绘制哪些系统图。

+ 施工流程所需的系统图

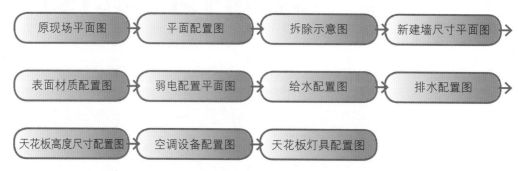

原现场平面图 → 平面配置图 → 拆除示意图 → 新建墙尺寸平面图 →

表面材质配置图 → 弱电配置平面图 → 给水配置图 → 排水配置图 →

天花板高度尺寸配置图 → 空调设备配置图 → 天花板灯具配置图

注：本书特别附赠全套 11 张室内设计系统图的大幅拉页，以供读者在施工时参考。

+ 施工流程

1 现场实景

2 施工前，现场部分要进行保护

3 现场部分拆除

4 新砌砖墙、新做轻隔间单面封板

5 隔间内的弱电施工

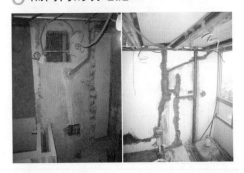

6 给排水施工

7 空调设备安装

8 轻隔间内填充泡沫再封板

9 砖墙粉平,卫生间的地面做防水处理

10

卫生间的墙地
面进行材质铺
贴

11 部分区域的地表面的材质铺贴板

12 木制施工进场，天花板钉角料

13 天花板封板

14 木质柜体，贴木皮及木质门

15 完工后，开始(刷)喷漆处理

16 安装灯具、开关插座面板、设备、铺设木地板、窗帘及玻璃，最后清理现场

+ 拆除示意图

> 下述系统图除可参考内文说明外，亦可参见本书附赠的大幅拉页，从而获得更清楚地了解。

当室内设计因平面配置图影响到原有隔间时，就需修改隔间，所绘制的图要明确标识拆除的位置及尺寸，这样才能减少拆除时所产生的误差及问题。通常情况下现场拆除时，也会依拆除示意图，使用喷漆或者粉笔等工具标识在现场需更改及拆除的墙面上。绘制拆除示意图时的注意事项如下（如下图）：

- 在拆除示意图的表现上，需拆除的隔间墙的实线要更改为虚线，填入剖面线（HATCH），主要目的是让需拆除的墙面范围更明显。
- 若一段墙面只需拆除一小段的隔间墙面时，需标识距离尺寸。
- 隔间墙遇到开门洞、窗洞或者拆除设备、地面及墙面表面材质时，需加注文字说明。

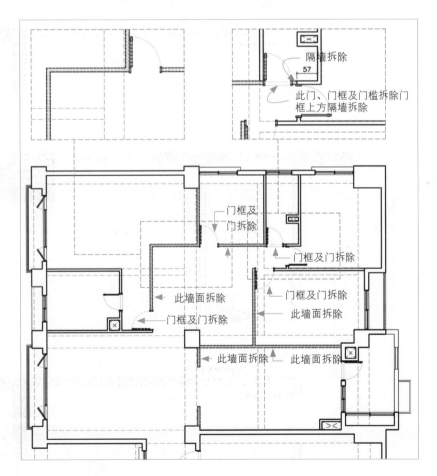

+ 新建墙尺寸图

此图不需显示家具配置，否则会使图在标识尺寸时更混乱。在室内隔间采用的材质有

1/2B砖墙、轻隔间、轻质混凝土墙、木隔间等。而新建墙的尺寸图标识方式如下。

- 实际隔间要标识新建隔间的尺寸，如下图所示。

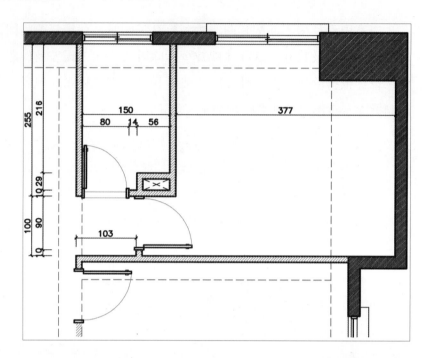

- 以梁位为基准标识新建隔间的尺寸，如右图所示。如在一户空间里有多种新建墙的材质，则需利用图例的方式标识。

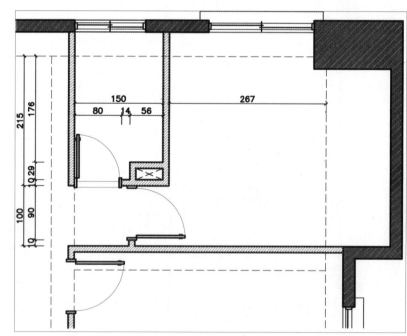

- 定水平及垂直点标识新建隔间尺寸，如下图所示。

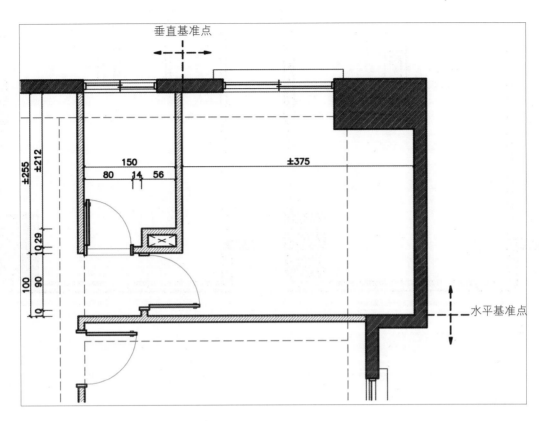

当四边外墙无法达到垂直及水平，造成墙面、地面有落差的情况下，要定水平和垂直点，以便让误差值减至最小。尤其是地面采用石材搭配石材滚边时，此区域空间的四边隔间若没有校正水平及垂直落差时，则会造成石材大小边缘不够准确的情况。

＋ 表面材质配置图

又称为"地面配置图"，是针对地面材质所需绘制的图。地面材质一般会采用石材、抛光石英石、磁砖、木地板（实木及复合木地板）、塑料地砖及特殊材质地面等。在绘制表面材质配置图时，需注意施工地面材质的先后顺序，相对的表面材质配置图的画法也略有不同。

举例说明：如左下图所示，木质柜先施工，之后木地板再施工。当遇到衣柜时，木地板线条不需延伸至衣柜范围内；但遇到活动家具且是摆设在木地板上，木地板的线条需延伸至家具范围。另外如右下图所示，抛光石英石先施工，之后再施工木质柜。而遇到衣柜及活动家具时，地面线条都需延伸至此范围内。

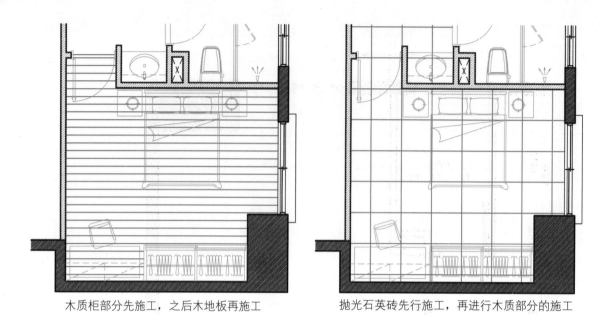

木质柜部分先施工，之后木地板再施工   抛光石英砖先行施工，再进行木质部分的施工

综上所述，在木地板部分，一般木制工程及油漆工程施工完毕退场后，才会进行木地板施工；抛光石英石则需在木制工程进场施工前进行施工。由此得知地面施工的先后顺序会影响绘制图现场的区域，地面的每一条线段均以实际施工面积绘制，每一条线段都有它的依据。而在厨房、卫生间及类似的空间，因为墙面都会贴石材或者磁砖，在表面材质配置图上无法表现出墙面材质及贴法，再者地面与墙面都需对齐缝、对齐分割线。遇到此类空间，可以选择不用绘制表面材质、个别绘制厨房平立面图和卫生间平立面图的方法。

+ 弱电配置图

设计者要依业主及空间上的需要设计规划弱电，而弱电部分设计者也需要具备一些基本概念，因为厨房使用的设备不同，会影响弱电的配置及高度。

例如：烘碗机一般会放置在水槽上方，但如果增加了洗碗功能，则需放至在工作台下。诸如此类皆会影响厨房弱电配置上的调整（如下图）。

电视柜部分会因为设计者所设计的柜面造型影响到弱电的位置及高度，若再把影音视听设备纳入到电视柜的设计上，其弱电上的配置就需更多考虑。一般遇到线路需连接相通时会采用以下两种方式处理：

- 预埋PVC塑料空管于墙内。

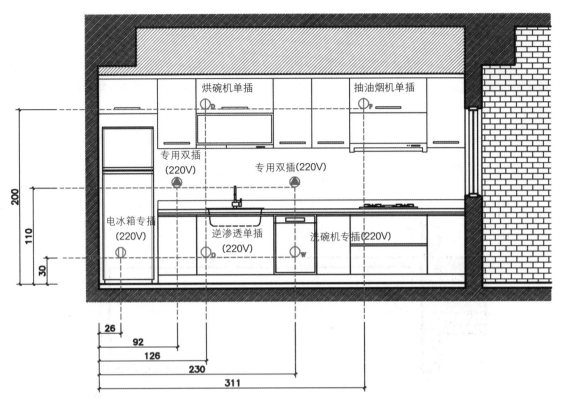

• 制作木质壁板（厚度5~10cm），木料内部预留通路孔，与影音设备相通（如下图）。

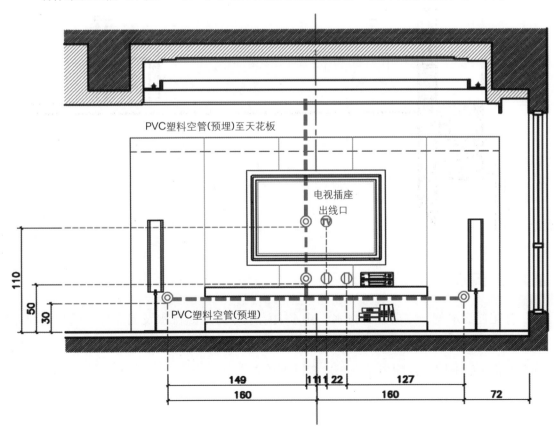

+ 给水配置图

给水高度会因使用设备造型的不同而有所影响。一般需配置给水的空间有卫生间、厨房、阳台、露台、洗衣间（工作间）等，依配置图上的需要给予冷热水出口。配置给水的位置要尽量居中，标识尺寸时要标识在中心位置，比较特别的是坐式马桶的冷水出口需设置在马桶侧边（而标识尺寸仍以中心点标识），这是因为坐式马桶会因品牌不同，型体尺寸也有所不同（如下图）。

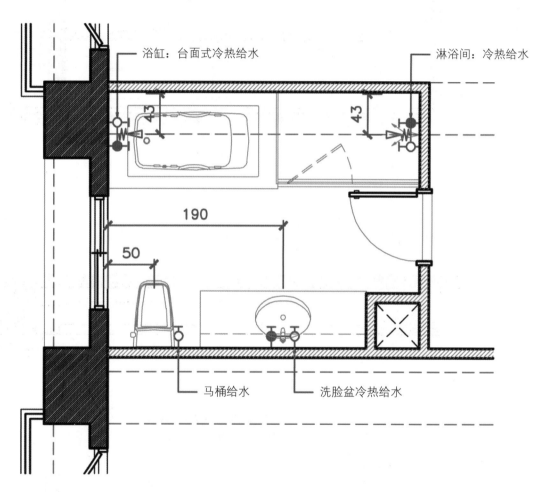

+ 排水配置图

有配置给水就一定要配置排水，排水大致上分为地面排水及墙面排水两种。而地面排水通过泄水坡度引导至地面排水孔里；墙面排水是离地约30~45cm，设置在预埋墙面的排水孔（如下图），配置排水需注意以下几点。

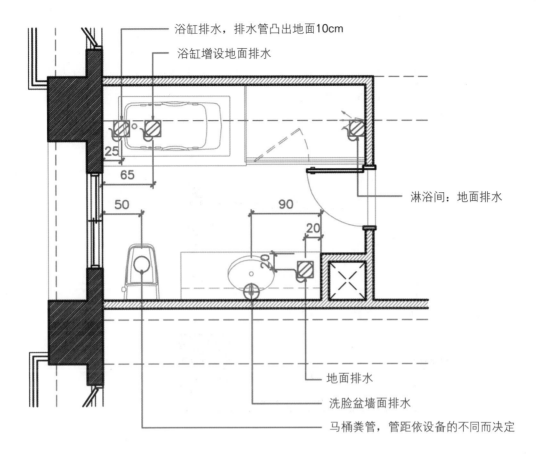

浴缸排水，排水管凸出地面10cm

浴缸增设地面排水

淋浴间：地面排水

地面排水

洗脸盆墙面排水

马桶粪管，管距依设备的不同而决定

1. 地面排水部分的配置

A. 洗脸盆：其排水通常设置在洗脸盆的下方位置，但若此区域刚好遇到梁位，则设置在不频繁使用的位置就可以。

B. 淋浴间：通常会设置在淋浴龙头的同一水平面上。

C. 浴缸：预防使用过久的浴缸出现破裂现象，需在浴缸范围内的地板上多增设地面排水孔。

D. 洗衣机：地面排水需让管路凸出地面10~15cm，方便套洗衣机的软管。

2. 墙面排水部分的配置

一般卫生间的洗脸盆排水及厨房的水槽排水都设置在墙面中。

+ 天花板高度尺寸图

站在地面抬头往天花板看去，看不到的落差边缘则以虚线表示。如下图所示看到的天花板有明确落差边缘则为实线表示。

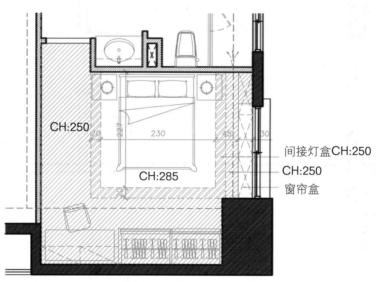

平顶天花板+间接灯盒

如下图所示，为了让天花板范围及造型更明确，可绘制剖面线加深区域的轮廓面。当室内天花板超过两种高度时，可用不同线型的剖面线做分隔。

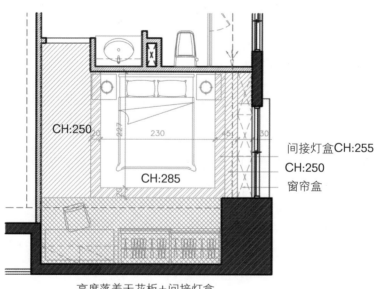

高度落差天花板+间接灯盒

　　窗帘盒部分因使用的窗帘造型不同会影响到窗帘盒的深度。一般使用的窗帘造型及窗帘盒尺寸如下表所示。

窗帘造型	窗帘深度尺寸
双层布帘	20～30cm
卷帘、直立帘、百叶帘	10～15cm
风琴帘	10～15cm

+ 空调配置图

　　一般住宅所使用的空调主要有三种。

- 吊隐式空调：在天花板里的空调（如下面的两张图所示）。

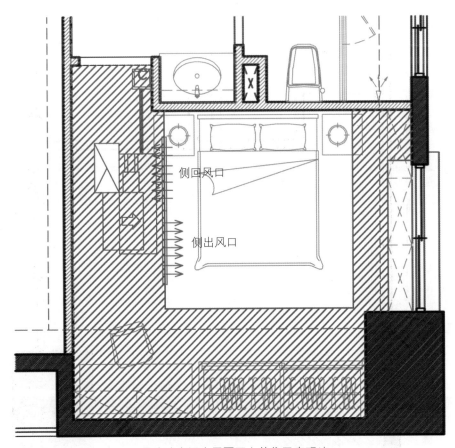

侧回风口

侧出风口

吊隐式空调在平面图上的位置表现法

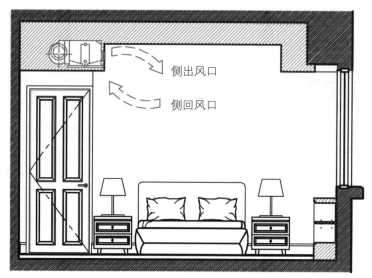

侧出风口

侧回风口

吊隐式空调在立面图上的示意图

- 壁挂式空调：挂在墙面的空调（如下面的两张图所示）。

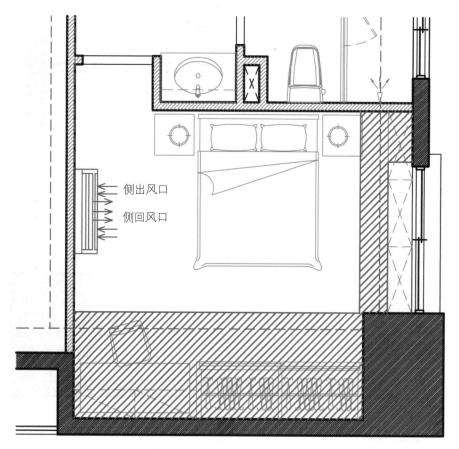

侧出风口

侧回风口

壁挂式空调在平面图上的位置表现法

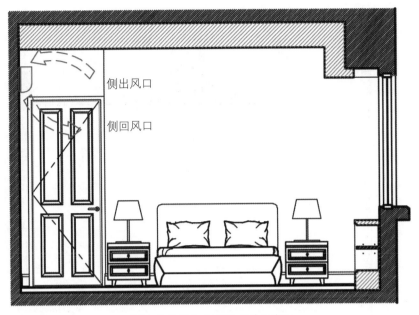

侧出风口

侧回风口

壁挂式空调在立面图中的示意图

- 柜式空调：一般放置在客厅（位置灵活、放置简单，这里不做介绍）。

　　其中前两种不同的空调都会影响天花板造型的设计，通常会先由设计者规划设计空调的位置，再请空调厂商至现场依空调配置图确认是否有施工的问题，空调的配置需注意如下几点：

- 因空调有出风及回风功能，在设计位置时不要让空调直对人吹，以免造成头痛不舒服等问题（如下图）。
- 若厨房设有空调，如采用吊隐式空调，则将分支集风箱接至厨房的天花板，但厨房不需回风口，只需要出风口，因为回风口会吸厨房的油烟，从而影响到室内机的工作。
- 空调配置的出/回风口位置不要有阻挡物，以免影响空调功能。
- 当有两个开放的空间（如客厅＋餐厅）时，若只使用一组空调，需考虑空调是否能达到整个室内的流通。

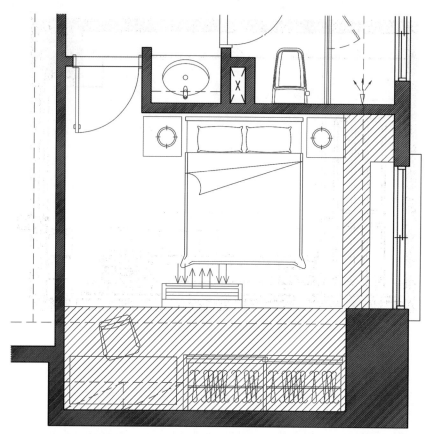

错误的空调配置位置，因空调出风口直接吹到人

+ 天花板灯具配置图

要以平面配置图及天花板的高度尺寸图为依据，再着手配置天花板灯具配置图。灯具配置需考虑以下几个方面的内容：

- 住户从外面进入室内所使用的灯具及开关。

- 住户从卧室至室内的公共区域所使用的灯具及开关。

- 住户从室内的公共区域至卧室所使用的灯具及开关。

- 全户光源营造之氛围。

- 动线、格局需考虑住户的习惯。

上述5个方面皆会影响灯具和单向及双向回路开关的配置，如下图所示。

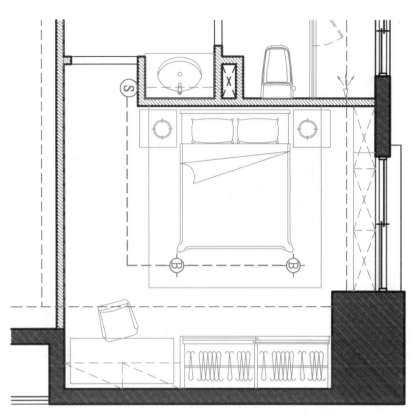

单一空间的单向回路灯具开
关配置

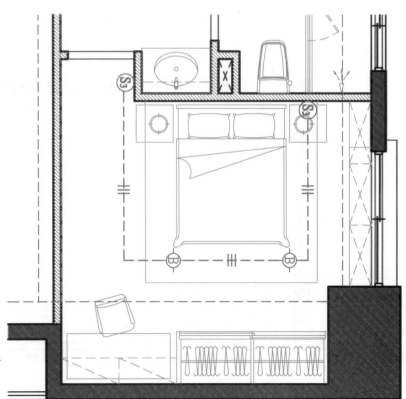

单一空间的双向回路灯具开
关配置

　　天花板灯具配置图的灯具回路的早期画法为弧线画法，但此画法当遇到单一空间回路过多时，弧型的回路画法会使图面非常乱，回路串联的路径形成打结的状态，因此现在灯具回路线采用垂直或者水平画法，这样可让灯具回路至开关的路径非常清楚，如下图所示。

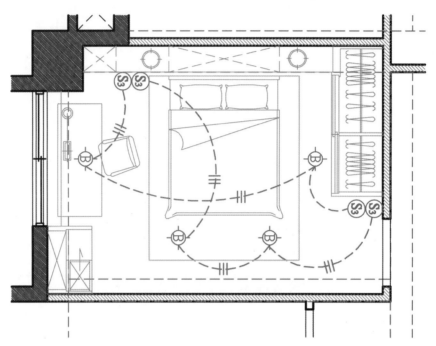

灯具回路采用弧线的画法

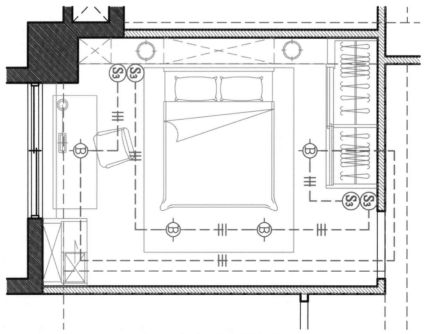

灯具回路采用垂直或水平的画法

　　另外，当单一空间比较大，灯具及回路的数量比较多时，可以改用编号的方式来绘制（如下图）。

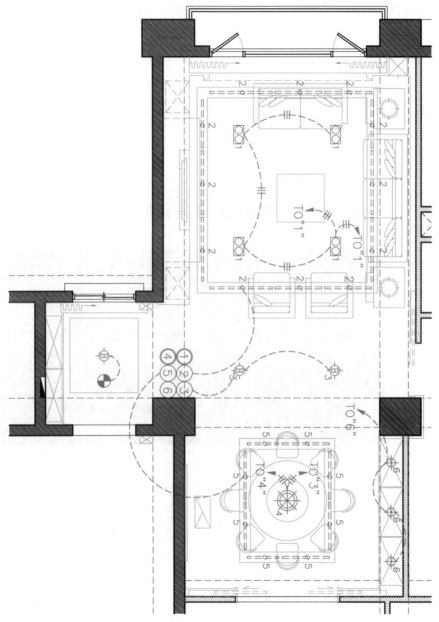

灯具回路采用编号的画法

　　天花板灯具配置图的灯具回路画法不一定只有一种，而会因空间的面积、空间的动线及灯具回路上的变化有所不同。在绘制上需考虑施工单位能否明确了解配置图的回路路径，不能只有设计者或绘图者明了而已，尤其是天花板灯具配置图的线条是最为复杂的，所以，在绘制此图时需多加思考灯具回路的线路处理方式。

4-2 AutoCAD系统图的底图制作

使用 AutoCAD 绘制系统图（包括弱电、给排水、空调、天花板灯具等）时会采用图纸空间、外挂 Express 这两种方式来进行，而不管用哪种方式绘制系统图，建议以"平面配置图"作为"底图"来延展后续的图，因为系统图的修改往往随着平面配置图的改动而有所变动，使用底图的作法可让修改作业耗损的时间缩减许多。

制作底图的目的是让配置及空间能清楚地显示位置，又不影响系统图的绘制，制作上通常会把作为底图的对象设为最细及最浅的线，这样一来绘制的系统对象就能明显显示。制作AutoCAD底图的方法如下：

STEP 1 打开一张需绘制系统图的平面配置图

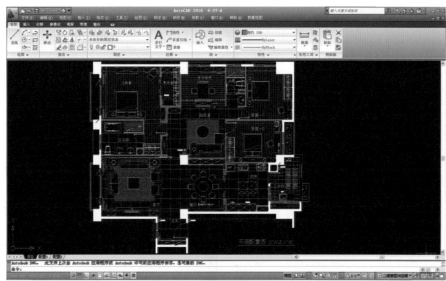

STEP 2 关闭AutoCAD 的图层（LAYER）：包括10填实、07文字、11地面、09梁

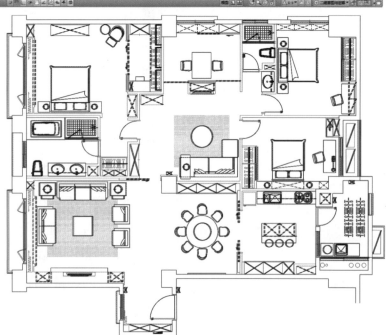

STEP 3 命令：COPY，复制整个平面配置图，拖至空白处

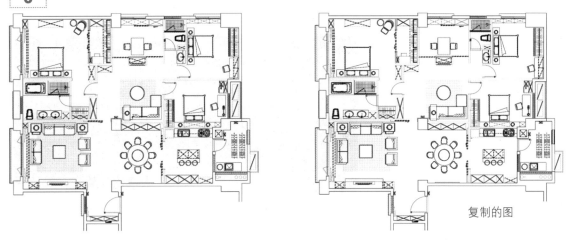

复制的图

STEP 4 在复制的图上，删除一些多余的对象，或者无任何意义且会干扰系统图的对象

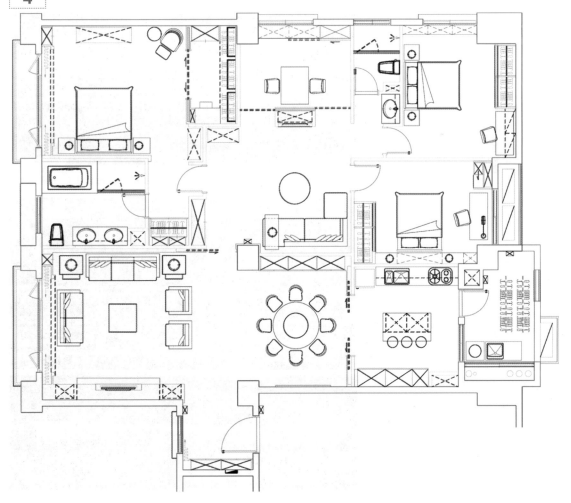

STEP 5

① 按住鼠标方键框选之前复制好的整个平面配置图

② 框选到的平面配置图会呈现虚线显示

③ 在图层标准工具栏上将图层变更为"06家具（灰色）"

④ 在属性标准工具栏中将颜色变更为ByLayer，此时平面配置图会变成灰色

⑤ 若有些对象没有改变，表示此对象为图块（BLOCK），只要逐一执行命令：EXPLODE（炸开），再逐一变更为"06家具（灰色）"即可

图层标准工具栏

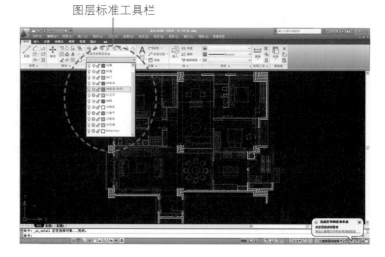

属性标准工具栏

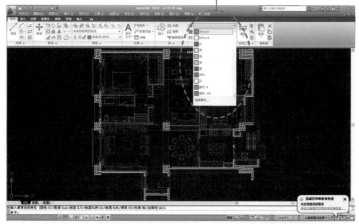

STEP 6 此底图的图面为"06家具（灰色）"图层，而此图面为灰色

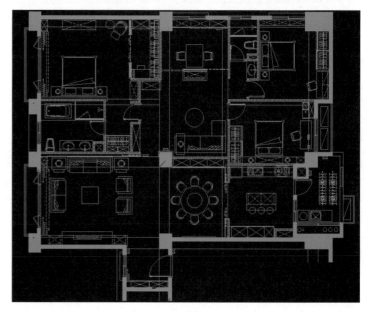

STEP 7 此时AutoCAD桌面目前的层(LAYER)设为"06家具(灰色)"，若没有这样设置，待会儿制作图块（BLOCK）时，此图块会具有两个图层的名称

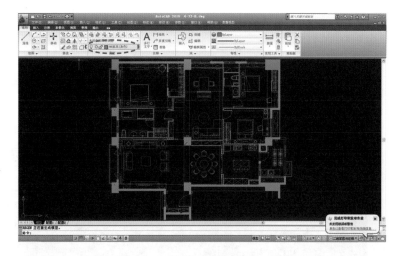

STEP 8 以复制的平面配置图为底图，开始制作图块（BLOCK），执行"绘图/图块/建立"命令

STEP 9 弹出"块定义"对话框

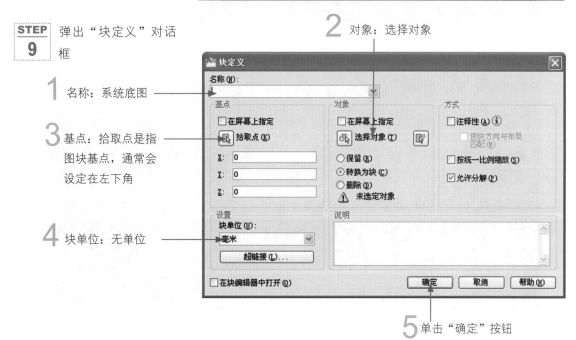

1 名称：系统底图

2 对象：选择对象

3 基点：拾取点是指图块基点，通常会设定在左下角

4 块单位：无单位

5 单击"确定"按钮

STEP 10 制作图块（BLOCK）完成

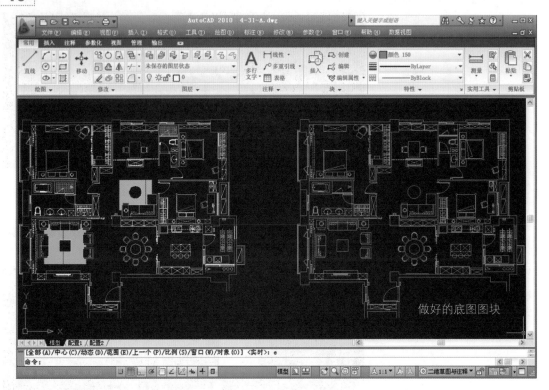

做好的底图图块

STEP 11 完成系统图底图的制作后，就可以覆盖在平面配置图上，利用开关图层来管理所需要的平面图

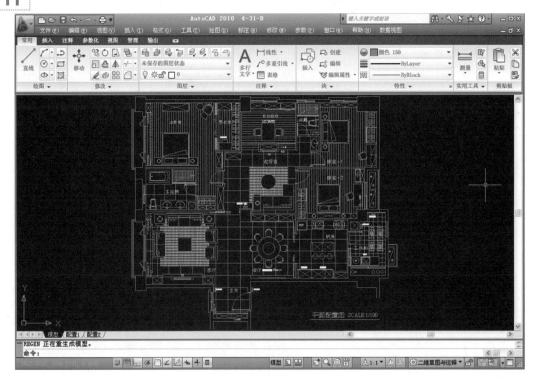

若平面配置图需要变更修改，则重复步骤1~10即可，而图块名称可选择之前做好的系统底图，此时会出现是否重新定义的文字提示，单击"确定"按钮，覆盖且更新之前所做的底图图块即可。

此底图是保留"02墙"、"03窗"、"04门"、"05家具"图层，再进行复制操作，以复制平面为底图得到的图块。在绘制系统图时，开关图层的关系详见下表，其中标识"●"与"◎"的图层皆需"关闭"。

系统图 图层	平面配置图	新建墙尺寸平面图	表面材质配置图	弱电配置图	给水配置图	排水配置图	天花板高度尺寸配置图	空调设备配置图	天花板灯具配置图
01图框									
02墙				◎	◎	◎	◎	◎	◎
03窗				◎	◎	◎	◎	◎	◎
04门				◎	◎	◎	●	●	●
05家具		●	●	●	●	●	●	●	●
06家具(灰色)	●	●							
07文字		●		●	●	●	●	●	●
08尺寸	●			●	●	●	●	●	●
09梁									
10填实									
11地面	●	●		●	●	●		●	●
12弱电	●	●	●		●	●	●	●	●
13给水	●	●	●			●	●	●	●
14排水	●	●	●		●		●	●	●
15空调	●	●	●	●	●	●	●		●
16天花板	●	●	●	●	●	●		●	
17天花板尺寸	●	●	●	●	●	●		●	●
18灯具	●	●	●	●	●	●		●	

备注：1."●"符号表示关闭图层(LAYER)状态

2."◎"符号请参照内文说明

　　底图的制作还有另一种方式，即可以保留"05家具"图层再进行复制，依上述制作底图的步骤1~9，就可以完成另一种底图。

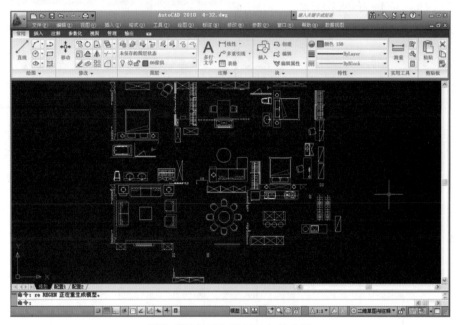

保留"05家具"图层对象的底图

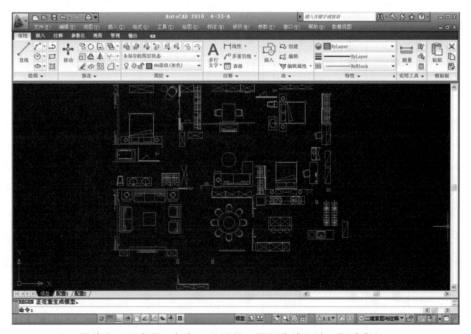

更改为"06家具（灰色）"图层，再制作成图块（BLOCK）

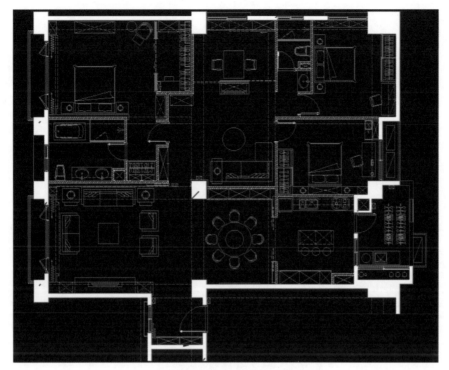

底图图块覆盖至平面配置图上

  当然保留"05家具"图层作为系统的底图，也会影响开关图层的管理，与上一种制作底图方式的开关图层是有出入的。依照此底图的作法与开关图层的关系，上表中标识"●"的图层需"关闭"。

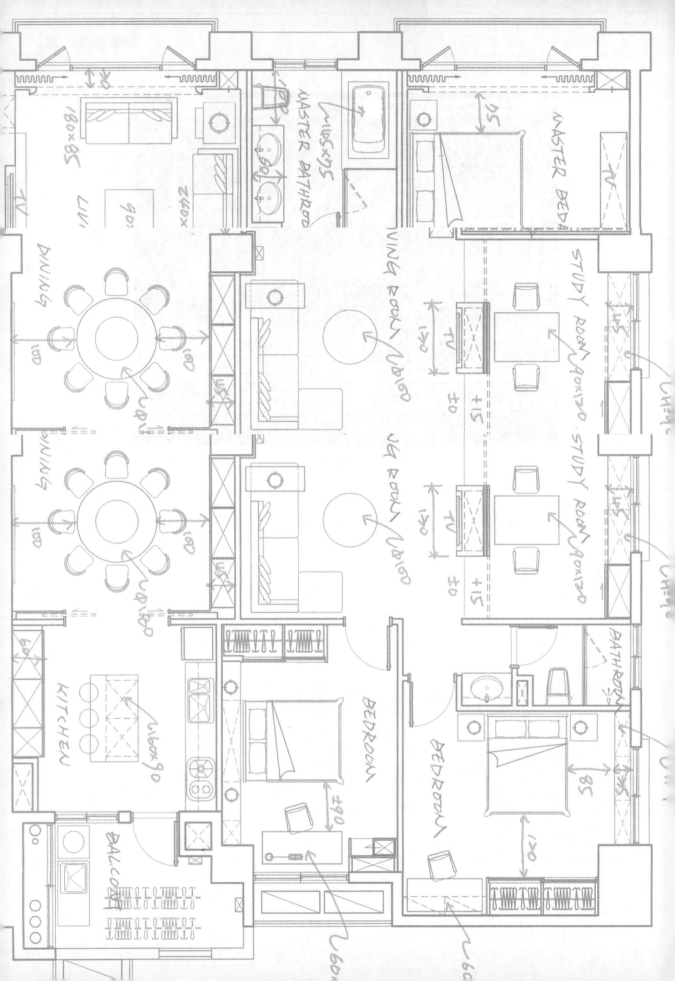

第5章 绘制时的常见问题

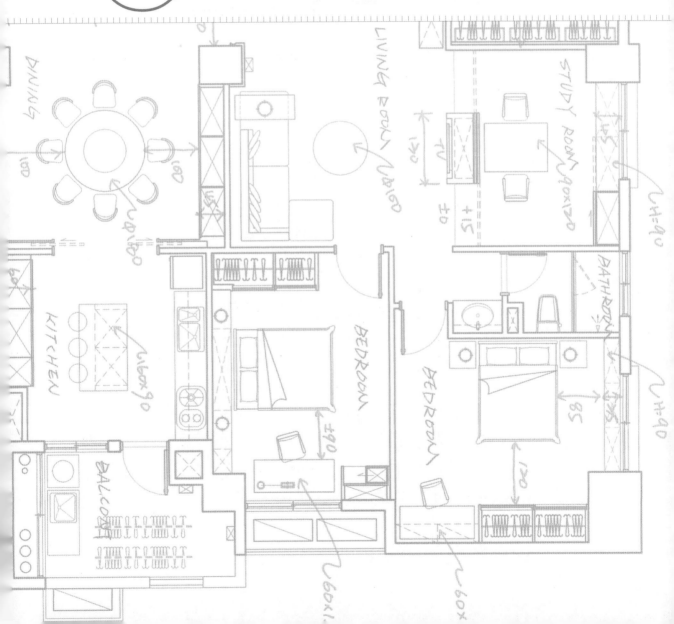

5-1 如何利用 AutoCAD 计算地面面积

当一张平面图的框架完成，或依现场丈量绘制的平面图后，必须知道此平面图的总使用面积为多少？单一空间的面积是多少？对此可以利用AutoCAD求得地面面积。具体的操作步骤如下：

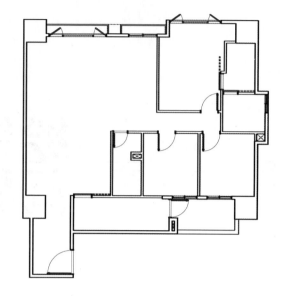

+ 求得地面面积

STEP 1 取一张只有框架的平面图

STEP 2 利用多段线描绘平面图的室内地面范围

执行命令：PLINE(多段线)

(1)单击下一点：

　→单击第一点

(2)请依序单击室内地面的各点

(3)命令：指定下一点或[弧(A)/半宽(H)/长度(L)/退回(U)/宽度(W)]：C

　→当单击最后一点时请输入 "C"（闭合），这样才能完整聚合框线

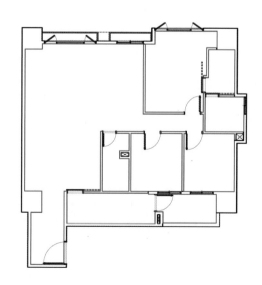

执行命令：MOVE(移动)

(1)选择对象：

→ 单击红色聚合框线

(2)指定基准点或[位移(D)]：

→ 单击基准点

(3)指定第二点

→ 将红色聚合框线移动至空白处

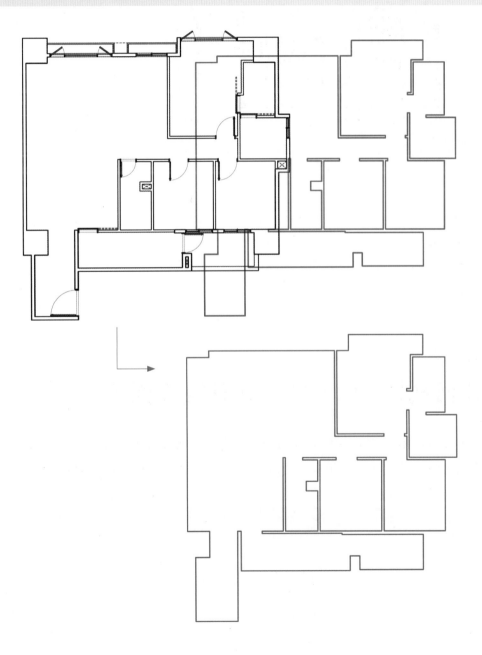

STEP 4 执行命令：LIST

单击多段线会出现文字视窗，看到"面积"数值，如下图所示。

```
编辑(E)

选取物件：
              LWPOLYLINE    图层：「0」
                        空间：模型空间
              颜色：10      线型：「BYLAYER」
              处理码 = 5045
          封闭的
固定宽度 ┌ ─ 0.0000 ─ ─ ─ ─ ─ ─ ─ ─ ┐
        │    面积   1029831.0000     │
周长  ╰ ─ 11662.0000 ─ ─ ─ ─ ─ ─ ╯

在点    X=9498.1039   Y=1252.7399   Z=   0.0000
在点    X=9498.1039   Y=1337.7399   Z=   0.0000
在点    X=9173.1039   Y=1337.7399   Z=   0.0000
在点    X=9173.1039   Y=1270.2399   Z=   0.0000
在点    X=9123.1039   Y=1270.2399   Z=   0.0000
在点    X=9123.1039   Y= 918.7399   Z=   0.0000
在点    X=9326.6039   Y= 918.7399   Z=   0.0000
在点    X=9326.6039   Y= 908.7399   Z=   0.0000
在点    X=9113.1039   Y= 908.7399   Z=   0.0000
在点    X=9113.1039   Y=1270.2399   Z=   0.0000
在点    X=8573.1039   Y=1270.2399   Z=   0.0000
在点    X=8573.1039   Y=1242.7399   Z=   0.0000

按 Enter 继续
```

看到"面积"数值后进四位，例如到"面积：1029831"，进四位后为102.9831，则面积为102.9831m²。

5-2 | 如何利用 AutoCAD 计算墙面面积

当卫生间墙面贴磁砖时，如何计算面积呢？室内隔间总面积为多少？贴于墙面的壁纸总的使用面积为多少？可利用第5-1节的方法，计算出墙面面积。其步骤如下：

STEP 1 取一张只有框架的平面图

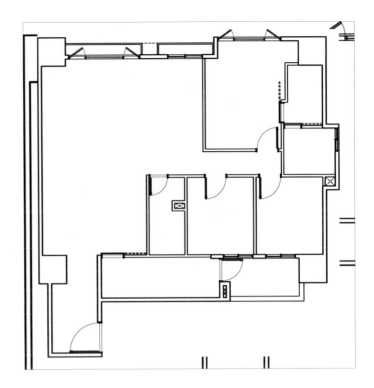

STEP 2 利用多段线描绘卫生间墙面的磁砖范围。

执行命令：PLINE(多段线)

(1)单击下一点：

→单击第一点

(2)依序单击要计算的各点

(3)命令：指定下一点或[弧
(A)/半宽(H)/长度(L)/

退回(U)/宽度(W)]：

→单击最后一点(如下图红
色多段线范围)

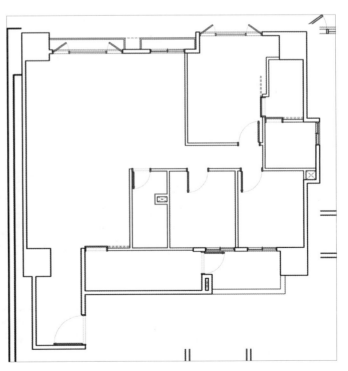

STEP
3

执行命令：MOVE(移动)

(1)选择对象：

　　→单击红色多段线

（2）指定基准点或[位移(D)]：

　　→单击基准点

(3)指定第二点

　　→将红色多段线移动至空白处

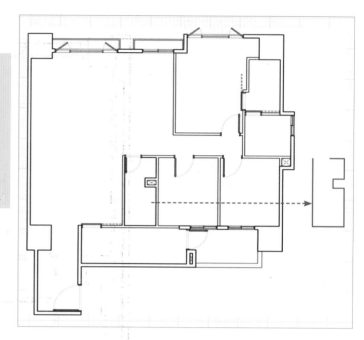

STEP
4

执行命令：LIST

单击多段线则出现文字视窗，会看到"长度"数值。

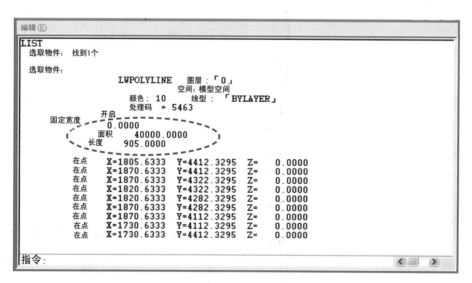

　　看到"长度"数值再进二位，例如看到长度为"905"，进二位为"9.05"，以米（m）为单位。利用9.05的数值乘以已知墙面完成高度，即可算出墙面面积。

　　计算公式如下：

9.05m(长度)x2.45m(墙面完成高度)= 22.1725m²

5-3 如何初估施工数量比较有效率

平面配置图确定后，通常会以确定的平面配置图做估价单，而估价单上每一个单项工程都需有数量的明细，为了让估价单的施工单项能更详尽且无遗漏，可以将平面配置图复制多张，再准备不同色的荧光笔来分类，并且在复制纸张上进行尺寸记录及手写计算公式，作为日后的查找依据，这是在粗估施工数值时很好用的方法。具体的操作步骤如下：

STEP 1 取一张需估算数量的平面配置图，关闭"文字"及"梁"图层之后打印出图

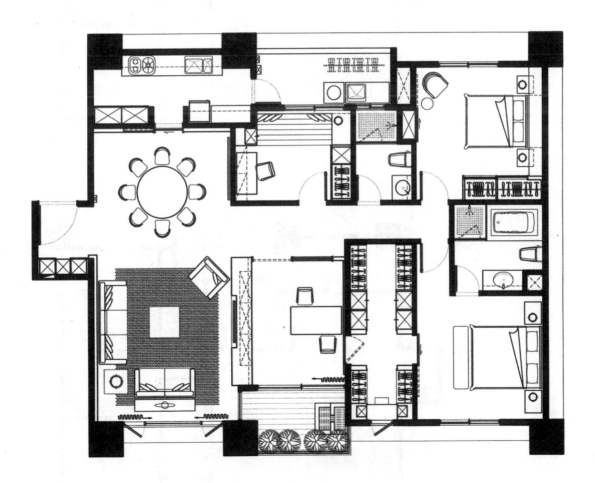

STEP 2 在空白处先用圆珠笔绘制小方框，在方框旁标注需施工及需计算的材质名称。每一张以三个色块方框范围为限，若用太多颜色、写太多计算公式及数字太混乱，则在列出估价单的明细时容易发生遗漏(手写字：地(墙)砖、木地板、抛光石英石)

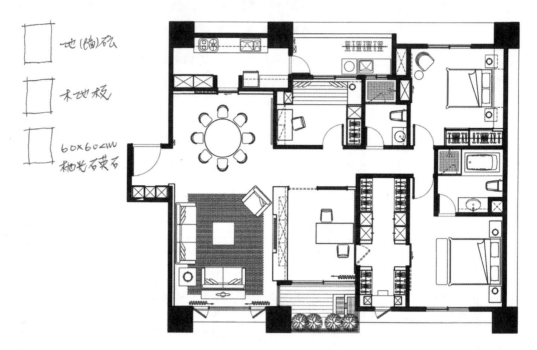

STEP 3 使用不同颜色的荧光笔，依自己的喜好把方框涂满

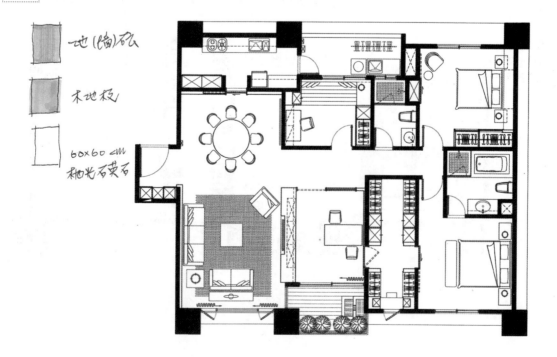

STEP 4 依方框界定的颜色及材质名称，套用在平面配置图所应用到的区域，例如红色的荧光笔方框是指地(墙)砖，此平面配置图需施工的区域是在卫生间，所以，在卫生间区域涂满红色的荧光笔，就表示此区域需计算地(墙)砖面积数值

地(墙)砖

木地板

60x60cm
柏光石英石

STEP 5 开始依标识材质计算。计算方式如下：

❶ 计算地面的面积(如第5-1节)。

❷ 计算墙面的面积(如第5-2节)。

❸ 木制(柜)的长度：可以用比例尺量，并标识在图上。

下图是完成的平面配置图的计算手稿，可应用在估价单的工料明细里。

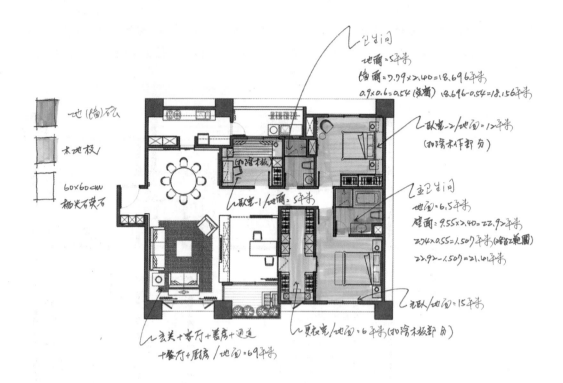

依步骤 1～5 的方法，衍生下列平面配置图的计算手稿，此图可作为估价单木质工程项目明细及数量的依据。

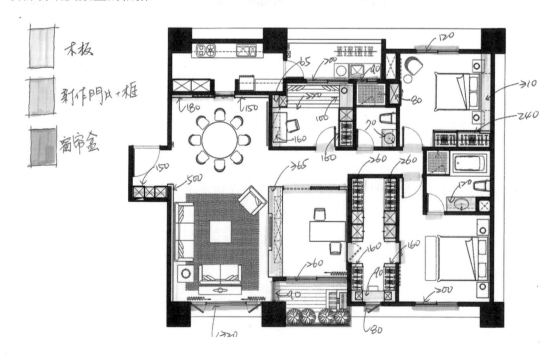

5-4 如何设置平面图的图框比例

怎样知道一张平面图需要的比例？没有正式图框却要求每次打印范围统一怎么做？一般的图纸尺寸为：A1（594×841）、A2（420×590）、A3（297×420）、A4（210×297），而一般室内设计公司最常用的图纸尺寸为 A3。本节将教您利用简易的方式来界定图面范围及出图框选的范围。具体的方法和步骤如下：

STEP 1 取一张平面图

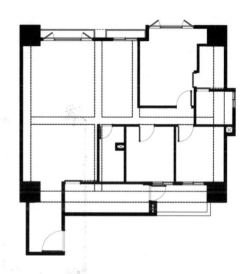

STEP 2 先构建A3图纸尺寸的框线

执行命令：RECTANG(矩形)

(1)指定第一个角点或[倒角(C)/高程(E)/ 圆角(F)/ 厚度(T)/ 宽度(W)]：

→单击平面图左下角空白处

(2)指定其他角点或[面积(A)/尺寸(D)/旋转(R)]：D

→输入 "D" ↙

(3)指定矩形的长：420

→输入数值 "420" ↙

(4)指定矩形的宽：297

→输入数值 "297" ↙

(5)指定其他角点或[面积(A)/ 尺寸(D)/ 旋转(R)]： ↙

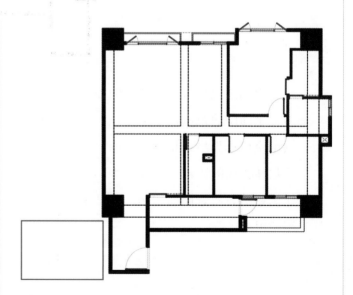

STEP 3 依红色的长方形框线缩放比例，以框线盖住平面图范围为准

执行命令：SCALE(比例)

(1)选取对象：

　→单击红色长方形框

(2)指定基准点：

　→单击红色长方形框的左下角

(3)指定比例系数或[复制(C)/参考(R)]:

　→依平面图的大小输入合适的数值，若输入数值无法全部盖住平面图范围(如下图)，再执行命令
　U恢复，重新再执行SCALE(比例)命令

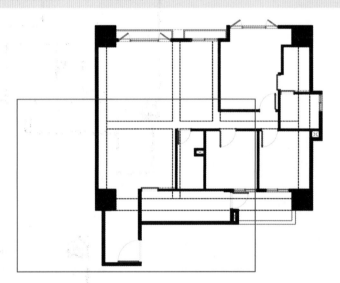

　　直到红色长方形框依比例缩放盖住平面图的范围，以上下左右有预留空白处为最理想（如右图）。要记住正确的比例系数为多少，此比例系数为此张图的比例，也是出图使用的比例。

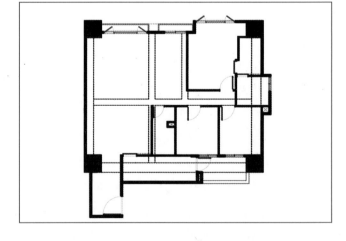

　　若比例系数输入"5"，表示为比例 1:50 的框线，而输入"10"表示为比例 1:100 的框线，依次类推。

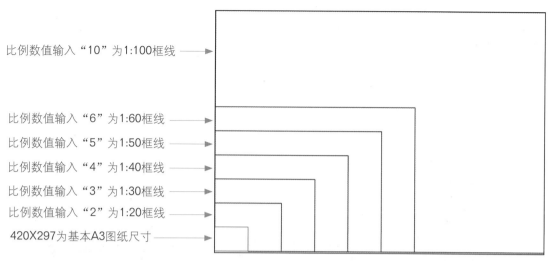

比例数值输入"10"为1:100框线 →

比例数值输入"6"为1:60框线 →
比例数值输入"5"为1:50框线 →
比例数值输入"4"为1:40框线 →
比例数值输入"3"为1:30框线 →
比例数值输入"2"为1:20框线 →
420X297为基本A3图纸尺寸 →

STEP 4 确定比例后，将此框线的图层设置为"DEFPOINTS"。

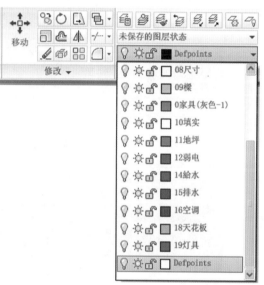

其作用只是规划图面范围及打印框选范围，但此框线为隐藏框线，在打印出来时并不会出现。

套好隐藏框线后，可再套用一般公司用的既有的图框，但必须在隐藏框线的范围内，上下左右必须留白，也就是说图框必须比隐藏框线小一点。

如右图的隐藏框线以红色线表示，但隐藏框线是被设置为图层"DEFPOINTS"，打印出图后在纸张上是看不到此框线的，而让隐藏框线出现的主要目的是便于了解隐藏框线与图框之间的关系，因为红色隐藏框线常出现在A3尺寸的图纸上，这也是打印框选的范围，不管任何出图打印机都会有上下或左右夹纸的范围，若没有预留上下左右留白，则会发生图框出现断线、打印不完整的问题。为了避免上述问题，再次强调套图框时必须注意上下左右留白。

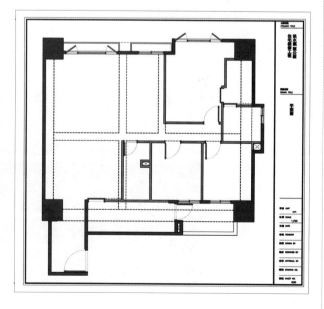

5-5 如何将AutoCAD的CAD文档转换为图片

平面配置图常会遇到需要转换格式的问题，例如业主想看图却没有 AutoCAD 软件怎么办？此时，可以把 AutoCAD 的 CAD文档转换为图片文件方便业主读取查看。只要将AutoCAD文档直接转为WMF格式，业主有图片软件就可以读取，缩放视窗大小时图中的线条也不会模糊。AutoCAD文档转为WMF格式的步骤如下：

STEP 1 打开一张AutoCAD平面图

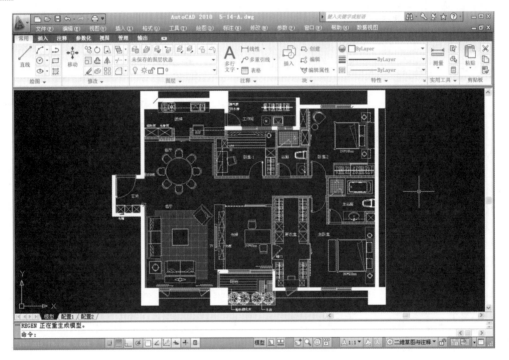

STEP 2 执行命令：COPY（复制），复制对象至空白处

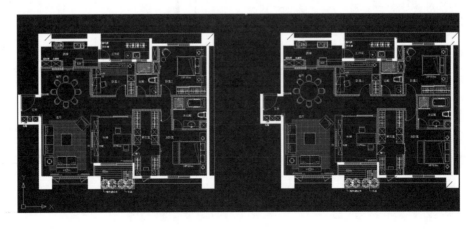

STEP 3 框选需转换格式的图，更改为"0"层

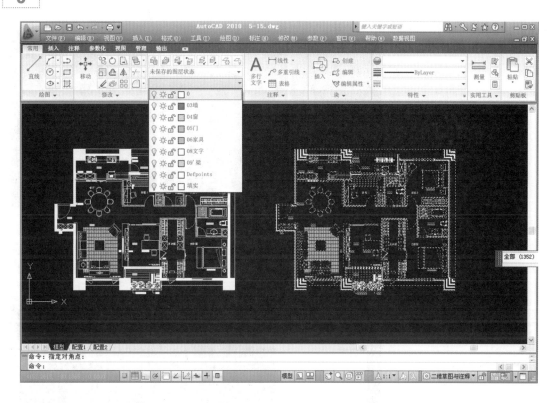

STEP 4 变更需转换格式的图的颜色为"ByLayer"（依图层）

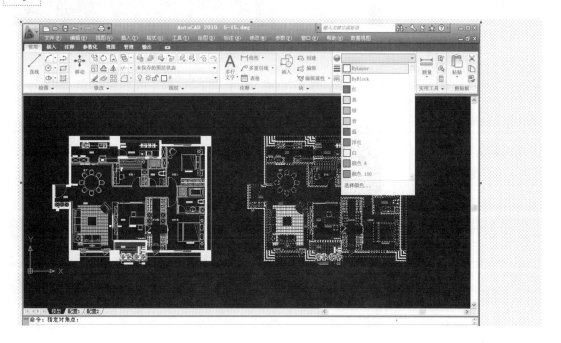

STEP
5

若执行步骤3~4时，图中仍有对象无法更改，那可能是图块，请个别执行 EXPLODE后再重复执行步骤3~4，就可以让需转换格式文件的图中全为"0"层及颜色为"ByLayer"

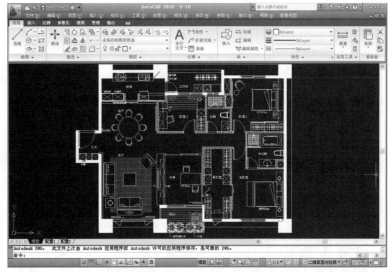

STEP
6

选择"文件"→"输出"命令

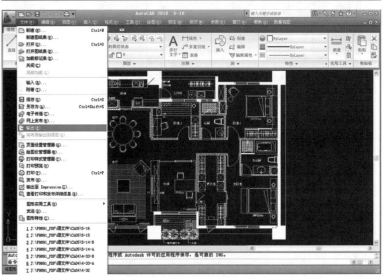

STEP
7

❶ 按住鼠标左键，框选需转为图片格式的图

❷ 单击Enter键，转换过程完成

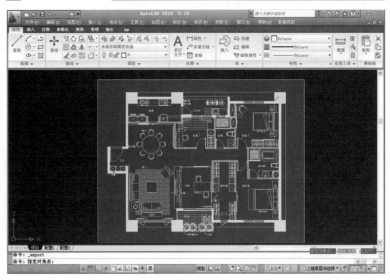

STEP
8

❶ 文件类型设置为WMF

❷ 选择保存路径，输入文件名

❸ 单击"保存(S)"按钮

　　而**WMF**格式可以通过软件再另存为**JPG**格式，格式可以上传到网络上，但此种格式在缩放视窗大小时，图中的线条会出现模糊现象，可能无法看到图中的细节。

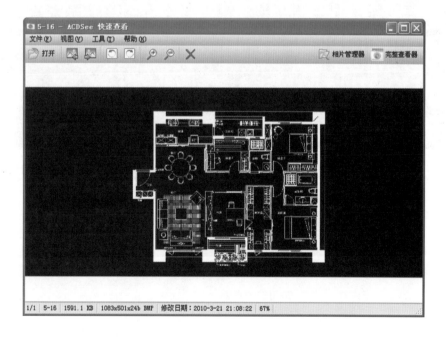

5-6 快速绘制图的方法

　　室内设计大部分着重于线条上图的处理，在图很多或工期有限的情况下，有时会面临时间紧迫而处于赶图的状态，所以，绘制图的速度是非常重要的。

　　快速绘制图是有技巧的，可用 AutoCAD 的快捷键取代下拉菜单或鼠标选择命令的操作方法，使用频率高的命令只需按一个键就可执行，可缩减或单击所花费的2~4秒的时间，从而提高了绘制图的效率。

　　在快捷键的应用上，只要记住常用的快捷键英文简写，例如：MOVE（移动）简写为"M"，只要按键盘的"M"键便可执行移动操作，通过下图可以了解哪些命令可以快速执行 AutoCAD 的命令。

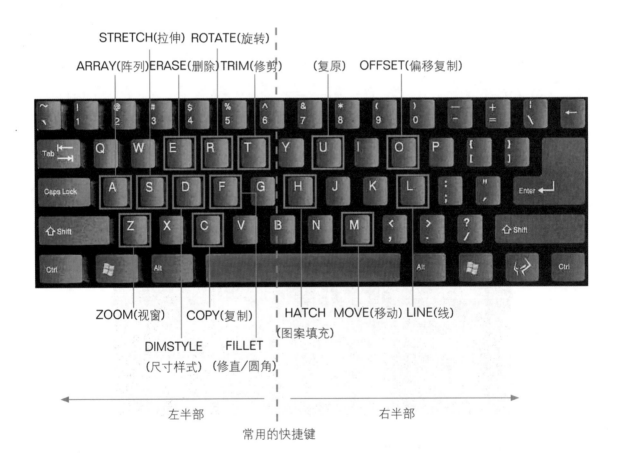

+ 快捷键

AutoCAD已经设置好快捷键，在"管理"选项卡中单击"用户界面"按钮，弹出"自定义用户界面"对话框，从左窗格中选择"键盘快捷键"，在右窗格的"快捷方式"选项组中选择要修改的快捷键，单击"信息"选项组中的"访问"组中"键"栏右侧的 ⸚ 按钮。

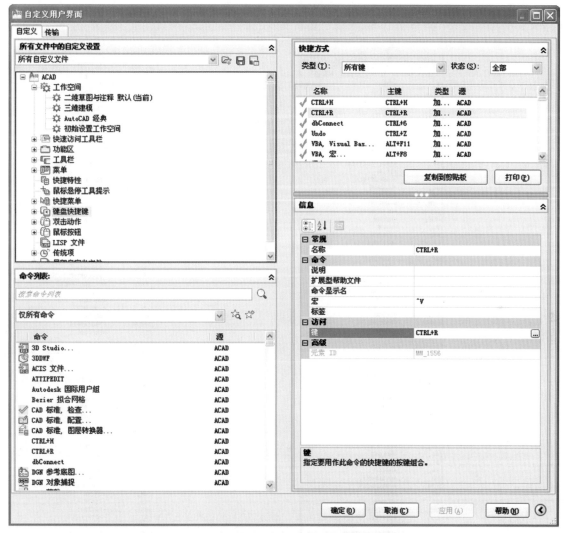

弹出"快捷键"对话框，在这里可以编辑新的快捷键。

但编辑快捷键时需注意：

- 需照原有格式修改、不能重复使用同一快捷键，不然 AutoCAD操作会不正常。
- 指定快捷键时对使用率比较高的快捷键指定一个英文字母为宜，也就是只须按一个键就可执行。

初次指定时可以先试着依下列图片增减几个快捷键的方式操作，更改完毕后再重新开机，进入 AutoCAD 系统绘图时，试着用简写命令操作，会发现绘图速度快了很多。

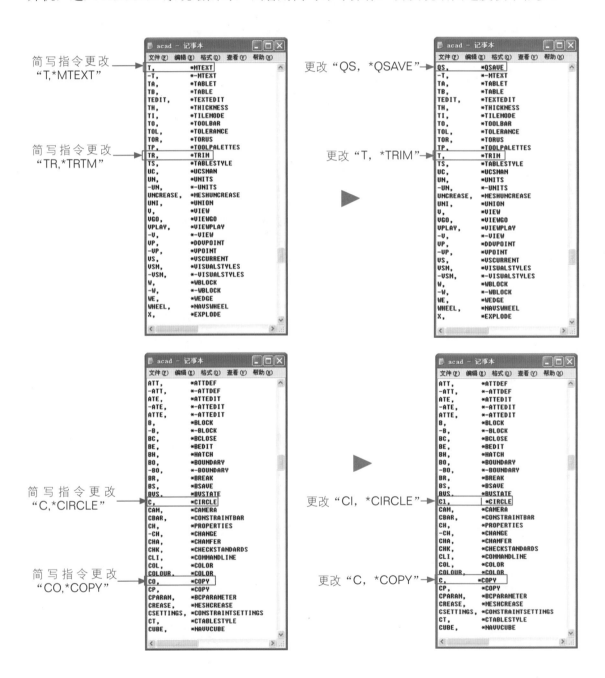

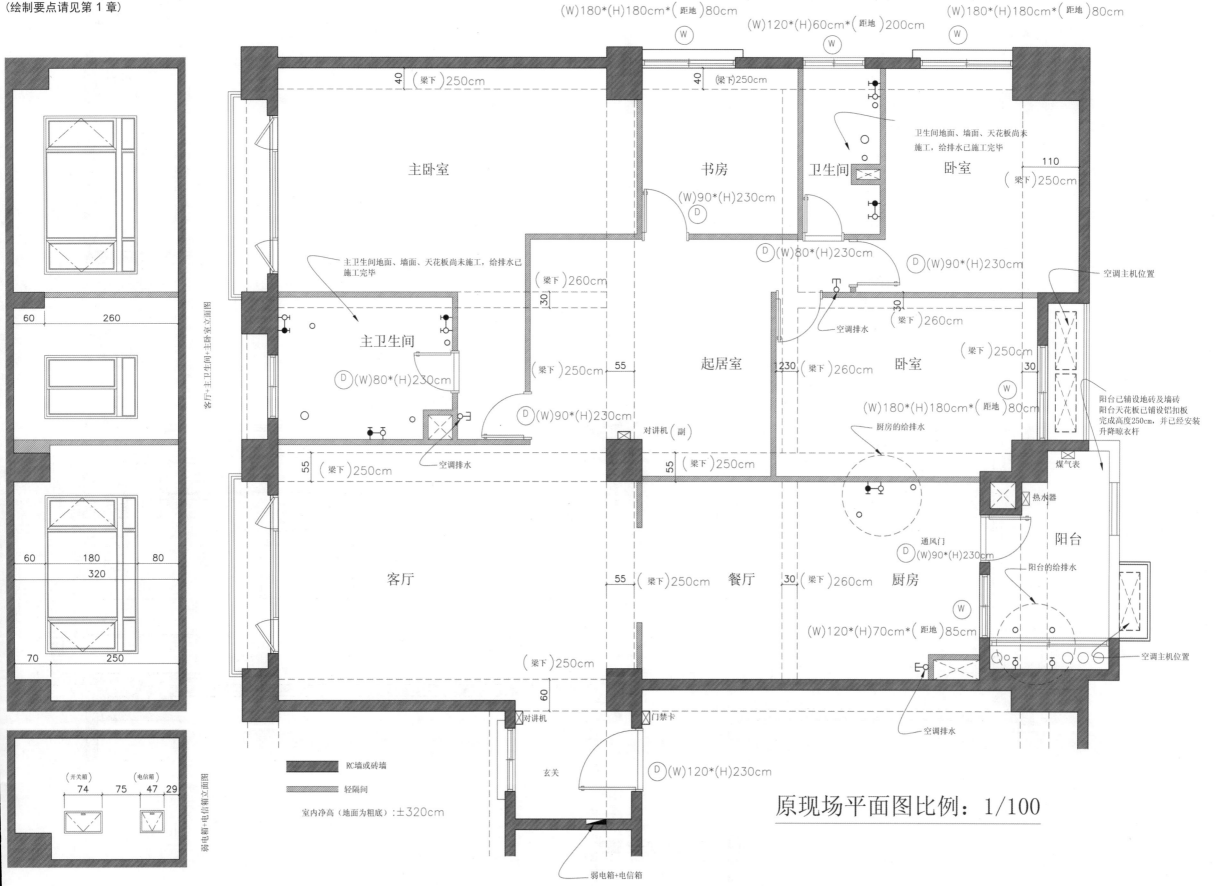

(W)180*(H)180cm*(距地)80cm
(W)120*(H)60cm*(距地)200cm
(W)180*(H)180cm*(距地)80cm

W

W

W

40 (梁下)250cm
40 (梁下)250cm

主卧室

书房

卫生间

卫生间地面、墙面、天花板尚未
施工，给排水已施工完毕

卧室

110
(梁下)250cm

(W)90*(H)230cm
D

D (W)80*(H)230cm

D (W)90*(H)230cm

主卫生间地面、墙面、天花板尚未施工，给排水已
施工完毕

空调主机位置

(梁下)260cm
30

30
(梁下)260cm

空调排水

主卫生间

(梁下)250cm 55
起居室
230 (梁下)260cm
卧室

(梁下)250cm
30

(W)80*(H)230cm
D

(W)180*(H)180cm*(距地)80cm

W

阳台已铺设地砖及墙砖
阳台天花板已铺设铝扣板
完成高度250cm，并已经安装
升降晾衣杆

D (W)90*(H)230cm

对讲机（副）

厨房的给排水

煤气表

热水器

55 (梁下)250cm

55 (梁下)250cm

阳台

通风门

阳台的给排水

D (W)90*(H)230cm

空调主机位置

60 260

主卫生间+主卧室立面图
客厅+主卫生间+主卧室立面图

空调排水

55 (梁下)250cm 餐厅 30 (梁下)260cm 厨房

60 180 80
320

客厅

(W)120*(H)70cm*(距地)85cm
W

70 250

(梁下)250cm

60

对讲机
门禁卡

空调排水

RC墙或砖墙

玄关

(W)120*(H)230cm
D

原现场平面图比例：1/100

开关箱 电信箱
74 75 47 29

轻隔间

弱电箱+电信箱立面图

室内净高（地面为粗底）：±320cm

弱电箱+电信箱

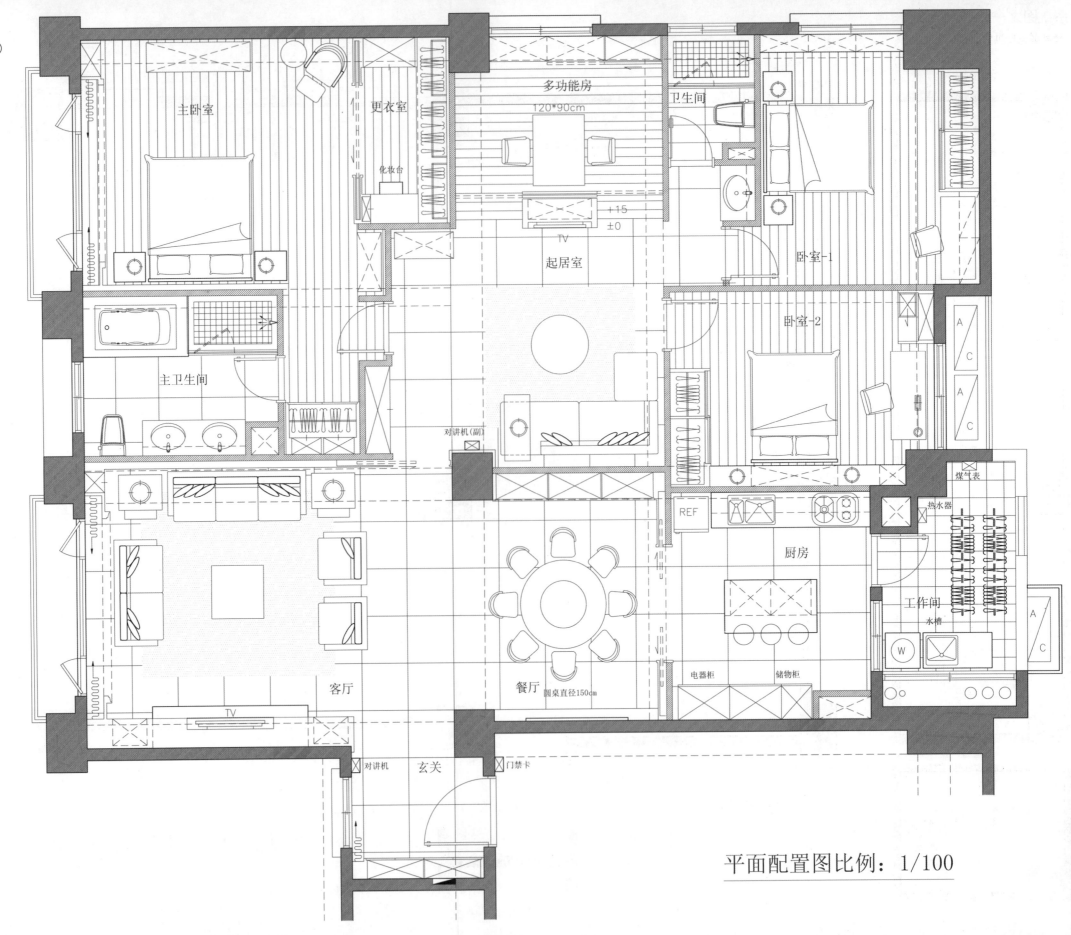

系统图之二
（绘制要点请见第2、3章）

主卧室

更衣室

多功能房
120*90cm

卫生间

化妆台

起居室

+15

±0

TV

卧室-1

主卫生间

卧室-2

对讲机(副)

客厅

TV

REF

厨房

热水器

煤气表

工作间

水槽

W

餐厅
圆桌直径150cm

电器柜

储物柜

A C

A C

A C

A C

对讲机

玄关

门禁卡

平面配置图比例：1/100

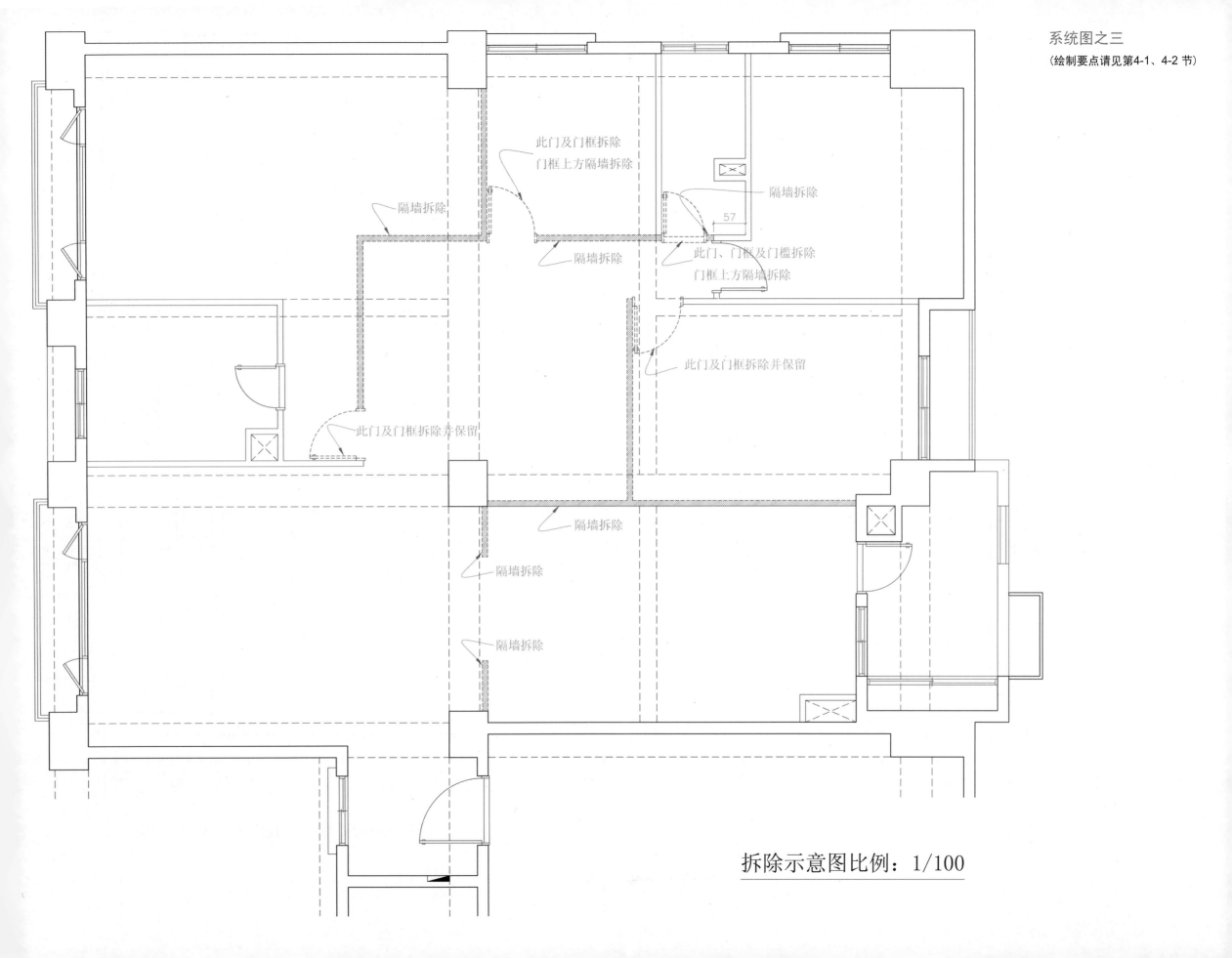

此门及门框拆除
门框上方隔墙拆除

隔墙拆除

隔墙拆除

隔墙拆除

此门、门框及门槛拆除
门框上方隔墙拆除

此门及门框拆除并保留

此门及门框拆除并保留

隔墙拆除

隔墙拆除

隔墙拆除

拆除示意图比例：1/100

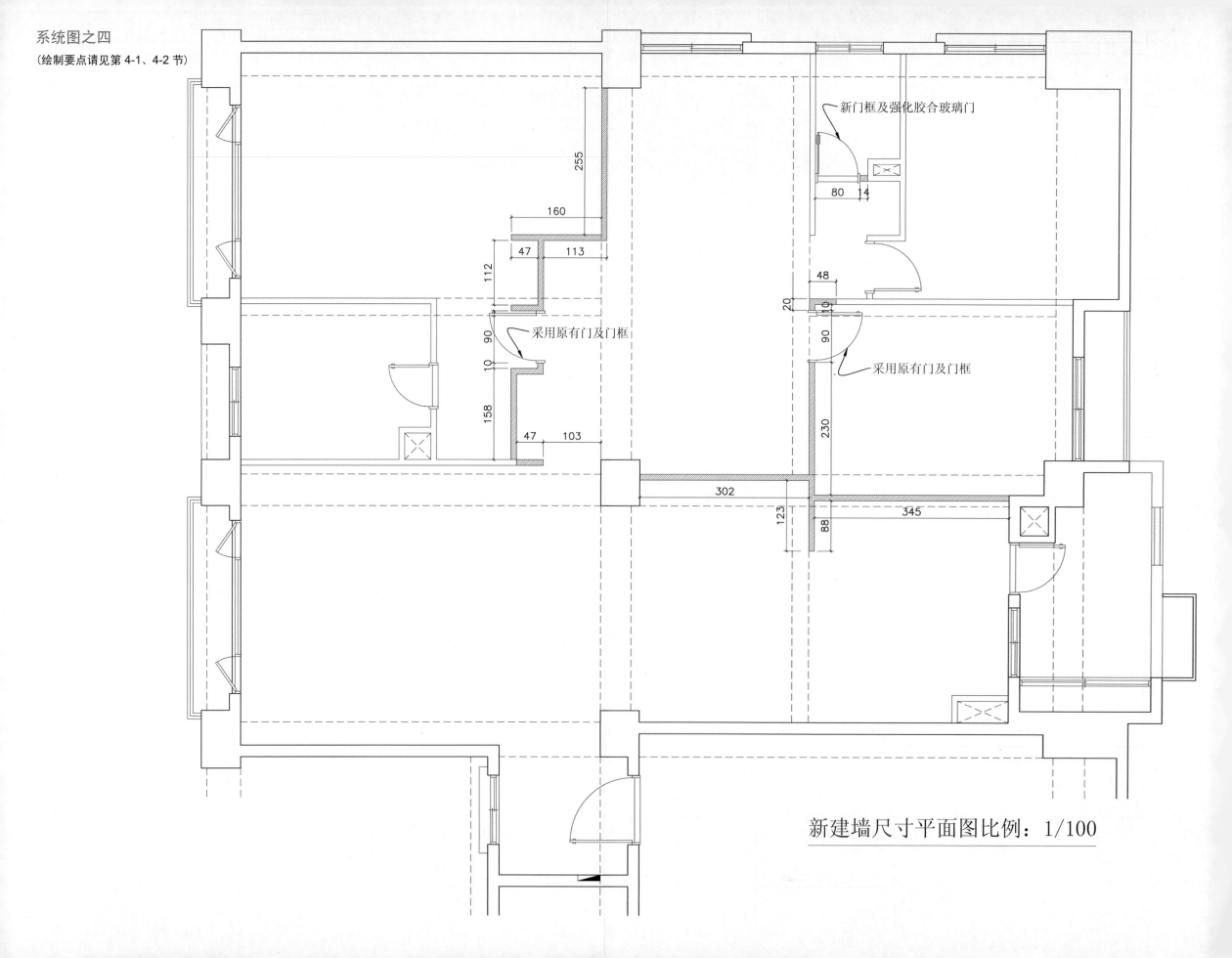

系统图之四
（绘制要点请见第 4-1、4-2 节）

新门框及强化胶合玻璃门

255

160

47　113

112

80　14

采用原有门及门框

48

90

10

20

10

90

158

采用原有门及门框

47　103

230

302

123

88

345

新建墙尺寸平面图比例：1/100

主卧室
地面：贴五时四分海岛型柚木地板
(1) 此区地面以水泥抹平，跟公共
    区域石材完成面落差±3cm
(2) 木地板施工：防潮布+四分防潮板+
    海岛型木地板完成面与石材完成面平齐

卫生间
(1) 地面+墙面：60cm×30cm地墙砖
(2) 淋浴区地面：新旧米黄色材豆腐块
(3) 石材门槛：新旧米黄
(4) 地平及墙面做防水处理

卧室-1
地面：贴五时四分海岛型柚木地板
(1) 此区地面以水泥抹平，跟公共
    区域石材完成面落差±3cm
(2) 木地板施工：防潮布+四分防潮
    板+海岛型木地板完成面与石材
    完成面平齐

卧室-2
地面：贴五时四分海岛型柚木地板
(1) 此区地面以水泥抹平，跟公共
    区域石材完成面落差±3cm
(2) 木地板施工：防潮布+四分防潮
    板+海岛型木地板完成面与石材
    完成面平齐

浴缸范围

主卫生间
(1) 地面+墙面：新旧米黄石
(2) 淋浴区地面：新旧米黄石材豆腐块
(3) 石材门槛：新旧米黄
(4) 地面及墙面需做防水处理
(5) 石材厂商需现场重新丈量放样

工作间
保留原有地墙砖

玄关+客厅+餐厅+厨房+起居室+书房
(1) 地面：贴新旧米黄石
(2) 石材厂商需现场重新丈量放样
(3) 施工完毕后石材地面需做保护(瓦楞纸+气泡纸+一分夹板)

表面材质配置图比例：1/100

弱电图例

图例	说明/名称
(TV)	电视插座
(T)	电话插座
(T)	电话地插座
(PC)	网线插座
◐	单联(单孔)插座
◐◐	双联(单孔)地插座
◐	双联(双孔)插座
◐E	双联插座(接紧急电源) (电视、冰箱使用专用插座)
▲	专用插座(220V)
◐b	逆渗透接地型单联插座　H:30cm
◐b	烘碗机接地型双联插座　H:180cm
◐W	洗碗机接地型单联插座　H:60cm
◐F	抽油烟机接地型单联插座　H:220cm

备注:
(1) 卫生间、厨房、工作间(阳台)等区域,均配置专用接
地型插座。
(2) 卫生间、工作间(阳台)的插座回路连接至漏电断路器。
(3) 电话线路采用八芯线,网络采用(CAT.5E)规格线材。

弱电配置图比例: 1/100

H:90cm,淋浴冷热给水

H:30cm,马桶冷水出口

洗脸盆冷热给水出口

H:90cm,淋浴冷热给水

浴缸冷热给水

H:30cm,马桶冷水出口

90   45

H:55cm,水槽冷热给水出口

H:60cm,洗脸盆冷热给水出口

H:60cm,洗脸盆冷热给水出口

热水器专用冷热给水

140

H:120cm,洗衣机冷热给水

H:110cm,水槽冷热给水

给水图例

图例	说明/名称
●	冷水出口
●⊢	冷热水出口
⊢⊣W⊢	浴缸台面冷热水/淋浴冷热水

给水配置图比例：1/100

排水图例

图例	说明/名称
	地面排水
	粪管(管距依马桶设备而定)
	墙面排水

淋浴间：地面排水

马桶粪管

地面排水

H:55cm,洗脸盆墙面排水

浴缸排水，排水管凸出地面10cm

淋浴间：地面排水

65

50

90

45

20

地面排水

H:55cm,洗脸盆墙面排水

马桶粪管

H:55cm,水槽墙面排水

洗碗机地面排水，排水管凸出地面10cm

地面排水

110

140

地面排水

115

70

洗衣机地面排水，排水管凸出地面10cm

水槽地面排水，排水管凸出地面10cm

排水配置图比例：1/100

天花板高度尺寸图比例:1/100

天花板高度图例

图例	说明/名称
	天花板高度：290cm（材质：木角料+三分矽酸钙板）
	天花板高度：250cm（材质：木角料+三分矽酸钙板）
	间接灯盒高度：250cm（材质：木角料+三分矽酸钙板）
	间接灯盒高度：265cm（材质：木角料+三分矽酸钙板）

伯德积分定理等控制系统的重要概念和理论，突出了自动控制原理的工程应用属性，在此对
高老师的中肯建议以及对部分内容的修改审阅表示衷心的感谢。张春妍博士在本书绘图方面
给予了很大的帮助和支持，在此表示诚挚的谢意。

　　由于编者水平有限，书中错误或欠妥之处在所难免，恳请各位读者批评指正。

作　者

2020.03

目　录
CONTENTS

第 1 章
自动控制系统的基本概念

[本章学习目标]

(1) 理解自动控制的概念和内涵；

(2) 掌握反馈控制的基本原理及反馈控制系统的基本组成；

(3) 深入理解并掌握开环控制与闭环控制的本质区别；

(4) 了解自动控制理论的发展历史；

(5) 了解控制系统的基本性能指标要求；

(6) 能够分析控制系统的基本工作原理，并画出其工作原理方框图。

1.1　引言

自动控制在任何工程和科学领域几乎都是必不可少的，自动控制技术已经被广泛应用于现代社会活动的方方面面。例如，卫星发射、卫星入轨及回收、火星车自动着陆并行走、无人驾驶飞机自动起飞降落和巡航、导弹发射与目标攻击、雷达搜索目标、机器人送货与危险排查、数控机床切削工件、化学反应炉恒温控制、自动仓储和库存管理、轧钢过程中的钢板厚度控制、风力发电、太阳能取暖、医疗康复、农业灌溉及农产品保鲜、经济和社会管理等。可以说，自动控制提高了劳动生产率和产品质量，改善了劳动条件，推动了经济发展，促进了社会进步，是一门非常重要的科学技术。

大门升降系统动画

所谓自动控制，就是在没有人参与的情况下，利用控制装置，使机器、设备或生产过程等（统称为被控对象）的输出量（即被控制量）自动地在一定的精度范围内按照预定的规律运行。简言之，没有人参与的控制系统就是自动控制系统，有人参与的控制系统就是人工控制系统。

为了更好地理解自动控制的含义，图 1.1.1～图 1.1.3 给出了水箱水位控制系统的示意图。图 1.1.1 为水箱水位人工手动控制系统。人观测实际水位，并将实际水位与期望的水位值相比较，得出两者偏差，然后根据偏差的大小和方向手动调节进水阀门的开度。当实际水位高于期望值时，关小进水阀门，反之则加大阀门开度以改变进水量，从而改变水箱水位，使之与期望值保持一致。

图 1.1.2 为一个机械式水箱水位自动控制系统。图中浮子相当于人的眼睛，用来测量水位高低；连杆机构相当于人的大脑和手，用来进行比较并实施控制，连杆的一端由浮子带动，另一端连接着进水调节阀门。当水箱出水量增大时，水位开始下降，浮子也随之降低，

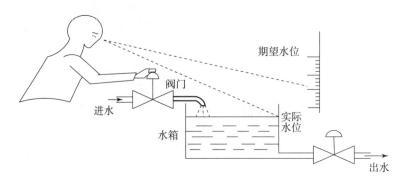

图 1.1.1　水箱水位人工手动控制系统

通过杠杆的作用使进水阀门开大，使水位回到期望值附近。反之，若出水量变小，水位及浮子上升，进水阀门关小，水位自动下降到期望值附近。在整个过程中，无须人工参与，调节过程是自动完成的。

必须指出的是，图 1.1.2 所示的系统虽然可以实现自动控制，但由于控制装置简单而存在缺陷，即控制结

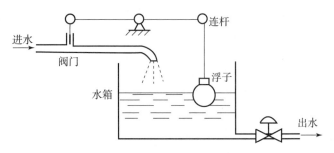

图 1.1.2　机械式水箱水位自动控制系统

果总是存在一定范围的误差。假设初始时水箱实际水位等于期望水位，当出水量增加时，为使水箱水位保持恒定不变，就得开大进水阀门以增加进水量，而要开大进水阀门，唯一的途径是浮子要比初始时的高度多下降一些，这就意味着最终实际水位会低于期望水位。

图 1.1.3 为改进的水箱水位自动控制系统，是一个机电系统。在该系统中，浮子相当于人的眼睛，用来测量实际水位；连杆和电位器相当于人的大脑，它将实际水位与期望水位进行比较，给出偏差的大小和正负；电动机和减速器阀门相当于人的手，用于调节阀门开度，对水位实施控制。当实际水位低于期望水位时，电位器输出电压值为正，且电压大小反映了实际水位与期望水位的差值，放大器输出信号驱动电动机，通过减速器使阀门开度增加，直到实际水位重新与期望水位相等时为止。

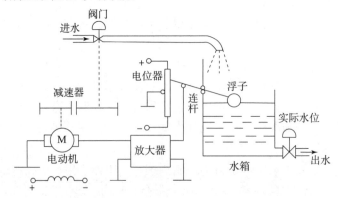

图 1.1.3　机电式水箱水位自动控制系统

1.2　反馈控制原理与系统基本组成

1.2.1　反馈控制原理

反馈控制是自动控制系统最基本的一种控制方式，在反馈控制系统中，控制装置对被控对象施加的控制作用是取自被控量的反馈信息，用来不断修正被控量与输入量之间的偏差，从而实现对被控对象进行控制的任务，这就是反馈控制的原理。

其实，人的一切活动都体现出反馈控制原理，人本身就是一个具有高度复杂控制能力的反馈控制系统。例如，人用手拿取桌上的书、司机操纵方向盘驾驶汽车沿公路平稳行驶等，这些日常生活中习以为常的平凡动作都渗透着反馈控制的深奥原理。下面通过解剖手从桌上取书的动作过程，透视一下它所包含的反馈控制机理。在这里，书的位置是指令信息，一般称为输入信号。取书时，首先人要用眼睛连续目测手相对于书的位置，并将这个信息送入大脑；然后由大脑判断手与书之间的距离，产生偏差信号，并根据其大小发出控制手臂移动的命令，逐渐使手与书之间的距离（即偏差）减小。显然，只要这个偏差存在，上述过程就要反复进行，直到偏差减小为零，手便取到了书。可以看出，大脑控制手取书的过程，是一个利用偏差（手与书之间的距离）产生控制作用，并不断使偏差减小直至消除的运动过程，为了获得偏差信号，必须要有手位置的反馈信息，因此就构成了反馈控制。人取物视为一个反馈控制系统时，手是被控对象，手位置是被控量（即系统的输出量）。产生控制作用的机构是眼睛、大脑和手臂，统称为控制装置。我们可以用图 1.2.1 所示的系统方框图来展示这个反馈控制系统的基本组成及工作原理。

图 1.2.1　人取书的反馈控制系统方框图

图 1.1.1 所示的水箱水位人工手动控制系统也是一个反馈控制系统。操纵者用眼睛观察水位高低情况，用大脑比较实际水位与期望水位来得到偏差，并根据其大小确定进水阀门的调节方向和幅度，然后用手调节进水阀门以改变水箱水位，从而达到减小偏差的目的。水箱水位人工反馈控制系统的工作原理方框图如图 1.2.2 所示，其中水箱是被控对象，水箱水位是被控量，眼睛、大脑、手、进水阀门等是控制装置。

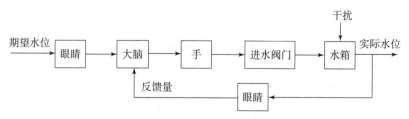

图 1.2.2　水箱水位反馈控制系统的工作原理方框图（人工控制）

图 1.1.3 所示的水箱水位自动控制系统，也是一个典型的反馈控制系统。浮子测量水箱的实际水位（被控量）；电位器和连杆将实际水位与期望水位进行比较，给出偏差的大小和正负；偏差信号经放大器进行电压和功率放大后，驱动电动机，并通过减速器来调节阀门的开度，以改变水箱水位，从而达到不断修正实际水位与期望水位之间偏差的目的。图 1.2.3 为机电式水箱水位反馈控制系统的工作原理方框图。

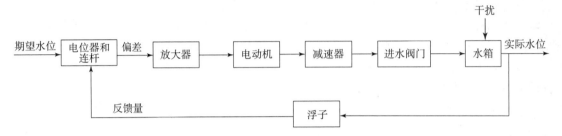

图 1.2.3　机电式水箱水位反馈控制系统的工作原理方框图

通常，我们把传感器测量得到的输出量送回到输入端，并与输入信号相比较产生偏差信号的过程，称为**反馈**。若反馈的信号是与输入信号相减，则称为**负反馈**；反之，则称为**正反馈**。一般的反馈控制系统都是负反馈控制系统。

反馈控制就是采用负反馈并利用偏差进行控制的过程。由于引入了被控量的反馈信息，使整个控制过程闭合，因此**反馈控制也称为闭环控制**。反馈控制实质上是一个按偏差进行控制的过程，因此，它也称为按偏差的控制。

液位反馈控制系统动画

1.2.2　反馈控制系统的基本组成

在工程实践中，为了实现对被控对象的自动反馈控制，系统中必须配置具有人的眼睛、大脑和手臂功能的设备，以便用来对被控量进行连续地测量、反馈和比较，并按偏差进行控制，这些设备依其功能分别称为测量装置、比较器、控制器和执行机构。图 1.2.4 为一个典型的反馈控制系统基本组成框图。

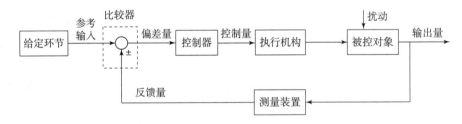

图 1.2.4　反馈控制系统的基本组成框图

测量装置：其职能是测量被控对象的输出量，如果这个物理量是非电量，一般再转换为电量。例如，测速发电机用于检测电动机轴的速度并转换为电压；湿敏传感器利用"湿-电"效应来检测湿度，并将其转换成电信号；电位器、旋转变压器、自整角机等用于检测角度并转换为电压；热电偶用于检测温度并转换为电压；等等。

给定环节：其职能是给出与被控量的期望值相对应的系统输入量（也称为参考输入量）。

比较器：在图 1.2.4 中用"○"号代表比较器，它把测量装置检测得到的被控量实际值与给定元件给出的参考输入量进行比较，求出它们之间的偏差，"－"号代表两者符号相反，即负反馈；"＋"号代表两者符号相同，即正反馈。一般情况下，我们所说的反馈系统都是指负反馈系统。常用的比较元件有差动放大器、机械差动装置和电桥等。

控制器：通常由校正环节和放大环节组成，它根据参考输入量与测量装置的测量值之间的偏差，产生具有一定规律的控制信号以指挥执行机构动作。校正环节亦称补偿环节，它是结构或参数便于调整的元件，用于改善系统的性能，早期的校正元件大多是由电阻、电容等组成的无源或有源网络，而目前多用微型电子计算机实现。放大环节的作用是将控制信号进行放大，使其变换成能直接驱动执行机构的信号，可用电子管、晶体管、集成电路、晶闸管等组成的电压放大器和功率放大器对控制信号进行放大。

执行机构：直接驱动被控对象，使其被控量发生变化。可用来作为执行元件的有阀、电动机、液压马达等。

被控对象：控制系统所要控制的设备或生产过程，它的输出就是被控量。

因此，一个典型的反馈控制系统通常包含被控对象和控制装置两个部分，控制装置包括给定环节、测量装置、比较器、控制器和执行机构等。

控制系统一般受到两种类型的外部作用，一种是**参考输入**，一种是**扰动**。**参考输入是有用输入，决定系统被控量的变化规律；扰动可分为内部扰动和外部扰动，它们对系统的输出量会产生不利影响，需要在控制系统中对其进行抑制。内部扰动，又称内扰，是指被控对象动态不确定性和参数变化对系统造成的扰动。**

1.3　自动控制系统的三种基本控制方式及其特点

1.3.1　开环控制方式

自动控制系统有三种基本控制方式，除了上面提到的反馈控制外，还有开环控制和复合控制。

开环控制系统是没有反馈回路的，即在形成控制作用时没有用到系统的被控量信息。开环控制系统可以分为**按参考输入的开环控制和按扰动的开环控制两种方式。按参考输入的开环控制系统，其控制作用直接由系统的参考输入量产生，给定一个输入量，就有一个输出量与之相对应，控制精度完全取决于系统所用的元件及校准的精度**。图 1.3.1 所示为按参考输入的开环控制系统，系统利用控制器和执行机构去改变被控对象的输出，获得预期的响应。常见的按参考输入的开环控制系统有自动售货机、自动洗衣机、自动流水线、包装机、厨房里的面包电烤炉等。

图 1.3.1　按参考输入的开环控制系统

　　按扰动的开环控制系统,是利用可测量的扰动量,产生一种补偿作用,来减小或抵消扰动对输出量的影响。这种按扰动的开环补偿控制方式是直接获得扰动信息,并据此改变被控量,因此,系统的抗扰性能比较好,但它只适用于扰动可测量的场合。

　　下面我们以房间温度控制系统为例,阐述开环控制的特点。

　　房间(被控对象)这个动态系统的输出量是房间温度,控制的目的是保持室温在预定值。采用开环控制的方案如图1.3.2所示。我们可根据一天中室外气温变化的大概规律,通过预定程序控制器控制燃气阀门的开、关,从而控制进入炉子的燃气,达到调节房间温度的目的。

图 1.3.2　房间温度开环控制系统

　　该房间温度开环控制系统的缺点是不能有效对付干扰,如门窗的开关、室外风速引起的温度变化,另外人的流动、房屋模型建模不准确等使得预定程序不准确,从而导致室温很难保持在预期温度附近。但是当干扰可测时,我们可以充分利用扰动信息,设计按扰动的开环控制对系统进行补偿,以完全或部分抵消干扰对被控量的影响。例如,在这个房间温度控制系统中,若室外温度可测,则可据此设计顺馈补偿通道,即按扰动的开环控制,减小干扰对室温的影响。

1.3.2　反馈控制方式

　　我们还是以房间温度控制系统为例,来说明反馈控制的特点。采用反馈控制的房间温度控制方案如图1.3.3所示,该方案利用温度自动调节器(根据温度自动启动的装置)来调节房间温度。

图 1.3.3　房间温度反馈控制系统

　　σ为温度自动调节器的阈值,这种温度自动调节器往往使房间温度在$\pm\sigma$范围内振荡。当预期温度发生阶跃变化时,房间温度的变化曲线如图1.3.4所示。T_0为房间初始温度,T_r为期望温度。我们假设房间初始温度和室外温度都低于期望温度,此时偏差为正,温度自动调节器将燃气阀门打开,燃气进入炉子并燃烧,为房间提供热量,此热量远远大于房间的热量损失,因此房间温度逐步上升,直到房间温度达到$T_r+\sigma$,此时偏差为$-\sigma$,因此温度自动调节器将燃气阀门关闭,不再提供燃气给炉子。由于门窗打开、风等散热因素,房间温度开始下降,直至下降到$T_r-\sigma$时,即偏差为$+\sigma$时,温度自动调节器才将燃气阀门又打开,提供燃气给炉子。

　　一般温度自动调节器的σ永远大于零,因此系统不可能维持在恒定值。如果我们降低σ,

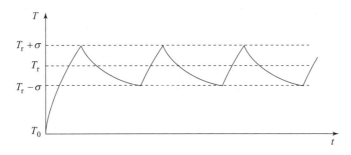

图 1.3.4　预期温度阶跃变化后房间温度的变化曲线（示意图）

振荡幅值会减少，但由于增加了电动机的切换频率，因此会影响温度自动调节器的寿命。

若想将房间温度控制在某一恒定值，则可采用如图 1.3.5 所示的比例控制器，即采用比例控制器替代图 1.3.3 中的温度自动调节器，控制器的输出量与输入信号成比例，$m=Ke$。这个比例控制系统在有干扰的情况下，也可以使房间温度保持恒定，但有一定误差，若使 K 很大，则误差将变得极小。

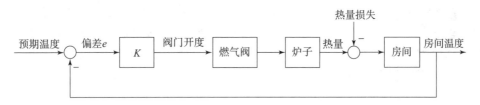

图 1.3.5　采用比例控制器的房间温度反馈控制系统

注意：读者不要误认为一个简单的反馈控制就可获得又精确又稳定的满意控制效果，实际上要达到这个目的还要做很多工作。在图 1.3.5 中，当 K 过大时，可能会影响系统的稳定性。尤其是当测量装置、执行装置响应慢，或被控对象处于非最小相位时，反馈控制系统可能会不稳定。例如，当炉子的热量需要一个很长的管子才输送到房间时，如图 1.3.6 所示。这时如果 K 很大，房间的温度输出将产生很大的振荡并可能不稳定；当 K 很小（谨慎控制）时，虽可避免振荡，但精度和反应速度差，温度会很慢（单调）地收敛到一个较低的值。

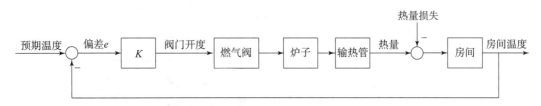

图 1.3.6　房间温度反馈控制系统（带输热管）

从房间温度控制系统的例子可以看出，反馈控制与开环控制有本质的区别。

开环控制不管被控量变化有多大，总是按一种模式运行，通常不能做到使输出量按指定规律变化。但开环控制系统结构简单，当被控量不易被测量时，用此类控制方式较方便。

反馈控制有能力敏感被控量（室温）的变化，与期望值有偏差时能够产生修正指令，具有抑制内、外扰动对被控量产生影响的能力，有较高的控制精度，即反馈控制有能力处理不确定性，这种不确定可指被控对象的变更（如换了一间房子）、环境的变化（如室外温度和风速的变化等）。反馈控制虽然使系统能够适应环境变化，但必须等干扰反应在被控变量的变化上以后，反馈控制才做出反应，即反馈控制不能对即将进入系统的干扰进行提前补偿，因此在干扰可测的情况下，反馈控制的性能就不是很令人满意。通俗地讲，反馈控制思想有点类似于"亡羊补牢"。另外反馈控制系统使用的元部件较多，结构较复杂，而且若控制参数选择不当，还会引起系统稳定性问题。

因此，控制工程师必须在开环系统的简单低成本与闭环控制的高精度高成本之间进行折中。

1.3.3　复合控制方式

在自动控制系统中，除了开环控制和闭环控制这两种控制方式外，还有复合控制，就是将开环控制和闭环控制两种方式结合起来。复合控制取长补短，通常能获得比较满意的系统性能。**复合控制的实质是在闭环控制回路的基础上，附加一个参考输入信号（或者扰动信号）的顺馈通路，来对该信号进行加强或者补偿，以达到精确的控制效果。**按参考输入补偿的复合控制系统如图 1.3.7 所示。巡航导弹低空飞行时的地形跟踪系统和按规定路线行驶的飞机自动驾驶系统，一般会采用按参考输入补偿的复合控制方式。按扰动补偿的复合控制系统如图 1.3.8 所示，该系统利用开环控制对可测扰动进行有效提前补偿，利用闭环控制对不可测的其他内部、外部扰动进行抑制，因而系统的控制精度较高，控制效果较好。例如，在房间温度控制系统中，室外温度的变化是系统的一个干扰量，如果室外温度可测，则可以在反馈控制回路的基础上，增加一条按扰动补偿的开环控制通道，从而提高房间温度的控制精度。

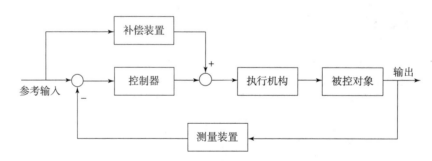

图 1.3.7　按参考输入补偿的复合控制系统

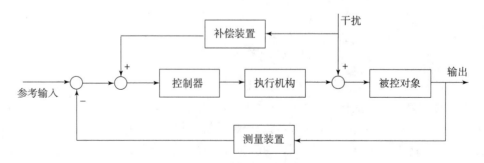

图 1.3.8　按扰动补偿的复合控制系统

1.4 自动控制理论的发展简史

1.4.1 19 世纪之前的自动控制技术实践概况

自动控制理论是研究关于自动控制系统分析和设计的理论，是研究自动控制共同规律的技术科学。在 19 世纪之前是没有自动控制理论的，自动控制最初只是作为一种技艺，由有天赋的工艺工程师掌握了大量的知识及精心设计才付诸实践的。早期的控制装置的工作原理大都可以凭直觉直接进行解释，尽管有些装置工艺精巧复杂，但都属于自动控制技术问题，还没有上升到理论高度。

公元前 1400—1100 年，中国、埃及和巴比伦相继出现自动计时漏壶，人类产生了最早期的控制思想，两千多年前（年代不详，可能更早），中国古人发明了按扰动补偿原理工作的指南车。公元前 300 年在古希腊出现了浮球调节装置，用于保持水钟系统的水位恒定。大约在公元前 250 年，Philon 发明了油灯，该灯使用浮球调节器来保持燃油的油面高度。近代欧洲最早发明的反馈系统是荷兰人 Cornelis Drebbel（1572—1633）发明的温度调节器，用于控制孵卵器的温度。Dennis Papin（1647—1712）在 1681 年发明了第一个锅炉压力调节器，该调节器是一种安全调节装置，与目前压力锅的减压安全阀类似。公元 1086—1089 年，中国的苏颂和韩公廉发明的水运仪象台，用了一个天衡装置，使得受水壶内的水重保持恒定。浮球调节装置、温度自动调节器、压力调节器、天衡装置等都是具有反馈控制思想的机械装置，这些装置的发明，主要依赖于早期人们对反馈控制的直观认识。

公元 1769 年，英国人瓦特（J. Watt）采用离心式调速器（飞球调节器）控制蒸汽机的速度，由此产生了第一次工业革命。飞球调节器的工作原理示意图如图 1.4.1 所示，该机械装置用来测量驱动杆的转速并利用飞球的转动来控制阀门，进而控制进入蒸汽机的蒸汽流量。当负载加大时，蒸汽机转速变慢，调节器的飞球重心下移，靠近轴线，通过杠杆开大进气阀门，使转速逐渐恢复，但不会回到原来的转速值，因为为了使蒸汽阀门保持在一个新的位置，飞球就要以一个不同的速度旋转，这样负载变化后的蒸汽机转速就会跟之前的转速不一样。也就是说，蒸汽机的转速控制系统存在误差。飞球调节器是人们普遍认为最早应用于工业过程的自动反馈控制器。

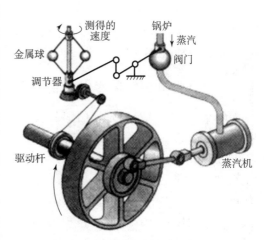

图 1.4.1 飞球调节器的工作原理示意图

但人们很快就发现，反馈的采用不能保证蒸汽机系统的稳定运行，调速系统大多出现了剧烈的振荡，蒸汽机在运行中普遍地频繁发生一种被称作"猎振"（hunting）的现象，就是蒸汽机的转速时快时慢，发生周期性的变化，今天人们都知道这是闭环系统不稳定的结果。但在当年，人们为消灭这种神秘的"猎振"，下功夫长期摸索改进蒸汽机的制造工艺，如减少摩擦等，结果无济于事。人们那时无法简单地用直觉解释和解决瓦特调速器中的不稳定现象，从而出现了研究控制理论的需求，推动了最初的自动控制理论的产生和发展。

1.4.2 19 世纪的自动控制理论发展概况

G. B. Airy 是一位数学家和天文学家，1826 年到 1835 年期间，他针对天文望远镜调速系统中的不稳定现象（类似蒸汽机飞球调速系统中的猎振），尝试采用微分方程来讨论反馈系统的不稳定性问题，这标志着反馈控制动态特性研究的开始。

第一篇系统性地研究反馈控制系统稳定性的文章是 1868 年麦克斯韦（J. C. Maxwell）发表的《论调节器》（《on Governors》），他用微分方程建立了调速系统的模型，基于微分方程的系数给出了二阶、三阶系统的稳定性判据。麦克斯韦在他的论文中催促数学家尽快解决多项式系数与多项式根的关系。

俄罗斯维什聂格拉茨基（Vishnegradsky）在 1876 年发表著作《论调节器的一般理论》，对调速器系统进行了全面的理论阐述，提出了为改进系统稳定性而要求工程参数遵守的一套规则。

1877 年，劳斯（E. J. Routh）发表论文，给出了"多项式的系数决定多项式在右半平面的根的数目"的系统稳定性代数判据。1890 年赫尔维茨（A. Hurwitz）也找到了类似的系统稳定性代数判据，后来证明，这两种代数稳定性判据是等价的。

在劳斯发表他的研究结果后不久，俄国数学家李雅普诺夫（A. M. Lyapunov）也开始研究运动的稳定性，1892 年，其博士论文《论系统稳定性的一般问题》指出，可用适当的能量函数（李雅普诺夫函数）的正定性及其导数的负定性来鉴别系统的稳定性，可应用于线性和非线性系统，但直到大约 1958 年李雅普诺夫理论才被引入控制理论的领域。

在这一时期，控制理论研究工作的重点是系统稳定性和稳态误差，采用的数学工具是微分方程解析法，它们是在时间域上进行讨论，因此通常将这些方法称为控制理论的时间域分析方法，简称时域法。

1.4.3 20 世纪前半叶的自动控制理论发展概况

20 世纪初，人们实现了舰船的自动操纵。1911 年，斯佩雷（Elmer Sperry）发明了舰船自动驾驶系统，尝试采用 PID 控制思想和自动增益调整来提高系统性能。1922 年，米诺斯基（Nicholas Minorsky）（1885—1970）从理论上清晰地分析了船的自动驾驶问题，推导出了 PID（Proportional-Integral-Derivative）控制规律。PID 控制结构简单、稳定性好、工作可靠，既可应用于已知数学模型的系统，也可应用于无法精确建模或者无法建模的复杂系统，便于现场调试，在实际工程中得到了广泛应用。目前 95% 以上的过程控制回路和 90% 以上航空航天控制回路都采用了 PID 控制。2017 年国际自动控制联合会（IFAC）的工业委员会对工业技术现状进行了调查，在十几种控制方法中，PID 以百分之百好评（零差评）的绝对优势居于榜首。

随着电子放大器的问世，20 世纪初长途电话通信受到重视和研究。为了克服信号失真，1927 年 8 月 2 日，布莱克（Harold S. Black）发明了负反馈放大器。布莱克发明的负反馈放大器于 1928 年开始被应用，长距离通信就此进入实用阶段。然而采用负反馈放大器后，人们发现系统中容易发生"啸鸣"等不稳定现象。因为该系统动力学方程比较复杂（常常要用50 阶微分方程描述），这为劳斯判据的使用造成了麻烦。于是贝尔实验室的通信工程师们开始转向频域分析。1932 年，奈奎斯特（Harry Nyquist）发表了关于反馈放大器的经典论文，运用复变函数理论给出了反馈系统的频域稳定性判据（Nyquist 判据），这是一种相当简便的分析方法，根据系统对正弦输入信号的开环稳态响应，就可以确定闭环系统的稳定性，而不需要知道系统的微分方程数学模型。进一步，奈奎斯特图可以直接提示如何调整开环增益与频率的关系来改进系统的稳定性。这一时期，伯德（Hendrik W. Bode）也开始对负反馈放大器的设计问题进行研究。1940 年，伯德发表《反馈放大器设计中衰减与相位的关系》一文，引入了对数幅频图和相频图，对简化运算迈出了重要一步。1945 年，伯德又著有《网络分析和反馈放大器设计》，给出了一种以频率响应法为基础的反馈控制系统分析和设计理论，非常实用。总之，1928 年到 1945 年期间，以美国电话电报公司（AT&T）的贝尔（Bell）实验室的科学家们（Bode，Nyquist）为核心，建立了控制系统分析与设计的频域方法。尽管 20 世纪 50 年代后，状态空间控制理论发展得十分完整，但许多设计人员仍然以频率响应的理论指导工程系统的控制器设计，这个长期存在的事实表明了频率域理论的强大生命力。我们将在第 5、6 章学习控制系统的频率域分析和设计方法。

社会的需要是科学发展的动力。第二次世界大战的爆发和美国的参战像催化剂，迅速把科学家和工程技术人员推向了科研应用的最前沿，自动控制理论也得到了巨大的发展。战争需要用反馈控制的方法设计和建造飞机自动驾驶仪、火炮自动定位系统、雷达天线控制系统以及其他军用系统，这些军用系统的复杂性和对高性能的追求，要求拓展已有的控制技术，使得人们更加关注控制系统，因而产生了许多新的见解和方法，极大地推动了控制理论的发展。在美国，美国麻省理工学院雷达实验室的工程师和数学家们将他们的研究成果以及频域控制理论、PID 控制理论、维纳提出的随机过程理论等整合在一起，形成了关于随动（伺服）控制系统的一整套设计方法。

1942 年，齐格勒（J. G. Ziegler）和尼柯尔斯（N. B. Nichols）提出了调整 PID 控制器参数的法则，称为齐格勒-尼柯尔斯整定法则。

1948 年，美国的伊万思（W. Evans）提出了根轨迹法，这是一种图解方法，通过描绘特征方程的根在某个参数改变时的运动轨迹，来分析和设计线性定常控制系统。

1948 年，美国数学家维纳（Nobert Wiener）出版了著作《控制论》（Cybernetics），副标题为"动物和机器中控制与通信的科学"（Control and Communication in the Animal and Machines），该书从控制的观点揭示了动物与机器的共同信息和控制规律，把反馈的概念推广到生物、神经、经济及社会等复杂系统。

总之，在 1940 年之前，控制系统设计在绝大部分场合还是一门艺术或手艺，用的是"试凑法"。而到了 20 世纪 40 年代，无论在数学分析还是实用性方面，控制系统的设计方法都有了很大发展，控制技术因而也发展成为一门工程科学，形成了以传递函数为基础的经典控制理论，主要研究单输入-单输出、线性定常系统的分析和设计问题，分析设计方法主要包括时域法、根轨迹法、频域法。

1.4.4　20 世纪后半叶的自动控制理论发展概况

20 世纪 50 到 60 年代，人类开始征服太空。1957 年，苏联成功发射了第一颗人造地球卫星，1968 年美国阿波罗飞船成功登上月球。在这些举世瞩目的成就中，自动控制技术起着不可磨灭的作用，也因此催生了 20 世纪 60 年代现代控制理论的问世。现代控制理论一般包括美国 R. E. Kalman 提出的状态空间法、卡尔曼滤波理论，苏联 L. S. Pontryagin 提出的极大值原理，美国的 R. Bellman 提出的动态规划方法以及李雅普诺夫理论等，其主要特点是利用常微分方程（ODE）作为控制系统的模型。

20 世纪 70 年代开始，一些新的控制理论迅速发展起来，例如最优控制、系统辨识、多变量控制、自适应控制、人工智能、大系统理论等。

从 20 世纪 80 年代开始，将数字计算机作为控制元件已属平常之举，这些元件使控制工程师获得了前所未有的运算速度和精度，极大地促进了控制理论在工程实践中的应用，自动控制技术和理论已经成为现代社会不可缺少的重要组成部分。

我国科学家钱学森在其《工程控制论》（《Engineering Cybernetics》，1954 年出版）一书的前言中指出："作为技术科学的控制论，对工程技术、生物和生命现象的研究和经济科学，以及对社会研究都有深刻的意义，比起相对论和量子论对社会的作用有过之无不及。我们可以毫不含糊地说，从科学理论的角度来看，20 世纪上半叶的三大伟绩是相对论、量子论和控制论，也许可以称它们为三项科学革命，是人类认识客观世界的三大飞跃。"

1.5　自动控制系统的分类

自动控制系统有多种分类方法。例如，按控制方式可分为开环控制、反馈控制、复合控制等；按元件类型可分为机械系统、电气系统、机电系统、液压系统、气动系统、生物系统等；按系统功用可分为温度控制系统、压力控制系统、位置控制系统等；接系统性能可分为线性系统和非线性系统、连续系统和离散系统、定常系统和时变系统等；按参考输入量变化规律又可分为恒值控制系统、随动控制系统和程序控制系统等。一般地，为了全面反映自动控制系统的特点，常常将上述各种分类方法组合应用。

1.5.1　恒值控制系统与随动控制系统

恒值控制系统的参考输入量是一个常值，控制的目标是使被控量等于该常值。恒值控制系统又称调节系统。由于扰动的影响，被控量会偏离参考输入量而出现偏差，控制系统便根据偏差产生控制作用，以克服扰动的影响，使被控量恢复到给定的常值。因此，恒值控制系统分析、设计的重点是研究各种扰动对被控对象的影响及抗扰动的措施。在工业控制中，被控量是温度、流量、压力、液位等变量的控制系统被称为过程控制系统，它们大多数都属于恒值控制系统。

随动控制系统的参考输入量是预先未知的随时间任意变化的函数，要求被控量以尽可能小的误差跟随参考输入量的变化，故又称为跟踪系统。在随动控制系统中，扰动的影响是次要的，系统分析、设计的重点是研究被控量跟随参考输入的快速性和准确性。在随动控制系统中，如果被控量是机械位置或其导数时，这类系统称为伺服系统。

还有一类控制系统，其参考输入量是按预定规律随时间变化的函数，要求被控量迅速、准确地加以复现，机械加工使用的数控机床便是一例，这类系统叫程序控制系统。程序控制系统和随动控制系统的参考输入量都是时间的函数，不同之处在于前者是已知的时间函数，后者则是未知的任意时间函数，而恒值控制系统也可视为程序控制系统的特例。

1.5.2　线性系统与非线性系统

1. 线性系统

按照数学的观点，凡是由线性函数（包括线性微分方程、线性差分方程和线性代数方程）描述的系统，称为线性系统；按照物理的观点，凡是同时满足叠加性和齐次性（均匀性）的系统称为线性系统。

如果系统输入分别为 $r_1(t)$、$r_2(t)$ 时，系统对应的输出分别为 $c_1(t)$、$c_2(t)$，那么，若输入为 $r(t) = r_1(t) + r_2(t)$ 时，系统的输出为 $c(t) = c_1(t) + c_2(t)$，则称系统满足叠加性。叠加性表明，欲求系统在几个输入信号和干扰信号同时作用下的总响应，只需要对这几个信号单独求响应，然后加起来就是总响应。

如果输入为 $r(t) = a \cdot r_1(t)$ 时，系统输出为 $c(t) = a \cdot c_1(t)$，则称系统满足齐次性。齐次性表明，当外作用的数值增大若干倍时，其响应的数值也增大若干倍。

例如，一阶线性微分方程描述的系统，

$$\dot{c}(t) + k(t)c(t) = r(t)$$

就是一个线性系统，满足叠加性和齐次性。若 $k(t)$ 随着时间而变化，则称该系统为一阶线性时变系统；若 $k(t)$ 为常数，则称该系统为一阶线性定常系统（LTI）。定常系统又称为时不变系统，其特点是：描述系统运动的微分或差分方程的系数均为常数，在物理上它代表结构和参数都不随时间变化的一类系统。

定常系统的响应特性只取决于输入信号的形状和系统的特性，而与输入信号施加的时刻无关。若系统在输入信号 $r(t)$ 作用下的输出响应为 $c(t)$，当输入延迟一段时间，即输入信号为 $r(t - \tau)$ 时，则系统的响应也同样延迟一段时间且形状保持不变，为 $c(t - \tau)$。定常系统的这种基本特性给系统分析研究带来了很大方便，本课程的研究对象主要是线性时不变系统。

2. 非线性系统

系统中只要有一个元部件的输入、输出特性是非线性的，这类系统就称为非线性系统，这时，要用非线性微分（或差分、或代数）方程描述其特性。非线性方程的特点是方程系数与变量有关，或者方程中含有变量及其导数的高次幂或乘积项，例如

$$\ddot{c}(t) + c(t)\dot{c}(t) + c^2(t) = r(t)$$

严格地说，实际物理系统中都含有程度不同的非线性元部件，如放大器和电磁元件的饱和特性、运动部件的死区、间隙和摩擦特性等。由于非线性方程在数学处理上较困难，目前对不同类型的非线性控制系统的研究还没有统一的方法。对于非线性程度不太严重的元部件，可采用在一定范围内线性化的方法，将非线性控制系统近似为线性控制系统。

1.5.3　连续系统与离散系统

根据系统内信号传递形式的不同，控制系统可分为连续系统与离散系统两种。

连续系统是指系统内各部分的输入和输出信号都是连续变化的模拟量，输入信号与输出信号之间的关系在时域内可用微分方程来描述。

离散系统是指某一处或多处的信号以脉冲序列或数码形式传递的系统，这类控制系统又称为脉冲控制系统或数字控制系统，其输入与输出之间的关系在时域内可用差分方程来描述。工业计算机控制系统就是典型的离散系统。

一般，为了全面反映自动控制系统的特点，常常将上述各种分类方法组合应用，例如线性连续控制系统。

1.6 对自动控制系统的基本要求与典型外作用

1.6.1 对自动控制系统的基本要求

自动控制理论是研究自动控制共同规律的一门学科。不管系统是哪种类型的自动控制系统，我们感兴趣的都是系统在某种典型输入信号作用下，系统输出量（即被控量）变化的全过程。对每类系统的被控量变化全过程提出的共同要求是一致的，一般从稳定性、动态性能、稳态性能、鲁棒性等方面对这个全过程进行评价。

1. 稳定性

稳定是控制系统最重要的性能，是系统能够正常运行的首要条件。如果一个系统不稳定，那么其动态性能、稳态性能、鲁棒性等的分析就无从谈起。自动控制的基本任务之一就是分析系统的稳定性并提出保证系统稳定的措施。

线性控制系统的稳定性是由系统结构所决定的，与外界因素无关。

为了解释系统的稳定性，我们从系统的总响应谈起。一个系统的总响应包括自由响应和受迫响应，分别对应线性微分方程的通解和特解。自由响应描述系统耗散或获取能量的方式，其模态或者性质只依赖于系统的结构和参数，与输入信号无关。而受迫响应的模态则依赖于输入信号。在某些系统中，若系统的自由响应越来越大，而不是趋于零或者等幅振荡，使得系统不再受控，这种情况称为系统不稳定。如果系统没有止动装置，系统不稳定可能导致系统自我毁灭。例如，电梯会坠毁在地面或者冲出屋顶；飞机会失控滚转；跟踪目标的天线会围绕目标振荡，且振荡加剧，速度不断增大，最终使电机或者放大器达到它们的输出极限，破坏天线结构。

控制系统必须稳定，即它们的自由响应必须呈衰减模态。如果系统稳定，就可以进一步分析系统的动态性能和稳态误差。

系统不稳定的原因可能有两个，第一，被控系统本身不稳定。例如赛格威（Segway）平衡车，如果断开控制回路，平衡车将翻倒；第二个原因是系统加了反馈，这种不稳定称作"恶性循环"，即反馈控制反而使系统变得不稳定。

关于系统稳定性概念及分析方法，我们将在第3章详细讲述。

2. 动态性能

控制系统中一般含有储能元件或惯性元件，如绕组的电感、电枢转动惯量、电炉热容量、物体质量等，储能元件的能量不可能突变。因此，当系统受到扰动或有输入量时，控制过程不会立即完成，而是有一定的延缓，这就使得被控量恢复期望值或跟踪参考输入有一个时间过程，称为**过渡过程**。

为了很好完成控制任务，控制系统仅仅满足稳定性要求是不够的，还必须对其过渡过程的形式和快慢提出要求，一般称为动态性能。例如，对于稳定的高射炮射角随动系统，如果目标变动迅速，而炮身跟踪目标所需过渡过程时间过长，就不可能击中目标；电梯的过渡过程太慢就会使乘客不耐烦，过快又会使他们不舒服。对于稳定的自动驾驶仪系统，当飞机受阵风扰动而偏离预定航线时，具有自动使飞机恢复预定航线的能力，但在恢复过程中，如果机身摇晃幅度过大，或恢复速度过快，就会使乘员感到不适。因此，对控制系统过渡过程的时间（即快速性）和最大振荡幅度（即超调量）一般都有具体要求。

3. 稳态性能

理想情况下，当过渡过程结束后，被控量达到的稳态值（即平衡状态）应与期望值一致。但实际上，由于系统结构、外作用形式，以及摩擦、间隙等非线性因素的影响，被控量的稳态值与期望值之间会有误差存在，称为稳态误差。稳态误差是衡量控制系统控制精度的重要指标，在技术指标要求中一般都有具体要求。例如跟踪卫星的天线系统必须使卫星保持在其波束中，以防卫星丢失。

4. 鲁棒性（灵敏度）

鲁棒性，是指系统在存在不确定因素的情况下，控制系统依然能满足稳定性、动态性能、稳态误差等性能指标的设计要求。

我们在设计控制系统时，往往假设已经知道了被控对象的数学模型，但实际情况中总会存在各种不确定因素，例如，系统参数会随着环境和时间的变化而变化、系统中会存在未建模动力学、系统的平衡点（工作点）会发生变化、传感器会引入测量噪声、系统会受到不可预测的干扰的影响等，所以我们希望在模型不太精确和存在其他变化因素的情况下，控制系统依然能保持预期的性能。

关于系统鲁棒性问题的理论研究基础，可以追溯到 20 世纪 30 年代 H. W. Bode 等人进行的研究工作，人们当时把这个问题称为灵敏度问题。从那时起，大量公开发表的文献都探讨了不确定性条件下的控制系统鲁棒设计问题。**鲁棒性可以视为系统对那些不确定影响因素（例如参数变化、干扰、测量噪声、未建模动态等）的灵敏度，灵敏度越低，系统的鲁棒性越好。**

除了上述稳定性、动态性能、稳态性能、鲁棒性的控制要求外，还要考虑控制系统的经济性和硬件可实现性。在满足系统性能指标要求的前提下，控制系统成本要尽可能低。在控制系统设计的初始阶段，就要考虑影响硬件选型的问题，例如电机是否满足功率要求、传感器精度的选择等。

1.6.2　自动控制系统的典型外作用

在工程实践中，自动控制系统承受的外作用形式多种多样，对不同形式的外作用，系统被控量的变化情况（即响应）各不相同。为了便于用统一的方法研究和比较控制系统的性能，通常选用几种函数作为典型外作用，系统的性能指标一般是基于系统对典型外作用的响应而给出的。可选作典型外作用的函数应具备以下条件：

- 这种函数在现场或实验室中容易得到；
- 在工程中经常遇到，并且可能是最不利的外作用；
- 这种函数的数学表达式简单，便于理论计算。

目前，在控制工程设计中常用的典型外作用函数有阶跃函数、斜坡函数、脉冲函数及正弦函数等。

1. 阶跃函数

阶跃函数的数学表达式为

$$f(t) = \begin{cases} 0, & t < 0 \\ R, & t \geqslant 0 \end{cases} \qquad (1.6.1)$$

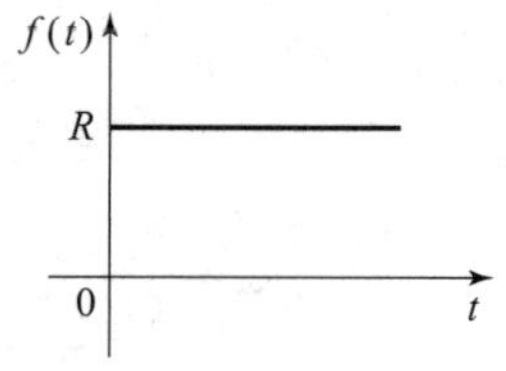

式（1.6.1）表示一个在 $t = 0$ 时出现的幅值为 R 的阶跃变化函数，如图 1.6.1 所示。在实际系统中，这意味着 $t = 0$ 时突然加到系统上的一个幅值不变的外作用。幅值 $R = 1$ 的阶跃函数，称为单位阶跃函数，用 $1(t)$ 表示，幅值为 R 的阶跃函数便可表示为 $f(t) = R \cdot 1(t)$。在任意时刻 t_0 出现的阶跃函数可表示为 $f(t - t_0) = R \cdot 1(t - t_0)$。

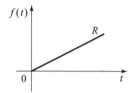

图 1.6.1 阶跃函数

阶跃函数是自动控制系统在实际工作条件下经常遇到的一种外作用形式。例如，电源电压的突然跳动、负载的突然增大或减小、飞机飞行中遇到的常值阵风扰动等，都可视为阶跃函数形式的外作用。在控制系统的分析设计工作中，一般将阶跃函数作用下系统的响应特性作为评价系统动态性能的依据。

2. 斜坡函数

斜坡函数的数学表达式为

$$f(t) = \begin{cases} 0, & t < 0 \\ Rt, & t \geqslant 0 \end{cases} \qquad (1.6.2)$$

式（1.6.2）表示在 $t = 0$ 时刻开始，以恒定速率 R 随时间而变化的函数，如图 1.6.2 所示。在工程实践中，某些随动系统就常常工作于这种外作用下，如雷达高射炮防空系统，当雷达跟踪的目标以恒定速率飞行时，便可视为该系统工作于斜坡函数作用之下。

图 1.6.2 斜坡函数

3. 脉冲函数

脉冲函数定义为

$$f(t) = \lim_{t_0 \to 0} \frac{A}{t_0} [1(t) - 1(t - t_0)] \qquad (1.6.3)$$

式中，$(A/t_0)[1(t) - 1(t - t_0)]$ 是由两个阶跃函数合成的脉动函数，其面积 $A = (A/t_0)t_0$，如图 1.6.3（a）所示。当宽度 t_0 趋于零时，脉动函数的极限便是脉冲函数，它是一个宽度为零、幅值为无穷大、面积为 A 的极限脉冲，如图 1.6.3（b）所示。脉冲函数的强度通常用其面积表示。面积 $A = 1$ 的脉冲函数称为单位脉冲函数或 δ 函数；强度为 A 的脉冲函数可表示为 $f(t) = A\delta(t)$。在 t_0 时刻出现的单位脉冲函数则表示为 $\delta(t - t_0)$。

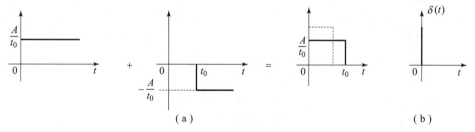

图 1.6.3 脉动函数和脉冲函数

(a) 两个阶跃函数合成脉动函数；(b) 脉冲函数

脉冲函数在现实中是不存在的，只有数学上的定义，但它是一个重要而有效的数学工具。在自动控制理论研究中，它也具有重要作用。例如，一个任意形式的外作用，可以分解成不同时刻的一系列脉冲函数之和，这样，通过研究控制系统在脉冲函数作用下的响应特性，便可以了解系统在任意形式外作用下的响应特性。

4. 正弦函数

正弦函数的数学表达式为

$$f(t) = A\sin(\omega t - \varphi) \tag{1.6.4}$$

式中，A 为正弦函数的振幅；ω 为正弦函数的角频率；φ 为初始相位。

正弦函数是控制系统常用的一种典型外作用，很多实际的随动系统就是经常在这种正弦函数外作用下工作的。例如舰船的消摆系统，就是处于形如正弦函数的波浪下工作的。更为重要的是，系统在正弦函数作用下的响应，即频率响应，是自动控制理论中分析与设计控制系统的重要依据（详见第 5 章）。

1.7　控制系统设计实例

1.7.1　转盘转速控制系统

许多装置都使用匀速旋转的转盘，如 CD 机等，为此，要为转盘设计一个转速控制系统，当电机和其他元件发生变化时，转盘实际转速仍然保持在允许误差范围之内。这里讨论无反馈和有反馈的转盘转速控制系统。

为驱动盘片旋转，我们选择直流电动机作为执行机构，它能提供与电压成比例的转速，选取具有足够功率的直流放大器来提供直流电动机的输入电压。

转盘转速开环控制系统如图 1.7.1（a）所示，该系统利用电池提供与预期速度成比例的电压，电压经放大后作用于直流电动机，图 1.7.1（b）为该开环控制系统的方框图。

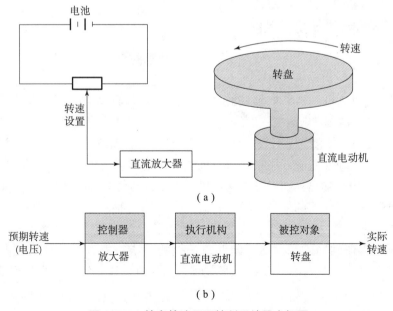

（a）

（b）

图 1.7.1　转盘转速开环控制系统及方框图

（a）转盘转速开环控制系统；（b）方框图

要设计反馈控制系统，需要选择一个传感器。转速计是一种传感器，它能提供与转轴速度成比例的电压信号。图 1.7.2（a）所示为转盘转速闭环控制系统，其方框图如图 1.7.2（b）所示。

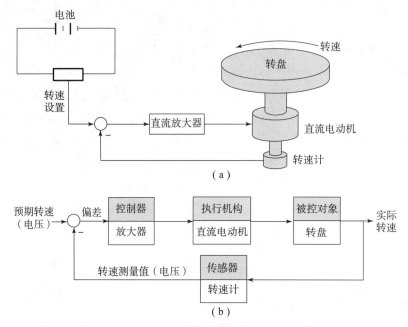

图 1.7.2 转盘转速反馈控制系统及方框图
（a）转盘转速闭环控制系统；（b）方框图

由于反馈控制系统能对偏差信号做出响应，并在运行中不断减小偏差，所以，图 1.7.2 所示的反馈控制系统性能将优于图 1.7.1 所示的开环控制系统。

1.7.2 飞机自动驾驶仪系统

飞机自动驾驶仪是一种能保持或改变飞机飞行状态的自动装置，它可以稳定飞机飞行的姿态、高度和航迹，可以操纵飞机爬高、下滑和转弯。

如同飞行员操纵飞机一样，自动驾驶仪控制飞机飞行是通过控制飞机的 3 个操纵面（升降舵、方向舵、副翼）的偏转，改变舵面的空气动力特性，形成围绕飞机质心的旋转力矩，从而改变飞机的飞行姿态和轨迹。图 1.7.3 为飞机自动驾驶仪系统稳定俯仰角的工作原理示意图。

在图 1.7.3 中，垂直陀螺仪用来测量飞机的俯仰角，当飞机以给定俯仰角水平飞行时，陀螺仪电位器没有电压输出；如果飞机受到扰动，使俯仰角向上偏离期望值，陀螺仪电位器便输出与俯仰角偏差成正比的信号，经放大器放大后驱动舵机，一方面推动升降舵面偏转，产生使飞机低头的转矩，以减小俯仰角偏差；同时还带动反馈电位器滑臂，输出与舵偏角成正比的电压并反馈到输入端。随着俯仰角偏差的减小，垂直陀螺仪电位器的输出信号越来越小，舵偏角也随之减小，直到俯仰角回到期望值，这时舵面也恢复到原来的状态。

图 1.7.4 是飞机自动驾驶仪系统稳定俯仰角的系统方框图。图中，飞机是被控对象，俯仰角是被控量，放大器、舵机、垂直陀螺仪、反馈电位器等是控制装置，即自动驾驶仪。参考输入量是给定的常值俯仰角，控制系统的任务就是在任何扰动（如阵风或气流冲击）作用

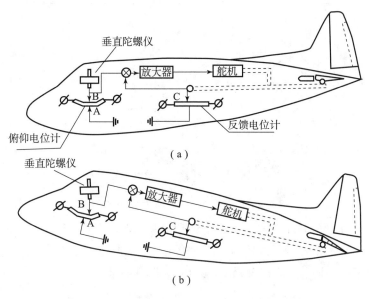

图 1.7.3　飞机自动驾驶仪系统工作原理示意图

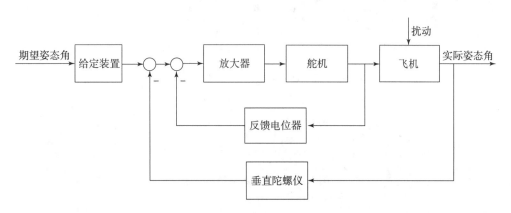

图 1.7.4　飞机俯仰角控制系统方框图

下，始终使飞机以给定俯仰角飞行。

1.7.3　胰岛素注射控制系统

控制系统在生物医学领域已获得了广泛应用，出现了药物自动注射系统。自动控制系统还能对血压、血糖、心率等进行调节。开环的药物注射控制系统是控制工程在医学领域最常见的应用实例，它运用了所用药物的剂量与疗效之间的数学模型。由于微型葡萄糖传感器尚不成熟，胰岛素注射控制系统采用了开环控制方式。根据糖尿病人当前一段时间的情况，利用可编程便携式胰岛素注射器进行有针对性的注射，可能是目前所能实现的最佳解决方案。今后更复杂的注射控制系统应该可以根据实时测得的血糖水平实施闭环注射控制。

健康人士的血糖和胰岛素浓度如图 1.7.5 所示，血糖注射控制系统要向糖尿病人注射剂量适中的胰岛素。血糖注射控制系统的设计指标就是使病人的血糖浓度严格逼近健康人的血糖浓度。

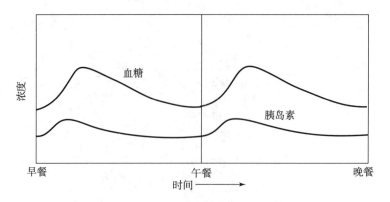

图 1.7.5　健康人士的血糖和胰岛素浓度

图 1.7.6（a）所示的开环系统由一个预编程的信号发生器和一个微型电泵来调节胰岛素注射速度。图 1.7.6（b）所示的反馈控制系统则采用了一个血糖测量传感器，将实际血糖浓度测量值与预期血糖浓度相比较，并根据偏差调整电泵和阀门，以改变胰岛素注射速度。

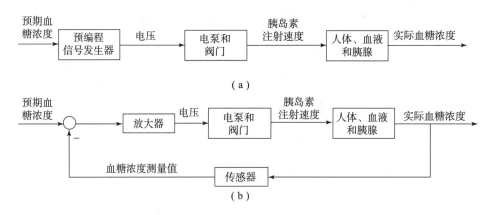

图 1.7.6　血糖浓度控制系统
（a）血糖开环控制系统；（b）血糖闭环控制系统

1.7.4　磁盘驱动器读取系统

磁盘可以方便有效地储存信息，磁盘驱动器被广泛应用于便携式计算机、大型计算机等各类计算机之中。图 1.7.7 所示为磁盘驱动器的结构示意图，磁盘驱动器读取装置的目标是将磁头准确定位，以便正确读取磁盘磁道上的信息。要精确控制的变量是磁头（安装在一个滑动簧片上）的位置。磁盘旋转速度在 1 800～7 200 r/min 之间，磁头在磁盘上方不到 100 nm 的地方"飞行"，位置精度指标初步定为 1 μm；另外还要尽量使磁头由磁道 a 移动到磁道 b 的时间短，例如小于 50 ms。如图 1.7.8 所示为初步的磁盘

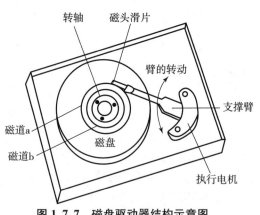

图 1.7.7　磁盘驱动器结构示意图

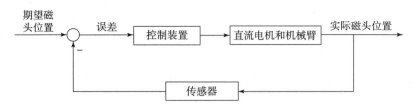

图 1.7.8　磁盘驱动器磁头的闭环控制系统

驱动器磁头控制系统结构图。

1.7.5　射电望远镜天线方位控制系统

位置控制系统广泛应用于天线、机器人和计算机磁盘驱动器等系统。图 1.7.9 所示是射电望远镜的天线方位控制系统，图 1.7.10 是该系统的工作原理方框图。

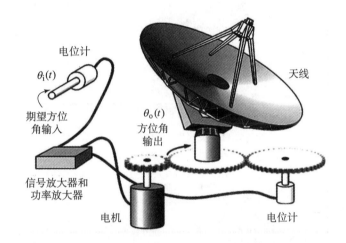

图 1.7.9　射电望远镜的天线方位控制系统

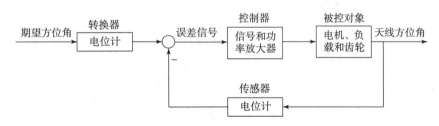

图 1.7.10　天线方位控制系统工作原理方框图

本系统用来控制天线的方位角跟随期望方位角。电位计将期望角位移转化为电压，同样，反馈通道中的电位计将实际天线方位角也转换为电压，信号和功率放大器对两个电压的差值进行放大，用于驱动被控对象。

当天线方位角与期望方位角相等时，误差为零，电机不转。只有当天线方位角与期望方位角不等时，电机才会被驱动。天线方位角与期望方位角的误差越大，电机输入电压越大，则电机转动得越快。

如果放大器的增益变大，同样误差情况下，电机的输出电压增大，电机转动得更快，当天线方位角与期望方位角相等使得误差信号为零时，电机应该停止转动，但是由于响应过程中的误差是瞬态的，且电机转速增大使得其动量增加，从而导致天线方位角超过期望值，产生负的偏差，从而使得电机反转。因此，如果放大器增益较大，天线控制系统的过渡过程响应可能在稳态值附近呈现阻尼振荡。当放大器增益分别为小增益和大增益时天线方位控制系统的过渡过程响应如图 1.7.11 所示。

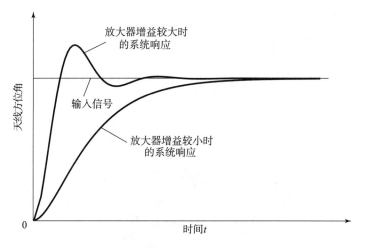

图 1.7.11　天线方位控制系统的响应

习　题　1

1-1　试举几个开环控制系统与闭环控制系统的例子，画出它们的框图，并说明它们的工作原理。

1-2　根据图 E1-1 所示的电动机速度控制系统工作原理图，完成以下工作：

（1）将 a、b 与 c、d 用线连接成负反馈系统；

（2）画出系统工作原理方框图。

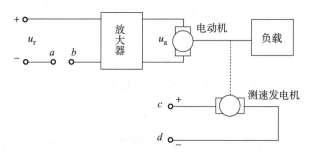

图 E1-1　电动机速度控制系统工作原理图

1-3　如图 E1-2 所示为液位自动控制系统原理示意图，在任何情况下，希望液面高度 c 维持不变，试说明该系统的工作原理并画出系统工作原理方框图。

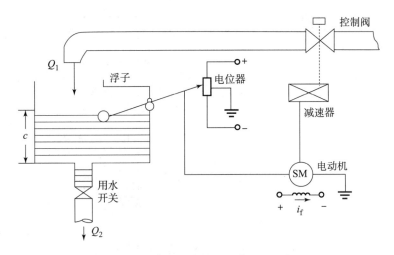

图 E1‑2　液位自动控制系统原理示意图

1‑4　如图 E1‑3 所示为电炉箱恒温自动控制系统，在这个控制系统中，被控制量为炉温 T，试说明该系统的工作原理并画出系统工作原理方框图。

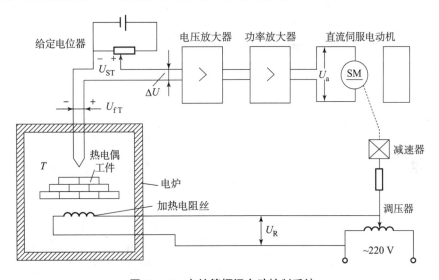

图 E1‑3　电炉箱恒温自动控制系统

1‑5　下列各式是描述系统的微分方程，其中 $r(t)$ 为输入量，$c(t)$ 为输出量，判断哪些是线性定常或时变系统，哪些是非线性系统？

(1) $\dfrac{\mathrm{d}^3 c(t)}{\mathrm{d}t^3} + 3\dfrac{\mathrm{d}^2 c(t)}{\mathrm{d}t^2} + 6\dfrac{\mathrm{d}c(t)}{\mathrm{d}t} + 8c(t) = r(t)$

(2) $t\dfrac{\mathrm{d}c(t)}{\mathrm{d}t} + c(t) = r(t) + \dfrac{\mathrm{d}r(t)}{\mathrm{d}t}$

(3) $\dfrac{\mathrm{d}c(t)}{\mathrm{d}t} + a\sqrt{c(t)} = kr(t)$

1‑6　如图 E1‑4 所示是仓库大门自动开闭控制系统原理图，试说明该系统自动控制大门开闭的工作原理，并画出系统工作原理方框图。

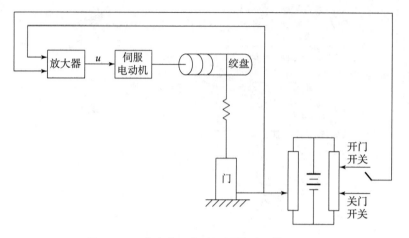

图 E1－4 仓库大门自动开闭控制系统原理图

第 2 章

自动控制系统的数学模型

[本章学习目标]

(1) 能够建立一般简单物理系统的微分方程和传递函数数学模型；

(2) 掌握小偏差线性化方法；

(3) 掌握结构图等效变换法则，并能够熟练对复杂控制系统的结构图进行化简；

(4) 能够利用梅森增益公式对信号流图和结构图进行化简；

(5) 能够熟练求出典型反馈控制系统的开环传递函数和闭环传递函数；

(6) 能够计算控制系统对参数变化的灵敏度；

(7) 深刻理解反馈控制的好处与代价。

2.1 引言

在控制系统的分析与设计过程中，一般首先要建立系统的数学模型。控制系统的组成是多种多样的，如电气的、机械的、机电的、液压的和气动的等，但描述这些系统的数学模型却可能是相同的。

控制系统的数学模型是描述系统物理量（或变量）之间关系的数学表达式。在静态条件下（即变量各阶导数为零），描述变量之间关系的代数方程叫静态数学模型；而描述变量各阶导数之间关系的微分方程叫动态数学模型。如果已知输入量及变量的初始条件，对微分方程求解，就可以得到系统输出量的表达式，并由此对系统进行性能分析。

建立系统的数学模型主要有两种方法。一种方法是根据系统和元件所遵循的有关定律来建立，如建立电网络的数学模型要根据欧姆定律、克希霍夫定律；建立机械系统的数学模型要根据牛顿定律；建立电机的数学模型，上述几种定律都要用到；建立液压系统的数学模型，还要应用流体力学的有关定律等，这种建立数学模型的方法称为**分析法**，即分析法是根据支配系统的内在运动规律及系统的结构和参数，推导出输入量和输出量之间的数学表达式，从而建立数学模型。另一种建立数学模型的方法称为**实验法**，即根据元件与系统对某些典型输入信号的响应或其他实验数据建立数学模型。一般先假设一种数学模型表达式，然后运用测量数据来估计表达式的系数，使假设的模型与测量数据尽可能逼近。这种用实验数据建立数学模型的方法也称为系统辨识。当元部件和系统比较复杂，其运动特性很难用几个简单的数学方程表示时，实验法就显得非常重要了。

无论用分析法还是用实验法建立数学模型，都存在模型精度和复杂性之间的矛盾，即描述系统运动特性的数学模型越准确，则方程的阶数越高，系统分析与设计越困难。所以，在工程上，总是在满足系统精度要求的前提下，通过做许多假设和简化，尽量使数学模型简单，最后得到的是有一定精度的近似数学模型。另外，实际系统可能还存在参数时变、未知干扰、系统非线性等因素，因此，对系统进行精确建模是不可能的。在很多情况下，对复杂系统的建模是非常困难和昂贵的。所以在模型不精确情况下，如何进行控制系统分析与设计是控制理论的重要研究内容。

同一个系统的数学模型有多种形式，采用不同的分析设计方法时，可以选用不同的数学模型。在自动控制理论中，常用的数学模型如下：

时域数学模型有微分方程、差分方程和状态方程；

复域数学模型有传递函数、结构图、信号流图；

频域数学模型有频率特性。

本章主要研究系统微分方程、传递函数、结构图及信号流图等数学模型的建立。

2.2 自动控制系统的微分方程描述

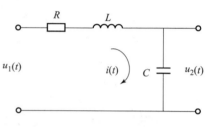

图 2.2.1 RLC 无源网络

下面举例说明如何建立自动控制系统的微分方程。

【例 2.2.1】图 2.2.1 是由电阻 R、电感 L、电容 C 组成的串联电路，$u_1(t)$ 为输入电压，$u_2(t)$ 为输出电压，试列写其运动方程。

【解】根据克希霍夫第二定律有

$$Ri(t) + L\frac{\mathrm{d}i(t)}{\mathrm{d}t} + u_2(t) = u_1(t) \tag{2.2.1}$$

而电容两端的电压为

$$u_2(t) = \frac{1}{C}\int i(t)\mathrm{d}t \tag{2.2.2}$$

式（2.2.2）两端对 t 求导数得

$$i(t) = C\frac{\mathrm{d}u_2(t)}{\mathrm{d}t} \tag{2.2.3}$$

式（2.2.3）两端对 t 导数得

$$\frac{\mathrm{d}i(t)}{\mathrm{d}t} = C\frac{\mathrm{d}^2 u_2(t)}{\mathrm{d}t^2} \tag{2.2.4}$$

把式（2.2.4）、式（2.2.3）代入式（2.2.1），得

$$LC\frac{\mathrm{d}^2 u_2(t)}{\mathrm{d}t^2} + RC\frac{\mathrm{d}u_2(t)}{\mathrm{d}t} + u_2(t) = u_1(t) \tag{2.2.5}$$

或

$$\frac{1}{\omega_n^2}\frac{\mathrm{d}^2 u_2(t)}{\mathrm{d}t^2} + 2\zeta\frac{1}{\omega_n}\frac{\mathrm{d}u_2(t)}{\mathrm{d}t} + u_2(t) = u_1(t) \tag{2.2.6}$$

式中，$\omega_n = \dfrac{1}{\sqrt{LC}}$，$\zeta = \dfrac{R}{2\sqrt{\dfrac{L}{C}}}$。

【例 2.2.2】图 2.2.2 为弹簧-质量块-阻尼器机械位移系统。试列写质量块 m 在外力 $F(t)$ 作用下，位移 $x(t)$ 的运动方程。

【解】设质量块 m 相对于初始状态的位移、速度、加速度分别为 $x(t)$、$\mathrm{d}x(t)/\mathrm{d}t$、$\mathrm{d}^2x(t)/\mathrm{d}t^2$。由牛顿运动定律有

$$m\frac{\mathrm{d}^2x(t)}{\mathrm{d}t^2} = F(t) - F_1(t) - F_2(t)$$

$$(2.2.7)$$

式中，$F_1(t) = B \cdot \mathrm{d}x(t)/\mathrm{d}t$ 是阻尼器的阻尼力，其方向与运动方向相反，其大小与运动速度成比例；B 是阻尼系数。$F_2(t) = kx(t)$ 是弹簧弹力，其方向也与运动方向相反，其大小与位移成比例，k 是弹性系数。将 $F_1(t)$ 与 $F_2(t)$ 代入式（2.2.7）中，经整理后即得该系统的微分方程

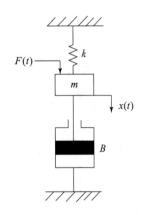

图 2.2.2　弹簧－质量块－阻尼器机械位移系统

$$m\frac{\mathrm{d}^2x(t)}{\mathrm{d}t^2} + B\frac{\mathrm{d}x(t)}{\mathrm{d}t} + kx(t) = F(t) \qquad (2.2.8)$$

【例 2.2.3】倒立摆稳定系统如图 2.2.3 所示，系统的组成有小车和倒摆，M 为小车的质量，m 为摆球的质量，l 为摆长。希望在小车的推力作用下，始终保持倒摆垂直于地面，研究倒立摆稳定系统是有重要实际意义的。

为简化问题，只考虑摆在平面内的运动，并忽略空气阻力及摆杆质量。本系统的输入量是对小车的作用力 f，输出量是倒摆与铅垂线的夹角 θ，试列写其运动方程。

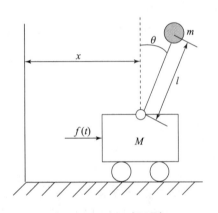

图 2.2.3　倒立摆系统

【解】摆球受力分析如图 2.2.4 所示，则摆球水平方向运动方程为

$$m\frac{\mathrm{d}^2}{\mathrm{d}t^2}(x + l\sin\theta) = F\sin\theta \qquad (2.2.9)$$

小车受力分析如图 2.2.5 所示。

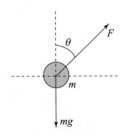

图 2.2.4　摆球受力分析

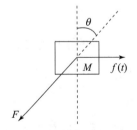

图 2.2.5　小车受力分析

摆球垂直方向运动方程为

$$m\frac{\mathrm{d}^2(l\cos\theta)}{\mathrm{d}t^2} = F\cos\theta - mg \qquad (2.2.10)$$

小车水平运动方程为

$$M\ddot{x} = f - F\sin\theta \qquad (2.2.11)$$

由式 (2.2.11) 得

$$F\sin\theta = f - M\ddot{x} \qquad (2.2.12)$$

将式 (2.2.12) 代入式 (2.2.9) 得

$$m\frac{d^2 x}{dt^2} + ml\,d\left[\cos\theta\,\frac{d\theta}{dt}\right]\Big/ dt = f - M\ddot{x}$$

$$m\ddot{x} + ml\cos\theta\,\ddot{\theta} - ml\sin\theta\,(\dot{\theta})^2 = f - M\ddot{x} \qquad (2.2.13)$$

整理得第一个运动方程

$$(m+M)\ddot{x} - ml\sin\theta\,(\dot{\theta})^2 + ml\cos\theta\,\ddot{\theta} = f \qquad (2.2.14)$$

由式 (2.2.11) 得

$$F = \frac{f - M\ddot{x}}{\sin\theta} \qquad (2.2.15)$$

由式 (2.2.15) 及式 (2.2.13) 可得

$$F = \frac{m\ddot{x} + ml\cos\theta\,\ddot{\theta} - ml\sin\theta\,(\dot{\theta})^2}{\sin\theta} \qquad (2.2.16)$$

将式 (2.2.16) 代入式 (2.2.10) 得

$$-ml\,(\sin\theta\,\dot{\theta})' = \frac{m\ddot{x} + ml\cos\theta\,\ddot{\theta} - ml\sin\theta\,(\dot{\theta})^2}{\sin\theta}\cos\theta - mg$$

整理得第二个运动方程

$$l\ddot{\theta} + \cos\theta\,\ddot{x} - g\sin\theta = 0 \qquad (2.2.17)$$

则该倒立摆系统的运动方程为

$$\begin{cases} (m+M)\ddot{x} - ml\sin\theta\,(\dot{\theta})^2 + ml\cos\theta\,\ddot{\theta} = f \\ l\ddot{\theta} + \cos\theta\,\ddot{x} - g\sin\theta = 0 \end{cases} \qquad (2.2.18)$$

【例 2.2.4】 某机械转动系统如图 2.2.6 所示,其中 J 为转动惯量,B 为转动轴上的黏性摩擦系数,$\tau(t)$ 为外作用力矩,是系统的输入量;$\theta(t)$ 为转动轴的角位移,是系统的输出量,试列写系统的微分方程。

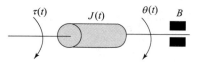

图 2.2.6　机械转动系统

【解】 由牛顿定律可得机械转动系统的力矩方程为:

$$J\frac{d^2\theta(t)}{dt^2} + B\frac{d\theta(t)}{dt} = \tau(t)$$

式中,$\dfrac{d^2\theta(t)}{dt^2}$ 为转动轴的角加速度;$\dfrac{d\theta(t)}{dt}$ 为转动轴的角速度,$\omega(t) = \dfrac{d\theta(t)}{dt}$。

若以转动轴的角速度 $\omega(t)$ 作为系统的输出量,则机械转动系统的力矩微分方程为:

$$J\frac{d\omega(t)}{dt} + B\omega(t) = \tau(t)$$

综上所述,列写元件微分方程的步骤可归纳如下:

(1) 根据元部件的工作原理及其在控制系统中的作用,确定其输入量和输出量。

(2) 分析元部件工作中所遵循的物理规律或化学规律,列写出相应的微分方程。

(3) 消去中间变量,得到输入量和输出量之间的微分方程,便是元部件的微分方程数学模型。一般情况下,应将微分方程写为标准形式,即与输入量有关的项写在方程的右端,与输出量有关的项写在方程的左端，方程两端变量的导数项均按降幂排列。

2.3　非线性微分方程的线性化

自动控制元件与系统的运动方程常常是非线性的，如例 2.2.3 倒立摆稳定系统的数学模型就是一组非线性微分方程。严格来讲，几乎所有实际物理系统都是非线性的，例如，弹簧的刚度与其形变有关，因此弹簧系数 k 实际上是位移 $x(t)$ 的函数，并非常值；电动机本身的摩擦、死区等非线性因素会使其运动方程复杂化而成为非线性方程。非线性系统的理论还不完善，且非线性系统不满足叠加性或齐次性，故用非线性微分方程研究系统的运动规律是很困难的。因此，一般我们会尽可能地对所研究的系统进行线性化处理，将非线性微分方程转化为线性微分方程，然后用线性理论进行分析。如果元件的非线性因素较弱或者不在系统线性工作范围以内，则它们对系统的影响很小，可以忽略其非线性的影响，将这些元件视为线性元件，这是通常使用的一种线性化方法。另外，还有一种线性化方法，称为**切线法或者小偏差法**，这种线性化方法特别适合于具有连续变化的非线性函数。

小偏差线性化的基本假设：

（1）系统中的变量在某一工作点附近做微小变化；

（2）非线性特性在该工作点可导。

在此条件下，非线性的特性曲线可用该工作点处的切线所代替，变量的增量之间满足线性函数关系。小偏差线性化的具体方法如下所述。

一般情况下，元件或系统的非线性特性如图 2.3.1 所示，并用如下非线性函数描述

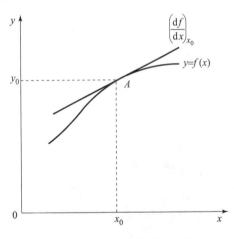

图 2.3.1　小偏差线性化示意图

$$y = f(x) \tag{2.3.1}$$

其线性化的方法是，把非线性函数在工作点 A 附近展成泰勒级数，略去高次项，便可以得到一个以增量为变量的线性函数，即

$$y = f(x) = f(x_0) + \frac{\mathrm{d}f(x)}{\mathrm{d}x}\bigg|_{x_0}(x - x_0) + \frac{1}{2!}\frac{\mathrm{d}^2 f(x)}{\mathrm{d}x^2}\bigg|_{x_0}(x - x_0)^2 + \cdots \tag{2.3.2}$$

由于 $(x - x_0)$ 很小，其二次方及二次方以上各项可略去，略去之后得

$$y = f(x_0) + \frac{\mathrm{d}f(x)}{\mathrm{d}x}\bigg|_{x_0}(x - x_0)$$

$$y - f(x_0) = \frac{\mathrm{d}f(x)}{\mathrm{d}x}\bigg|_{x_0}(x - x_0)$$

$$\Delta y = \frac{\mathrm{d}f(x)}{\mathrm{d}x}\bigg|_{x_0}\Delta x \tag{2.3.3}$$

用这个关于增量的线性方程代替关于实际变量 x 和 y 的非线性方程，可以使研究工作方便很多。**小偏差线性化方法是工程上很有用的一项技巧**，其实质是在一个很小的范围内，将**非线性特性用一段直线来代替**。由于反馈控制系统不允许出现大的偏差，因此，这种线性化方法对于研究闭环控制系统具有实际意义。

同理可得，多变量非线性函数 $y = f(x_1, x_2, \cdots, x_n)$ 在工作点 $(x_{10}, x_{20}, \cdots, x_{n0})$ 附近的线性增量函数为

$$\Delta y = \frac{\partial f}{\partial x_1}\bigg|_{x_{10}, x_{20}, \cdots, x_{n0}} \Delta x_1 + \frac{\partial f}{\partial x_2}\bigg|_{x_{10}, x_{20}, \cdots, x_{n0}} \Delta x_2 + \cdots + \frac{\partial f}{\partial x_n}\bigg|_{x_{10}, x_{20}, \cdots, x_{n0}} \Delta x_n \quad (2.3.4)$$

把上述线性增量函数代入微分方程，便得系统线性化的增量方程。

【例 2.3.1】 试将例 2.2.3 的倒立摆系统的运动方程线性化。

【解】 由例 2.2.3 可得该倒立摆系统的非线性方程组为

$$\begin{cases} (m+M)\ddot{x} - ml\sin\theta\,(\dot{\theta})^2 + ml\cos\theta\ddot{\theta} = f \\ l\ddot{\theta} + \cos\theta\ddot{x} - g\sin\theta = 0 \end{cases} \quad (2.3.5)$$

由于系统工作在 $\theta_0 = 0°$ 附近，所以将 $\sin\theta$ 和 $\cos\theta$ 在 $\theta_0 = 0°$ 附近进行泰勒级数展开，并略去二次方及二次方以上的项，得

$$\sin\theta = \sin\theta_0 - \cos\theta_0(\theta - \theta_0) \approx \theta \approx 0 \quad (2.3.6)$$

$$\cos\theta = \cos\theta_0 + (-\sin\theta_0)(\theta - \theta_0) \approx 1 \quad (2.3.7)$$

将式 (2.3.6) 和式 (2.3.7) 代入式 (2.3.5) 中，得

$$\begin{cases} \ddot{x} + l\ddot{\theta} - g\theta = 0 \\ (M+m)\ddot{x} + ml\ddot{\theta} = f \end{cases} \quad (2.3.8)$$

消去中间变量，得

$$\ddot{\theta} - \frac{(M+m)g}{Ml}\theta = -\frac{1}{Ml}f \quad (2.3.9)$$

【例 2.3.2】 假设一辆水平面上直线行驶的汽车的阻力主要是空气阻力，如图 2.3.2 所示，且其空气阻力与速度的平方成正比，是非线性的，即 $f(V) = bV^2$。

该系统的微分方程为：

$$F - bV^2 = m\dot{V} \quad (2.3.10)$$

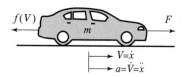

图 2.3.2   汽车受力分析示意图

将上述方程进行线性化，即将上式中的每一项进行线性近似，得

$$f(V) = bV^2 = bV_0^2 + 2bV_0\Delta V \quad (2.3.11)$$

$$F = F_0 + \Delta F, \quad V = V_0 + \Delta V$$

其中

$$F_0 = bV_0^2$$

则该系统的线性化方程为：

$$\Delta F - 2bV_0\Delta V = m\dot{\Delta V} \quad (2.3.12)$$

即：

$$m\dot{\Delta V} + 2bV_0\Delta V = \Delta F \quad (2.3.13)$$

上式中 $\dot{\Delta V}$ 是 ΔV 的导数。

2.4   传递函数

控制系统的微分方程是在时间域描述系统动态性能的数学模型，在给定外作用及初始条

件下，求解微分方程可以得到系统的输出响应。这种方法比较直观，特别是借助于计算机可以迅速而准确地求得结果。但是当系统的结构改变或者某个参数变化时，就要重新列写并求解微分方程，不便于对系统进行分析和设计。

传递函数是经典控制理论中最重要的数学模型。在以后的分析中我们可以看到，利用传递函数不必求解微分方程，就可以研究初始条件为零的系统在输入信号作用下的动态过程；利用传递函数还可以研究系统参数变化或结构变化对动态过程的影响，使分析系统的问题大为简化。另外，还可以把对系统性能的要求转化为对系统传递函数的要求，使综合设计易于实现。

1. 传递函数的定义

线性定常系统的传递函数，定义为在零初始条件下，系统输出量的拉氏变换与输入量的拉氏变换之比。

设线性定常系统由下述 n 阶线性常微分方程描述：

$$a_0 \frac{\mathrm{d}^n}{\mathrm{d}t^n}c(t) + a_1 \frac{\mathrm{d}^{n-1}}{\mathrm{d}t^{n-1}}c(t) + \cdots + a_{n-1}\frac{\mathrm{d}}{\mathrm{d}t}c(t) + a_n c(t)$$

$$= b_0 \frac{\mathrm{d}^m}{\mathrm{d}t^m}r(t) + b_1 \frac{\mathrm{d}^{m-1}}{\mathrm{d}t^{m-1}}r(t) + \cdots + b_{m-1}\frac{\mathrm{d}}{\mathrm{d}t}r(t) + b_m r(t) \tag{2.4.1}$$

式中，$c(t)$ 是系统输出量；$r(t)$ 是系统输入量；$a_i(i=1,2,\cdots,n)$ 和 $b_j(j=1,2,\cdots,m)$ 是与系统结构、参数有关的常系数。

设 $r(t)$ 和 $c(t)$ 及其各阶导数在 $t=0_-$ 时的值均为零，即零初始条件，对上式中各项分别求拉氏变换，并令 $C(s)=L[c(t)]$，$R(s)=L[r(t)]$，可得代数方程为

$$[a_0 s^n + a_1 s^{n-1} + \cdots + a_{n-1}s + a_n]C(s) = [b_0 s^m + b_1 s^{m-1} + \cdots + b_{m-1}s + b_m]R(s)$$

于是，由定义得系统传递函数为

$$G(s) = \frac{C(s)}{R(s)} = \frac{b_0 s^m + b_1 s^{m-1} + \cdots + b_{m-1}s + b_m}{a_0 s^n + a_1 s^{n-1} + \cdots + a_{n-1}s + a_n} = \frac{M(s)}{N(s)} \tag{2.4.2}$$

式中，$M(s) = b_0 s^m + b_1 s^{m-1} + \cdots + b_{m-1}s + b_m$，$N(s) = a_0 s^n + a_1 s^{n-1} + \cdots + a_{n-1}s + a_n$。

2. 传递函数的性质

（1）传递函数的概念只适用于线性定常系统。

（2）传递函数是复变量 s 的有理真分式函数，分母多项式的最高阶次 n 高于或者等于分子多项式的最高阶次 m，即 $n \geqslant m$，这是因为实际系统或者元件总是有惯性的。

（3）传递函数是一种用系统参数表示输出量与输入量之间关系的表达式，它只取决于系统的结构和参数，与输入量的形式和大小无关，也不反映系统内部的任何信息，因此可以用图 2.4.1 的方块图表示一个具有传递函数 $G(s)$ 的线性系统。图中表明，系统输入量与输出量之间的因果关系可以用传递函数联系起来。

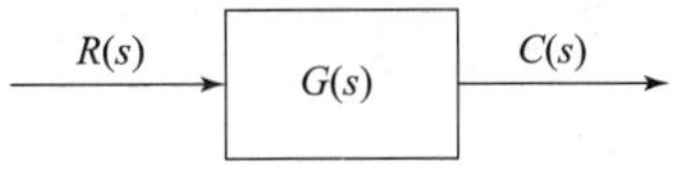

图 2.4.1　传递函数的图示

（4）传递函数与微分方程有相通性。传递函数分子多项式系数及分母多项式系数，分别与相应微分方程的右端及左端微分算符多项式系数相对应。故在零初始条件下，将微分方程的算符 $\mathrm{d}/\mathrm{d}t$ 用复数 s 置换便得到传递函数；反之，将传递函数多项式中的变量 s 用算符 $\mathrm{d}/\mathrm{d}t$ 置换便得到微分方程，即传递函数中的 s 与微分方程中的 $\mathrm{d}/\mathrm{d}t$ 有相通性。

（5）传递函数 $G(s)$ 的拉氏反变换是脉冲响应 $g(t)$，$g(t)$ 是系统在单位脉冲 $\delta(t)$ 输入时

的输出响应，此时 $R(s) = L[\delta(t)] = 1$，故有 $g(t) = L^{-1}[C(s)] = L^{-1}[G(s)R(s)] = L^{-1}[G(s)]$。

传递函数是在零初始状态下定义的。控制系统的零初始条件有两方面的含义：一是指输入量是在 $t \geqslant 0$ 时才作用于系统，因此，在 $t = 0_-$ 时，输入量及各阶导数均为零；二是指输入量加入系统之前，系统处于稳定的工作状态，即输出量及其各阶导数在 $t = 0_-$ 时的值也为零，现实的工程控制系统多属于此类情况。

因此，传递函数可表征控制系统的动态性能，并用于求出在给定输入量时系统的零初始条件响应，即由拉氏变换的卷积定理，有

$$c(t) = L^{-1}[C(s)] = L^{-1}[G(s)R(s)] = \int_0^t r(\tau)g(t-\tau)\mathrm{d}\tau$$

$$= \int_0^t r(t-\tau)g(\tau)\mathrm{d}\tau$$

式中，$g(t) = L^{-1}[G(s)]$ 是系统的脉冲响应。

【例 2.4.1】试求如图 2.4.2 所示超前网络的传递函数，该电路的输入量是 u_1，输出量是 u_2。

【解】对电路列写回路电压方程：

$$\frac{1}{C}\int_0^t i_1 \mathrm{d}t + R_1 i_1 - R_1 i_2 = 0$$

$$-R_1 i_1 + (R_1 + R_2) i_2 = u_1$$

$$R_2 i_2 = u_2$$

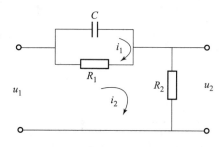

图 2.4.2　超前网络电路图

对以上三式两端取拉氏变换，并令初始条件为零，得

$$\left(\frac{1}{Cs} + R_1\right) I_1(s) - R_1 I_2(s) = 0$$

$$-R_1 I_1(s) + (R_1 + R_2) I_2(s) = U_1(s)$$

$$R_2 I_2(s) = U_2(s)$$

由以上三式联立，消去中间变量可得

$$\frac{U_2(s)}{U_1(s)} = \frac{1}{\alpha} \cdot \frac{Ts+1}{\frac{T}{\alpha}s+1}$$

式中，$T = R_1 C$，$\alpha = (R_1 + R_2)/R_2 > 1$。

2.5　典型环节的传递函数

任何复杂的线性定常连续系统的传递函数均可分解成一系列基本因子的乘积，即在控制理论中，一切系统的传递函数都可认为是若干基本单元构成的"组合"，把基本单元的性质研究清楚，是研究复杂系统运动的基础。

1. 比例环节 $G(s) = K$

比例环节的输入量与输出量之间的时域关系可表示为

$$c(t) = Kr(t)$$

其传递函数为

$$G(s) = \frac{C(s)}{R(s)} = K$$

例如，图 2.5.1 所示的运算放大器，其中 $u_i(t)$ 为输入电压，$u_o(t)$ 为输出电压，R_1、R_2 为电阻，因为

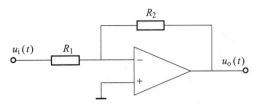

图 2.5.1　运算放大器

$$u_o(t) = -\frac{R_2}{R_1} u_i(t)$$

所以运算放大器的传递函数为

$$G(s) = \frac{U_o(s)}{U_i(s)} = -\frac{R_2}{R_1} \quad \left(K = -\frac{R_2}{R_1}\right)$$

再如图 2.5.2 所示齿轮传动副，其中 $n_i(t)$ 为输入轴转速，$n_o(t)$ 为输出轴转速，z_1、z_2 为齿轮齿数，因为

$$n_i(t) \cdot z_1 = n_o(t) \cdot z_2$$

则齿轮传动副的传递函数为

$$G(s) = \frac{N_o(s)}{N_i(s)} = \frac{z_1}{z_2} \quad \left(K = \frac{z_1}{z_2}\right)$$

图 2.5.2　齿轮传动副

比例环节的实例还有测速电机、电位器、杠杆等。

2. 一阶惯性环节 $G(s) = 1/(Ts+1)$

惯性环节的输入量与输出量之间的关系可表达为如下一阶微分方程

$$T\dot{c}(t) + c(t) = r(t)$$

惯性环节的响应特点是输出量迟缓地反应输入量的变化。

惯性环节的传递函数为：

$$G(s) = \frac{C(s)}{R(s)} = \frac{1}{Ts+1} \text{（其中 } T \text{ 为惯性时间常数）}$$

例如，如图 2.5.3 所示无源滤波电路，其中 $u_i(t)$ 为输入电压，$u_o(t)$ 为输出电压，R 为电阻，C 为电容，因为

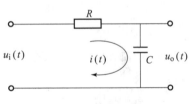

图 2.5.3　无源滤波电路

$$u_i(t) = i(t)R + \frac{1}{C}\int i(t)\,\mathrm{d}t$$

$$u_o(t) = \frac{1}{C}\int i(t)\,\mathrm{d}t$$

则其传递函数为

$$G(s) = \frac{U_o(s)}{U_i(s)} = \frac{1}{RCs+1} = \frac{1}{Ts+1} \quad \text{（其中 } T = RC\text{）}$$

如图 2.5.4 所示的弹簧-阻尼器系统，其中 $x_i(t)$ 为输入位移，$x_o(t)$ 为输出位移，k 为弹簧刚度，B 为阻尼系数，因为

$$k\left[x_i(t) - x_o(t)\right] = B\frac{\mathrm{d}x_o(t)}{\mathrm{d}t}$$

则其传递函数为

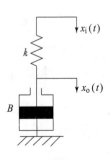

图 2.5.4　弹簧-阻尼系统

$$G(s) = \frac{X_o(s)}{X_i(s)} = \frac{1}{\dfrac{B}{k}s + 1}$$

$$= \frac{1}{Ts + 1} \ (\text{其中 } T = B/k)$$

3. 理想微分环节 $G(s) = Ks$

微分环节的输出变量正比于输入变量的微分,即

$$c(t) = K\dot{r}(t)$$

微分环节的输出能预测输入信号的变化趋势。

微分环节的传递函数为

$$G(s) = \frac{C(s)}{R(s)} = Ks$$

如图 2.5.5 所示永磁式直流测速机,其中 $\theta_i(t)$ 为输入转角, $u_o(t)$ 为输出电压,因为

$$u_o(t) = K\frac{\mathrm{d}\theta_i(t)}{\mathrm{d}t}$$

则

$$G(s) = \frac{U_o(s)}{\theta_i(s)} = Ks$$

实际上,理想微分环节是难以实现的,常用的是如图 2.5.6 所示的近似微分环节。

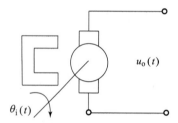

图 2.5.5 永磁式直流测速机

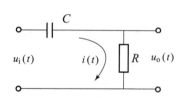

图 2.5.6 无源微分网络

在图 2.5.6 中, R 为电阻, C 为电容, $u_i(t)$ 为输入电压, $u_o(t)$ 为输出电压,因为

$$u_i(t) = \frac{1}{C}\int i(t)\mathrm{d}t + i(t)R$$

$$u_o(t) = i(t)R$$

则其传递函数为

$$G(s) = \frac{U_o(s)}{U_i(s)} = \frac{RCs}{RCs + 1} = \frac{Ts}{Ts + 1} \ (\text{其中 } T = RC)$$

4. 积分环节 $G(s) = K/s$

积分环节的输出量正比于输入变量的积分,即

$$c(t) = K\int r(t)\mathrm{d}t$$

积分环节的传递函数为

$$G(s) = \frac{C(s)}{R(s)} = \frac{K}{s}$$

如图 2.5.7 所示有源积分网络，其中 $u_i(t)$ 为输入电压，$u_o(t)$ 为输出电压，R 为电阻，C 为电容，因为

$$\frac{u_i(t)}{R} = -C \frac{du_o(t)}{dt}$$

则其传递函数为

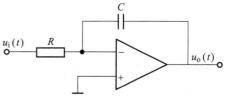

图 2.5.7　有源积分网络

$$G(s) = \frac{U_o(s)}{U_i(s)} = \frac{-\frac{1}{RC}}{s} = \frac{K}{s} \left(\text{其中 } K = -\frac{1}{RC} \right)$$

水箱的水位与进水量、电动机的角位移与转速等之间的关系都是积分关系。

5. 二阶振荡环节 $G(s) = \dfrac{K}{T^2 s^2 + 2\zeta T s + 1}$ $(0 < \zeta < 1)$

二阶振荡环节可表达为如下二阶微分方程

$$T^2 \ddot{c}(t) + 2\zeta T \dot{c}(t) + c(t) = r(t)$$

则其传递函数为

$$G(s) = \frac{C(s)}{R(s)} = \frac{1}{T^2 s^2 + 2\zeta T s + 1}$$

在零初始条件下，对式 (2.2.5) 进行拉氏变换，可得无源 RLC 网络的传递函数为

$$G(s) = \frac{U_o(s)}{U_i(s)} = \frac{1}{LCs^2 + RCs + 1}$$

$$= \frac{1}{(\sqrt{LC})^2 s^2 + 2 \cdot \frac{RC}{2\sqrt{LC}} \cdot \sqrt{LC} s + 1} = \frac{1}{T^2 s^2 + 2\zeta T s + 1}$$

其中，$T = \sqrt{LC}, \zeta = \dfrac{RC}{2\sqrt{LC}}$。

在零初始条件下，对式 (2.2.8) 进行拉氏变换，可得质量块-弹簧-阻尼器系统的传递函数为：

$$G(s) = \frac{1}{ms^2 + Bs + k} = \frac{\frac{1}{k}}{\left(\sqrt{\frac{m}{k}}\right)^2 s^2 + 2 \cdot \frac{B}{2\sqrt{mk}} \cdot \sqrt{\frac{m}{k}} s + 1} = \frac{\frac{1}{k}}{T^2 s^2 + 2\zeta T s + 1}$$

其中，$T = \sqrt{\dfrac{m}{k}}, \zeta = \dfrac{B}{2\sqrt{mk}}$。

同一物理系统可以有不同形式的数学模型，而不同类型的系统也可以有相同形式的数学模型。我们称具有相同数学模型的不同物理系统为相似系统。外力引起的系统运动与外电压引起的系统运动这一相似系统，又可称为力-电压相似系统。在相似系统中占据相似位置的物理量称为相似量。数学模型对系统的研究提供了有效的数学工具，相似系统揭示了不同物理现象之间的相似关系。利用相似关系的概念，可以用一个易于实现的系统来研究与其相似的复杂系统，根据相似系统的理论出现了仿真研究法。

6. 延时环节

延时环节的运动特性是输出量 $c(t)$ 完全复现输入量 $r(t)$，但比输入量 $r(t)$ 滞后一个固

定的时间 τ ，即

$$c(t) = r(t-\tau), t \geqslant \tau$$

其时间变化曲线如图 2.5.8 所示。

例如在图 1.3.6 中，由于输热管的存在，加热器给出的热量要延迟一段时间才能到达房间。

延时环节的传递函数为

$$G(s) = \frac{C(s)}{R(s)} = \mathrm{e}^{-\tau s}$$

大多数分析工具都假定系统的传递函数是 s 的有理函数，但 $\mathrm{e}^{-\tau s}$ 不是 s 的有理函数，如果能够用有理函数来近似延时环节，将会使分析得以简化。近似方法有以下三种。

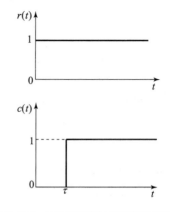

图 2.5.8　延时环节的时间变化示意图

方法 1：根据指数函数的性质，有

$$\mathrm{e}^{-\tau s} = \lim_{n \to \infty} \left(1 + \frac{\tau}{n}s\right)^{-n}$$

因此可以认为

$$G(s) = \mathrm{e}^{-\tau s} \approx \frac{1}{\left(1 + \frac{\tau}{n}s\right)^n}, n \geqslant 1$$

即用多个串联的惯性环节代替延时环节，而这些惯性环节的时间常数的总和等于延时环节的延时量。所用惯性环节的数量越多，则这种近似方法的精度越高，但近似公式越复杂。

方法 2：把式 $\mathrm{e}^{-\tau s}$ 展开为泰勒级数

$$G(s) = \mathrm{e}^{-\tau s} = 1 - \tau s + \frac{\tau^2}{2}s^2 - \cdots$$

由此就能看出延时环节的输出量是输入量的各阶导数。如果输入量的变化相当缓慢，就可以略去其高阶导数项，而取

$$G(s) = \mathrm{e}^{-\tau s} \approx 1 - \tau s + \frac{\tau^2}{2}s^2$$

甚至取

$$G(s) = \mathrm{e}^{-\tau s} \approx 1 - \tau s$$

这种方法比较简便，但如果输入量函数含有迅速变化的成分（例如阶跃函数或快速的振荡），则精度较差。

方法 3：帕德（Pade）近似利用超越函数 $\mathrm{e}^{-\tau s}$ 的幂级数展开式，指定了一个给定阶次的待定有理函数来近似 $\mathrm{e}^{-\tau s}$，并使该有理函数的幂级数展开式的系数与 $\mathrm{e}^{-\tau s}$ 的幂级数展开式的系数尽可能多地匹配。$\mathrm{e}^{-\tau s}$ 的 Pade 一阶近似如下：

$$\mathrm{e}^{-\tau s} \approx \frac{-\frac{\tau}{2}s + 1}{\frac{\tau}{2}s + 1}$$

2.6　结构图及其等效变换

2.6.1　结构图的基本概念

控制系统的结构图和信号流图都是描述系统各元部件之间信号传递关系的数学图形，它们表示了系统各变量之间的因果关系以及对各变量所进行的运算，是控制系统中描述复杂系统的一种简便方法。与结构图相比，信号流图符号简单，更便于绘制和应用。但信号流图只适用于线性系统，而结构图也可用于非线性系统。控制系统的结构图是由许多对信号进行单向运算的方框和一些信号流向线组成的，包括 4 种基本单元。

1. 信号线

信号线是带箭头的直线，箭头方向表示信号的传递方向，在直线旁标记信号的时间函数或像函数，如图 2.6.1（a）所示。

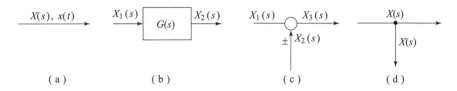

图 2.6.1　结构图的基本组成单元

2. 方框

方框表示对信号进行的数学变换，在方框中写入元部件或系统的传递函数，如图 2.6.1（b）所示。显然，方框的输出变量等于方框的输入变量与传递函数的乘积。即

$$X_2(s) = G(s)X_1(s)$$

3. 比较点（综合点）

比较点表示对两个以上的信号进行加减运算，"＋"号表示相加，"－"号表示相减，"＋"号可省略不写，如图 2.6.1（c）所示，其信号关系为

$$X_3(s) = X_1(s) \pm X_2(s)$$

4. 引出点（分支点）

引出点表示信号引出或测量的位置，从同一点引出的信号在数值和性质方面完全相同，符号如图 2.6.1（d）所示。

2.6.2　结构图的绘制

在控制系统工作原理方框图中，将方框中的装置用其数学模型代替，就可以得到控制系统的结构图，如"2.11 自动控制系统设计实例"一节中的图 2.11.2 和图 2.11.4 所示。下面我们以 π 型滤波器为例，讲述复杂控制系统的结构图绘制，这里假设 π 型滤波器是一个复杂控制系统，滤波器中的元件（电容和电阻）对应于控制系统中的元部件（装置）。

【**例 2.6.1**】试画出如图 2.6.2 所示 π 型滤波器

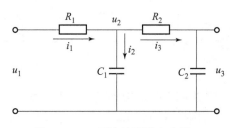

图 2.6.2　π 型滤波器的电路图

的结构图，其中 u_1 为输入量，u_3 为输出量。

【解】根据克希霍夫定律，可得如下方程：

$$R_1 i_1 = u_1 - u_2$$

$$u_2 = \frac{1}{C_1}\int_0^t i_2\,\mathrm{d}t$$

$$R_2 i_3 = u_2 - u_3$$

$$u_3 = \frac{1}{C_2}\int_0^t i_3\,\mathrm{d}t$$

$$i_2 = i_1 - i_3$$

对上述方程两端进行拉氏变换，并令初始条件为零，得

$$R_1 I_1(s) = U_1(s) - U_2(s) \quad 或 \quad I_1(s) = \frac{U_1(s) - U_2(s)}{R_1} \tag{2.6.1}$$

$$U_2(s) = \frac{1}{C_1 s}I_2(s) \tag{2.6.2}$$

$$R_2 I_3(s) = U_2(s) - U_3(s) \quad 或 \quad I_3(s) = \frac{U_2(s) - U_3(s)}{R_2} \tag{2.6.3}$$

$$U_3(s) = \frac{1}{C_2 s}I_3(s) \tag{2.6.4}$$

$$I_2(s) = I_1(s) - I_3(s) \tag{2.6.5}$$

根据式（2.6.1）至式（2.6.5）画出每个方程的结构图，如图 2.6.3 所示。

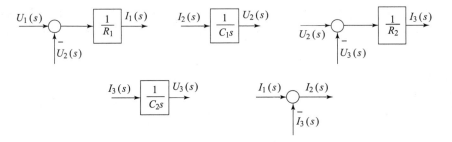

图 2.6.3　对应方程的结构图

按照信号传递顺序把图 2.6.3 中各部分连接起来，就得到 π 型滤波器的结构图，如图 2.6.4 所示。

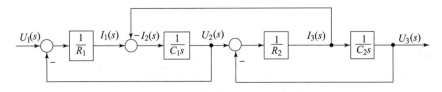

图 2.6.4　π 型滤波器的结构图

绘制系统结构图时，首先考虑负载效应分别列写各元部件的微分方程或传递函数，并将它们用方框图表示；然后，根据各元部件的信号流向，用信号线依次将各方框连接起来便得到系统的结构图。因此，系统结构图实质上是系统原理图与数学方程两者的结合，既补充了

原理图所缺少的定量描述，又避免了纯数学的抽象运算。从结构图中，既可以用方框图进行数学运算，又可以直观了解各元部件的相互关系及其在系统中所起的作用，更重要的是从系统结构图可以方便地求得系统的传递函数。所以，系统结构图也是控制系统的一种数学模型。

2.6.3　结构图的等效变换

图 2.6.4 给出了 π 型滤波器的结构图，如果欲求电压 $U_3(s)$ 对 $U_1(s)$ 的传递函数，就需要进行结构图的等效变换。下面介绍结构图的等效变换法则。

1. 串联结构图的等效变换

n 个方框串联连接的等效方框，等于各个方框传递函数之乘积，图 2.6.5 表示出其变换前后的图形，则系统传递函数为

$$G(s) = G_1(s)G_2(s)\cdots G_n(s)$$

2. 并联结构图的等效变换

n 个方框并联连接的等效方框，等于各个方框传递函数之代数和，图 2.6.6 表示出其变换前后的图形，则系统传递函数为

$$G(s) = G_1(s) + G_2(s) + \cdots + G_n(s)$$

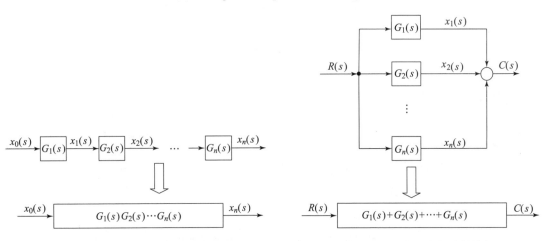

图 2.6.5　串联方框图的简化　　　　　图 2.6.6　并联方框图的简化

3. 比较点移动法则

图 2.6.7 示出了比较点后移情况，由于在比较点移至 $G(s)$ 之后，输入量 $X_2(s)$ 不再通过 $G(s)$，因此在 $X_2(s)$ 与比较点之间应串入传递函数 $G(s)$。图 2.6.8 示出了比较点前移情况，由于信号 $X_2(s)$ 到达 $X_3(s)$ 处时，多通过一个传递函数 $G(s)$，故在 $X_2(s)$ 与比较点之间应串入传递函数 $1/G(s)$。

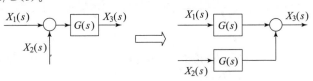

图 2.6.7　比较点后移情况

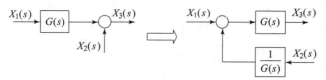

图 2.6.8　比较点前移情况

4. 引出点移动法则

图 2.6.9 示出了引出点后移情况,该图有一个输入量 $X_1(s)$,有两个输出量,即 $X_2(s)$ 和 $X_3(s)$,其中 $X_2(s) = X_1(s)$,若将 $X_2(s)$ 改由 $X_3(s)$ 处引出,并保持 $X_2(s)$ 与变换前相等,则应在 $X_3(s)$ 和 $X_2(s)$ 之间接入传递函数 $1/G(s)$ 。图 2.6.10 示出了引出点前移情况。

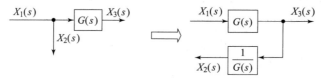

图 2.6.9　引出点后移情况

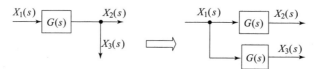

图 2.6.10　引出点前移情况

5. 消去反馈法则

反馈系统的结构图等效变换示于图 2.6.11 中,根据传递函数定义有

$$B(s) = H(s) \cdot C(s) \qquad (2.6.6)$$
$$C(s) = G(s)E_1(s) \qquad (2.6.7)$$

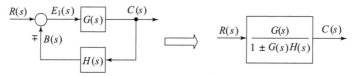

图 2.6.11　消去反馈的结构图等效变化

对于负反馈情况,有

$$E_1(s) = R(s) - B(s) \qquad (2.6.8)$$

将式(2.6.6)和式(2.6.8)代入式(2.6.7)中,有

$$C(s) = G(s)[R(s) - B(s)] = G(s)[R(s) - H(s)C(s)]$$
$$[1 + G(s)H(s)]C(s) = G(s) \cdot R(s)$$
$$\frac{C(s)}{R(s)} = \frac{G(s)}{1 + G(s)H(s)} \qquad (2.6.9)$$

同理,对于正反馈情况,有

$$\frac{C(s)}{R(s)} = \frac{G(s)}{1 - G(s)H(s)} \qquad (2.6.10)$$

如果以 $\Phi(s)$ 表示闭环传递函数,则有

$$\Phi(s) = \frac{G(s)}{1 \pm G(s)H(s)} \tag{2.6.11}$$

式中，"+"号对应负反馈情况，"－"号对应正反馈情况。最后强调一点，结构图等效变换的重点在于等效，即变换前输入量与输出量之间的传递函数应保持不变。

【例 2.6.2】试利用结构图等效变换法则求图 2.6.4 中 $U_3(s)$ 对 $U_1(s)$ 的传递函数。

【解】分别应用结构图等效变换法对图 2.6.4 进行等效变换，其过程如图 2.6.12 所示。

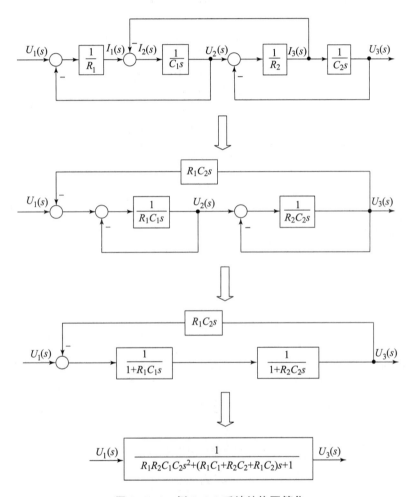

图 2.6.12 例 2.6.2 系统结构图简化

最后得 π 型滤波器的传递函数为

$$\frac{U_3(s)}{U_1(s)} = \frac{1}{R_1R_2C_1C_2s^2 + (R_1C_1 + R_2C_2 + R_1C_2)s + 1}$$

【例 2.6.3】试利用结构图等效变换法则求图 2.6.13 中 $C(s)$ 对 $R(s)$ 的传递函数。

【解】该系统结构图的化简过程如图 2.6.14 所示。

先把由 G_1 和 G_3 组成的反馈回路进行等效变换，得到图 2.6.14（b），注意这是一个正反馈回路；然后将 G_2 前的引出点进行后移，由图 2.6.14（c）可以得到系统总的传递函数为：

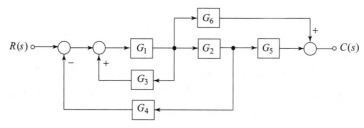

图 2.6.13　系统结构图

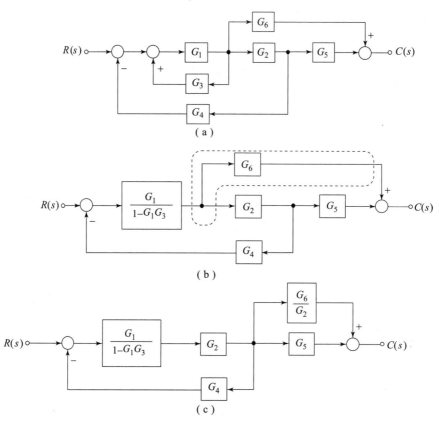

（a）

（b）

（c）

图 2.6.14　结构图化简过程

$$\Phi(s) = \frac{C(s)}{R(s)} = \frac{\dfrac{G_1 G_2}{1 - G_1 G_3}}{1 + \dfrac{G_1 G_2 G_4}{1 - G_1 G_3}} \left(G_5 + \frac{G_6}{G_2} \right)$$

$$= \frac{G_1 G_2 G_5 + G_1 G_6}{1 - G_1 G_3 + G_1 G_2 G_4}$$

2.7　信号流图及梅森增益公式

2.7.1　信号流图的基本概念

信号流图起源于梅森利用图示法来描述一个或一组线性代数方程式，它是由节点和支路组成的一种信号传递网络。图中节点代表方程式中的变量，以小圆圈表示；支路是连接两个节点的定向线段，用支路增益表示方程中两个变量的因果关系，因此支路相当于乘法器。

图 2.7.1 中是有两个节点和一条支路的信号流图，其中两个节点分别代表电流 I 和电压 U，支路增益是 R。该图表明，电流 I 沿支路传递并增大 R 倍而得到电压 U，即 $U = IR$，这正是众所周知的欧姆定律。

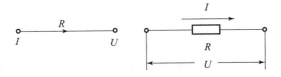

图 2.7.1　欧姆定律与信号流图

例如，若代数方程组为

$$\begin{cases} x_1 = x_1 \\ x_2 = x_1 + ex_3 \\ x_3 = ax_2 + fx_4 \\ x_4 = bx_3 \\ x_5 = dx_2 + cx_4 + gx_5 \end{cases} \tag{2.7.1}$$

其信号流图如图 2.7.2 所示。

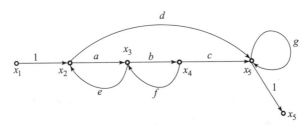

图 2.7.2　式（2.7.1）代数方程对应的信号流图

式（2.7.1）中每个方程式左端的变量取决于右端有关变量的线性组合。一般地，方程式右端的变量作为原因，左端的变量作为右端变量产生的效果，这样，信号流图便把各个变量之间的因果关系贯通了起来。

信号流图的基本性质可归纳如下：

（1）节点标志系统的变量。一般地，节点自左向右顺序设置，每个节点标志的变量是所有流向该节点的信号之代数和，而从同一节点流向各支路的信号均用该节点的变量表示。例如，图 2.7.2 中，节点 x_3 标志的变量是来自节点 x_2 和节点 x_4 的信号之代数和，它同时又流向节点 x_4。

（2）支路相当于乘法器，信号流经支路时，被乘以支路增益而变换为另一信号。例如，图 2.7.2 中，来自节点 x_4 的变量被乘以支路增益 f，自节点 x_3 流向节点 x_4 的变量被乘以支路增益 b。

（3）信号在支路上只能沿箭头单向传递，即只有前因后果的因果关系。

（4）对于给定的系统，节点变量的设置是任意的，因此信号流图不是唯一的。

在信号流图中，常使用以下名词术语：

输入节点　在输入节点上，只有信号输出的支路（即输出支路），而没有信号输入的支路（即输入支路），它一般代表系统的输入信号。图 2.7.2 中的节点 x_1 就是输入节点。

输出节点　在输出节点上，只有输入的支路而没有输出支路，它一般代表系统的输出变量。

混合节点　在混合节点上，既有输入支路又有输出支路。图 2.7.2 中的节点 x_2、x_3、x_4、x_5 等均是混合节点。若从混合节点引出一条具有单位增益的支路，可将混合节点变为系统的输出节点，例如图 2.7.2 中用单位增益支路引出的节点 x_5。

前向通路　信号从输入节点到输出节点传递时，每个节点只通过一次的通路，称为前向通路。前向通路上各支路增益之乘积，称为前向通路总增益，一般用 G_k 表示。在图 2.7.2 中，从输入节点 x_1 到输出节点 x_5，共有两条前向通路：一条是 $x_1 \to x_2 \to x_3 \to x_4 \to x_5$，其前向通路总增益 $G_1 = abc$；另一条是 $x_1 \to x_2 \to x_5$，其前向通路总增益 $G_2 = d$。

回路　起点和终点在同一节点，而且信号通过每一节点不多于一次的闭合通路称为单独回路，简称回路。回路中所有支路增益之乘积称为回路增益。在图 2.7.2 中共有 3 个回路：一个是起于节点 x_2，经过节点 x_3，最后回到节点 x_2 的回路，其回路增益为 ae；第二个是起于节点 x_3，经过节点 x_4，最后回到节点 x_3 的回路，其回路增益为 bf；第三个是起于节点 x_5 并回到节点 x_5 的自回路，其回路增益是 g。

不接触回路　回路之间没有公共节点时，这种回路称为不接触回路。在图 2.7.2 中，有两对互不接触的回路：一对是 $x_2 \to x_3 \to x_2$ 和 $x_5 \to x_5$；另一对是 $x_3 \to x_4 \to x_3$ 和 $x_5 \to x_5$。

2.7.2　梅森增益公式

一个复杂的系统信号流图经过等效变换可以求出系统的传递函数，结构图的等效变换规则亦适用于信号流图的简化，但这个过程毕竟还是很麻烦。控制工程中常应用梅森（S. J. Mason）增益公式直接求取从输入节点到输出节点的传递函数，而无须简化信号流图，这就为信号流图的广泛应用提供了方便。当然，由于系统结构图与信号流图之间有对应关系，因此，梅森增益公式可直接应用于线性系统的结构图化简。

梅森增益公式为

$$G = \frac{\sum_{k=1}^{n} G_k \Delta_k}{\Delta} \tag{2.7.2}$$

式中，G 为从输入节点到输出节点的传递函数（或总增益）；

n 为从输入节点到输出节点的前向通路总数；

G_k 为从输入节点到输出节点的第 k 条前向通路总增益；

$\Delta = 1 - \sum L_1 + \sum L_2 - \sum L_3 + \cdots + (-1)^m \sum L_m$，称为流图特征式；

L_1：信号流图中每一单独反馈回路的增益；

L_2：任何两个互不接触回路的回路增益乘积；

$\vdots$

L_m：任何 m 个互不接触回路的回路增益乘积；

Δ_k：第 k 条前向通路的余因子式，即在流图特征式 Δ 中，把与第 k 条前向通路相接触的回路增益项（包括回路增益的乘积项）除去以后的余项式。

【**例 2.7.1**】试求图 2.7.3 所示各信号流图中的输入节点到输出节点的增益 G。

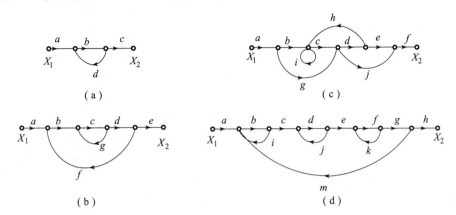

图 2.7.3　例 2.7.1 的各信号流图

【**解**】（1）对于图 2.7.3（a），运用梅森增益公式，有

$$\Delta = 1 - bd$$

$$G_1 = abc \quad \Delta_1 = 1$$

所以

$$G = \frac{abc}{1-bd}$$

（2）对于图 2.7.3（b），运用梅森增益公式，有

$$\Delta = 1 - cg - bcdf$$

$$G_1 = abcde \quad \Delta_1 = 1$$

所以

$$G = \frac{abcde}{1-cg-bcdf}$$

（3）对于图 2.7.3（c），运用梅森增益公式，有

$$\Delta = 1 - i - cdh$$

$$G_1 = abcdef \quad \Delta_1 = 1$$

$$G_2 = agdef \quad \Delta_2 = 1 - i$$

$$G_3 = agjf \quad \Delta_3 = 1 - i$$

$$G_4 = abcjf \quad \Delta_4 = 1$$

所以

$$G = \frac{abcdef + agdef(1-i) + agjf(1-i) + abcjf}{1-i-cdh}$$

（4）对于图 2.7.3（d），运用梅森增益公式，有

$$\Delta = 1 - (bi + dj + fk + bcdefgm) + (bidj + bifk + djfk) - bidjfk$$

$$G_1 = abcdefgh \quad \Delta_1 = 1$$

所以

$$G = \frac{abcdefgh}{1-(bi+dj+fk+bcdefgm)+(bidj+bifk+djfk)-bidjfk}$$

2.7.3　信号流图的绘制

信号流图可以根据微分方程绘制，也可以从系统结构图按照对应关系得到。

1. 由系统微分方程绘制信号流图

任何线性方程都可以用信号流图表示，对于含有微分或积分的线性方程，一般应通过拉氏变换，将微分方程或积分方程变换为 s 的代数方程后再画信号流图。绘制信号流图时，首先对系统的每个变量指定一个节点，并按照系统中变量的因果关系，从左到右顺序排列；然后，用标明支路增益的支路，按照数学方程式将各节点变量正确连接，便可得到系统的信号流图。

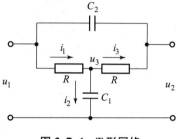

图 2.7.4　T 形网络

【例 2.7.2】试画出 T 形网络（见图 2.7.4）的信号流图，并用梅森增益公式求输出电压 u_2 对输入电压 u_1 的传递函数。这里假设 T 形网络是一个复杂控制系统，网络中的元件（电容和电阻）对应于控制系统中的元部件（装置）。

【解】首先根据欧姆定律和克希霍夫定律列写像函数如下

$$\begin{cases} I_1 = \dfrac{U_1 - U_3}{R} \\ I_1 = I_2 + I_3 \\ I_2 = C_1 s U_3 \\ I_3 = \dfrac{U_3 - U_2}{R} \\ I_3 = C_2 s (U_2 - U_1) \end{cases} \tag{2.7.3}$$

对式（2.7.3）进行变换，得

$$\begin{cases} I_1 = \dfrac{U_1}{R} - \dfrac{U_3}{R} \\ I_2 = I_1 - I_3 \\ U_3 = \dfrac{1}{C_1 s} I_2 \\ I_3 = \dfrac{U_3}{R} - \dfrac{U_2}{R} \\ U_2 = U_1 + \dfrac{1}{C_2 s} I_3 \end{cases} \tag{2.7.4}$$

接着根据式（2.7.4）画出信号流图，如图 2.7.5 所示。

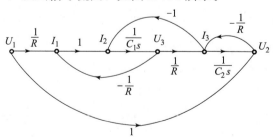

图 2.7.5　T 形网络的信号流图

最后求传递函数：根据信号流图 2.7.5，应用梅森增益公式有

$$\Delta = 1 + \frac{1}{RC_1s} + \frac{1}{RC_1s} + \frac{1}{RC_2s} + \frac{1}{R^2C_1C_2s^2}$$

$$= \frac{R^2C_1C_2s^2 + 2RC_2s + RC_1s + 1}{R^2C_1C_2s^2}$$

$$G_1 = \frac{1}{R} \cdot \frac{1}{C_1s} \cdot \frac{1}{R} \cdot \frac{1}{C_2s} = \frac{1}{R^2C_1C_2s^2} \quad \Delta_1 = 1$$

$$G_2 = 1 \quad \Delta_2 = 1 + \frac{1}{RC_1s} + \frac{1}{RC_1s} = \frac{RC_1s + 2}{RC_1s}$$

$$G = \frac{G_1\Delta_1 + G_2\Delta_2}{\Delta} = \frac{\dfrac{1}{R^2C_1C_2s^2} + \dfrac{RC_1s + 2}{RC_1s}}{\dfrac{R^2C_1C_2s^2 + 2RC_2s + RC_1s + 1}{R^2C_1C_2s^2}}$$

$$= \frac{R^2C_1C_2s^2 + 2RC_2s + 1}{R^2C_1C_2s^2 + R(C_1 + 2C_2)s + 1}$$

2. 由系统结构图绘制信号流图

结构图中，由于传递的信号标记在信号线上，方框则是对变量进行变换或运算的算子，因此，由系统结构图绘制信号流图时，只需在结构图的信号线上用小圆圈标志出传递的信号，便可得到节点；用标有传递函数的有向线段代替结构图中的方框，便得到支路，于是，结构图也就变换为相应的信号流图了。图 2.7.6 给出了几个方框图及相应的信号流图。也可以直接在结构图中应用梅森增益公式。

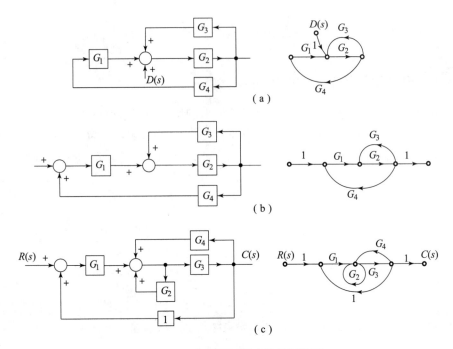

图 2.7.6　方框图及相应的信号流图

【例 2.7.3】 应用梅森增益公式求图 2.7.7 所示系统的传递函数。

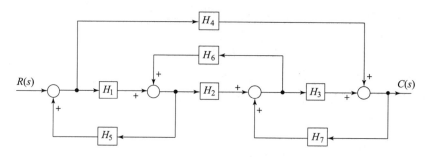

图 2.7.7　例 2.7.3 的方框图

【解】由方框图得流图特征式为

$$\Delta = 1 - (H_1H_5 + H_2H_6 + H_3H_7 + H_4H_7H_6H_5) + H_1H_5H_3H_7$$

$$G_1 = H_1H_2H_3 \quad \Delta_1 = 1$$

$$G_2 = H_4 \quad \Delta_2 = 1 - H_2H_6$$

因此，有

$$G(s) = \frac{C(s)}{R(s)} = \frac{H_1H_2H_3 + H_4 - H_4H_2H_6}{1 - H_1H_5 - H_2H_6 - H_3H_7 - H_4H_7H_6H_5 + H_1H_5H_3H_7}$$

梅森增益公式对于用手工求解相对复杂的方框图来说是非常有用的。现在可用 Matlab 等控制系统计算机辅助软件来对复杂方框图进行化简，因此梅森增益公式不如以前那么重要。然而，一些推导过程还得依赖于梅森增益公式所体现的思想，因此它在控制系统设计中仍占有一席之地。

2.8　典型反馈控制系统的传递函数与灵敏度函数

2.8.1　典型反馈控制系统的传递函数

经过结构图等效变换之后，反馈控制系统的典型结构图通常可以表示为如图 2.8.1 所示的形式。图中，$G_p(s)$ 为被控对象，$G_c(s)$ 为控制器，$H(s)$ 为测量装置。$R(s)$ 和 $D(s)$、$V(s)$ 都是施加于系统的外作用，$R(s)$ 是有用输入，$D(s)$ 是扰动，$V(s)$ 是测量噪声，$C(s)$ 是系统的输出信号。

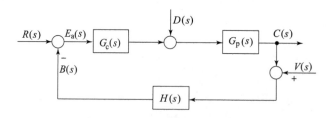

图 2.8.1　反馈控制系统的典型结构图

1. 开环传递函数

开环传递函数是当主反馈断开、且系统初始条件为零时，主反馈量的拉氏变换与输入量的拉氏变换之比。若以 $G(s)$ 表示开环传递函数，则有

$$G(s) = \frac{B(s)}{R(s)} = G_{\mathrm{c}}(s)G_{\mathrm{p}}(s)H(s) \tag{2.8.1}$$

式中，$G_{\mathrm{c}}(s)G_{\mathrm{p}}(s)$ 称为前向通路传递函数，$H(s)$ 称为反馈通路传递函数。

2. $R(s)$ 到 $C(s)$ 的闭环传递函数

令 $D(s)=0$、$V(s)=0$，可求出系统输入信号 $R(s)$ 到输出信号 $C(s)$ 的闭环传递函数为

$$\varPhi(s) = \frac{C(s)}{R(s)} = \frac{G_{\mathrm{c}}(s)G_{\mathrm{p}}(s)}{1 + G_{\mathrm{c}}(s)G_{\mathrm{p}}(s)H(s)} \tag{2.8.2}$$

$$C(s) = \varPhi(s) \cdot R(s) = \frac{G_{\mathrm{c}}(s)G_{\mathrm{p}}(s)}{1 + G_{\mathrm{c}}(s)G_{\mathrm{p}}(s)H(s)}R(s)$$

在上式中，如果 $|G_{\mathrm{c}}(s)G_{\mathrm{p}}(s)H(s)| \gg 1$，则

$$C(s) \approx \frac{1}{H(s)}R(s) \tag{2.8.3}$$

式（2.8.3）表明，在一定条件下，系统在 $R(s)$ 作用下的输出只取决于反馈通路传递函数 $H(s)$，与前向通路传递函数无关。特别是当 $H(s)=1$，即单位反馈时，$C(s) \approx R(s)$，表明系统能够近似实现对输入信号的完全复现。

3. 扰动 $D(s)$ 到 $C(s)$ 的闭环传递函数

令 $R(s)=0$、$V(s)=0$，将图 2.8.1 改画为图 2.8.2 的系统结构图后，可求出系统扰动作用 $D(s)$ 到输出信号 $C(s)$ 之间的闭环传递函数为

$$\varPhi_{\mathrm{d}}(s) = \frac{C(s)}{D(s)} = \frac{G_{\mathrm{p}}(s)}{1 + G_{\mathrm{c}}(s)G_{\mathrm{p}}(s)H(s)} \tag{2.8.4}$$

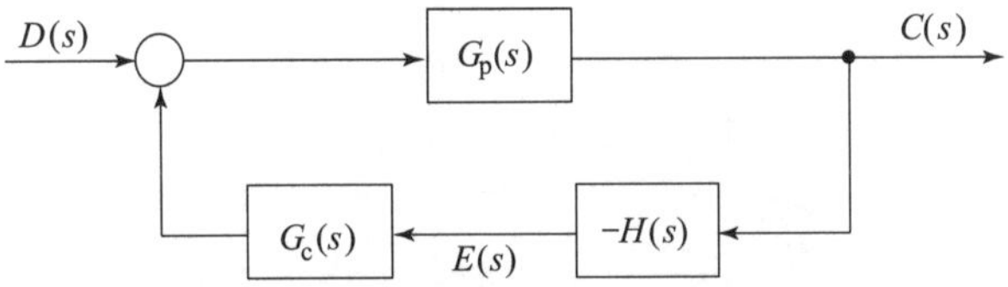

图 2.8.2　在扰动作用下系统结构图

从式（2.8.4）可以看出，开环传递函数 $G_{\mathrm{c}}(s)G_{\mathrm{p}}(s)H(s)$ 越大，干扰信号 $D(s)$ 对系统输出的影响越小，即系统抑制干扰信号的能力越强。也就是说，为了获得良好的干扰信号抑制能力，在干扰信号的频率范围内，必须使开环传递函数 $G_{\mathrm{c}}(s)G_{\mathrm{p}}(s)H(s)$ 保持较大的幅值。实际上，干扰信号一般处于低频段，因此开环传递函数在低频段应保持较大的幅值。

许多控制系统中都存在强烈的干扰信号，导致系统不能够产生精确的输出响应，例如，雷达天线的阵风干扰等。在控制系统中引入反馈，能够有效降低这些干扰对系统性能的影响。

4. 噪声 $V(s)$ 到 $C(s)$ 的闭环传递函数

令 $R(s)=0$、$D(s)=0$，可以得到系统测量噪声 $V(s)$ 到系统输出 $C(s)$ 的闭环传递函数为

$$\varPhi_{\mathrm{v}}(s) = \frac{C(s)}{V(s)} = -\frac{G_{\mathrm{c}}(s)G_{\mathrm{p}}(s)H(s)}{1 + G_{\mathrm{c}}(s)G_{\mathrm{p}}(s)H(s)} \tag{2.8.5}$$

由上式可见，当减小开环传递函数 $G_{\mathrm{c}}(s)G_{\mathrm{p}}(s)H(s)$ 的增益时，测量噪声 $V(s)$ 对系统输出的影响也随之降低，即开环传递函数 $G_{\mathrm{c}}(s)G_{\mathrm{p}}(s)H(s)$ 越小，系统衰减测量噪声的能力就越强。更精确的说法是，为了有效地衰减测量噪声，在噪声信号的频段内，必须使开环传递

函数保持较小的幅值。实际上，测量噪声信号一般都处于高频段，因此应该使开环传递函数在高频段保持较小的幅值。对于控制工程师而言，能够按照频率的高低将测量噪声和干扰信号区别开来，这是非常幸运的。这样就为一个看似两难的问题提供了解决的途径，即在选择设计控制器时，应该使系统开环传递函数在低频段的幅值较大，而在高频段的幅值较小。需要注意的是，实际系统中，有时候也会存在噪声和干扰信号的频段比较接近而难以区分的困难情况。

最后需要指出的是，对于图 2.8.1 典型反馈系统，其各种闭环系统传递函数的分母多项式均相同，这是因为它们都是同一信号流图的特征式，即

$$\Delta = 1 + G_c(s)G_p(s)H(s) \tag{2.8.6}$$

式（2.8.6）称为**闭环系统的特征方程**。

2.8.2 误差信号与灵敏度函数

由图 2.8.1 的典型闭环反馈系统可见，系统有三个外作用信号，分别为 $R(s)$、$D(s)$、$V(s)$，输出信号为 $C(s)$，定义系统的跟踪误差为

$$E(s) = R(s) - C(s)$$

为便于讨论，我们假设系统是一个单位反馈系统，即令 $H(s) = 1$。由于

$$C(s) = \frac{G_c(s)G_p(s)}{1+G_c(s)G_p(s)}R(s) + \frac{G_p(s)}{1+G_c(s)G_p(s)}D(s) - \frac{G_c(s)G_p(s)}{1+G_c(s)G_p(s)}V(s) \tag{2.8.7}$$

因此

$$E(s) = \frac{1}{1+G_c(s)G_p(s)}R(s) - \frac{G_p(s)}{1+G_c(s)G_p(s)}D(s) + \frac{G_c(s)G_p(s)}{1+G_c(s)G_p(s)}V(s) \tag{2.8.8}$$

由式（2.8.8）可见，增大开环传递函数 $G_c(s)G_p(s)$ 的增益，能降低干扰信号 $D(s)$ 引起的误差，也能降低对参考输入信号 $R(s)$ 的跟踪误差，但是不利于衰减测量噪声。从灵敏度函数和补灵敏度函数的关系中可以一目了然地看出这个矛盾。

定义**灵敏度函数** $\mathcal{S}(s)$ 为：

$$\mathcal{S}(s) = \frac{1}{1+G_c(s)G_p(s)} \tag{2.8.9}$$

定义**补灵敏度函数**为：

$$\mathcal{T}(s) = \frac{G_c(s)G_p(s)}{1+G_c(s)G_p(s)} \tag{2.8.10}$$

其实，补灵敏度函数就是系统从 $R(s)$ 到 $C(s)$ 的闭环传递函数。

基于 $\mathcal{S}(s)$ 和 $\mathcal{T}(s)$，误差信号 $E(s)$ 可以写成如下的表达式：

$$E(s) = \mathcal{S}(s)R(s) - \mathcal{S}(s)G_p(s)D(s) + \mathcal{T}(s)V(s) \tag{2.8.11}$$

可见，为了减小误差 $E(s)$，我们希望 $\mathcal{S}(s)$ 和 $\mathcal{T}(s)$ 都要小，而 $\mathcal{S}(s)$ 和 $\mathcal{T}(s)$ 都是控制器 $G_c(s)$ 的函数，因此这属于控制系统设计工程师的任务。由于

$$\mathcal{S}(s) + \mathcal{T}(s) = 1 \tag{2.8.12}$$

所以不能同时使 $\mathcal{S}(s)$ 和 $\mathcal{T}(s)$ 达到最小。控制系统设计师在选择设计控制器时，必须同时考虑 $\mathcal{S}(s)$ 和 $\mathcal{T}(s)$，并进行折中处理。

2.9　反馈控制系统的灵敏度

2.9.1　系统对参数变化的灵敏度

在控制系统设计过程中，工程师应该考虑系统参数变化多少，就足以影响一个系统的性能。理想情况是系统参数的变化不明显地影响系统的性能。参数变化引起的系统传递函数的变化程度（即系统性能的变化程度），称为灵敏度。理想系统的灵敏度应为零，即系统参数变化对系统的传递函数没有任何影响。灵敏度越大，系统参数变化对系统性能的影响越大。

例如，假设函数 $F = K/(K+a)$，若 $K = 10$、$a = 100$，则 $F = 0.091$，若 a 变化到原来的 3 倍，即 $a = 300$，则 $F = 0.032$。a 的变化是 $(300-100)/100 = 2$（变化了 200%），而函数 $F = 0.091$，F 的变化是 $(0.032-0.091)/0.091 = -0.65$（变化了 -65%），因此函数 F 降低了对参数 a 变化的灵敏度。根据前面的讨论，给出**灵敏度**的定义为：**灵敏度是当参数的变化率接近于零时，函数变化率与参数变化率之比。**即：

$$S_P^F = \lim_{\Delta P \to 0} \frac{\text{函数 } F \text{ 的变化率}}{\text{参数 } P \text{ 的变化率}} = \lim_{\Delta P \to 0} \frac{\Delta F/F}{\Delta P/P} \tag{2.9.1}$$

其中，P 是函数 F 的某个参数，取微小增量的极限形式，则上式变成

$$S_P^F = \frac{P}{F} \frac{\partial F}{\partial P} \tag{2.9.2}$$

控制系统对参数变化的灵敏度是重要的系统特性。

【例 2.9.1】 系统如图 2.9.1 所示，计算闭环传递函数对参数 a 变化的灵敏度，进一步，怎样减少该灵敏度？

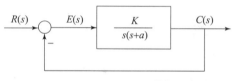

图 2.9.1　例 2.9.1 的反馈控制系统

【解】 系统闭环传递函数为

$$\Phi(s) = \frac{K}{s^2 + as + K} \tag{2.9.3}$$

$$S_a^\Phi = \frac{a}{\Phi} \frac{\partial \Phi}{\partial a} = \frac{a}{\dfrac{K}{s^2 + as + K}} \frac{-Ks}{(s^2 + as + K)^2} = \frac{-as}{s^2 + as + K} \tag{2.9.4}$$

上式还是 s 的函数。但是，无论 s 的值是多少，增大 K 都能降低闭环传递函数对参数 a 变化的灵敏度。

若断开反馈回路，系统开环传递函数为

$$G(s) = \frac{K}{s(s+a)} \tag{2.9.5}$$

$$S_a^G = \frac{a}{G} \frac{\partial G}{\partial a} = \frac{a}{\dfrac{K}{s(s+a)}} \frac{-K}{s(s+a)^2} = \frac{-a}{s+a} \tag{2.9.6}$$

当频率较低时，开环传递函数对参数 a 变化的灵敏度接近于 1。

可见，控制系统引入反馈后能减小参数变化对系统性能的影响，降低系统对参数变化的灵敏度，这是反馈控制系统的一个重要优点。

2.9.2 反馈控制系统对被控对象变化的灵敏度

由图 2.8.1 可知，若断开反馈，从输入信号 $R(s)$ 到输出信号 $C(s)$ 之间的开环传递函数为 $G(s) = G_c(s)G_p(s)$，则开环系统的灵敏度为

$$S_{G_p}^G = \frac{\partial G}{\partial G_p} \times \frac{G_p}{G} = G_c \times \frac{G_p}{G_c G_p} = 1 \tag{2.9.7}$$

因此，为得到高精度的开环控制系统，必须非常谨慎地选择开环传递函数 $G(s)$，以满足设计要求。

在图 2.8.1 中，反馈控制系统从输入信号 $R(s)$ 到输出信号 $C(s)$ 之间的闭环传递函数为

$$\Phi(s) = \frac{C(s)}{R(s)} = \frac{G_c(s)G_p(s)}{1 + G_c(s)G_p(s)H(s)} \tag{2.9.8}$$

则反馈系统对开环传递函数 $G_p(s)$ 变化的灵敏度为：

$$S_{G_p}^\Phi = \frac{\partial \Phi}{\partial G_p} \times \frac{G_p}{\Phi} = \frac{G_c}{(1 + G_c G_p H)^2} \times \frac{G_p}{G_c G_p / (1 + G_c G_p H)}$$

即

$$S_{G_p}^\Phi = \frac{1}{1 + G_c(s)G_p(s)H(s)} \tag{2.9.9}$$

可见，环路增益 $G_c(s)G_p(s)H(s)$ 能减小系统对 $G_p(s)$ 变化的灵敏度，因此闭环系统对 $G_p(s)$ 的要求就不那么苛刻了。

在图 2.8.1 中，反馈系统对于反馈因子 $H(s)$ 变化的灵敏度为

$$S_H^\Phi = \frac{\partial \Phi}{\partial H} \times \frac{H}{\Phi} = \left(\frac{G_c G_p}{1 + G_c G_p H}\right)^2 \times \frac{-H}{G_c G_p / (1 + G_c G_p H)} = \frac{-G_c(s)G_p(s)H(s)}{1 + G_c(s)G_p(s)H(s)} \tag{2.9.10}$$

当 $G_c(s)G_p(s)H(s)$ 很大时，灵敏度的幅值约为 1，即 $H(s)$ 的变化将直接影响系统的输出响应。因此，保持反馈部分不因环境的改变而改变，或者说保持反馈增益恒定，是非常重要的。

2.10 反馈的代价

前面我们已经讨论了在控制系统中引入反馈的诸多优点，例如反馈可以减小控制系统对被控对象参数变化的灵敏度，提高系统的抗干扰能力，抑制高频测量噪声，降低控制系统对参考输入信号的跟踪误差，提高系统的响应速度等。

但凡事皆有两面性，在控制系统中引入反馈也需要付出一定的代价。引入反馈的第一个代价是增加了元器件的数量，提高了系统的复杂程度和成本，因为在设计实现反馈控制系统时，必须在系统中增加一些反馈器件，其中最为关键的是测量器件（如传感器），而在控制系统中，传感器往往是最昂贵的器件。此外，传感器有时候会引入测量噪声，从而影响系统的控制精度。

引入反馈的第二个代价是增益的损失。比如，对一个单位反馈系统而言，开环增益为 $G_c(s)G_p(s)$，而对应的单位负反馈系统的闭环增益则降低到 $G_c(s)G_p(s)/[1 + G_c(s)G_p(s)]$，仅仅是原来的 $1/[1 + G_c(s)G_p(s)]$。但是，闭环系统对参数变化和干扰的敏感程度也降低到了开环系统的 $1/[1 + G_c(s)G_p(s)]$。这说明，我们宁愿损失一定的开环增益来换取对系统响

应的调控能力。需要指出的是，在闭环系统中，功率放大器和执行结构的增益没有任何变化，损失的只是从系统输入到输出的总增益。

引入反馈的最后一个代价是可能导致系统不稳定，即使开环系统是稳定的，相应的闭环系统也可能会不稳定。第 3 章将详细讨论闭环系统的稳定性问题。

在绝大多数情况下，引入反馈带来的系统性能的改善（即益处）一般远远大于反馈的代价，因此，反馈控制系统得到了广泛的应用。

2.11　自动控制系统设计实例

2.11.1　磁盘驱动器读取系统

在 1.7.4 节中，我们指出了磁盘驱动器读取系统的基本设计目标：尽可能将磁头准确定位在指定的磁道上，并且使磁头从一个磁道转移到另一个磁道所花的时间尽量短。我们在进行控制系统分析与设计时，首先要确定被控对象、传感器和控制器，然后建立被控对象和传感器等元部件的数学模型。磁盘驱动器读取系统采用永磁直流电机驱动磁头臂的转动（见图 1.7.7），磁头安装在一个与机械臂相连的簧片上，它读取磁盘上各点处不同的磁通量并将信号提供给放大器，由弹性金属制成的簧片保证磁头以小于 100 nm 的间隙悬浮于磁盘之上（见图 2.11.1）。磁盘驱动器读取控制系统的工作原理方框图如图 2.11.2 (a) 所示。

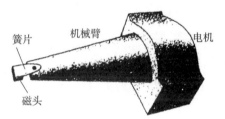

图 2.11.1　磁头安装结构图

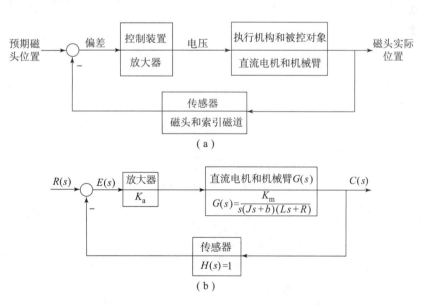

(a)

(b)

图 2.11.2　磁盘驱动器读取控制系统的工作原理方框图及结构图模型

(a) 工作原理方框图；(b) 结构图模型

假定磁头足够精确，传感器环节的传递函数 $H(s)=1$；放大器的增益为 K_a；我们用电枢控制直流电机的数学模型作为永磁直流电机的近似模型，得

$$G(s) = \frac{K_m}{s(Js+b)(Ls+R)} \tag{2.11.1}$$

假定簧片是完全刚性的，不会出现明显的弯曲，则磁盘驱动器读取系统的结构图模型如图 2.11.2（b）所示。表 2.11.1 给出了磁盘驱动器读取控制系统的典型参数，由此可得：

$$G(s) = \frac{5\ 000}{s(s+20)(s+1\ 000)}$$

表 2.11.1 磁盘驱动器读取系统的典型参数

参数	符号	典型值
机械臂与磁头的转动惯量	J	$1\ N \cdot m \cdot s^2/rad$
摩擦系数	b	$20\ N \cdot m \cdot s/rad$
放大器系数	K_a	$10 \sim 1000$
电枢电阻	R	$1\ \Omega$
电机系数	K_m	$5\ N \cdot m/A$
电枢电感	L	$1\ mH$

$G(s)$ 还可以改写为

$$G(s) = \frac{K_m/(bR)}{s(T_L s+1)(Ts+1)} \tag{2.11.2}$$

其中，$T_L = J/b = 50\ ms$，$T = \frac{L}{R} = 1\ ms$。由于 $T \ll T_L$，因此 T 可忽略不计，从而可以得出 $G(s)$ 的二阶模型为

$$G(s) \approx \frac{K_m/(bR)}{s(T_L s+1)} = \frac{0.25}{s(0.05s+1)}$$

或

$$G(s) = \frac{5}{s(s+20)}$$

利用方框图等效变换法则，有

$$\frac{C(s)}{R(s)} = \frac{K_a G(s)}{1+K_a G(s)} \tag{2.11.3}$$

利用 $G(s)$ 的二阶近似模型，可以得到

$$\frac{C(s)}{R(s)} = \frac{5K_a}{s^2+20s+5K_a}$$

当 $K_a = 40$ 时，可得

$$C(s) = \frac{200}{s^2+20s+200}R(s)$$

当 $R(s) = \frac{0.1}{s}$ 时，系统阶跃响应曲线如图 2.11.3 所示。

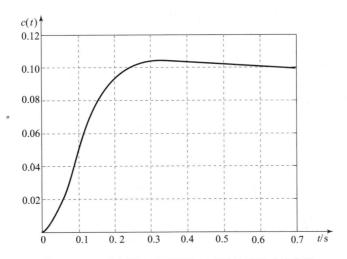

图 2.11.3　磁盘驱动器读取控制系统的阶跃响应曲线

2.11.2　天线方位控制系统

1.7.5 节给出了天线方位控制系统的工作原理方框图，如图 1.7.10 所示。图 2.11.4 则是对工作原理方框图中每个环节进行建模而得到的系统结构图。

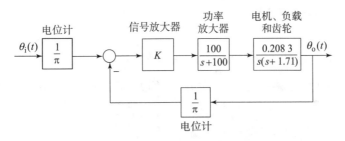

图 2.11.4　天线方位控制系统的结构图

下面我们对天线方位控制系统的结构图进行等效变换，变换过程如下。

第一步：将输入电位计推到求和点右侧，得到

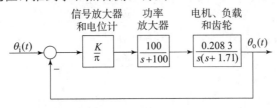

第二步：将前向传递函数进行串联，得到

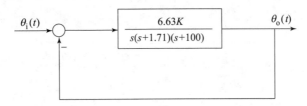

第三步：利用消去反馈原则，得到最终的闭环传递函数

$$\theta_i(t) \rightarrow \boxed{\dfrac{6.63K}{s^3+101.71s^2+171s+6.63K}} \rightarrow \theta_o(t)$$

若功率放大器的数学模型为 1，则

$$G(s)=\frac{0.066\,3K}{s(s+1.71)}$$

令 $K=1\,000$，得系统的闭环传递函数为

$$\Phi(s)=\frac{66.3}{s^2+1.71s+66.3}$$

假设期望方位角为阶跃函数，即 $\theta_i(s)=\dfrac{1}{s}$，则系统输出为

$$\theta_o(s)=\frac{66.3}{s(s^2+1.71s+66.3)}=\frac{1}{s}-\frac{s+1.71}{s^2+1.71s+66.3}$$
$$=\frac{1}{s}-\frac{(s+0.855)+0.106\times8.097}{(s+0.855)^2+(8.097)^2}$$

进行拉氏反变换，可得

$$\theta_o(t)=1-e^{-0.855t}\left[\cos(8.097t)+0.106\sin(8.097t)\right]$$

2.12　在 Matlab 中描述控制系统的数学模型

2.12.1　控制系统在 Matlab 环境中的描述指令

要分析系统，首先需要能够描述这个系统。例如，可用下列传递函数的形式描述系统

$$G(s)=\frac{b_1s^m+b_2s^{m-1}+\cdots+b_ms+b_{m+1}}{a_1s^n+a_2s^{n-1}+\cdots+a_ns+a_{n+1}}$$

在 Matlab 中，用 $num=[b_1,b_2,\cdots,b_m,b_{m+1}]$ 和 $den=[a_1,a_2,\cdots,a_n,a_{n+1}]$ 分别表示分子和分母多项式系数，然后利用下面的语句就可以表示这个系统：

sys= tf(num,den)

其中，tf() 代表用传递函数的形式描述系统。还可以用零极点形式来描述，语句为

ss= zpk(sys)

而且传递函数形式和零极点形式之间可以相互转化，语句为

[z,p,k]= tf2zp(num,den)

[num,den]= zp2tf(z,p,k)

当传递函数复杂时，应用多项式乘法函数 conv() 等实现。例如：

den1= [1,2,2];den2= [2,3,3,2];den= conv(den1,den2);

例如，对于传递函数 $G(s)=\dfrac{10s+20}{s^3+4s^2+3s}$，可以用如下指令进行描述：

num= [10,20];　den= [1,4,3,0];　g= tf(num,den);

用 g1=zpk(g) 指令，可以将其转化为零极点形式 $\dfrac{10(s+2)}{s(s+3)(s+1)}$。

对于传递函数 $G(s) = \dfrac{10(s+2)}{s(s+3)(s+1)}$ ，可以用如下指令进行描述：

```
z= [-2]; p= [0,-1,-3]; k= 10; g2= zpk(z,p,k)
```

用 g3=tf(g2)，可以将其转化为多项式形式 $\dfrac{10s+20}{s^3+4s^2+3s}$。

对于带延时环节的传递函数，例如 $G(s) = \dfrac{5\mathrm{e}^{-\tau s}}{s(s+1)}, \tau = 1$ ，可以用下面的函数描述

```
g= tf([5],[1,1,0],'inputdelay',1)
```

闭环传递函数的特征根可以通过对闭环传递函数的分母多项式 den 求根得到，Matlab 指令为：roots(den)。若 sys=tf(num，den)，则可以用 pole(sys) 求出系统传递函数的极点，用 zero(sys) 求出系统传递函数的零点。

传递函数在复平面上的零极点分布图可用 Matlab 指令 pzmap() 来得到，在分布图中，零点用"○"表示，极点用"×"表示，该函数的调用格式为 [p, z] =pzmap(num, den)。

例如，对于传递函数 $G(s) = \dfrac{2s^3 + 5s^2 + 3s + 6}{s^3 + 6s^2 + 11s + 6}$ ，可用如下指令求特征根和画出零极点分布图，如图 2.12.1 所示。

```
num= [2,5,3,6]; den= [1,6,11,6]; p= roots(den); pzmap(num,den);
```

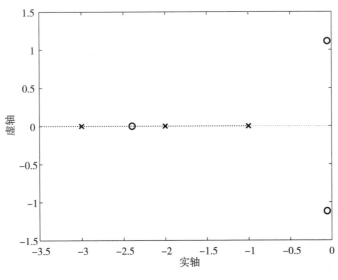

图 2.12.1　零极点分布图

2.12.2　基于 Matlab 指令的结构图化简

假设 $K_a = 10$ ，利用 Matlab 对图 2.12.2 所示的磁盘驱动器读取控制系统方框图进行化简。

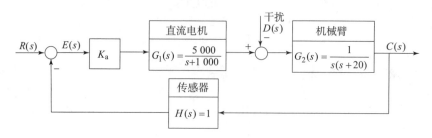

图 2.12.2　磁盘驱动器读取控制系统

```
Ka= 10;
nf= [5000];  df= [1,1000];  sysf= tf(nf,df);
ng= 1;  dg= [1,20,0];  sysg= tf(ng,dg);
sysa= series(sysf,sysg);
sys= feedback(sysa* Ka,[1]);
```

运行上面的程序后，得到磁盘驱动器读取控制系统的闭环传递函数如下：

$$\text{sys} = \frac{50\,000}{s^3 + 1\,020s^2 + 20\,000s + 50\,000}$$

2.12.3　控制系统在 Simulink 环境中的描述

Simulink 是 Matlab 软件包之一，用于可视化的动态系统仿真。在 Simulink 中可建立起直观形象的系统结构图数学模型，实现动态系统的建模、仿真和分析，它使 Matlab 的功能得到进一步的扩展和增强，可高效率地开发和设计系统，并可实现多工作环境的文件互用和数据交换，如 Simulink 与 Matlab、Simulink 与 FORTRAN、C、C++，从而把理论研究和工程实践有机地结合在一起。Simulink 适用于连续系统和离散系统、也适用于线性系统和非线性系统。

利用 Simulink 进行系统仿真的步骤如下：

(1) 进入 Simulink 仿真器环境。

在 Matlab 命令窗口中运行 Simulink，进入 Simulink 仿真器的模块库，如图 2.12.3 所示。

(2) 模型创建。

直接单击 选择 "new model"，借助 Simulink 模型库，可创建系统的动态结构图数学仿真模型。

模型库包括：Continuous（连续系统）、Discrete（离散系统）、Discontinuous（不连续系统）、Sources（信号源）、Sinks（输出方式）等。每个标准模块库中存储有多个相应的基本功能模块，单击某个模块即可选择并打开相应的基本功能模块。

根据要建立的动态结构图，从模块库中选择所需模块，按住鼠标左键拖入建模窗口后松开，即建立该模块。按照模块之间的关系，用鼠标单击前一模块的输出端，光标变为 "＋"后，拖动十字图符到下一模块的输入端，然后释放鼠标键，即可将模块连接在一起。用鼠标

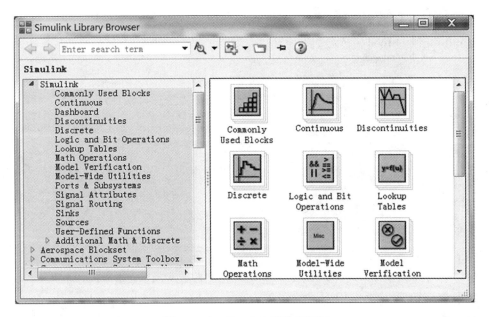

图 2.12.3　Simulink 模块库窗口

左键选中该模块，拉动模块的四个边角，即可随意设置其大小；模块也可移动、删除、复制，方法与 Windows 基本操作相同。

模型创建完成后，如果模块参数不合适，可双击该模块打开模块属性表，修改模块的内部参数。

（3）设置仿真参数，如步长、仿真时间、积分算法、允许误差等，然后启动仿真。

（4）输出仿真结果。

输出模块库提供了几个实用的输出模块。其中，Scope、XY Graph 和 Display 是用来直接观察仿真输出的。

Scope：将信号显示在类似示波器的窗口内，可以放大、缩小窗口，也可以打印仿真结果的波形曲线。

XY Graph：绘制 X-Y 二维的曲线图形，两个坐标刻度范围可以设置。

Display：将仿真结果的数据以数字形式显示出来。

只要将这三种输出模块图形放在控制系统模型结构图的输出端，就可以在系统仿真时，同时看到系统的仿真结果。Display 将数据结果直接显示在模块窗口中，而 Scope 和 XY Graph 会自动产生新的窗口。

另外也可以利用 To Workspace 模块，记录所关心的系统变量，仿真结束后，在 Matlab 环境下用 plot 指令绘制变量的曲线。

（5）模型保存。

在建模窗口中选择 "File"→"Save" 命令保存文件。以后在 Matlab 指令窗中直接输入模型文件名字，就可打开该模型的方框图窗口，并可对其进行编辑、修改和仿真。在模块库窗口中，单击 "打开" 图标也可打开已存在的模型。

举例：

双积分系统的传递函数为：$\dfrac{\theta(s)}{U(s)} = \dfrac{1}{I}\dfrac{1}{s^2}$，若输入 U 是一个阶跃信号，且 $I-1$，则该系统在 Simulink 中的仿真描述如图 2.12.4 所示。

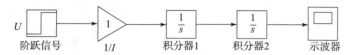

图 2.12.4　双积分系统在 Simulink 中的仿真描述

通过仿真可知系统的输出 θ 是一个单位加速度函数。

再如，如图 2.12.5 所示的一个简单摆系统的微分方程模型为 $I\ddot{\theta} + mgl\sin\theta = T_c$，其中 $I = ml^2$。

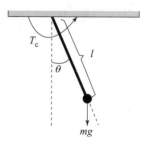

图 2.12.5　摆系统

假设 $l=1\,\mathrm{m}$，$m=1\,\mathrm{kg}$，$g=9.81\,\mathrm{m/s^2}$，T_c 为阶跃输入信号，则可用如图 2.12.6 所示的 Simulink 仿真框图，得到系统在阶跃力矩作用下摆的角度 θ 的运动轨迹，如图 2.12.7 所示。

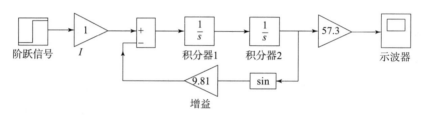

图 2.12.6　摆系统的 Simulink 仿真框图

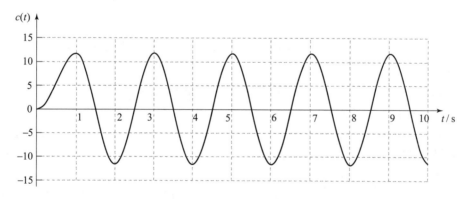

图 2.12.7　在阶跃力矩作用下摆的角度 θ 的运动轨迹

习　题　2

2-1　图 E2-1（a）、（b）、（c）分别为 3 个机械系统，x_i 为输入位移，x_o 为输出位移，试求其微分方程及传递函数。

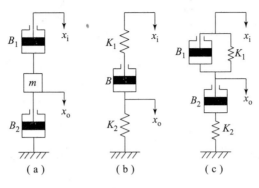

图 E2 - 1

2 - 2　试分别列写图 E2-2（a）、（b）、（c）、（d）无源网络的传递函数 $U_2(s)/U_1(s)$。

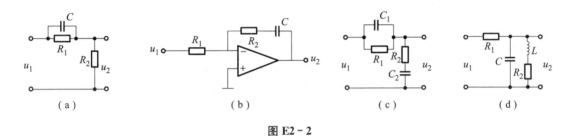

图 E2 - 2

2 - 3　简化图 E2-3 所示各系统的结构图，并求其传递函数 $C(s)/R(s)$。

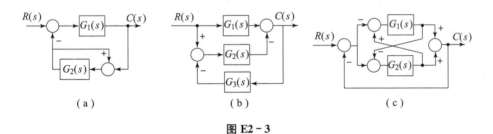

图 E2 - 3

2 - 4　若系统结构图如图 E2-4 所示，试求传递函数 $C_1(s)/R_1(s)$、$C_2(s)/R_1(s)$、$C_1(s)/R_2(s)$、$C_2(s)/R_2(s)$。

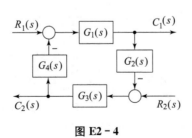

图 E2 - 4

2 - 5　若系统结构图如图 E2-5 所示，试求传递函数 $C(s)/R(s)$。

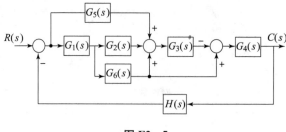

图 E2 - 5

2 - 6 若系统信号流图如图 E2-6（a）、（b）、（c）所示，试用梅森增益公式求其传递函数 $C(s)/R(s)$。

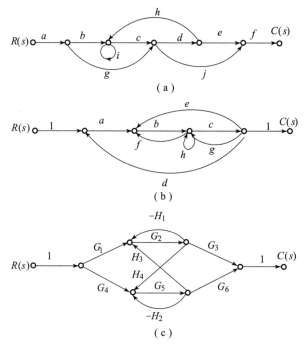

（a）

（b）

（c）

图 E2 - 6

2 - 7 求图 E2-7 所示系统结构图的传递函数 $C(s)/R(s)$ 和 $C(s)/D(s)$。

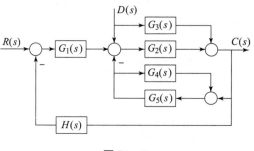

图 E2 - 7

2 - 8 已知控制系统结构图如图 E2-8 所示，试通过结构图等效变换求系统的传递函数 $C(s)/R(s)$。

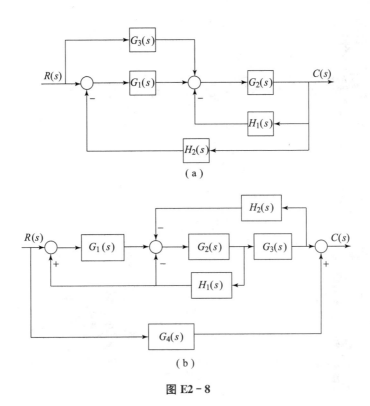

(a)

(b)

图 E2-8

2-9 试简化图 E2-9 的系统结构图，并求传递函数 $C(s)/R(s)$ 和 $C(s)/D(s)$。

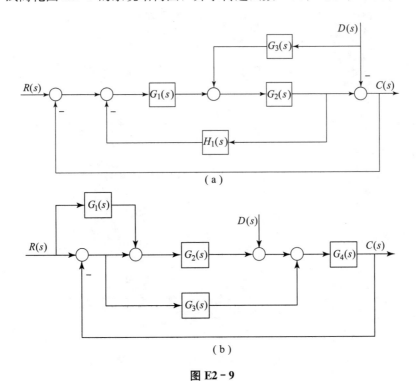

(a)

(b)

图 E2-9

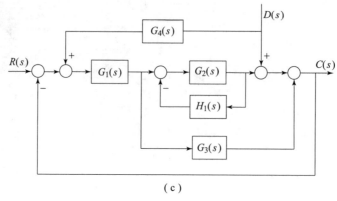

（c）

图 E2 - 9（续）

2 - 10　用梅森增益公式求解图 E2-10 所示信号流图的传递函数。

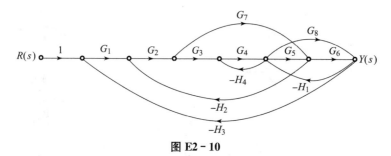

图 E2 - 10

2 - 11　试简化图 E2-11 的电枢控制式直流电机控制系统的结构图，并求出系统传递函数 $\dfrac{\theta(s)}{I(s)}$。

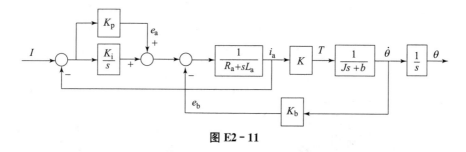

图 E2 - 11

2 - 12　试简化图 E2-12 的系统结构图，并求出系统传递函数 $\dfrac{C(s)}{R(s)}$。

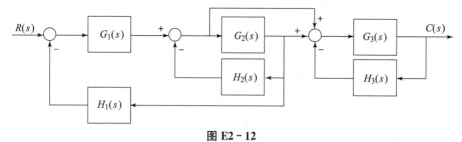

图 E2 - 12

第 3 章

自动控制系统的时域分析

[本章学习目标]

(1) 能够根据控制系统的闭环传递函数的极点，确定系统的时域响应模态；

(2) 能够计算一阶系统的动态性能指标；

(3) 根据二阶系统的极点位置，能够确定二阶系统的时域响应模态；

(4) 能够计算二阶欠阻尼系统的调节时间、峰值时间、超调量、上升时间等指标；

(5) 在一定条件下，能够将高阶系统近似简化为一阶或者二阶系统；

(6) 理解系统稳定性概念，能够利用劳斯判据确定使系统稳定的参数范围；

(7) 能够计算单位反馈系统的稳态误差以及静态误差系数；

(8) 能够计算非单位反馈系统的稳态误差；

(9) 能够计算干扰引起的稳态误差；

(10) 掌握减少控制系统稳态误差的途径。

3.1 引言

第 2 章已经讲述了如何用微分方程描述一个系统的运动，只要知道了系统运动的微分方程和所有参数，就能准确地算出系统各物理量的变化规律，尤其是当系统初始条件为零时，利用拉氏变换和反变换可方便地得到系统在一般给定输入信号下的输出响应变化规律。

但实际的工程问题通常并不满足于简单地计算出一个既定系统的运动，而往往要问：该系统的某几个可选参数应当如何选择和组合，甚至应当如何修改该系统的结构，方能获得更好的运动性能？如果只会解微分方程，要回答这样的问题就必须对大量方案分别求解微分方程，再比较所得结果，这显然很不实际。问题的症结在于，从系统的微分方程看不出影响系统运动特征的许多因素中，哪些是主要的，哪些是次要的。因此我们需要这样一类控制系统工程分析方法：它虽未必能精确地解出微分方程，却能提示系统运动的主要特征，并提示系统的运动主要受哪些参数的影响，从而知道如何改进系统的性能，另外，这类工程分析方法的计算量应当不太大。

时域分析法、频率域分析法、根轨迹分析法等都属于这类工程分析方法。显然，不同的方法有不同的特点和适用范围，比较而言，时域分析法是一种直接在时间域中对系统进行分析的方法，具有直观、准确的优点，并且可以提供系统时间响应的全部信息。本章主要介绍线性定常控制系统的时域分析方法。

为了评价线性系统时间响应的性能，需要研究控制系统在典型输入信号作用下的时间响应过程。在典型输入信号作用下，任何一个控制系统的时域响应都由动态过程和稳态过程两部分组成。

系统在典型输入信号作用下，系统输出量从初始状态到最终状态的过程称为动态过程，又称过渡过程。动态过程除提供系统稳定性的信息外，还可以提供响应速度及阻尼情况等信息，这些信息用动态性能描述。描述稳定的系统在单位阶跃信号作用下，动态过程随时间 t 变化状况的指标，称为动态性能指标。一般认为，阶跃输入对系统来说是最严峻的工作状态。如果系统在阶跃信号作用下的动态性能满足要求，那么系统在其他形式的信号作用下的动态性能一般也是令人满意的。为了便于分析和比较，常常假定系统在单位阶跃输入信号作用前处于静止状态，而且系统输出量及其各阶导数均为零，对于大多数控制系统来说，这种假设是符合实际工程情况的。

系统在典型输入信号作用下，当时间 t 趋于无穷时，系统输出量的表现方式，叫稳态过程，又称稳态响应，表征系统输出量最终复现输入量的程度，提供系统有关稳态误差的信息。稳态误差是描述系统稳态性能的一种指标，通常在阶跃函数、斜坡函数或者加速度函数等输入信号作用下进行测定或计算。稳态误差是系统控制精度或抗扰动能力的一种度量。

在本章中，我们首先讨论系统传递函数的极点和零点对系统输出的影响，然后分析系统的动态性能、稳定性、稳态误差，通过对这些问题的研究可以建立起关于线性系统运动的基本概念。

3.2　极点、零点与系统响应

一个系统的输出响应由受迫响应和自由响应两部分组成，受迫响应和自由响应分别对应线性微分方程的特解和通解。自由响应描述系统吸收能量或者耗散能量的方式，其特性取决于系统本身，与输入信号无关；而受迫响应的特性与输入信号有关。在引言中我们已经提及，虽然求解微分方程或者采用拉氏变换与反变换，可以进行系统输出响应的分析评价，但是这些方法太费力费时。因此我们希望找到一种快速评价系统性能的分析和设计方法，使我们仅仅通过观察或者简单计算就能获得期望的系统分析结果。利用极点、零点与时域响应的对应关系来分析系统的方法，就是这样一种快速评价系统性能的好方法。传递函数极点和零点是控制系统分析与设计中的基础和核心，能够简化系统响应的分析与评价。

3.2.1　传递函数的极点和零点

传递函数的分子多项式和分母多项式经因式分解后可写为如下形式：

$$G(s) = \frac{b_0(s-z_1)(s-z_2)\cdots(s-z_m)}{a_0(s-p_1)(s-p_2)\cdots(s-p_n)} = K^* \frac{\displaystyle\prod_{i=1}^{m}(s-z_i)}{\displaystyle\prod_{j=1}^{n}(s-p_j)}$$

式中，$z_i(i=1,2,\cdots,m)$ 是使分子多项式为零的点，称为传递函数的零点；$p_j(j=1,2,\cdots,n)$ 是使分母多项式为零的点，称为传递函数的极点。传递函数的零点和极点可以是实数，也可以是复数；系数 $K^* = b_0/a_0$ 称为传递系数或者根轨迹增益。如果 $G(s)$ 是闭环传递函数，那么 p_j 又称为闭环系统特征方程的特征根。

在复数平面上表示传递函数的零点和极点的图形，称为传递函数的零极点分布图，在图中一般用"○"表示零点，用"×"表示极点。

3.2.2　极点和零点对系统输出的影响

如图 3.2.1（a）所示为一个一阶系统的传递函数，其零点为 -3，极点为 -5，其零极点分布图如图 3.2.1（b）所示。为了说明零点和极点的性质，我们来求该系统的单位阶跃响应。将图 3.2.1（a）的传递函数乘上阶跃函数得

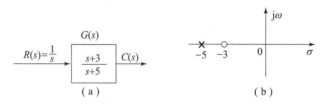

图 3.2.1　一个一阶系统的传递函数及零极点分布图
（a）一阶系统传递函数；（b）零极点分布图

$$C(s) = \frac{(s+3)}{s(s+5)} = \frac{A}{s} + \frac{B}{s+5} \tag{3.2.1}$$

其中，$C(s)$ 中输入信号的极点是 $s=0$，系统传递函数的极点是 $s=-5$。因为

$$A = \frac{s+3}{s+5}\bigg|_{s \to 0} = \frac{3}{5}$$

$$B = \frac{s+3}{s}\bigg|_{s \to -5} = \frac{2}{5}$$

所以

$$C(s) = \frac{\frac{3}{5}}{s} + \frac{\frac{2}{5}}{s+5} \tag{3.2.2}$$

系统输出的时域响应为

$$c(t) = \frac{3}{5} + \frac{2}{5}e^{-5t} \tag{3.2.3}$$

式（3.2.3）右边第一项称为受迫响应，其模态取决于输入函数的极点，是由输入量直接产生的"强迫运动"，也可以说它是由输入量"传递"过来的运动，或者说是受输入量直接"控制"的运动；第二项称为自由响应，其模态取决于系统传递函数的极点。可以看出：

（1）输入信号函数的极点决定了受迫响应的模态（即位于原点的极点在输出中产生了一个阶跃函数）。

（2）传递函数的极点决定了自由响应的模态（即位于 -5 的极点产生了 e^{-5t} 的运动）。

（3）实轴上的极点产生的自由响应模态是指数响应 $e^{-\alpha t}$，$-\alpha$ 是实轴上极点的位置。极点在负实轴上的位置离原点越远，对应的指数瞬态响应衰减的速度越快。

（4）所有极点和零点同时决定了受迫响应和自由响应的幅值大小（即留数 A 和 B）。

下面通过一个例子来演示说明如何利用极点得到系统的输出响应形式，我们仅仅通过观察就能写出系统输出响应的表达式。在实轴上的每个系统传递函数极点都产生一个指数响应，它们都是自由响应的组成部分；输入信号的极点产生受迫响应的模态。

例如，某系统的传递函数为 $G(s) = \dfrac{4s+2}{(s+1)(s+2)}$，若输入为单位阶跃函数，则系统输出的一般形式为

$$C(s) = \frac{4s+2}{s(s+1)(s+2)} = \frac{A}{s} + \frac{B}{s+1} + \frac{C}{s+2} \tag{3.2.4}$$

其时域响应的一般形式为

$$c(t) = A + Be^{-t} + Ce^{-2t} \tag{3.2.5}$$

式（3.2.5）中的第一项为受迫响应，后面两项为自由响应。

3.3 一阶系统的时域分析

一阶无零点系统的传递函数为

$$\Phi(s) = \frac{K}{Ts+1} \tag{3.3.1}$$

系统零极点示于图 3.3.1。

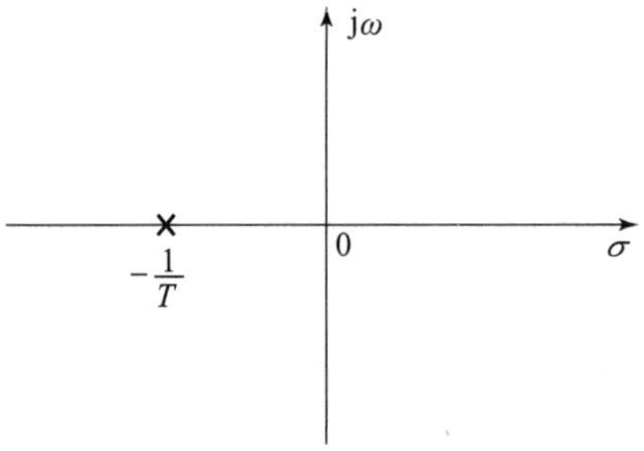

当输入信号 $r(t) = 1(t)$ 时，$R(s) = \dfrac{1}{s}$，系统单位阶跃响应的像函数为

$$C(s) = \Phi(s)\frac{1}{s} = \frac{K}{Ts+1}\frac{1}{s} \tag{3.3.2}$$

对上式进行拉氏反变换，得系统单位阶跃响应

图 3.3.1　一阶系统的零极点图

$$c(t) = K(1 - e^{-\frac{t}{T}}) \quad (t \geqslant 0) \tag{3.3.3}$$
$$c(\infty) = \lim_{t \to \infty} c(t) = K$$

根据式（3.3.3）绘出一阶系统的单位阶跃响应曲线如图 3.3.2 所示，曲线在原点的斜率为 $1/T$。

我们称 **T 为一阶系统的时间常数**，由图 3.3.2 可见，时间常数 T 是一阶系统的阶跃响应上升到其终值的 63% 时的时间。时间常数 T 反映系统的惯性，一阶系统的惯性越小，其动态响应过程越快；反之，惯性越大，动态响应越慢。

下面我们给出一阶系统的动态性能指标。

一阶系统极点分布与单位
阶跃响应的关系动画

一阶系统的上升时间定义为系统阶跃响应从其终值的 10% 上升到终值的 90% 所需要的时间，记为 t_r。分别令式（3.3.3）中的 $c(t) = 0.9$ 和 $c(t) = 0.1$，解得的两个时间之差就是上升时间，即

$$t_r = 2.20T \tag{3.3.4}$$

一阶系统的调节时间定义为系统阶跃响应到达并保持在终值的 ±5%（或 ±2%）内所需的时间，记为 t_s。令式（3.3.3）中的 $c(t) = 0.95$，可得

$$t_s = 3T \, (\Delta = 5\%) \tag{3.3.5}$$

令式（3.3.3）中的 $c(t) = 0.98$，可得

$$t_s = 4T \, (\Delta = 2\%) \tag{3.3.6}$$

一阶系统的过渡过程时间比例于其时间常数 T，即 T 越小，过渡过程时间越短。对照

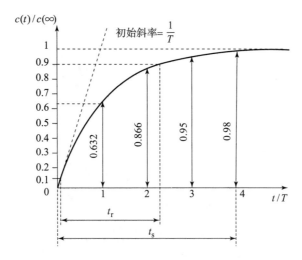

图 3.3.2　一阶系统的单位阶跃响应曲线及性能指标定义

图 3.3.2 可知，这一特性反映在零极点图上就是一阶系统的闭环极点离虚轴越远，其过渡过程时间越短。

一阶系统有两个特征参数 K 和 T，如果测量出其单位阶跃响应，可通过曲线来确定 K 和 T 值，确定方法是：$K = c(\infty)$，T 等于 $c(t) = 0.632c(\infty)$ 处的横坐标值。也可根据其初始斜率特性，确定一阶系统的时间常数。

3.4　典型二阶系统的时域响应

一阶系统很简单，改变其时间常数，只会改变其动态响应的速度，而响应模态不变。而改变二阶系统的参数，可能改变动态响应的模态，例如二阶系统可能呈现出与一阶系统类似的单调衰减的模态，也可能呈现出纯粹的振荡响应模态。

用二阶微分方程描述的系统称为二阶系统。从物理上讲，二阶系统包含两个储能元件，如第 2 章中提到的 RLC 网络、弹簧-质量块-阻尼器机械系统等，能量在两个储能元件之间交换，当阻尼不够大时，系统呈现出振荡的特性，所以二阶系统也称为二阶振荡环节。

二阶系统（见图 3.4.1）的典型传递函数为

$$\frac{C(s)}{R(s)} = \frac{\omega_n^2}{s^2 + 2\zeta\omega_n s + \omega_n^2} \tag{3.4.1}$$

式中，ζ 为阻尼系数，ω_n 为无阻尼自然振荡频率。

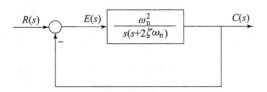

图 3.4.1　标准形式的二阶系统结构图

二阶系统的典型传递函数也可以写成如下形式

$$\frac{C(s)}{R(s)} = \frac{1}{T^2 s^2 + 2\zeta Ts + 1}$$

式中，$T = \dfrac{1}{\omega_n}$。

令式（3.4.1）的分母多项式为零，则二阶系统的特征方程为

$$s^2 + 2\zeta\omega_n s + \omega_n^2 = 0$$

其两个根（闭环极点）为

$$s_{1,2} = -\zeta\omega_n \pm \omega_n\sqrt{\zeta^2 - 1}$$

工程上常根据 ζ 的变化范围，分成 4 种情况讨论。

1. 零阻尼（$\zeta = 0$）二阶系统的单位阶跃响应

当 $\zeta = 0$ 时，二阶系统的特征方程有一对纯虚根。

$$s_{1,2} = \pm j\omega_n \tag{3.4.2}$$

此时，二阶系统的单位阶跃响应为

$$C(s) = \frac{\omega_n^2}{s^2 + \omega_n^2}\frac{1}{s} = \frac{1}{s} - \frac{s}{s^2 + \omega_n^2} \tag{3.4.3}$$

进行拉氏反变换得

$$c(t) = 1 - \cos\omega_n t \quad (t \geqslant 0) \tag{3.4.4}$$

其极点分布及阶跃响应曲线如图 3.4.2（a）所示，系统为无阻尼等幅振荡，振荡频率为 ω_n，振荡周期为 $\dfrac{2\pi}{\omega_n}$。

2. 欠阻尼（$0 < \zeta < 1$）二阶系统的单位阶跃响应

当 $0 < \zeta < 1$ 时，二阶系统特征方程的两个根（闭环极点）为一对具有负实部的共轭复根。即

$$s_{1,2} = -\zeta\omega_n \pm j\omega_n\sqrt{1-\zeta^2} = -\sigma_d \pm j\omega_d \tag{3.4.5}$$

此时，二阶系统可表示为

$$\frac{C(s)}{R(s)} = \frac{\omega_n^2}{(s + \zeta\omega_n + j\omega_d)(s + \zeta\omega_n - j\omega_d)}$$

式中，$\omega_d = \omega_n\sqrt{1-\zeta^2}$ 称为阻尼振荡频率。

当输入信号为单位阶跃信号时，$R(s) = \dfrac{1}{s}$，系统输出为

$$
\begin{aligned}
C(s) &= \frac{\omega_n^2}{(s + \zeta\omega_n - j\omega_d)(s + \zeta\omega_n + j\omega_d)}\frac{1}{s} \\
&= \frac{1}{s} - \frac{s + \zeta\omega_n}{(s + \zeta\omega_n)^2 + \omega_d^2} - \frac{\zeta\omega_n}{(s + \zeta\omega_n)^2 + \omega_d^2}
\end{aligned}
\tag{3.4.6}
$$

对上式取拉氏变换，求得单位阶跃响应为

$$
\begin{aligned}
c(t) &= 1 - e^{-\zeta\omega_n t}\cos\omega_d t - \frac{\zeta}{\sqrt{1-\zeta^2}}e^{-\zeta\omega_n t}\sin\omega_d t \\
&= 1 - \frac{e^{-\zeta\omega_n t}}{\sqrt{1-\zeta^2}}\left(\sqrt{1-\zeta^2}\cos\omega_d t + \zeta\sin\omega_d t\right)
\end{aligned}
$$

$$= 1 - \frac{1}{\sqrt{1-\zeta^2}} e^{-\zeta\omega_n t} \sin\left[\omega_d t + \arctan\frac{\sqrt{1-\zeta^2}}{\zeta}\right]$$

$$= 1 + A e^{-\zeta\omega_n t} \sin(\omega_d t + \beta) \tag{3.4.7}$$

其中，$A = -\dfrac{1}{\sqrt{1-\zeta^2}}$，$\beta = \arctan\dfrac{\sqrt{1-\zeta^2}}{\zeta}$（或者 $\beta = \arccos\zeta$）。

　　由上式可知，当 $0 < \zeta < 1$ 时，二阶系统的单位阶跃响应是以 ω_d 为角频率的衰减振荡，其极点分布及阶跃响应曲线如图 3.4.2（b）所示，随着 ζ 的减小，其振荡加剧。

**　　3. 临界阻尼（$\zeta = 1$）二阶系统的单位阶跃响应**

　　当 $\zeta = 1$ 时，称为临界阻尼。此时，二阶系统的特征方程具有两个相等的负实根。即

$$s_{1,2} = -\omega_n \tag{3.4.8}$$

此时，二阶系统的单位阶跃响应为

$$C(s) = \frac{\omega_n^2}{(s+\omega_n)^2}\frac{1}{s}$$

$$= \frac{1}{s} - \frac{\omega_n}{(s+\omega_n)^2} - \frac{1}{s+\omega_n} \tag{3.4.9}$$

进行拉氏反变换得

$$c(t) = 1 - e^{-\omega_n t}(1 + \omega_n t) \quad (t \geqslant 0) \tag{3.4.10}$$

其极点分布及阶跃响应曲线如图 3.4.2（c）所示。

**　　4. 过阻尼（$\zeta > 1$）二阶系统的单位阶跃响应**

　　当 $\zeta > 1$ 时，二阶系统的特征方程有两个不相等的负实根，即

$$s_1 = -\sigma_1 = -\zeta\omega_n + \omega_n\sqrt{\zeta^2-1} \tag{3.4.11}$$

$$s_2 = -\sigma_2 = -\zeta\omega_n - \omega_n\sqrt{\zeta^2-1} \tag{3.4.12}$$

此时，二阶系统的单位阶跃响应为

$$C(s) = \frac{\omega_n^2}{(s+\zeta\omega_n - \omega_n\sqrt{\zeta^2-1})(s+\zeta\omega_n + \omega_n\sqrt{\zeta^2-1})}\frac{1}{s}$$

$$= \frac{1}{s} - \frac{\dfrac{1}{2(-\zeta^2+\zeta\sqrt{\zeta^2-1}+1)}}{s+\zeta\omega_n - \omega_n\sqrt{\zeta^2-1}} - \frac{\dfrac{1}{2(-\zeta^2-\zeta\sqrt{\zeta^2-1}+1)}}{s+\zeta\omega_n + \omega_n\sqrt{\zeta^2-1}} \tag{3.4.13}$$

进行拉氏反变换得

$$c(t) = 1 - \frac{1}{2(-\zeta^2+\zeta\sqrt{\zeta^2-1}+1)}e^{\left(-\zeta+\sqrt{\zeta^2-1}\right)\omega_n t} - \frac{1}{2(-\zeta^2-\zeta\sqrt{\zeta^2-1}+1)}e^{\left(-\zeta-\sqrt{\zeta^2-1}\right)\omega_n t} \quad (t \geqslant 0)$$

$$\tag{3.4.14}$$

$$= 1 + K_1 e^{-\sigma_1 t} + K_2 e^{-\sigma_2 t}$$

其极点分布及阶跃响应曲线如图 3.4.2（d）所示，系统没有超调，且过渡时间较长。

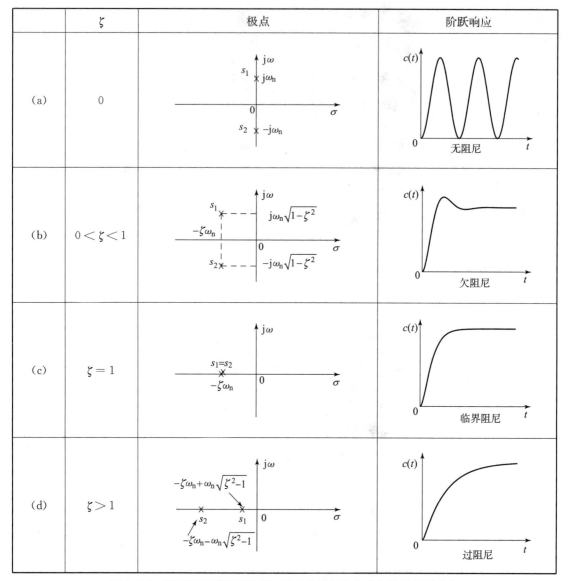

	ζ	极点	阶跃响应
(a)	0		无阻尼
(b)	$0 < \zeta < 1$		欠阻尼
(c)	$\zeta = 1$		临界阻尼
(d)	$\zeta > 1$		过阻尼

图 3.4.2 不同阻尼情况下典型二阶系统的极点分布与单位阶跃响应

通过对四种阻尼情况下二阶系统阶跃响应的分析，我们可以归纳出二阶系统自由响应的特点如下：

（1）过阻尼时，系统有两个实数极点 $-\sigma_1$ 和 $-\sigma_2$，对应的自由响应是两个随时间变化的指数函数，即

$$c(t) = K_1 e^{-\sigma_1 t} + K_2 e^{-\sigma_2 t} \tag{3.4.15}$$

（2）欠阻尼时，系统有一对具有负实部的共轭复根 $-\sigma_d \pm j\omega_d$，对应的自由响应是以 ω_d 为角频率的衰减振荡，包络线是一个指数函数，其时间常数取决于根的实部 $-\sigma_d$。

$$c(t) = A e^{-\sigma_d t} \sin(\omega_d t + \beta) \tag{3.4.16}$$

（3）无阻尼时，系统有一对纯虚根 $\pm j\omega_n$，系统的自由响应为无阻尼等幅振荡，振荡频率是系统的无阻尼自然振荡频率。

$$c(t) = A\cos(\omega_n t) \tag{3.4.17}$$

（4）临界阻尼时，系统有一对重根 $-\sigma_1$，系统的自由响应中，其中一项是指数函数，另一项是时间 t 与指数函数的乘积。即

$$c(t) = K_1 e^{-\sigma_1 t} + K_2\, t e^{-\sigma_1 t} \tag{3.4.18}$$

当 $\omega_n = 3$ 时，图 3.4.3 显示了 $\zeta = 0$（无阻尼）、$\zeta = 0.3$（欠阻尼）、$\zeta = 1$（临界阻尼）、$\zeta = 1.5$（过阻尼）四种情况下的典型二阶系统的单位阶跃响应的形态，清楚地展现了不同阻尼情况下典型二阶系统动态过程的不同。

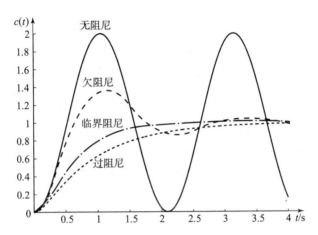

图 3.4.3 不同阻尼情况下典型二阶系统的单位阶跃响应

3.5 欠阻尼二阶系统的动态性能指标

3.5.1 欠阻尼二阶系统

在控制工程中，除了那些不容许产生振荡响应的系统外，通常都希望控制系统具有适度的阻尼、较快的响应速度。二阶控制系统的设计，一般取 $\zeta = 0.4 \sim 0.8$，因此，研究二阶系统最重要的是研究 $0 < \zeta < 1$（即欠阻尼）的情况。

二阶系统传递函数为

$$\frac{C(s)}{R(s)} = \frac{\omega_n^2}{s^2 + 2\zeta\omega_n + \omega_n^2} \tag{3.5.1}$$

当 $0 < \zeta < 1$，其极点为

$$s_{1,2} = -\zeta\omega_n \pm j\omega_n\sqrt{1-\zeta^2} = -\sigma_d \pm j\omega_d$$

其中，衰减系数 σ_d 是闭环极点到虚轴之间的距离；阻尼振荡频率 ω_d 是闭环极点到实轴之间的距离；自然振荡频率 ω_n 是闭环极点到坐标原点之间的距离；ω_n 与负实轴夹角的余弦正好是阻尼系数，即

$$\zeta = \cos\beta \tag{3.5.2}$$

故称 β 为阻尼角，如图 3.5.1 所示。

不同阻尼情况下欠阻尼二阶系统的单位阶跃响应如图 3.5.2 所示，横坐标是规范化时间 $\omega_n t$。

由图可见，二阶欠阻尼系统单位阶跃响应与阻尼系数 ζ 的关系是，阻尼越小，系统过渡过程的振荡越厉害，而自然振荡频率 ω_n 只是时间轴的分度因子，不影响阶跃响应的形态，只是在时间轴上起分度作用。

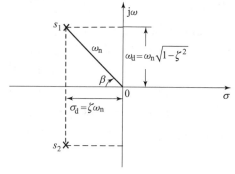

图 3.5.1　欠阻尼二阶系统的特征变量

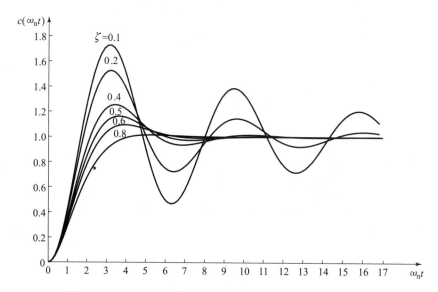

图 3.5.2　不同阻尼情况下欠阻尼二阶系统的单位阶跃响应

3.5.2　欠阻尼二阶系统的动态性能指标定义与计算分析

下面给出二阶欠阻尼系统的动态性能指标的定义，如图 3.5.3 所示。

上升时间 t_r：对于有振荡的系统，可定义为响应从零开始第一次上升到终值所需的时间。上升时间是系统响应速度的一种度量，上升时间越短，响应速度越快。

峰值时间 t_p：指响应超过其终值并到达第一个峰值所需要的时间。

调节时间 t_s：指响应到达并保持在终值±5%（或±2%）内所需的最短时间；终值±5%（或±2%）内的区域常被称为误差带。

超调量 $\sigma_p\%$：指响应的最大偏离量，即峰值 $c(t_p)$ 与终值 $c(\infty)$ 的差与终值 $c(\infty)$ 比的百分数。即

$$\sigma_p\% = \frac{c(t_p) - c(\infty)}{c(\infty)} \times 100\%$$

若 $c(t_p) < c(\infty)$，则响应无超调。超调量又称为最大超调量，或者百分比超调量。

这些指标的定义也适用于二阶以上的系统，只是二阶以上的系统不能得到这些动态性能指标的解析表达式或者其解析表达式很复杂，除非将高阶系统简化为二阶系统。

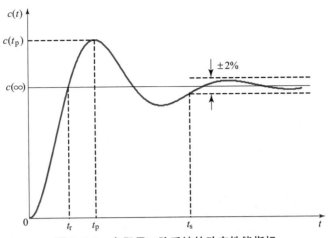

图 3.5.3 欠阻尼二阶系统的动态性能指标

在实际应用中，通常用 t_p 或 t_r 评价系统的响应速度；用 $\sigma_p\%$ 评价系统的阻尼程度；而 t_s 是同时反映系统响应速度和阻尼程度的综合性指标。

下面推导欠阻尼情况下，二阶系统各项性能指标的计算公式。

1. 上升时间 t_r

欠阻尼二阶系统的单位阶跃响应表达式为

$$c(t) = 1 - \frac{\mathrm{e}^{-\zeta\omega_n t}}{\sqrt{1-\zeta^2}}\sin(\omega_d t + \beta) \quad (t \geqslant 0) \tag{3.5.3}$$

如令 $c(t_r) = 1$，则

$$1 = 1 - \frac{\mathrm{e}^{-\zeta\omega_n t_r}}{\sqrt{1-\zeta^2}}\sin(\omega_d t_r + \beta)$$

因为 $\mathrm{e}^{-\zeta\omega_n t_r} \neq 0$，所以

$$\sin(\omega_d t_r + \beta) = 0$$

即

$$\omega_d t_r + \beta = \pi$$

则可得

$$t_r = \frac{1}{\omega_d}(\pi - \beta) = \frac{\pi - \beta}{\omega_d} \tag{3.5.4}$$

其中

$$\beta = \arctan\frac{\sqrt{1-\zeta^2}}{\zeta} = \arccos\zeta$$

还可以把上升时间表达为如下规范化形式

$$\omega_n t_r = \frac{\pi - \beta}{\zeta} \tag{3.5.5}$$

$\omega_n t_r$ 与阻尼系数的关系如图 3.5.4 所示。由图可见，阻尼系数越大，$\omega_n t_r$ 越大。

如果上升时间的定义采用如类似一阶系统的定义，即定义为响应从终值的 10% 上升到 90% 所需的时间，则不能得到上升时间与阻尼比之间的精确解析表达式，但是基于欠阻尼二阶系统的阶跃响应数学表达式，并利用计算机进行数值计算，可以求解出上升时间的近似计算公式为

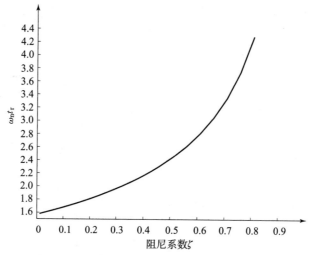

图 3.5.4 欠阻尼二阶系统规范化上升时间 $\omega_n t_r$ 与阻尼比的关系曲线

$$\omega_n t_r = 1.76\zeta^3 - 0.417\zeta^2 + 1.039\zeta + 1 \tag{3.5.6}$$

若 $\zeta = 0.6$，则

$$t_r \approx \frac{1.85}{\omega_n} \tag{3.5.7}$$

2. 峰值时间 t_p

对式（3.5.3）求导，并令其为零，即

$$\frac{\mathrm{d}c(t)}{\mathrm{d}t} = 0$$

得

$$\zeta\omega_n \mathrm{e}^{-\zeta\omega_n t}\sin(\omega_d t + \beta) - \omega_d \mathrm{e}^{-\zeta\omega_n t}\cos(\omega_d t + \beta) = 0$$

整理得

$$\tan(\omega_d t + \beta) = \frac{\sqrt{1-\zeta^2}}{\zeta} = \tan\beta \tag{3.5.8}$$

由式（3.5.8）得

$$\omega_d t = k\pi \quad (k = 0, 1, 2, \cdots)$$

当 $k = 1$ 时，$c(t)$ 第一次出现极大值，故

$$t_p = \frac{\pi}{\omega_d} \tag{3.5.9}$$

因此，当欠阻尼二阶系统的极点在复平面上向左移动时，如图 3.5.5（a）所示，系统的峰值时间不变，单位阶跃响应的振荡频率也不变，如图 3.5.5（b）所示。

3. 超调量 $\sigma_p\%$

将式（3.5.9）代入式（3.5.3）得

$$c(t_p) = 1 - \frac{\mathrm{e}^{-\pi\zeta/\sqrt{1-\zeta^2}}}{\sqrt{1-\zeta^2}}\sin(\pi + \arcsin\sqrt{1-\zeta^2})$$

$$= 1 + \mathrm{e}^{-\pi\zeta/\sqrt{1-\zeta^2}}$$

按照超调量定义，并考虑到 $c(\infty) = 1$，求得

$$\sigma_p\% = \mathrm{e}^{-\pi\zeta/\sqrt{1-\zeta^2}} \times 100\% \tag{3.5.10}$$

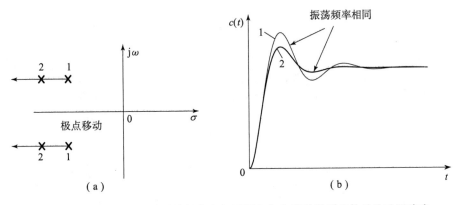

图 3.5.5　欠阻尼二阶系统的极点在复平面上向左移动及对应的单位阶跃响应

（a）极点在复平面上向左移动；（b）对应的单位阶跃响应

欠阻尼二阶系统 ζ 与 $\sigma_p\%$ 的关系曲线如图 3.5.6 所示。

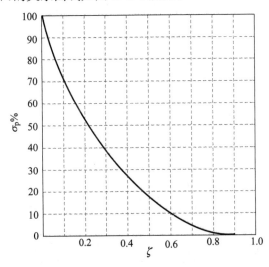

图 3.5.6　欠阻尼二阶系统 ζ 与 $\sigma_p\%$ 关系曲线

可见，欠阻尼二阶系统的超调量只与阻尼系数有关，且阻尼系数越大，超调量越小。若已知超调量，则阻尼系数的求解公式如下：

$$\zeta = \frac{-\ln(\sigma_p\%)}{\sqrt{\pi^2 + \ln^2(\sigma_p\%)}} \tag{3.5.11}$$

4. 调节时间 t_s

由式（3.5.3）知，欠阻尼二阶系统单位阶跃响应的包络线是曲线 $1 \pm \dfrac{\mathrm{e}^{-\zeta\omega_n t}}{\sqrt{1-\zeta^2}}$，整个响应曲线总是包含在这一对包络线之内，如图 3.5.7 所示。

为计算方便，往往采用包络线代替实际响应来估算调节时间，认为包络线进入允许误差带的时间是调节时间 t_s，这时 t_s 满足

$$\frac{\mathrm{e}^{-\zeta\omega_n t_s}}{\sqrt{1-\zeta^2}} = \Delta \tag{3.5.12}$$

其中，$\Delta = 2\%$ 或者 $\Delta = 5\%$。

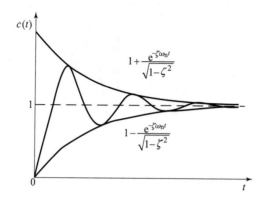

图3.5.7 二阶系统单位阶跃响应的包络线

对式（3.5.12）两端取自然对数，得

$$-\zeta\omega_n t_s - \ln\sqrt{1-\zeta^2} = \ln\Delta$$

$$t_s = \frac{-\ln\Delta - \ln\sqrt{1-\zeta^2}}{\zeta\omega_n}$$

若满足 $\zeta^2 \ll 1$，则有

$$\ln\sqrt{1-\zeta^2} \approx 0$$

当 $\Delta = 5\%$ 时，t_s 的近似表达式为

$$t_s \approx \frac{-\ln 0.05}{\zeta\omega_n} \approx \frac{3}{\zeta\omega_n} = \frac{3}{\sigma_d} \tag{3.5.13}$$

当 $\Delta = 2\%$ 时，得

$$t_s \approx \frac{-\ln 0.02}{\zeta\omega_n} \approx \frac{4}{\zeta\omega_n} = \frac{4}{\sigma_d} \tag{3.5.14}$$

式（3.5.13）及式（3.5.14）表明，调节时间与闭环极点的实部数值成反比，闭环极点距虚轴的距离越远，系统的调节时间越短。

在图3.5.5中，当欠阻尼二阶系统的极点在复平面上向左移动时，系统的调节时间变小。

当欠阻尼二阶系统的极点在复平面上向上移动时，如图3.5.8（a）所示，系统的振荡频率增大，但是调节时间不变，单位阶跃响应的包络线基本一致，如图3.5.8（b）所示。

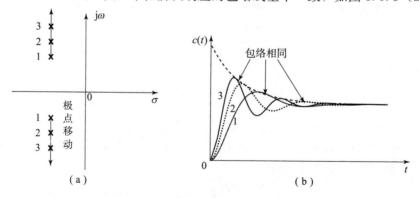

图3.5.8 二阶欠阻尼系统的极点在复平面上向上移动及对应的单位阶跃响应曲线

（a）极点在复平面上向上移动；（b）对应的单位阶跃响应

　　由于阻尼系数主要根据对系统超调量的要求来确定，所以调节时间主要由自然振荡频率来决定。若能保持阻尼系数不变而加大自然振荡频率值，则可以在不改变超调量的情况下缩短调节时间。

　　从上述各项动态性能指标的计算公式可以看出，各指标之间是有矛盾的，例如上升时间和超调量，即响应速度和阻尼程度不能同时达到满意的结果。因此对于既要增强系统的阻尼程度、又要求系统具有较快的响应速度的二阶系统设计，需要采取合理的折中方案或者补偿方案，才能达到期望的目的。

　　【例 3.5.1】 若系统闭环传递函数为

$$\Phi(s) = \frac{1\,000}{s^2 + 34.5s + 1\,000}$$

试求其单位阶跃响应表达式及性能指标。

　　【解】 根据系统闭环传递函数表达式，可得系统无阻尼自然振荡频率及阻尼系数分别为

$$\omega_n = \sqrt{1\,000} = 31.6\,(\text{rad/s})$$

$$\zeta = \frac{34.5}{2\omega_n} = \frac{34.5}{2 \times 31.6} = 0.546$$

此系统工作在欠阻尼情况，其单位阶跃响应为

$$
\begin{aligned}
c(t) &= 1 - \frac{e^{-\zeta\omega_n t}}{\sqrt{1-\zeta^2}}\sin\left(\omega_n\sqrt{1-\zeta^2}\,t + \arctan\frac{\sqrt{1-\zeta^2}}{\zeta}\right) \\
&= 1 - \frac{e^{-0.546 \times 31.6 t}}{\sqrt{1-0.546^2}}\sin\left(31.6\sqrt{1-0.546^2}\,t + \arctan\frac{\sqrt{1-0.546^2}}{0.546}\right) \\
&= 1 - 1.19e^{-17.25t}\sin(26.47t + 0.993) \quad (t \geqslant 0)
\end{aligned}
$$

其性能指标为

$$t_r = \frac{\pi - \beta}{\omega_n\sqrt{1-\zeta^2}} = \frac{\pi - 0.993}{31.6\sqrt{1-0.546^2}} = 0.085\,(\text{s})$$

$$t_p = \frac{\pi}{\omega_n\sqrt{1-\zeta^2}} = \frac{\pi}{31.6\sqrt{1-0.546^2}} = 0.11\,(\text{s})$$

$$t_s(\Delta = 5\%) = \frac{3}{\zeta\omega_n} = \frac{3}{0.546 \times 31.6} = 0.174\,(\text{s})$$

$$t_s(\Delta = 2\%) = \frac{4}{\zeta\omega_n} = \frac{4}{0.546 \times 31.6} = 0.232\,(\text{s})$$

$$\sigma_p\% = e^{-\pi\zeta/\sqrt{1-\zeta^2}} \times 100\% = e^{-\pi \times 0.546/\sqrt{1-0.546^2}} \times 100\% = 12.9\%$$

　　【例 3.5.2】 单位反馈二阶系统的单位阶跃响应曲线如图 3.5.9 所示，试确定其闭环传递函数和开环传递函数。

　　【解】 对式 $\sigma_p\% = e^{-\pi\zeta/\sqrt{1-\zeta^2}} \times 100\%$ 两端取自然对数有

$$\ln(\sigma_p\%) = -\pi\zeta/\sqrt{1-\zeta^2}$$

$$-\frac{\pi}{\ln(\sigma_p\%)} = \frac{\sqrt{1-\zeta^2}}{\zeta} = \tan\beta$$

$$\beta = \arctan\left[-\frac{\pi}{\ln(\sigma_p\%)}\right]$$

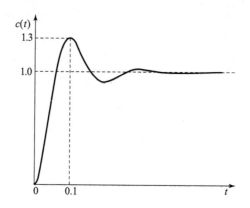

图 3.5.9　例 3.5.2 系统的单位阶跃响应曲线

$$\zeta = \cos\beta = \cos\left\{\arctan\left[-\frac{\pi}{\ln(\sigma_p\%)}\right]\right\} \qquad (3.5.15)$$

由图 3.5.9 可知，$\sigma_p\% = 30\%$ 和 $t_p = 0.1$ s，把数值代入式（3.5.15），得

$$\zeta = \cos\left\{\arctan\left[-\frac{\pi}{\ln 0.3}\right]\right\} = 0.358$$

由式（3.5.9）可计算得

$$\omega_n = \frac{\pi}{t_p\sqrt{1-\zeta^2}} = \frac{\pi}{0.1 \times \sqrt{1-0.358^2}} = 33.6 \text{（rad/s）}$$

系统闭环传递函数和开环传递函数为

$$\begin{aligned}
\Phi(s) &= \frac{\omega_n^2}{s^2 + 2\zeta\omega_n s + \omega_n^2} \\
&= \frac{33.6^2}{s^2 + 2 \times 0.358 \times 33.6 s + 33.6^2} \\
&= \frac{33.6^2}{s^2 + 24.06 s + 1\,128.96}
\end{aligned}$$

$$G(s) = \frac{\Phi(s)}{1-\Phi(s)} = \frac{1\,128.96}{s(s+24.06)}$$

综合二阶系统性能指标与 ζ、ω_n 的关系可以得出结论：当 ζ 值取 0.7 左右时，t_s 最小，$\sigma_p\%$ 也不大，而 ω_n 则越大越好。一般工程上取 $0.5 \leqslant \zeta \leqslant 0.8$ 范围之内，并根据可能将 ω_n 尽量取大一些。如果把这一要求反映到零极点分布图上，则要求闭环极点为一对共轭复数，极点与负实轴夹角 β 在 45° 左右，且与虚轴的距离越远越好。事实上，根据 $\beta = \arccos\zeta$ 可求出：当 $\zeta = 0.5$ 时，$\beta = 60°$；当 $\zeta = 0.707$ 时，$\beta = 45°$；当 $\zeta = 0.8$ 时，$\beta = 36.8°$。因此，在设计控制系统时，根据对系统过渡过程性能指标的要求，应把闭环传递函数的极点限定在 s 平面的某一范围内，例如闭环极点在图 3.5.10 中所示的阴影范围之内时，系统满足 $\zeta \geqslant 0.5$，$t_s \leqslant 4/\sigma_d$。

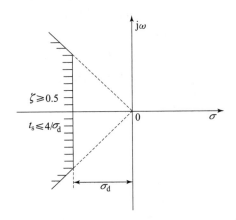

图 3.5.10　期望闭环传递函数的极点在复平面上的位置

3.6　二阶系统动态性能的改善措施

在改善二阶系统动态性能的设计方法中，比例微分控制和测速反馈控制是两种常用的方法。

3.6.1　比例微分控制

设比例微分（PD）控制的二阶系统如图 3.6.1 所示。图中，$E(s)$ 为偏差信号，T_d 为微分器时间常数。比例微分控制是一种超前控制，可在出现位置误差前，提前产生修正作用，从而达到改善系统性能的目的。下面先从物理概念，再用分析方法，说明比例微分控制可以改善系统动态性能的原因。

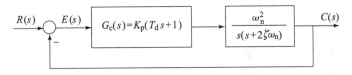

图 3.6.1　二阶系统的比例微分控制

比例微分控制器的传递函数为：

$$G_c(s) = K_p(T_d s + 1) \tag{3.6.1}$$

比例微分控制器的输出与输入信号的关系如下：

$$u(t) = K_p e(t) + K_p T_d \frac{de(t)}{dt} \tag{3.6.2}$$

图 3.6.2 形象给出了单位阶跃输入作用下 PD 控制器输出的控制信号 $u(t)$ 的典型变化曲线。由图可见，如果不引入微分控制，则系统在比例控制下，仅仅依靠调节开环增益 K_p 很难同时满足动态响应的快速性与平稳性（超调量）的要求。例如若增大 K_p，可以提高响应的速度，但由于受控系统存在惯性，在 $t = t_2$ 时刻，虽然 $e(t_2) = 0$，但 $c(t)$ 不可能立即停下来，还要继续增大，从而出现超调和振荡；若减小 K_p，可以消除振荡但是响应很迟缓。而引入微分控制后，$u(t)$ 的变化曲线在时间上"超前"$e(t)$ 的变化曲线，其提前量为 $(t_1 -$

t_2)，在 $t = t_1$ 时刻有 $u(t_1) = 0$；而在 t_1 到 t_2 的区间内，$u(t)$ 为负，它可以抑制 $c(t)$ 的增大，故采用比例微分控制的系统比单纯比例控制系统响应速度快而且超调量又小。

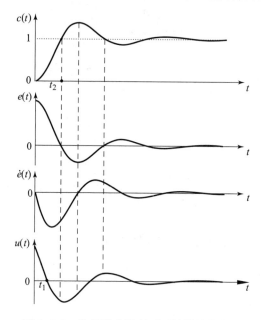

图 3.6.2　比例微分控制时系统的特性曲线

可见微分控制能够反映偏差信号的变化趋势，能在偏差信号出现或者变化的瞬间，立即根据变化的趋势产生超前的"预见"调节作用，从而改善系统的动态性能。

图 3.6.1 所示系统的闭环传递函数为

$$\frac{C(s)}{R(s)} = \frac{K_p\omega_n^2(1 + T_d s)}{s^2 + (2\zeta\omega_n + K_p\omega_n^2 T_d)s + K_p\omega_n^2} = \frac{\omega_{nd}^2(1 + T_d s)}{s^2 + 2\zeta_d\omega_{nd}s + \omega_{nd}^2}$$

闭环系统的特征方程为

$$s^2 + (2\zeta\omega_n + K_p\omega_n^2 T_d)s + K_p\omega_n^2 = 0$$

该系统的阻尼比和自然振荡频率为

$$\zeta_d = \frac{2\zeta + K_p\omega_n T_d}{2\sqrt{K_p}} \qquad \omega_{nd} = \omega_n\sqrt{K_p} \tag{3.6.3}$$

因此通过选择合适的 T_d 和 K_p，可以增大阻尼，降低系统单位阶跃响应的超调量，增大自然振荡频率，减少系统的上升时间和调节时间。

微分控制的缺点是，对噪声信号有明显的放大作用，在噪声干扰显著的场合不宜单独使用比例微分控制。另外由于比例微分控制对突变信号的响应比较强烈，因此可以对参考输入信号安排过渡过程，避免突变。还可以将微分控制放在反馈回路上，使得系统的参考输入不受"微分项"的微分作用，这样即使参考输入发生突变，控制器输出的控制信号也会比较平稳，这就是下面要介绍的测速反馈控制。

3.6.2　测速反馈控制

测速反馈控制是将输出信号的微分反馈到系统输入端，并与偏差信号进行比较，其效果与比例微分控制一样，也是增大阻尼，降低超调量，改善系统动态性能。

图 3.6.3 是二阶系统的测速反馈控制结构图，系统的开环传递函数为

$$G(s) = \frac{\omega_n^2}{s(s + 2\zeta\omega_n + \omega_n^2 K_t)} = \frac{\omega_n}{2\zeta + \omega_n K_t} \times \frac{1}{s[s/(2\zeta\omega_n + \omega_n^2 K_t) + 1]}$$

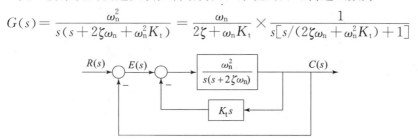

图 3.6.3　二阶系统的测速反馈控制结构图

可见开环传递函数的增益降低为

$$K = \frac{\omega_n}{2\zeta + \omega_n K_t} \tag{3.6.4}$$

其闭环传递函数为

$$\frac{C(s)}{R(s)} = \frac{\omega_n^2}{s^2 + (2\zeta\omega_n + \omega_n^2 K_t)s + \omega_n^2} = \frac{\omega_n^2}{s^2 + 2\zeta_t\omega_n s + \omega_n^2}$$

则测速反馈控制的二阶系统阻尼比为

$$\zeta_t = \zeta + \frac{1}{2} K_t \omega_n \tag{3.6.5}$$

可见，测速反馈可增大系统的阻尼，降低超调量，但不改变系统的自然振荡频率。

在设计测速反馈控制系统时，可以适当选择测速反馈系数 K_t，使阻尼系数 ζ_t 在 $0.4 \sim 0.8$ 之间。

由于测速反馈不形成闭环零点，因此测速反馈与比例微分控制对系统动态性能的改善程度不同。比例微分控制在系统中加入了实零点，可以减小上升时间，在相同阻尼系数的条件下，比例微分控制系统的超调量会大于测速反馈控制系统的超调量。

3.7　附加极点和零点对二阶系统响应的影响

3.5 节给出的二阶系统动态性能的计算公式仅对式（3.5.1）所描述的典型的欠阻尼二阶系统是精确的，即系统具有一对共轭复数极点，没有零点。当极点超过两个或者有零点的系统可以近似为只有一对主导共轭复数极点的典型欠阻尼二阶系统时，就可以用 3.5 节给出的动态性能计算公式近似分析系统的阶跃响应特性，否则不能用。下面主要讨论在典型二阶系统上附加极点和零点对系统阶跃响应的影响。

3.7.1　附加极点对二阶系统响应的影响

在典型二阶闭环系统上附加一个极点后，系统变为三阶系统，其传递函数为

$$\Phi(s) = \frac{\omega_n^2}{(s^2 + 2\zeta\omega_n s + \omega_n^2)\left(\frac{1}{\gamma}s + 1\right)} \tag{3.7.1}$$

$s = -\gamma$ 是附加极点。当 $\omega_n = 1$、$\zeta = 0.5$ 时，三阶系统各极点在复平面上的位置分布如图 3.7.1 所示。当 γ 分别为 1、2.5、5 时，三阶系统的单位阶跃响应如图 3.7.2 所示。

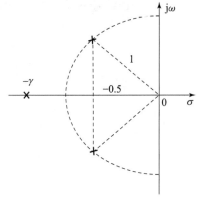

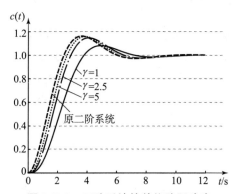

图 3.7.1　三阶系统各极点在复平面上的位置分布　　图 3.7.2　三阶系统的单位阶跃响应

由图可见，在二阶系统上附加极点后，系统的响应变慢，超调量变小，极点越是靠近虚轴，这种影响就越大。反之，当附加极点远离虚轴时，这个极点的影响就可以忽略，三阶系统就可以降为二阶系统。

通过对三阶系统的单位阶跃响应的像函数 $C(s)$ 进行部分分式展开，观察各极点对应的留数，也会很容易理解为何可以忽略远离虚轴的极点。

三阶系统的单位阶跃响应的像函数为

$$C(s) = \frac{\omega_n^2}{(s^2 + 2\zeta\omega_n s + \omega_n^2)\left(\frac{1}{\gamma}s + 1\right)}$$

$$= \frac{A}{s} + \frac{B}{s + \zeta\omega_n + j\omega_d} + \frac{C}{s + \zeta\omega_n - j\omega_d} + \frac{D}{s + \gamma} \tag{3.7.2}$$

其中留数 D 为

$$D = \frac{\omega_n^2}{s(s + \zeta\omega_n + j\omega_d)(s + \zeta\omega_n - j\omega_d)}\bigg|_{s \to -\gamma}$$

$$= \frac{\omega_n^2}{(-\gamma)(-\gamma + \zeta\omega_n + j\omega_d)(-\gamma + \zeta\omega_n - j\omega_d)} \tag{3.7.3}$$

可见，附加极点越是远离虚轴，越是远离原二阶系统的极点，留数 D 就越小，这个极点的影响就越是可以忽略。而且附加极点越是远离虚轴，在系统阶跃响应中其对应的自由响应 $e^{-\gamma t}$ 衰减得越快，在整个系统到达稳态之前其影响早已消失。一般在工程中，当附加极点至虚轴的距离大于原二阶系统的极点至虚轴的距离的 5 倍时，其对应的自由响应对过渡过程的影响就可以忽略了。

3.7.2　附加零点对二阶系统响应的影响

假设附加零点的二阶系统的闭环传递函数为

$$\Phi(s) = \frac{\omega_n^2\left(\frac{1}{a}s + 1\right)}{s^2 + 2\zeta\omega_n s + \omega_n^2} \tag{3.7.4}$$

附加的零点为 $z = -a$。先讨论 $a > 0$ 的情况。

1. $a > 0$ 的情况

若原二阶系统的单位阶跃响应像函数为 $C_1(s)$，则附加零点的二阶系统的阶跃响应为

$$C(s) = \left(\frac{1}{a}s + 1\right)C_1(s) = C_1(s) + \frac{1}{a}s\,C_1(s)$$

$$c(t) = c_1(t) + \frac{1}{a}\frac{\mathrm{d}c_1(t)}{\mathrm{d}(t)} = c_1(t) + c_2(t) \tag{3.7.5}$$

即系统的输出由两部分组成：原系统响应与原二阶系统响应的微分的 $1/a$ 倍。当 a 很大时，零点 $z = -a$ 远离虚轴，则附加零点的典型二阶系统的阶跃响应近似为 $c_1(t)$，即附加零点对系统的影响可以忽略；当 a 比较小时，原二阶系统响应的微分量 $c_2(t)$ 将对系统输出产生影响，不能忽略。一般情况下，$c_2(t)$ 的影响是使 $c(t)$ 比 $c_1(t)$ 响应迅速且具有较大的超调量。比如，取 $\zeta = 0.35$、$\omega_n = 2$、$a = 2$ 时，附加零点的二阶系统的闭环传递函数为

$$\Phi(s) = \frac{4(0.5s + 1)}{s^2 + 1.4s + 4}$$

对应的 $c(t)$、$c_1(t)$ 和 $c_2(t)$ 的曲线如图 3.7.3 所示。

因此，零点对系统瞬态特性的影响，主要表现在所叠加的微分分量上，原二阶系统的阶跃响应在初始段的微分量为正，该量叠加在原二阶系统的第一个超调附近，因此当 a 较小（零点接近虚轴）时，系统的超调量会变大，振荡加剧，响应加快。如果在变化缓慢的系统中，精心引入合适的零点，则可有效地改变系统的瞬态响应。a 越小，即零点越接近虚轴，原二阶系统响应的微分量越大，对系统的输出影响越大，如图 3.7.4 所示。

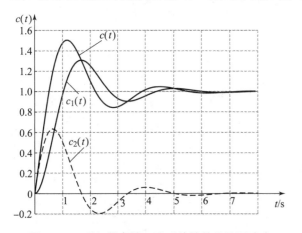

图 3.7.3　附加零点的二阶系统的单位阶跃响应

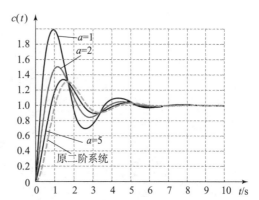

图 3.7.4　附加零点离虚轴远近对系统
阶跃响应的影响

2. $a < 0$ 的情况

如果 a 为负的，即 $a < 0$，则附加零点在右半平面，附加零点的典型二阶系统的阶跃响应形式上仍为

$$C(s) = \left(\frac{1}{a}s + 1\right)C_1(s) = C_1(s) + \frac{1}{a}sC_1(s)$$

$$c(t) = c_1(t) + \frac{1}{a}\frac{\mathrm{d}c_1(t)}{\mathrm{d}(t)} = c_1(t) + c_2(t)$$

但阶跃响应的初始段微分量变为负的，如果 $c_2(t)$ 的绝对值大于 $c_1(t)$，则系统在初始段的响应将与原二阶系统初始段的响应方向相反。取 $\zeta = 0.35$、$\omega_n = 2$、$a = -2$ 时，系统闭环传递函数为

$$\Phi(s) = \frac{4(-0.5s+1)}{s^2+1.4s+4}$$

该系统的单位阶跃响应曲线如图 3.7.5 中的 $c(t)$ 所示，$c_1(t)$ 为原二阶系统的响应，$c_2(t) = \frac{1}{a}\frac{\mathrm{d}c_1(t)}{\mathrm{d}(t)}$。尽管终值是正的，但是系统的初始段响应偏向负的方向，具有这种现象的系统被称为**非最小相位系统**。非最小相位系统在控制工程中相当普遍，例如飞机的高度控制、柔性结构的姿态控制、蒸汽发电厂锅炉的液位控制系统等。因此，对非最小相位系统进行分析和研究具有重要的实际意义。

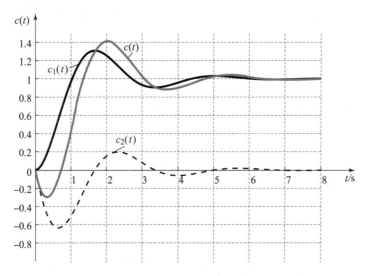

图 3.7.5 附加负零点的二阶系统的单位阶跃响应

当一个系统为非最小相位系统时，如果给它向右转向的指令，它开始时会先向左转，然后再向右转。

3.8 高阶系统的时域分析

3.8.1 高阶系统的瞬态响应

高阶系统的闭环传递函数可写成

$$\Phi(s) = \frac{b_0 s^m + b_1 s^{m-1} + \cdots + b_{m-1}s + b_m}{a_0 s^n + a_1 s^{n-1} + \cdots + a_{n-1}s + a_n}$$

$$= \frac{K(s-z_1)(s-z_2)\cdots(s-z_m)}{(s-s_1)(s-s_2)\cdots(s-s_n)}$$

式中，$K = b_0/a_0$，$z_j(j=1,2,\cdots,m)$ 为闭环系统零点，$s_i(i=1,2,\cdots,n)$ 为闭环系统极点。

高阶系统单位阶跃响应的像函数为

$$C(s) = \Phi(s)\frac{1}{s} = \frac{K(s-z_1)(s-z_2)\cdots(s-z_m)}{(s-s_1)(s-s_2)\cdots(s-s_n)}\frac{1}{s}$$

如果闭环极点 $s_i(i=1,2,\cdots,n)$ 相异，则上式可写成

$$C(s) = \frac{A}{s} + \frac{B_1}{s - s_1} + \frac{B_2}{s - s_2} + \cdots + \frac{B_n}{s - s_n}$$

式中

$$A = \Phi(0)$$

$$
\begin{aligned}
B_i &= \Phi(s) \left. \frac{s - s_i}{s} \right|_{s = s_i} = \left. \frac{K(s - z_1)(s - z_2) \cdots (s - z_m)}{(s - s_1)(s - s_2) \cdots (s - s_n)} \frac{s - s_i}{s} \right|_{s = s_i} \\
&= \frac{K(s_i - z_1)(s_i - z_2) \cdots (s_i - z_m)}{(s_i - s_1) \cdots (s_i - s_{i-1})(s_i - s_{i+1}) \cdots (s_i - s_n)} \frac{1}{s_i}
\end{aligned}
\tag{3.8.1}
$$

则高阶系统的单位阶跃响应为

$$c(t) = A + B_1 e^{s_1 t} + B_2 e^{s_2 t} + \cdots + B_n e^{s_n t}$$

1. 极点至虚轴的相对距离对系统动态响应的影响

前面已经讲过，系统闭环极点的位置蕴含了丰富的系统过渡过程响应特性信息，决定了系统的自由响应模态。当闭环系统的极点具有负实部时，其对应的自由响应将随时间 t 的增大而单调衰减或者振荡衰减至零，其中远离虚轴的极点所对应的自由响应衰减得很快，在整个系统到达稳态之前早已消失；另外，远离虚轴的极点对应的留数很小，其自由响应在整个系统过渡过程响应中所占的比重较小，因此可以忽略远离虚轴的极点对系统动态过程的影响。而那些离虚轴较近的极点所对应的自由响应衰减得很慢，其对应的留数也较大，在整个动态过程中始终起主导作用，所以动态过程的主要特征取决于靠近虚轴的极点。

经验证明，某些极点至虚轴的距离大于最靠近虚轴的极点至虚轴的距离 5 倍时，其对应的自由分量对动态过程的影响可以忽略，即这些极点可以从闭环传递函数中去掉，达到系统降阶的目的。注意消去极点前后，系统的稳态增益需保持不变，即 s 趋于零时系统的增益保持不变。

2. 零极点相对距离对系统动态响应的影响

由式（3.8.1）可知，留数 B_i 的表达式的分子为所有零点至极点 s_i 的矢量之积，如果在 s_i 附近有零点，则 B_i 的数值将变小；而当这一对零极点的距离小于该极点至虚轴的距离的十分之一时，B_i 的数值将很小，以致 s_i 对应的自由响应对动态过程的影响可以忽略，这对零极点称为**偶极子**。偶极子可以同时从闭环传递函数的分子、分母中去掉，这样也达到了系统降阶的目的。

例如，设一系统的闭环传递函数如下：

$$\Phi(s) = \frac{26.25(s + 4)}{(s + 4.01)(s + 5)(s + 6)}$$

则系统的单位阶跃响应输出为

$$C(s) = \frac{26.25(s + 4)}{s(s + 4.01)(s + 5)(s + 6)}$$

其部分分式展开式为

$$C(s) = \frac{0.87}{s} - \frac{5.3}{s + 5} + \frac{4.4}{s + 6} + \frac{0.033}{s + 4.01}$$

−4.01 的极点与零点 −4 的距离最近，其对应的留数大小为 0.033，比其他两个极点的留数低两个数量级，因此我们可以省略这个极点对应的响应，从而将原三阶系统近似为二阶系统，系统单位阶跃响应输出近似为：

$$c_2(t) = 0.87 - 5.3 e^{-5t} + 4.4 e^{-6t}$$

3.8.2　闭环主导极点

总体而言，极点的位置决定了闭环系统的瞬态响应模态，零点则决定了每个模态的相对权重。若将零点移动到某个特定极点的近旁，将降低该极点对系统响应的影响。如果系统极点在左半 s 平面，则无论系统极点是实数极点还是共轭复数极点，其对应的瞬态响应分量都是衰减的，且衰减的快慢取决于该极点距离虚轴的距离，极点离虚轴越远，衰减就越快。

一个高阶系统，如果存在靠近虚轴的实数极点或一对共轭复数极点，并且在其附近又无零点，其他极点或因远离虚轴而被忽略，或者因为成为偶极子而被忽略，则靠近虚轴的实数极点或这对共轭复数极点称为此高阶系统的闭环主导极点，它决定系统过渡过程的主要特征。由于欠阻尼情况的二阶系统有较好的过渡过程品质，所以在实际系统中常取主导极点为共轭复数。具有一对共轭复数主导极点的高阶系统，可用其主导极点所对应的二阶系统来近似，此二阶系统称为原高阶系统的等效二阶系统，并可通过对等效二阶系统的分析来估计原高阶系统的过渡过程性能指标。

【例 3.8.1】若单位反馈系统开环传递函数为

$$G(s) = \frac{20(0.208s + 1)}{s(0.1s + 1)(0.05s + 1)(0.015s + 1)}$$

试求其单位阶跃响应。

【解】系统闭环传递函数为

$$\Phi(s) = \frac{20(0.208s + 1)}{s(0.1s + 1)(0.05s + 1)(0.015s + 1) + 20(0.208s + 1)}$$

$$= \frac{55\,466.7s + 266\,666.7}{s^4 + 96.7s^3 + 2\,200s^2 + 68\,800s + 266\,666.7}$$

应用计算机解高阶代数方程方法求出闭环系统极点，并将上式写成下面因式相乘积形式

$$\Phi(s) = \frac{55\,466.7(s + 4.8)}{(s + 4.38)(s + 79.33)(s + 6.48 - j26.95)(s + 6.48 + j26.95)}$$

其闭环零极点示于图 3.8.1。

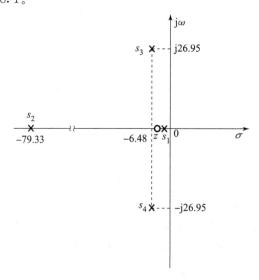

图 3.8.1　例 3.8.1 系统的闭环零极点图

系统单位阶跃响应的拉氏变换为

$$C(s) = \Phi(s)\frac{1}{s}$$

$$= \frac{55\,466.7(s+4.8)}{(s+4.38)(s+79.33)(s+6.48-\mathrm{j}26.95)(s+6.48+\mathrm{j}26.95)}\frac{1}{s}$$

$$= \frac{A}{s} + \frac{B_1}{s+4.38} + \frac{B_2}{s+79.33} + \frac{B_3}{s+6.48-\mathrm{j}26.95} + \frac{B_3^*}{s+6.48+\mathrm{j}26.95}$$

式中

$$A = \Phi(0) = 1$$

$$B_1 = \left.\frac{55\,466.7(s+4.8)}{s(s+79.33)(s+6.48-\mathrm{j}26.95)(s+6.48+\mathrm{j}26.95)}\right|_{s=-4.38} = -0.097$$

$$B_2 = \left.\frac{55\,466.7(s+4.8)}{s(s+4.38)(s+6.48-\mathrm{j}26.95)(s+6.48+\mathrm{j}26.95)}\right|_{s=-79.33} = -0.115$$

$$B_3 = \left.\frac{55\,466.7(s+4.8)}{s(s+4.38)(s+79.33)(s+6.48+\mathrm{j}26.95)}\right|_{s=-6.48+\mathrm{j}26.95} = -0.392\,5+\mathrm{j}0.271\,9$$

$$B_3^* = -0.392\,5-\mathrm{j}0.271\,9$$

则得单位阶跃响应为

$$c(t) = 1 - 0.097\mathrm{e}^{-4.38t} - 0.115\mathrm{e}^{-79.33t} + 0.954\mathrm{e}^{-6.48t}\cos(26.95t+2.53) \quad (t \geqslant 0)$$

【例 3.8.2】 试求例 3.8.1 系统的等效二阶系统及其性能指标。

【解】 由图 3.8.1 可见，最靠近虚轴的极点是 $s_1 = -4.38$，但其附近有一零点 $z = -4.8$，零极点之间的距离与 s_1 至虚轴的距离之比为 10.42，所以 s_1 与 z 形成偶极子；而 s_2 与 s_3 至虚轴的距离之比为：$79.33/6.48 = 12.48$，s_2 对过渡过程的影响也可以忽略。因此本系统可以化成等效二阶系统。为使等效二阶系统与原系统有相同增益，需将原系统中要略去的因子化成典型环节形式后再简化。即

$$\Phi(s) = \frac{55\,466.7(s+4.8)}{(s+4.38)(s+79.33)(s+6.48-\mathrm{j}26.95)(s+6.48+\mathrm{j}26.95)}$$

$$= \frac{766.24(0.208s+1)}{(0.228s+1)(0.012\,6s+1)(s+6.48-\mathrm{j}26.95)(s+6.48+\mathrm{j}26.95)}$$

$$\approx \frac{766.24}{(s+6.48-\mathrm{j}26.95)(s+6.48+\mathrm{j}26.95)}$$

$$= \frac{766.24}{s^2+12.96s+766.24}$$

$$= \frac{\omega_n^2}{s^2+2\zeta\omega_n s+\omega_n^2}$$

式中

$$\omega_n = \sqrt{766.24} = 27.68 \ (\mathrm{rad/s})$$

$$\zeta = 12.96 \div 2 \div 27.68 = 0.234$$

等效二阶系统的过渡过程性能指标为

$$\sigma_p\% = \mathrm{e}^{-\pi\zeta/\sqrt{1-\zeta^2}} \times 100\% = \mathrm{e}^{-\pi \times 0.234/\sqrt{1-0.234^2}} \times 100\% = 46.9\%$$

$$t_s(\Delta=5\%) = \frac{3}{\zeta\omega_n} = \frac{3}{0.234 \times 27.68} = 0.46 \ (\mathrm{s})$$

该高阶系统简化后的单位响应曲线如图 3.8.2 所示。

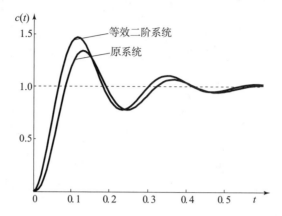

图 3.8.2　高阶系统简化前和简化后的单位阶跃响应曲线

3.9　线性系统的稳定性分析

3.9.1　稳定性的概念及系统稳定的充要条件

1. 稳定性定义

稳定是控制系统最重要的性能，是系统能够正常运行的首要条件。如果一个系统不稳定，那么其动态响应和稳态误差分析就无从谈起。自动控制的基本任务之一就是分析系统的稳定性并提出保证系统稳定的措施。

什么是稳定性呢？针对不同类型的系统，稳定性有很多定义。这里，我们仅限于讨论线性时不变（LTI）系统。对于 LTI 系统，系统在输入信号作用下的动态总响应为

总响应＝自由响应＋受迫响应

基于自由响应给出系统稳定、不稳定、临界稳定的定义如下：

若自由响应随着时间趋于无穷而趋于零，则称 LTI 系统稳定；若自由响应随着时间趋于无穷而越来越大，则称 LTI 系统不稳定；若随着时间趋于无穷，自由响应既不增大，也不衰减，而是保持常值或者振荡，则称 LTI 系统临界稳定。因此对于稳定的 LTI 系统而言，随着时间趋于无穷，自由响应趋于零，系统只剩下受迫响应。

上述稳定性定义是基于自由响应给出的。但是当人们看到系统的总输出响应时，很难将自由响应从系统总响应中分离出来。如果输入是有界的，而总响应随着时间趋于无穷并没有趋于无穷，那么说明自由响应没有趋于无穷。如果输入是无界的，输出也是无界的，我们就不能知道是由于受迫响应无界还是因为自由响应无界而导致总响应无界。所以，基于系统的总响应，我们给出另一种系统稳定性的定义如下：

若系统在有界输入作用下，其输出响应也是有界的，则称该系统是稳定的，我们称之为 BIBO（Bounded-Input Bounded-Output）稳定性。

我们基于总响应而不是自由响应给出系统不稳定的另一种定义。如果输入是有界的，而总响应是无界的，那么系统不稳定，因为我们敢断定自由响应随着时间趋于无穷而趋于无

穷。如果输入是无界的，总响应输出也是无界的，那么我们不敢断定是否由于自由响应无界而导致总响应无界。因此，基于总响应我们给出系统不稳定的另一种定义如下：

若存在有界输入使得输出总响应无界，则称系统是不稳定的。

上述定义可以帮助我们澄清临界稳定的概念，其实临界稳定的真正含义是：系统对某些有界输入是稳定的，对有些有界输入是不稳定的。例如，如果系统的自由响应是无阻尼等幅振荡，当给系统一个有界同频率的正弦输入信号时，系统将产生越来越大的振荡。而除了这种正弦信号外，系统对所有有界输入都是稳定的。因此，基于自由响应定义的临界稳定系统，就被归类到 BIBO 定义的不稳定系统中。

因此，LTI 系统的稳定性定义有以下两种：

一种是基于自由响应定义的：若自由响应随着时间趋于无穷而趋于零，则称 LTI 系统稳定；若自由响应随着时间趋于无穷而越来越大，则称 LTI 系统不稳定；若随着时间趋于无穷，自由响应既不增大，也不衰减，而是保持常值或者振荡，则称 LTI 系统临界稳定。

另一种是基于总响应定义的（BIBO）：若系统在有界输入作用下，其输出响应也是有界的，则称系统是稳定的。若存在有界输入使得输出总响应无界，则称系统是不稳定的。

实际中，不稳定系统的自由响应会越来越大，从而破坏系统及周围财产，甚至危及生命。许多实际系统会设计止动装置防止系统失控，因此一般实际控制系统的输出量只能增大到一定程度。

2. 系统稳定的充分必要条件

按照基于自由响应的稳定性定义，怎么判断一个系统稳定呢？

根据我们之前对系统极点的讨论，在左半 s 平面的极点要么产生单调的指数衰减自由响应，要么是衰减的正弦振荡自由响应，这些响应随着时间趋于无穷而趋于零。因此如果闭环系统的极点在左半 s 平面，它们的实部是负的，则系统是稳定的，即稳定系统的闭环传递函数的极点位于左半 s 平面。

在右半 s 平面的极点对应的自由响应，要么单调指数增长，要么指数级振荡发散，随着时间趋于无穷而趋于无穷。因此，如果闭环系统的极点在右半 s 平面，它们的实部是正的，则系统是不稳定的。虚轴上的极点，如果是两重根或以上，其对应的自由响应是 $At^n\cos(\omega t + \theta)$，其中 $n = 1,2,\dots$，随着时间趋于无穷，自由响应趋于无穷。因此，不稳定的系统的闭环传递函数至少有一个极点在右半 s 平面，和/或虚轴上有两重根或两重根以上。

若系统在虚轴上有极点，且是非重极点，则其对应的自由响应是等幅振荡；在原点的一个极点产生的自由响应是一个常值，它们的响应在幅值上既不增加也不减小。因此，临界稳定系统的闭环传递函数在虚轴上有非重极点，其他极点位于左半 s 平面。

因此，LTI 系统稳定的充分必要条件是：闭环传递函数的极点均严格位于左半 s 平面。或者说，闭环系统特征方程的所有根均具有负实部。

如何判断反馈系统的稳定性呢？在有些情况下，我们可以快速判断系统的稳定性。如果系统的极点都在左半 s 平面，则其闭环传递函数的分母多项式的系数都是正的，也没有缺项。因此系统不稳定的充分条件是其闭环传递函数的分母多项式存在符号相异的系数。如果闭环传递函数的分母多项式缺项，则系统或者不稳定或者至多是临界稳定。但是如果闭环传递函数的分母多项式的系数都是正的，且也没有缺项，我们就不能快速断定系统极点的位置，这时可以通过计算机求闭环传递函数分母多项式的根（即闭环系统特征方程的根）来判断系统稳定性，我们还可以通过劳斯判据来判断系统的稳定性，而无须求解闭环系统特征方程的根。

3.9.2 劳斯稳定性判据

由系统稳定的充分必要条件可知，只要知道特征方程的根或闭环传递函数的极点是否具有负实部就够了，并不需要知道根的确切数值。劳斯（Routh）和赫尔维茨（Hurwitz）分别于 1877 年和 1895 年独立提出根据特征方程的系数判别系统稳定的方法，其本质是一样的，都是以线性系统特征方程的系数为依据，称为劳斯-赫尔维茨判据。

我们仅介绍常用的劳斯判据，利用这个判据，能给出闭环系统有多少个根在右半 s 平面，有多少个根在左半 s 平面，有多少个根在虚轴。我们能知道其具体数量，但是不知道其位置。虽然利用计算机可以很快求出闭环传递函数的精确极点位置，但是劳斯判据的强大之处在于设计而不是分析计算。例如，如果闭环传递函数分母中有一个未知参数，通过劳斯判据可以给出使系统稳定的这个未知参数的解析解。

根据劳斯判据判断系统稳定性的步骤如下：

步骤 1 列写劳斯行列表。

若系统特征方程为

$$a_n s^n + a_{n-1} s^{n-1} + \cdots + a_1 s + a_0 = 0 \tag{3.9.1}$$

当 $a_n > 0$ 时，把其系数排列成下面所谓的劳斯行列表

s^n	a_n	a_{n-2}	a_{n-4}	$\cdots$
s^{n-1}	a_{n-1}	a_{n-3}	a_{n-5}	$\cdots$
s^{n-2}	b_1	b_2	b_3	$\cdots$
s^{n-3}	c_1	c_2	c_3	$\cdots$
s^{n-4}	d_1	d_2	d_3	$\cdots$
$\vdots$	$\vdots$			
s^0	a_0			

式中

$$b_1 = \frac{a_{n-1} \cdot a_{n-2} - a_n \cdot a_{n-3}}{a_{n-1}}$$

$$b_2 = \frac{a_{n-1} \cdot a_{n-4} - a_n \cdot a_{n-5}}{a_{n-1}}$$

$$b_3 = \frac{a_{n-1} \cdot a_{n-6} - a_n \cdot a_{n-7}}{a_{n-1}}$$

$$\cdots$$

直至其余 b_i 值全部等于零为止。

$$c_1 = \frac{b_1 \cdot a_{n-3} - a_{n-1} \cdot b_2}{b_1}$$

$$c_2 = \frac{b_1 \cdot a_{n-5} - a_{n-1} \cdot b_3}{b_1}$$

$$\cdots$$

直至其余 c_i 值全部等于零为止。

$$d_1 = \frac{c_1 \cdot b_2 - b_1 \cdot c_2}{c_1}$$

$$d_2 = \frac{c_1 \cdot b_3 - b_1 \cdot c_3}{c_1}$$

…

这一过程一直持续到第 $n+1$ 行为止。在计算过程中，用正数乘以或除以同一行系数，不改变稳定性结论。

可见，劳斯行列表中的第 1 行由特征方程的第 1、3、5、…项系数组成；第 2 行由第 2、4、6、…项系数组成，第 $n+1$ 行仅第一列有值，且正好等于特征方程最后一项系数 a_0，行列表中系数排列呈上三角形。

步骤 2　根据劳斯行列表判别系统稳定性。

①如果行列表左端第一列数均为正数，则特征方程（3.9.1）的所有根均位于左半 s 平面；如果行列表左端第一列有负数，则特征方程（3.9.1）在右半 s 平面有根，且其数目等于左端第一列符号改变的次数。

②两种特殊情况：

第一种特殊情况：如果劳斯行列表某行左端第一个数为零，而这一行其余的数不全为零，则可用任意小正数 ε 代替本行第一列的零，继续计算劳斯行列表，然后取 $\varepsilon \to 0$ 的极限，按上述法则判断。

【例 3.9.1】 若系统特征方程为
$$s^4 + 6s^3 + 12s^2 + 11s + 6 = 0$$
试判别其稳定性。

【解】 根据系统特征方程列写下面的劳斯行列表

s^4	1	12	6
s^3	6	11	0
s^2	$\frac{61}{6}$	6	0
s^1	$\frac{455}{61}$	0	
s^0	6		

由于劳斯行列表左端第一列各数均大于零，故系统稳定，系统的 4 个根均位于左半 s 平面。

【例 3.9.2】 若系统特征方程为
$$s^4 + 3s^3 + s^2 + 3s + 1 = 0$$
试判断其稳定性。

【解】 写出劳斯行列表，并用 ε 代替第一列出现的零。

s^4	1	1	1
s^3	3	3	
s^2	ε	1	
s^1	$3 - \frac{3}{\varepsilon}$	0	
s^0	1	0	

当 $\varepsilon \to 0$ 时，劳斯行列表在 $\varepsilon \to \left(3 - \dfrac{3}{\varepsilon}\right) \to 1$ 处，符号变化 2 次，故系统不稳定，且有 2 个根位于右半 s 平面，系统另外两个根位于左半 s 平面。

第二种特殊情况：如果劳斯行列表中的某一行所有数全为零，则可用全为零的上一行各数构造一个辅助多项式，并将这个多项式对复变量 s 求导，用所得导函数方程的系数代替劳斯行列表中的全零行，然后继续计算。对于这种情况，意味着特征方程在 s 平面存在对称原点的根，这些对称原点的根可由辅助多项式等于零构成的方程解出。辅助方程的阶数通常为偶数，它表明数值相同但符号相反的根的个数。

【例 3.9.3】若系统特征方程为

$$s^7 + 4s^6 + 5s^5 + 2s^4 + 4s^3 + 16s^2 + 20s + 8 = 0$$

试判别系统的稳定性，若不稳定，指出右半 s 平面的根的个数。

【解】写出劳斯行列表

s^7	1	5	4	20
s^6	4	2	16	8
s^5	$\dfrac{9}{2}$	0	18	
s^4	2	0	8	
s^3	0	0	0	

s^3 行的辅助多项式函数为

$$A(s) = 2s^4 + 8$$

$$\frac{\mathrm{d}A(s)}{\mathrm{d}s} = 8s^3$$

用上式的系数代替 s^3 行的数，继续列表

s^4	2	0	8
s^3	8	0	0
s^2	ε	8	
s^1	$-\dfrac{64}{\varepsilon}$		
s^0	8		

解辅助方程

$$2s^4 + 8 = 0$$

得对称原点的根

$$s_{1,2} = 1 \pm \mathrm{j}1, \quad s_{3,4} = -1 \pm \mathrm{j}1$$

从劳斯行列表可以看出，第一列数的符号变化 2 次，系统有 2 个根在右半 s 平面，这 2 个根正是 $s_{1,2} = 1 \pm \mathrm{j}1$，因此系统是不稳定的，其余 5 个根位于左半 s 平面。

3.9.3　应用劳斯判据设计系统参数

在线性控制系统中，劳斯判据主要用来判断系统的稳定性。如果系统不稳定，则这种判据并不能直接给出使系统稳定的措施；如果系统稳定，则劳斯判据也不能保证系统具备满意的动态性能，换句话说，劳斯判据不能表明系统特征根在左半 s 平面上相对于虚轴的距离。

若负实部特征方程式的根紧靠虚轴，则系统动态过程将具有缓慢的非周期特性或强烈的振荡特性。为了使稳定的系统具有良好的动态响应，我们常常希望在左半 s 平面上，系统特征根的位置与虚轴之间有一定的距离。这个距离，称为**相对稳定度**，它表示系统的稳定程度。劳斯判据不能给出系统的相对稳定度，但是可以确定使系统具有一定相对稳定度的一个或者两个参数的取值范围。在左半 s 平面上作一条 $s=-a$ 的垂线，而 a 通常称为相对稳定度，然后用新变量 $s_1=s+a$ 代入原系统特征方程，得到一个以 s_1 为变量的新特征方程，对新特征方程应用劳斯稳定判据，可以判别系统的特征根是否全部位于 $s=-a$ 垂线之左。

【例 3.9.4】 设比例-积分（PI）控制系统如图 3.9.1 所示。其中，K_I 为与积分器时间常数有关的待定参数。已知参数 $\zeta=0.2$ 及 $\omega_n=86.6$，试用劳斯稳定判据确定使闭环系统稳定的 K_I 取值范围。如果要求闭环系统的极点全部位于 $s=-1$ 垂线之左，问 K_I 值范围又应取多大？

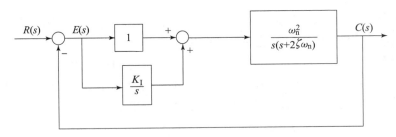

图 3.9.1　比例-积分控制系统

【解】 根据图 3.9.1 可写出系统的闭环传递函数为

$$\Phi(s)=\frac{\omega_n^2(s+K_I)}{s^3+2\zeta\omega_n s^2+\omega_n^2 s+K_I\omega_n^2}$$

因而，闭环特征方程为

$$D(s)=s^3+2\zeta\omega_n s^2+\omega_n^2 s+K_I\omega_n^2=0$$

列出相应的劳斯行列表

s^3	1	7 500
s^2	34.6	7 500K_I
s^1	$\dfrac{34.6\times7\,500-7\,500K_I}{34.6}$	0
s^0	7 500K_I	

根据劳斯判据，令劳斯行列表中第一列各元为正，求得使系统稳定的 K_I 的取值范围为

$$0<K_I<34.6$$

当 $K_I=34.6$ 时，s^1 行的系数为零，可知系统在虚轴上有一对纯虚根，根据

$$34.6s^2+7\,500K_I=0$$

可得 $s_{1,2}=\pm86.8\text{j}$，系统对应的另外一个根在左半 s 平面。

当要求闭环极点全部位于 $s=-1$ 垂线之左时，可令 $s=s_1-1$，代入原特征方程，得到如下新特征方程

$$(s_1-1)^3+34.6\,(s_1-1)^2+7\,500\,(s_1-1)+7\,500K_I=0$$

整理得

$$s_1^3 + 31.6s_1^2 + 7\,433.8s_1 + (7\,500K_{\mathrm{I}} - 7\,466.4) = 0$$

相应得劳斯行列表为

s_1^3	1	7 433.8
s_1^2	31.6	$7\,500K_{\mathrm{I}} - 7\,466.4$
s_1^1	$\dfrac{31.6 \times 7\,433.8 - (7\,500K_{\mathrm{I}} - 7\,466.4)}{31.6}$	0
s_1^0	$7\,500K_{\mathrm{I}} - 7\,466.4$	

令劳斯行列表中第一列各项为正，得使全部闭环极点位于 $s = -1$ 垂线之左的 K_{I} 取值范围为

$$0.996 < K_{\mathrm{I}} < 32.3$$

如果需要确定系统其他参数，如时间常数对系统稳定性的影响，方法是类似的。一般来说，这种待定参数不能超过两个。

一个闭环反馈系统或者是稳定的，或者是不稳定的，这里所说的"稳定"是指绝对稳定性，而相对稳定度用来衡量稳定系统的稳定程度。

【例 3.9.5】目前，大型焊接机器人已广泛应用于汽车制造厂等自动化生产场合。焊接头需要在不同的位置之间移动，需要做出快速准确的响应。焊接头位置控制系统的框图如图 3.9.2 所示，试确定参数 K 和 a 的范围，以保证系统稳定。

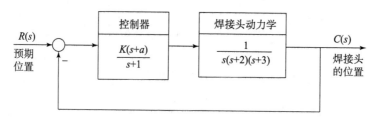

图 3.9.2　焊接头位置控制系统

【解】系统的特征方程为

$$1 + G(s) = 1 + \frac{K(s+a)}{s(s+1)(s+2)(s+3)} = 0$$

即 $s^4 + 6s^3 + 11s^2 + (K+6)s + Ka = 0$。建立劳斯行列表，有

s^4	1	11	Ka
s^3	6	$K+6$	
s^2	b_3	Ka	
s^1	c_3		
s^0	Ka		

其中

$$b_3 = \frac{60 - K}{6}, \quad c_3 = \frac{b_3(K+6) - 6Ka}{b_3}$$

应用劳斯判据，可以得到使系统稳定的 K 和 a 应满足的关系为

$$a < \frac{(60-K)(K+6)}{36K}$$

其中 a 必须为正数。如果令 $K = 40$，则参数 a 必须满足 $a < 0.639$。

【例 3.9.6】 对于图 2.2.3 所示倒立摆系统，（1）若 $f(t)=0$，试判别系统的稳定性；（2）若 $f(t)=a\theta+b\dot{\theta}$，欲使系统稳定，试确定 a、b 的数值范围。

【解】 倒立摆系统的线性化方程为

$$\ddot{\theta}-\frac{(M+m)g}{Ml}\theta=-\frac{1}{Ml}f \tag{3.9.2}$$

（1）当 $f(t)=0$ 时，

$$\ddot{\theta}-\frac{(M+m)g}{Ml}\theta=0$$

其特征方程为：

$$\lambda^2-\frac{(M+m)g}{Ml}=0$$

由于特征方程缺项或系数异号，不满足系统稳定的必要条件，故系统不稳定。这个结论的物理解释是很明显的，由于倒立摆的重心在支撑点上，在没有控制力平衡时，其位置是不稳定的。

（2）若 $f(t)=a\theta+b\dot{\theta}$，则式（3.9.2）变成

$$\ddot{\theta}-\frac{(M+m)g}{Ml}\theta=-\frac{1}{Ml}(a\theta+b\dot{\theta})$$

$$\ddot{\theta}+\frac{b}{Ml}\dot{\theta}+\left[\frac{a}{Ml}-\frac{(M+m)g}{Ml}\right]\theta=0$$

其特征方程为：

$$\lambda^2+\frac{b}{Ml}\lambda+\frac{a-(M+m)g}{Ml}=0$$

为使二阶系统稳定，应满足

$$\frac{b}{Ml}>0 \quad \text{和} \quad \frac{a-(M+m)g}{Ml}>0$$

所以有

$$\begin{cases}b>0\\a>(M+m)g\end{cases} \tag{3.9.3}$$

上述结论表明，当控制力 $f(t)$ 比例于摆杆对铅垂线的偏离角 θ 及其导数，并满足式（3.9.3）时，可以使不稳定的系统变成稳定的系统。本系统的输出量为 θ 角，而 $f(t)=a\theta+b\dot{\theta}$，$f(t)$ 的引入使倒立摆系统变成稳定的闭环系统。由此可知，负反馈可以改变系统的稳定性。

3.10　线性系统的稳态误差分析

3.10.1　引言

控制系统的稳态误差，是系统控制准确度（控制精度）的一种度量，通常称为稳态性能。在控制系统设计中，稳态误差是一项重要的技术指标。对于一个实际的控制系统，由于系统结构、外作用的类型（有用输入或扰动量）、外作用函数的形式（阶跃、斜坡或加速度）等的不同，控制系统的稳态输出不可能在任何情况下都与输入量一致或相当，也不可能在任

何形式的扰动作用下都能准确地恢复到原平衡位置。此外，控制系统中不可避免地存在摩擦、间隙、不灵敏区、零位输出等非线性因素，都会造成附加的稳态误差。可以说，控制系统的稳态误差是不可避免的，控制系统设计的任务之一，是尽量减小系统的稳态误差，或者使稳态误差小于某一容许值。显然，只有当系统稳定时，研究稳态误差才有意义；对于不稳定的系统而言，根本不存在研究稳态误差的可能性。所以，在实际应用中，在计算稳态误差前，应先检验系统的稳定性。

本节主要讨论线性控制系统由于系统结构、参考输入和扰动量的函数形式所产生的稳态误差，即原理性稳态误差的计算方法，不讨论由于非线性因素等所引起的系统稳态误差。

3.10.2 单位反馈系统的稳态误差

1. 误差与稳态误差

尽管引入反馈会增加成本和系统的复杂性，但它能明显减小系统的稳态误差，这是在系统中引入反馈的基本原因之一，闭环系统的稳态误差比开环系统小几个数量级。

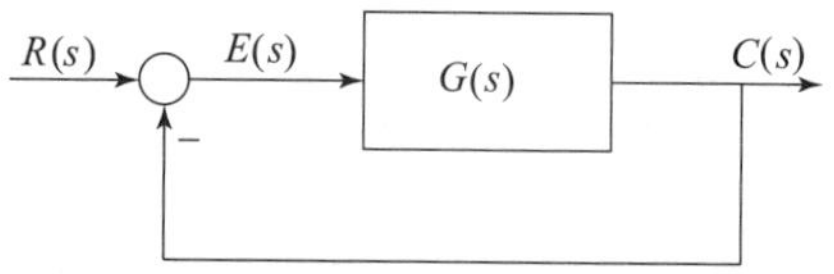

设单位反馈控制系统结构图如图 3.10.1 所示，由图可得

$$E(s) = R(s) - C(s) \tag{3.10.1}$$

图 3.10.1 反馈控制系统

通常，称 $E(s)$ 为误差信号，简称**误差**（亦称**偏差**）。

误差本身是时间的函数，其时域表达式为

$$e(t) = L^{-1}[E(s)] = L^{-1}[\Phi_e(s)R(s)] \tag{3.10.2}$$

式中，$\Phi_e(s)$ 为系统误差传递函数，即

$$\Phi_e(s) = \frac{E(s)}{R(s)} = \frac{1}{1+G(s)} \tag{3.10.3}$$

在误差信号 $e(t)$ 中，包含暂态（自由）分量 $e_{ts}(t)$ 和稳态（受迫）分量 $e_{ss}(t)$ 两部分。由于系统必须稳定，故当时间趋于无穷时，必有 $e_{ts}(t)$ 趋于零。因而，控制系统的稳态误差定义为误差信号 $e(t)$ 的稳态分量 $e_{ss}(\infty)$，常以 e_{ss} 简单标志。

如果有理函数 $sE(s)$ 除在原点处有唯一的极点外，在右半 s 平面及虚轴上解析，即 $sE(s)$ 的极点均位于左半 s 平面（包括坐标原点）时，则可根据拉氏变换的终值定理，由式 (3.10.4) 方便地求出系统的稳态误差

$$e_{ss} = \lim_{s \to 0} sE(s) = \lim_{s \to 0} \frac{sR(s)}{1+G(s)} \tag{3.10.4}$$

由于上式算出的稳态误差是误差信号稳态分量 $e_{ss}(t)$ 在 t 趋于无穷时的数值，故有时称为终值误差。

熟悉系统在 3 种标准测试输入信号下的稳态误差是很有用的。

2. 系统的类型

由稳态误差计算公式 (3.10.4) 可见，单位反馈控制系统稳态误差数值与开环传递函数 $G(s)$ 的结构以及输入信号 $R(s)$ 的形式密切相关，对于一个给定的稳定系统，当输入信号形式一定时，系统是否存在稳态误差就取决于 $G(s)$。因此，按照控制系统跟踪不同输入信号的能力来进行系统分类是必要的。

在一般情况下，$G(s)$ 可表示为

$$G(s) = \frac{K(\tau_1 s + 1)(\tau_2 s + 1)\cdots}{s^\nu(T_1 s + 1)(T_2 s + 1)\cdots} \qquad (3.10.5)$$

式中，K 称为系统的开环增益，ν 为开环系统在 s 平面坐标原点上的极点的重数。以 ν 的数值来划分系统的类型：$\nu = 0$，称为零型系统；$\nu = 1$，称为 I 型系统；$\nu = 2$，称为 II 型系统 …… 。当 $\nu > 2$ 时，除非采用复合控制，否则使系统稳定是比较困难的。

这种以开环系统在 s 平面坐标原点上的极点数量来分类的方法，其优点在于：可以根据已知的输入信号形式，迅速判断系统是否存在稳态误差及稳态误差的大小。

为了便于讨论，令

$$G_0(s) = \frac{(\tau_1 s + 1)(\tau_2 s + 1)\cdots}{(T_1 s + 1)(T_2 s + 1)\cdots}$$

必有 $s \to 0$ 时，$G_0(s) \to 1$，因此，式（3.10.5）可改写为

$$G(s) = \frac{K}{s^\nu} G_0(s)$$

系统稳态误差计算通式（3.10.4）则可改为

$$e_{ss}(\infty) = \frac{\lim\limits_{s \to 0}\left[s^{\nu+1} R(s) \right]}{K + \lim\limits_{s \to 0} s^\nu} \qquad (3.10.6)$$

式（3.10.6）表明，影响稳态误差的诸因素是：系统型别，开环增益，输入信号的形式和幅值。下面讨论不同型别系统在不同输入信号作用下的稳态误差计算。由于实际输入多为阶跃函数、斜坡函数和加速度函数，或者是其组合，因此只考虑系统分别在阶跃、斜坡或加速度函数输入作用下的稳态误差计算问题。

3.10.3　三种标准测试输入信号下的稳态误差

1. 阶跃输入作用下的稳态误差与静态位置误差系数

对幅值为 A 的阶跃输入，系统的稳态误差为

$$e_{ss} = \lim\limits_{s \to 0} \frac{s(A/s)}{1 + G(s)}$$

于是对零型系统，$\nu = 0$，稳态误差为

$$e_{ss} = \frac{A}{1 + G(0)} \qquad (3.10.7)$$

常数 $G(0)$ 通常记为 K_p，称为静态位置误差常数。它由下式给出

$$K_p = \lim\limits_{s \to 0} G(s) = K \qquad (3.10.8)$$

于是零型系统对幅值为 A 的阶跃输入的稳态跟踪误差为

$$e_{ss} = \frac{A}{1 + K_p} \qquad (3.10.9)$$

而对 $\nu \geqslant 1$ 的各型系统，其阶跃响应的稳态误差为零，因为 $K_p = \infty$，即

$$e_{ss} = 0$$

2. 斜坡输入作用下的稳态误差与静态速度误差系数

对斜率为 A 的斜坡输入，系统稳态误差为

$$e_{ss} = \lim\limits_{s \to 0} \frac{s(A/s^2)}{1 + G(s)} = \lim\limits_{s \to 0} \frac{A}{s + sG(s)} = \lim\limits_{s \to 0} \frac{A}{sG(s)}$$

同样，稳态误差取决于系统的积分器个数 ν。对于零型系统，$\nu = 0$，稳态误差为无穷大。

对于 I 型系统，$\nu = 1$，稳态误差为

$$e_{ss} = \frac{A}{K_v} \qquad (3.10.10)$$

其中，K_v 称为静态速度误差系数。它由下式给出

$$K_v = \lim_{s \to 0} s G(s) = K \qquad (3.10.11)$$

如果传递函数有多个积分器，即 $\nu \geqslant 2$，则稳态误差为零。

3. 加速度输入作用下的稳态误差与静态加速度误差系数

当系统的输入为 $r(t) = At^2/2$ 时，稳态误差为

$$e_{ss} = \lim_{s \to 0} \frac{s(A/s^3)}{1 + G(s)} = \lim_{s \to 0} \frac{A}{s^2 G(s)}$$

对于至多含一个积分器的系统，稳态误差为无穷大；若系统含两个积分器，即 $\nu = 2$，则可得

$$e_{ss} = \frac{A}{K_a} \qquad (3.10.12)$$

其中，K_a 称为静态加速度误差常数，它由下式给出

$$K_a = \lim_{s \to 0} s^2 G(s) = K \qquad (3.10.13)$$

如果积分器个数等于或超过 3，则系统的稳态误差为零。控制系统的稳态误差小结见表 3.10.1。

表 3.10.1　稳态误差小结

$G(s)$ 中积分器的个数，即类型	输入信号		
	阶跃 $r(t) = A, R(s) = A/s$	斜坡 $r(t) = At, R(s) = A/s^2$	抛物线 $r(t) = At^2/2, R(s) = A/s^3$
0	$e_{ss} = \dfrac{A}{1 + K_p}$	∞	∞
1	$e_{ss} = 0$	$\dfrac{A}{K_v}$	∞
2	$e_{ss} = 0$	0	$\dfrac{A}{K_a}$

应当指出，在系统误差分析中，只有当输入信号是阶跃函数、斜坡函数和加速度函数，或者是这三种函数的线性组合时，静态误差系数才有意义。用静态误差系数求得的系统稳态误差值，或是零，或是常值，或趋于无穷大。当系统输入信号为其他形式函数时，静态误差系数便无法应用。

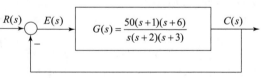

图 3.10.2　例 3.10.1 的框图

【例 3.10.1】计算如图 3.10.2 所示系统的静态误差系数，以及单位阶跃、单位斜坡、单位加速度输入信号作用下的稳态误差。

【解】经验证，闭环系统稳定。因此

$$K_p = \lim_{s \to 0} G(s) = \infty$$

$$K_v = \lim_{s \to 0} s G(s) = \frac{50 \times 1 \times 6}{2 \times 3} = 50$$

$$K_a = \lim_{s \to 0} s^2 G(s) = 0$$

单位阶跃输入作用下系统的稳态误差为

$$e_{ss} = \frac{1}{1 + K_p} = 0$$

单位斜坡输入信号下系统的稳态误差为

$$e_{ss} = \frac{1}{K_v} = 0.02$$

单位加速度输入信号下系统的稳态误差为

$$e_{ss} = \frac{1}{K_a} = \infty$$

4. 静态误差系数的内涵

静态误差系数 K_p、K_v、K_a 定量地描述了系统跟踪不同形式输入信号的能力，能够表征系统减小或消除稳态误差的能力。正如上升时间、峰值时间、调节时间和超调量是系统的动态性能指标一样，静态误差系数可以作为系统稳态性能的衡量指标，静态误差系数中蕴含了丰富的系统信息。

例如，如果一个系统的 $K_p = 90$，那么我们可以得到以下结论：

(1) 该系统是稳定的。

(2) 该系统是零型系统，因为只有零型系统的 K_p 值才为有限值，Ⅰ型及以上系统的 $K_p = \infty$。

(3) 阶跃函数是该系统的测试信号。因为 K_p 是有限值，而且阶跃信号作用下的稳态误差为 $e_{ss} = \dfrac{1}{1 + K_p}$，因此我们知道测试输入信号是阶跃函数。

(4) 该系统在单位阶跃函数作用下的稳态误差是 $e_{ss} = \dfrac{1}{1 + 50} = 1/91$。

【例 3.10.2】移动机器人可以帮助严重残障人士行驶，这种机器人的驾驶控制系统可用图 3.10.3 来表示。系统的控制器为 $G_c(s) = K_1 + K_2/s$，试求控制系统的稳态误差。

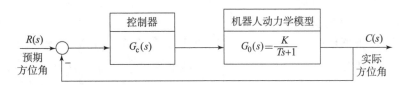

图 3.10.3　移动机器人驾驶控制系统框图

【解】当 $K_2 = 0$ 时，$G_c(s) = K_1$ 时，系统对阶跃输入的稳态误差为

$$e_{ss} = \frac{A}{1 + K_p}$$

其中 $K_p = KK_1$。

当 $K_2 > 0$ 时，得到Ⅰ型系统：

$$G(s) = \frac{K_1 s + K_2}{s} \frac{K}{Ts + 1}$$

此时系统对阶跃输入的稳态误差为 0。如果驾驶命令为斜坡输入，则系统的稳态误差为

$$e_{ss} = \frac{A}{K_v}$$

其中，$K_v = \lim_{s \to 0} sG(s) = K_2 K$。

当 $G_c(s) = K_1 + K_2/s$ 时，系统对锯齿波输入的动态响应如图 3.10.4 所示。

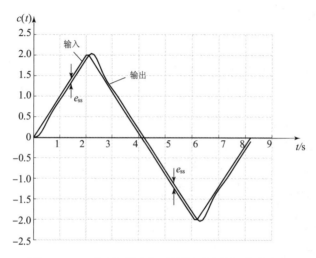

图 3.10.4　移动机器人驾驶控制系统的锯齿波响应

如果 K_v 足够大，那么稳态误差是可以忽略的。

针对特定的系统，设计者既要增加误差系数以便控制稳态误差，又必须注意维持较好的瞬态性能。就例 3.10.2 而言，可以通过增加增益因子 KK_2，即增加 K_v 来减小稳态误差，但是 KK_2 的增加会减小阻尼比 ζ，使系统的阶跃响应振荡更严重。所以折中方案是在保证 ζ 不小于容许值的基础上，尽量选择较大的 K_v。

如何减小或者消除单位反馈系统的稳态误差呢？由式（3.10.6）可知：

(1) 增大系统的开环增益，可以减小系统的稳态误差；

(2) 增加系统积分环节的数目，可消除系统的稳态误差。

但是，在反馈控制系统中，设置串联积分环节或增大开环增益以消除或减小稳态误差的措施，必然会降低系统的稳定性，甚至造成系统不稳定，从而恶化系统的动态性能。因此，权衡考虑系统稳定性、稳态误差与动态性能之间的关系，便成为系统校正设计的主要内容。

3.10.4　非单位反馈系统的稳态误差

由于需要加入补偿器以提高系统性能或者是物理系统本身的原因，控制系统并不总是单位反馈形式，反馈回路可能是增益或者是一个动态模型。

设非单位反馈控制系统结构图如图 3.10.5 所示。

$$E_a(s) = R(s) - H(s)C(s) \tag{3.10.14}$$

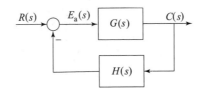

图 3.10.5　非单位反馈控制系统的方框图

$E_a(s)$ 并不是输入信号与输出信号之间的误差，而是系统用来产生控制作用的误差信号，我们称之为驱动信号（Actuating Signal）。如果 $r(t)$ 与 $c(t)$ 具有相同的单位，那么可以求得系统的稳态误差为 $e(\infty) = r(\infty) - c(\infty)$。

可以直接利用终值定理求出 $e(\infty)$，求法如下：

$$\Phi_e(s) = \frac{E(s)}{R(s)} = 1 - \frac{G(s)}{1 + G(s)H(s)} = \frac{1 + G(s)H(s) - G(s)}{1 + G(s)H(s)} \tag{3.10.15}$$

$$e(\infty) = e_{ss} = \lim_{s \to 0} s\Phi_e(s)R(s) \tag{3.10.16}$$

若需要求出系统对应的静态误差系数，则需要对非单位反馈控制系统的方框图进行等效变换，将 $E(s) = R(s) - C(s)$ 在框图中表示出来。

将图 3.10.5 等效变换为图 3.10.6（a），再变换为图 3.10.6（b），就可以得到等效的单位反馈回路，如图 3.10.6（c）所示，其显式地描述了 $E(s) = R(s) - C(s)$，且

$$G_e(s) = \frac{G(s)}{1 + G(s)H(s) - G(s)} \tag{3.10.17}$$

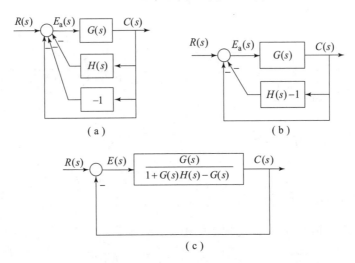

图 3.10.6　将非单位反馈系统等效变换为单位反馈系统
（a）等效变换一；（b）等效变换二；（c）等效的单位反馈回路

接下来就可以用 3.10.2 节单位反馈系统的方法求系统的稳态误差和静态误差系数了。

【**例 3.10.3**】控制系统框图如图 3.10.7 所示，误差定义为 $e(t) = r(t) - c(t)$，确定系统的类型，并计算系统的静态误差系数和单位阶跃输入下系统的稳态误差，进一步求出单位阶跃和单位斜坡输入下，驱动信号 $E_a(s)$ 的稳态值。

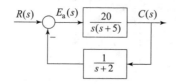

图 3.10.7　某非单位反馈系统的框图

【解】
$$G(s) = \frac{20}{s(s+5)} \qquad H(s) = \frac{1}{s+2}$$

$$G_e(s) = \frac{G(s)}{1+G(s)H(s)-G(s)} = \frac{20s+40}{s^3+7s^2-10s-20}$$

可见，系统是零型系统，$K_p = \lim_{s \to 0} G_e(s) = -2$；

单位阶跃输入作用下系统的稳态误差为：$e_{ss} = \frac{1}{1+K_p} = -1$；

系统稳态误差为负值，说明输出信号比输入信号大。

若输入为单位斜坡函数，则系统稳态误差为无穷大。

因为

$$\frac{E_a(s)}{R(s)} = \frac{1}{1+G(s)H(s)} = \frac{1}{1+\dfrac{20}{s(s+5)} \times \dfrac{1}{s+2}}$$

所以，当输入为单位阶跃信号时

$$e_a(\infty) = \lim_{s \to 0} \frac{sR(s)}{1+G(s)H(s)} = \lim_{s \to 0} \frac{s \times \dfrac{1}{s}}{1+\dfrac{20}{s(s+5)} \times \dfrac{1}{s+2}} = 0$$

当输入为单位斜坡函数时

$$e_a(\infty) = \lim_{s \to 0} \frac{sR(s)}{1+G(s)H(s)} = \lim_{s \to 0} \frac{s \times \dfrac{1}{s^2}}{1+\dfrac{20}{s(s+5)} \times \dfrac{1}{s+2}} = 0.5$$

3.10.5　扰动作用下的稳态误差

除参考输入信号外，控制系统的外作用还有各种扰动。例如，负载转矩的变动、放大器的零位和噪声、电源电压和频率的波动、组成元件的零位输出，以及环境温度的变化等。控制系统在扰动作用下的稳态误差值，反映了系统的抗干扰能力。在理想情况下，系统对于任意形式的扰动作用的稳态误差应该为零，但实际上这是不可能实现的。

由于输入信号和扰动信号作用于系统的不同位置，因此即使系统对于某种形式的输入信号的稳态误差为零，但对于同一形式的扰动作用，其稳态误差未必为零。设控制系统如图 3.10.8 所示，其中 $D(s)$ 代表扰动信号的拉氏变换。由于在扰动信号 $D(s)$ 作用下，系统的理想输出应为零，故该非单位反馈系统的输出端误差信号为

$$E_d(s) = -C_d(s) = -\frac{G(s)}{1+G_c(s)G(s)H(s)} \tag{3.10.18}$$

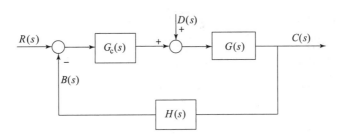

图 3.10.8 控制系统

当 $sE_d(s)$ 在右半 s 平面及虚轴上解析时，同样可以采用终值定理法来计算系统在扰动作用下的稳态误差，即为

$$e_d(\infty) = \lim_{s \to 0} sE_d(s)$$

【例 3.10.4】 设比例控制系统如图 3.10.9 所示。图中，$R(s) = R_0/s$ 为阶跃输入信号；$M(s)$ 为比例控制器输出转矩，用以改变被控对象的位置；$D(s) = d_0/s$ 为阶跃扰动转矩。试求系统的稳态误差。

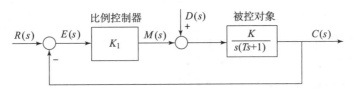

图 3.10.9 比例控制系统

【解】 由图 3.10.9 可见，本例系统为 I 型系统。令扰动 $D(s) = 0$，则系统对阶跃输入信号的稳态误差为零。但是，如果令 $R(s) = 0$，则系统在扰动作用下输出量的实际值为

$$C_d(s) = \frac{K}{s(Ts+1) + K_1K} D(s)$$

而扰动作用下系统输出量的期望值为零，因此误差信号为

$$E_d(s) = -\frac{K}{s(Ts+1) + K_1K} D(s)$$

系统在阶跃扰动转矩作用下的稳态误差为

$$e_{ssd} = \lim_{s \to 0} sE_d(s) = -d_0/K_1 \tag{3.10.19}$$

系统在阶跃扰动转矩作用下存在稳态误差的物理意义是明显的。稳态时，比例控制器产生一个与扰动转矩 d_0 大小相等而方向相反的转矩 $-d_0$ 以进行平衡，该转矩折算到比较装置输入端的数值为 $-d_0/K_1$，所以系统必定存在常值稳态误差 $-d_0/K_1$。

【例 3.10.5】 如果在例 3.10.4 系统中采用比例-积分控制器，如图 3.10.10 所示，试分别计算系统在阶跃转矩扰动和斜坡转矩扰动作用下的稳态误差。

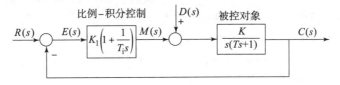

图 3.10.10 比例-积分控制系统

【解】 由图 3.10.10 可知，该比例－积分控制系统对扰动作用为 I 型系统，在阶跃扰动作用下不存在稳态误差，而在斜坡扰动作用下存在常值稳态误差。

由图 3.10.10 不难写出扰动作用下的系统误差表达式为

$$E_d(s) = -\frac{KT_i s}{T_i T s^3 + T_i s^2 + K_1 K T_i s + K_1 K} D(s)$$

假设 $sE_d(s)$ 的极点位于左半 s 平面，则可用终值定理法求得稳态误差。

当 $D(s) = d_0/s$ 时，得

$$e_{ssd} = \lim_{s \to 0} sE_d(s) = -\lim_{s \to 0} \frac{d_0 K T_i s}{T_i T s^3 + T_i s^2 + K_1 K T_i s + K_1 K} = 0$$

当 $D(s) = d_0/s^2$ 时，得

$$e_{ssd} = -\frac{d_0 T_i}{K_1}$$

显然，提高比例增益 K_1 可以减小斜坡转矩作用下的稳态误差，但 K_1 的增大要受到稳定性要求和动态过程振荡性要求的制约。

系统采用比例－积分控制器后，可以消除阶跃扰动转矩作用下的稳态误差，其物理意义是清楚的：由于控制器中包含积分控制作用，只要稳态误差不为零，控制器就一定会产生一个继续增长的输出转矩来抵消阶跃扰动转矩的作用，力图减小这个误差，直到稳态误差为零，系统取得平衡而进入稳态。在斜坡转矩扰动作用下，系统存在常值稳态误差的物理意义可以这样解释：由于转矩扰动是斜坡函数，因此需要控制器在稳态时输出一个反向的斜坡转矩与之平衡，这只有在控制器输入的误差信号为一负常值时才有可能。实际系统总是同时承受输入信号和扰动作用的，由于所研究的系统为线性定常控制系统，因此系统总的稳态误差就等于输入信号和扰动分别作用于系统时，所得的稳态误差的代数和。

如何减小或者消除扰动引起的稳态误差呢？可以采取以下措施：

(1) 增大扰动作用点之前系统的前向通道增益。

由例 3.10.4 可知，增大扰动作用点之前系统的前向通道增益 K_1，可以减小系统对阶跃扰动转矩的稳态误差。式 (3.10.19) 表明，系统在阶跃扰动转矩作用下的稳态误差与 K 无关，因此，增大扰动点之后系统的前向通道增益，不能改变系统对扰动的稳态误差数值。

(2) 在扰动作用点之前的前向通道或主反馈通道中设置 v 个积分环节。

如图 3.10.8 所示，如果在扰动作用点之前的前向通道（即 $G_c(s)$）或主反馈通道（即 $H(s)$）中设置 v 个积分环节，可消除系统在扰动信号 $d(t) = \sum_{i=0}^{v-1} d_i t^i$ 作用下的稳态误差。

由例 3.10.5 可知，在扰动作用点之前的前向通道中增加一个积分环节，消除了系统在阶跃扰动转矩作用下的稳态误差。

同样需要注意，为了减小或者消除扰动引起的稳态误差而在反馈控制系统中设置串联积分环节或增大开环增益的措施，会降低系统的稳定性，甚至造成系统不稳定。

无论对于有用输入信号 $R(s)$ 还是扰动信号 $D(s)$，还可以采用复合控制的方式减小或者消除稳态误差。尤其是当控制系统中存在强扰动，特别是低频强扰动时，一般的反馈控制方式难以满足系统高稳态精度的系统要求，此时可以采用复合控制方式。复合控制系统是在系统中加入前馈通路，组成一个前馈控制与反馈控制相结合的系统，只要系统参数选择合适，不但可以

保持系统稳定，而且能极大地减小乃至消除稳态误差。详见本书第 6 章 6.9 节。

3.11　自动控制系统设计实例

3.11.1　磁盘驱动器读取系统

磁盘驱动器必须能够保证磁头的精确位置，并尽可能减小参数变化和外部振动对磁头定位造成的影响。磁盘驱动器可能受到的干扰包括物理振动、磁盘转轴轴承的磨损和摆动，以及元器件老化引起的参数变化等。磁盘驱动系统在考虑扰动作用时的结构图如图 3.11.1 所示。根据表 2.11.1 给定的参数，图 3.11.1 可表示为如图 3.11.2 所示。我们的设计目标是使系统对阶跃输入 $r(t)$ 有最快的响应，同时①使系统的超调量小于 5%；②减小干扰对磁头输出位置的影响，对单位阶跃干扰的最大响应值小于 5×10^{-3}；③调节时间小于 250 ms（$\Delta = 2\%$）。

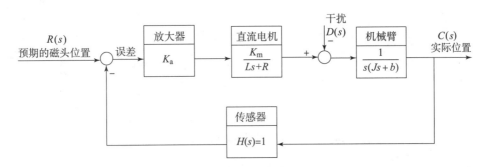

图 3.11.1　磁盘驱动器读取控制系统

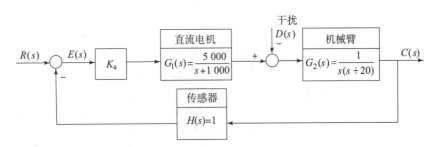

图 3.11.2　具有典型参数的磁盘驱动器读取控制系统

【解】忽略直流电机线圈感应的影响，可得到如图 3.11.3 所示的磁头闭环控制系统。

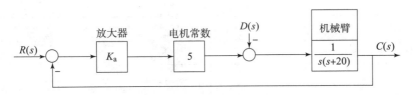

图 3.11.3　磁盘驱动器读取控制系统（二阶模型）

当 $D(s)=0, R(s)=\dfrac{1}{s}$ 时，系统的输出为

$$C(s)=\frac{5K_a}{s(s+20)+5K_a}R(s)$$
$$=\frac{5K_a}{s^2+20s+5K_a}R(s)$$

系统在 $K_a=30$ 和 $K_a=60$ 时的单位阶跃响应如图 3.11.4 所示。由图可见，当 $K_a=60$ 时，系统对输入指令的响应速度明显加快，但响应出现了振荡。

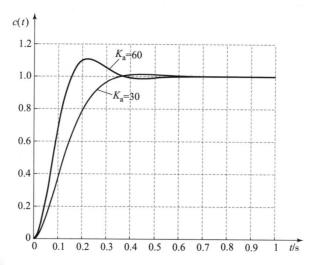

图 3.11.4　磁头控制系统的单位阶跃响应

当 $R(s)=0, D(s)=\dfrac{1}{s}$ 时，系统的输出为

$$C(s)=-\frac{\dfrac{1}{s(s+20)}}{1+5K_a\dfrac{1}{s(s+20)}}=-\frac{1}{s(s+20)+5K_a}$$

系统在 $K_a=30$ 和 $K_a=60$ 时的单位阶跃扰动响应，如图 3.11.5 所示。

表 3.11.1 则给出了 K_a 取不同值时系统性能指标的计算结果。从表 3.11.1 中可以看出，当 K_a 从 30 增加到 60 时，干扰作用的影响已减小了近一半，但系统的超调量也随之增大。显然，要想达到设计目的，就必须选择一个合适的增益。这里折中选取了 $K_a=40$，但它并不能满足所有的性能指标。

表 3.11.1　磁头控制系统的单位阶跃响应

K_a	20	30	40	60	80
超调量	0	1.18%	4.32%	10.85%	16.3%
调节时间（$\Delta=2\%$）/s	0.583	0.318	0.422	0.340 4	0.404
阻尼系数	1	0.82	0.707	0.58	0.50
对单位阶跃干扰的响应的最大值	-10×10^{-3}	-6.6×10^{-3}	-5.2×10^{-3}	-3.7×10^{-3}	-2.9×10^{-3}

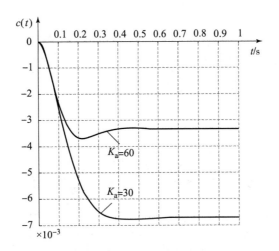

图 3.11.5 磁头控制系统对单位阶跃扰动的响应

为了使磁头控制系统的性能满足设计要求，我们在系统中增加了速度传感器，其结构图如图 3.11.6 所示。

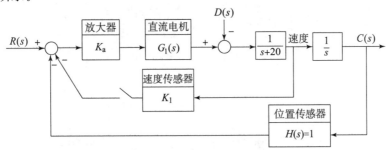

图 3.11.6 带速度反馈的磁盘驱动器磁头闭环控制系统

首先讨论速度传感器回路断开的情况，这时系统的闭环传递函数为

$$\frac{C(s)}{R(s)} = \frac{K_a G_1(s) G_2(s)}{1 + K_a G_1(s) G_2(s)}$$

于是特征方程为

$$s(s+20)(s+1\,000) + 5\,000 K_a = 0$$

或

$$s^3 + 1\,020 s^2 + 20\,000 s + 5\,000 K_a = 0$$

列写劳斯行列表如下

$$
\begin{array}{lll}
s^3 & 1 & 20\,000 \\
s^2 & 1\,020 & 5\,000 K_a \\
s^1 & b_1 & \\
s^0 & 5\,000 K_a &
\end{array}
$$

其中，$b_1 = \dfrac{20\,000 \times 1\,020 - 5\,000 K_a}{1\,020}$。

当 $K_a = 4\,080$ 时，$b_1 = 0$，出现了临界稳定的情况。借助辅助方程，即

$$1\,020s^2 + 5\,000 \times 4\,080 = 0$$

可知系统在虚轴上的根为 $s = \pm \mathrm{j}141.4$。为了保证系统的稳定性，应该要求 $0 < K_a < 4\,800$。

现在将图 3.11.6 中的开关闭合，相当于加入了速度反馈，如图 3.11.7 所示。

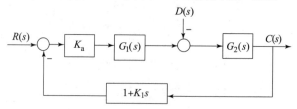

图 3.11.7　当速度反馈开关合上时的等价系统

此时，系统的闭环传递函数为

$$\frac{C(s)}{R(s)} = \frac{K_a G_1(s) G_2(s)}{1 + [K_a G_1(s) G_2(s)](1 + K_1 s)}$$

于是可得到特征方程为

$$1 + [K_a G_1(s) G_2(s)](1 + K_1 s) = 0$$

即

$$s(s+20)(s+1\,000) + 5\,000K_a(1 + K_1 s) = 0$$

故有

$$s^3 + 1\,020s^2 + [20\,000 + 5\,000K_a K_1]s + 5\,000K_a = 0$$

对应的劳斯行列表为

s^3	1	$20\,000 + 5\,000K_a K_1$
s^2	$1\,020$	$5\,000K_a$
s^1	b_1	
s^0	$5\,000K_a$	

其中，$b_1 = \dfrac{1\,020 \times (20\,000 + 5\,000K_a K_1) - 5\,000K_a}{1\,020}$。

为保证系统的稳定性，在 $K_a > 0$ 的条件下，参数 K_a、K_1 应使得 $b_1 > 0$。

当 $K_1 = 0.05$，$K_a = 100$ 时，系统单位阶跃响应的调节时间（$\Delta = 2\%$）近似为 262 ms，超调量为零，对单位阶跃扰动的最大响应为 -2×10^{-3}。

可见，以上设计近似满足性能指标要求。如果需要严格满足调节时间不大于 250 ms 的指标要求，则应重新考虑 K_1 的取值。

3.11.2　英吉利海峡海底隧道钻机

连接法国和英国的英吉利海峡海底隧道于 1987 年 12 月开工建造，1990 年 11 月，从两个国家分头开钻的隧道首次对接成功。隧道长 37.82 km，位于海底面以下 61 m。隧道于 1992 年完工，共花费了 14 亿美元，每天能通过 50 趟列车。这个工程把英国同欧洲大陆连接起来，将伦敦到巴黎的火车行车时间缩短为 3 个小时。

钻机分别从海峡的两端向中间推进，并在海峡的中间对接。为了保证必要的隧道对接精度，施工中使用了一个激光导引系统以保持钻机的直线方向。钻机控制系统如图 3.11.8 所示，其中 $C(s)$ 是钻机向前的实际角度，$R(s)$ 是预期的角度，负载对钻机的影响用干扰 $D(s)$

表示。

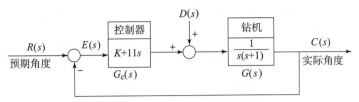

图 3. 11. 8　钻机控制系统框图

设计的目标是选择增益 K，使得系统对输入角度的响应满足工程要求，并且使干扰引起的稳态误差较小。

【解】应用信号流图的梅森增益公式，可得系统在 $R(s)$ 和 $D(s)$ 同时作用下的输出为

$$C(s) = \frac{K+11s}{s^2+12s+K}R(s) + \frac{1}{s^2+12s+K}D(s)$$

系统对单位阶跃输入 $R(s) = 1/s$ 的稳态误差为

$$\lim_{t \to \infty} c(t) = \lim_{s \to 0} s \frac{1}{1+\dfrac{K+11s}{s(s+1)}} \frac{1}{s} = 0$$

当干扰为单位阶跃信号，$D(s) = 1/s$，输入 $r(t) = 0$ 时，$c(t)$ 的稳态值为

$$\lim_{t \to \infty} c(t) = \lim_{s \to 0} \left[\frac{1}{s(s+12)+K} \right] = \frac{1}{K}$$

当增益 K 分别为 20 和 100 时，系统对单位阶跃输入 $r(t)$ 的响应如图 3.11.9 所示，对单位阶跃干扰的响应如图 3.11.10 所示。当 $K = 100$ 时，超调量为 22%，调节时间 0.67 s（$\Delta = 2\%$），对干扰的稳态误差为 0.01；$K = 20$ 时，超调量为 3.86%，调节时间为 0.9 s（$\Delta = 2\%$），对干扰的稳态误差为 0.05。

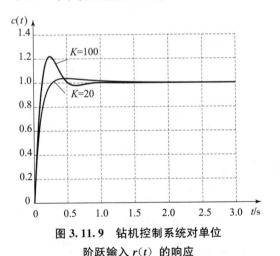

图 3. 11. 9　钻机控制系统对单位

阶跃输入 $r(t)$ 的响应

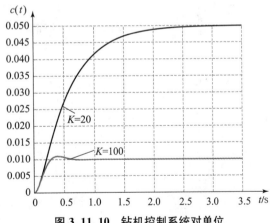

图 3. 11. 10　钻机控制系统对单位

阶跃干扰 $d(t)$ 的响应

可见，若只是为了减小干扰的影响，则可以取 $K = 100$，但是此时系统的超调量比较大。若选择 $K = 20$，虽然超调量减小，但是干扰引起的稳态误差变大，且调节时间变长。这就是常见的控制系统折中处理情形，究竟如何选择 K 取决于设计者更看重哪个指标。虽然计算机软件可以辅助控制系统的设计，但是不能代替设计工程师的判断决策能力。

最后，分析系统对被控对象 $G(s)$ 变化的灵敏度，由灵敏度定义可以得到：

$$S_G^\Phi = \frac{\partial \Phi}{\partial G} \times \frac{G}{\Phi} = \frac{1}{1 + G_c(s)G(s)} = \frac{s(s+1)}{s(s+12)+K}$$

当系统工作在低频段（即 $|s| < 1$），且增益 $K \geqslant 20$ 时，灵敏度可以近似为 $S_G^\Phi \approx \dfrac{s}{K}$。由此可见，当增益 K 增加时，系统的灵敏度将降低。

3.11.3 履带车辆的转向控制系统

图 3.11.11（a）给出了双侧履带车辆转向控制系统的工作原理方框图，对应的结构图模型如图 3.11.11（b）所示。两侧的履带以不同的速度运行，从而实现车辆的转向。本例的设计目标是确定参数 K 和 a，使得系统稳定，并使系统对斜坡输入的稳态误差小于或等于输入信号斜率的 24%。

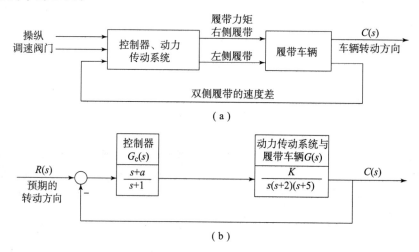

图 3.11.11 履带车辆的转向控制系统及结构图

（a）双侧履带车辆的转向控制系统；（b）系统结构图

【解】闭环反馈系统的特征方程为

$$1 + G_c G(s) = 0$$

即

$$1 + \frac{K(s+a)}{s(s+1)(s+2)(s+5)} = 0$$

于是有

$$s(s+1)(s+2)(s+5) + K(s+a) = 0$$

即

$$s^4 + 8s^3 + 17s^2 + (K+10)s + aK = 0$$

为确定 K 和 a 的稳定区域，建立劳斯行列表如下：

$$
\begin{array}{cccc}
s^4 & 1 & 17 & aK \\
s^3 & 8 & K+10 & 0 \\
s^2 & b_3 & aK & \\
s^1 & c_3 & &
\end{array}
$$

$$s^0 \qquad aK$$

其中
$$b_3 = \frac{126 - K}{8}, \quad c_3 = \frac{b_3(K + 10) - 8aK}{b_3}$$

为了使系统稳定，劳斯行列表首列元素必须全部为正数，即 aK、b_3 和 c_3 都应为正数，于是应有

$$K < 126$$
$$aK > 0$$
$$(K + 10)(126 - K) - 64aK > 0$$

$K > 0$ 时的稳定区域如图 3.11.12 所示。

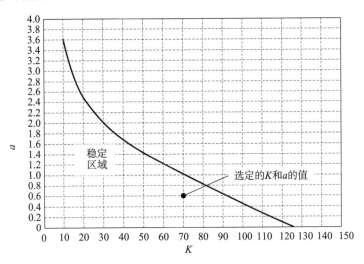

图 3.11.12　稳定区域

系统对斜坡输入信号 $r(t) = At$ 的稳态误差为
$$e_{ss} = A/K_v$$

其中
$$K_v = \lim_{s \to 0} sG_c(s)G(s) = aK/10$$

于是

$$e_{ss} = \frac{10A}{aK}$$

当 e_{ss} 等于 A 的 23.8% 时，应该有 $aK = 42$。这可以通过在稳定区域内选择 $K = 70$、$a = 0.6$ 来满足要求，如图 3.11.12 所示。当然，也可以选 $K = 50$、$a = 0.84$。通过计算，我们还可以得到一系列在稳定域内满足 $aK = 42$ 的参数组合 K 和 a，这些都是可以接受的设计参数，注意 K 不能超过 126。

3.11.4　火星漫游车

图 3.11.13 所示是以太阳能作为动力的"旅居者号"火星漫游车，地面站发出指令信号遥控漫游车。火星漫游车既能以开环方式工作（不带反馈），又能够以闭环方式工作（带反馈），分别如图 3.11.14（a）和 3.11.14（b）所示。本例设计的目标是使漫游车受干扰（如

岩石）的影响较小，而且对增益 K 变化的灵敏度也较小。

图 3.11.13　"旅居者号"（Sojourner）火星漫游车

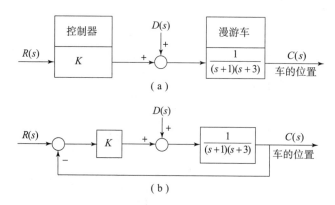

图 3.11.14　火星漫游车的控制系统

（a）开环（不带反馈）；（b）闭环（带反馈）

【解】火星漫游车的开环系统传递函数为

$$G(s) = \frac{K}{s^2 + 4s + 3}$$

而闭环系统的传递函数为

$$\Phi(s) = \frac{K}{s^2 + 4s + 3 + K}$$

这时我们可对开环系统和闭环系统的灵敏度进行比较。开环系统对参数 K 的灵敏度为

$$S_K^G = \frac{\partial G}{\partial K} \frac{K}{G} = 1$$

而闭环系统的灵敏度为

$$S_K^\Phi = \frac{\partial \Phi}{\partial K} \frac{K}{\Phi} = \frac{s^2 + 4s + 3}{s^2 + 4s + 3 + K}$$

为了考察系统在低频时的灵敏度，令 $s = j\omega$，得：

$$S_K^\Phi = \frac{(3 - \omega^2) + j4\omega}{(3 + K - \omega^2) + j4\omega}$$

当 $K=2$，且频率 $\omega<0.1$ 时系统的灵敏度为 $|S_K^\Phi|\approx 0.6$。灵敏度的幅值随频率变化的曲线如图 3.11.15 所示。从图中可以看出，系统在低频段的灵敏度为 $|S_K^\Phi|<0.8(\omega\leqslant 1)$。

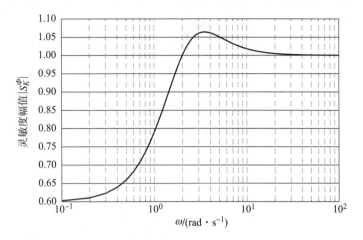

图 3.11.15　火星漫游车灵敏度的幅值随频率变化的曲线（$K=2$）

为了分析干扰信号的影响，令 $R(s)=0$，$D(s)=1/s$，对开环系统而言，干扰影响的稳态值为

$$c(\infty)=\lim_{s\to 0}\frac{1}{(s+1)(s+3)}s\frac{1}{s}=\frac{1}{3}$$

而闭环系统对单位阶跃干扰的响应的稳态值则为

$$c(\infty)=\lim_{s\to 0}\frac{1}{s^2+4s+3+K}s\frac{1}{s}=\frac{1}{3+K}$$

我们的目的是要尽量减小干扰对系统的影响，因此需要选择一个较大的 K 值。增加 K 值，会减小干扰的影响，同时也会减小灵敏度的幅值。但是，当 K 太大时，如 $K=50$ 时，系统的阻尼系数变为 0.27 左右，系统对阶跃输入信号的瞬态响应性能将会变坏。

3.11.5　哈勃太空望远镜定向系统

哈勃太空望远镜于 1990 年 4 月 24 日发射至离地球 611 km 的太空轨道，它的发射与应用将技术发展推向了一个新的高度。望远镜的 2.4 m 镜头拥有所有镜头中最光滑的表面，其定向系统能将 644 km 以外的视场聚集在一个硬币上。1993 年和 1997 年的两次太空任务，又对望远镜的偏差进行了大规模的校正。

哈勃太空望远镜定向控制系统的模型如图 3.11.16（a）所示，其简化框图如图 3.11.16（b）所示。

设计的目标是选择 K_1 和 K，使得：（1）在单位阶跃指令 $r(t)$ 的作用下，输出的超调量小于或等于 10%；（2）在单位斜坡输入作用下，稳态误差较小；（3）减小阶跃扰动的影响。

【解】系统在输入及扰动同时作用下的输出为：

$$C(s)=\frac{KG(s)}{1+KG(s)}R(s)+\frac{G(s)}{1+KG(s)}D(s)$$

其中，$G(s)=\dfrac{1}{s(s+K_1)}$。

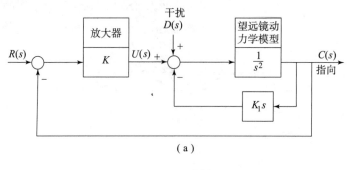

（a）

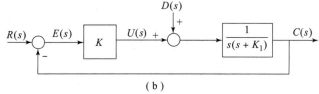

（b）

图 3.11.16　哈勃太空望远镜定向控制系统

（a）哈勃太空望远镜定向控制系统；（b）简化框图

误差为：

$$E(s) = \frac{1}{1+KG(s)}R(s) - \frac{G(s)}{1+KG(s)}D(s)$$

（1）首先选择 K_1 和 K 以满足对单位阶跃输入的超调量的要求。令 $D(s)=0$，得

$$C(s) = \frac{KG(s)}{1+KG(s)}R(s) = \frac{K}{s(s+K_1)+K}\frac{1}{s} = \frac{K}{s^2+K_1s+K}\frac{1}{s}$$

所以

$$\omega_n = \sqrt{K}, \zeta = \frac{K_1}{2\sqrt{K}}$$

因为 $\quad \sigma_p\% = \mathrm{e}^{-\pi\zeta/\sqrt{1-\zeta^2}} \times 100\%$，得

$$\zeta = \frac{1}{\sqrt{1+\dfrac{\pi^2}{(\ln\sigma_p\%)^2}}}$$

代入 $\sigma_p\%=10\%$，求出 $\zeta=0.59$，取 $\zeta=0.6$。因而，在满足 $\sigma_p\%\leqslant 10\%$ 的指标要求下，应选 $K_1 = 2\zeta\sqrt{K} = 1.2\sqrt{K}$。

（2）单位斜坡信号作用下的稳态误差为

$$e_{ss} = \lim_{s\to 0}\frac{1}{sKG(s)} = \frac{1}{K/K_1} = \frac{K_1}{K}$$

（3）由单位阶跃干扰引起的稳态误差为 $-1/K$。

因此，我们要寻找一个较大的 K 和较大的 K/K_1，以保证系统对斜坡输入信号及单位阶跃干扰具有较小的稳态误差。同时，还要保持 $\zeta=0.6$，以减小超调量。

如果选择 $K=25$，则 $K_1=6, K/K_1=4.17$，系统对斜坡输入的稳态误差为 $e_{ss}=0.24$，对单位阶跃干扰引起的稳态误差为 -0.04；如果选择 $K=100$，则有 $K_1=12, K/K_1=8.33$，系统对单位斜坡输入的稳态误差为 $e_{ss}=0.12$，对单位阶跃干扰的稳态误差为 -0.01，数值很小。

　　当 K 分别取 25、100 时，系统对单位阶跃输入的响应如图 3.11.17（a）所示，对应的控制量曲线如图 3.11.17（b）所示。可见，虽然 $K=100$ 的阶跃响应过渡过程比较快，对斜坡输入和阶跃干扰的稳态误差也比较小，但是其控制量在初始段比较大，对执行机构的驱动能力要求比较高。

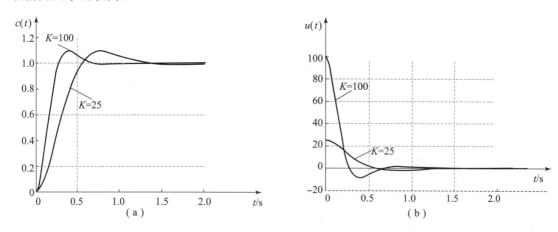

图 3.11.17　哈勃太空望远镜系统的单位阶跃响应和控制量曲线

（a）单位阶跃响应曲线；（b）控制量曲线

3.12　利用 Matlab 进行控制系统的性能分析

　　Matlab 的 Control 工具箱提供了很多线性系统在特定输入下仿真的函数，例如连续时间系统在阶跃输入激励下的仿真函数 step()，脉冲输入激励下的仿真函数 impulse() 及任意输入激励下的仿真函数 lsim() 等，其中阶跃响应函数 step() 的调用格式为

　　　　[y,x]= step(sys,t)　或　[y,x]= step(sys)

其中，sys 可以由 tf() 或 zpk() 函数得到，t 为选定的仿真时间向量。如果不加 t，仿真时间范围自动选择，此函数只返回仿真数据而不在屏幕上画仿真图形，返回值 y 为系统在各个仿真时刻的输出所组成的矩阵，而 x 为时间响应数据。如果用户对具体的响应数值不感兴趣，而只想绘制出系统的阶跃响应曲线，则可以由如下的格式调用

　　　　step(sys,t)　或　step(sys)

　　求取脉冲响应的函数 impulse() 与 step() 函数的调用格式完全一致，而任意输入下的仿真函数 lsim() 的调用格式稍有不同，调用此函数时应给出一个输入表向量，该函数的调用格式为

　　　　[y,x]= lsim(sys,u,t)

式中，u 为给定输入构成的列向量，它的元素个数应该和 t 的元素个数是一致的。当然若调用时不返回参数，该函数也可以直接绘制出响应曲线图形。例如：

```
t= 0:0.01:5;
u= sin(t);
lsim(sys,u,t)
```

为系统 sys 对输入信号 $u(t) = \sin(t)$ 在 5 s 之内的输出响应仿真。

读者可以参阅 Matlab 的帮助，例如在 Matlab 的提示符"》"下键入 help step 来了解指令 step 的调用方式。

【**例 3.12.1**】针对例 3.10.2 的移动机器人驾驶系统，当 $K_1 = K = 1$，$K_2 = 2$，$T = 0.1$ 时，利用下面的 Matlab 仿真程序，得到了锯齿波输入信号和移动机器人驾驶系统的动态响应曲线如图 3.12.1 所示。

```
num= [1,2];  den= [0.1 1 0];  sysg= tf(num,den);  sys= feedback
(sysg,[1]);
v1= [0:0.1:2]';  v2= [2:-0.1:-2]';  v3= [-2:0.1:0]';  u= [v1;v2;
v3];
t= [0:0.1:8.2];
[y,T]= lsim(sys,u,t);
plot(T,y,t,u,'- - ');
xlabel('t/s');ylabel('c(t)');grid
```

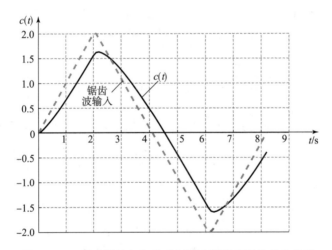

图 3.12.1　锯齿波输入和移动机器人驾驶系统的响应曲线

【**例 3.12.2**】针对 3.11.5 节的哈勃太空望远镜定向系统，当 $K = 25$，$K_1 = 6$ 时，利用下面的程序可画出图 3.12.2 所示的系统对单位阶跃输入和单位阶跃干扰的瞬态响应曲线，以及单位阶跃输入时放大器输出的控制量曲线。

```
g= tf([1],[1 6 0]);  c= 25* g/(1+ g* 25);  figure(1);  step(c1);
hold on;
dc= g/(1+ g* 25);  step(dc) ; grid;
u= 25/(1+ g* 25);  figure(2);  step(u);  grid;
```

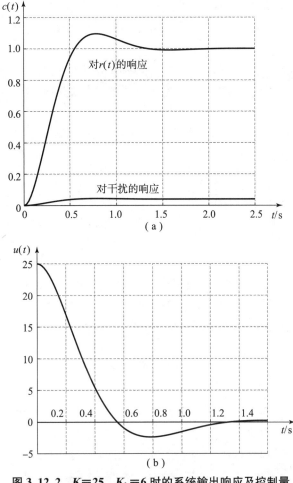

图 3.12.2　$K=25$、$K_1=6$ 时的系统输出响应及控制量

（a）对输入和干扰的响应；（b）单位阶跃输入时的控制量曲线

3.13　基于 Matlab 的系统时域分析数学仿真实验

实验目的：

验证二阶系统的极点变化对系统单位阶跃响应的影响规律。

实验预习：

系统的闭环传递函数为：

$$\Phi(s) = \frac{b}{s^2 + as + b}$$

当 $a=4$，$b=25$ 时，系统极点为 $-2\pm4.58\text{j}$，系统的阻尼为 0.4，自然振荡频率为 5 rad/s。

（1）计算当系统的极点分别为 $-2\pm4.58\text{j}$、$-4\pm4.58\text{j}$、$-8\pm4.58\text{j}$ 时，三个系统的参数 a 和 b 值，并分别计算系统的超调量、调节时间、峰值时间、上升时间。

（2）计算当系统的极点分别为 $-2\pm4.58\text{j}$、$-2\pm(4.58\times2)\text{j}$、$-2\pm(4.58\times4)\text{j}$ 时，三个系统的参数 a 和 b 值，并分别计算系统的超调量、调节时间、峰值时间、上升时间。

（3）计算当系统的阻尼为 0.4，自然振荡频率分别为 5 rad/s、10 rad/s、20 rad/s 时，三个系统的参数 a 和 b 值，并分别计算系统的超调量、调节时间、峰值时间、上升时间。

实验：

实验 1：利用 Matlab 软件，在同一个图上画出极点分别为 $-2\pm4.58j$、$-4\pm4.58j$、$-8\pm4.58j$ 时三个系统的单位阶跃响应曲线，并读出系统的超调量、调节时间、峰值时间、上升时间。

实验 2：利用 Matlab 软件，在同一个图上画出极点分别为 $-2\pm4.58j$、$-2\pm(4.58\times2)j$、$-2\pm(4.58\times4)j$ 时三个系统的单位阶跃响应曲线，并读出系统的超调量、调节时间、峰值时间、上升时间。

实验 3：利用 Matlab 软件，在同一个图上画出阻尼为 0.4，自然振荡频率分别为 5 rad/s、10 rad/s、20 rad/s 时三个系统的单位阶跃响应曲线，并读出系统的超调量、调节时间、峰值时间、上升时间。

实验报告：

针对实验 1、实验 2、实验 3，分别制作数据表格，表格中包括：三个系统的极点，三个系统的 a 和 b 值，三个系统的超调量、调节时间、峰值时间、上升时间等的计算值和仿真值；总结系统极点变化对系统单位阶跃响应的影响规律。

习 题 3

3-1 设系统特征方程如下，试用劳斯判据判断其稳定性，若不稳定，指出右半 s 平面根的数目并计算纯虚根的数值。

(1) $s^4+2s^3+8s^2+4s+3=0$ (2) $s^5+s^4+3s^3+9s^2+16s+10=0$

(3) $4s^4+10s^3+5s^2+s+2=0$ (4) $s^4+2s^3+6s^2+8s+8=0$

(5) $s^5+20s^4+5s^3+70s^2+4s+50=0$

3-2 单位反馈系统的开环传递函数如下，试用劳斯判据确定其闭环系统稳定时 K 的取值范围。

(1) $G(s)=\dfrac{K(s+1)}{s(s-1)(s+5)}$ (2) $G(s)=\dfrac{K(s+1)}{s(s-1)(s^2+4s+16)}$

(3) $G(s)=\dfrac{K}{(s+2)(s+4)(s^2+6s+25)}$

3-3 已知一单位反馈系统，其开环传递函数为

$$G(s)=\frac{K(s+1)}{s^3+as^2+2s+1}$$

欲使系统产生 $\omega_n=2$ rad/s 的等幅振荡，试用劳斯判据确定 K 和 a 的数值。

3-4 已知反馈控制系统的开环传递函数为

$$G(s)=\frac{\omega_n^2 K}{s(s^2+2\zeta\omega_n s+\omega_n^2)}$$

当 $\omega_n=90$ rad/s，阻尼 $\zeta=0.2$ 时，试确定 K 为何值时系统是稳定的。

3-5 已知反馈系统的开环传递函数为

$$G(s) = \frac{K(s+1)(2s+1)}{s^2(Ts+1)} \quad (K>0, T>0)$$

试确定闭环系统稳定时 T 与 K 应满足的条件。

3-6　已知反馈控制系统的传递函数为

$$G(s) = \frac{10}{s(s-1)} \quad H(s) = 1 + Ks$$

试确定闭环系统临界稳定时 K 的值。

3-7　如图 E3-1 所示控制系统，为使闭环极点为 $s_{1,2} = -1 \pm j$，试确定 K 和 α 的值，并确定这时系统阶跃响应的超调量。

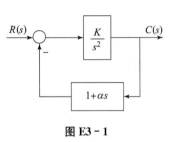

图 E3-1

3-8　某元件的传递函数为 $G(s) = \dfrac{10}{s+1}$，欲采用图 E3-2 所示的负反馈方法，将其过渡过程调节时间 t_s 缩小为原来的 $\dfrac{1}{10}$，试选择 K_h 和 K_0 的数值。

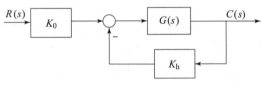

图 E3-2

3-9　若单位反馈系统开环传递函数为

$$G(s) = \frac{25}{s(s+3)}$$

试求其单位阶跃响应性能指标 t_r、t_p、t_s（$\Delta = 5\%$）、$\sigma_p\%$ 的数值。

3-10　若系统结构图如图 E3-3 所示，要求 $\sigma_p\% \leqslant 15\%$ 和 $t_p = 0.8$ s，试确定 K_1 和 K_t 的数值，并计算该系统的 t_r 和 t_s。

3-11　今测得单位反馈二阶系统的单位反馈阶跃响应如图 E3-4 所示，试确定其闭环传递函数和开环传递函数。

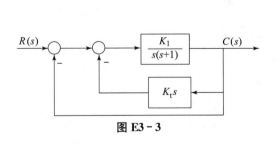

图 E3-3

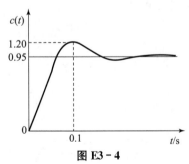

图 E3-4

3-12　若二阶系统的单位阶跃响应为

$$c(t) = 1 + 0.2\mathrm{e}^{-60t} - 1.2\mathrm{e}^{-10t} \quad (t \geqslant 0)$$

（1）试求其闭环传递函数；

(2) 确定其阻尼系数 ζ 和无阻尼自然频率 ω_n。

3-13 设高阶系统的闭环传递函数为

$$\Phi(s) = \frac{16\,320 \times (s+0.125)}{(s+0.12)(s+20)(s+50)(s+1-4j)(s+1+4j)}$$

试求其主导极点、等效二阶系统及等效二阶系统的单位阶跃响应的性能指标。

3-14 已知单位反馈系统开环传递函数如下,试分别求输入信号 $r(t)$ 为 $1(t)$、t、t^2 时系统的稳态误差。

(1) $G(s) = \dfrac{50}{(0.1s+1)(2s+1)}$ （2) $G(s) = \dfrac{7(s+1)}{s(s+4)(s^2+2s+2)}$

(3) $G(s) = \dfrac{10(2s+1)(4s+1)}{s^2(s^2+2s+10)}$

3-15 设系统结构图如图 E3-5 所示,令 $r(t)=0$,$d(t)=1(t)$,欲使其稳态误差为零,且保持系统稳定,试确定 $G_c(s)$ 的传递函数。

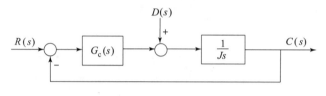

图 E3-5

3-16 设系统结构图如图 E3-6 所示,$r(t)=at$（a 为常数）,欲使其稳态误差等于零,试求 K_1 的数值。

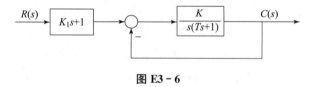

图 E3-6

3-17 若系统结构图如图 E3-7 所示。

(1) 当 $K=25$,$K_f=0$ 时,试求系统的阻尼系数 ζ 和无阻尼自然频率 ω_n 及单位斜坡输入作用下的稳态误差 e_{ss}。

(2) 当 $K=25$ 时,K_f 取何值能使闭环系统的阻尼系数 $\zeta=0.707$,并求单位斜坡输入作用下的稳态误差 e_{ss};

(3) 欲使 $\zeta=0.707$,单位斜坡输入作用时的稳态误差 $e_{ss}=0.12$,求 K 和 K_f。

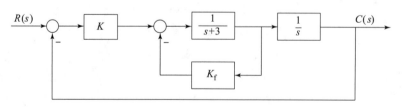

图 E3-7

3-18 单位负反馈控制系统的开环传递函数为

$$G(s) = \frac{100}{s(s+10)}$$

试求：（1）静态位置误差系数 K_p、静态速度误差系数 K_v 和静态加速度误差系数 K_a；

（2）当参考输入 $r(t) = 1 + t + at^2$ 时系统的稳态误差。

3-19 在零初始条件下，控制系统在输入信号 $r(t) = 1(t) + t \cdot 1(t)$ 的作用下的输出响应为 $c(t) = t \cdot 1(t)$，求系统的传递函数，并确定系统的调节时间 t_s。

3-20 控制系统的结构如图 E3-8 所示。

（1）当 $\alpha = 0$、$K = 8$ 时，试确定系统的阻尼系数 ζ、无阻尼自然振荡频率 ω_n 和单位斜坡函数输入时系统的稳态误差；

（2）当 $K = 8$ 时，确定系统中反馈校正参数 α 的值，使系统为最佳二阶系统（$\zeta = 0.707$），并计算单位斜坡输入时的稳态误差；

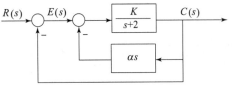

图 E3-8

（3）确定参数 α 及前向通道增益 K，使得 $\zeta = 0.7$，且单位斜坡输入时的稳态误差 $e_{ss} = 0.25$。

3-21 复合控制系统结构图如图 E3-9 所示，图中 K_1、K_2、T_1、T_2 是大于零的常数。

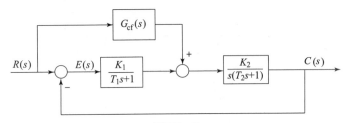

图 E3-9

（1）确定当闭环系统稳定时，参数 K_1、K_2、T_1、T_2 应满足的条件；

（2）当输入 $r(t) = V_0 t$ 时，选择校正装置 $G_{cf}(s)$，使得系统无稳态误差。

3-22 某系统结构图如图 E3-10 所示，其中 $R(s)$ 为给定输入，$D(s)$ 为扰动。试求：

（1）该系统在阶跃扰动输入信号 $d(t) = 1(t)$ 的作用下所引起的稳态误差 e_{ssd}；

（2）系统在 $r(t) = d(t) = t$ 同时作用下，使稳态误差 $e_{ss} = 0$ 时 K_d 的取值。

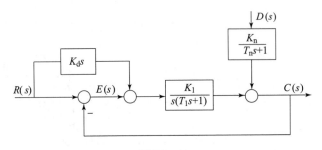

图 E3-10

3-23 如图 E3-11 所示控制系统，其中 $e(t)$ 为误差信号。

（1）求 $r(t) = t$，$d(t) = 0$ 时，系统的稳态误差 e_{ss}；

（2）求 $r(t) = 0$，$d(t) = t$ 时，系统的稳态误差 e_{ss}；

（3）求 $r(t) = t$，$d(t) = t$ 时，系统的稳态误差 e_{ss}；

（4）当系统参数 K_0、T、K_p、T_i 变化时，上述结果有何变化？

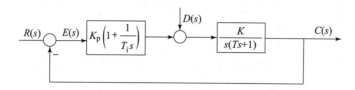

图 E3 - 11

3 - 24 设系统结构图如图 E3-12 所示，$r(t)$ 为参考输入，$d(t)$ 为扰动，$G_{cf}(s)$ 为顺馈补偿器的传递函数，欲完全消除扰动对输出的影响，且要求系统对输入的单位阶跃响应指标 $\sigma_p\%=16.3\%$，$t_s(\Delta=5\%)=3$ s，试确定 K_1、K_2 及 $G_{cf}(s)$ 的表达式。

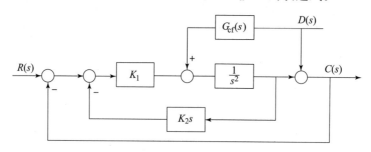

图 E3 - 12

3 - 25 如图 E3-13 所示非单位反馈系统，其中 $K=2$，定义偏差 $E(s)=R(s)-C(s)$，求输入为单位阶跃信号时系统的稳态误差。

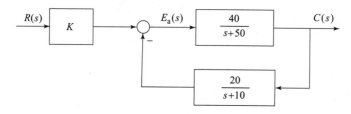

图 E3 - 13

3 - 26 如图 E3-14 所示非单位反馈系统，试确定合适的增益 K，使系统对阶跃输入的稳态误差最小，定义偏差 $E(s)=R(s)-C(s)$。

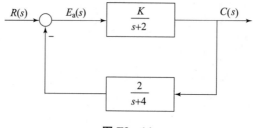

图 E3 - 14

第 4 章
根 轨 迹 法

[本章学习目标]
(1) 掌握根轨迹的定义以及辐角条件、幅值条件；
(2) 能够手工概略绘制系统的根轨迹；
(3) 能够手工绘制系统的参量根轨迹；
(4) 能够利用根轨迹设计系统的开环增益，使其满足系统动态性能指标的要求。

4.1 引言

根轨迹法是由伊万思（W. R. Evans）在 1948 年最先提出的，它是分析和设计反馈控制系统的一种有效的图解方法，在控制工程实践中得到了广泛的应用。

所谓根轨迹，是指当开环系统的某一参数从零至无穷大变化时，闭环系统特征方程的根在 s 平面上变化的轨迹。

当闭环系统没有零点和极点相抵消时，闭环特征方程式的根就是闭环传递函数的极点。由第 3 章的时域分析可知，控制系统的稳定性和暂态响应的模态取决于闭环系统的极点，暂态响应曲线的形状和系统的稳态性能与闭环系统的零极点的分布相关。而闭环零点由前向通道传递函数的零点和反馈通道传递函数的极点所组成，它们是不难确定的，因此分析和设计控制系统的关键在于确定系统闭环极点的分布。根轨迹法就是根据系统开环传递函数零、极点的分布，当系统的某一参数从零至无穷大变化时，依照一些简单的绘制法则画出系统的闭环极点（即特征方程的根）在 s 平面上变化的轨迹，即根轨迹，然后根据根轨迹分析和设计控制系统。根轨迹法是一种图解法，形象直观，不需要烦琐地求解特征方程，更重要的是，系统参数变化对闭环极点分布的影响也能从图上很直观地看出来。

在根轨迹法中，最常用的变化参数是系统开环增益 K 或与之成比例的所谓根轨迹增益 K^*。有时也取其他参数为变化参数，例如速率反馈系数等，以后不特别指明，变化参数均为 K 或 K^*。

随着 Matlab 软件和其他类似仿真软件的发展，学习根轨迹绘制法则显得好像不是很有必要，但是对于一个控制工程师而言，在设计阶段理解所提出的控制器将如何影响系统的根轨迹是十分重要的；而且理解根轨迹是怎样产生的，以便对计算机绘制结果进行检查也是十分重要的，因此学习根轨迹法还是很有意义的。

4.2 根轨迹法的基本概念

4.2.1 根轨迹与系统性能

本节以一个二阶系统为例来具体说明根轨迹的基本概念。

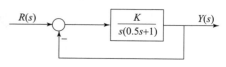

【例 4.2.1】 若二阶系统的结构图如图 4.2.1 所示,试绘制其根轨迹曲线。

图 4.2.1 二阶控制系统

【解】 根据图 4.2.1 得系统闭环传递函数为

$$\Phi(s) = \frac{K}{s(0.5s+1)+K} = \frac{2K}{s(s+2)+2K} = \frac{K^*}{s^2+2s+K^*}$$

式中,$K^* = 2K$。闭环系统特征方程为

$$s^2 + 2s + K^* = 0 \qquad (4.2.1)$$

解式(4.2.1)得

$$s_{1,2} = -1 \pm \sqrt{1-K^*} \qquad (4.2.2)$$

对式(4.2.2)取不同的 K^* 值,得对应 $s_{1,2}$ 的数值列于表 4.2.1。

表 4.2.1 例 4.2.1 中 K^* 与 $s_{1,2}$ 的对应值

K^*	0	0.5	1	1.5	2	3	4	5	10	∞
s_1	0	-0.293	-1	$-1+\text{j}7.07$	$-1+\text{j}1$	$-1+\text{j}1.414$	$-1+\text{j}1.732$	$-1+\text{j}2$	$-1+\text{j}3$	$-1+\text{j}\infty$
s_2	-2	-1.707	-1	$-1-\text{j}7.07$	$-1-\text{j}1$	$-1-\text{j}1.414$	$-1-\text{j}1.732$	$-1-\text{j}2$	$-1-\text{j}3$	$-1-\text{j}\infty$

根据表 4.2.1 绘出的系统根轨迹曲线如图 4.2.2 所示。根轨迹上的箭头表示随着 K^* 的增加根轨迹的变化趋势,而标注的数值则代表与闭环极点位置相对应的根轨迹增益 K^* 的数值。由根轨迹曲线可以看出该二阶系统的性能。

1) 稳定性

当开环增益从零变到无穷时,图 4.2.2 上的根轨迹不会越过虚轴进入右半 s 平面,因此图 4.2.1 所示系统对所有的 K 值都是稳定的。如果分析其他高阶系统的根轨迹图,根轨迹有可能越过虚轴进入右半 s 平面,此时根轨迹与虚轴交点处的 K 值,就是临界开环增益。

2) 稳态性能

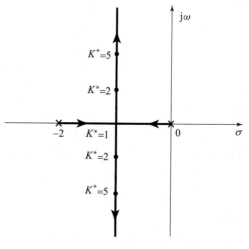

图 4.2.2 例 4.2.1 的根轨迹图

由图 4.2.2 可见,开环系统在坐标原点有一个极点,所以系统属Ⅰ型系统,因而根轨迹上对应的 K 值就是静态速度误差系数。如果给定系统的稳态误差要求,则由根轨迹图可以确定闭环极点位置的容许范围。在一般情况下,根轨迹图上标注出来的参数不是开环增益

K，而是所谓根轨迹增益 K^*，但开环增益和根轨迹增益之间仅相差一个比例常数，很容易进行换算。

3）动态性能

当 $K^* < 1$ 时，闭环系统的特征根为两个相异负实数，系统为过阻尼系统，单位阶跃响应为非周期过程；当 $K^* = 1$ 时，闭环系统的特征根为两个负实数，且两根重合，系统为临界阻尼系统，单位阶跃响应仍为非周期过程；当 $K^* > 1$ 时，闭环系统的特征根为具有负实部的共轭复数，系统为欠阻尼系统，单位阶跃响应为阻尼振荡过程，且超调量将随着 K^* 的增大而增大，但调节时间基本不变。

上述分析表明，根轨迹与系统性能之间有着比较密切的联系。

4.2.2　根轨迹方程

对于图 4.2.3 所示的控制系统，其闭环传递函数为

$$\Phi(s) = \frac{G(s)}{1 + G(s)H(s)}$$

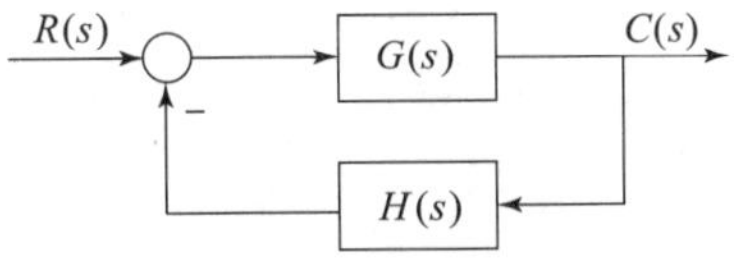

式中，$G(s)H(s)$ 为系统开环传递函数，而闭环系统的特征方程为

$$1 + G(s)H(s) = 0$$

或写成

$$G(s)H(s) = -1 \qquad (4.2.3)$$

图 4.2.3　控制系统

式中，s 是复数，$G(s)H(s)$ 是以 s 为自变量的复变函数。

满足式（4.2.3）的点，都必定是根轨迹上的点，故把式（4.2.3）称为根轨迹方程。根轨迹方程实际上是一个向量方程，直接使用很不方便。因为

$$-1 = 1 \cdot e^{j(2k+1)\pi} \quad (k = 0, \pm 1, \pm 2, \cdots)$$

所以，可把式（4.2.3）写成模与辐角的形式，有

$$|G(s)H(s)| e^{j\angle G(s)H(s)} = 1 \cdot e^{j(2k+1)\pi} \quad (k = 0, \pm 1, \pm 2, \cdots) \qquad (4.2.4)$$

比较式（4.2.4）两端的模和辐角，可得

$$|G(s)H(s)| = 1 \qquad (4.2.5)$$

$$\angle G(s)H(s) = (2k+1)\pi \qquad (k = 0, \pm 1, \pm 2, \cdots) \qquad (4.2.6)$$

一般开环传递函数可写成

$$G(s)H(s) = \frac{K^* \prod_{i=1}^{m}(s - z_i)}{s^\nu \prod_{j=1}^{n-\nu}(s - p_j)} \qquad (4.2.7)$$

式中，z_i 为开环系统零点，p_j 为开环系统极点，K^* 为开环系统根轨迹增益，它与系统开环增益 K 存在下述关系

$$K = \lim_{s \to 0} s^\nu G(s)H(s) = K^* \frac{\prod_{i=1}^{m}(-z_i)}{\prod_{j=1}^{n-\nu}(-p_j)} \qquad (4.2.8)$$

$$K^* = K \cdot \frac{\prod\limits_{j=1}^{n-\nu}(-p_j)}{\prod\limits_{i=1}^{m}(-z_i)} \qquad (4.2.9)$$

把式（4.2.7）代入式（4.2.5），则有

$$\left| \frac{K^* \prod\limits_{i=1}^{m}(s-z_i)}{s^\nu \prod\limits_{j=1}^{n-\nu}(s-p_j)} \right| = 1$$

$$K^* = \frac{\left| s^\nu \prod\limits_{j=1}^{n-\nu}(s-p_j) \right|}{\left| \prod\limits_{i=1}^{m}(s-z_i) \right|}$$

如果将积分环节视为 $p_j = 0$ 的特殊情况，则上式可写成

$$K^* = \frac{\prod\limits_{j=1}^{n}|s-p_j|}{\prod\limits_{i=1}^{m}|s-z_i|} \qquad (4.2.10)$$

将式（4.2.7）代入式（4.2.6），并把积分环节视为开环系统的零值极点，则有

$$\sum_{i=1}^{m}\angle(s-z_i) - \sum_{j=1}^{n}\angle(s-p_j) = (2k+1)\pi \qquad (k=0,\pm1,\pm2,\cdots)$$

令 $\varphi_i = \angle(s-z_i), \theta_j = \angle(s-p_j)$，上式可写成

$$\sum_{i=1}^{m}\varphi_i - \sum_{j=1}^{n}\theta_j = (2k+1)\pi \qquad (k=0,\pm1,\pm2,\cdots) \qquad (4.2.11)$$

式（4.2.10）和式（4.2.11）分别称为**根轨迹的幅值条件和辐角条件**，根据这两个条件，可以完全确定 s 平面上的根轨迹和根轨迹上对应的 K^* 值。应当指出，辐角条件是确定 s 平面上根轨迹的充分必要条件，这就是说，绘制根轨迹时，只需要使用辐角条件；而当需要确定根轨迹上各点对应的 K^* 时，才使用幅值条件。

4.3 根轨迹绘制的基本法则

在下面的讲述中，假定所研究的系统变化参数是根轨迹增益 K^*，当可变参数为系统的其他参数时，以下这些基本法则仍然适用。应当指出的是，用以下这些基本法则绘制出的根轨迹，其相角遵循 $180° + 2k\pi$ 条件，因此称为 **180°根轨迹**，相应的法则可以叫作 180°根轨迹的绘制法则。

法则 1 根轨迹的起点、终点和分支数

根轨迹起于开环传递函数的极点，终于开环传递函数的零点，根轨迹的分支数等于开环系统的极点数 n 与零点数 m 之大者。

根轨迹的起点是指当根轨迹增益 $K^* = 0$ 时的根轨迹点，而终点是指 $K^* \to \infty$ 时的根轨

迹点。由根轨迹的幅值条件

$$K^* = \frac{\prod\limits_{j=1}^{n} |s - p_j|}{\prod\limits_{i=1}^{m} |s - z_i|}$$

可知，当 $K^* = 0$ 时，$s = p_j$，故有 n 条根轨迹起始于开环传递函数的极点；当 $K^* \to \infty$ 时，$s = z_i$，故有 m 条根轨迹终止于开环传递函数的零点。

在物理系统中，$m \leqslant n$。当 $m < n$ 时，有 $n-m$ 条根轨迹终止于无穷远处。的确，当 $s \to \infty$ 时，有

$$K^* = \lim_{s \to \infty} \frac{\prod\limits_{j=1}^{n} |s - p_j|}{\prod\limits_{i=1}^{m} |s - z_i|} = \lim_{s \to \infty} |s|^{n-m} \to \infty \quad (n > m)$$

如果把有限值的零点称为有限零点，把无穷远处的零点称为无穷零点，则可以说所有的根轨迹均终止于零点。当变化参数为 K^* 时，$n \geqslant m$；当变化参数不是 K^* 时，可能存在 $n \leqslant m$ 的情况。因此，根轨迹的分支数等于 m 和 n 之大者。

法则 2　根轨迹的对称性

由于闭环系统特征方程的根只有实数和共轭复数两种，所以根轨迹必然对称于实轴。如图 4.2.2 所示的二阶系统的根轨迹，当 $K^* > 1$ 时，根轨迹为过 -1 点对称于实轴的直线。

法则 3　根轨迹在实轴上的分布

对于实轴上某一区域，如果在其右方的开环实数极点个数与开环实数零点个数之和等于奇数，则该区域是根轨迹。

设开环系统的零极点分布如图 4.3.1 所示。取实轴上任一点 s_1 为试验点，画出开环零点和极点至 s_1 的矢量，并标出其辐角。

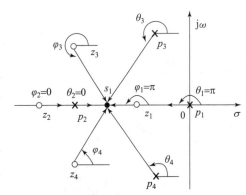

图 4.3.1　实轴上的根轨迹

由图 4.3.1 可得出以下结论：

（1）开环共轭复数极点 p_3 和 p_4 至 s_1 的矢量辐角之和为 $\theta_3 + \theta_4 = 2\pi$，所以开环系统共轭复数极点对实轴上的根轨迹辐角条件式（4.2.11）没有影响。同理，开环共轭复数零点 z_3 和 z_4 对实轴上的根轨迹辐角条件也没有影响。

（2）试验点 s_1 之左的开环实数极点 p_2 和实数零点 z_2 至 s_1 的矢量辐角均等于零，对实轴上根轨迹辐角条件没有影响。

（3）试验点 s_1 之右的开环实数极点 p_1 和实数零点 z_1 至 s_1 的矢量辐角均等于 π。

由上面三点可知，在计算各矢量辐角时，只需计算在试验点之右的开环实数极点和实数零点至该试验点的矢量辐角即可。若在试验点之右有 A 个实数极点和 B 个实数零点，则式（4.2.11）可写成

$$\sum_{i=1}^{m}\varphi_i - \sum_{j=1}^{n}\theta_j = B\pi - A\pi = (A+B)\pi - 2A\pi = (2k+1)\pi \quad (k=0,\pm 1,\pm 2,\cdots)$$

$(A+B)\pi - 2A\pi$ 与 $(A+B)\pi$ 实际是同一个角度，所以 $(A+B)\pi = (2k+1)\pi$，式中 $(2k+1)$ 是个奇数。于是，本法则得证。对于图 4.3.1 的 s_1 点，$A=1,B=1,A+B=2$，所以 (p_2,z_1) 区间的实轴不是根轨迹。

法则 4　根轨迹的渐近线

若 $n>m$，在 $K^* \to \infty$ 时，有 $n-m$ 条根轨迹伸向无穷远处，在无穷远处根轨迹趋近于渐近线，渐近线与正实轴的交角为

$$\varphi_a = \frac{(2k+1)\pi}{n-m} \quad (k=0,1,2,\cdots,n-m-1) \tag{4.3.1}$$

渐近线与实轴的交点为

$$\sigma_a = \frac{\sum_{j=1}^{n}p_j - \sum_{i=1}^{m}z_i}{n-m} \tag{4.3.2}$$

式中，p_j 为开环传递函数极点，z_i 为开环传递函数零点。

证明　设系统开环传递函数为

$$G(s)H(s) = \frac{K^*(s-z_1)(s-z_2)\cdots(s-z_m)}{(s-p_1)(s-p_2)\cdots(s-p_n)} \quad (n>m) \tag{4.3.3}$$

有 $n-m$ 条渐近线。

当 s 很大时，式 (4.3.3) 可近似为

$$G(s)H(s) = \frac{K^*}{(s-\sigma_a)^{n-m}} \tag{4.3.4}$$

因为

$$(s-\sigma_a)^{n-m} = s^{n-m} - (n-m)\sigma_a s^{n-m-1} + \cdots \tag{4.3.5}$$

而

$$\frac{(s-p_1)(s-p_2)\cdots(s-p_n)}{(s-z_1)(s-z_2)\cdots(s-z_m)} = s^{n-m} - \left(\sum_{j=1}^{n}p_j - \sum_{i=1}^{m}z_i\right)s^{n-m-1} + \cdots \tag{4.3.6}$$

由式 (4.3.5) 和式 (4.3.6) 中 s^{n-m-1} 项系数相等，得渐近线与实轴交点的坐标为

$$\sigma_a = \frac{\sum_{j=1}^{n}p_j - \sum_{i=1}^{m}z_i}{n-m} \tag{4.3.7}$$

即其分子是开环系统极点之和减去开环系统零点之和。

选择无穷远处根轨迹上的一点 $s_0 = Re^{j\varphi}$，由于 R 充分大，所以所有的极点可以视为与坐标原点重合，所以

$$(n-m)\varphi_a = (2k+1)\pi$$

则

$$\varphi_a = \frac{(2k+1)\pi}{n-m}$$

【例 4.3.1】 若开环系统传递函数为

$$G(s)H(s) = \frac{K^*}{s(s+1)(s+2)}$$

试画出其实轴上的根轨迹和 $s \to \infty$ 时的渐近线。

【解】（1）在图 4.3.2 上标出开环传递函数极点：$p_1 = 0, p_2 = -1, p_3 = -2$。

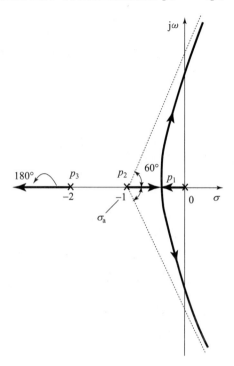

图 4.3.2　开环系统渐近线和实轴上的根轨迹

（2）在实轴上（$-1,0$）和（$-\infty,-2$）区间之右的实数零极点数之和为奇数，故这两个区间的实轴是根轨迹。

（3）本题 $n = 3, m = 0$，故有 3 条根轨迹在 $K^* \to \infty$ 时伸向无穷远处，其渐近线与实轴的交点为

$$\sigma_a = \frac{\sum\limits_{j=1}^{n} p_j - \sum\limits_{i=1}^{m} z_i}{n - m} = \frac{0 - 1 - 2}{3} = -1$$

渐近线与正实轴的交角为

$$\varphi_a = \frac{(2k+1)\pi}{n-m} = \frac{(2k+1)\pi}{3}$$

当 $k = 0$ 时，$\varphi_a = \pi/3$；

当 $k = 1$ 时，$\varphi_a = \pi$；

当 $k = 2$ 时，$\varphi_a = -\pi/3$。

图 4.3.2 上标出了 σ_a 和 φ_a。

法则 5　根轨迹的分离点与分离角

当 K^* 由零至无穷大变化过程中，几条根轨迹在 s 平面某一点相遇后立即分开，这一点称为分离点。最常见的分离点出现在实轴上，实轴上的分离点有以下两种情况。

（1）实轴上的根轨迹相向运动，在某一点相遇后进入复数平面，如图 4.3.3 的 A 点。

（2）复数平面内的一对共轭复数根轨迹在实轴上相遇，然后分开，如图 4.3.3 的 B 点。

不难看出，如果根轨迹在两相邻极点或两相邻零点之间，则在此相邻极点或相邻零点之间至少有一个分离点。下面介绍分离点的求法。

方法 1：分离点对应闭环特征方程的重根，可以此作为计算分离点的依据。若系统开环传递函数为

$$G(s)H(s)=\frac{K^*P(s)}{Q(s)} \qquad (4.3.8)$$

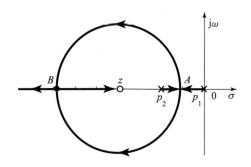

图 4.3.3 实轴上根轨迹分离点示意图

式中，$P(s)$ 和 $Q(s)$ 为 s 的多项式函数，则其闭环特征方程为

$$1+\frac{K^*P(s)}{Q(s)}=0$$

$$K^*P(s)+Q(s)=0 \qquad (4.3.9)$$

若 s_2 是方程（4.3.9）的二重根，则 s_2 满足下面两式

$$K^*P(s_2)+Q(s_2)=0 \qquad (4.3.10)$$

$$\frac{\mathrm{d}}{\mathrm{d}s}\left[K^*P(s)+Q(s)\right]_{s=s_2}=0 \qquad (4.3.11)$$

而 l 次重根 s_l 应满足

$$\frac{\mathrm{d}^i}{\mathrm{d}s^i}\left[K^*P(s)+Q(s)\right]_{s=s_l}=0,(i=0,1,2,\cdots,l-1) \qquad (4.3.12)$$

在此应指出，若按上式求出的分离点处对应的 $K^* < 0$，则此点不在根轨迹上，不是分离点。

【**例 4.3.2**】若开环传递函数为

$$G(s)H(s)=\frac{K^*(s+4)}{s(s+2)}$$

试求根轨迹的分离点，并绘制根轨迹草图。

【**解**】系统闭环特征方程为

$$1+G(s)H(s)=0$$

$$1+\frac{K^*(s+4)}{s(s+2)}=0$$

$$K^*(s+4)+s(s+2)=0$$

根据式（4.3.12），分离点应满足

$$K^*(s+4)+s(s+2)=0 \qquad (4.3.13)$$

$$\frac{\mathrm{d}}{\mathrm{d}s}\left[K^*(s+4)+s(s+2)\right]=0 \qquad (4.3.14)$$

由式（4.3.14）可得

$$K^*=-2(s+1) \qquad (4.3.15)$$

将式（4.3.15）代入式（4.3.13），整理得

$$s^2+8s+8=0 \qquad (4.3.16)$$

解式（4.3.16）得

$$\begin{cases} s_1 = -1.172 \\ s_2 = -6.828 \end{cases} \tag{4.3.17}$$

将式（4.3.17）代入式（4.3.15），得分离点的 K^* 值

$$\begin{cases} K_1^* = -2 \times (-1.172 + 1) = 0.344 \\ K_2^* = -2 \times (-6.828 + 1) = 11.656 \end{cases}$$

根据上面讲的根轨迹绘制法则及计算的分离点，绘出完整的根轨迹曲线如图 4.3.4 所示。

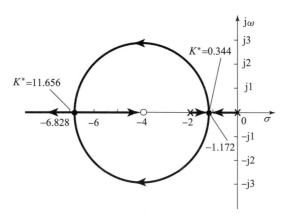

图 4.3.4 例 4.3.2 的根轨迹

方法 2：系统开环传递函数如式（4.3.8）所示，由系统闭环特征方程得

$$K^* = -\frac{Q(s)}{P(s)}$$

将 K^* 对 s 求导得

$$\frac{\mathrm{d}K^*}{\mathrm{d}s} = \frac{Q(s)P'(s) - Q'(s)P(s)}{P^2(s)} \tag{4.3.18}$$

由式（4.3.11），若 s 是方程（4.3.9）的二重根，则下列方程成立：

$$K^*P'(s) + Q'(s) = 0$$

则

$$K^* = -\frac{Q'(s)}{P'(s)} \tag{4.3.19}$$

将式（4.3.19）代入式（4.3.9）得

$$Q(s)P'(s) - Q'(s)P(s) = 0$$

则

$$\frac{\mathrm{d}K^*}{\mathrm{d}s} = 0 \tag{4.3.20}$$

因此，闭环特征方程的二重根除满足特征方程外还满足式（4.3.20）。

需要注意的是，闭环特征方程的二重根中，只有那些位于根轨迹上的点才是分离点，所以求得重根后必须代入 $K^* = -Q(s)/P(s)$，找出满足 $K^* > 0$ 的点。

根轨迹上也可能出现 3 条根轨迹会合再分离的情况，这对应于特征方程具有三重根的情形。三重根除了满足式（4.3.20）外，还要满足

$$\frac{\mathrm{d}^2 K^*}{\mathrm{d}s^2} = 0$$

仍以例 4.3.2 为例
$$K^* = -\frac{s(s+2)}{s+4} = -\frac{s^2+2s}{s+4}$$

由
$$\frac{\mathrm{d}K^*}{\mathrm{d}s} = 0$$

得
$$s^2 + 8s + 8 = 0$$

解之得
$$s_1 = -1.172, \quad s_2 = -6.828$$

相应的增益为
$$K_1^* = 0.344, \quad K_2^* = 11.656$$

本质上，方法 2 是方法 1 的变形。

方法 3：分离点的坐标可由方程

$$\sum_{j=1}^{n} \frac{1}{d-p_j} = \sum_{i=1}^{m} \frac{1}{d-z_i} \tag{4.3.21}$$

解出，其中 p_j 为开环极点，z_i 为开环零点。若无开环零点，则式 (4.3.21) 右边为零，证明从略。

分离角

分离角定义为根轨迹进入分离点的切线方向与离开分离点的切线方向之间的夹角。

分离角为

$$\frac{(2k+1)\pi}{l} \quad (k=0,1,2,\cdots,l-1) \tag{4.3.22}$$

l 为进入分离点的根轨迹的条数。显然，当 $l=2$ 时，分离角必为直角。

法则 6　根轨迹的起始角和终止角

根轨迹在开环复数极点处的切线与正实轴的夹角称为起始角，根轨迹在开环复数零点处的切线与正实轴的夹角称为终止角。当试验点 s_1 在十分靠近某开环复数极点或零点的地方移动时，由其他开环极点或零点指向 s_1 的矢量辐角之和可认为保持不变。因此，根轨迹在开环复数极点的起始角和在开环零点处的终止角可由辐角条件式 (4.2.11) 解出。

起始角为：

$$\theta_{p_l} = 180° + \sum_{i=1}^{m} \varphi_{z_i p_l} - \sum_{\substack{j=1 \\ j \neq l}}^{n} \theta_{p_j p_l} \tag{4.3.23}$$

式中，$\varphi_{z_i p_l}$、$\theta_{p_j p_l}$ 分别表示矢量 $\overrightarrow{z_i p_l}$、$\overrightarrow{p_j p_l}$ 与正实轴之间的夹角，即开环零点和其余极点指向根轨迹起始的开环极点的矢量辐角。

终止角为：

$$\varphi_{z_l} = 180° - \sum_{\substack{i=1 \\ i \neq l}}^{m} \varphi_{z_i z_l} + \sum_{j=1}^{n} \theta_{p_j z_l} \tag{4.3.24}$$

式中，$\varphi_{z_i z_l}$ 和 $\theta_{p_j z_l}$ 为由其余开环零点和极点指向根轨迹终止的开环零点的矢量辐角。

【例 4.3.3】 若开环系统的传递函数为

$$G(s)H(s) = \frac{K^*(s+1.5)(s+2-\mathrm{j}1)(s+2+\mathrm{j}1)}{s(s+2.5)(s+0.5-\mathrm{j}1.5)(s+0.5+\mathrm{j}1.5)}$$

试求根轨迹的起始角、终止角及根轨迹草图。

【解】 (1) 在图 4.3.5 上标出开环传递函数的极点和零点。

$$p_1 = 0, \ p_2 = -2.5, \ p_3 = -0.5+\mathrm{j}1.5, \ p_4 = -0.5-\mathrm{j}1.5,$$
$$z_1 = -1.5, \ z_2 = -2+\mathrm{j}1, \ z_3 = -2-\mathrm{j}1$$

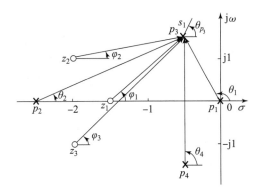

图 4.3.5　例 4.3.3 根轨迹的起始角

并画出由 p_3 以外各零极点指向 p_3 的矢量。

（2）确定 p_3 的起始角。

$$\varphi_1 = \angle(p_3 - z_1) = \angle[(-0.5+\mathrm{j}1.5)-(-1.5)] = \angle(1+\mathrm{j}1.5) = 56.3°$$
$$\varphi_2 = \angle(p_3 - z_2) = \angle[(-0.5+\mathrm{j}1.5)-(-2+\mathrm{j}1)] = \angle(1.5+\mathrm{j}0.5) = 18.4°$$
$$\varphi_3 = \angle(p_3 - z_3) = \angle[(-0.5+\mathrm{j}1.5)-(-2-\mathrm{j}1)] = \angle(1.5+\mathrm{j}2.5) = 59°$$
$$\theta_1 = \angle(p_3 - p_1) = \angle[(-0.5+\mathrm{j}1.5)-0] = \angle(-0.5+\mathrm{j}1.5) = 108.4°$$
$$\theta_2 = \angle(p_3 - p_2) = \angle[(-0.5+\mathrm{j}1.5)-(-2.5)] = \angle(2+\mathrm{j}1.5) = 36.9°$$
$$\theta_4 = \angle(p_3 - p_4) = \angle[(-0.5+\mathrm{j}1.5)-(-0.5-\mathrm{j}1.5)] = \angle(\mathrm{j}3) = 90°$$

把上述指向 p_3 的矢量辐角代入式（4.3.23），得

$$\theta_{p_3} = (2k+1)\times180° + (56.3°+18.4°+59°) - (108.4°+36.9°+90°) = 78.4°$$

（3）确定 p_4 的起始角。

由于根轨迹的对称性，所以 p_4 的起始角为 $\theta_{p_4} = -78.4°$。

（4）确定 z_2 的终止角。

图 4.3.6 示出了除 z_2 之外各开环零极点至 z_2 的矢量辐角，根据图 4.3.6 可得

$$\varphi_1 = \angle(z_2 - z_1) = \angle[(-2+\mathrm{j}1)-(-1.5)] = \angle(-0.5+\mathrm{j}1) = 116.6°$$
$$\varphi_3 = \angle(z_2 - z_3) = \angle[(-2+\mathrm{j}1)-(-2-\mathrm{j}1)] = \angle(\mathrm{j}2) = 90°$$
$$\theta_1 = \angle(z_2 - p_1) = \angle[(-2+\mathrm{j}1)-0] = \angle(-2+\mathrm{j}1) = 153.4°$$
$$\theta_2 = \angle(z_2 - p_2) = \angle[(-2+\mathrm{j}1)-(-2.5)] = \angle(0.5+\mathrm{j}1) = 63.4°$$
$$\theta_3 = \angle(z_2 - p_3) = \angle[(-2+\mathrm{j}1)-(-0.5+\mathrm{j}1.5)] = \angle(-1.5-\mathrm{j}0.5) = 198.4°$$
$$\theta_4 = \angle(z_2 - p_4) = \angle[(-2+\mathrm{j}1)-(-0.5-\mathrm{j}1.5)] = \angle(-1.5+\mathrm{j}2.5) = 121°$$

把上述各角度代入式（4.3.24），得

$$\varphi_{z_2} = (2k+1)\times180° - (116.6°+90°) + (153.4°+63.4°+198.4°+121°) = 149.6°$$

（5）确定 z_3 的终止角。

同样，由于根轨迹的对称性，得 z_3 的终止角为 $\varphi_{z_3} = -149.6°$。

（6）应用根轨迹性质及绘制法则画出的根轨迹草图如图 4.3.7 所示。

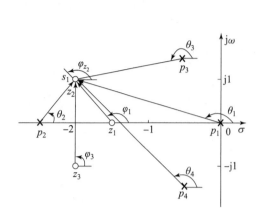
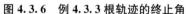

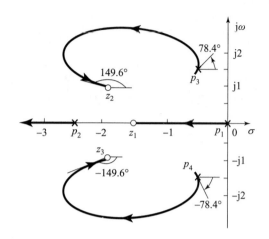

图 4.3.6　例 4.3.3 根轨迹的终止角　　　　图 4.3.7　例 4.3.3 的概略根轨迹图

法则 7　根轨迹与虚轴的交点

根轨迹曲线从左半 s 平面通过虚轴进入右半 s 平面以后，系统就变得不稳定了。因此精确地确定根轨迹与虚轴的交点是非常必要的。根轨迹与虚轴相交，意味着闭环极点中有极点位于虚轴上，即闭环特征方程中有纯虚根，系统处于临界稳定状态。下面介绍两种求法。

方法 1：将 $s = j\omega$ 代入特征方程中得

$$1 + G(j\omega)H(j\omega) = 0 \tag{4.3.25}$$

或

$$\mathrm{Re}[1 + G(j\omega)H(j\omega)] + \mathrm{Im}[1 + G(j\omega)H(j\omega)] = 0 \tag{4.3.26}$$

令

$$\begin{cases} \mathrm{Re}[1 + G(j\omega)H(j\omega)] = 0 \\ \mathrm{Im}[1 + G(j\omega)H(j\omega)] = 0 \end{cases} \tag{4.3.27}$$

则可解出 ω 值及对应的临界根轨迹增益 K^* 及开环增益 K。

【例 4.3.4】 已知系统开环传递函数

$$G(s) = \frac{K^*}{s(s+1)(s+2)}$$

求根轨迹与虚轴的交点。

【解】 系统闭环特征方程为

$$T(s) = s(s+1)(s+2) + K^* = s^3 + 3s^2 + 2s + K^* = 0$$

令 $s = j\omega$，代入上式得

$$T(j\omega) = (j\omega)^3 + 3(j\omega)^2 + 2(j\omega) + K^* = 0$$

即

$$\begin{cases} -3\omega^2 + K^* = 0 \\ -\omega^3 + 2\omega = 0 \end{cases}$$

联立求解得

$$\omega_1 = 0$$

$$\omega_{2,3} = \pm 1.414$$
$$K^* = 6$$
$$K = 3$$

其中，K 为系统开环增益，K^* 为根轨迹增益。

方法 2：若根轨迹与虚轴相交，意味着 K^* 的数值使闭环系统处于临界稳定状态。因此令劳斯行列表第一列中包含 K^* 的项为零，即可确定根轨迹与虚轴交点上的 K^* 值。此外，因为一对纯虚根是数值相同但符号相异的根，所以利用劳斯行列表中 s^2 行的系数构造辅助方程，必可解出纯虚根的数值，这一数值就是根轨迹与虚轴交点上的 ω 值。如果根轨迹与正虚轴（或者负虚轴）有一个以上交点，则应采用劳斯行列表中幂大于 2 的 s 偶次方行的系数构造辅助方程。

【例 4.3.5】 若开环系统传递函数为

$$G(s)H(s) = \frac{K^*}{s(s+1)(s+2)}$$

求系统的根轨迹与虚轴的交点，并绘制全部根轨迹草图。

【解】 该系统的开环传递函数为

$$G(s)H(s) = \frac{K^*}{s(s+1)(s+2)}$$

其闭环特征方程为

$$s(s+1)(s+2) + K^* = 0$$

即

$$s^3 + 3s^2 + 2s + K^* = 0$$

（1）列写劳斯行列表：

s^3	1	2
s^2	3	K^*
s^1	$2 - \dfrac{K^*}{3}$	0
s^0	K^*	

（2）求根轨迹与虚轴的交点。

令 $2 - K^*/3 = 0$ 和 $K^* > 0$，得 $K^* = 6$。把此 K^* 值代入 s^2 行系数，列写由此行系数构成的方程

$$3s^2 + 6 = 0$$

解上面二次方程得 $s_{1,2} = \pm j\sqrt{2}$，$s_{1,2}$ 为根轨迹与虚轴的交点。

（3）应用前面所讲的根轨迹性质绘出该系统的根轨迹草图如图 4.3.8 所示。

法则 8　根之和

系统开环传递函数为

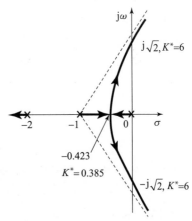

图 4.3.8　例 4.3.5 的根轨迹图

$$G(s)H(s) = \frac{K^* \prod\limits_{i=1}^{m}(s-z_i)}{\prod\limits_{j=1}^{n}(s-p_j)} \qquad (4.3.28)$$

若满足 $n \geq m+2$，则

$$\sum_{j=1}^{n} p_j = \sum_{j=1}^{n} s_j \qquad (4.3.29)$$

证明 对于式（4.3.28）所示系统，其闭环特征方程为

$$K^* \prod_{i=1}^{m}(s-z_i) + \prod_{j=1}^{n}(s-p_j) = 0$$

或写成

$$\prod_{j=1}^{n}(s-s_j) = 0$$

因为上面两个方程实为一个方程，所以有下面等式

$$K^* \prod_{i=1}^{m}(s-z_i) + \prod_{j=1}^{n}(s-p_j) = \prod_{j=1}^{n}(s-s_j) \qquad (4.3.30)$$

将式（4.3.30）两端分别展成多项式形式，即

$$K^* \left[s^m - \left(\sum_{i=1}^{m} z_i \right) s^{m-1} + \cdots + \prod_{i=1}^{m}(-z_i) \right] + \left[s^n - \left(\sum_{j=1}^{n} p_j \right) s^{n-1} + \cdots + \prod_{j=1}^{n}(-p_j) \right]$$

$$= s^n - \left(\sum_{j=1}^{n} s_j \right) s^{n-1} + \cdots + \prod_{j=1}^{n}(-s_j) \qquad (4.3.31)$$

若满足条件 $n \geq m+2$，则式（4.3.31）左端 s^n 和 s^{n-1} 项的系数与 K^* 和 z_i 无关，所以存在

$$\sum_{j=1}^{n} p_j = \sum_{j=1}^{n} s_j$$

式（4.3.29）表明，当系统满足 $n \geq m+2$ 时，闭环传递函数的极点之和与根轨迹增益无关，而且等于该系统开环传递函数极点之和，即随 K^* 的增大，若闭环特征方程的某些根在 s 平面上向左移动，其他根必向右移动，使其和保持不变。利用这一特性可以估计根轨迹曲线的变化趋势，并确定其中的某个未知闭环极点。

【例 4.3.6】 在例 4.3.5 中，试确定当根轨迹与虚轴相交时所对应的闭环实数根。

【解】 由于该系统满足 $n \geq m+2$，依据式（4.3.29）有

$$p_1 + p_2 + p_3 = s_1 + s_2 + s_3$$

即

$$s_3 = p_1 + p_2 + p_3 - s_1 - s_2$$

由例 4.3.5 可知，当根轨迹与虚轴相交时，有

$$K^* = 6, \quad s_1 = \mathrm{j}\sqrt{2}, \quad s_2 = -\mathrm{j}\sqrt{2}$$

由题设知，$p_1 = 0, p_2 = -1, p_3 = -2$，所以有

$$s_3 = 0 - 1 - 2 - \mathrm{j}\sqrt{2} + \mathrm{j}\sqrt{2} = -3$$

【例 4.3.7】 若系统开环传递函数为

$$G(s) = \frac{K^*}{s(s^2+6s+10)} = \frac{K^*}{s(s+3-j1)(s+3+j1)}$$

试用根轨迹法确定当闭环主导极点具有阻尼 $\zeta = 0.5$ 时的 K^* 值、等效二阶系统及其过渡过程性能指标。

【解】(1) 画出 K^* 为参变量的根轨迹图。

① 系统的开环极点为 $p_1 = 0, p_2 = -3+j1, p_3 = -3-j1$，其零极点如图 4.3.9 所示。

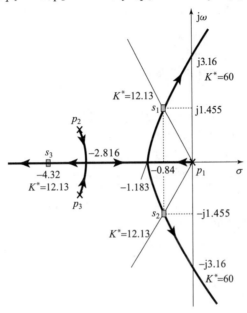

图 4.3.9 例 4.3.7 的根轨迹

② 实轴上根轨迹为 $(-\infty, 0]$。

③ 求渐近线：

$$\sigma_a = \frac{\sum_{j=1}^{n} p_j - \sum_{i=1}^{m} z_i}{n-m} = \frac{0-3+j1-3-j1}{3-0} = -2$$

$$\varphi_a = \frac{(2k+1)\pi}{n-m} = \frac{(2k+1)\pi}{3-0} \quad (k=0,1,2,\cdots,n-m-1)$$

当 $k=0$ 时，$\varphi_{a1}=\pi/3$；当 $k=1$ 时，$\varphi_{a2}=\pi$；当 $k=2$ 时，$\varphi_{a3}=5\pi/3$。

④ 求分离点：

$$\frac{1}{d} + \frac{1}{d-(-3+j1)} + \frac{1}{d-(-3-j1)} = 0$$

$$\frac{1}{d} + \frac{2(d+3)}{(d+3)^2+1} = 0$$

解得

$$d_1 = -1.183, \quad d_2 = -2.816$$

⑤ 求根轨迹与虚轴的交点。

闭环系统特征方程为

$$s^3 + 6s^2 + 10s + K^* = 0$$

其劳斯行列表为

$$
\begin{array}{ccc}
s^3 & 1 & 10 \\
s^2 & 6 & K^* \\
s^1 & \dfrac{60-K^*}{6} & 0 \\
s^0 & K^* &
\end{array}
$$

令劳斯行列表 s^1 行数为零，即 $(60-K^*)/6=0$，得 $K^*=60$，解方程 $6s^2+60=0$，得 $s_{4,5}=\pm j3.16$。

依据以上几步画出的根轨迹如图 4.3.9 所示。

（2）求阻尼 $\zeta=0.5$ 时的闭环极点及 K^* 值。

由二阶系统的关系式知

$$\beta=\arccos\zeta=\arccos 0.5=60°$$

在图 4.3.9 上，过坐标原点与负实轴夹角为 60°作一条直线，此直线与根轨迹交于

$$s_{1,2}=-0.84\pm j1.455$$

$s_{1,2}$ 就是 $\zeta=0.5$ 时的一对共轭极点。与此同一 K^* 值下的第三个极点可通过根之和来求，即

$$s_1+s_2+s_3=p_1+p_2+p_3$$

即

$$
\begin{aligned}
s_3 &= p_1+p_2+p_3-s_1-s_2 \\
&= 0-3+j1-3-j1+0.84-j1.455+0.84+j1.455=-4.32
\end{aligned}
$$

s_1、s_2、s_3 位置见图 4.3.9，用"▯"表示。

相应 $\zeta=0.5$ 时的 K^* 可应用幅值条件式（4.2.10）来求，即

$$K^*=\frac{\displaystyle\prod_{j=1}^{n}|s-p_j|}{\displaystyle\prod_{i=1}^{m}|s-z_i|}$$

当开环传递函数无零点时，有

$$
\begin{aligned}
K^* &= \prod_{j=1}^{n}|s-p_j| \\
&= |-0.84+j1.455| \cdot |-0.84+j1.455+3-j1| \cdot |-0.84+j1.455+3+j1| \\
&= 12.13
\end{aligned}
$$

s_3 至虚轴的距离与 s_1 至虚轴距离的比值为

$$\frac{|s_3|}{|\mathrm{Re}(s_1)|}=\frac{4.32}{0.84}=5.14>5$$

所以本系统可以简化为等效二阶系统。

（3）求等效二阶系统及其过渡过程指标。

当 $K^*=12.13$ 时，系统闭环传递函数为

$$
\begin{aligned}
\Phi(s) &= \frac{K^*}{(s-s_1)(s-s_2)(s-s_3)} \\
&= \frac{12.13}{(s+0.84-j1.455)(s+0.84+j1.455)(s+4.32)} \\
&= \frac{2.82}{(s+0.84-j1.455)(s+0.84+j1.455)(0.231s+1)}
\end{aligned}
$$

$$\approx \frac{2.82}{(s+0.84-\mathrm{j}1.455)(s+0.84+\mathrm{j}1.455)}$$

$$= \frac{2.82}{s^2+1.68s+2.82}$$

其无阻尼自然振荡频率及阻尼系数分别为

$$\omega_{\mathrm{n}} = \sqrt{2.82} = 1.68 \ (\mathrm{rad/s})$$

$$\zeta = \frac{1.68}{2\omega_{\mathrm{n}}} = \frac{1.68}{2\times1.68} = 0.5$$

系统过渡过程指标为

$$\sigma_{\mathrm{p}}\% = \mathrm{e}^{-\pi\zeta/\sqrt{1-\zeta^2}} \times 100\% = \mathrm{e}^{-\pi\times0.5/\sqrt{1-0.5^2}} \times 100\% = 16.3\%$$

$$t_{\mathrm{s}}(\Delta=5\%) = \frac{3}{\zeta\omega_{\mathrm{n}}} = \frac{3}{0.5\times1.68} = 3.57 \ (\mathrm{s})$$

$$t_{\mathrm{s}}(\Delta=2\%) = \frac{4}{\zeta\omega_{\mathrm{n}}} = \frac{4}{0.5\times1.68} = 4.76 \ (\mathrm{s})$$

最后需要指出，上述结果的精度依赖于根轨迹的作图精度，像前面所讲的根轨迹的草图是不能满足的。为了解决作图的精度，必须使用计算机绘制根轨迹图。

4.4　参量根轨迹

在用根轨迹分析自动控制系统时，最常用的参变量是 K^*，但有时也取其他参数为变化参量，这时所绘制的根轨迹称为参量根轨迹。绘制参量根轨迹的方法是，首先写出系统的闭环特征方程

$$1+G(s)H(s) = 0$$

然后对此方程进行变换，将其化成下面形式

$$1+\rho G_1(s) = 0 \tag{4.4.1}$$

式中，ρ 是根轨迹所使用的变化量，$\rho G_1(s)$ 是以 s 为自变量的函数，称为**等效开环传递函数**。这时，可以继续使用以 K^* 为变化量的根轨迹绘制法则，下面举例说明。

【例 4.4.1】若反馈控制系统的结构图如图 4.4.1 所示，试画出以速度负反馈系数 τ 为参变量的根轨迹，并讨论速度负反馈对系统过渡过程的影响。

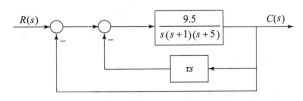

图 4.4.1　例 4.4.1 的控制系统

【解】（1）求等效开环传递函数。
闭环系统特征方程为

$$1+G(s)H(s)=1+\frac{9.5}{s(s+1)(s+5)+9.5\tau s}=0$$

上式通分得

$$\frac{s(s+1)(s+5)+9.5(1+\tau s)}{s(s+1)(s+5)+9.5\tau s}=0$$

因此

$$s(s+1)(s+5)+9.5(1+\tau s)=0$$
$$s^3+6s^2+5s+9.5+9.5\tau s=0$$

上式除以多项式 $s^3+6s^2+5s+9.5$ 得

$$1+\frac{9.5\tau s}{s^3+6s^2+5s+9.5}=0$$

$$1+\frac{\tau^* s}{s^3+6s^2+5s+9.5}=0$$

式中，$\tau^*=9.5\tau$，等效开环传递函数为

$$\tau^* G_1(s)=\frac{\tau^* s}{s^3+6s^2+5s+9.5}$$

$$\tau^* G_1(s)=\frac{\tau^* s}{(s+5.4)(s+0.3-j1.292)(s+0.3+j1.292)}$$

(2) 绘制以 τ^* 为参变量的根轨迹。

①在图 4.4.2 上标出等效开环传递函数的零极点：

$$z=0，p_1=-5.4，p_2=-0.3+j1.292，p_3=-0.3-j1.292$$

② $n=3，m=1$ 时，有 3 条根轨迹，当 $\tau^*\to\infty$ 时，其中一条趋于零点 $z=0$，其他两条趋于无穷远。

③根轨迹的渐近线。

渐近线与实轴的交点为

$$\sigma_a=\frac{\sum_{j=1}^{n}p_j-\sum_{i=1}^{m}z_i}{n-m}=\frac{-5.4-0.3+j1.292-0.3-j1.292-0}{3-1}=-3$$

渐近线与实轴的交角为

$$\varphi_a=\frac{(2k+1)\pi}{n-m}=\frac{(2k+1)\pi}{3-1}=\frac{(2k+1)\pi}{2}$$

当 $k=0$ 时，$\varphi_{a1}=\pi/2$；当 $k=-1$ 时，$\varphi_{a2}=-\pi/2$。

④实轴上的根轨迹。

在 $(-5.4,0)$ 区间之右仅有一个实数零点，故此区间实轴是根轨迹。

⑤求复数极点 p_2 和 p_3 的起始角。

z,p_1,p_3 指向 p_2 的矢量辐角分别为

$$\varphi=\angle(p_2-z)=\angle(-0.3+j1.292)=103.09°$$
$$\theta_1=\angle(p_2-p_1)=\angle[(-0.3+j1.292)-(-5.4)]=\angle(5.1+j1.292)=14.2°$$
$$\theta_3=\angle(p_2-p_3)=\angle[(-0.3+j1.292)-(-0.3-j1.292)]=\angle(j2.584)=90°$$

根据式（4.3.23）有

$$\theta_{p_2}=(2k+1)\times180°+103.09°-(90°+14.2°)=178.9°$$

由根轨迹的对称性，可得

$$\theta_{p_3} = -178.9°$$

通过以上五步绘制的以 τ^* 为参变量的根轨迹如图 4.4.2 所示。

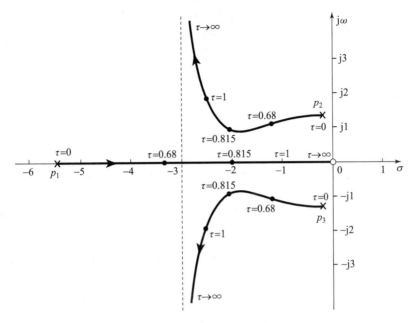

图 4.4.2 例 4.4.1 的根轨迹

（3）速度负反馈对系统过渡过程的影响。

由图 4.4.2 可知，当 $\tau^* = 0$ 时，原系统为三阶系统，闭环系统有一个负实数极点和一对共轭复数极点，实数极点与共轭复数极点至虚轴的距离之比为 5.4/0.3＝18，所以它是一个以 p_2 和 p_3 为主导极点的等效二阶系统；当 τ^* 增大时，即速度负反馈增大时，共轭复数极点左移，ω_n 增大，ζ 增大，同时实数极点右移，这样会使系统单位阶跃响应的超调量 $\sigma_p\%$ 下降，调节时间 t_s 缩短。当 $\tau^* = 7.75$，即 $\tau=0.815$ 时，共轭复数极点与实数极点距虚轴的距离相等，超调量 $\sigma_p\%$ 会下降至很小，同时调节时间 t_s 也会很小。当继续增大 τ^* 时，即继续增大速度负反馈时，实数极点距虚轴的距离比复数极点近，系统具有一阶系统的特征，超调量 $\sigma_p\%=0$，且随 τ^* 增大，t_s 增大；当 $\tau^* \to \infty$ 时，实数极点接近坐标原点，此时系统反应很迟钝，t_s 很大。速度反馈系数 τ 值不同时的系统单位阶跃响应曲线如图 4.4.3 所示。

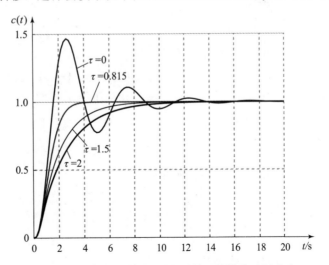

图 4.4.3 速度反馈系数不同时的系统单位阶跃响应

4.5   增加开环极点或零点对根轨迹的影响

根轨迹与开环传递函数的极点和零点直接相关，所以增加一个开环极点或增加一个开环零点必然会使根轨迹移动，从而使闭环极点的位置发生变化。用根轨迹方法对系统进行校正，实际上就是为校正器传递函数选择合适的极点和零点，以使闭环系统的极点位于希望的位置。所以，了解增加一个开环极点或者开环零点对根轨迹的影响，对选择校正器传递函数的极点和零点具有重要的指导作用。

例如，开环传递函数

$$G_1(s) = \frac{K}{(s+1)(s+3)}$$

的根轨迹很简单，是图 4.5.1 中的虚线和 $(-3, -1)$ 之间的线段。

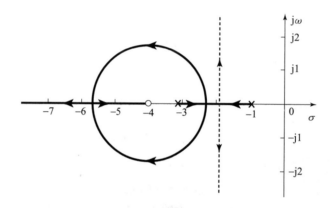

图 4.5.1　附加零点的一般影响

开环传递函数

$$G_2(s) = \frac{K(s+4)}{(s+1)(s+3)}$$

的根轨迹如图 4.5.1 中的实线所示。

对照 $G_1(s)$ 与 $G_2(s)$ 的根轨迹可以发现，$G_2(s)$ 增加一个零点后，根轨迹向左方移动，改善了系统的稳定性，增加开环零点相当于给系统加了一个比例-微分控制器。

开环传递函数

$$G_3(s) = \frac{K}{(s+1)(s+3)(s+4)}$$

的根轨迹如图 4.5.2 中的实线所示。

对照 $G_1(s)$ 与 $G_3(s)$ 的根轨迹可以发现，增加一个极点后，根轨迹向右方移动，系统稳定性变差。

图 4.5.1 和图 4.5.2 针对特定系统显示了增加零点或极点对根轨迹的影响，但这种现象具有普遍性和一般意义。

【例 4.5.1】有一些重要的控制问题，例如卫星的姿态控制，其被控对象可以用双积分

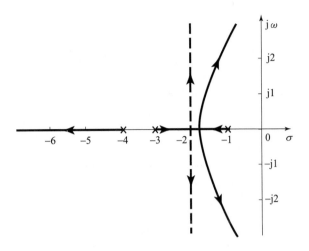

图 4.5.2　附加极点的一般影响

传递函数来描述，即 $G_o(s) = \dfrac{1}{s^2}$。双积分环节的单位反馈控制系统如图 4.5.3 所示，试比较当控制器 $G_c(s)$ 分别为比例控制器和比例-微分控制器时的根轨迹。

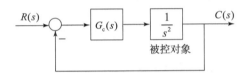

图 4.5.3　双积分系统的单位反馈控制系统

【解】当控制器 $G_c(s)$ 为比例控制器时，即 $G_c(s) = K_p$，则系统的开环传递函数为 $G(s) = K_p \dfrac{1}{s^2}$，以 K_p 为可变参数的根轨迹方程为

$$1 + K_p \frac{1}{s^2} = 0$$

根据根轨迹绘制法则，可知闭环系统的根轨迹在虚轴上，所以无论 K_p 为何值，其过渡过程响应都是持续振荡的。

假设控制器为比例-微分控制器，即 $G_c(s) = K_p(T_d s + 1)$，假设 $T_d = 1$，则系统的开环传递函数为 $G(s) = K_p \dfrac{s+1}{s^2}$，闭环系统的根轨迹方程为

$$1 + K_p \frac{s+1}{s^2} = 0$$

根据根轨迹绘制法则画出根轨迹如图 4.5.4 所示。

由图 4.5.4 可见，附加零点将根轨迹拉向了左半 s 平面，闭环系统变成稳定系统，比例微分控制改善了系统的动态性能和稳定性，可见设计控制器的重要性。

在 2.5 节中，我们提到纯微分在实际物理系统中是不可实现的，实际中常用近似微分环节代替纯微分环节，即 $G_c(s) = K_p + \dfrac{K_p T_d s}{s/p + 1}$。

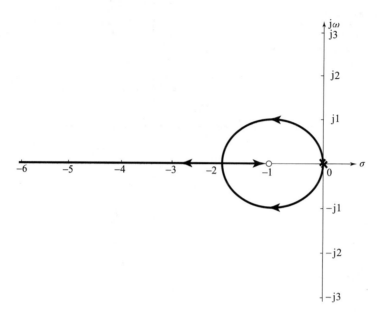

图 4.5.4　开环传递函数为 $G(s) = K_p \dfrac{s+1}{s^2}$ 时的系统根轨迹

令 $K = K_p + pK_pT_d$, $z = pK_p/K$, 则 $G_c(s) = K\dfrac{s+z}{s+p}$, 系统的开环传递函数为 $G(s) = K\dfrac{s+z}{s^2(s+p)}$, 闭环系统的根轨迹方程为

$$1 + K\frac{s+z}{s^2(s+p)} = 0$$

假设 $z = 1, p = 12$, 则根轨迹方程为

$$1 + K\frac{s+1}{s^2(s+12)} = 0$$

根据根轨迹绘制法则画出的根轨迹如图 4.5.5 所示。

由图可见, 相比图 4.5.4, 附加的极点使系统根轨迹发生了变化, 但是在原点附近, 图 4.5.5 与图 4.5.4 的根轨迹还是很相似的。

现在我们将附加极点向右移动, 使之靠近原点。假设 $p = 4$, 即根轨迹方程为

$$1 + K\frac{s+1}{s^2(s+4)} = 0$$

根据根轨迹绘制法则画出的根轨迹如图 4.5.6 所示。

由图 4.5.6 可见, 系统的根轨迹相比 $p = 12$ 的系统的根轨迹 (图 4.5.5) 发生了很大改变, 根轨迹不再有分离点; 而且由根之和法则可知, 闭环系统特征根的重心向右移动, 即系统的稳定程度下降, 这一点从图 4.5.6 中也很容易看出来。这说明附加极点越是接近虚轴, 对系统的稳定程度影响越大。在本例题中, $G_c(s) = K\dfrac{s+z}{s+p}(p > z)$ 就是我们第 6 章要讲到的超前校正器。

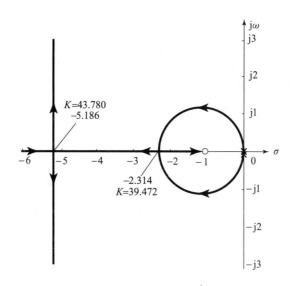

图 4.5.5 开环传递函数为 $G(s) = K \dfrac{s+1}{s^2(s+12)}$ 时的系统根轨迹

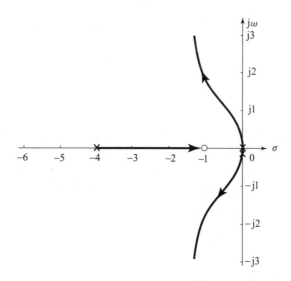

图 4.5.6 开环传递函数为 $G(s) = K \dfrac{s+1}{s^2(s+4)}$ 时的系统根轨迹

4.6 控制系统设计实例

4.6.1 激光操纵控制系统

为了置入灵巧的人造关节,需要用激光在人体内钻孔。应用激光进行此类外科手术时,激光操纵系统必须具有高度精确的位置和速度响应。如图 4.6.1 所示的激光操纵控制系统,采用直流电机来操纵激光。我们将通过调整增益 K,使系统响应斜坡输入 $r(t) = At(A = $

1 mm/s) 的稳态误差小于或等于 0.1 mm。

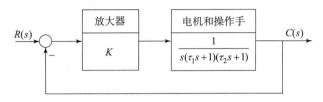

图 4.6.1 激光操作控制系统

为获得所要求的稳态误差和瞬态响应，电机参数选为：励磁磁场的时间常数 $\tau_1 = 0.1$ s，电机和负载组合的时间常数 $\tau_2 = 0.2$ s，于是系统的闭环传递函数为

$$\Phi(s) = \frac{KG(s)}{1 + KG(s)} = \frac{K}{s(\tau_1 s + 1)(\tau_2 s + 1) + K}$$
$$= \frac{K}{0.02s^3 + 0.3s^2 + s + K} = \frac{50K}{s^3 + 15s^2 + 50s + 50K} \quad (4.6.1)$$

斜坡信号 $R(s) = A/s^2$ 作用下的稳态误差为

$$e_{\text{ss}} = \frac{A}{K_{\text{v}}} = \frac{A}{K}$$

我们要求 $e_{\text{ss}} \leqslant 0.1$ mm，而 $A = 1$ mm，因此应有 $K \geqslant 10$。

为保证系统稳定，考虑由式（4.6.1）得到的特征方程为

$$s^3 + 15s^2 + 50s + 50K = 0$$

对应的劳斯行列表为：

$$
\begin{array}{ccc}
s^3 & 1 & 50 \\
s^2 & 15 & 50K \\
s^1 & b_1 & 0 \\
s^0 & 50K &
\end{array}
$$

其中，$b_1 = \dfrac{750 - 50K}{15}$。因此系统稳定的条件是：$0 \leqslant K \leqslant 15$。

将闭环特征方程写成根轨迹形式为

$$1 + K\frac{50}{s^3 + 15s^2 + 50s} = 0 \ (\text{K} > 0)$$

其根轨迹如图 4.6.2 所示。

如果选取 $K = 10$，就既能满足稳态误差要求，又能保证系统稳定。与 $K = 10$ 对应的闭环特征根为 $r_2 = -13.98$，$r_1 = -0.5 + \text{j}5.96$ 以及 r_1^*。共轭复根的阻尼系数 $\zeta = 0.085$，$\zeta\omega_n = 0.51$，可以认为共轭复根为主导极点。由欠阻尼二阶系统的超调量和调节时间计算公式，近似得到系统对阶跃输入响应的超调量为 76%，按 2% 准则的调节时间为

$$t_s = \frac{4}{\zeta\omega_n} = \frac{4}{0.51} = 7.8 \ (\text{s})$$

计算实际的三阶系统响应，我们得到的超调量为 70%，调节时间为 7.5 s。可见，复根确实是主导极点。系统对阶跃输入的响应是强烈振荡的，因此阶跃输入信号暂时不能用于外科手术，需要采用低速斜坡信号作为手术指令信号。系统对斜坡信号的响应如图 4.6.3 所示。

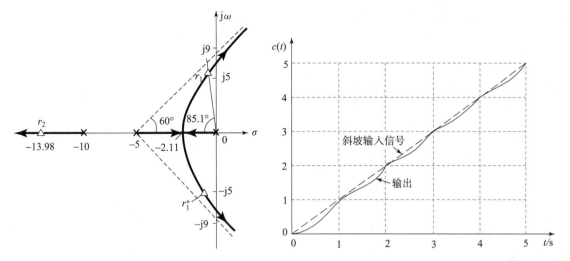

| 图 4.6.2 激光操纵控制系统的根轨迹 | 图 4.6.3 激光操纵控制系统对斜坡输入的响应曲线 |

4.6.2 磁盘驱动器读取系统

为了满足磁头控制系统的设计指标要求，3.11.1 节引入了速度反馈控制器的设计方案，但设计结果中的调节时间未能严格满足指标要求。本例将从系统的原有模型出发，用 PD 控制器代替原来的增益放大器，并利用根轨迹法对控制器参数进行设计，最后分析系统的性能。

PD 控制器的传递函数为

$$G_c(s) = K_p(T_d s + 1)$$

本例的设计目的是确定 K_p 和 T_d，使得系统满足性能指标的设计要求，系统的结构图如图 4.6.4 所示。

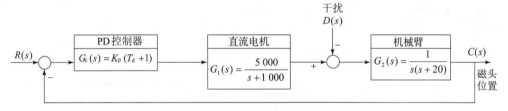

图 4.6.4 带 PD 控制器的磁盘驱动读取控制系统

系统开环传递函数为

$$G(s) = G_c(s)G_1(s)G_2(s) = \frac{5\,000 K_p(T_d s + 1)}{s(s+20)(s+1\,000)} = \frac{5\,000 K_p T_d(s+z)}{s(s+20)(s+1\,000)}$$

其中 $z = \dfrac{1}{T_d}$。可以先用 T_d 来选择开环零点 z 的位置，再画出 K_p 变化时的根轨迹。若最终设计结果不符合设计指标要求，则改变零点 z 的位置，重复以上设计过程。

试取 $z = 3$，即 $T_d = \dfrac{1}{3}$，于是

$$G_c(s)G_1(s)G_2(s)H(s) = \frac{1\,666.7 K_p(s+3)}{s(s+20)(s+1\,000)}$$

由于极点的个数比零点的个数多出 2 个，因而根轨迹有 2 条渐近线，渐近线与实轴的交角为 $\varphi_a=\pm90°$，与实轴的交点为

$$\sigma_a=\frac{-1\,020+3}{2}=-508.5$$

于是，画出如图 4.6.5 所示的根轨迹图。在此，使用由计算机生成的根轨迹精确图，来确定不同 K_p 所对应的特征根位置。在图 4.6.5 中标出了与 $K_p=300$ 对应的特征根。利用 Matlab，还能得到系统的实际响应曲线，表 4.6.1 列出了系统实际响应的性能指标结果。由表可见，所设计的系统满足了所有的设计指标要求。

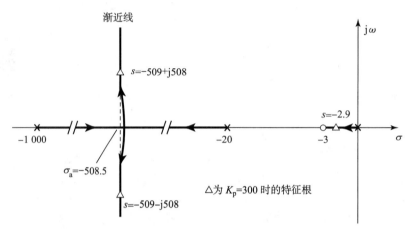

图 4.6.5　根轨迹图

表 4.6.1　磁盘驱动读取控制系统的指标要求和实际性能指标

性能指标	预期值	实际响应值
超调量	小于 5%	1%
调节时间	小于 250 ms	174 ms
对单位干扰的最大响应值	小于 5×10^{-3}	-6.67×10^{-4}

4.7　应用 Matlab 绘制根轨迹

1. 求系统根轨迹的函数 rlocus()

函数命令调用格式为

```
rlocus(sys)
rlocus(sys,k)
[r,k]= rlocus(sys)
```

rlocus(sys) 函数用来绘制单入单出（SISO）的线性定常时不变（LTI）系统的根轨迹图。

rlocus(sys,k) 可以用指定的反馈增益向量 *k* 来绘制系统 sys 的根轨迹图。

[r,k]=rlocus(sys) 这种带有输出变量的引用函数，返回系统闭环极点位置的复数矩阵及其相应的增益向量，而不直接绘制出根轨迹图。

2. 计算系统根轨迹增益函数 rlocfind()

函数命令调用格式为

  [k,poles]= rlocfind(sys)

  [k,poles]= rlocfind(sys,p)

[k,poles]= rlocfind(sys)函数的输入变量 sys 是由函数 tf()、zpk() 等建立的 LTI 系统模型，即开环传递函数 $G(s)H(s)$。函数命令执行后，可在根轨迹图形窗口中显示十字形光标，当用户选择根轨迹上某一点时，其相应的增益由 k 记录，与增益相对应的所有闭环极点记录在 poles 中。

[k,poles]=rlocfind(sys,p) 函数可对期望根 p 计算对应的增益 k 与闭环极点 poles。

【例 4.7.1】 对于一单位反馈系统，其开环传递函数为

$$G(s) = \frac{K(s+3)}{s(s+2)(s^2+s+2)}$$

下面的 Matlab 程序将给出该系统对应的根轨迹图。其根轨迹图如图 4.7.1 所示。

```
num= [1  3]; den1= [1  2  0]; den2= [1,1,2]; den= conv(den1,den2);
rlocus(num,den);
v= [- 10 10 - 10 10];axis(v)
grid
```

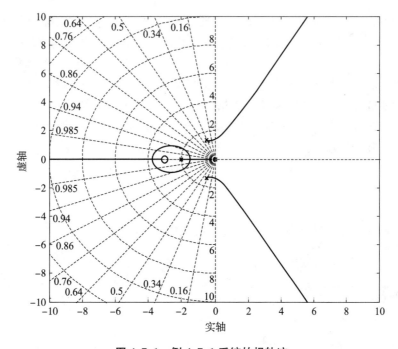

图 4.7.1 例 4.7.1 系统的根轨迹

4.8 基于 Matlab 的根轨迹数学仿真实验

实验目的：

验证开环系统零点对闭环系统根轨迹形状的影响规律；验证可以利用根轨迹来分析开环增益对闭环系统动态响应的影响。

实验预习：

单位反馈系统的开环传递函数为：

$$G(s) = K \frac{s+1.5}{s(s+0.5)(s+10)}$$

当 $K=20$、50、85、200、700 时，根据第 3 章的时域分析法，估算闭环系统的超调量和调节时间。

实验：

实验 1：

单位反馈系统的开环传递函数为：

$$G(s) = K \frac{s+z}{s(s+0.5)(s+10)}$$

当 $z=6$、2、1.5、1.37、1.2 时，画出系统的根轨迹。

实验 2：

单位反馈系统的开环传递函数为：

$$G(s) = K \frac{s+1.5}{s(s+0.5)(s+10)}$$

画出系统的根轨迹，并在根轨迹上找出 $K=20$、50、85、200、700 时系统的闭环极点，进一步画出对应的系统闭环单位阶跃响应曲线，读出系统的超调量和调节时间。

实验报告：

(1) 针对实验 1，总结开环系统零点变化对闭环系统根轨迹的影响规律。

(2) 针对实验 2，制作数据表格，表格中包括 $K=20$、50、85、200、700 时，系统的主导极点，以及系统超调量、调节时间的估算值和真值，讨论估算值和真值存在差异的原因，进一步总结随着增益的增大系统单位阶跃响应的变化规律。

习 题 4

4-1 设系统开环传递函数如下，试绘制其根轨迹草图。

(1) $G(s)H(s) = \dfrac{K^*(s+5)}{s(s+2)(s+3)}$

(2) $G(s)H(s) = \dfrac{K^*}{s(s^2+4s+5)}$

(3) $G(s)H(s) = \dfrac{K^*}{s(s^2+3s+3)}$

(4) $G(s)H(s) = \dfrac{K^*}{s(s+1)(s+2)(s+3)}$

(5) $G(s)H(s) = \dfrac{K(s+2)}{s^2+2s+5}$

(6) $G(s)H(s) = \dfrac{K^*}{s(s+3)(s^2+3s+10)}$

(7) $G(s)H(s) = \dfrac{K^*(s+1)}{s(s-1)(s^2+4s+16)}$

4-2　试绘制下列特征方程的根轨迹草图。

(1) $s^3+s^2+3s+Ks+K=0$

(2) $s^3+3s^2+(K+1)s+5K=0$

(3) $10(1+Ks)+s(s+1)=0$

4-3　若单位反馈系统的开环传递函数为

$$G(s) = \frac{K^*}{s(s+1)(s+2)}$$

(1) 试绘制其根轨迹草图；

(2) 试求当系统稳定时 K^* 的数值范围及临界稳定时的全部特征根；

(3) 确定主导极点的阻尼 $\zeta=0.5$ 时 K^* 的数值。

4-4　若反馈系统开环传递函数为

$$G(s)H(s) = \frac{K(T_1 s+1)}{s^2(T_2 s+1)}$$

试画出 $T_1 > T_2$ 和 $T_1 < T_2$ 两种情况的根轨迹草图，并说明 T_1、T_2 满足什么关系，系统才能稳定。

4-5　系统开环传递函数如下，试绘制以 T 为参变量的根轨迹草图。

(1) $G(s)H(s) = \dfrac{10(Ts+1)}{s(s+1)(0.1s+1)}$

(2) $G(s)H(s) = \dfrac{10(2s+1)}{s(s+1)(Ts+1)}$

4-6　已知系统开环传递函数为

$$G(s) = \frac{K}{s(0.05s^2+0.4s+1)}$$

试绘制系统的闭环根轨迹。

4-7　设系统的闭环特征方程为

$$s^2(s+a)+K(s+1)=0$$

当 a 取不同值时，系统的根轨迹（$0<K<\infty$）是不同的。试分别绘制 $a=10$、9、8、1 时系统的根轨迹。

4-8　已知单位负反馈控制系统的开环传递函数为

$$G(s) = \frac{1}{4} \cdot \frac{(s+a)}{s^2(s+1)}$$

试作以 a 为参量的根轨迹（a 从 $0\rightarrow\infty$）。

4-9　设系统结构图如图 E4-1 所示。

(1) 绘制 $K_h=0.5$ 时 K 从 $0\rightarrow\infty$ 的闭环根轨迹图；

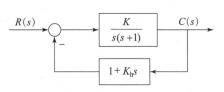

图 E4-1

（2）求 $K_h=0.5$、$K=10$ 时系统闭环极点及对应的 ζ 值；

（3）当 $K=1$ 时，绘制 K_h 从 $0 \to \infty$ 时参量根轨迹；

（4）当 $K=1$ 时，分别求 $K_h=0$、0.5、4 的阶跃响应指标 $\sigma_p\%$、t_s，并讨论 K_h 的大小对系统动态性能的影响。

4-10 已知反馈控制系统的结构图如图 E4-2 所示，试画出以 k 为参变量的闭环控制系统的根轨迹。

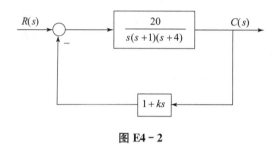

图 E4-2

4-11 若开环系统传递函数为

$$G(s)H(s) = \frac{K^*}{s(s+3)(s+1-j1)(s+1+j1)}$$

试画出根轨迹草图。

4-12 若开环系统传递函数为

$$G(s)H(s) = \frac{K^*}{s(s+4)(s+2-j4)(s+2+j4)}$$

试手工绘制其根轨迹草图。

4-13 某闭环控制系统方框图如图 E4-3 所示，试绘制根轨迹。进一步，当 $K=20.6$ 时，分析系统的主导极点，并估算系统的动态性能。

4-14 某单位反馈控制系统如图 E4-4 所示，被控对象传递函数为 $G_p(s) = \dfrac{1}{s(s+1)}$，当控制器 $G_c(s) = K\dfrac{s+2}{s+13}$ 时，试手工绘制其根轨迹草图。当 $K=91$ 时，

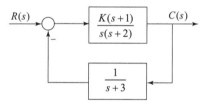

图 E4-3　某闭环控制系统方框图

确定系统的闭环根，并进行系统动态性能分析，计算系统的静态误差系数。

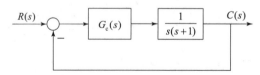

图 E4-4　某单位反馈控制系统

第 5 章

频域分析法

[**本章学习目标**]

(1) 掌握频率特性的定义，并能够熟练绘制系统频率特性的伯德图和奈奎斯特图；

(2) 能够基于奈奎斯特稳定性判据分析系统的稳定性；

(3) 掌握稳定裕度的定义，并能够计算系统的幅值裕度、相位裕度、穿越频率；

(4) 能够根据二阶系统的时域性能指标，计算系统的带宽、谐振峰值等闭环频域指标；

(5) 能够根据系统的开环频域指标计算系统的闭环频域指标；

(6) 能够根据系统的开环频域指标计算系统的峰值时间、调节时间、超调量等时域性能指标。

5.1 引言

第 3 章已经指出，从工程角度看，直接从微分方程准确地求解出控制系统的运动函数的做法是非常没有必要的。人们更期望于一种工程研究方法，其特点是：物理意义明确，计算量不太大，而且计算量不因微分方程的阶数升高而增加太多；容易分析系统各个部分对总体性能的影响，容易判明主要因素；最好还能用图形直观地表示系统的主要性能。本章将要讲述的频率响应分析方法就具备上述各特点，是一种很好的工程分析与设计方法。

频率响应分析法的基本思想是把控制系统中的所有变量看成一些信号，而每个信号又是由许多不同频率的正弦信号所合成的，各个变量的运动就是系统对各个不同频率信号的响应的总和。这种观察问题和处理问题的方法起源于通信科学。在通信科学中，各种音频信号（如电话）和视频信号（如电视）都被看作是由不同频率的正弦信号合成的。20 世纪 30 年代，这种观点被引进控制科学，推动了控制理论的发展。它克服了直接用微分方程研究系统的种种困难，解决了许多理论问题和工程问题，迅速形成了分析和综合控制系统的整套方法，即**频率响应法**，也称为**频域法**。它是控制理论中极其重要的基本内容，具有重要的工程应用价值和理论价值。频域法的主要优点有以下几点：①当被控对象模型含有不确定性时依然能给系统提供很好的设计方案。例如，当系统含有未知或者变化的高频动态时，我们可以利用频域法来调整控制器，降低这些不确定性的影响。频域法简单的设计规则使得设计者通过较少次数的试探即可得到满意的设计结果。②可以基于系统实验数据进行系统设计，利用系统在正弦输入激励下的系统输出量幅值和相位的原始数据，就可以为系统设计一个合适的控制器，而没有必要再对数据进行处理（例如找出极点和零点或者系统矩阵）。③控制系统的性能指标要求通常在频域内给出，因此在频域内设计控制器，可以使指标直接得到满足，而不必进行指标转换。④控制系统的频域设计可以兼顾动态响应和噪声抑制两方面的需求。⑤频域法物理意义明确，对于一阶和二阶系统，系统的频域性能指标和时域性能指标之间有明确的对应关系，对于高阶系统，也可建立近似的对应关系。

频域分析法不仅适用于线性定常系统，还可推广应用于某些非线性控制系统。

5.2　频率特性

5.2.1　频率特性的基本概念

首先以图 5.2.1 所示的 RC 滤波网络为例，建立频率特性的基本概念。假设电容 C 两端的初始电压为零，如果网络的输入电压为

$$u_1(t) = A\sin\omega t$$

输入电压的拉氏变换为

$$U_1(s) = \frac{A\omega}{s^2 + \omega^2}$$

RC 滤波网络的传递函数为

$$\frac{U_2(s)}{U_1(s)} = \frac{1}{Ts + 1}$$

则 RC 滤波网络的输出电压为

$$U_2(s) = \frac{1}{Ts+1}\frac{A\omega}{s^2+\omega^2}$$

进行拉氏反变换，可得电容两端电压为

$$u_2(t) = \frac{A\omega T}{1+\omega^2 T^2}e^{-\frac{t}{T}} + \frac{A}{\sqrt{1+\omega^2 T^2}}\sin[\omega t + \varphi(\omega)]$$

其中，$\varphi(\omega) = -\arctan(\omega T)$，第一项为输出电压的瞬态分量，随时间增大而趋于零；第二项正弦信号为输出电压的稳态分量，与输入电压同频率，但振幅和相位与输入信号不同，即稳态输出电压的时域表达式为

$$u_2(t) = \frac{A}{\sqrt{1+\omega^2 T^2}}\sin[\omega t + \varphi(\omega)]$$

上式表明，对于稳定的线性定常系统，由谐波输入产生的系统输出的稳态量依然是与输入信号同频率的谐波信号，而幅值和相位的变化量是频率 ω 的函数，且与系统的数学模型有关。

注意到 RC 网络的传递函数为 $G(s) = \frac{1}{Ts+1}$，取 $s = j\omega$，则有

$$G(j\omega) = G(s)|_{s=j\omega} = \frac{1}{\sqrt{1+\omega^2 T^2}}e^{-j\arctan(\omega T)}$$

可见，RC 网络稳态输出电压与输入电压幅值之比为 $G(j\omega)$ 的幅值 $|G(j\omega)|$，RC 网络稳态输出电压与输入电压相位之差为 $G(j\omega)$ 的相角 $\angle G(j\omega)$。这一结论非常重要，反映了幅值和相位的变化与系统数学模型的本质关系，具有普遍性。因为 $\frac{1}{1+j\omega T}$ 完整描述了 RC 网

络在正弦输入电压作用下，稳态输出的电压幅值和相角随正弦输入电压频率 ω 的变化规律，所以称 $G(\mathrm{j}\omega) = \dfrac{1}{1+\mathrm{j}\omega T}$ 为 RC 滤波网络的频率特性，而 $|G(\mathrm{j}\omega)| = \dfrac{1}{\sqrt{1+\omega^2 T^2}}$ 称为该网络的幅频特性，$\varphi(\omega) = -\arctan(\omega T)$ 为该网络的相频特性。频率特性与传递函数相比较得

$$\frac{1}{1+\mathrm{j}\omega T} = \frac{1}{1+Ts}\bigg|_{s=\mathrm{j}\omega}$$

图 5.2.2 给出了线性定常系统 $G(s)$ 在正弦输入作用下的稳态输出曲线。

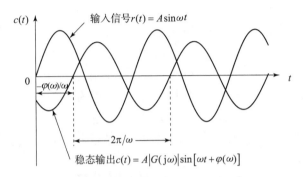

图 5.2.2　线性定常系统在正弦输入作用下的稳态输出曲线

若系统的输入信号为正弦函数，则系统输出的稳态分量也是同频率的正弦函数，其幅值放大了 $|G(\mathrm{j}\omega)|$ 倍，相位移动了 $\varphi(\omega) = \angle G(\mathrm{j}\omega)$，$|G(\mathrm{j}\omega)|$ 和 $\varphi(\omega)$ 都是频率的函数，输出与输入的振幅比值 $|G(\mathrm{j}\omega)|$ 称为系统的幅频特性，输出与输入的相位差 $\varphi(\omega)$ 称为系统的相频特性，而复数 $G(\mathrm{j}\omega) = |G(\mathrm{j}\omega)|\mathrm{e}^{\mathrm{j}\varphi(\omega)}$ 称为系统的频率特性。

频率特性与传递函数的关系为

$$G(\mathrm{j}\omega) = G(s)\big|_{s=\mathrm{j}\omega}$$

频率特性与传递函数一样，表示了系统的运动特性，是数学模型的一种表示形式。微分方程、传递函数和频率特性三种描述方法的关系可用图 5.2.3 说明，图中的 p 为微分算子 $\dfrac{\mathrm{d}}{\mathrm{d}t}$。

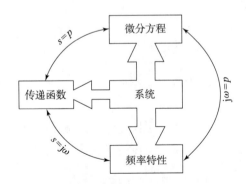

图 5.2.3　频率特性、传递函数和微分方程等三种系统描述之间的关系

5.2.2　频率特性的几何表示法

1. 幅相频率特性图

频率特性 $G(\mathrm{j}\omega)$ 是一个复数，它可以表示成模与辐角的形式，也可以表示成实部与虚部

的形式，即

$$G(j\omega) = |G(j\omega)| e^{j\varphi(\omega)}$$

或

$$G(j\omega) = \text{Re}[G(j\omega)] + j\text{Im}[G(j\omega)] = u + jv$$

它们之间的关系可由图 5.2.4 所示的矢量图得到，即

$$\text{Re}[G(j\omega)] = |G(j\omega)| \cos[\varphi(\omega)]$$
$$\text{Im}[G(j\omega)] = |G(j\omega)| \sin[\varphi(\omega)]$$

当频率 ω 从零至无穷大变化时，频率特性的模和辐角均随之变化，图 5.2.4 的矢量端点便在复平面上画出一条轨迹，这条轨迹表示出模与辐角之间的关系，ω 为参变量，通常这条曲线简称为**幅相曲线或奈奎斯特（Nyquist）曲线**，而这个图形称为**幅相频率特性图或奈奎斯特图，也称为极坐标图**。由于幅频特性为频率 ω 的偶函数，相频特性为 ω 的奇函数，则 ω 从零变化到 $+\infty$ 与 ω 从零变化到 $-\infty$ 的幅相曲线关于实轴对称，因此一般只绘制 ω 从零变化至 $+\infty$ 的曲线。在系统幅相曲线中，频率 ω 为参变量，一般用小箭头表示 ω 增大时幅相曲线的变化方向。如图 5.2.1 所示的 RC 网络的幅频特性和相频特性分别为

$$|G(j\omega)| = \frac{1}{\sqrt{(T\omega)^2 + 1}}$$

$$\varphi(\omega) = -\arctan(T\omega)$$

当 $\omega = 0$ 时，$|G(j\omega)| = 1$，$\varphi(\omega) = 0°$；随 ω 的数值增加，$|G(j\omega)|$ 减小，$\varphi(\omega)$ 向负的方向增加，当 $\omega = 1/T$ 时，$|G(j\omega)| = 0.707$，$\varphi(\omega) = -45°$；当 $\omega \rightarrow \infty$ 时，$|G(j\omega)| = 0$，$\varphi(\omega) = -90°$。如图 5.2.5 为该 RC 网络的幅相频率特性曲线。

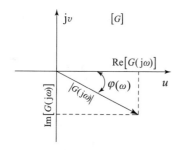

图 5.2.4　频率特性的幅值与相位示意图

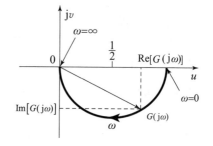

图 5.2.5　RC 网络的幅相频率特性曲线

可以证明，RC 网络的幅相频率特性曲线是以（1/2，0）为圆心、半径为 1/2 的半圆。

2. 对数频率特性图

对数频率特性图又称为**伯德（Bode）图**，包括**对数幅频和对数相频**两条曲线，是工程中广泛使用的一组曲线。对数频率特性曲线的横坐标是频率 ω，按 $\lg\omega$ 均匀分度，单位是 rad/s。对数幅频曲线的纵坐标按 $L(\omega) = 20\lg|G(j\omega)|$ 线性分度，单位是分贝（dB）。对数相频特性曲线的纵坐标表示相频特性的函数值，线性分度，单位为度（°）。

对数分度和线性分度如图 5.2.6 所示。在线性分度中，当变量增大或减小 1 时，坐标间距离变化一个单位长度；而在对数分度中，当变量增大或减小 10 倍时，称为十倍频程（dec），坐标间距离变化一个单位长度。表 5.2.1 给出了十倍频程的对数分度。

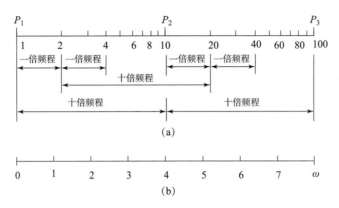

(a)

(b)

图 5.2.6 对数分度与线性分度

(a) 对数分度；(b) 线性分度

表 5.2.1 十倍频程中的对数分度

ω/ω_0	1	2	3	4	5	6	7	8	9	10
$\lg(\omega/\omega_0)$	0	0.301	0.477	0.602	0.699	0.788	0.845	0.903	0.954	1

图 5.2.1 所示 RC 网络的对数频率特性如图 5.2.7 所示。

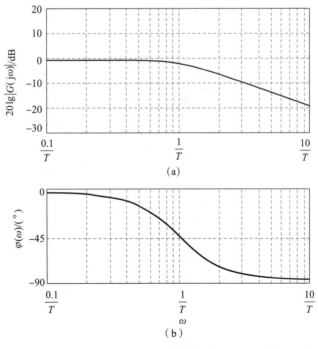

(a)

(b)

图 5.2.7 RC 网络的伯德图

(a) 幅频图；(b) 相频图

　　根据伯德图研究系统频率特性的优点是：动态补偿设计可完全基于伯德图来完成；伯德图可通过实验的方法完成绘制；对数幅频特性采用 $20\lg|G(j\omega)|$，将幅值的乘除运算转化为

加减运算，所以系统伯德图可通过简单的曲线叠加来完成，非常简便；因为伯德图的横坐标是以对数分度的，所以可比线性分度表示更大的频率范围。

3. 对数幅相图

对数幅相图又称尼科尔斯（**Nichols**）图，其纵坐标为 $L(\omega)$，单位为分贝（dB），横坐标为 $\varphi(\omega)$，单位为度（°），均为线性分度，频率 ω 为参变量。

在上述三种频率特性的几何表示方法中，伯德图的作图最为方便，工程上经常使用。

5.3 开环系统的伯德图

5.3.1 典型环节的伯德图

1. 比例环节

比例环节的传递函数为

$$G(s) = K$$

其对数幅频特性和对数相频特性分别是

$$L(\omega) = 20\lg K$$
$$\varphi(\omega) = 0°$$

其伯德图如图 5.3.1 所示。由图可见，比例环节的对数幅频特性是一条纵坐标为 $20\lg K$、平行于横轴的直线，对数相频特性为与横轴重合的直线。因此，改变 K 值只能使对数幅频特性上升或下降，而对数相频特性不变。

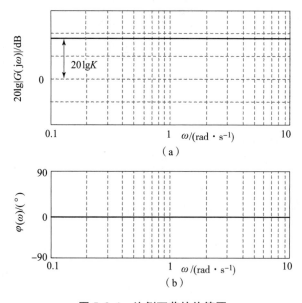

图 5.3.1 比例环节的伯德图

（a）幅频图；（b）相频图

2. 积分环节

积分环节的传递函数为

$$G(s) = \frac{1}{s}$$

其频率特性为

$$G(j\omega) = \frac{1}{j\omega} = \frac{1}{\omega} e^{-j\frac{\pi}{2}}$$

对数幅频特性和相频特性分别为

$$L(\omega) = -20\lg\omega$$

$$\varphi(\omega) = -90°$$

可知，积分环节的对数幅频特性为过横轴 $\omega = 1$ 处、斜率为

$$\frac{dL(\omega)}{d(\lg\omega)} = -20 \text{ (dB/dec)}$$

的直线，对数相频特性与 ω 无关，其值为恒等于 $-90°$ 的直线。积分环节的伯德图如图 5.3.2 所示。

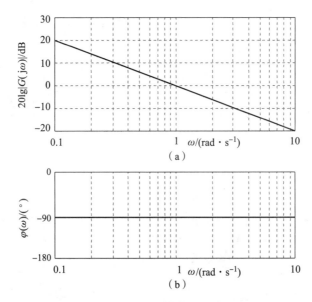

图 5.3.2 积分环节的伯德图

(a) 幅频图；(b) 相频图

3. 微分环节

微分环节的传递函数为

$$G(s) = s$$

其频率特性为

$$G(j\omega) = j\omega = \omega e^{j\frac{\pi}{2}}$$

对数频率特性和相频特性分别为

$$L(\omega) = 20\lg\omega$$

$$\varphi(\omega) = 90°$$

微分环节的伯德图如图 5.3.3 所示。由图可知，微分环节的对数幅频特性为过横轴 $\omega = 1$ 处、斜率等于 20 dB/dec 的直线，对数相频特性为恒等于 90°的直线。

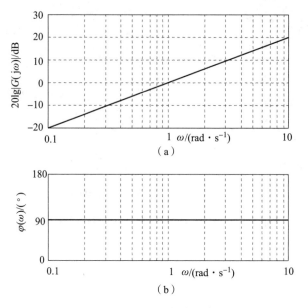

图 5.3.3　微分环节的伯德图

(a) 幅频图；(b) 相频图

可以看出，微分环节的对数频率特性是积分环节对数频率特性的负值，它们的伯德图关于横轴对称。

4. 惯性环节

惯性环节的传递函数为

$$G(s) = \frac{1}{Ts+1}$$

其频率特性为

$$G(j\omega) = \frac{1}{j\omega T+1}$$

对数幅频特性为

$$L(\omega) = 20\lg\frac{1}{\sqrt{(T\omega)^2+1}} = -20\lg\sqrt{(T\omega)^2+1} \tag{5.3.1}$$

当 $T\omega \leqslant 1$，即 $\omega \leqslant 1/T$ 时，$L(\omega)\approx 0$ dB，它是与横轴重合的直线；当 $T\omega \geqslant 1$，即 $\omega \geqslant \dfrac{1}{T}$ 时，有

$$L(\omega) \approx -20\lg(T\omega) = -20\lg\omega - 20\lg T$$

它是一条斜率为 -20 dB/dec、与横轴交于 $\omega = 1/T$ 的直线。上述两直线为对数幅频特性的渐近线，由此两直线构成的折线称为惯性环节的渐近对数幅频特性曲线，两直线的交点 $\omega = 1/T$ 称为**交接频率**，或称为**转折频率**。

惯性环节的准确对数幅频特性表达式减去渐近对数幅频特性表达式，得其误差表达式为

$$\delta(\omega) = \begin{cases} -20\lg\sqrt{(T\omega)^2+1} & \omega \leqslant 1/T \\ -20\lg\sqrt{(T\omega)^2+1} + 20\lg T\omega & \omega \geqslant 1/T \end{cases}$$

误差最大值出现在 $\omega = 1/T$ 处，其数值为

$$\delta(1/T) = -20\lg(\sqrt{2}) = -3.01 \text{ (dB)}$$

图 5.3.4 绘出了惯性环节的对数幅频特性，图中的虚线为准确的特性曲线。一般情况下，工程上可直接使用渐近特性。如果要求曲线精度较高，可先画出渐近特性，然后再对 $\omega = \omega_n = 1/T$ 附近进行修正而得到准确的曲线。由图 5.3.4 可以看出，惯性环节具有高频幅值衰减特性。因此，可以把数学模型为惯性环节的元件称为**低通滤波器**。

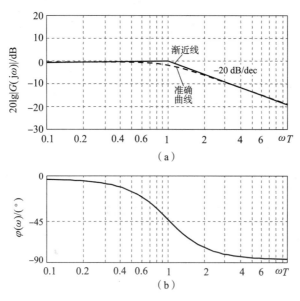

图 5.3.4　惯性环节的伯德图
（a）幅频图；（b）相频图

惯性环节的相频特性为

$$\varphi(\omega) = -\arctan(T\omega) \tag{5.3.2}$$

根据式 (5.3.2) 逐点描绘出的惯性环节对数相频特性曲线如图 5.3.4 (b) 所示。惯性环节伯德图的一个重要性质是：其对数幅频和对数相频特性图的形状与时间常数 T 无关，当 T 改变时，其曲线只是随着横坐标上点 $1/T$ 的位置左右移动，而整条曲线的形状保持不变。

5. 一阶微分环节

一阶微分环节的传递函数为

$$G(s) = Ts + 1$$

其频率特性为

$$G(\mathrm{j}\omega) = \mathrm{j}T\omega + 1$$

对数幅频特性和对数相频特性分别为

$$L(\omega) = 20\lg\sqrt{(T\omega)^2 + 1} \tag{5.3.3}$$

$$\varphi(\omega) = \arctan(T\omega) \tag{5.3.4}$$

比较式 (5.3.1)、式 (5.3.2) 和式 (5.3.3)、式 (5.3.4) 可知，一阶微分环节的对数频率特性是惯性环节对数频率特性的负值，即一阶微分环节的对数幅频特性、对数相频特性分别与惯性环节的对数幅频特性、对数相频特性对称于横轴。一阶微分环节的对数频率特性如图 5.3.5 所示。

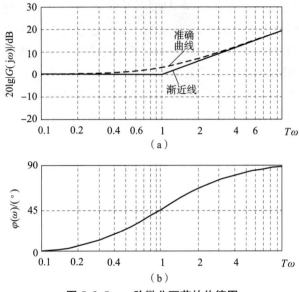

图 5.3.5　一阶微分环节的伯德图

（a）幅频图；（b）相频图

6. 振荡环节

振荡环节的传递函数为

$$G(s) = \cfrac{1}{\cfrac{s^2}{\omega_n^2} + 2\zeta\cfrac{s}{\omega_n} + 1} \quad (0 < \zeta < 1)$$

其频率特性为

$$G(j\omega) = \cfrac{1}{1 - \left(\cfrac{\omega}{\omega_n}\right)^2 + j2\zeta\cfrac{\omega}{\omega_n}}$$

其幅频特性和相频特性为

$$|G(j\omega)| = \cfrac{1}{\sqrt{\left(1 - \cfrac{\omega^2}{\omega_n^2}\right)^2 + \left(2\zeta\cfrac{\omega}{\omega_n}\right)^2}} \tag{5.3.5}$$

$$\varphi(\omega) = -\arctan\cfrac{2\zeta\cfrac{\omega}{\omega_n}}{1 - \left(\cfrac{\omega}{\omega_n}\right)^2} \tag{5.3.6}$$

振荡环节的对数幅频特性为

$$L(\omega) = 20\lg\cfrac{1}{\sqrt{\left(1 - \cfrac{\omega^2}{\omega_n^2}\right)^2 + \left(2\zeta\cfrac{\omega}{\omega_n}\right)^2}}$$

$$= -20\lg\sqrt{\left(1 - \cfrac{\omega^2}{\omega_n^2}\right)^2 + \left(2\zeta\cfrac{\omega}{\omega_n}\right)^2} \tag{5.3.7}$$

当 $\omega/\omega_n \ll 1$，即 $\omega \ll \omega_n$ 时，有

$$L(\omega) \approx -20\lg1 = 0 \quad (\text{dB})$$

它是一条与横轴重合的直线。

当 $\omega/\omega_n \gg 1$，即 $\omega \gg \omega_n$ 时，有

$$L(\omega) \approx -20\lg\left(\frac{\omega}{\omega_n}\right)^2 = -40\lg\omega + 40\lg\omega_n$$

它是一条斜率为 -40 dB/dec、交横轴于 ω_n 的直线。上述两直线是振荡环节对数幅频特性的渐近线，由此两直线衔接起来所构成的折线称为振荡环节的渐近对数幅频特性，两直线的交点 ω_n 称为交接频率。图 5.3.6 示出了振荡环节渐近对数幅频特性曲线和按式（5.3.7）绘制的准确曲线。振荡环节的对数相频特性曲线随 ζ 值而异，但 $\omega = \omega_n$ 处的数值相同，其值为 $\varphi(\omega_n) = -90°$。

当 $\omega = 0$ 时 $\varphi(\omega) = 0°$；当 $\omega \to \infty$ 时，$\varphi(\omega) = -180°$。

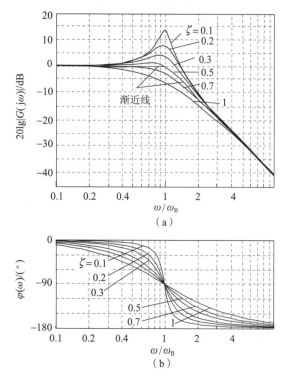

图 5.3.6 振荡环节的伯德图

（a）幅频图；（b）相频图

由图 5.3.6 可以看出，渐近对数幅频特性曲线与准确曲线在 ω_n 附近存在误差，此误差与 ζ 值有关。准确特性的表达式减去渐近特性表达式可得误差表达式为

$$\delta(\omega) = -20\lg\sqrt{\left(1-\frac{\omega^2}{\omega_n^2}\right)^2 + \left(2\zeta\frac{\omega}{\omega_n}\right)^2} \quad (\omega < \omega_n)$$

$$\delta(\omega) = -20\lg\sqrt{\left(1-\frac{\omega^2}{\omega_n^2}\right)^2 + \left(2\zeta\frac{\omega}{\omega_n}\right)^2} + 20\lg\left(\frac{\omega}{\omega_n}\right)^2 \quad (\omega > \omega_n) \qquad (5.3.8)$$

当 $\omega = \omega_n$ 时，$\delta(\omega) = -20\lg(2\zeta)$。

根据式（5.3.8）绘出的误差曲线如图 5.3.7 所示。从图 5.3.7 可知，当 $0.4 < \zeta < 0.7$ 时，$\delta(\omega) < 4$ dB；当 ζ 值在 $0.4 < \zeta < 0.7$ 范围之外时，$\delta(\omega)$ 的最大值将增加，特别在 $\zeta < 0.4$ 时，$\zeta(\omega)$ 的最大值随 ζ 的减小显著增加；当 $\zeta \to 0$ 时，$\delta(\omega) \to \infty$。

因此，在满足条件 $0.4 < \zeta < 0.7$ 时，工程上可直接使用渐近对数幅频特性；在此范围

之外，应使用准确的对数幅频特性。准确的对数幅频特性可在渐近对数幅频特性的基础上，用图 5.3.7 所示的误差曲线修正而获得，或应用式（5.3.8）直接计算。

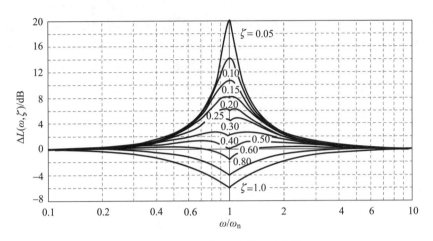

图 5.3.7　对数幅频特性误差曲线

7. 二阶微分环节

传递函数为

$$G(s) = \frac{s^2}{\omega_n^2} + 2\zeta\frac{s}{\omega_n} + 1$$

其频率特性为

$$G(j\omega) = 1 - \left(\frac{\omega}{\omega_n}\right)^2 + j2\zeta\frac{\omega}{\omega_n} \tag{5.3.9}$$

二阶微分环节的传递函数是二阶振荡环节的倒数，因此二阶微分环节的对数频率特性是二阶振荡环节的负值，即它们的幅频和相频特性分别关于实轴对称，按对称性可得二阶微分环节的伯德图如图 5.3.8 所示。二阶微分环节对数幅频的渐近线，当 $\omega \ll \omega_n$ 时，是一条与横轴重合的直线；当 $\omega \gg \omega_n$ 时，是一条斜率为 40 dB/dec、交横轴于 ω_n 的直线，ω_n 称为交接频率或者转折频率。

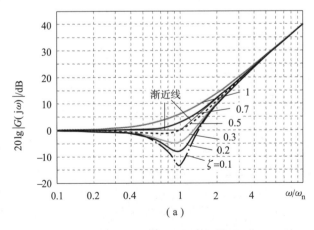

图 5.3.8　二阶微分环节的伯德图

（a）幅频图

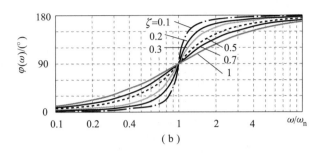

图 5.3.8　二阶微分环节的伯德图（续）

（b）相频图

5.3.2　开环系统的伯德图绘制

若系统开环传递函数由 n 个典型环节相串联构成，则其开环频率特性可写成

$$G(j\omega) = G_1(j\omega) \cdot G_2(j\omega) \cdot \cdots \cdot G_n(j\omega) \qquad (5.3.10)$$

则有

$$20\lg|G(j\omega)| = 20\lg|G_1(j\omega)| + 20\lg|G_2(j\omega)| + \cdots + 20\lg|G_n(j\omega)| \qquad (5.3.11)$$

$$\varphi(\omega) = \varphi_1(\omega) + \varphi_2(\omega) + \cdots + \varphi_n(\omega) \qquad (5.3.12)$$

式中，$\varphi(\omega) = \angle G(j\omega)$，$\varphi_1(\omega) = \angle G_1(j\omega)$，$\varphi_2(\omega) = \angle G_2(j\omega)$，$\cdots$，$\varphi_n(\omega) = \angle G_n(j\omega)$。

因此可得出以下结论：

由 n 个典型环节相串联的系统开环传递函数，其对数幅频特性和对数相频特性分别等于各典型环节的对数幅频特性之和及对数相频特性之和。因此，将系统开环传递函数作典型环节分解后，可先作出各典型环节的对数频率特性曲线，然后采用叠加方法即可方便地绘制系统开环对数频率特性曲线。鉴于系统开环对数幅频渐近特性在控制系统的分析和设计中具有十分重要的作用，下面着重介绍开环对数幅频渐近特性曲线的绘制方法。

对于任意的开环传递函数，可按典型环节分解，将组成系统的各典型环节分为三部分：

①$\dfrac{K}{s^\nu}$，ν 为积分环节的个数；

②一阶环节，包括惯性环节、一阶微分环节，交接频率为 $\dfrac{1}{T}$；

③二阶环节，包括振荡环节、二阶微分环节，交接频率为 ω_n。

记 ω_{min} 为最小交接频率，称 $\omega < \omega_{min}$ 的频率范围为低频段。

开环对数幅频渐近特性曲线的绘制按以下步骤进行：

①对开环传递函数进行典型环节分解；

②确定一阶环节、二阶环节的交接频率，将各交接频率标注在对数坐标图的 ω 轴上；

③绘制低频段渐近特性线：由于一阶环节或二阶环节的对数幅频渐近特性曲线在交接频率前斜率为 0 dB/dec，在交接频率处斜率发生变化，故在 $\omega < \omega_{min}$ 频段内，开环系统幅频渐近特性的斜率取决于 $\dfrac{K}{\omega^\nu}$，因而直线斜率为 -20ν dB/dec。为获得 $\nu \geq 1$ 时的低频渐近线，还

需确定该直线上的一点，可以采用以下 3 种方法。

方法 1：在 $\omega < \omega_{\min}$ 范围内，任选一点 ω_0，计算

$$L(\omega_0) = 20\lg K - 20\nu\lg\omega_0 \tag{5.3.13}$$

方法 2：取频率 $\omega_0 = 1$，则

$$L(1) = 20\lg K \tag{5.3.14}$$

方法 3：取 $L(\omega_0)$ 为特殊值 0 dB，则有 $\dfrac{K}{\omega_0^\nu} = 1$，得

$$\omega_0 = K^{\frac{1}{\nu}} \tag{5.3.15}$$

过 $(\omega_0, L(\omega_0))$ 在 $\omega < \omega_{\min}$ 范围内作斜率为 -20ν dB/dec 的直线。显然，若 $\omega_0 > \omega_{\min}$，则点 $(\omega_0, L(\omega_0))$ 位于低频渐近特性曲线的延长线上。

④作 $\omega \geqslant \omega_{\min}$ 频段渐近特性曲线：在 $\omega \geqslant \omega_{\min}$ 频段，系统开环对数幅频渐近特性曲线表现为分段折线。每两个相邻交接频率之间为直线，在每个交接频率点处，斜率发生变化，变化规律取决于该交接频率对应的典型环节的种类。

应注意，当系统的多个环节具有相同的交接频率时，该交接频率点处斜率的变化应为各个环节对应的斜率变化值的代数和。

【例 5.3.1】已知系统开环传递函数为

$$G(s) = \frac{2\,000s + 4\,000}{s^2(s+1)(s^2+10s+400)}$$

试绘制系统开环对数幅频渐近特性曲线。

【解】开环传递函数的典型环节分解形式为

$$G(s) = \frac{10\left(\dfrac{s}{2}+1\right)}{s^2(s+1)\left(\dfrac{s^2}{20^2} + \dfrac{1}{2}\dfrac{s}{20} + 1\right)}$$

(1) 确定各交接频率 $\omega_i(i = 1,2,3)$ 及斜率变化值。

惯性环节：$\omega_1 = 1$，斜率减小 20 dB/dec。

一阶微分环节：$\omega_2 = 2$，斜率增加 20 dB/dec。

振荡环节：$\omega_3 = 20$，斜率减小 40 dB/dec。

最小交接频率 $\omega_{\min} = \omega_1 = 1$。

(2) 绘制低频段 $\omega < \omega_{\min}$ 渐近特性曲线。

因为 $\nu = 2$，则低频渐近线斜率 $k = -40$ dB/dec，按方法 2 得直线上一点 $(\omega_0, L(\omega_0)) = (1, 20\text{ dB})$。

(3) 绘制频段 $\omega \geqslant \omega_{\min}$ 渐近特性曲线。

当 $\omega_{\min} \leqslant \omega < \omega_2$ 时，$\quad k = -60$ dB/dec

当 $\omega_2 \leqslant \omega < \omega_3$ 时，$\quad k = -40$ dB/dec

当 $\omega \geqslant \omega_3$ 时，$\quad\quad\quad k = -80$ dB/dec

系统开环对数幅频渐近特性曲线如图 5.3.9 所示。

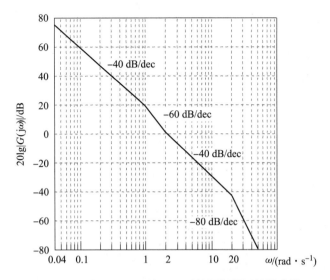

图 5.3.9 例 5.3.1 系统开环对数幅频渐近特性曲线

5.3.3 非最小相位系统的伯德图

如果系统传递函数的零点和极点均不在 s 平面的右半部，则称该系统为最小相位系统，否则，称为非最小相位系统。"最小相位"术语可做如下解释：在几个系统的传递函数中，如果它们的幅频特性完全相同，则对于任意频率，其中右半 s 平面没有零点和极点的传递函数，其相频特性的绝对值是最小的。

不稳定惯性环节 $G(s) = \dfrac{1}{Ts-1}$ 就是一个非最小相位系统，其频率特性为

$$G(\mathrm{j}\omega) = \frac{1}{\mathrm{j}T\omega - 1}$$

对数幅频特性和对数相频特性分别为

$$L(\omega) = -20\lg\sqrt{(T\omega)^2 + 1}$$
$$\varphi(\omega) = -180° + \arctan(T\omega)$$

其对数频率特性示于图 5.3.10 中。由图可见，其对数幅频特性曲线与惯性环节的对数幅频特性曲线一致。

再如，延迟环节 $G(s) = \mathrm{e}^{-\tau s}$ 也是一个非最小相位系统，其频率特性为

$$G(\mathrm{j}\omega) = \mathrm{e}^{-\mathrm{j}\tau\omega}$$

延时环节的对数幅频特性和对数相频特性分别为

$$L(\omega) = 0 \text{ dB} \tag{5.3.16}$$
$$\varphi(\omega) = -57.3\tau\omega \tag{5.3.17}$$

根据上式绘出延时环节的对数频率特性如图 5.3.11 所示，由图可知，延时环节的对数幅频特性是与横轴重合的直线，对数相频特性随 ω 增加而滞后增加。当 $\omega = 1/\tau$ 时，$\varphi(\omega) = -57.3°$；当 $\omega \to \infty$ 时，$\varphi(\omega) \to -\infty$。

【例 5.3.2】试比较下面两系统的对数幅频特性和对数相频特性。

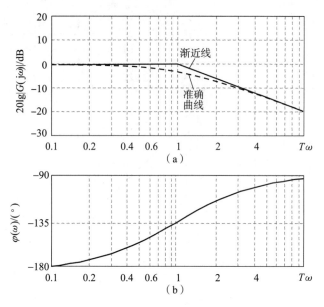

图 5.3.10　不稳定惯性环节的伯德图

（a）幅频图；（b）相频图

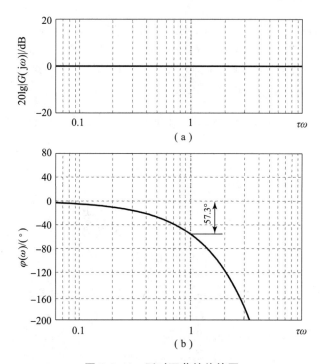

图 5.3.11　延时环节的伯德图

（a）幅频图；（b）相频图

$$G_a(s) = \frac{T_1 s + 1}{T_2 s + 1}, \quad G_b(s) = \frac{-T_1 s + 1}{T_2 s + 1}$$

式中，$0 < T_1 < T_2$。

【解】图 5.3.12（a）、（b）分别示出了 $G_a(s)$ 和 $G_b(s)$ 的零极点图。

从零极点图可知，$G_a(s)$ 为最小相位系统，$G_b(s)$ 为非最小相位系统。它们的对数频率特性曲线如图 5.3.13 所示。$L_a(\omega) = L_b(\omega)$，并在所有的频率范围内，$|\varphi_a(\omega)| < |\varphi_b(\omega)|$。

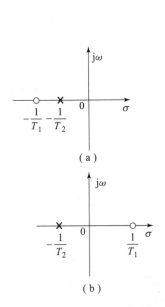

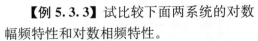

图 5.3.12　例 5.3.2 的两个系统的零极点图

(a) $G_a(s)$ 的零极点图；(b) $G_b(s)$ 的零极点图

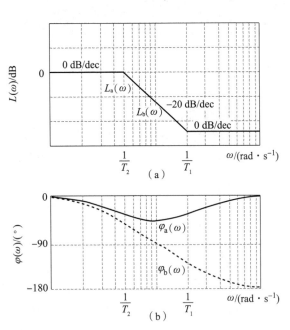

图 5.3.13　例 5.3.2 的两个系统的伯德图

（a）幅频图；（b）相频图

【例 5.3.3】试比较下面两系统的对数幅频特性和对数相频特性。

$$G_a(s) = \frac{1}{Ts+1}, \quad G_b(s) = \frac{1}{Ts+1}e^{-\tau s}$$

【解】显然 $G_a(s)$ 为最小相位系统。当工作频率满足 $\omega \ll 1/\tau$ 时，$G_b(s)$ 可做如下 Pade 近似

$$G_b(s) = \frac{1}{Ts+1}\frac{1-\frac{1}{2}\tau s}{1+\frac{1}{2}\tau s}$$

因此 $G_b(s)$ 是非最小相位系统，它们的伯德图如图 5.3.14 所示。从图 5.3.14 可以看出：$L_a(\omega) = L_b(\omega)$，对所有的频率范围内，$|\varphi_a(\omega)| < |\varphi_b(\omega)|$，$\varphi_b(\omega) = \varphi_a(\omega) - 57.3\tau\omega$。

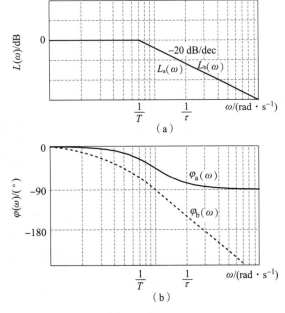

图 5.3.14　例 5.3.3 的两个系统的伯德图

（a）幅频图；（b）相频图

5.3.4 通过频域实验确定系统的传递函数

在分析和设计控制系统时，一般首先要确定被研究系统的数学模型。当难于用解析方法建立数学模型时，我们可以采用实验分析的方法来确定系统的数学模型。频域分析法的重要意义就在于它可以通过简单的频率响应实验，确定被控对象的传递函数。如果在感兴趣的频率范围内的足够多的频率点上测量出系统稳态输出与输入的幅值比和相位移，就可以据此绘出伯德图，然后利用渐近线可以确定出传递函数。

1. 频率响应实验

频率响应实验原理如图 5.3.15 所示。首先选择信号源输出的正弦信号的幅值，以使系统处于非饱和状态。在一定频率范围内，改变输入正弦信号的频率，记录各频率点处系统输出信号的波形。由稳态段的输入、输出信号的幅值比和相位差，绘制对数频率特性曲线。

图 5.3.15　频率响应实验原理

2. 传递函数确定

从低频段起，将实验所得的对数幅频曲线用斜率为 0 dB/dec、± 20 dB/dec、± 40 dB/dec 等直线分段近似，获得对数幅频渐近特性曲线。由对数幅频渐近特性曲线就可以确定最小相位系统的传递函数，这是对数幅频渐近特性曲线绘制的逆问题。

【例 5.3.4】 若由频率响应实验获得某最小相位系统的渐近对数幅频特性曲线如图 5.3.16 所示，试确定其传递函数。

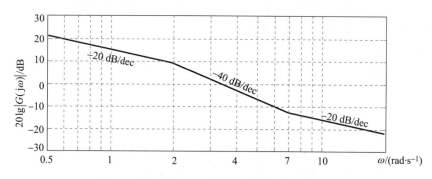

图 5.3.16　例 5.3.4 的渐近对数幅频特性曲线

【解】

（1）由于对数幅频特性曲线最低频段的斜率为 -20 dB/dec，所以系统有一个积分环节。

（2）在 $\omega = 1$ rad/s 处，$L(\omega) = 15$ dB，可求得 $K = 5.6$。

（3）在 $\omega = 2$ rad/s 处，渐近对数幅频特性曲线的斜率由 -20 dB/dec 变成 -40 dB/dec，故系统有一个惯性环节，其时间常数 $T_1 = 0.5$ s。

（4）在 $\omega = 7$ rad/s 处，渐近对数幅频特性曲线的斜率由 -40 dB/dec 变成 -20 dB/dec，故系统有一个一阶微分环节，其时间常数 $T_2 = 1/7 = 0.143$ s。

根据上面的分析，得系统传递函数为

$$G(s) = \frac{5.6(0.143s + 1)}{s(0.5s + 1)}$$

【例 5.3.5】 由频率响应实验获得某最小相位系统的渐近对数幅频特性曲线如图 5.3.17 所示，试确定其传递函数。

【解】 根据图 5.3.17 可得系统传递函数为

$$G(s) = \frac{K\left(\dfrac{1}{0.8}s + 1\right)}{s^2\left(\dfrac{1}{30}s + 1\right)\left(\dfrac{1}{50}s + 1\right)}$$

其对数幅频特性为

$$L(\omega) = 20\lg K + 20\lg\sqrt{\left(\frac{\omega}{0.8}\right)^2 + 1} - 20\lg\omega^2 - 20\lg\sqrt{\left(\frac{\omega}{30}\right)^2 + 1} - 20\lg\sqrt{\left(\frac{\omega}{50}\right)^2 + 1}$$

由图 5.3.17 可以看出，渐近对数幅频特性曲线在 $\omega = 4$ rad/s 通过横轴。考虑这一关系，由上式可得

$$L(4) \approx 20\lg K + 20\lg\frac{4}{0.8} - 20\lg 4^2 = 0 \text{ (dB)}$$

由上式得 $K = 3.2$。

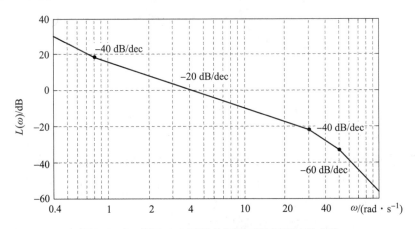

图 5.3.17　例 5.3.5 系统的渐近对数幅频特性曲线

值得注意的是，实际系统并不都是最小相位系统，而最小相位系统可以和某些非最小相位系统具有相同的对数幅频特性曲线，因此还需依据相频特性来确定系统的传递函数。

5.4　开环系统的幅相频率特性曲线

根据系统开环频率特性的表达式，可以通过取点、计算和作图，绘制系统开环幅相频率特性曲线，本节主要结合工程需要，介绍绘制概略开环幅相频率特性曲线的方法。

1. 确定开环幅相频率特性曲线的起点（$\omega = 0_+$）和终点（$\omega = \infty$）

开环系统的一般频率特性表达式为（针对最小相位系统）

$$G(j\omega) = \frac{b_m(j\omega)^m + b_{m-1}(j\omega)^{m-1} + \cdots + b_1 j\omega + b_0}{a_n(j\omega)^n + a_{n-1}(j\omega)^{n-1} + \cdots + a_1 j\omega + a_0} \tag{5.4.1}$$

或

$$G(j\omega) = \frac{K\prod\limits_{i=1}^{m}(jT_i\omega+1)}{(j\omega)^\nu\prod\limits_{j=1}^{n-\nu}(jT_j\omega+1)} \tag{5.4.2}$$

当 $n > m$ 时，有：

①当 $\nu = 0$ 时，即零型系统，由式（5.4.1）、式（5.4.2）可知：

  当 $\omega = 0$ 时，$|G(j\omega)| = K$，$\angle G(j\omega) = 0°$；

  当 $\omega \to \infty$ 时，$|G(j\omega)| \to 0$，$\angle G(j\omega) = (n-m)\cdot(-\pi/2)$。

②当 $\nu \neq 0$ 时，即非零型系统，由式（5.4.1）、式（5.4.2）可知：

  当 $\omega = 0$ 时，$|G(j\omega)| \to \infty$，$\angle G(j\omega) = \nu\cdot(-\pi/2)$；

  当 $\omega \to \infty$ 时，$|G(j\omega)| = 0$，$\angle G(j\omega) = (n-m)\cdot(-\pi/2)$。

根据上面的结果，在图 5.4.1（a）中示出 $\nu = 0$、1、2 时幅相曲线的大致形状及起点，图 5.4.1（b）示出了其终点。

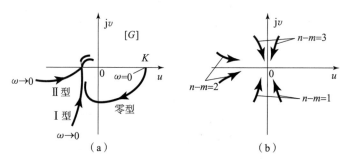

图 5.4.1　开环幅相曲线的起点和终点示意图

（a）起点；（b）终点

但当开环系统频率特性中包含非最小相位环节时，上述结论不适用，这时需要根据开环系统中包含的各个典型环节，计算它们在起点（$\omega = 0_+$）和终点（$\omega = \infty$）的相位，分别进行累加，以确定开环系统幅相曲线的起点和终点。

2. 确定开环幅相频率特性曲线与实轴的交点

设 ω_x 为开环幅相曲线与实轴相交时的频率，则 $G(j\omega_x)$ 的虚部为

$$\mathrm{Im}[G(j\omega_x)] = 0$$

或

$$\varphi(\omega_x) = \angle G(j\omega_x) = k\pi \quad (k=0,\ \pm1,\ \pm2,\ \cdots)$$

而开环幅相频率特性曲线与实轴交点的坐标值为

$$\mathrm{Re}[G(j\omega_x)] = G(j\omega_x)$$

3. 确定开环幅相曲线的变化范围（象限、单调性）

【例 5.4.1】某单位反馈系统的开环传递函数为

$$G(s) = \frac{K}{(T_1 s+1)(T_2 s+1)} \quad (K, T_1, T_2 > 0)$$

试概略绘制系统开环幅相频率特性曲线。

【解】由于惯性环节的角度变化为 $0° \sim -90°$，故该系统开环幅相曲线的

起点：$|G(j0)| = K$，$\varphi(0) = 0°$；

终点：$|G(\mathrm{j}\infty)|=0$，$\varphi(\infty)=2\times(-90°)=-180°$。

系统开环频率特性

$$G(\mathrm{j}\omega)=\frac{K[1-T_1T_2\omega^2-\mathrm{j}(T_1+T_2)\omega]}{(1+T_1^2\omega^2)(1+T_2^2\omega^2)}$$

令 $\mathrm{Im}[G(\mathrm{j}\omega_x)]=0$，得 $\omega_x=0$，即系统开环幅相曲线除在 $\omega=0$ 处外与实轴无交点。

由于惯性环节单调地从 $0°$ 变化至 $-90°$，故该系统幅相曲线的变化范围为第Ⅳ和第Ⅲ象限，系统概略开环幅相曲线如图 5.4.2 所示。

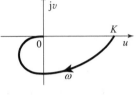

图 5.4.2　例 5.4.1 系统的概略开环幅相曲线

【例 5.4.2】设系统开环传递函数为

$$G(s)=\frac{K}{s(T_1s+1)(T_2s+1)}\quad(K,T_1,T_2>0)$$

试概略绘制系统开环幅相频率特性曲线。

【解】系统开环频率特性

$$G(\mathrm{j}\omega)=\frac{K(1-\mathrm{j}T_1\omega)(1-\mathrm{j}T_2\omega)(-\mathrm{j})}{\omega(1+T_1^2\omega^2)(1+T_2^2\omega^2)}$$

$$=\frac{K[-(T_1+T_2)\omega+\mathrm{j}(-1+T_1T_2\omega^2)]}{\omega(1+T_1^2\omega^2)(1+T_2^2\omega^2)}$$

起点：$|G(\mathrm{j}0)|=\infty$，$\varphi(0)=-90°$

终点：$|G(\mathrm{j}\infty)|=0$，$\varphi(\infty)=-270°$

起点处：$\mathrm{Re}[G(\mathrm{j}0_+)]=-K(T_1+T_2)$

　　　　$\mathrm{Im}[G(\mathrm{j}0_+)]=-\infty$

与实轴的交点：令 $\mathrm{Im}[G(\mathrm{j}\omega_x)]=0$，得 $\omega_x=\dfrac{1}{\sqrt{T_1T_2}}$，

于是

$$G(\mathrm{j}\omega_x)=\mathrm{Re}[G(\mathrm{j}\omega_x)]=-\frac{KT_1T_2}{T_1+T_2}$$

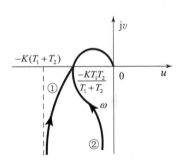

图 5.4.3　例 5.4.2 系统的概略开环幅相曲线

由此作系统开环幅相曲线如图 5.4.3 中曲线①所示。图中虚线为开环幅相曲线的低频渐近线。由于开环幅相曲线用于系统分析时不需要准确知道渐近线的位置，故一般根据 $\varphi(0_+)$ 取渐近线为坐标轴，图中曲线②为相应的概略开环幅相曲线。

【例 5.4.3】已知系统开环传递函数为

$$G(s)=\frac{K(-\tau s+1)}{s(Ts+1)}\quad(K,\tau,T>0)$$

试概略绘制系统开环幅相频率特性曲线。

【解】系统开环频率特性为

$$G(\mathrm{j}\omega)=\frac{K[-(T+\tau)\omega-\mathrm{j}(1-T\tau\omega^2)]}{\omega(1+T^2\omega^2)}$$

开环幅相曲线的起点：　$|G(\mathrm{j}0_+)|=\infty$，$\varphi(0_+)=-90°$

终点：　$|G(\mathrm{j}\infty)|=0$，$\varphi(\infty)=-270°$

与实轴的交点：令虚部为零，解得

$$\begin{cases} \omega_x = \dfrac{1}{\sqrt{T\tau}} \\ G(j\omega_x) = -K\tau \end{cases}$$

因为 $\varphi(\omega)$ 从 $-90°$ 单调减至 $-270°$，故幅相曲线在第Ⅲ与第Ⅱ象限间变化，概略开环幅相曲线如图 5.4.4 所示。

由以上例题可知，非最小相位环节的存在将对系统的频率特性产生一定的影响，在控制系统分析中必须加以重视。

【例 5.4.4】系统的开环传递函数为

$$G(s) = \frac{10}{s+1} e^{-0.5s}$$

试绘制系统的幅相频率特性曲线。

【解】延时环节的幅频特性为

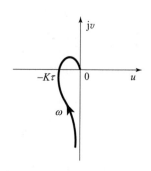

图 5.4.4　例 5.4.3 系统的概略
开环幅相曲线

$$|G_1(j\omega)| = |e^{-j\tau\omega}| = 1$$

相频特性为

$$\varphi_1(\omega) = -57.3 \times 0.5\omega$$

其幅相曲线是以坐标原点为圆心、半径为 1 的圆。当系统存在延迟现象，即开环系统表现为延迟环节和线性环节的串联形式时，延迟环节对系统开环频率特性的影响是造成系统相位的明显滞后。

$$G(j\omega) = \frac{10}{j\omega+1} e^{-0.5j\omega}$$

惯性环节 $G_2(s) = \dfrac{10}{s+1}$ 的幅相曲线是以 $(5, j0)$ 为圆心，半径为 5 的半圆。在半圆上任取频率点 ω，设为 A 点，则 $G(j\omega)$ 的幅相曲线的对应点 B 位于以 $|OA|$ 为半径，距 A 点圆心角 $\theta = 57.3 \times 0.5\omega$ 的圆弧处，如图 5.4.5 所示。

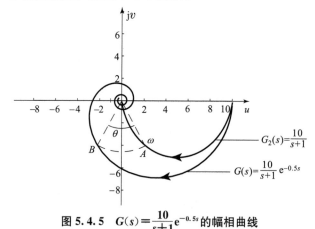

图 5.4.5　$G(s) = \dfrac{10}{s+1} e^{-0.5s}$ 的幅相曲线

5.5　奈奎斯特稳定性判据

5.5.1　复变函数 $F(s)$ 的选择及辐角原理

1. 复变函数 $F(s)$ 的选择

奈奎斯特稳定性判据是 1932 年奈奎斯特研究负反馈放大器时提出来的关于放大器的稳

定性理论。后来，这个理论推广到自动控制中来，为频率响应法奠定了基础。

奈奎斯特稳定性判据的特点是根据开环系统频率特性来判别闭环系统的稳定性，也称为频域稳定性判据，简称奈氏判据。由于系统频率特性可用实验方法获得，因此对于难以用分析法求取数学模型的系统有更大的意义。

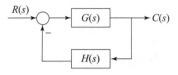

图 5.5.1　系统结构图

若系统结构图如图 5.5.1 所示，其开环传递函数为

$$G(s)H(s) = \frac{M_1(s)}{N_1(s)} \frac{M_2(s)}{N_2(s)} = \frac{M(s)}{N(s)} \tag{5.5.1}$$

式中　$M_1(s)$——前向通路传递函数 $G(s)$ 的分子关于 s 的多项式；

　　　　$N_1(s)$——前向通路传递函数 $G(s)$ 的分母关于 s 的多项式；

　　　　$M_2(s)$——反馈通路传递函数 $H(s)$ 的分子关于 s 的多项式；

　　　　$N_2(s)$——反馈通路传递函数 $H(s)$ 的分母关于 s 的多项式；

　　　　$M(s)$——系统开环传递函数分子关于 s 的多项式；

　　　　$N(s)$——系统开环传递函数分母关于 s 的多项式。

系统闭环传递函数为

$$\Phi(s) = \frac{G(s)}{1+G(s)H(s)} = \frac{\dfrac{M_1(s)}{N_1(s)}}{1+\dfrac{M_1(s)}{N_1(s)}\dfrac{M_2(s)}{N_2(s)}} = \frac{M_1(s)N_2(s)}{M(s)+N(s)} \tag{5.5.2}$$

令复变函数

$$F(s) = 1+G(s)H(s) = 1+\frac{M(s)}{N(s)} = \frac{M(s)+N(s)}{N(s)} \tag{5.5.3}$$

在实际系统中，开环传递函数分母 $N(s)$ 的阶次 n 大于或等于其分子 $M(s)$ 的阶次 m，因而 $F(s)$ 的分子和分母的阶次均等于 n。这样可以把 $F(s)$ 写成下面因子乘积的形式

$$F(s) = \frac{K\prod\limits_{i=1}^{n}(s-z_i)}{\prod\limits_{j=1}^{n}(s-p_j)} \tag{5.5.4}$$

式中，K 为常数。比较式（5.5.2）、式（5.5.3）和式（5.5.4）可以看出，$F(s)$ 的零点 z_i 为系统闭环传递函数 $\Phi(s)$ 的极点，$F(s)$ 的极点 p_j 为开环传递函数 $G(s)H(s)$ 的极点。由第 3 章时域分析知道，系统稳定的充分必要条件是系统闭环传递函数的全部极点均位于 s 平面的左半部。因此，闭环系统的稳定性仅由 $F(s)$ 的零点 z_i 在 s 平面的位置所决定。一般情况下，$F(s)$ 的零点并不知道，所以关键是找出确定 $F(s)$ 的零点在右半 s 平面数目的方法，而这一方法可利用复变函数中的辐角原理得到。下面首先讲述辐角原理，然后在此基础上建立判别闭环系统稳定性的奈氏判据。

2. 辐角原理

把式（5.5.4）两端写成模和辐角的指数形式，即

$$|F(s)|\,e^{j\angle F(s)} = \frac{K\prod\limits_{i=1}^{n}|s-z_i|\,e^{j\angle(s-z_i)}}{\prod\limits_{j=1}^{n}|s-p_j|\,e^{j\angle(s-p_j)}}$$

比较上式两端辐角，得

$$\angle F(s) = \sum_{i=1}^{n} \angle(s-z_i) - \sum_{j=1}^{n} \angle(s-p_j) \tag{5.5.5}$$

s 是复数，$F(s)$ 是复变函数，它们分别可用复数平面上的矢量来表示，其所对应的复数平面分别称为 s 平面和 F 平面，如图 5.5.2（a）、（b）所示。在图 5.5.2（a）中，s 为矢量 $\overrightarrow{OA}$，$s-z_i$ 和 $s-p_j$ 分别为由 z_i 和 p_j 指向 A 点的矢量 $\overrightarrow{s-z_i}$ 和 $\overrightarrow{s-p_j}$，相应的函数 $F(s)$ 为图 5.5.2（b）中的矢量 $\overrightarrow{OA'}$。

在 s 平面上过 A 点取某闭合路径 C_s，若在 C_s 上不含有 $F(s)$ 的零点 z_i 和极点 $p_j(i,j=1,2,\cdots,n)$，并对于所有 C_s 上的 s 值，$F(s)$ 为单值有理函数，那么当 s 沿 C_s 顺时针移动一周时，矢量 $\overrightarrow{s-z_i}$ 和 $\overrightarrow{s-p_j}$ 的辐角发生变化，则在图 5.5.2（b）所示的 F 平面上表示 $F(s)$ 的矢量 $\overrightarrow{OA'}$ 辐角也相应变化，并形成一闭合路径 C_F。对上述过程，式（5.5.5）可写成下面增量形式，即

$$\Delta\angle F(s) = \sum_{i=1}^{n} \Delta\angle(s-z_i) - \sum_{j=1}^{n} \Delta\angle(s-p_j) \tag{5.5.6}$$

式中　　$\Delta\angle(s-z_i)$ —— s 沿 C_s 顺时针移动一周时矢量 $\overrightarrow{s-z_i}$ 的辐角增量；

　　　　$\Delta\angle(s-p_j)$ —— s 沿 C_s 顺时针移动一周时矢量 $\overrightarrow{s-p_j}$ 的辐角增量；

　　　　$\Delta\angle F(s)$ —— s 沿 C_s 顺时针移动一周时矢量 $\overrightarrow{OA'}$ 的辐角增量。

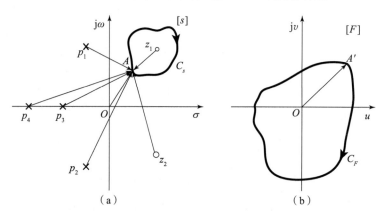

图 5.5.2　s 平面和 F 平面的映射关系示意图 1

（a）s 平面；（b）F 平面

对于图 5.5.2（a）而言，z_1 在 C_s 之内，而 $F(s)$ 的其余零点和全部极点均在 C_s 之外。按照复变函数中矢量逆时针旋转角度为正的规定，则有

$$\Delta\angle(s-z_1) = -2\pi$$

当 $i \neq 1$ 时，有

$$\Delta\angle(s-z_i) = 0$$

对于所有的 j 值，有

$$\Delta\angle(s-p_j) = 0$$

把上面的结果代入式（5.5.6），得

$$\Delta\angle F(s) = \sum_{i=1}^{n} \Delta\angle(s-z_i) - \sum_{j=1}^{n} \Delta\angle(s-p_j) = \Delta\angle(s-z_1) = -2\pi$$

所以，图 5.5.2（b）的 C_F 曲线围绕坐标原点顺时针旋转一周。

同理，若 C_s 为图 5.5.3（a）所示路径，p_1 在 C_s 之内，而 $F(s)$ 的其余极点和全部零点均在 C_s 之外，当 s 沿 C_s 顺时针移动一周时，则有

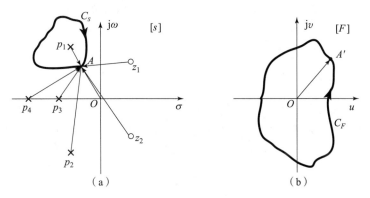

图 5.5.3　s 平面和 F 平面的映射关系示意图 2

（a）s 平面；（b）F 平面

$$\Delta \angle (s - p_1) = -2\pi$$

当 $j \neq 1$ 时，有

$$\Delta \angle (s - p_j) = 0$$

对于所有的 i 值，有

$$\Delta \angle (s - z_i) = 0$$

把上面结果代入式（5.5.6），得

$$\Delta \angle F(s) = \sum_{i=1}^{n} \Delta \angle (s - z_i) - \sum_{j=1}^{n} \Delta \angle (s - p_j) = \Delta \angle (s - p_1) = 2\pi$$

所以，图 5.5.3（b）的 C_F 曲线围绕坐标原点逆时针旋转一周。

一般情况下，若在 C_s 内含有 $F(s)$ 的 Z 个零点和 P 个极点，当 s 沿 C_s 顺时针移动一周时，则有

$$\sum_{i=1}^{n} \Delta \angle (s - z_i) = Z(-2\pi)$$

$$\sum_{j=1}^{n} \Delta \angle (s - p_j) = P(-2\pi)$$

把上面的结果代入式（5.5.6），得

$$\begin{aligned}
\Delta \angle F(s) &= \sum_{i=1}^{n} \Delta \angle (s - z_i) - \sum_{j=1}^{n} \Delta \angle (s - p_j) \\
&= (P - Z)2\pi
\end{aligned} \tag{5.5.7}$$

式（5.5.7）给出了一般情况下在闭合路径 C_s 内包含函数 $F(s)$ 的零、极点数目，与当 s 沿 C_s 路径顺时针移动一周时 $F(s)$ 的辐角增量之间的关系，这个关系式称为**辐角原理**。

根据辐角原理不难看出，如图 5.5.4（a）所示的 C_F 曲线顺时针包围坐标原点 2 周，即当 s 沿 C_s 路径顺时针移动一周时，$\Delta \angle F(s) = 2(-2\pi)$，则在 s 平面的 C_s 之内应包含 2 个 $F(s)$ 的零点，或包含 $F(s)$ 的零点 z_i 的数目比包含 $F(s)$ 的极点 p_j 的数目多 2 个；图 5.5.4

（b）的情况相反，C_F 曲线逆时针包围坐标原点 2 周，即当 s 沿 C_s 路径顺时针移动一周时，$\Delta\angle F(s)=2(2\pi)$，则在 s 平面的 C_s 之内应包含 2 个 $F(s)$ 的极点，或包含 $F(s)$ 的极点 p_j 的数目比包含 $F(s)$ 的零点 z_i 的数目多 2 个；图 5.5.4（c）所示的 C_F 曲线没有包围坐标原点，即当 s 沿 C_s 路径顺时针移动一周时，$\Delta\angle F(s)=0$，则在 s 平面的 C_s 之内没有 $F(s)$ 的零点和极点，或包含 $F(s)$ 的零点 z_i 和极点 p_j 的数目相等。

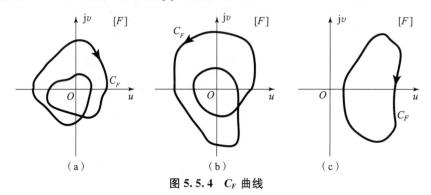

图 5.5.4　C_F 曲线

（a）C_F 顺时针包围坐标原点 2 周；（b）C_F 逆时针包围坐标原点 2 周；（c）C_F 没有包围坐标原点

5.5.2　奈奎斯特稳定性判据

为了应用辐角原理确定右半 s 平面 $F(s)$ 的零点数，把 C_s 包围的范围扩大到整个右半 s 平面，即 C_s 为由图 5.5.5 所示的虚轴和半径 $R\to\infty$ 的半圆组成。这时所取的 C_s 称为奈奎斯特路径，简称奈氏路径，而在 F 平面上相应的 C_F 称为奈奎斯特曲线，简称奈氏曲线。若在此 C_s 之内有 Z 个零点和 P 个极点，并且当 s 沿 C_s 顺时针移动一周时，$F(s)$ 沿 C_F 曲线逆时针围绕坐标原点旋转 N 周，即 $\Delta\angle F(s)=N\cdot 2\pi$，则根据式（5.5.7）有

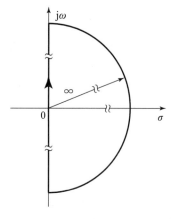

图 5.5.5　奈奎斯特路径 C_s

$$N\cdot 2\pi=(P-Z)2\pi$$

所以

$$N=P-Z$$

或

$$Z=P-N \tag{5.5.8}$$

图 5.5.5 所示的 C_s 曲线可分成两部分：第一部分，C_s 取虚轴，即 $s=j\omega,\omega$ 由 $-\infty\to 0\to\infty$ 变化；第二部分，C_s 取半径 $R\to\infty$ 的半圆。当 s 沿 C_s 的第一部分变化时，$F(s)=F(j\omega)=1+G(j\omega)H(j\omega)$；当 s 沿 C_s 的第二部分变化时，$|s|\to\infty$。对于 $n>m$ 的情况，当 $|s|\to\infty$ 时，$|G(s)H(s)|\to 0,F(s)=1+G(s)H(s)=1$；对于 $n=m$ 的情况，当 $|s|\to\infty$ 时，$G(s)H(s)=b_m/a_n,F(s)=1+G(s)H(s)=1+b_m/a_n,a_n$ 和 b_m 分别为 $G(s)H(s)$ 分母和分子中 s 最高次方的系数。对于这两种情况，$F(s)$ 均变成 F 平面上的一个点，s 沿无穷大半圆移动时，$\Delta\angle F(s)=0$，因此式（5.5.8）的 N 只考虑 s 沿虚轴 $j\omega$（ω 由 $-\infty\to 0\to+\infty$ 变化）的辐角增量即可。这样，当 s 沿图 5.5.5 所示的 C_s 路径移动时，有

$$F(j\omega)=1+G(j\omega)H(j\omega)$$

或

$$G(j\omega)H(j\omega) = F(j\omega) - 1 \qquad (5.5.9)$$

由式 (5.5.9) 可知，$F(j\omega)$ 和 $G(j\omega)H(j\omega)$ 相比较，仅实数部分差 1，故 $F(j\omega)$ 曲线向左移动 "1" 个单位便得 $G(j\omega)H(j\omega)$ 曲线。这个关系由图 5.5.6 (a)、(b) 示出。比较图 5.5.6 (a) 和图 5.5.6 (b) 可以看出，$F(j\omega)$ 曲线包围原点的圈数等于 $G(j\omega)H(j\omega)$ 曲线包围 $(-1, j0)$ 点的圈数，即可用 $G(j\omega)H(j\omega)$ 曲线包围 $(-1, j0)$ 点的圈数来计算 N。

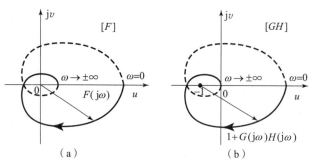

图 5.5.6 $F(j\omega)$ 与 $G(j\omega)H(j\omega)$ 曲线

(a) $F(j\omega)$ 曲线；(b) $G(j\omega)H(j\omega)$ 曲线

另外，由于 $G(j\omega)H(j\omega)$ 与 $G(-j\omega)H(-j\omega)$ 相共轭，即 $G(j\omega)H(j\omega)$ 与 $G(-j\omega)H(-j\omega)$ 对称于实轴，当 ω 由 $0 \to \infty$ 变化时，$G(j\omega)H(j\omega)$ 曲线包围 $(-1, j0)$ 点的圈数为 ω 由 $-\infty \to 0 \to +\infty$ 变化时 $G(j\omega)H(j\omega)$ 曲线包围点 $(-1, j0)$ 的圈数之半，所以式 (5.5.8) 可写成

$$Z = P - 2N \qquad (5.5.10)$$

式中　Z——闭环系统传递函数 $\Phi(s)$ 在右半 s 平面的极点数；

　　　　P——开环传递函数 $G(s)H(s)$ 在右半 s 平面的极点数；

　　　　N——当 ω 由零至无穷大变化时，开环系统 $G(j\omega)H(j\omega)$ 幅相曲线包围 $(-1, j0)$ 点的圈数，逆时针包围时，N 为正。

式 (5.5.10) 为奈奎斯特稳定性判据的数学表达式，它可用文字叙述如下：

一个单回路负反馈系统，其闭环传递函数在右半 s 平面的极点数 Z 可用其开环传递函数在右半 s 平面的极点数 P 和开环幅相曲线包围 $(-1, j0)$ 点的圈数 N 来决定，其关系式为 $Z = P - 2N$。当 $Z = 0$ 时，闭环系统是稳定的。

【例 5.5.1】 若反馈系统的开环传递函数为

$$G(s) = \frac{20}{(3s+1)(2s+1)(s+1)}$$

试用奈氏判据判别其闭环系统的稳定性。

【解】 用逐点描迹法绘出开环系统的幅相曲线示于图 5.5.7。由图 5.5.7 可知，$G(j\omega)$ 曲线通过实轴 -2 处，包围 $(-1, j0)$ 点的圈数 $N = -1$，又由 $G(s)$ 表达式知 $P = 0$，根据奈氏判据得闭环系统的右半 s 平面的根数为

$$Z = P - 2N = 0 - 2(-1) = 2$$

故闭环系统不稳定。

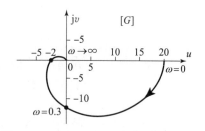

图 5.5.7 例 5.5.1 系统的开环奈氏曲线

5.5.3 开环系统含有积分环节时奈氏判据的推广

1. C_s 选取

辐角原理的使用条件是在路径 C_s 上无 $F(s)$ 的极点和零点，这就要求在图 5.5.5 所示的路径 C_s 上无开环传递函数 $G(s)H(s)$ 的极点。但是当开环传递函数中含有积分环节时，这个条件遭到破坏。为了解决这个问题，做如下处理，令 C_s 在坐标原点附近所走的路径取半径为无穷小的半圆，使其绕过坐标原点，而其他地方不变。处理后的路径 C_s 如图 5.5.8 所示，这时的 C_s 可用下面四段描述。

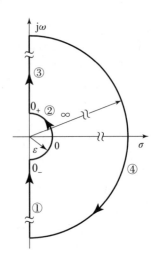

图 5.5.8 当开环传递函数中含有积分环节时 C_s 路径

(1) 动点 s 沿负虚轴移动时，$s = j\omega$，ω 从 $-\infty \rightarrow 0_-$ 变化。

(2) 动点 s 沿无穷小半圆移动时，$s = \varepsilon e^{j\theta}$，$\varepsilon \rightarrow 0$，$\theta$ 从 $-90° \rightarrow 0° \rightarrow +90°$ 变化。其中，$\theta = -90°$ 对应 $\omega = 0_-$，$\theta = 0°$ 对应 $\omega = 0$，$\theta = +90°$ 对应 $\omega = 0_+$。

(3) 动点 s 沿正虚轴移动时，$s = j\omega$，ω 从 $0_+ \rightarrow \infty$ 变化。

(4) 动点 s 沿无穷大半圆移动时，$s = Re^{j\theta}$，$R \rightarrow \infty$，θ 从 $+90° \rightarrow 0° \rightarrow -90°$ 变化。

如上处理，实质上是将 $G(s)H(s)$ 在坐标原点的极点画到了左半 s 平面，而其他极点保持不变。这时路径 C_s 上不再含有 $G(s)H(s)$ 的极点，因此奈氏判据可重新应用了。但应该指出的是，C_F 曲线和系统开环幅相曲线的画法也应做相应的改变。

2. 开环系统幅相曲线的画法

当开环系统含有积分环节时，其传递函数可表示为

$$G(s)H(s) = \frac{K\prod_{i=1}^{m}(T_i s + 1)}{s^{\nu}\prod_{j=1}^{n-\nu}(T_j s + 1)}$$

(1) 当 s 沿图 5.5.8 所示 C_s 的路径①、③、④移动时，$G(s)H(s)$ 幅相曲线的画法与 5.3.2 节相同，即为系统的开环幅相曲线。

(2) 当 s 沿图 5.5.8 所示 C_s 的路径②移动时，有

$$G(s)H(s) = \lim_{s \rightarrow \varepsilon e^{j\theta}} \frac{K\prod_{i=1}^{m}(T_i s + 1)}{s^{\nu}\prod_{j=1}^{n-\nu}(T_j s + 1)} = \frac{K}{\varepsilon^{\nu}}e^{-j\nu\theta} \qquad (5.5.11)$$

由式 (5.5.11) 可知，当 s 沿图 5.5.8 的无穷小半圆移动时，$\varepsilon \rightarrow 0$，所以 $|G(s)H(s)| \rightarrow \infty$；而 θ 从 $-90° \rightarrow 0° \rightarrow +90°$ 变化，所以 $\angle[G(s)H(s)]$ 由 $\nu \times 90° \rightarrow 0° \rightarrow -\nu \times 90°$ 变化或 $\Delta\angle[G(s)H(s)] = -\nu \times 180°$，即当 s 沿无穷小半圆逆时针移动时，$G(s)H(s)$ 沿无穷大半径的圆弧顺时针移动 $\nu \times 180°$。

若 C_s 取图 5.5.8 的上半部，则无穷小半圆只取横轴以上四分之一圆弧。当 s 沿上四分之一无穷小圆弧逆时针移动时，即当 ω 由 $0 \rightarrow 0_+$ 变化时，$G(s)H(s)$ 曲线沿无穷大半径圆弧顺

时针移动 $\nu \times 90°$。

综上所述，可归纳出含有积分环节时的幅相曲线的画法为：第一步，画出除 ω 由 $0 \to 0_+$ 以外的幅相曲线，这就是不考虑 s 取无穷小半圆时的情况。其起点对应 $\omega = 0_+$；第二步，从 $G(\mathrm{j}0_+)H(\mathrm{j}0_+)$ 开始，以 $R \to \infty$ 为半径顺时针补画 $\nu \times 90°$ 圆弧，此时对应的 ω 是由 $0 \to 0_+$。这两部分衔接起来，则得含有积分环节时的幅相曲线。图 5.5.9 (a)、(b)、(c) 分别示出 $\nu = 1$、2、3 时的幅相曲线，图中虚线对应 s 取半径为无穷小四分之一圆弧时的 $G(\mathrm{j}\omega)H(\mathrm{j}\omega)$ 曲线。

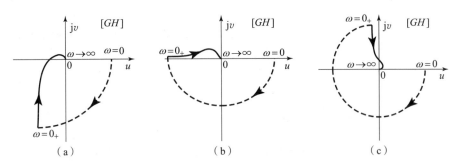

图 5.5.9　$\nu = 1$、2、3 时的开环奈氏曲线
(a) $\nu = 1$；(b) $\nu = 2$；(c) $\nu = 3$

同理，当开环系统含有等幅振荡环节，即

$$G(s)H(s) = \frac{K \displaystyle\prod_{i=1}^{m}(T_i s + 1)}{(s^2 + \omega_n^2)^{\nu} \displaystyle\prod_{j=1}^{n-2\nu}(T_j s + 1)}$$

即开环系统在虚轴上有一对以上极点时，则要令 C_s 在虚轴极点附近所走的路径取半径为无穷小的半圆，使其绕过虚轴上的极点，C_F 曲线和系统开环幅相曲线的画法也要做相应的改变，然后就可以应用奈氏判据了。这里不再针对这种情况展开叙述。

【例 5.5.2】若系统开环传递函数为

$$G(s)H(s) = \frac{4.5}{s(2s+1)(s+1)}$$

试用奈氏判据判别其闭环系统的稳定性。

【解】考虑到 $s \to 0$ 时的情况，开环系统辐相曲线示于图 5.5.10。从图 5.5.10 可知，$N = -1$，而由 $G(s)H(s)$ 的表达式知 $P = 0$，根据奈氏判据有
$$Z = P - 2N = 0 - 2 \times (-1) = 2$$
所以系统不稳定。

【例 5.5.3】若系统的开环传递函数为

$$G(s)H(s) = \frac{K(T_1 s + 1)}{s^2(T_2 s + 1)} \quad (T_1 > T_2)$$

试用奈氏判据判别其闭环系统的稳定性。

【解】考虑到 $s \to 0$ 时的情况，开环系统辐相曲线示于图 5.5.11。从图 5.5.11 可知，$N = 0$，而由 $G(s)H(s)$ 的表达式知 $P = 0$，根据奈氏判据有

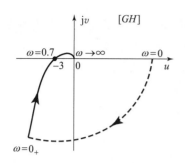

图 5.5.10   例 5.5.2 系统的开环奈氏曲线

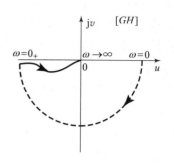

图 5.5.11   例 5.5.3 系统的开环奈氏曲线

$$Z = P - 2N = 0 - 0 = 0$$

所以系统稳定。

5.5.4   对数频率稳定性判据

使用对数频率特性的奈氏判据称为对数频率稳定性判据，或仍称为奈氏判据。为此先介绍一下穿越的概念。

1. 穿越的概念

开环系统幅相曲线 $G(j\omega)H(j\omega)$ 通过（-1，$j0$）点以左的负实轴称为穿越。沿 ω 增加的方向，$G(j\omega)H(j\omega)$ 曲线自上向下通过（1，$j0$）点之左的负实轴称为**正穿越**，它意味着 ω 增加时，$G(j\omega)H(j\omega)$ 幅相频率特性的辐角增加；反之，沿 ω 增加的方向，$G(j\omega)H(j\omega)$ 幅相曲线自下向上通过（-1，$j0$）点以左的负实轴称为**负穿越**，它意味着 ω 增加时，$G(j\omega)H(j\omega)$ 的幅角减小。$G(j\omega)H(j\omega)$ 曲线自上向下止于或自上向下起于（-1，$j0$）点左侧的负实轴，则称为**半次正穿越**；同理，$G(j\omega)H(j\omega)$ 自下向上止于或自下向上起于（-1，$j0$）点左侧的负实轴，则称为**半次负穿越**。如图 5.5.12 所示的幅相频率特性，2 点为负穿越一次，4 点为正穿越一次，5 点在（-1，$j0$）点之右不算穿越。

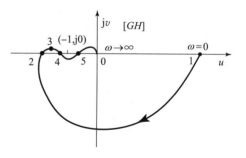

图 5.5.12   穿越示意图

正穿越一次对应 $G(j\omega)H(j\omega)$ 曲线逆时针包围（-1，$j0$）点一周，负穿越一次对应 $G(j\omega)H(j\omega)$ 曲线顺时针包围（-1，$j0$）点一周。因此，开环系统幅相曲线包围（-1，$j0$）点的圈数可表示为

$$N = （正穿越次数） - （负穿越次数）$$

2. 对数频率稳定性判据

图 5.5.13 (a)、(b) 分别示出某系统的幅相曲线（奈氏图）和伯德图。从图 5.5.13 可以看出两者之间存在下述关系：

(1) 幅相曲线图上以原点为圆心的单位圆对应对数幅频伯德图上的零分贝线，如图 5.5.13 (a) 中的 3 点在单位圆上，在图 5.5.13 (b) 的 3 点在零分贝线上；在 [GH] 平面单位圆之外的幅相曲线对应对数幅频曲线 $L(\omega) > 0$ 部分；在 [GH] 平面单位圆之内的幅相曲线对应对数幅频曲线 $L(\omega)<0$ 部分。

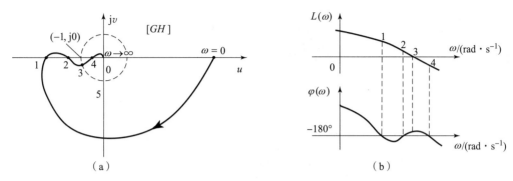

图 5.5.13　某系统的奈氏图和伯德图

(a) 奈氏图；(b) 伯德图

（2）幅相频率特性图的负实轴在对数相频图上对应 $-180°$ 线，如图 5.5.13 (a)、(b) 中的 1、2、4 三点属于这种情况。

这样，$G(\mathrm{j}\omega)H(\mathrm{j}\omega)$ 幅相曲线的穿越数可根据在 $L(\omega)>0$ 的区间内，$\varphi(\omega)$ 曲线与 $-180°$ 线的交点来计算，即在 $L(\omega)$ 的正值区间，$\varphi(\omega)$ 曲线自下向上通过 $-180°$ 线为正穿越（对应沿 ω 增加方向辐角增加），$\varphi(\omega)$ 曲线自下向上止于或自下向上起于 $-180°$ 线时，则称为半次正穿越；$\varphi(\omega)$ 曲线自上向下通过 $-180°$ 线为负穿越（对应沿 ω 增加方向辐角减小），$\varphi(\omega)$ 曲线自上向下止于或自上向下起于 $-180°$ 线，则称为半次负穿越。

根据上述关系，对数频率稳定性判据叙述如下：若在对数幅频的正值区间，对数相频曲线 $\varphi(\omega)$ 对 $-180°$ 线的正穿越数与负穿越数之差为 N，而开环系统特征方程在右半 s 平面的根数为 P，则闭环系统在右半 s 平面的根数为 $Z=P-2N$，当 $Z=0$ 时，闭环系统是稳定的。

当 $G(s)H(s)$ 包含积分环节时，需从 $\omega=0_+$ 开环幅相曲线的对应点 $G(\mathrm{j}0_+)H(\mathrm{j}0_+)$ 起，逆时针补作 $\nu\times90°$、半径为无穷大的虚圆弧，对应地，需在对数相频曲线 ω 较小且 $L(\omega)>0$ 的点处向上补作 $\nu\times90°$ 的虚直线。

【例 5.5.4】 若系统的开环传递函数为

$$G(s)H(s)=\frac{500(s+1)(0.5s+1)}{s(10s+1)(5s+1)(0.1s+1)(0.025s+1)}.$$

试用奈氏判据判别其闭环系统的稳定性。

【解】 系统的伯德图示于图 5.5.14，在相频曲线左端向上补画 $\nu\times90°$ 的直线至 $0°$ 相位线。

由图 5.5.14 可知，在 $\omega<5$ rad/s 区间，$L(\omega)>0$ dB，而 $\varphi(\omega)$ 曲线在 $\omega=0.18$ rad/s 处自上而下通过 $-180°$ 线，负穿越一次，在 $\omega=1.3$ rad/s 处自下而上通过 $-180°$ 线，正穿越一次，故 $N=1-1=0$；又由开环传递函数知道 $P=0$。根据奈氏判据有

$$Z=P-2N=0-2\times0=0$$

所以，闭环系统稳定。

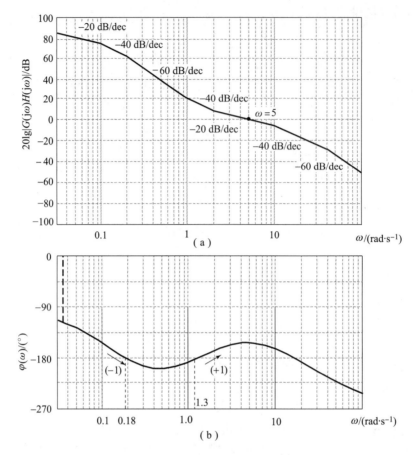

图 5.5.14 例 5.5.4 系统的伯德图

(a) 幅频图；(b) 相频图

5.5.5 非最小相位系统的稳定性判断

在运用奈奎斯特稳定判据对非最小相位系统进行稳定性分析时，要特别注意系统开环幅相曲线的绘制，尤其是当非最小相位系统中还存在着积分环节时的情况。

【例 5.5.5】 系统开环传递函数为

$$G(s)H(s) = \frac{K_1 K_2 s + 1}{s(s-1)} \quad (K_1 > 0, \, K_2 > 0)$$

试用奈氏判据判别闭环系统的稳定性。

【解】 当 $\omega = 0_+$ 时，$\angle G(\mathrm{j}\omega)H(\mathrm{j}\omega) = -270°$；$\omega = \infty$ 时，$\angle G(\mathrm{j}\omega)H(\mathrm{j}\omega) = -90°$

由于开环传递函数中存在一个积分环节，所以需要从 $\omega = 0_+$ 的地方逆时针补画四分之一个半径为无穷大的圆弧，补画至 $G_1(s)H_1(s) = \dfrac{K_1(K_2 s + 1)}{(s-1)}$ 的幅相曲线的起点处。当 $\omega = 0$ 时，$\angle G_1(\mathrm{j}\omega)H_1(\mathrm{j}\omega) = -180°$。画出开环系统的幅相频率特性曲线如图 5.5.15 所示。下面求幅相曲线与负实轴的交点。

$$G(\mathrm{j}\omega)H(\mathrm{j}\omega) = \frac{K_1(1 + K_2\mathrm{j}\omega)}{-\omega^2 - \mathrm{j}\omega}$$

$$= \frac{-K_1(\omega^2 + \omega^2 K_2) + j(\omega - K_2\omega^3)K_1}{\omega^2 + \omega^4}$$

$G(j\omega)H(j\omega)$ 的幅相曲线与实轴交点处虚部为零，因此在这一点有

$$\omega - K_2\omega^3 = 0$$

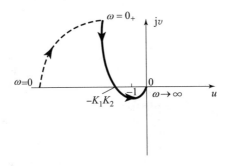

图 5.5.15 $G(s)H(s) = K_1(K_2s + 1)/[s(s-1)]$ 的奈氏图

即 $\omega^2 = 1/K_2$。交点处 $G(j\omega)H(j\omega)$ 的实部为

$$u = \frac{-K_1(1 + K_2)}{\omega^2 + 1}\bigg|_{\omega^2 = 1/K_2} = -K_1K_2$$

当 $-K_1K_2 < -1$，即 $K_1K_2 > 1$ 时，奈氏曲线包围 $(-1, j0)$ 点的圈数 $N = 1 - \frac{1}{2} = \frac{1}{2}$，则闭环系统在右半 s 平面的极点数为

$$Z = P - 2N = 1 - 2 \times \frac{1}{2} = 0$$

因此，当 $K_1K_2 > 1$ 时系统稳定。

【例 5.5.6】若系统的开环传递函数为

$$G(s)H(s) = \frac{e^{-\tau s}}{s(s+1)(0.5s+1)}$$

试用奈氏判据判别在 $\tau = 0$ s 和 $\tau = 1$ s 两种情况下的闭环稳定性。

【解】当 $\tau = 0$ s 时，系统为无延时环节情况；当 $\tau = 1$ s 时，系统为有延时环节情况。图 5.5.16 绘出了上述两种情况的对数频率特性曲线。

由图 5.5.16 可以看出，两种情况的对数幅频特性相同；而对数相频特性不同，曲线①对应 $\tau = 0$ s，曲线②对应 $\tau = 1$ s 情况。对于 $\tau = 0$ s 情况，正负穿越数之差 $N = 0$，又由开环传递函数知 $P = 0$，根据奈氏判据则有，$Z = P - 2N = 0 - 0 = 0$，所以，闭环系统稳定；对于 $\tau = 1$ s 时的情况，正负穿越数之差 $N = -1$，而 $P = 0$，根据奈氏判据有 $Z = P - 2N = 0 - 2 \times (-1) = 2$，所以闭环系统不稳定。

由此例可知，延时环节对于系统幅频无影响，而使相频随 ω 增加而滞后增加，因此延时环节使系统稳定性变坏。但是如果延时时间 τ 比系统惯性环节时间常数小得多，在开环对数幅频曲线通过 0 dB 处所引起的相位滞后不大，则对系统稳定性的影响也不大。

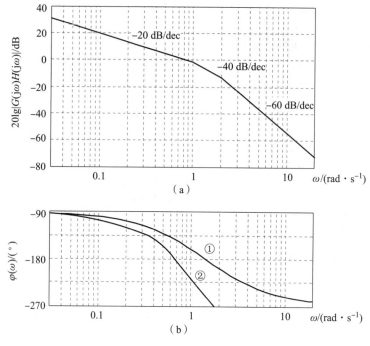

图 5.5.16　例 5.5.6 系统的伯德图

(a) 幅频图；(b) 相频图

5.6　稳定裕度

5.6.1　最小相位系统的稳定裕度

从理论上说，一个线性系统的结构和参数一旦确定，它是否稳定就确定了。但是实际情况并不如此简单。大多数情况下，系统的参数总难免有不确定性。也就是说，系统名义上的参数与它的实际参数之间可能有出入，有的情况下连系统的结构（框图）都可能与实际系统有某些出入。例如，人们以为系统中某个惯性单元的传递函数是 $5/(2s+1)$，事实上它可能是 $5.5/(1.7s+1)$，这样人们用稳定判据判断稳定性所得的结论就可能不正确，人们以为是稳定的系统实际可能不稳定。

不确定性的原因很多。例如测量的误差、公称值与实际值之间的偏差、温度变化引起的参数波动等。再如有的生产机械的参数经过长时间的运行可能发生相当大的变化；有的控制对象在不同的运行条件下（例如飞机在不同高度以不同速度飞行），其参数可以在很大范围内变化，甚至基本动态性质也会发生变化（惯性单元变为振荡单元）；还有些情况下，为了便于进行研究，人们有意地或不得已地忽略系统中某些次要的因素以求简化它的数学模型。

考虑到不确定性的存在，我们就不能满足于仅仅判明某一系统是否稳定，而往往要问：如果系统的参数或结构发生了某种程度的变化，这个我们原以为稳定的系统是否仍能保持稳定呢？我们自然不能对各参数可能发生变化的一切组合逐一判断系统是否稳定，而希望一个已经判明为稳定的系统本身就具有这样一种性质，即当参数（或结构）有某种程度的不确定性时系统仍能保持稳定，这样就提出了"稳定裕度"的概念。一个系统不但必须是稳定的，而且还应该有相当的稳定裕度，即具有一定的相对稳定性，才是工程上实际可用的。

一个系统的稳定裕度有多大，以及如何提高其稳定裕度的问题，常被称为系统的鲁棒性问题。在单输入单输出系统中，鲁棒性问题常常用系统的开环幅相频率特性曲线与复数平面上（-1，j0）点的接近程度表征。

图 5.6.1 是一个普通的最小相位系统的开环幅相曲线，3 条曲线分别对应于 3 个不同的开环比例系数 K。可以看出，当 K 较小时，曲线 $G(j\omega)H(j\omega)$ 不包围复数平面上的点（-1，j0），闭环系统是稳定的；随着 K 的增大，曲线 $G(j\omega)H(j\omega)$ 逐渐靠近复数平面上的点（-1，j0），系统濒临不稳定的边缘，由于工作条件变化或其他原因，使系统参数发生变化时，闭环系统就有可能由稳定变成临界稳定或不稳定状态；当 K 再继续增大，开环幅相曲线就包含点（-1，j0），系统失去稳定。因此，开环幅相曲线与复数平面上（-1，j0）点接近的程度，往往可以反映系统稳定的裕度。

工程上稳定裕度的定义包括两方面内容：幅值裕度和相位裕度，下面结合图 5.6.2 给出其定义。

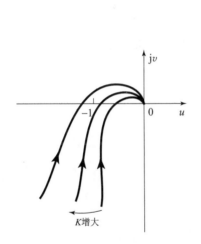

图 5.6.1　参数变化影响系统的稳定性

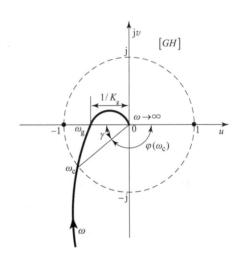

图 5.6.2　幅值裕度和相位裕度

1. 幅值裕度 K_g

若在 $\omega = \omega_g$ 时，$G(j\omega)H(j\omega)$ 曲线与负实轴相交，定义

$$K_g \overset{\text{def}}{=} \frac{1}{|G(j\omega_g)H(j\omega_g)|} \tag{5.6.1}$$

不难看出，K_g 的物理意义是，如果系统的开环增益放大 K_g 倍，则系统处于临界稳定状态，即

$$G(j\omega_g)H(j\omega_g) \cdot K_g = |G(j\omega_g)H(j\omega_g)| e^{j\pi} \cdot \frac{1}{|G(j\omega_g)H(j\omega_g)|} = -1$$

ω_g 为系统的相位穿越频率。

2. 相位裕度 γ

若在 $\omega = \omega_c$ 时，$|G(j\omega_c)H(j\omega_c)| = 1$，定义

$$\gamma \overset{\text{def}}{=} 180° + \varphi(\omega_c) \tag{5.6.2}$$

式中，ω_c 为幅值穿越频率，它对应对数幅频曲线穿过 0 dB 线的频率。ω_c 有时也被称为截止频率。γ 的物理意义是，当 $\varphi(\omega_c)$ 再滞后 γ 角度时，系统处于临界稳定状态，从图 5.6.2 可直接看出这一点。ω_c 是系统的一个重要性能指标，而 ω_g 不是，所以为简洁起见，后文简称 **ω_c 为"穿越频率"**。

对于最小相位系统，相位裕度 γ 大于 0，幅值裕度 K_g 大于 1，系统稳定，γ 和 K_g 越大，系统稳定程度越好。若 γ 小于 0，K_g 小于 1，则系统不稳定。一般工程上取 $K_g(\text{dB}) = 6 \sim 20$ dB，$\gamma = 30° \sim 60°$。

幅值裕度和相位裕度也可以从对数频率特性曲线求得，如图 5.6.3 所示。依定义幅值裕度在对数幅频特性上的数值为

$$K_g(\text{dB}) = 20\lg \frac{1}{|G(\text{j}\omega_g)H(\text{j}\omega_g)|} \tag{5.6.3}$$

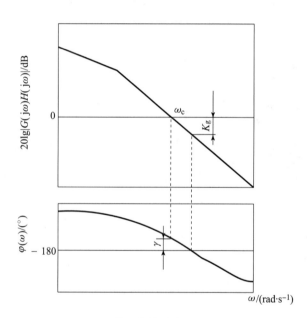

图 5.6.3　基于伯德图的稳定裕度定义

相位裕度 γ 可直接从对数相频图上查出。

幅值裕度能直接指出系统的开环增益还允许增加多大而不致破坏稳定性。但幅值裕度和相位稳定裕度更重要的作用是，大致刻画对于一个参数（或结构）不确定的系统的稳定性判断的可靠程度。除指明系统在不确定情况下的性质外，稳定裕度还能提示系统在阶跃信号作用下的动态特性。当系统的稳定裕度过小时，阶跃响应往往剧烈，振荡倾向较严重。反之，稳定裕度过大，其动态响应又往往迟钝缓慢。因此正确设计系统的稳定裕度可以使控制系统具有适当的动态性能，同时避免系统中某些元部件参数不确定性的有害影响。

【**例 5.6.1**】若系统开环传递函数为

$$G(s)H(s) = \frac{10(2s+1)}{s(10s+1)\left(\dfrac{s^2}{100} + 0.6\dfrac{s}{10} + 1\right)}$$

试求 $K_g(\text{dB})$ 和 γ。

【解】开环系统对数频率特性示于图 5.6.4，由图 5.6.4 可查出 $K_g(\text{dB}) = 12\ \text{dB}$，$\gamma = 70°$。

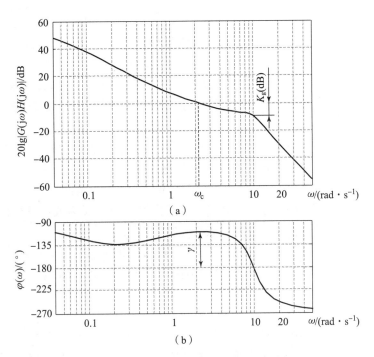

图 5.6.4 例 5.6.1 系统的对数频率特性

（a）幅频图；（b）相频图

对于图 5.6.5 而言，开环系统幅相曲线不包围 $(-1, j0)$ 点，在 $P = 0$ 时，闭环系统是稳定的。但是当开环增益 K 增大或减小时，都可能使 $G(j\omega)H(j\omega)$ 曲线包围 $(-1, j0)$ 点，系统变得不稳定，这种系统称为条件稳定系统。条件稳定系统的幅值裕度需要两个数值 K_{g1} 和 K_{g2} 来表示，K_{g1} 和 K_{g2} 的定义见图 5.6.5，此时 $K_{g1} > 1$，$K_{g2} < 1$。其物理意义是当开环增益放大 K_{g1} 倍或 K_{g2} 倍时，闭环系统均变成临界稳定状态，条件稳定的相位裕度仍按式（5.6.2）定义。

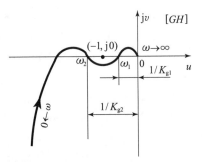

图 5.6.5 条件稳定系统的幅值裕度

然而，在有些情况下，相位裕度和幅值裕度对判断系统稳定性也会无能为力。对于高阶系统，可能存在多个频率点满足 $|G(j\omega)H(j\omega)| = 1$ 或 $\angle G(j\omega)H(j\omega) = -180°$ 的情况，这时相位裕度和幅值裕度需要做更进一步的确定，一般而言，以其中最小的相位裕度来评价系统的稳定性。

另外，一个控制系统通常有许多参数，它的运动规律很复杂，有许多自由度。仅用两个稳定裕度的数据当然不可能充分描述其特征。所以稳定裕度只是工程上便于使用的一种经验性指标,只能在设计系统和估算系统性能时谨慎地用作参考,不可误以为是严格的理论依据。特别应当强调,为了比较确切地描述系统的"稳定程度",最好将幅值裕度与相位裕度联合使用。如果只用二者之一,则对于图 5.6.6 那样濒于稳定性边缘的开环频率特性(相位裕度很大,但幅值裕度很小)就容易发生误判。

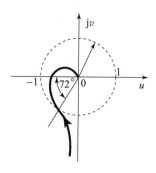

图 5.6.6　相位裕度虽大但实际濒于稳定性边缘

对于最小相位系统,开环传递函数的幅值和相位特性有一定的关系。要求相位裕度在 30°到 60°之间,即在伯德图中,对数幅频曲线在穿越频率处的斜率应该大于 −40 dB/dec。为什么呢?这可以由伯德提出的幅相定理进行证明,简述如下:

对于任意的稳定的最小相位系统(在右半 s 平面不存在零点或者极点的系统),开环传递函数 $G(j\omega)H(j\omega)$ 的相位和幅值存在唯一的对应关系,这个幅相关系有一个严格的数学描述,限于篇幅,这里只给出一个近似的简单表达式。当对数幅频曲线 $20\lg|G(j\omega)H(j\omega)|$ 的斜率在频率 ω 的 10 倍频程内保持不变时,相位与幅值的关系表达式就变得比较简单,可由下式近似给出

$$\angle G(j\omega)H(j\omega) \approx n \times 90° \tag{5.6.4}$$

其中,n 是 $G(j\omega)H(j\omega)$ 对数幅频的斜率关于 20 dB/dec 的倍数。在交接频率处,式(5.6.4)的近似效果会变差。

当 $|G(j\omega)H(j\omega)| = 1$ 时,即在穿越频率处有

若 $n = -1$,则 $\angle G(j\omega)H(j\omega) \approx -90°$

若 $n = -2$,则 $\angle G(j\omega)H(j\omega) \approx -180°$

为了使系统稳定,我们希望 $\angle G(j\omega)H(j\omega) > -180°$,因此要求在穿越频率处,对数幅频的斜率应该大于 −40 dB/dec。

在大多数实际情况中,为了保证系统稳定,要求穿越频率处的斜率为 −20 dB/dec。如果在穿越频率处的斜率是 −40 dB/dec,则系统可能是稳定的,也可能是不稳定的,即使系统是稳定的,相位裕度也比较小。如果在穿越频率处的斜率是 −60 dB/dec,则系统很可能是不稳定的。

3. 矢量裕度(Vector Margin)

矢量裕度(Vector Margin)是将相位裕度和幅值裕度合二为一的一个稳定性度量变量,也称作复合裕度,它避免了单独使用相位裕度或者幅值裕度判断系统稳定程度时所带来的模棱两可的状况。矢量裕度概念是史密斯(Smith)在 1958 年提出来的,**其定义为开环幅相曲线距(−1,j0)点的最短距离**,如图 5.6.7 所示。由于难于解析计算,矢量裕度以前没有得到推广使用,现在借助于计算机可以很方便地计算出矢量裕度,从而确定出系统的稳定程度。

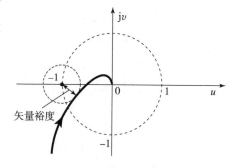

图 5.6.7　矢量裕度定义

5.6.2 非最小相位系统的稳定裕度

必须指出，5.6.1 节关于最小相位系统的稳定裕度结论不能照搬到非最小相位系统，应从奈氏判据出发，恰当地应用相位裕度和增益裕度的概念，才能正确地分析非最小相位系统的稳定裕度。例如对于具有不稳定开环极点的非最小相位系统，开环奈氏图曲线需要包围临界点 $(-1, j0)$，也就是奈氏曲线与负实轴的交点需要在 $(-1, j0)$ 左侧，系统可能才会稳定，否则系统可能不稳定，因此系统的增益裕度是负的，系统才可能稳定。

例如，针对开环传函 $G(s) = \dfrac{K(2s+1)}{s(s-1)}$，该系统稳定时将具有负的增益裕度和正相位裕度，奈氏曲线与负虚轴的穿越点离 $(-1, j0)$ 的距离依然表明了系统的相对稳定程度，其增益裕度和正相位裕度的定义如图 5.6.8 所示。

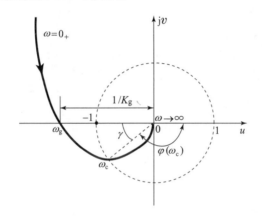

图 5.6.8 $G(s) = \dfrac{K(2s+1)}{s(s-1)}$ 的稳定裕度定义示意图

当 $K=1$ 时，$G(s) = \dfrac{K(2s+1)}{s(s-1)}$ 的幅值裕度是 -6.02 dB，相位裕度为 $45.8°$，$\omega_c = 1.82$ rad/s，系统是稳定的。$K = \dfrac{1}{2}$ 时，系统临界稳定。当 $0 < K < \dfrac{1}{2}$ 时，系统不稳定。

对于非最小相位系统，稳定裕度的正确解释需要进行仔细的研究。确定非最小相位系统的稳定程度最好采用奈氏图。

【例 5.6.2】某单位反馈控制系统的开环传递函数为

$$G(s) = \frac{K}{(s+1)^2} e^{-s}$$

当 $K = 9$ 时，求使系统稳定的延迟时间 τ 的范围。

【解】$G(s) = \dfrac{9}{(s+1)^2}$ 的穿越频率 $\omega_c = 2.8$ rad/s，相位裕度 $\gamma = 38.9°$。

系统的延时环节不会改变幅频特性曲线，但是会导致相位的滞后，为了保证系统稳定，能够容许的最大时延满足 $\gamma = 57.3 \omega_c \tau$，即

$$38.9° = 57.3 \times 2.8\tau$$

求解得到 $\tau = 0.24$ s，也就是说，如果延时常数小于 0.24 s，则闭环系统可以保持稳定。

5.7　控制系统频域性能指标与时域性能指标的关系

5.7.1　系统闭环频域指标

1. 带宽

反馈控制系统的闭环传递函数为

$$\Phi(s) = \frac{G(s)}{1+G(s)H(s)}$$

作用在控制系统的信号除了有用输入信号，还有扰动和随机噪声，闭环系统的频域性能指标应该能反映控制系统跟踪控制输入信号和抑制干扰信号的能力。

$\Phi(j\omega)$ 为系统闭环频率特性，当闭环幅频增益下降到其频率为零时的分贝值以下 3 (dB)，即 $0.707\Phi(j0)$ 时，对应的频率称为带宽频率，记为 ω_b。即当 $\omega > \omega_b$ 时，有

$$20\lg|\Phi(j\omega)| < [20\lg|\Phi(j0)|-3] \tag{5.7.1}$$

而频率范围 **（0，ω_b）称为系统的带宽**，如图 5.7.1 所示。

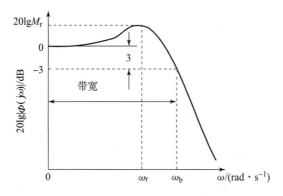

图 5.7.1　二阶闭环系统的幅频图

带宽定义表明，对高于带宽频率 ω_b 的正弦输入信号，系统输出将呈现较大的衰减。对于 I 型和 I 型以上的开环系统，由于 $|\Phi(j0)|=1$，$20\lg|\Phi(j0)|=0$，故

$$20\lg|\Phi(j\omega)| < -3 \text{ dB} \quad (\omega > \omega_b)$$

带宽是频域中一项非常重要的性能指标。对于一阶和二阶系统，带宽与系统参数具有解析关系。

设一阶系统的闭环传递函数为

$$\Phi(s) = \frac{1}{Ts+1}$$

因为 $\Phi(j0)=1$，按带宽定义

$$20\lg|\Phi(j\omega_b)| = 20\lg\frac{1}{\sqrt{1+T^2\omega_b^2}} = 20\lg\frac{1}{\sqrt{2}} \approx -3$$

可求得带宽频率

$$\omega_b = \frac{1}{T} \tag{5.7.2}$$

由式（5.7.2）可知，一阶系统的带宽和时间常数 T 成反比，带宽越大，系统的响应速

度越快。

对于二阶系统，闭环传递函数为

$$\Phi(s) = \frac{\omega_n^2}{s^2 + 2\zeta\omega_n s + \omega_n^2}$$

系统幅频特性为

$$M = |\Phi(j\omega)| = \frac{1}{\sqrt{\left(1 - \frac{\omega^2}{\omega_n^2}\right)^2 + 4\zeta^2\frac{\omega^2}{\omega_n^2}}} \tag{5.7.3}$$

如图 5.7.1 所示。

因为 $|\Phi(j0)| = 1$，由带宽定义得

$$\sqrt{\left(1 - \frac{\omega_b^2}{\omega_n^2}\right)^2 + 4\zeta^2\frac{\omega_b^2}{\omega_n^2}} = \sqrt{2}$$

则

$$\omega_b = \omega_n\sqrt{(1 - 2\zeta^2) + \sqrt{4\zeta^4 - 4\zeta^2 + 2}} \tag{5.7.4}$$

根据式（5.7.4）绘出 ω_b/ω_n 随阻尼 ζ 的变化曲线如图 5.7.2 所示。由图 5.7.2 可见，ω_b 为 ζ 的减函数。系统带宽 ω_b 与自然振荡频率 ω_n 之间存在着如下线性近似关系：

当 $0.3 \leqslant \zeta \leqslant 0.8$ 时，

$$\omega_b/\omega_n = -1.19\zeta + 1.85 \tag{5.7.5}$$

当 $\zeta = 0.707$ 时，$\omega_b = \omega_n$。

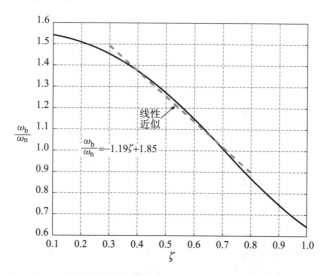

图 5.7.2　二阶系统标准化带宽（ω_b/ω_n）与阻尼系数 ζ 的关系

由式（5.7.4）知，二阶系统的带宽和自然振荡频率 ω_n 成正比。带宽越大，系统复现输入信号的能力越强，但另一方面，带宽越大，系统抑制输入端高频干扰的能力越弱，因此系统带宽的选择在设计中应折中考虑，不能一味求大，否则会加大设计难度，增加系统部件成本，降低系统实际运行时的可靠性，甚至导致系统失稳。

2. 谐振峰值和谐振频率

对式（5.7.3）的二阶系统闭环幅频特性求关于 ω^2 的导数，并令其导数为 0，可以得到

最大的幅频值，即谐振峰值 M_r：

$$M_r = \frac{1}{2\zeta\sqrt{1-\zeta^2}} \quad (0 < \zeta < 0.707) \tag{5.7.6}$$

对应的频率称为谐振频率 ω_r，

$$\omega_r = \omega_n\sqrt{1-2\zeta^2} \tag{5.7.7}$$

由式（5.7.6）可知，谐振峰值表征了系统的阻尼程度。大的谐振峰值一般表示系统存在一对具有较小阻尼系数的闭环主导极点，从而使系统产生不希望的动态响应。

注意，只有 $\zeta < 0.707$ 时，ω_r 才是实数。因此当 $\zeta > 0.707$ 时，闭环系统是不会产生谐振现象的。

5.7.2 二阶闭环系统的闭环频域指标与时域指标的关系

1. 谐振峰值与超调量的关系

由式（5.7.6）可以画出 M_r 与阻尼 ζ 的关系曲线，如图 5.7.3 所示，可见阻尼系数越小，M_r 越大。因为阻尼系数与超调量 $\sigma_p\%$ 相关，所以可进一步画出 $\sigma_p\%$ 与 M_r 的关系曲线，如图 5.7.4 所示。$\sigma_p\%$ 随 M_r 的变化规律有明显的物理意义：当闭环幅频特性有谐振峰值时，系统对信号有选择性，它使得信号频谱中在 $\omega = \omega_r$ 附近的分量通过系统后显著增强。因此，当 M_r 较大时，系统的单位阶跃响应表现出频率接近 ω_r（实际是 $\omega_d = \omega_n\sqrt{1-\zeta^2}$）的强烈振荡。一般设计控制系统时，希望 $M_r < 1.5$。

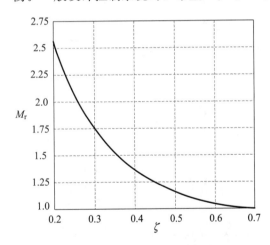

图 5.7.3 M_r 与 ζ 的关系曲线

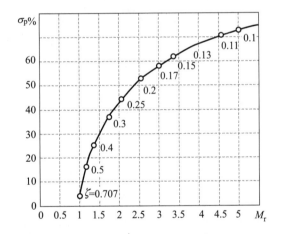

图 5.7.4 以 ζ 为参变量时 $\sigma_p\%$ 随 M_r 的变化曲线

从式（5.7.7）可以看出，ω_r 与自然振荡频率 ω_n 不相等，但是当 ζ 比较小时，如 $\zeta < 0.4$，$\omega_r \approx \omega_n$，我们可以认为在自然振荡频率处产生了谐振峰值。另外需要注意，当 $\zeta > 0.707$ 时，将不会有谐振峰值，但在 $0 < \zeta < 1$ 的区间内，系统都有超调量。

2. 带宽与时域响应速度的关系

因为调节时间

$$t_s(\Delta = 2\%) = \frac{4}{\zeta\omega_n}$$

将 $\omega_n = \dfrac{4}{\zeta t_s}$ 代入式（5.7.4）中，就得到带宽与调节时间之间的表达式：

$$\omega_b = \frac{4}{t_s \zeta} \sqrt{(1-2\zeta^2) + \sqrt{4\zeta^4 - 4\zeta^2 + 2}} \tag{5.7.8}$$

同样，由于 $\omega_n = \pi/(t_p \sqrt{1-\zeta^2}\,)$，可以得到带宽与峰值时间之间的表达式：

$$\omega_b = \frac{\pi}{t_p \sqrt{1-\zeta^2}} \sqrt{(1-2\zeta^2) + \sqrt{4\zeta^4 - 4\zeta^2 + 2}} \tag{5.7.9}$$

同理，由于 $\omega_n = \dfrac{\pi - \beta}{t_r \sqrt{1-\zeta^2}}$，可以得到带宽与上升时间之间的表达式：

$$\omega_b = \frac{\pi - \beta}{t_r \sqrt{1-\zeta^2}} \sqrt{(1-2\zeta^2) + \sqrt{4\zeta^4 - 4\zeta^2 + 2}} \tag{5.7.10}$$

图 5.7.5 给出了被调节时间、峰值时间、上升时间规范化后的带宽 $\omega_b t_s$、$\omega_b t_p$、$\omega_b t_r$ 与阻尼系数 ζ 的关系曲线。

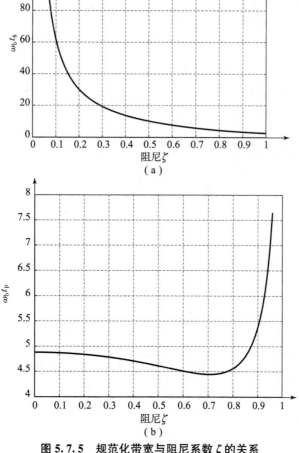

图 5.7.5　规范化带宽与阻尼系数 ζ 的关系

（a）$\omega_b t_s$ 与 ζ 的关系；（b）$\omega_b t_p$ 与 ζ 的关系

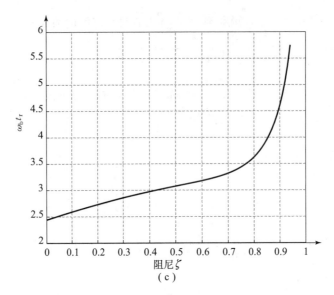

图 5.7.5 规范化带宽与阻尼系数 ζ 的关系（续）

(c) $\omega_b t_r$ 与 ζ 的关系

在不改变阻尼系数条件下，增加带宽 ω_b 会提高系统的响应速度，t_r、t_p、t_s 均会减小。这一结论的物理意义是，当增加带宽频率时，系统的惯性减小了，更容易使单位阶跃信号中的高频分量通过，因此系统的响应速度得以提高。

【例 5.7.1】 若要求闭环系统的超调量是 20%，调节时间是 2 s，求系统的带宽。

【解】 由 $\sigma_p\% = e^{-\pi\zeta/\sqrt{1-\zeta^2}} \times 100\%$ ，可以解出阻尼比 $\zeta = 0.456$。

利用式（5.7.8），可以得到 $\omega_b = 5.79$ rad/s。

5.7.3 开环系统频域指标与闭环系统时域指标的关系

1. 开环对数频率特性与静态误差系统的关系

对数幅频特性低频段的渐近线的斜率决定了系统的类型及无静差度，即：

低频段渐近线为水平线，则系统为零型系统，有静差，静态位置误差系数 $K_p = K$；

低频段渐近线斜率为 -20 dB/dec，则系统为 I 型系统，一阶无静差，静态速度误差系数 $K_v = K$；

低频段渐近线斜率为 -40 dB/dec，则系统为 II 型系统，二阶无静差，静态加速度误差系数 $K_a = K$。

其中 K 是系统的开环增益。低频渐近线或其延长线在 $\omega = 1$ 的对数幅频值为 $20\lg K$。因此，从伯德图低频段上可以一目了然地看出系统的类型及相应的误差品质。

【例 5.7.2】 已知开环系统的对数幅频特性如图 5.7.6 所示。分别确定每种情况下的静态误差系数与 ω_1、ω_2 与 ω_3 之间的关系。

由图 5.7.6 可以看出，对数幅频特性 0、I 和 II 分别对应于零型系统、I 型系统和 II 型系统。

对于零型系统有

$$20\lg K_p = 40\lg \frac{\omega_2}{\omega_1} + 20\lg \frac{\omega_c}{\omega_2}$$

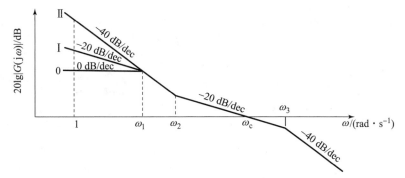

图 5.7.6　例 5.7.2 的伯德图

从而求得

$$K_p = \frac{\omega_2}{\omega_1^2}\omega_c = \frac{T_1^2}{T_2}\omega_c \qquad (5.7.11)$$

对于 I 型系统有

$$20\lg K_v = 20\lg\frac{\omega_1}{1} + 40\lg\frac{\omega_2}{\omega_1} + 20\lg\frac{\omega_c}{\omega_2}$$

从而求得

$$K_v = \frac{\omega_2}{\omega_1}\omega_c = \frac{T_1}{T_2}\omega_c \qquad (5.7.12)$$

对于 II 型系统有

$$20\lg K_a = 40\lg\frac{\omega_2}{1} + 20\lg\frac{\omega_c}{\omega_2}$$

得

$$K_a = \omega_2\omega_c = \frac{1}{T_2}\omega_c \qquad (5.7.13)$$

分析上面关于 K_p、K_v 和 K_a 的表达式可见：若 ω_c 大，ω_2 大，ω_1 小，则静态误差系数就大，相应的稳态误差就小。

2. 二阶系统开环频域指标与超调量、响应速度的关系

系统时域指标物理意义明确、直观，但不能直接应用于频域的分析和综合。闭环系统频域指标 ω_b 虽然能反映系统的跟踪速度和抗干扰能力，但由于需要通过闭环频率特性加以确定，在校正元件的形式和参数尚需确定时显得较为不便。而系统开环频域指标相位裕度 γ 和穿越频率 ω_c 可以直接利用开环对数频率特性确定，且 γ 和 ω_c 的大小在很大程度上决定了闭环系统的性能，因此工程上常用 γ 和 ω_c 来估算系统的时域性能指标。

因为典型二阶系统的开环频率特性为

$$G(j\omega) = \frac{\omega_n^2}{j\omega(j\omega + 2\zeta\omega_n)}$$

根据 ω_c 定义有

$$|G(j\omega_c)| = \frac{\omega_n^2}{\omega_c\sqrt{\omega_c^2 + (2\zeta\omega_n)^2}} = 1$$

解上面方程，得

$$\omega_c = \omega_n\sqrt{\sqrt{1 + 4\zeta^4} - 2\zeta^2} \qquad (5.7.14)$$

典型二阶系统的开环相频特性为

$$\varphi(\omega) = -90° - \arctan\frac{\omega}{2\zeta\omega_n}$$

则其相位裕度为

$$\gamma = 180° + \varphi(\omega_c) = 90° - \arctan\frac{(\sqrt{1+4\zeta^4} - 2\zeta^2)^{1/2}}{2\zeta}$$

$$\gamma = \arctan\frac{2\zeta}{\sqrt{\sqrt{1+4\zeta^4} - 2\zeta^2}} \tag{5.7.15}$$

式 (5.7.15) 便是阻尼系数 ζ 与相位裕度 γ 之间的关系式，它将系统的频域响应与时域响应联系了起来，对应的 γ-ζ 曲线如图 5.7.7 中的实线所示。为使控制系统具有良好的动态特性，一般希望 $30°\leqslant\gamma\leqslant70°$，在这个范围内，可以得到 γ 与 ζ 之间的线性近似关系为

$$\zeta = 0.01\gamma \tag{5.7.16}$$

γ 的单位为度 (°)。当 $\zeta\leqslant0.7$ 时，式 (5.7.16) 具有很高的近似精度，且简单实用，在频域响应与时域瞬态响应之间很直观地建立了联系。式 (5.7.16) 是二阶系统的近似关系式，也同样适用于具有一对欠阻尼共轭主导极点的高阶系统。

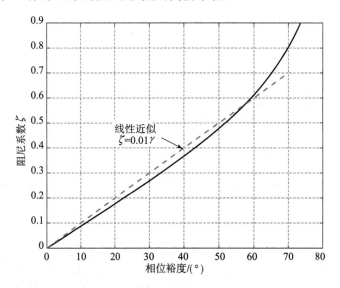

图 5.7.7 典型二阶系统的 γ-ζ 曲线

【例 5.7.3】设一单位反馈系统的开环传递函数为

$$G(s) = \frac{K}{s(Ts+1)}$$

若已知单位速度信号输入下的稳态误差 $e_{ss} = \frac{1}{9}$，相位裕度 $\gamma = 60°$，试确定系统时域指标 $\sigma_p\%$ 和 t_s。

【解】因为该系统为 I 型系统，单位速度输入下的稳态误差为 $\frac{1}{K}$，由题设条件得 $K=9$。由 $\gamma=60°$，查图 5.7.7 得阻尼 $\zeta = 0.62$，因此超调量

$$\sigma_p\% = e^{-\pi\zeta/\sqrt{1-\zeta^2}} \times 100\% = 7.5\%$$

由于

$$K/T = \omega_n^2, \quad 1/T = 2\zeta\omega_n$$

故

$$\omega_n = 2K\zeta = 11.16$$

调节时间为

$$t_s = \frac{4}{\zeta\omega_n} = 0.58 \text{ s} \ (\Delta = 2\%)$$

3. 高阶开环系统频域指标与超调量、响应速度的关系

对于高阶系统，开环频域指标和时域指标不存在解析关系式。通过对大量系统的 γ 和 ω_c 的研究，归纳为下述两个近似估算公式

$$\sigma_p = 0.16 + 0.4\left(\frac{1}{\sin\gamma} - 1\right) \quad (35° \leqslant \gamma \leqslant 90°) \tag{5.7.17}$$

$$t_s = \frac{K_0\pi}{\omega_c} \tag{5.7.18}$$

其中

$$K_0 = 2 + 1.5\left(\frac{1}{\sin\gamma} - 1\right) + 2.5\left(\frac{1}{\sin\gamma} - 1\right)^2 \quad (35° \leqslant \gamma \leqslant 90°)$$

应用上述经验公式估算高阶系统的时域指标，一般偏于保守，即实际性能比估算结果要好。控制系统进行初步设计时，使用经验公式，可以保证系统达到性能指标的要求且留有一定的余地。

5.7.4　闭环系统频域指标与开环系统频域指标的转换

1. 带宽 ω_b 与穿越频率 ω_c 的关系

系统开环指标穿越频率 ω_c 与闭环指标带宽频率 ω_b 有着密切的关系。如果两个系统的稳定程度相仿，则 ω_c 大的系统，ω_b 也大；ω_c 小的系统，ω_b 也小。因此 ω_c 和系统响应速度存在正比关系，ω_c 可用来衡量系统的响应速度。考虑这样的系统，其 $|G(j\omega)|$ 具有如下典型性质：

当 $\omega \ll \omega_c$ 时，$|G(j\omega)| \gg 1$

当 $\omega \gg \omega_c$ 时，$|G(j\omega)| \ll 1$

其中 ω_c 是穿越频率。闭环频率响应的幅值为：

$$M(\omega) = \left|\frac{G(j\omega)}{1 + G(j\omega)}\right|$$

当 $\omega \ll \omega_c$ 时，$M(\omega) \approx 1$；

当 $\omega \gg \omega_c$ 时，$M(\omega) \approx |G(j\omega)|$。

在穿越频率 ω_c 附近，$|G(j\omega)| = 1$，$M(\omega)$ 的大小在很大程度上依赖于相位裕度。

当 $\gamma = 90°$ 时，则意味着开环系统的相位为 $-90°$，即 $G(j\omega) = 0 - j1$，则 $M(\omega_c) = 0.707$，即 $\omega_b = \omega_c$；当 $\gamma = 45°$ 时，$M(\omega_c) = 1.31$，因此当相位裕度 γ 较小时，系统的带宽频率明显会比 ω_c 稍大一些，但通常小于 $2\omega_c$，即 $\omega_c \leqslant \omega_b \leqslant 2\omega_c$。

对于典型二阶系统而言，当 $0.2 \leqslant \zeta \leqslant 0.8$ 时，ω_b 与 ω_c 近似满足

$$\omega_b \approx 1.6\omega_c \tag{5.7.19}$$

2. 谐振峰值 M_r 与相位裕度 γ 的关系

鉴于闭环振荡性指标谐振峰值 M_r 和开环指标相位裕度 γ 都能表征系统的稳定程度，故可建立 M_r 和 γ 的近似关系。

设系统开环相频特性可以表示为

$$\varphi(\omega) = -180° + \gamma(\omega)$$

其中 $\gamma(\omega)$ 表示相位相对于 $-180°$ 的相移。因此开环频率特性可以表示为

$$G(j\omega) = A(\omega)e^{-j[180°-\gamma(\omega)]}$$

则

$$G(j\omega) = A(\omega)[-\cos\gamma(\omega) - j\sin\gamma(\omega)]$$

闭环幅频特性

$$M(\omega) = \left|\frac{G(j\omega)}{1+G(j\omega)}\right| = \frac{A(\omega)}{[1+A^2(\omega)-2A(\omega)\cos\gamma(\omega)]^{\frac{1}{2}}}$$
$$= \frac{1}{\sqrt{\left[\frac{1}{A(\omega)}-\cos\gamma(\omega)\right]^2 + \sin^2\gamma(\omega)}}$$

一般情况下，在 $M(\omega)$ 的极大值附近，$\gamma(\omega_r)$ 变化较小，且使 $M(\omega)$ 为极值的谐振频率 ω_r 常位于 ω_c 附近，即有 $\cos\gamma(\omega_r) \approx \cos\gamma(\omega_c) \approx \cos\gamma$。

令 $\frac{dM(\omega)}{dA(\omega)} = 0$，可得

$$A(\omega) = \frac{1}{\cos\gamma(\omega)} \tag{5.7.20}$$

相应的 $M(\omega)$ 为极值，故谐振峰值为

$$M_r = M(\omega_r) = \frac{1}{|\sin\gamma(\omega_r)|} \approx \frac{1}{|\sin\gamma|} \tag{5.7.21}$$

γ 较小时，式（5.7.21）的近似程度较高。控制系统的设计中，一般先根据控制系统要求提出闭环频域指标 ω_b 和 M_r，再由式（5.7.21）确定相位裕度 γ 和选择合适的穿越频率 ω_c，然后根据 γ 和 ω_c 选择校正网络的结构并确定参数。

5.8 控制系统设计实例

5.8.1 雕刻机控制系统

某雕刻机利用电机来驱动雕刻针运动，使之到达指定的位置。图 5.8.1 给出了雕刻机 x 方向位置控制系统的框图。

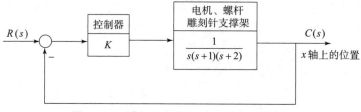

图 5.8.1 雕刻机 x 方向位置控制系统框图

本例的设计目标是：用频域法设计增益 K 的值，使系统阶跃响应的各项指标保持在允许范围内。

【解】本例设计的基本思路是：首先选择增益 K 的初始值，绘制系统的开环和闭环对数频率特性曲线，然后用闭环对数频率特性来估算系统时间响应的各项指标；若系统性能不满足设计要求，则调整 K 的取值，再重复前面的设计过程；最后，对实际系统进行仿真来检验设计结果。

先取 $K=2$，开环系统伯德图如图 5.8.2 所示，系统的相位裕度 $\gamma=32.6°$，$\omega_c=0.75\ \mathrm{rad/s}$，$K_g=9.5\ \mathrm{dB}$，相应的闭环系统是稳定的。

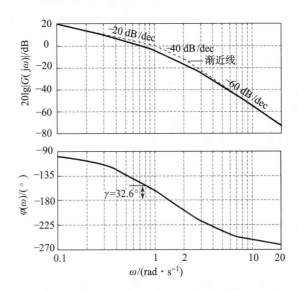

图 5.8.2　雕刻机开环系统的伯德图

在闭环传递函数

$$\Phi(s)=\frac{2}{s^3+3s^2+2s+2}$$

中令 $s=\mathrm{j}\omega$，可得闭环频率特性函数为

$$\Phi(\mathrm{j}\omega)=\frac{2}{(2-3\omega^2)+\mathrm{j}\omega(2-\omega^2)}$$

由此可画出闭环对数幅频图如图 5.8.3 所示。从图 5.8.3 中可以看出，当 $\omega_r=0.82$ 时，对数幅值增益达到最大，因此有

$$20\lg M_r=5.28\ \mathrm{dB}\quad 或\quad M_r=1.836$$

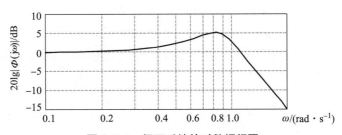

图 5.8.3　闭环系统的对数幅频图

根据图 5.8.3，可认为系统的主导极点为共轭复数极点，再根据图 5.7.3 给出的关系曲线或根据式（5.7.6），可以得到 $M_r=1.836$ 对应的阻尼系数 $\zeta=0.28$。

因为 $\omega_r=\omega_n\sqrt{1-2\zeta^2}=0.82$，则无阻尼自然振荡频率

$$\omega_n=\frac{0.82}{0.18}=0.89$$

于是，雕刻机控制系统的二阶近似模型应为

$$
\begin{aligned}
\Phi(s)&\approx\frac{\omega_n^2}{s^2+2\zeta\omega_n s+\omega_n^2}\\
&=\frac{0.792}{s^2+0.5s+0.792}
\end{aligned}
\tag{5.8.1}
$$

根据该近似模型，估计得到的系统超调量为 39.8%，调节时间（$\Delta=2\%$）为

$$t_s=\frac{4}{\zeta\omega_n}=\frac{4}{0.29\times0.88}=15.5\text{（s）}$$

再按实际三阶系统进行仿真，得到的实际系统的超调量为 39%，调节时间为 16 s。结果表明，式（5.8.1）是一个合理的二阶近似模型，在控制系统的分析和设计工作中，可以用它来调整系统的控制器参数。在本例中，如果要求更小的超调量，应取 $K<2$，然后重复上面的设计过程。

5.8.2 磁盘驱动器读取系统

图 1.7.7 所示的磁盘驱动器是用弹性簧片来悬挂磁头的，当考虑簧片的弹性影响时，磁头位置控制系统如图 5.8.4 所示。磁头与簧片的典型参数为 $\zeta=0.3$，$\omega_n=18.85\times10^3$ rad/s。当 $K=400$ 时绘制开环系统的对数幅频曲线的渐近线图，并确定磁盘驱动读取系统的幅值裕度 K_g（dB）、相位裕度 γ 及闭环系统的带宽频率 ω_b，估算系统单位阶跃响应的 $\sigma_p\%$ 和 t_s。

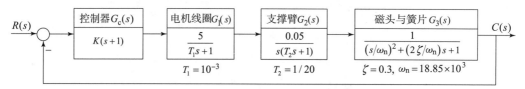

图 5.8.4 磁头位置控制系统（包括簧片的弹性影响）

【解】取 $K=400$，当 $\omega=0.1$ 时，$20\lg\dfrac{5\times0.05\times400}{0.1}=60$ dB，据此确定了低频段上的一点，然后根据各典型环节的转折频率，绘制开环对数幅频曲线的渐近线如图 5.8.5 所示。

基于 Matlab 画出的开环系统的伯德图如图 5.8.6 所示，可知：$K_g=22.9$ dB，$\gamma=37.2°$，$\omega_c=1\ 250$ rad/s。

绘制磁盘驱动读取系统的闭环对数幅频曲线如图 5.8.7 所示，可知 $\omega_b=2\ 000$ rad/s。$20\lg M_r=3.9$，$M_r=1.56$。由于簧片自然振荡频率 ω_n 位于闭环带宽 ω_b 之外，所以簧片弹性对系统动态性能的影响甚微，原系统可降阶为二阶系统。

如果按照典型二阶系统的 γ-ζ 曲线（图 5.7.7），可知 $\zeta\approx0.35$，也可以根据图 5.7.3 M_r 与 ζ 的关系确定阻尼的值。根据式（5.7.5），可得 $\omega_n\approx1\ 395$，因此估计得到闭环系统的调节时间（$\Delta=2\%$）为

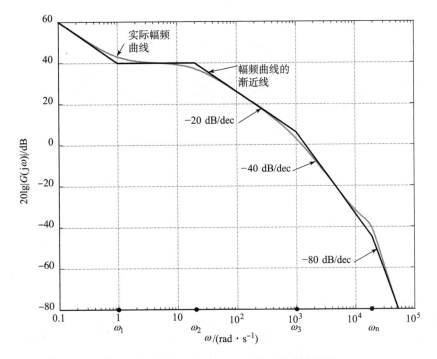

图 5.8.5　图 5.8.4 所示系统的对数幅频曲线

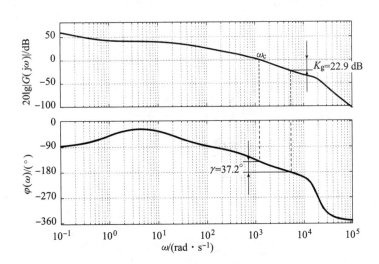

图 5.8.6　图 5.8.4 所示系统的开环伯德图

$$t_s = \frac{4}{\zeta \omega_n} \approx 8.2 \ (\text{ms})$$

由 $\sigma_p\% = \mathrm{e}^{-\pi\zeta/\sqrt{1-\zeta^2}} \times 100\%$，可计算得到超调量 $\sigma_p\% \approx 30.9\%$。而实际系统单位阶跃响应的时域指标为 $\sigma_p\% = 31.4\%$，$t_s = 9.8 \ \mathrm{ms}$（$\Delta = 2\%$），可见估算的时域指标跟实际系统的性能比较接近。经分析可知，原系统的确可以近似为如下二阶系统：

$$\Phi(s) = \frac{(1\ 395)^2}{s^2 + 2 \times 0.35 \times 1\ 395 + (1\ 395)^2}$$

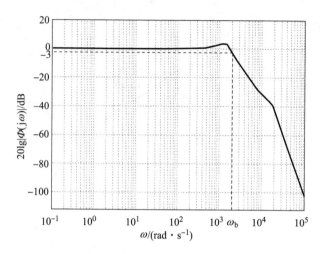

图 5.8.7　闭环系统的幅频曲线

5.8.3　液位控制系统

某液位控制系统如图 5.8.8（a）所示，图 5.8.8（b）给出了对应的系统方框图。在调节阀门和液体出口之间，存在延时 $\tau = d/v$。因此，如果流速 v 为 5 m/s^3，管子截面积为 1 m^2，距离 d 为 5 m，则系统的延迟时间 $\tau = 1$ s。

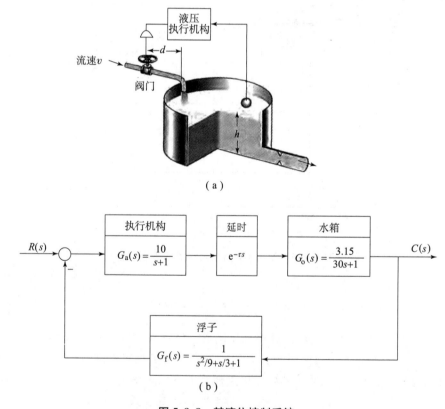

（a）

（b）

图 5.8.8　某液位控制系统

（a）液位控制系统示意图；（b）系统的结构图

系统的开环传递函数为

$$G(s) = G_a(s)G_o(s)G_f(s) = \frac{31.5}{(s+1)(30s+1)[(s^2/9)+(s/3)+1]}e^{-\tau s}$$

因此，系统开环增益 $K = 31.5$，$G(s)$ 的伯德图如图 5.8.9 所示。作为比较，图 5.8.9 中同时给出了无延时系统的伯德图，它们的幅频特性曲线相同，但相频特性曲线各不相同。从中可以看出，幅频特性曲线在 $\omega_c = 0.84$ 处穿过 0 dB 线，无延时系统的相位裕度为 $35.6°$，但有延时系统的相位裕度为 $-12.3°$。延时环节导致了系统的不稳定，为了得到合适的相位裕度，使系统稳定，必须减小系统的开环增益。在本例中，为了使延时系统的相位裕度达到 $+30°$，须降低增益，使增益从 $K = 31.5$ 降为 $K = 16$。

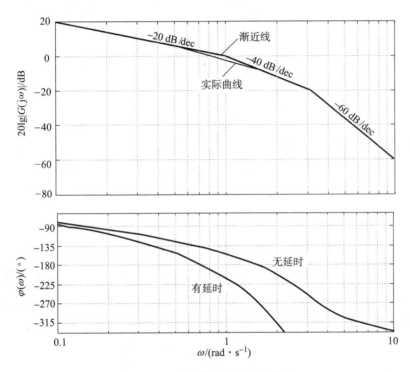

图 5.8.9 液位控制系统的伯德图

延时环节 $e^{-\tau s}$ 将引入附加的滞后相角，从而会降低系统的稳定性。由于实际的反馈系统难免含有延时环节，因此为了确保系统稳定，必须减小系统增益。但减小系统增益将会增大系统的稳态误差，因此在增强延时系统稳定性的同时，我们付出了增大稳态误差的代价。如果既想保证稳态精度，又想保证系统的动态性能，单靠调整系统增益不能满足要求，需要加入校正环节。

5.8.4 天线控制系统频域分析

针对 2.11.2 节中的天线方位控制系统，利用频域法确定使系统稳定的增益范围，当 $K = 30$ 时估计闭环系统调节时间、峰值时间、上升时间、超调量等。

【解】由 2.11.2 节知，天线方位控制系统的开环传递函数为

$$G(s) = \frac{6.63K}{s(s+1.71)(s+100)} = \frac{0.038\ 8K}{s\left(\frac{s}{1.71}+1\right)\left(\frac{s}{100}+1\right)}$$

令 $K=1$，得到系统对数幅频曲线和相频曲线如图 5.8.10 中实线所示。

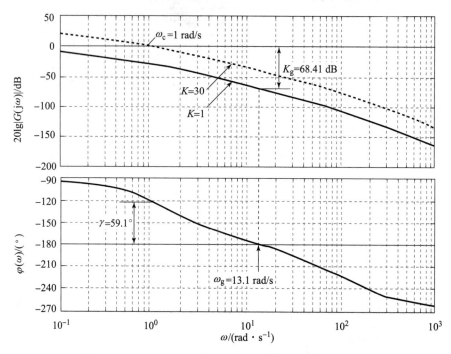

图 5.8.10 天线方位控制系统的伯德图

由图 5.8.10 可见，$\omega_g = 13.1\text{rad/s}$，此时幅值裕度 $K_g = 68.41\ \text{dB}$，因此增益 K 增大 68.41 dB，即 $K = 2\ 633$ 时系统临界稳定，因此，当 $0 < K < 2\ 633$ 时系统是稳定的。图 5.8.11 所示为闭环系统的幅频特性曲线。

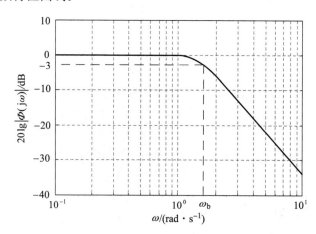

图 5.8.11 闭环系统的幅频特性曲线

当 $K=30$ 时，图 5.8.10 中的幅频特性曲线上升 $20\lg 30 = 29.54\ \text{dB}$，因此，穿越频率为 $\omega_c = 1\ \text{rad/s}$，得到 $\gamma = 59.1°$。我们假设原系统可近似为二阶系统，则根据图 5.7.7 可得阻尼

$\zeta = 0.6$，根据 $\sigma_p\% = e^{-\pi\zeta/\sqrt{1-\zeta^2}} \times 100\%$，计算可得超调量为 9.49%，而实际系统的超调量为 9.53%。

根据近似估算式（5.7.19）可知：

$$\omega_b \approx 1.6\omega_c = 1.6$$

由式（5.7.8）可估算得到调节时间 $t_s = 4.78\,\text{s}(\Delta = 2\%)$；由式（5.7.9）可计算得到峰值时间 $t_p = 2.81\,\text{s}$；由式（5.7.10）可计算得到上升时间 $t_r = 1.98\,\text{s}$。

也可以根据式（5.7.5）的近似公式：$\omega_b/\omega_n = -1.19\zeta + 1.85$，估计得到 $\omega_n = 1.408$，然后分别估算闭环系统的调节时间、峰值时间、上升时间为

$$t_s = \frac{4}{\zeta\omega_n} = 4.73\,(\text{ms})\,; \quad t_p = \frac{\pi}{\omega_n\sqrt{1-\zeta^2}} = \frac{\pi}{1.408\sqrt{1-0.6^2}} = 2.79\,(\text{s})$$

$$t_r = \frac{\pi - \beta}{\omega_n\sqrt{1-\zeta^2}} = \frac{\pi - \arccos\zeta}{\omega_n\sqrt{1-\zeta^2}} = 1.965\,(\text{s})$$

实际闭环系统的调节时间 $t_s = 4.22\,\text{s}$，峰值时间为 $t_p = 2.79\,\text{s}$，上升时间 $t_r = 2\,\text{s}$。实际闭环系统的带宽为 $\omega_b = 1.62\,\text{rad/s}$。

5.9　利用 Matlab 进行控制系统频域分析

与绘制根轨迹时的情况相同，尽管在控制系统的分析与设计中可以利用 Matlab 绘制出精确的伯德图，但我们只能将它视为辅助工具。在学习过程中，要首先培养手工绘制伯德图的能力，勤于动手才能深入理解和掌握控制系统的理论和方法。然后在已经掌握手工绘图技能的基础上，学习 Matlab 软件，利用计算机辅助进行控制系统频域分析。下面介绍几个非常实用的指令。

1. 频率响应的计算

已知系统的传递函数为

$$G(s) = \frac{b_1 s^m + b_2 s^{m-1} + \cdots + b_m s + b_{m+1}}{a_1 s^n + a_2 s^{n-1} + \cdots + a_n s + a_{n+1}}$$

则该系统的频率响应为

$$G(j\omega) = \frac{b_1(j\omega)^m + b_2(j\omega)^{m-1} + \cdots + b_m(j\omega) + b_{m+1}}{a_1(j\omega)^n + a_2(j\omega)^{n-1} + \cdots + a_n(j\omega) + a_{n+1}}$$

可以由下面的 Matlab 语句来计算出 $G(j\omega)$，如果有一个频率向量 w，则

```
Gw= polyval(num,sqrt(- 1)* w). /polyval(den,sqrt(- 1)* w);
```

其中，**num** 和 **den** 分别为系统的分子和分母多项式系数的向量。

2. 频率响应曲线绘制

Matlab 提供了多种求取并绘制系统频率响应曲线的函数，如伯德图绘制函数 bode()、奈氏图绘制函数 nyquist() 等，其中 bode() 函数的调用格式为

```
[m,p]= bode(sys,w)
```

这里，sys 为系统的传递函数，w 为频率点构成的向量，该向量可由 logspace() 函数生成。$w = logspace\,(-1, 1, 400)$ 表示在 $10^{-1}\,\text{rad/s}$ 与 $10^1\,\text{rad/s}$，产生了 400 个频率点。m、p 分别代表 Bode 响应的幅值向量和相位向量。如果用户只想绘制出系统的 Bode 图，而对获得幅值和相位的具体数值并不感兴趣，则可以由以下更简洁的格式调用 bode() 函数：

```
bode(sys,w)
```

或更简洁的格式：

```
bode(sys)
```

这时该函数会自动地根据模型的变化情况选择一个比较合适的频率范围。

也可以用 bode(sys,{WMIN,WMAX}）绘制出系统在 WMIN≤w≤WMAX 频率范围内的伯德图。

奈氏曲线绘制函数 nyquist( ) 的用法类似于 bode( ) 函数，常用的指令有：

```
nyquist(sys); nyquist(sys,{WMIN,WMAX}); nyquist(sys,w);
[RE,IM,w]= nyquist(sys)
```

等。可以用 help nyquist 指令来了解它的调用方法。

利用 margin( ) 函数，可以直接求出系统的幅值裕度与相位裕度，该函数的调用格式为

```
[Gm,Pm,wcg,wcp]= margin(sys)
```

可以看出，该函数能直接由系统的传递函数来求取系统的幅值裕度 Gm 和相位裕度 Pm，并求出幅值裕度和相位裕度处相应的频率值 wcg 和 wcp。

3. 基于 Matlab 的雕刻机控制系统频域分析

例如，对例 5.8.1 的雕刻机控制系统，可以采用下面的 Matlab 指令画出开环和闭环系统伯德图，求出系统稳定裕度、穿越频率、谐振峰值、谐振频率，以及闭环系统的调节时间和超调量。

K= 2; num= [K];den= [1 3 2 0]; g= tf(num,den);nyquist(g,{0.1,100}) w= logspace(- 1,1,400);bode(g,w);	画出 {0.1, 100} 频率范围内的奈氏曲线；画出如图 5.8.2 所示的伯德图
margin(g)	得到系统稳定裕度 $\gamma=32.6°$、$K_g=9.54$ dB 和穿越频率 $\omega_c=0.749$ rad/s
sys= g/(1+ g); [mag,phase,w]= bode(sys,w); [Mr,n]= max(mag);wr= w(n);	画出闭环系统的伯德图，并求出谐振峰值和谐振频率 $M_r=1.837$、$\omega_r=0.817$。从闭环伯德图上还可读出系统的带宽 $\omega_b=1.26$ rad/s
zeta= sqrt(0.5* (1- sqrt(1- 1/Mr/Mr))) wn= wr/(sqrt(1- 2* zeta* zeta))	根据 $M_r=\dfrac{1}{2\zeta\sqrt{1-\zeta^2}}$ 和 $\omega_r=\omega_n\sqrt{1-2\zeta^2}$，求出 $\zeta=0.284$ 和 $\omega_n=0.892$ rad/s
ts= 4/zeta/wn	求出调节时间 $t_s=15.79$ ms
P= 100* exp(- 3.14* zeta/sqrt(1- zeta* zeta))	求出超调量 $\sigma_p\%=39.4\%$

当然也可以用 step (sys) 指令画出闭环系统的阶跃响应曲线，然后从图上读出闭环系统的调节时间和超调量。

5.10 基于 Matlab 的系统频域分析数学仿真实验

实验目的：

验证控制系统频域指标与时域指标之间的关系。

实验预习：

针对典型闭环二阶系统，确定超调量分别为 5%、10%、20%、30% 时系统的相位裕度

γ_1、γ_2、γ_3、γ_4。

实验：

实验 1：针对开环传递函数为 $G(s) = \dfrac{K}{s(s+10)^2}$ 的单位反馈系统，首先画出系统的开环伯德图，调整 K 值，使其相位裕度分别为预习中的 γ_1、γ_2、γ_3、γ_4，对应的开环增益分别记为 K_1、K_2、K_3、K_4，在开环伯德图上分别读出系统的开环频域指标 γ、ω_c；然后，画出当 K 分别为 K_1、K_2、K_3、K_4 时闭环系统的单位阶跃响应曲线，读出系统的实际时域指标超调量 $\sigma_p\%$ 和调节时间 t_s。

实验 2：针对开环传递函数为 $G(s) = \dfrac{K}{s(s+10)}$ 的单位反馈系统，重复实验 1 的内容。

实验报告：

分别针对实验 1 和实验 2 制作数据表格，表格中包括：各系统的开环频域指标 γ、ω_c，根据开环频域指标估算的系统时域指标 $\sigma_p\%$、t_s，系统的实际时域指标 $\sigma_p\%$、t_s，以及系统的闭环极点。若估算的时域指标与系统的真实时域指标之间存在差异，请解释原因。

习　题　5

5-1　单位反馈系统开环传递函数为

$$G(s) = \frac{10}{s+1}$$

试求下列输入下闭环系统的稳态输出。

(1) $r(t) = \sin\left(t + \dfrac{\pi}{6}\right)$

(2) $r(t) = 2\cos\left(2t - \dfrac{\pi}{4}\right)$

(3) $r(t) = \sin\left(t + \dfrac{\pi}{6}\right) - 2\cos\left(2t - \dfrac{\pi}{4}\right)$

5-2　单位反馈系统开环传递函数如下，试概略绘出其奈奎斯特图。

(1) $G(s) = \dfrac{2}{(s+1)(2s+1)}$　　　　　(2) $G(s) = \dfrac{2}{(s+1)(2s+1)(3s+1)}$

(3) $G(s) = \dfrac{1}{s(s+1)(2s+1)(3s+1)}$　　(4) $G(s) = \dfrac{4}{s^2+s+4}$

(5) $G(s) = \dfrac{5(s+1)}{s^2(0.2s+1)}$　　　　(6) $G(s) = \dfrac{5(s+1)}{s^2(5s+1)}$

(7) $G(s) = \dfrac{100s}{(s+1)(s+10)}$　　　　(8) $G(s) = \dfrac{5}{0.2s-1}$

5-3　二阶系统的奈奎斯特图分别示于图 E5-1 (a)、(b)，试分别求其相应的传递函数。

5-4　最小相位系统开环渐近对数幅频特性示于图 E5-2，试求其传递函数。

5-5　单位反馈开环系统幅相频率示于图 E5-3，试用奈奎斯特稳定判据判别其闭环系统的稳定性；若不稳定，指出其右半 s 平面的根数。

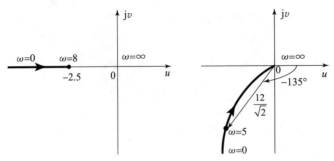

图 E5 - 1

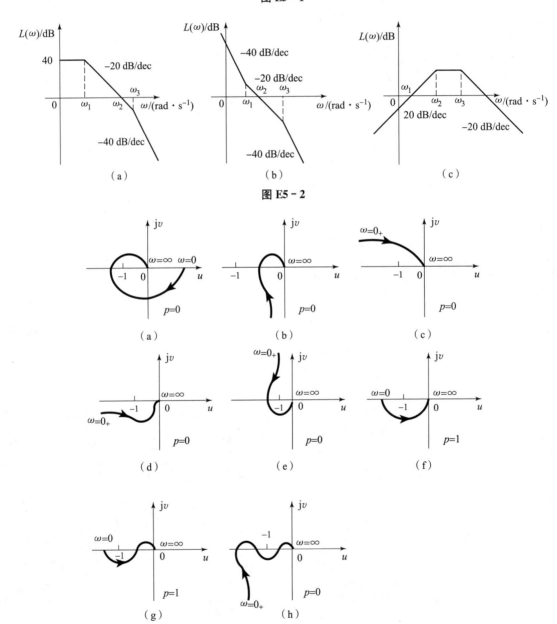

图 E5 - 2

图 E5 - 3

5 - 6　单位反馈系统开环传递函数为

$$G(s) = \frac{K}{s(s+1)(5s+1)(20s+1)(50s+1)}$$

若 $K=1$，试绘制其伯德图，并用奈氏判据确定系统稳定时 K 的数值范围。

5 - 7　单位反馈系统开环传递函数如下，试绘制其伯德图，用奈氏判据判别其闭环系统的稳定性，并指出相位裕度 γ 和幅值裕度 K_g。

(1) $G(s) = \dfrac{50}{(s+2)(0.2s+1)(s+0.5)}$
　　　　(2) $G(s) = \dfrac{100}{s(0.8s+1)(0.25s+1)}$

(3) $G(s) = \dfrac{100(s+1)}{s(0.1s+1)(0.5s+1)(0.8s+1)}$
　　(4) $G(s) = \dfrac{12}{s(s^2+s+4)}$

(5) $G(s) = \dfrac{100}{s(0.2s+1)(s-1)}$

5 - 8　反馈系统开环传递函数为

$$G(s)H(s) = \frac{K}{s(s+1)(10s+1)}$$

(1) 欲使其有 45° 的相位裕度，试用解析法求 K 的数值；

(2) 求出 ω_c 的数值。

5 - 9　单位反馈系统开环传递函数为

$$G(s) = \frac{10(0.5s+1)}{s(0.2s+1)(0.1s+1)}$$

(1) 试画出伯德图，指出 γ、K_g、ω_c 的数值。

(2) 近似估计 $\sigma_p\%$、t_s ($\Delta=2\%$) 的数值。

5 - 10　已知单位反馈系统的开环传递函数为

$$G(s) = \frac{K}{s-1}$$

试用奈氏判据判断闭环系统的稳定性。

5 - 11　单位负反馈系统的开环对数幅频特性渐近线如图 E5-4 所示，系统为最小相位系统。

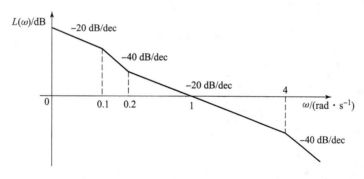

图 E5 - 4

(1) 写出系统开环传递函数；

(2) 判别闭环系统的稳定性。

5 - 12　设单位反馈控制系统的开环传递函数为

$$G(s) = \frac{\alpha s + 1}{s^2}$$

试确定使相位裕度 $\gamma = 45°$ 的 α 值。

5 - 13 若单位反馈系统的开环传递函数为

$$G(s)H(s) = \frac{Ke^{-\tau s}}{s}, \quad \tau = 0.2 \text{ s}$$

试用奈氏判据判别 $K = 1$ 时闭环系统的稳定性，进一步求出使系统临界稳定的比例增益 K。

5 - 14 若单位反馈系统的开环传递函数为

$$G(s) = \frac{2s - 1}{s(s + 1)}$$

试用奈氏判据判别闭环系统的稳定性。

5 - 15 若单位反馈系统的开环传递函数为

$$G(s) = \frac{2s + 1}{s(s - 1)}$$

试用奈氏判据判别闭环系统的稳定性。

5 - 16 若单位反馈系统的开环传递函数为

$$G(s)H(s) = \frac{Ke^{-\tau s}}{s(s + 1)}, \quad \tau = 1 \text{ s}$$

试分析 $K = 1$ 和 $K = 5$ 时闭环系统的稳定性。

第 6 章

控制系统校正

[本章学习目标]

(1) 能够利用频域法设计超前、滞后、超前-滞后等串联校正系统;

(2) 掌握基于期望开环频率特性的串联综合校正方法;

(3) 掌握 PID 控制器的串联校正设计方法;

(4) 掌握基于标准传递函数的串联校正设计方法;

(5) 掌握反馈校正的特性;

(6) 掌握按扰动补偿和按输入补偿的复合校正方法;

(7) 理解可用带宽、伯德幅相定理、伯德积分定理等控制系统的设计约束条件。

6.1 系统校正问题概述

1. 系统校正的基本概念

一个好的控制系统应该具有如下特性:稳定性好;对各类有用输入信号能产生预期的响应;有较小的稳态跟踪误差;对系统内部的扰动不敏感;能有效抑制外界干扰的影响等。一个反馈控制系统不经任何必要的调整就能具备上述优良性能的现象还是很少见的,而且在实际工程中想使系统所有的性能指标都最优也是不可能的。通常我们需要兼顾彼此冲突的性能指标要求,对它们进行折中处理,使系统的性能既满足实际需要,又具有技术可行性,另外还要求经济性好,可靠性高。

从前面各章可以看到,有时调整系统参数就能使闭环控制系统具备预期的性能,但我们也发现,有时仅仅调整系统参数是远远不够的,还需要重新考察控制系统的结构并做出必要的修改,才能综合出一个满足实际需要的系统。这就是说,闭环控制系统的设计应该包括重新规划与调整系统结构、配置合适的校正装置和选取适当的系统参数值等多项工作。**为了实现预期性能而对控制系统结构进行的修改或调整称为校正。换句话说,校正就是为弥补系统的不足而进行的系统结构调整。**校正装置可以是电路、机械装置、液压装置、气动装置或数字计算机等。

需要注意的是,在工程实践中,只要条件允许,都是尽可能通过改进被控对象自身的品质特性来提高控制系统的性能,这是最简单有效的办法。例如,为了提高位置伺服控制系统的动态性能,事半功倍的办法是尽量选用高性能的电机;在飞行控制系统中,改进飞机自身的气动设计,能够最显著地改善飞机的动态飞行品质。作为一个控制系统设计人员,应该清醒地认识到,改进被控对象的品质特性,是提高反馈控制系统性能的根本途径。当被控对象或者无法更改、或者已经经过了充分的改进而仍然得不到满意的系统性能时，就有必要为系统引入附加的校正装置，以提高系统的性能。这种附加的校正装置，也称为校正器或者控制器。

2. 控制系统的校正方式

控制系统校正方式是指校正装置在控制系统中的连接方式，图 6.1.1 给出了几种常见的系统校正方式。

（1）串联校正：串联校正是最常用的校正方式，校正装置与被控对象串联，放置在系统的前向通道之中，如图 6.1.1（a）所示。

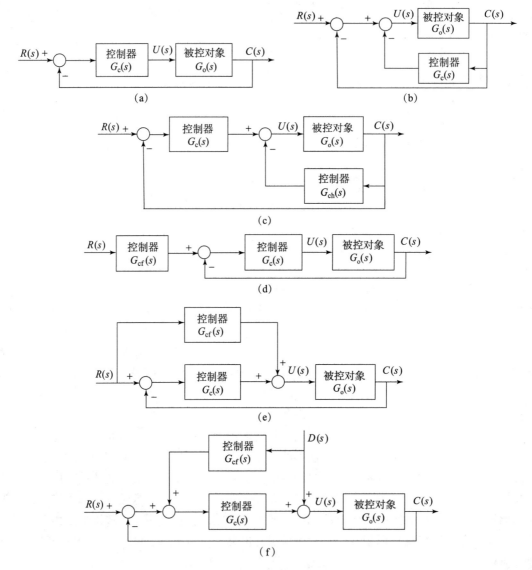

图 6.1.1　控制系统的各种校正方式

（a）串联校正；（b）局部反馈校正；（c）串联-反馈校正；（d）前馈-串联校正；
（e）按输入补偿的复合校正（前馈-串联校正）；（f）按扰动补偿的复合校正（前馈-串联校正）

（2）反馈校正：反馈校正装置一般接在系统局部反馈通路之中，如图 6.1.1（b）所示。在图 6.1.1（a）和（b）中，因为系统中只有一个控制器，所以称为单自由度控制系统。单自由度控制器的缺点是系统所能达到的性能指标是有限度的，例如我们设计了控制器的结构和参数使得闭环系统的特征根具有较好的阻尼特性，但是由于闭环系统中的零点，系统阶跃响应的超调量可能依然很大，这时可能就需要两个自由度的控制系统结构，图 6.1.1（c）、（d）、（e）和（f）就是双自由度控制系统。

（3）串联-反馈校正：如图 6.1.1（c）所示，系统使用了一个串联控制器和一个反馈控制器，是双自由度控制系统。

（4）前馈-串联校正：如图 6.1.1（d）、（e）和（f）所示。前馈校正又称顺馈校正，是在系统主反馈回路之外采用的校正方式，可以选择前馈控制器 $G_{cf}(s)$ 的极点和零点来增加或者抵消系统闭环传递函数的极点和零点，前馈校正的主要特点是前馈控制器 $G_{cf}(s)$ 不在系统的回路中，所以它不影响原系统的闭环根。在图 6.1.1（d）中，前馈控制器 $G_{cf}(s)$ 与闭环系统串联，这种校正装置的作用相当于对给定输入信号进行整形或滤波后，再送入反馈系统，因此又称为**前置滤波器**。在图 6.1.1（e）和（f）中，前馈控制器 $G_{cf}(s)$ 与前向通路中的串联控制器并联，它们分别又被称为按输入补偿的复合校正和按扰动补偿的复合校正，这种双自由度校正方式，又称为**双通道控制**。

以上为比较常用的几种校正方式，究竟选用哪种校正方式，取决于系统中的信号性质、技术实现的方便性、可供选用的元件、抗扰性要求、经济性要求、环境使用条件及设计者的经验等因素。本章将首先重点介绍串联校正设计方法，然后介绍反馈校正，最后对复合校正进行简要介绍。

6.2　频域串联校正的基本概念

下面通过例 6.2.1 来说明频域串联校正的原理。

【例 6.2.1】若单位反馈系统的开环传递函数为

$$G(s) = \frac{K}{s(s+1)(0.1s+1)}$$

要求系统满足在单位斜坡输入时的稳态误差 $e_{ss} \leqslant 0.05$，单位阶跃响应的超调量 $\sigma_p\% \leqslant 25\%$，试分析只调整系统开环增益 K 能否同时满足上述两个指标？

【解】（1）单位斜坡输入时稳态误差 $e_{ss} = 1/K$，根据要求有 $1/K \leqslant 0.05$，即 $K \geqslant 20$。

（2）要求 $\sigma_p\% \leqslant 25\%$，按照二阶系统的频域性能指标与时域性能指标之间的关系，相应频域指标近似为相位裕度 $\gamma \geqslant 43°$。

为寻求同时满足上述两指标的系统，在复数平面上画出不同 K 值时的幅相曲线示于图 6.2.1（a）、（b），图中曲线① $K=20$，曲线② $K=1$。由图可以看出：当 $K=20$ 时，曲线包围（-1，j0）点，系统不稳定；当 $K=1$ 时，相位裕度 $\gamma=46°$，但不满足稳态精度的要求。因此，调节开环增益 K 不能同时满足上述两项指标。

为了解决问题，必须在系统中增加校正装置以改变系统结构。如果加入校正装置之后，开环系统幅相频率特性有图 6.2.1 曲线③的形状，则可同时满足所提出的两项指标。使系统幅相曲线具有曲线③的形状可通过两种方法实现：其一是以曲线①为基础，选择一种校正装置对其低频段没有影响，而使曲线的中频段的相位角前移，即在（-1，j0）点附近幅相曲线逆时针旋转一个角度，变成图 6.2.1（a）的曲线③，这种方法称为超前校正；其二是以曲线①为基础，选择适当的校正装置，使曲线①的低频段幅值衰减，而相位角基本不动，即在这个频段的幅相频率特性矢量缩短，变成图 6.2.1（b）的曲线③，这种校正装置在低频的某些频率之下有相位角滞后特性，因此这种方法称为滞后校正。曲线①的 A 点校正后为曲线③的 B 点。当然这两种方法获得的曲线③中每点的频率并不一样，曲线的形状也不完全一样。

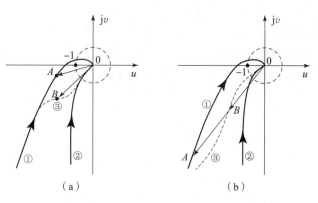

图 6.2.1　系统频域校正示意图

（a）超前校正示意图；（b）滞后校正示意图

从上例可以看出，**频域法校正的实质是用校正装置改变系统开环频率特性的形状，从而改善闭环系统的各项性能指标**。例 6.2.1 是基于极坐标图（即奈氏图）进行的频域设计，即通过改变奈奎斯特图的形状来设计校正装置，从图 6.2.1 可以看出，当需要加校正装置时，极坐标图就不再保持其原来的形状，因此需要绘制新的极坐标图，这会花费时间，因而不方便。而校正装置的伯德图可以很容易地叠加到原来系统的伯德图上，从而绘出完整的系统伯德图，此外，如果改变开环增益，对数幅频曲线将上升或下降，但不改变曲线的斜率，相角曲线也保持不变，能给设计工作带来极大的方便，因此从设计的角度看，最好采用伯德图。

基于伯德图的频域设计方法简单且直截了当，而且当系统或元件的动态特性以频率响应数据的形式给出、而不是以传递函数模型给出时，也能在频域内直接对系统进行校正。某些元件，如气动和液压元件的数学动态方程，推导起来比较困难，所以这些元件的动态特性通常通过频率响应实验确定，当采用伯德图时，由实验得到的频率响应图可以很容易与其他环节的频率响应图叠加综合。另外，当系统有抑制高频噪声的需求时，基于伯德图的频域法比其他设计方法更简单直接。

在用频域法进行系统校正时，对系统的要求可用一组频域指标来表示。因此基于伯德图对系统进行频域校正时，常使用开环频域指标，它们是：

①开环增益 K、积分环节个数 ν 或静态误差系数 K_p、K_v、K_a；

②相位裕度 γ、幅值裕度 K_g（dB）；

③穿越频率 ω_c。

如果给定的是闭环频域指标 M_r、ω_b 或时域指标 $\sigma_p\%$、t_r、t_s、e_{ss} 及其他混合形式的指标，应将这些指标用第 5 章中的性能指标关系式近似地换算成开环频域指标。

6.3　超前、滞后及滞后-超前串联校正装置及其特性

6.3.1　超前校正器

图 6.3.1（a）给出了用无源电路网络实现的超前校正器，该无源电路网络的传递函数为

$$\frac{U_2(s)}{U_1(s)} = \frac{1}{\alpha} \cdot \frac{1+\alpha Ts}{1+Ts}$$

$$(6.3.1)$$

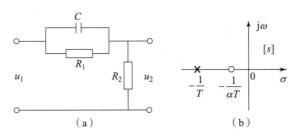

图 6.3.1　无源超前网络及零极点图
（a）无源超前网络；（b）零极点分布图

式中

$$\alpha = \frac{R_1 + R_2}{R_2} > 1, \quad T = \frac{R_1 R_2}{R_1 + R_2} \cdot C$$

由式（6.3.1）可见，采用无源超前校正网络进行校正时，整个系统开环增益会降低 α 倍，这可以提高放大器的增益来补偿。

注意，这里的"超前校正器"以前常被人们称作"超前校正网络"，因为早期控制系统的超前校正大多是采用无源或者有源的超前电路网络实现的。考虑到近年来控制算法已大多由微处理器实现，而且国外的很多优秀教材都将其称为"lead compensator"，因此本书将"超前校正网络"改称为"超前校正器"。同理，本书将"滞后校正网络"改称为"滞后校正器"，将"滞后‑超前校正网络"改称为"滞后‑超前校正器"。

超前校正器的传递函数为

$$G_c(s) = \frac{\alpha T s + 1}{T s + 1} \tag{6.3.2}$$

其零极点分布图如图 6.3.1（b）所示。超前校正器的对数频率特性为

$$L(\omega) = 20\lg\sqrt{(\alpha T\omega)^2 + 1} - 20\lg\sqrt{(T\omega)^2 + 1} \tag{6.3.3}$$

$$\varphi(\omega) = \arctan(\alpha T\omega) - \arctan(T\omega) = \arctan\frac{(\alpha - 1)T\omega}{1 + \alpha T^2\omega^2} \tag{6.3.4}$$

超前校正器 $G_c(s)$ 的伯德图如图 6.3.2 所示。

由图 6.3.2 可以看出，超前校正器是高通滤波器，它对于频率在 $1/(\alpha T)$ 和 $1/T$ 之间的正弦信号有明显的微分作用，在此频率范围内，输出信号相位角比输入信号相位角超前，超前校正器的名称由此而得，我们就是利用超前校正器提供的超前角来改善系统特性的。由图 6.3.2 还可以看出，超前校正器的相位有一个极大值 $\varphi_{\max}$，对式（6.3.4）两端对 ω 求导并令其等于零，可得极大值频率为

$$\omega_m = \frac{1}{\sqrt{\alpha}T} \tag{6.3.5}$$

将式（6.3.5）代入式（6.3.4），得最大超前角为

$$\varphi_{\max} = \arctan\frac{\alpha - 1}{2\sqrt{\alpha}}$$

或

$$\varphi_{\max} = \arcsin\frac{\alpha - 1}{\alpha + 1} \tag{6.3.6}$$

上式表明，φ_{max} 仅与 α 值有关。α 值越大，则超前校正器的超前作用越强（即 φ_{max} 越大），但同时，超前校正器的微分效应越强，为了保持较高的系统信噪比，实际选用的 α 值一般不超过 20，超前校正器提供的 φ_{max} 不会超过 70°。

$L(\omega)$ 的转折频率分别为

$$\omega_1 = 1/(\alpha T) \qquad \omega_2 = 1/T$$

其几何中心为

$$\omega = \sqrt{\omega_1 \cdot \omega_2} = \sqrt{\frac{1}{\alpha T} \cdot \frac{1}{T}} = \frac{1}{\sqrt{\alpha} T}$$

$$(6.3.7)$$

比较式（6.3.7）和式（6.3.5）

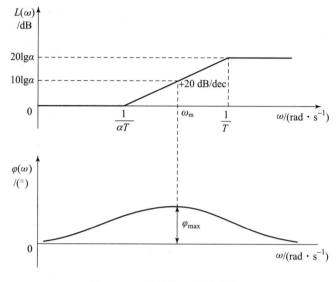

图 6.3.2　超前校正器的伯德图

可知，出现最大超前角的频率为两转折频率 ω_1 和 ω_2 的几何中点。当 $\omega = \omega_m$ 时，超前校正器对数幅频值为

$$L(\omega_m) = 20\lg \sqrt{1 + \alpha^2 T^2 \omega_m^2} - 20\lg \sqrt{1 + T^2 \omega_m^2}$$

将式（6.3.5）代入上式可得

$$L(\omega_m) = 10\lg\alpha \qquad\qquad (6.3.8)$$

图 6.3.2 中的对数幅频曲线为超前校正器对数幅频曲线的渐近线形式，当 $\alpha = 10$ 时，超前校正器的真实对数幅频曲线如图 6.3.3 中的粗实线所示。

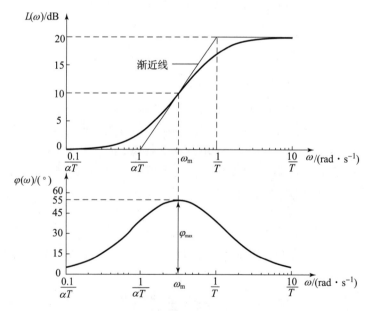

图 6.3.3　超前校正器的伯德图与渐近线（$\alpha = 10$）

不同 α 下超前校正器的伯德图如图 6.3.4 所示。

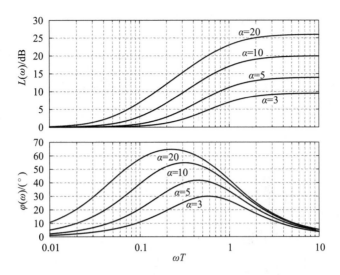

图 6.3.4　不同 α 情况下超前校正器的伯德图

6.3.2　滞后校正器

图 6.3.5（a）所示为用无源电路实现的滞后校正器。其传递函数为

$$G_c(s) = \frac{U_2(s)}{U_1(s)} = \frac{1+\beta Ts}{1+Ts} \tag{6.3.9}$$

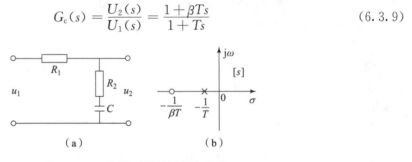

图 6.3.5　无源滞后网络及零极点图
(a) 无源滞后网络；(b) 零极点分布图

式中

$$\beta = \frac{R_2}{R_1+R_2} < 1, \quad T = (R_1+R_2)C$$

滞后校正器的零极点分布图如图 6.3.5（b）所示。对应式（6.3.9）的滞后校正器对数频率特性为

$$L(\omega) = 20\lg \sqrt{(\beta T\omega)^2+1} - 20\lg \sqrt{(T\omega)^2+1} \tag{6.3.10}$$

$$\varphi(\omega) = \arctan(\beta T\omega) - \arctan(T\omega) = \arctan\frac{(\beta-1)T\omega}{1+\beta T^2\omega^2} \tag{6.3.11}$$

滞后校正器 $G(s)$ 的伯德图如图 6.3.6 所示，由图 6.3.6 可看出，滞后校正器在频率 $\frac{1}{T}$ 和 $\frac{1}{\beta T}$ 之间呈积分效应，其相位角 $\varphi(\omega) < 0°$，并在 $\omega=\omega_m$ 处出现最大滞后角。式（6.3.11）两端对 ω 求导并令其等于零，可得最大滞后角处的频率为

$$\omega_m = \frac{1}{\sqrt{\beta}T} \quad (6.3.12)$$

将式（6.3.12）代入式（6.3.11），得最大滞后角为

$$\varphi_m = \arctan \frac{\beta-1}{2\sqrt{\beta}}$$

或

$$\varphi_m = \arcsin \frac{\beta-1}{\beta+1}$$

$$(6.3.13)$$

$L(\omega)$ 的转折频率分别为 $\omega_1 = 1/T$ 和 $\omega_2 = 1/(\beta T)$，其几何中心为

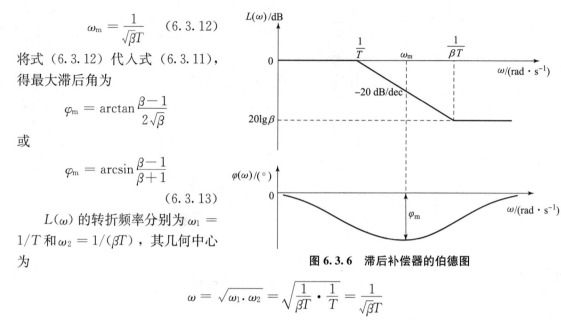

图 6.3.6　滞后补偿器的伯德图

$$\omega = \sqrt{\omega_1 \cdot \omega_2} = \sqrt{\frac{1}{\beta T} \cdot \frac{1}{T}} = \frac{1}{\sqrt{\beta}T}$$

则出现最大滞后角的频率为两转折频率 ω_1 和 ω_2 的几何中点。

从图 6.3.6 可知，滞后校正器的对数幅频特性在高频段衰减为 $20\lg\beta$（dB），校正作用正是利用滞后校正器的高频幅值衰减特性来降低系统的开环穿越频率，提高系统的相位裕度。设计滞后校正器时，要避免滞后网络的最大滞后角发生在已校正系统的穿越频率附近。

图 6.3.6 中的对数幅频曲线是滞后校正器对数幅频曲线的渐近线形式，当 $\beta = 0.1$ 时，滞后校正器的真实伯德图曲线如图 6.3.7 中的粗实线所示。

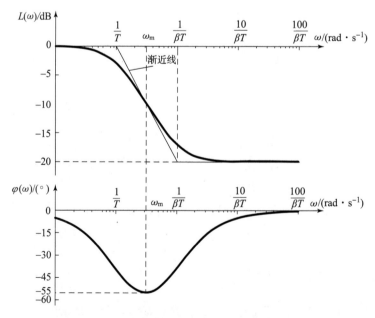

图 6.3.7　滞后校正器的伯德图曲线与渐近线（$\beta = 0.1$）

6.3.3 滞后-超前校正器

图 6.3.8（a）所示为滞后-超前校正器的无源电路实现图，其传递函数为

$$G_c(s) = \frac{U_2(s)}{U_1(s)} = \frac{T_1 T_2 s^2 + (T_1 + T_2)s + 1}{T_1 T_2 s^2 + (T_1 + T_2 + T_{12})s + 1} \tag{6.3.14}$$

式中

$$T_1 = R_1 C_1, \quad T_2 = R_2 C_2, \quad T_{12} = R_1 C_2$$

将式（6.3.14）改写为

$$G_c(s) = \frac{(T_1 s + 1)(T_2 s + 1)}{\left(\dfrac{T_1}{\alpha}s + 1\right)(\alpha T_2 s + 1)} \tag{6.3.15}$$

比较式（6.3.14）和式（6.3.15）可得

$$\frac{T_1}{\alpha} + \alpha T_2 = T_1 + T_2 + T_{12} \tag{6.3.16}$$

或

$$T_2 \alpha^2 - (T_1 + T_2 + T_{12})\alpha + T_1 = 0$$

解上面方程组可得

$$\alpha = \frac{T_1 + T_2 + T_3 + \sqrt{(T_1 + T_2 + T_3)^2 - 4T_1 T_2}}{2T_2} \tag{6.3.17}$$

若满足 $\alpha \gg 1$ ，由式（6.3.16）可近似得

$$T_{12} = (\alpha - 1)T_2 - T_1$$

根据式（6.3.15）并考虑 $\alpha \gg 1$ ，画出滞后-超前校正器的零极点图，如图 6.3.8（b）所示，其伯德图示于图 6.3.9，其中的对数幅频曲线为渐近线形式。

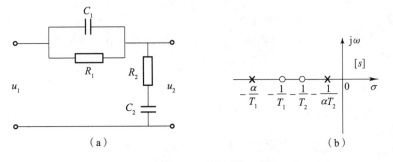

图 6.3.8　无源滞后-超前网络及零极点图
（a）无源滞后-超前网络；（b）零极点分布图

令 $\omega_1 = 1/T_1, \omega_2 = 1/T_2$ ，若满足 $\omega_1/\omega_2 > 10$ ，则 φ_m 和 φ_{max} 分别近似出现在两对数幅频特性斜线的几何中点，且

$$\varphi_m \approx -\arcsin\frac{\alpha - 1}{\alpha + 1}, \quad \varphi_{max} \approx \arcsin\frac{\alpha - 1}{\alpha + 1}$$

在介绍了超前校正器、滞后校正器和滞后-超前校正器的基本构成之后，接下来我们将讨论串联校正系统的设计问题。利用精心设计的校正器，可以使闭环系统具有期望的频率响应或零极点配置。

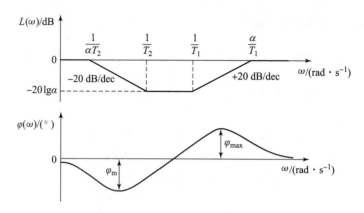

图 6.3.9　滞后-超前校正器的伯德图

6.4　基于伯德图的超前、滞后及滞后-超前串联校正

6.4.1　串联超前校正

由图 6.3.2 可知，超前校正器的特点是有正的相位，当它与未校正系统串联时可以提高系统的相位裕度 γ 和穿越频率 ω_c。因此，如果系统的稳态精度满足要求，而过渡过程指标不满足要求，则可用超前校正器来校正。

【例 6.4.1】若单位反馈系统的开环传递函数为

$$G_0(s) = \frac{K}{s(0.25s+1)(0.01s+1)}$$

试设计一串联校正器，使其满足指标 $K_p = \infty$，$K_v = 50$，$\gamma \geqslant 45°$，$\omega_c \geqslant 24.5$（rad/s）。

【解】（1）未校正系统为 I 型系统，$K_p = \infty$；根据要求 $K_v = 50$ 可得

$$K = K_v = 50$$

（2）绘制 $K = 50$ 时的未校正系统 $G_0(s)$ 的伯德图，如图 6.4.1 实线所示，由此图可以查出

$$\omega_c = 14 \text{ rad/s}, \quad \gamma = 8°$$

（3）确定超前校正器需要提供的最大超前角 φ_{max}。

要使系统满足相位裕度 $\gamma' = 45°$，可采用串联超前校正，且应使超前校正器的最大超前角 $\varphi_{max} \approx 45° - 8° + 13° = 50°$。由于超前校正器在最大超前角附近的对数幅频曲线有 20 dB/dec 的斜率，校正后新的穿越频率 $\omega_c' > \omega_c$，所以需要最大超前角更大一些，试取 $\varphi_{max} = 55°$。

（4）确定校正器的传递函数。

①确定 α：由式（6.3.6）可以解出

$$\alpha = \frac{1+\sin\varphi_{max}}{1-\sin\varphi_{max}} = \frac{1+\sin55°}{1-\sin55°} = 10.1$$

②确定 ω_m：将上式的 α 代入式（6.3.8），则有

$$20\lg|G_c(j\omega_m)| = 10\lg\alpha = 10\lg10.1 = 10.05 \text{ (dB)}$$

为充分利用超前校正器的相位超前特性，使 $\omega_m = \omega_c'$，故未校正系统在 $\omega = \omega_m$ 处的对数

幅频值应等于 -10.05 dB。由图 6.4.1 查得，$\omega_{\mathrm{m}}=\omega_{\mathrm{c}}'=24.7$ rad/s。

③确定转折频率：根据图 6.4.1 和上面求得的 ω_{m} 和 α 值，得超前校正器的两个转折频率分别为

$$\omega_1 = \omega_{\mathrm{m}} \frac{1}{\sqrt{\alpha}} = \frac{1}{\sqrt{10.1}} \times 24.7 = 7.77 \ (\text{rad/s})$$

$$\omega_2 = \omega_{\mathrm{m}} \sqrt{\alpha} = \sqrt{10.1} \times 24.7 = 78.49 \ (\text{rad/s})$$

最后校正器的传递函数为

$$G_{\mathrm{c}}(s) = \frac{\dfrac{1}{\omega_1}s+1}{\dfrac{1}{\omega_2}s+1} = \frac{0.129s+1}{0.012\,7s+1}$$

（5）绘出校正后系统的伯德图。

校正后系统的开环传递函数为

$$G(s) = G_{\mathrm{c}}(s)G_0(s) = \frac{50(0.127s+1)}{s(0.25s+1)(0.0126s+1)(0.01s+1)}$$

校正后系统的伯德图示于图 6.4.1 中的虚线。由图查出 $\omega_{\mathrm{c}}'=24.7$ rad/s，$\gamma'=50°$，满足系统的设计要求。

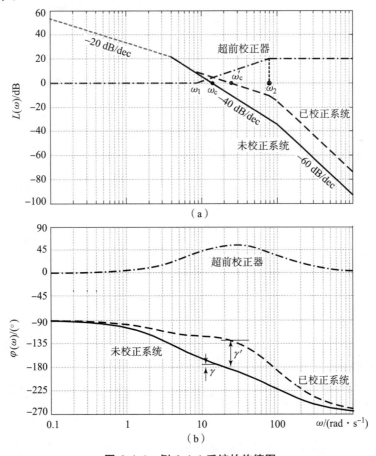

（a）

（b）

图 6.4.1 例 6.4.1 系统的伯德图

（a）幅频图；（b）相频图

系统校正前的单位阶跃响应超调量 $\sigma_p\% = 79.1\%$，调节时间 $t_s = 3.86$ s，校正后 $\sigma_p\% = 20.8\%$，$t_s = 0.248$ s。

需要注意的是，本例中的控制器实际上包含了增益 K 和超前校正器 $G_c(s)$ 两部分，系统控制器的总传递函数应为

$$KG_c(s) = 50 \times \frac{0.127s + 1}{0.012\,6s + 1}$$

在本书后面的串联校正例题中，我们不再特意指出。

图 6.4.2 给出了校正前、后系统的单位阶跃响应曲线，校正前为实线，校正后为虚线。

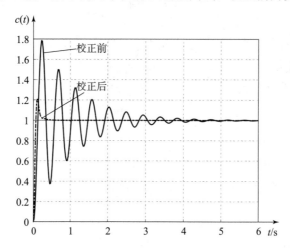

图 6.4.2 超前校正前、后系统的单位阶跃响应曲线

从例 6.4.1 可归纳出频域法设计超前校正器的步骤如下：

(1) 根据要求的稳态精度指标，确定系统开环增益 K。

(2) 绘制未校正系统的伯德图，并查出 ω_c、γ、K_g 等的数值。

(3) 确定超前校正器最大超前角 φ_{max}。

(4) 确定超前校正器的传递函数：

① 根据式（6.3.6）计算 α；

② 由未校正系统开环对数幅频曲线的数值等于 $-10\lg\alpha$ 处查出 $\omega_m = \omega_c'$ 的数值；

③ 确定超前校正器对数幅频特性的两个转折频率 ω_1 和 ω_2；

④ 确定超前校正器的传递函数。

(5) 绘制校正后系统开环伯德图，并检查 ω_c'、γ'、K_g' 是否满足指标要求。若不满足，应重新选取 φ_{max}，重复上述过程。

【例 6.4.2】 设控制系统如图 6.4.3 所示。若要求系统在单位斜坡输入信号作用时，位置输出稳态误差 $e_{ss} \leqslant 0.1$，开环系统穿越频率 $\omega_c \geqslant 4.4$ rad/s，相位裕度 $\gamma \geqslant 45°$，幅值裕度 $K_g \geqslant 10$ dB，试设计串联超前校正器。

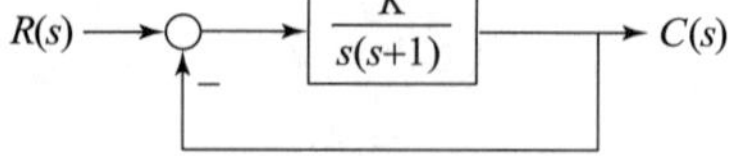

图 6.4.3 例 6.4.2 的控制系统框图

【解】 设计时，首先调节开环增益。因为

$$e_{ss} = \frac{1}{K} \leqslant 0.1$$

故取 $K = 10$。则未校正系统的开环传递函数为

$$G_0(s) = \frac{10}{s(s+1)}$$

画出其对数幅频曲线如图 6.4.4 所示。由图得未校正系统的 $\omega_c = 3.1$ rad/s，计算出未校正系统的相位裕度为

$$\gamma = 180° + (-90° - \arctan\omega_c) = 17.9°$$

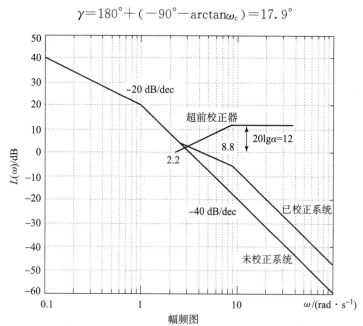

图 6.4.4　例 6.4.2 系统的伯德图

二阶系统的幅值裕度必为 $+\infty$ dB。相位裕度小的原因是未校正系统的对数幅频中频区的斜率为 -40 dB/dec。由于穿越频率和相位裕度均低于指标要求，故采用串联超前校正是合适的。

下面计算超前校正器的参数。为保证系统的响应速度，并充分利用超前校正器的相位超前特性，选择发生最大相位超前角处的角频率 ω_m 等于系统要求的穿越频率。

试选 $\omega_m = \omega_c' = 4.4$ rad/s，由图 6.4.4 查得在 $\omega = 4.4$ rad/s 处，未校正系统的对数幅频值为 -6 dB，因此有

$$-20\lg|G_c(\omega_m)| = 10\lg\alpha = 6$$

于是算得 $\alpha = 4$。由式（6.3.5）得

$$T = 1/(\omega_m\sqrt{\alpha}) = 0.114 \text{ (s)}$$

因此，超前校正器的传递函数为

$$G_c(s) = \frac{0.456s + 1}{0.114s + 1}$$

超前校正器的参数确定后，得已校正系统的开环传递函数为

$$G(s) = G_c(s)G_0(s) = \frac{10 \times (0.456s + 1)}{s(0.114s + 1)(s+1)}$$

其对数幅频曲线如图 6.4.4 所示。

验算已校正系统的相角裕度 γ'，显然，在已校正系统的穿越频率 $\omega_c'=4.4$ rad/s 处，算得未校正系统的相位裕度为 $\gamma_0=12.8°$，而由

$$\varphi_{max} = \arcsin \frac{\alpha-1}{\alpha+1}$$

算出超前校正器提供的最大相位超前角为 $\varphi_{max}=36.9°$，故已校正系统的相位裕度为

$$\gamma' = \varphi_{max} + \gamma_0 = 49.7° > 45°$$

已校正系统的幅值裕度仍为 $+\infty$ dB，因为其对数相频特性不可能以有限值与 $-180°$ 相交。此时全部性能指标均已满足。图 6.4.5 给出了系统校正前、后的阶跃响应图，系统校正前 $\sigma_p\%=60.5\%$，$t_s=7.32$ s，系统校正后 $\sigma_p\%=22.5\%$，$t_s=1.22$ s。

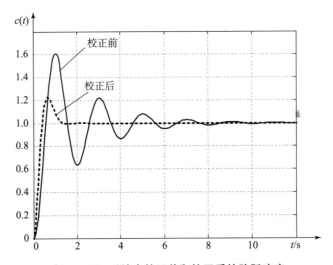

图 6.4.5　系统在校正前和校正后的阶跃响应

根据例 6.4.2 可以总结出另一种设计超前校正器的步骤如下：

(1) 根据稳态误差要求，确定开环增益 K，给出未校正系统的传递函数 $G_0(s)$。

(2) 利用已确定的开环增益，计算未校正系统的相位裕度。

(3) 根据系统穿越频率 ω_c' 的要求，计算超前校正器参数 α 和 T。

在本步骤中，关键是选择最大超前角频率等于要求的系统穿越频率，即 $\omega_m=\omega_c'$，以保证系统的响应速度并充分利用校正器的相角超前特性。显然，$\omega_m=\omega_c'$ 成立的条件是

$$-20\lg |G_0(j\omega_c')| = 10\lg\alpha$$

根据上式不难求出 α 值，然后由 $T = \dfrac{1}{\omega_m\sqrt{\alpha}}$ 确定 T 值。

(4) 验证已校正系统的相位裕度。由于超前校正器的参数是根据满足系统穿越频率要求选择的，因此相位裕度是否满足要求，必须验算。验算时，由

$$\varphi_{max} = \arcsin \frac{\alpha-1}{\alpha+1}$$

求得 φ_{max}，再算出未校正系统在要求的穿越频率处的相位裕度 γ_0，最后按下式算出

$$\gamma' = \varphi_{max} + \gamma_0$$

当验算结果 γ' 不满足指标要求时，需重选 ω_m 值，一般使 ω_m 值增大，然后重复以上计算步骤。

一旦完成校正器设计后，需要进行计算机仿真以检查系统的时间响应特性。这时，需要将系统建模时省略的部分尽可能加入系统，以保证仿真结果的逼真度。若已校正系统不能满足实际系统性能指标的要求，则需要适当调整校正装置的形式或参数。

由上面两个串联超前校正的例子可以看出，超前校正提高了系统的相位裕度，从而增加了系统的相对稳定程度；另外，超前校正一般会增大开环系统的穿越频率，从而增大闭环系统的带宽，使系统响应加快。单纯超前校正一般不影响系统的稳态误差。需要注意的是，超前校正器的相位超前发生在它的两个转折频率之间，因此，我们通常需要将已校正系统的穿越频率选择在这两个频率之间。

应当指出，在有些情况下采用串联超前校正是无效的，它受以下两个因素的限制：

①可用带宽要求。若待校正系统不稳定，为了得到规定的相位裕度，需要超前校正器提供很大的相角超前量。这样，超前校正器的 α 值必须选得很大，从而造成已校正系统带宽过大，超过系统的实际可用带宽，易使系统失控。

②在穿越频率附近相角迅速减小的待校正系统，一般不宜采用串联超前校正。因为随着穿越频率的增大，待校正系统相角迅速减小，使已校正系统的相位裕度改善不大，很难得到足够的相角超前量。在一般情况下，产生这种相角迅速减小的原因是，在待校正系统穿越频率的附近，或有两个交接频率彼此靠近的惯性环节，或有两个交接频率彼此相等的惯性环节，或有一个振荡环节。

在上述情况下，系统可采用其他方法进行校正，例如串联滞后校正或测速反馈校正等。

6.4.2 串联滞后校正

串联滞后校正的原理是利用滞后校正器的高频幅值衰减特性，使穿越频率下降，从而使系统获得需要的相位裕度。因此，滞后校正器的最大滞后角应避免发生在系统穿越频率附近。

【例 6.4.3】若单位反馈系统的开环传递函数为

$$G_0(s) = \frac{K}{s(0.2s+1)(0.1s+1)}$$

试设计一串联校正器使系统满足指标：$K_p = \infty$，$K_v = 40$，$\gamma \geqslant 40°$，$\omega_c \geqslant 2$ rad/s。

【解】（1）未校正系统为 I 型系统，故 $K_p = \infty$；根据要求 $K_v = 40$，可求得 $K = K_v = 40$。

（2）绘制 $K = 40$ 时的未校正系统的伯德图示于图 6.4.6 实线，并查出：$\omega_c = 11.1$ rad/s，$\gamma = -23.5°$，系统不稳定。

（3）由于在 ω_c 附近两个惯性环节的转折频率靠得较近，使 $\varphi(\omega)$ 随 ω 增加而下降很快，用一个超前校正器难以达到要求的指标。另外，未校正系统的穿越频率比要求的数值高，故可采用滞后校正。

由图 6.4.6 实线可以看出，$G_0(j\omega)$ 在 $\omega = 2.7$ rad/s 处的相位角等于 $-134°$，与 $-180°$ 差 $46°$，若用滞后校正器的高频幅值衰减特性使校正后的穿越频率 $\omega_c' = 2.7$ rad/s，并恰当地选取滞后校正器的频率范围，使其相频特性在 ω_c' 附近的相位滞后很小，这样可能满足 $\gamma' \geqslant 40°$，

所以试取 $\omega_{c}'=2.7$ rad/s。

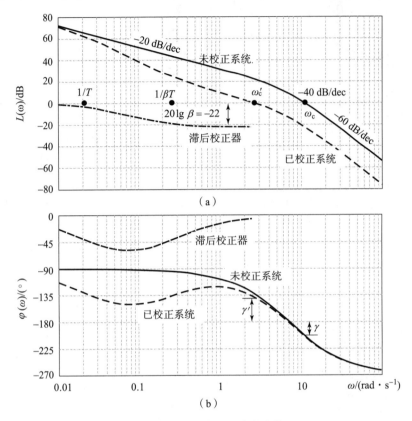

图 6.4.6　例 6.4.3 系统的伯德图

(a) 幅频图；(b) 相频图

（4）确定滞后校正器的传递函数。

为使滞后校正器在 $\omega_{c}'=2.7$ rad/s 处相位很小，取

$$\omega_{2} = \frac{1}{\beta T} = 0.1\omega_{c}' = 0.27 \text{（rad/s）}$$

$$\beta T = 1/0.27 = 3.7 \text{（s）} \tag{6.4.1}$$

为使 $\omega_{c}'=2.7$ rad/s，由图 6.4.6 实线查出未校正系统对数幅频曲线在 ω_{c}' 处应下降 22 dB，这 22 dB 的下降由滞后校正器的高频幅值衰减来实现，故有

$$20\lg\beta = -22 \text{（dB）}$$

$$\beta = 0.079 \tag{6.4.2}$$

将式（6.4.1）代入式（6.4.2），得

$$T = 46.83 \text{（s）}$$

所以，滞后校正器的传递函数为

$$G_{c}(s) = \frac{\beta T s + 1}{T s + 1} = \frac{3.7s + 1}{46.83s + 1}$$

（5）绘制校正后的系统伯德图。

校正后的开环传递函数为

$$G(s) = G_c(s) \cdot G_0(s)$$

$$= \frac{40 \times (3.7s + 1)}{s(46.83s + 1)(0.2s + 1)(0.1s + 1)}$$

绘出校正后的开环系统对数频率特性曲线示于图 6.4.6 虚线，由图 6.4.6 查出：$\omega_c' =$ 2.7 rad/s，$\gamma' = 41.3°$，满足设计要求。

校正前、后系统的单位阶跃响应分别如图 6.4.7 的（a）、（b）所示。校正前系统不稳定，校正后系统 $\sigma_p\% = 32.6\%$，$t_s = 5.33$ s。

从图 6.4.7 可以看出，滞后校正系统的阶跃响应以比较缓慢的速度"爬"向稳态终值，出现"爬行"现象，这是因为滞后校正器中引入了较大的惯性时间常数 46.83 s。

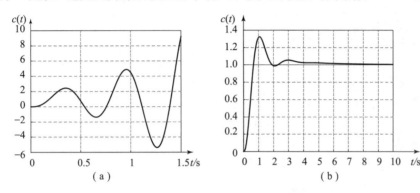

图 6.4.7　滞后校正前、后系统的单位阶跃响应

（a）校正前；（b）校正后

在频域内设计滞后校正器的步骤如下：

（1）根据系统稳态精度的要求，确定开环增益 K。

（2）绘制上述 K 值时未校正系统开环伯德图，并查出 ω_c、γ、K_g 的数值。

（3）根据前面所画的伯德图及系统要求的相位裕度，确定校正后的穿越频率 ω_c'。注意滞后校正器在新的穿越频率 ω_c' 处会产生一定的相位滞后，一般先假设为 $-6°$ 左右。

（4）确定滞后校正器的传递函数：

①取 $\dfrac{1}{\beta T} = 0.1\omega_c'$；

②由 $20\lg\beta = -20\lg|G_0(j\omega_c')|$ 确定 β；

③确定 T；

④根据 β、T，确定滞后校正器传递函数

$$G_c(s) = \frac{\beta Ts + 1}{Ts + 1}$$

（5）绘制校正后的开环系统伯德图，并检查 ω_c'、γ'、K_g' 是否满足设计要求。若不满足，则重复上述过程。

可见，滞后校正能够提高系统的相位裕度，改善系统的相对稳定程度，但降低了系统的穿越频率，从而使闭环带宽减小，系统响应速度变慢。

串联滞后校正与串联超前校正两种校正方法的不同之处在于：

①超前校正是利用超前校正器的相角超前特性，而滞后校正则是利用滞后校正器的高频幅值衰减特性；

②对于同一系统，采用超前校正的系统带宽大于采用滞后校正的系统带宽。从提高系统响应速度的观点来看，希望系统带宽越人越好；但是，带宽越大则系统越易受高频噪声及高频未建模动态的干扰。

最后指出，在有些系统中，采用滞后校正可能会得出时间常数大到不能实现的结果，这种不良后果的出现，是由于需要在足够小的频率值上安置滞后校正器第一个交接频率 $1/T$，以保证在需要的频率范围内产生有效的高频幅值衰减特性所导致的。在这种情况下，最好采用串联滞后-超前校正方式。

6.4.3　串联滞后-超前校正

超前校正可以改善系统的稳定性和过渡过程，但适用范围有时受到限制；滞后校正可以提高系统的稳态精度和改善系统的稳定性，但缩小了系统的带宽，使系统反应迟钝。当待校正系统不稳定，且要求校正后系统的响应速度、相位裕度和稳态精度较高时，可以采用滞后-超前校正方式。其设计过程可以是：第一步用滞后校正使未校正系统对数幅频特性的中、高频段衰减，并取滞后校正后的穿越频率 ω_c' 略低于要求的穿越频率，但相位裕度小于设计指标；第二步，用超前校正进一步增加相位裕度，从而达到设计要求的指标，同时使穿越频率比 ω_c' 略有提高。

【例6.4.4】若单位反馈系统的开环传递函数为

$$G_0(s) = \frac{K}{s(0.2s+1)(0.1s+1)}$$

试设计一串联校正器，使其满足指标 $K_p=\infty$，$K_v=40$，$\omega_c\geqslant5.5$ rad/s，$\gamma\geqslant40°$。

【解】(1) 未校正系统为Ⅰ型系统，故 $K_p=\infty$；根据要求 $K=K_v$，可得 $K=40$。

(2) 绘制 $K=40$ 时未校正系统的开环伯德图示于图6.4.8曲线①，由①查出 $\omega_c=11.1$ rad/s，$\gamma=-23.5°$，系统不稳定。若采用一个超前校正器，则不可能满足 $\gamma=40°$ 的指标；若采用滞后校正，在 $\gamma=40°$ 时，$\omega_c=3$ rad/s，穿越频率太低，故采用超前-滞后校正试算。

(3) 确定校正器滞后部分的传递函数。

由图6.4.8曲线①可以看出，若用滞后-超前网络的滞后部分将未校正系统中、高频段衰减15.6 dB，则 $\omega_c'=4.54$ rad/s。这时穿越频率接近要求值，而相位裕度不足，再通过超前部分校正可能使相位裕度达到40°，并且穿越频率略有提高。

因此试选 $\omega_c'=4.54$ rad/s，这时滞后部分的传递函数参数为

$$\omega_2=\frac{1}{T_2}=0.1\omega_c'=0.1\times4.54=0.454\ (\text{rad/s})$$

$$T_2=\frac{1}{0.454}=2.2\ (\text{s})$$

由于滞后部分把未校正系统的对数幅频特性中、高频段衰减15.6 dB，根据图6.3.9，则有

$$20\lg\alpha=+15.6\ \text{dB}$$
$$\alpha=6.0$$
$$\alpha T_2=6.0\times2.2=13.2\ (\text{s})$$

所以滞后部分的传递函数为

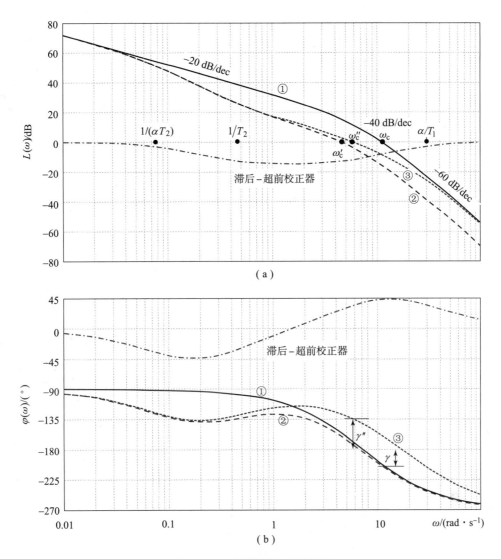

图 6.4.8　串联滞后-超前校正

（a）幅频图；（b）相频图

$$G_{c1}(s) = \frac{T_2 s + 1}{\alpha T_2 s + 1} = \frac{2.2s + 1}{13.2s + 1} \tag{6.4.3}$$

（4）绘制滞后校正后的开环系统的伯德图示于图 6.4.8 曲线②，由曲线②查出 $\omega_c' = 4.54$ rad/s，$\gamma' = 18.7°$。

（5）确定校正器中超前部分的传递函数。

由图 6.4.8 曲线②可以看出，经过滞后校正的对数幅频特性在 $\omega = 5$ rad/s 处斜率由 -20 dB/dec 变成 -40 dB/dec，这个频率也是未校正系统的转折频率。若将超前部分的第一个转折频率选为 $\omega_1 = 1/T_1 = 5$ rad/s，则 -20 dB/dec 斜率的直线将延长，并使其一直通过 0 dB 线。这样相位裕度也将增加，故选取 $\omega_1 = 5$ rad/s，即 $T_1 = 1/5 = 0.2$ s。超前校正部分的第二个转折频率为 $\frac{\alpha}{T_1} = 5 \times 6.0 = 30$ rad/s。而

$$\frac{T_1}{\alpha} = \frac{1}{30} = 0.033 \text{ (s)}$$

所以，超前校正部分的传递函数为

$$G_{c2}(s) = \frac{T_1 s + 1}{\frac{T_1}{\alpha} s + 1} = \frac{0.2s + 1}{0.033s + 1} \tag{6.4.4}$$

（6）确定滞后-超前校正器的传递函数。

由式（6.4.3）和式（6.4.4）得滞后-超前校正器的传递函数为

$$G_c(s) = G_{c1}(s)G_{c2}(s) = \frac{(2.2s+1)(0.2s+1)}{(13.2s+1)(0.033s+1)} \tag{6.4.5}$$

（7）绘制滞后-超前校正之后的系统开环伯德图。

校正后的系统开环传递函数为

$$\begin{aligned}
G(s) &= G_c(s) \cdot G_0(s) \\
&= \frac{(2.2s+1)(0.2s+1)}{(13.2s+1)(0.033s+1)} \cdot \frac{40}{s(0.2s+1)(0.1s+1)} \\
&= \frac{40 \times (2.2s+1)}{s(13.2s+1)(0.1s+1)(0.033s+1)}
\end{aligned}$$

根据上式绘出校正后的开环系统伯德图示于图6.4.8曲线③，由曲线③查出 $\gamma'' = 45.8°$，$\omega_c'' = 5.71 \text{ rad/s}$，满足设计要求。

图6.4.9给出了滞后校正后系统（实线）、滞后-超前校正后系统（虚线）的单位阶跃响应曲线。

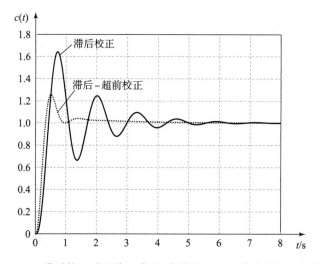

图6.4.9 滞后校正后系统、滞后-超前校正后系统的阶跃响应曲线

从上例归纳出设计滞后-超前校正器的步骤如下：

（1）根据稳态精度的要求，确定系统开环增益 K。

（2）绘制上述 K 值时的未校正系统伯德图，查出 ω_c、γ、K_g 的数值。

（3）根据要求的相位裕度，考虑校正器的超前部分所增加的相位角，选择滞后校正的穿越频率 ω_c' 和相位裕度 γ'，然后按照滞后校正的方法确定校正器中的滞后校正部分的传递函数。

（4）取未校正系统对数幅频特性 0 dB 附近斜率由 -20 dB/dec 变至 -40 dB/dec 的转折点为超前校正的对数幅频特性的第一个转折频率 $\omega_1 = 1/T_1$，第二个转折频率为 $\omega_2 = \alpha/T_1$，最后得超前校正器的传递函数。

（5）绘制滞后-超前校正后的开环系统的伯德图，并校验系统指标。若不满足，则重复上述过程。

6.4.4 三种串联校正方式的对比与可用带宽概念

1. 三种串联校正的比较

例 6.4.4 与例 6.4.3 的被控对象相同，二者分别采用了滞后-超前校正与滞后校正。为了便于比较，我们为该被控对象设计串联超前校正器，系统性能指标要求为：$K_p = \infty$，$K_v = 40$，$\gamma \geqslant 40°$。

由于被控对象本身不稳定，单用一个串联超前校正器难以满足 $\gamma \geqslant 40°$ 的指标，因此我们将设计两个串联超前校正器。首先假设第一级串联超前校正器需要提供的最大相位超前角为 $\varphi_{max} = 55°$，根据 6.4.1 节的设计步骤，可得其传递函数为：$G_{c1}(s) = \dfrac{0.18s + 1}{0.018s + 1}$；假设第二级串联超前校正器需要提供的最大相位超前角也是 $\varphi_{max} = 55°$，同理可得其传递函数为：$G_{c2}(s) = \dfrac{0.102s + 1}{0.010\,2s + 1}$。采用两级串联超前校正后系统的开环频域指标为 $\omega_c = 30.8$ rad/s，$\gamma = 42.7°$。

三种校正器虽然都使系统的相位裕度达到了 40° 以上，但是穿越频率却有较大的差别，其中滞后校正的穿越频率最小，为 2.7 rad/s；超前校正的穿越频率最大，为 30.8 rad/s。这说明校正后系统的闭环带宽会有一个数量级的差别，因而系统的响应速度会有较大差别。图 6.4.10 给出了系统在三种串联校正器控制下的单位阶跃响应曲线，图 6.4.11 为各自对应的控制量曲线。

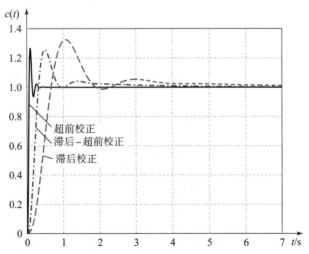

图 6.4.10　三种校正器控制下的闭环系统单位阶跃响应曲线

从图 6.4.10 中可以看出，超前校正系统的速度最快，滞后-超前校正系统次之，滞后校正系统最慢，且存在"爬行"现象。

从图 6.4.10 的阶跃响应曲线看，似乎超前校正系统的性能最好，但从图 6.4.11 的控制量曲线可以看出，超前校正系统的快速响应需要执行机构在初始段提供很大的控制量，但实际中执行机构的驱动能力往往是有限的。一般而言，系统的响应速度越快，需要的控制量越大；控制量大往往意味着系统成本的增加，意味着系统需要更多的能源和更大功率的执行机构。另外，系统带宽过大，对系统噪声和高频干扰的抑制能力会下降，也会影响系统的实际运行性能，严重时，可能会导致系统失稳。因此，系统的带宽应该小于其可用带宽。

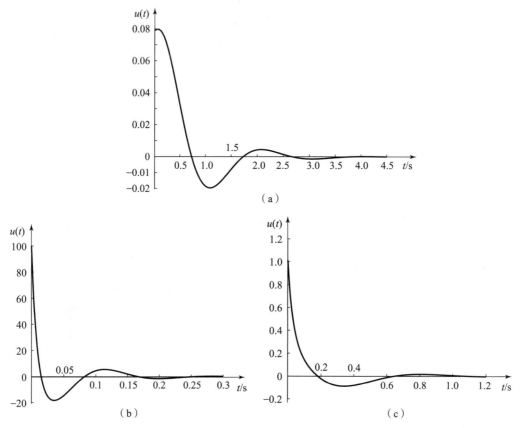

图 6.4.11 单位阶跃输入下三种校正系统的控制量曲线

(a) 滞后校正；(b) 超前校正；(c) 滞后–超前校正

总之，三种串联校正方法都能提高系统的相对稳定程度，即相位裕度。超前校正能够提高系统的穿越频率，增大闭环系统的带宽，使系统响应加快，减小上升时间和调节时间，但是需要较大的控制量，对高频干扰和噪声的抑制能力较低；滞后校正会降低系统的穿越频率，减小闭环带宽，故上升时间和调节时间变长，系统响应速度变慢，进一步当滞后校正器的时间常数过大时，可能引起"爬行"现象，而且控制器在物理上也难于实现。而滞后–超前校正系统综合了超前校正和滞后校正的优点，摒弃了二者的缺点，使系统能够达到比较满意的性能指标，工程上也比较容易实现。

2. 可用带宽的概念

在进行控制系统设计时，我们一般希望系统的响应快一些、带宽大一些，但这当然是有限制的，这个限制条件叫作**可用带宽，指工程控制系统带宽的上限**，它的大小取决于实际系统的物理限制，不以设计者的意志为转移。

典型的反馈控制系统一般是由传感器、控制器、执行机构、被控对象等元部件组成，这些实际物理元件的动态特性，特别是它们的响应快慢和相位滞后是系统带宽受限的主要原因。

传感器的输出本身就是受到传感器自身带宽的限制的，即其输出信号的最大频率是有限的，反馈控制系统的可用带宽很难突破传感器自身带宽这个限制。另外，传感器的输出信号中往往存在高频噪声，如果控制系统的带宽过大，大量噪声就会进入控制器和执行机构，给系统造成不良影响，降低控制精度。传感器每秒的采样次数，即采样速率，也会限制系统的带宽，若采样速率过低，控制器得到的信息量受限，会直接影响控制系统的可用带宽。

目前控制器大多采用微处理器实现，而非有源或者无源的电路网络，信号处理和传输的速度当然也会影响到可用带宽的范围。

执行机构的刚度、动态特性、驱动功率等都直接影响系统的可用带宽。反过来说，系统的带宽越大，对执行机构的功率等品质的要求越高，系统成本也就越高，而且容易导致执行机构出现饱和等非线性特性。

被控对象的建模精度在低频段一般比较高，如果系统带宽过大，会激发被控对象在高频段的未建模动态，不仅增加控制器设计难度，使控制问题复杂化，而且还可能导致实际控制系统在运行时失稳。

另外，带宽越大，闭环系统的稳定裕度越小。大带宽使得控制系统对相位滞后和时间延迟更敏感，系统更容易失稳。

总之，受参数不确定性、未建模动态、非线性、测量噪声、功率限制及许多其他因素的制约，反馈控制系统只能在一定频率范围内表现出良好的频率响应特性，因此系统的可用带宽是有限的，一般不会超过反馈控制系统中各元部件（即传感器、控制器、执行机构、被控对象等）中的最小带宽。**可用带宽是控制系统设计的一个重要约束条件，控制器的设计与实现都应该在系统可用带宽的范围内去进行。**远远超出系统的可用带宽而设计的所谓高性能控制系统，要么是空中楼阁无法实现，要么是表面上品质优良，但实际中造价昂贵、隐患重重。

由此可见，实际工程中系统的带宽越大，成本和风险越高，所以在满足系统性能指标要求的前提下，带宽应该尽量取得小一点，即要遵循**带宽够用即可**的原则。

6.5 基于期望开环频率特性的串联综合法校正

串联综合校正方法是将系统的性能指标要求转化为期望的开环对数幅频特性，再与待校正系统的开环对数幅频特性比较，从而确定校正器的形式和参数。由于只有最小相位系统的对数幅频特性和对数相频特性之间有确定的单值对应关系，故基于期望开环频率特性的串联综合法仅适合于最小相位系统的校正。

设原系统传递函数为 $G_0(s)$，加入串联校正环节 $G_c(s)$ 后系统满足指标要求，相应开环传递函数 $G(s)$ 为期望开环传递函数，亦即

$$G(s) = G_c(s)G_0(s)$$

串联校正环节的对数幅频特性可以表示为

$$20\lg|G_c(j\omega)| = 20\lg|G(j\omega)| - 20\lg|G_0(j\omega)|$$

对于调节系统和随动系统，期望开环系统伯德图的一般形状如图 6.5.1 所示。由图可见，中频段的斜率为 $-20\ \mathrm{dB/dec}$。

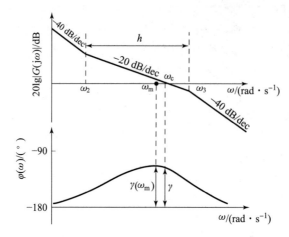

图 6.5.1　期望的对数频率特性示意图（调节系统和随动系统）

相应的传递函数为

$$G(s) = \frac{K(T_2 s + 1)}{s^2(T_3 s + 1)} = \frac{K(s/\omega_2 + 1)}{s^2(s/\omega_3 + 1)} \tag{6.5.1}$$

其相频特性表达式为

$$\varphi(\omega) = -\pi + \arctan\frac{\omega}{\omega_2} - \arctan\frac{\omega}{\omega_3} \tag{6.5.2}$$

因而

$$\gamma(\omega) = \arctan\frac{\omega}{\omega_2} - \arctan\frac{\omega}{\omega_3} \tag{6.5.3}$$

$\gamma(\omega)$ 表示开环相频特性对 $-180°$ 的偏移，如图 6.5.1 所示。令 $\dfrac{\mathrm{d}\gamma(\omega)}{\mathrm{d}\omega} = 0$，解出产生 $\gamma(\omega)$ 角的最大值 $\gamma_{\max}$ 的对应频率 ω_{m}

$$\omega_{\mathrm{m}} = \sqrt{\omega_2 \omega_3} \tag{6.5.4}$$

ω_{m} 是转折频率 ω_2 和 ω_3 的几何中心点，其中 $\omega_2 = 1/T_2$，$\omega_3 = 1/T_3$。

令 $h = \omega_3/\omega_2$，h 表示开环幅频特性 $20\lg|G(\mathrm{j}\omega)|$ 上斜率为 $-20\ \mathrm{dB/dec}$ 的中频区宽度，则

$$\omega_{\mathrm{m}} = \sqrt{\omega_2 \omega_3} = \frac{\omega_3}{\sqrt{h}} = \sqrt{h}\,\omega_2 \tag{6.5.5}$$

将式（6.5.4）和 $h = \omega_3/\omega_2$ 代入式（6.5.3），得 $\gamma(\omega)$ 角的最大值

$$\gamma_{\max} = \gamma(\omega_{\mathrm{m}}) = \arctan\frac{h-1}{2\sqrt{h}}$$

上式也可以写为

$$\gamma(\omega_{\mathrm{m}}) = \arcsin\frac{h-1}{h+1}$$

或者

$$\frac{1}{\sin\gamma(\omega_{\mathrm{m}})} = \frac{h+1}{h-1} \tag{6.5.6}$$

一般情况下，$\omega_{\mathrm{m}} < \omega_{\mathrm{c}}$，而且 ω_{m} 与 ω_{c} 比较接近，即 $\omega_{\mathrm{m}} \approx \omega_{\mathrm{c}}$，则 $\gamma(\omega_{\mathrm{m}}) \approx \gamma$，$\gamma$ 为期望

开环系统的相位裕度，因此式（6.5.6）可近似表示为

$$\frac{1}{\sin\gamma} = \frac{h+1}{h-1} \tag{6.5.7}$$

由于 $M_r \approx \dfrac{1}{\sin\gamma}$，故有

$$M_r = \frac{h+1}{h-1} \tag{6.5.8}$$

$$h = \frac{M_r+1}{M_r-1} \tag{6.5.9}$$

式（6.5.8）和式（6.5.9）表明，中频宽度 h 与谐振峰值 M_r 一样，都是描述系统阻尼程度的频域指标，h 越大，则 M_r 越小，系统的振荡程度越小。

下面确定转折频率 ω_2、ω_3 与穿越频率 ω_c 之间的关系。

由图 6.5.1 可知

$$20\lg|G(j\omega_m)| = -20(\lg\omega_m - \lg\omega_c)$$

所以

$$\frac{\omega_c}{\omega_m} = |G(j\omega_m)|$$

由式（5.7.20）可知，当 $\omega = \omega_r$ 时，系统开环频率特性的幅值为

$$|G(j\omega_r)| = \frac{1}{\cos\gamma(\omega_r)} = \frac{1}{\sqrt{1-\sin^2\gamma(\omega_r)}} = \frac{M_r}{\sqrt{M_r^2-1}} = \frac{h+1}{2\sqrt{h}} \quad (M_r > 1) \tag{6.5.10}$$

若取 $\omega_r = \omega_m$，则 $|G(j\omega_m)| = |G(j\omega_r)|$，即

$$\frac{\omega_c}{\omega_m} = \frac{h+1}{2\sqrt{h}} \tag{6.5.11}$$

由式（6.5.5）得

$$\frac{\omega_3}{\omega_c} = \frac{\omega_3}{\omega_m}\cdot\frac{\omega_m}{\omega_c} = \sqrt{h}\,\frac{2\sqrt{h}}{h+1} = \frac{2h}{h+1} \tag{6.5.12}$$

$$\frac{\omega_2}{\omega_c} = \frac{\omega_2}{\omega_3}\cdot\frac{\omega_3}{\omega_c} = \frac{1}{h}\cdot\frac{2h}{h+1} = \frac{2}{h+1} \tag{6.5.13}$$

式（6.5.12）和式（6.5.13）就是 ω_2、ω_3 和 ω_c 所要满足的最佳比例关系。在上面的设计过程中，我们把闭环系统的振荡指标 M_r 放在开环系统穿越频率 ω_c 处，从而使期望对数幅频特性对应的闭环系统具有最小的 M_r 值。式（6.5.9）、式（6.5.12）和式（6.5.13）一起构成了设计期望开环对数幅频特性的重要公式，表明在给定谐振峰值 M_r 的情况下，一旦 ω_c 确定，则转折频率 ω_2、ω_3 就可确定。

式（6.5.8）说明，当开环对数幅频特性中频宽度 h 给定时，按照式（6.5.8）计算出的谐振峰值 M_r 具有最小可能的值，也就是控制系统具有最小可能的 M_r 值，即控制系统具有最小的振荡性能指标；同样，式（6.5.9）说明，在给定谐振峰值 M_r 情况下，可以做到使中频段宽度 h 最小，也就是可使系统的开环对数幅频特性中频段内斜率为 $-20\,\mathrm{dB/dec}$ 的长度最短，从而使控制系统易于实现。

为了确保系统具有以 h 表征的阻尼程度，通常选取

$$\omega_2 \leqslant \omega_c \frac{2}{h+1} \tag{6.5.14}$$

$$\omega_3 \geqslant \omega_c \frac{2h}{h+1} \tag{6.5.15}$$

由式（6.5.8）知

$$\frac{M_r - 1}{M_r} = \frac{2}{h+1}, \qquad \frac{M_r + 1}{M_r} = \frac{2h}{h+1}$$

因此，参数 ω_2、ω_3 的表示也可以写成：

$$\omega_2 \leqslant \omega_c \frac{M_r - 1}{M_r} \tag{6.5.16}$$

$$\omega_3 \geqslant \omega_c \frac{M_r + 1}{M_r} \tag{6.5.17}$$

典型形式的期望开环对数幅频特性的求法如下：

（1）根据稳态性能指标要求，绘制低频段。首先，根据对系统型别 ν 的要求，确定低频段的斜率；其次，根据要求的稳态误差值，即静态误差系数或开环增益 K，确定低频段的位置。

（2）根据系统的动态性能指标要求，绘制中频段。根据对系统响应速度及阻尼程度的要求，通过穿越频率 ω_c、相位裕度 γ、中频段宽度 h 及中频段上下限频率 ω_3 与 ω_2，绘制期望特性的中频段特性。为确保系统具有足够的相角裕量，取中频段幅频特性的斜率为 $-20\ dB/dec$，这是控制系统设计的一个约束条件。ω_2 不宜太靠近穿越频率 ω_c，以保持所需的中频段宽度；但 ω_2 也不宜过小，否则容易使系统响应出现"爬行"现象。

（3）根据系统的噪声抑制和抗高频干扰能力要求，绘制高频段。一般系统会存在高频未建模动态及测量噪声等高频干扰信号，因此希望高频段有较大的负斜率，以便衰减噪声、抑制干扰。原系统的高频段通常幅值很小且下降得很快，这对抑制高频噪声是有利的，若对系统的抗干扰性能没有特殊要求，则可以维持原系统高频段的形状不变，以简化校正器。

（4）从低频到中频，以及从中频到高频的连接段斜率变化不宜过大，一般变化斜率为 $\pm 20\ dB/dec$。

【例 6.5.1】已知某位置随动系统是一个单位反馈控制系统，该系统被控对象的传递函数为

$$G_0(s) = \frac{K}{s(0.9s+1)(0.007s+1)}$$

试基于期望开环频率特性法对该系统进行串联综合设计，使之具有下列性能指标：$K_v \geqslant 500$，$\sigma_p\% \leqslant 30\%$，$t_s \leqslant 0.25\ s$（$\Delta = 5\%$）。

【解】首先将给定的时域指标化为频域指标，并绘制系统的期望开环对数幅频渐近曲线。由稳态指标确定期望开环对数幅频曲线的低频段。由稳态指标可知：系统应为 I 型，即 $\nu = 1$；其开环增益 $K = K_v \geqslant 500$，取 $K = 500$。于是可确定系统的开环对数幅频曲线的低频渐近线为：斜率为 $-20\ dB/dec$，当 $\omega = 1$ 时，低频渐近线的延长线的高度为 $20\lg K = 20\lg 500\ dB = 53.98\ dB$。

由动态指标确定期望开环对数幅频曲线的中频段。根据超调量的要求，由式（5.7.17）及式（5.7.21）可得：

$$M_r = \frac{\sigma_p - 0.16}{0.4} + 1 \leqslant 1.35$$

取 $M_r = 1.3$，则中频段的宽度为

$$h = \frac{M_r + 1}{M_r - 1} = 7.67$$

为了适当地留有裕量，取

$$h = 8$$

根据对调节时间的要求，由式（5.7.18）及式（5.7.21）可确定系统的期望穿越频率为：

$$\omega_c = 33.5$$

取

$$\omega_c = 33$$

于是可得中频段两端的转折频率为

$$\omega_2 = \omega_c \frac{2}{h+1} = 7.33, \quad T_2 = \frac{1}{\omega_2} = 0.136\ 4$$

$$\omega_3 = \omega_c \frac{2h}{h+1} = 58.67, \quad T_3 = \frac{1}{\omega_3} = 0.017$$

由于对系统的抗噪声能力未提出特殊要求，为了简化校正器，维持原系统的高频段形状不变，根据以上变量数据，可绘制系统的期望开环对数幅频渐近曲线，如图 6.5.2 中实线 I 所示，其中低频段与中频段衔接部分的斜率取为 $-40\ \mathrm{dB/dec}$，于是在中频段与过 $\omega_2 = 7.33$ 的横轴垂线的交点上，画一条斜率为 $-40\ \mathrm{dB/dec}$ 的直线，它与低频段渐近线相交点的对应频率，即为衔接部分的另一个转折频率 ω_1，由于

$$20\lg \frac{K}{\omega_1} = 40\lg \frac{\omega_2}{\omega_1} + 20\lg \frac{\omega_c}{\omega_2}$$

故

$$\omega_1 = \frac{\omega_2 \omega_c}{K} = 0.48$$

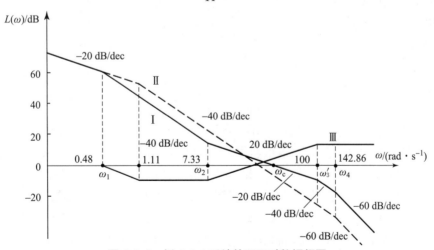

图 6.5.2 例 6.5.1 系统的开环对数幅频图

此外，为了补偿受控系统在高频段的小时间常数 $T_4 = 0.007$ 对相位裕度的影响，将 ω_3 修改成 ω_3'，使得

$$T_3' = \frac{1}{\omega_3'} = T_3 - T_4 = 0.017 - 0.007 = 0.01$$

即

$$\omega_3' = \frac{1}{T_3'} = 100 \ (\text{rad/s})$$

由图 6.5.2 中的曲线 I，可求得系统的期望开环传递函数为

$$G(s) = \frac{K_v(s/\omega_2+1)}{s(s/\omega_1+1)(s/\omega_3'+1)(s/\omega_4+1)} = \frac{500 \times (0.136\ 4s+1)}{s(2.067s+1)(0.01s+1)(0.007s+1)}$$

由 $G_0(s)$ 可绘制原系统的开环对数幅频渐近曲线，如图 6.5.2 中虚线 II 所示，它是按开环增益已调整至满足稳态指标要求来绘制的。将希望的开环幅频特性曲线 I 与原系统的开环幅频特性曲线 II 进行比较，即相减，则可求得校正器的对数幅频渐近曲线，如图 6.5.2 中的曲线 III 所示，于是可确定校正器的传递函数为

$$G_c(s) = \frac{G_0(s)}{G(s)} = \frac{(0.9s+1)(0.136\ 4s+1)}{(2.067s+1)(0.01s+1)}$$

应用 Matlab 仿真，则可求得校正后系统的实际动态性能为 $\sigma_p\% = 27.4\%$，$t_s = 0.21$ s（$\Delta = 5\%$），满足了系统的性能指标要求。

6.6 采用 PID 控制器的系统串联校正

6.6.1 PID 控制原理简介

在实际工程中，为了改进反馈控制系统的性能，人们经常选择最简单、最通用的比例-积分-微分校正装置，简称为 PID 校正装置或 PID 控制器。PID 是闭环控制系统的基本控制规律。PID 控制算法简单、经济、实用、有效，物理意义明确，适应性强，能够在较大范围内适应不同的工作条件，其控制品质对环境和模型参数的变化不太敏感，广泛应用于机电控制系统，以及化工、热工、冶金、炼油、造纸、建材等各种复杂工业过程。从 20 世纪初到现在，PID 控制始终在工业界占据着主导地位，充分说明了它的工程合理性和重要性。

1. 比例控制器（P）

比例控制器的输入输出关系为

$$u(t) = K_p e(t)$$

式中 K_p 为比例增益。在控制系统中使用比例控制，只要被控量偏离其给定值，比例控制器就会及时地产生一个与偏差 $e(t)$ 成比例的控制信号 $u(t)$ 作用于被控系统来消除偏差。由于比例控制器能及时产生控制作用，所以实际控制系统中通常都含有比例控制环节；但由于只有一个可调参数 K_p，因而对系统性能的改善很有限。例如，从减小偏差的角度出发，我们应该增加 K_p，但是，增加 K_p 通常会导致系统的稳定性下降，因此纯粹的比例控制器只适用于对系统性能要求不高的一般控制系统。另外，比例控制器的控制作用是以存在偏差 $e(t)$ 作为前提条件的，没有偏差就没有比例控制作用，因此，只使用比例控制器的系统，往往难于实现稳态误差为零的控制目标。

2. 比例-积分控制器（PI）

在比例控制的基础上再引入一个积分控制项，就构成比例-积分控制器。比例-积分控制器的输入输出关系为

$$u(t) = K_{\mathrm{p}}\Big[e(t) + \frac{1}{T_{\mathrm{i}}} \int_0^t e(\tau)\mathrm{d}\tau\Big]$$

式中 T_{i} 为积分时间常数，其大小表征积分作用的强弱。T_{i} 越小，积分控制作用就越强；T_{i} 越大，积分控制作用就越弱；当 T_{i} 趋于无穷大时，积分作用消失。

积分控制与比例控制的显著区别在于，比例控制器的输出只取决于偏差信号 $e(t)$ 当前时刻的值；而积分器产生的控制作用，不仅取决于偏差信号 $e(t)$ 当前时刻的值，还与 $e(t)$ 过去时刻的值有关，是偏差信号在当前时刻以前全部过去时间内积累的结果。只要有偏差，积分控制输出就不断地变化；当偏差信号为零时，其输出就不再变化，而是维持在某一恒定值上，故积分控制作用的优点是力图消除稳态误差。比例-积分控制将比例控制反应快与积分控制能消除稳态误差的优点结合在一起，适当地选择 K_{p} 和 T_{i} 的值，就有可能使系统稳定而且具有较好的暂态和稳态性能，因此比例-积分控制器在实际工程系统中得到了较广泛的应用。

积分控制的缺点是：积分控制作用是随时间逐步积累的，动作迟缓，对系统暂态特性不利，甚至可能造成系统不稳定，因此积分控制通常不单独使用。

3. 比例-微分控制器（PD）

在比例控制的基础上再引入一个微分控制项，就构成比例-微分控制器。比例-微分控制器的输入输出关系为

$$u(t) = K_{\mathrm{p}}\Big[e(t) + T_{\mathrm{d}} \frac{\mathrm{d}e(t)}{\mathrm{d}t}\Big]$$

式中 T_{d} 为微分时间常数。T_{d} 越大，微分控制作用就越强。微分控制的特点是：能在偏差信号出现或者变化的瞬间，立即根据变化的趋势产生超前的"预见"调节作用，以改善系统的暂态性能。

关于比例-微分控制器的控制机理及特点，3.6.1 节已经给出了比较详细的介绍，这里不再重复。

4. 比例-积分-微分控制器（PID）

如果对系统的暂态性能和稳态精度均提出了较高的要求，则可以将比例、积分、微分控制组合在一起使用，称为 PID 控制器。PID 控制器的输入输出关系为

$$u(t) = K_{\mathrm{p}}\Big[e(t) + \frac{1}{T_{\mathrm{i}}} \int_0^t e(\tau)\mathrm{d}\tau + T_{\mathrm{d}} \frac{\mathrm{d}e(t)}{\mathrm{d}t}\Big]$$

其传递函数为

$$G_{\mathrm{c}}(s) = K_{\mathrm{p}}\Big(1 + \frac{1}{T_{\mathrm{i}}s} + T_{\mathrm{d}}s\Big)$$

PID 控制器综合了比例、积分、微分控制作用的各自优点，取长补短，互相配合，而且可调的参数有三个，分别为 K_{p}、T_{i}、T_{d}，只要参数设计恰当，系统就能获得较好的控制性能，PID 控制是工程系统取得满意控制的基本控制规律。

6.6.2 基于伯德图的 PID 控制器设计

1. 比例-微分（PD）控制器的频率特性

PD 控制器的传递函数为

$$G_{\mathrm{c}}(s) = K_{\mathrm{p}}(T_{\mathrm{d}}s + 1) \tag{6.6.1}$$

当 $K_p = 1$ 时，图 6.6.1 给出了比例-微分控制器的伯德图。

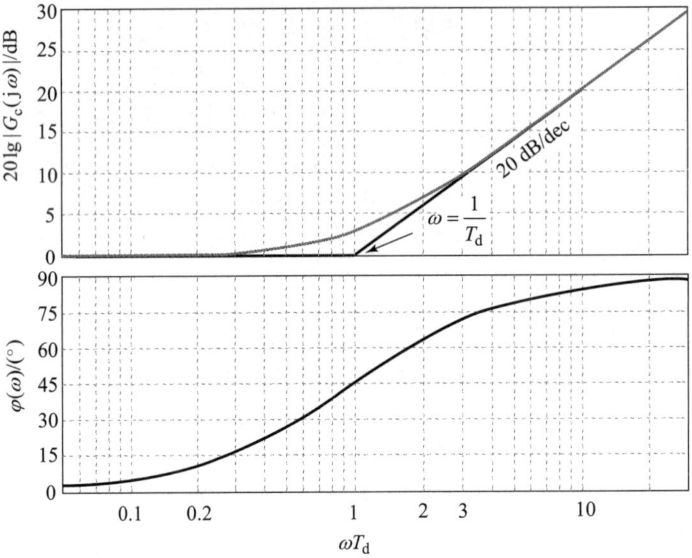

图 6.6.1 比例-微分控制器的伯德图

从图 6.6.1 中可以看出，在转折频率后，幅频曲线的斜率变为 20 dB/dec，相位也变大，最大值接近 90°，所以 PD 控制器可以改善系统的稳定程度。PD 控制器的频域设计原则是合理放置 PD 的转折频率 $\omega = \dfrac{1}{T_d}$，使得增加的相位发生在系统新的穿越频率附近，以提高系统的相位裕度。PD 控制器能够增大系统的穿越频率，进而提高系统的闭环带宽，加快系统的响应速度。

从图 6.6.1 中还可以看出，幅值随着频率增大而继续增大，即 PD 控制器呈现高通特性，这是不希望的系统特性，因为实际系统会存在噪声，而且噪声通常为高频信号，PD 控制器会放大其输入端的高频噪声。另外，纯微分环节在实际物理系统中也是不可实现的。

为了降低 PD 控制器的高频放大影响，通常在其分母上加一个一阶极点，如式（6.6.2）所示，其转折频率远高于 PD 控制器的转折频率，这样，既增加了系统的相位裕度，又限制了 PD 控制器对高频噪声的放大作用。

$$G_c(s) = \frac{T_d s + 1}{\rho T_d s + 1} \quad (\rho < 1) \tag{6.6.2}$$

式（6.6.2）正是超前校正器的传递函数，因此，可以应用 6.4.1 节的超前校正设计方法在频域内进行 PD 控制器的设计。

2. 比例-积分（PI）控制器的频率特性

PI 控制器的传递函数为

$$G_c(s) = K_p \left(1 + \frac{1}{T_i s} \right) \tag{6.6.3}$$

还可以写为

$$G_c(s) = \frac{K_p}{s} \left(s + \frac{1}{T_i} \right) \tag{6.6.4}$$

其伯德图如图 6.6.2 所示。

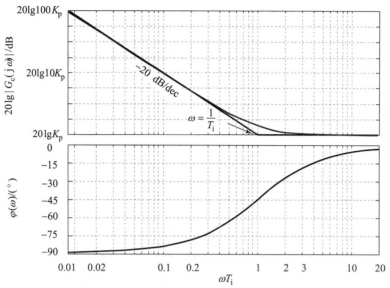

图 6.6.2 比例-积分控制器的伯德图

注意到，$G_c(j\omega)$ 的幅值在频率 ω 较大时，是 $20\lg K_p$（dB），这意味着，如果 K_p 小于 1，幅值将有衰减，这种衰减特性可以用来提高系统的稳定程度，即相位裕度。

在小于转折频率 $\omega = 1/T_i$ 的频段上，PI 控制器的幅频值随着频率的降低而增大，因而 PI 控制器能降低系统的稳态误差，但代价是系统相位滞后的增大，因此，必须把转折频率放在足够小的频率上，远离系统的穿越频率，以免降低系统的相位裕度。一般来说，PI 控制器会降低系统的穿越频率和带宽。

在 6.11.2 节中，针对热钢锭机器人，给出了基于 PI 控制器的控制系统频域设计实例，可以看出其频域设计方法与滞后校正类似。

3. 比例-微分-积分（PID）控制器的频率特性

PD 控制器能够增加系统的相位裕度，提高系统稳定程度，但是对系统稳态误差并没有改进；PI 控制器能同时提高系统的相对稳定程度（即增大相位裕度）和改善稳态误差，但是使系统响应速度变慢。当系统既需要在原穿越频率处增加相位裕度，又需要增大低频增益时，就须同时采用微分和积分控制。将式（6.6.1）和式（6.6.4）结合起来，就可得到 PID 控制器的传递函数，如式（6.6.5）所示，其伯德图如图 6.6.3 所示。

$$G_c(s) = \frac{K_p}{s}\left[(T_d s + 1)\left(s + \frac{1}{T_i}\right)\right] \tag{6.6.5}$$

式（6.6.5）与 PID 控制器的惯常表达式 $G_c(s) = K_p\left(1 + \frac{1}{T_i s} + T_d s\right)$ 有点差别，但是这点差别无关紧要。PID 控制器相当于将超前校正器和滞后校正器结合了起来，所以 PID 控制器有时也被称作超前-滞后控制器，它能同时改善系统的动态和稳态响应。

下面通过例 6.6.1 的航天器姿态控制系统，讲述一种基于伯德图的 PID 控制器设计方法。

【例 6.6.1】 航天器姿态控制系统的方框图如图 6.6.4 所示，系统存在干扰力矩和传感

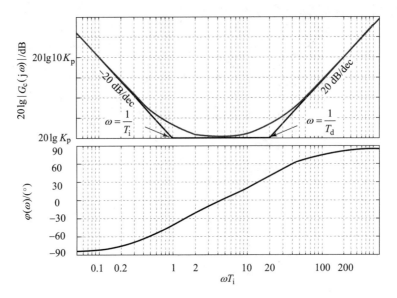

图 6.6.3 PID 控制器的伯德图（$T_d/T_i = 20$）

器动态。要求设计一个 PID 控制器，使得对阶跃干扰力矩的稳态误差为零，相位裕度为 $65°$，并画出系统在阶跃输入作用下的系统响应曲线。

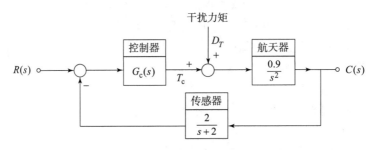

图 6.6.4 航天器姿态控制系统

【解】设计指标要求系统对阶跃干扰力矩的稳态误差为零，因此进入稳态时，被控对象的总输入力矩（$T_c + D_T$）必须等于零，如果 $D_T \neq 0$，则有 $T_c = -D_T$，因此要想使误差为零，控制器 $G_c(s)$ 中要包含积分环节，即控制器中须包含积分环节才会满足系统的稳态误差要求，用终值定理也可以证明 $G_c(s)$ 中须包含积分环节。

无控制器时，系统的开环传递函数为：

$$G(s) = G_o(s)H(s) = \frac{0.9}{s^2}\frac{2}{s+2}$$

$G(s)$ 的伯德图如图 6.6.5 中的虚线所示，幅频曲线的斜率为 -40 dB/dec 和 -60 dB/dec，这说明如果没有微分控制，无论系统增益取何值，系统都会不稳定。因此为了使系统稳定，需要用微分环节将穿越频率附近的幅频曲线的斜率调整到 -20 dB/dec。下面我们来为系统设计一个 PID 控制器，PID 控制器的表达式如下

$$G_c(s) = \frac{K_p}{s}\left[(T_d s + 1)\left(s + \frac{1}{T_i}\right) \right]$$

该如何选择 PID 控制器的三个参数 K_p、T_d、T_i 呢？最容易的切入点是：在合理的频率处获得 $65°$ 的相位裕度，这可以通过调整 T_d 参数来达到目的。注意，如果 T_i 比 T_d 大很多，则 T_i 对相位裕度的影响很小。所以初始设计控制器时，可以暂不考虑积分控制，即先假设控制器的传递函数为 $G_{c1}(s) = T_d s + 1$。

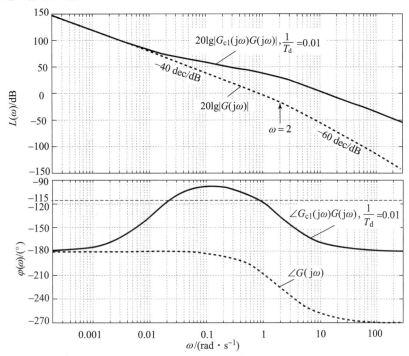

图 6.6.5　$G_{c1}(s)G(s)$ 与 $G(s)$ 的伯德图 $(G_{c1}(s) = 100s + 1)$

我们首先观察一下图 6.6.3 中 PID 控制器的相位曲线，看看当 T_d 变化时，校正系统 $G_{c1}(s)G(s)$ 的频率特性会怎么变化。如果 $1/T_d \geqslant 2$ rad/s，则 PID 提供的超前角仅仅能抵消传感器的相位滞后，$G_{c1}(s)G(s)$ 的相位曲线还是不能向上穿越 $-180°$，因此，相位裕度 $\gamma \leqslant 0$，这是不可行的。如果 $1/T_d \leqslant 0.01$，则 $G_{c1}(s)G(s)$ 的总相位在某些频率会接近 $-90°$，并在一个较宽的频率范围上穿越 $-115°$，因而能提供 $65°$ 的相位裕度，如图 6.6.5 所示。

当 $1/T_d = 0.1$ 时，$G_{c1}(s)G(s) = (10s + 1)G(s)$ 的对数相频曲线如图 6.6.6 中的实线所示。$1/T_d = 0.1$ 是 PD 控制器能提供 $65°$ 相位裕度的 $1/T_d$ 的最大值，若 $1/T_d > 0.1$，$G_{c1}(s)G(s)$ 的相位永远不会向上穿越 $-115°$。当 $1/T_d = 0.1$ 时，能产生 $65°$ 相位裕度的频率是 $\omega_c = 0.5$ rad/s。

当 $1/T_d = 0.05$ 时，系统相频特性如图 6.6.6 中虚线所示，表明 $1/T_d = 0.05$ 能提供的最大穿越频率是 $\omega_c \approx 0.8$ rad/s，因此 $0.05 \leqslant 1/T_d \leqslant 0.1$ 是 $1/T_d$ 的合理选择区间，若 $1/T_d$ 的取值比 0.05 还小，虽然能增加系统的带宽，但是增加量非常有限；若 $1/T_d$ 比 0.1 大，则不会满足系统的相位裕度指标要求。$1/T_d$ 是在合理区间内任选的，这里我们选择 $1/T_d = 0.1$，此时系统对应的 $\omega_c = 0.5$ rad/s。

$1/T_i$ 的选择原则是要小于 $1/T_d$ 的 $\dfrac{1}{20}$，即 $1/T_i = 0.005$，若大于 $1/T_d$ 的 $\dfrac{1}{20}$ 时，可能会影响穿越频率处的相位，从而使系统的相位裕度减少。

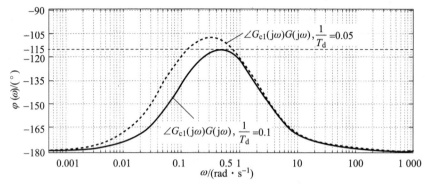

图 6.6.6　$G_{c1}(s)G(s)$ 的对数相频曲线（$G_{c1}(s)=T_ds+1$）

若选择 $1/T_d = 0.05$，则可以获得更大的相位超前，系统的动态响应更快一些。

这时我们就确定了 PID 控制器的传递函数：

$$G_c(s) = \frac{K_p}{s}\left[(10s+1)(s+0.005)\right]$$

剩下的问题就是确定 PID 控制器的增益 K_p，在前几节的串联校正中，我们选择开环增益以便满足系统稳态误差的要求，这里我们选择 K_p 是为了产生一个穿越频率，其对应的相位裕度为 $65°$。当 $K_p = 1$ 时，绘制 $G_c(s)G(s)$ 的伯德图如图 6.6.7 中的虚线所示，在 $\omega_c = 0.5$ 处，$20\lg|G_c(j\omega)G(j\omega)| = 26$ dB，因此令 $1/K_p = 10^{26/20}$，则 $K_p = 0.05$，最终得到 PID 控制器为

$$G_c(s) = \frac{0.05}{s}\left[(10s+1)(s+0.005)\right]$$

已校正系统 $G_c(s)G(s)$ 的伯德图如图 6.6.7 中实线所示，其相频曲线与 $K_p = 1$ 时相同。

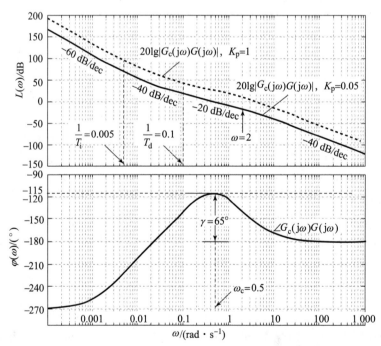

图 6.6.7　$G_c(s)G(s)$ 的伯德图（$K_p=1$ 和 $K_p=0.05$）

需要注意的是，如果降低比例增益使得 $\omega_c \leqslant 0.02$，系统的相位将小于 $-180°$，系统将不稳定。

系统在阶跃输入下的时域响应如图 6.6.8 所示，由图可见，系统的阻尼特性比较好，这是因为系统的相位裕度是 $65°$。

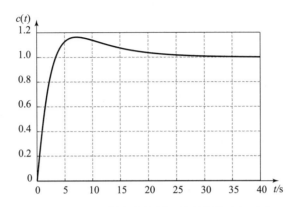

图 6.6.8　航天器姿态控制系统的单位阶跃响应

注意，积分控制项确实使误差最终趋于零，但趋于零的速度很慢，这是由于把积分项 $1/T_i$ 放在频率很低的地方，从而造成闭环传递函数存在着 $s = 0.005$ 附近的极点和零点。如果系统响应太慢而难以接受，可以增大 $1/T_i$，但是这样会降低相位裕度和系统的阻尼程度。因此可以选择较小的 $1/T_d$，使得微分控制提供的相位裕度更大一些，这样即使 $1/T_i$ 比较大，引起的相位滞后大一些，但仍然能够满足系统的相位裕度要求。

从上面的设计过程可以看到，系统的穿越频率（或带宽）是受到传感器动态特性的限制的。为了使系统响应速度快，必须要提高传感器的带宽；但另一方面，若传感器的带宽过大，可能会引入高频测量噪声，引起系统抖动。因此，设计者须在干扰引起的误差和传感器噪声引起的误差之间进行折中，看看那个指标对系统整体性能更重要。

6.6.3　基于极点配置法的 PID 控制器设计

为方便设计，我们把 PID 控制器的传递函数描述为如下形式：

$$G_c(s) = K_p\left(1 + \frac{1}{T_i s} + T_d s\right) \tag{6.6.6}$$

通过对 PID 控制器 3 个系数的不同赋值，可改变闭环系统的全部或部分极点的位置，从而改变系统的动态性能。

由于 PID 控制器只有 3 个任意赋值的系数，因此只能对原系统开环传递函数是一阶和二阶的系统进行极点位置的任意配置。对于一阶系统，只需采用 PI 或 PD 控制器即可实现任意极点配置。

设一阶被控系统的开环传递函数和校正环节分别为

$$G_0(s) = \frac{1}{s + a}$$

和

$$G_c(s) = \frac{K_p s + K_i}{s}$$

其中

$$K_i = \frac{K_p}{T_i}$$

则系统闭环传递函数为

$$\frac{C(s)}{R(s)} = \frac{G_c(s)G_0(s)}{1 + G_c(s)G_0(s)} = \frac{K_p s + K_i}{s^2 + (K_p + a)s + K_i}$$

为了使该系统校正后的阻尼系数为 ζ，无阻尼自然振荡频率为 ω_n，选择

$$K_i = \omega_n^2, \quad K_p = (2\zeta\omega_n - a)$$

对于二阶系统，必须采用完整的 PID 校正才能实现任意极点配置。设二阶被控系统的开环传递函数和校正环节传递函数分别为

$$G_0(s) = \frac{1}{s^2 + a_1 s + a_0}$$

和

$$G_c(s) = \frac{K_d s^2 + K_p s + K_i}{s}$$

其中

$$K_i = \frac{K_p}{T_i}, \quad K_d = K_p T_d$$

则系统闭环传递函数为

$$\frac{C(s)}{R(s)} = \frac{G_c(s)G_0(s)}{1 + G_c(s)G_0(s)}$$
$$= \frac{K_d s^2 + K_p s + K_i}{s^3 + (K_d + a_1)s^2 + (K_p + a_0)s + K_i}$$

假设得到的闭环传递函数的三阶特征多项式可分解为

$$(s + \beta)(s^2 + 2\zeta\omega_n s + \omega_n^2) = s^3 + (2\zeta\omega_n + \beta)s^2 + (2\zeta\omega_n\beta + \omega_n^2)s + \beta\omega_n^2$$

令对应项系数相等，有

$$K_d + a_1 = 2\zeta\omega_n + \beta$$
$$K_p + a_0 = 2\zeta\omega_n\beta + \omega_n^2$$
$$K_i = \beta\omega_n^2$$

6.6.4　基于高阶系统累试法的 PID 控制器设计

对于开环传递函数高于二阶的被控系统，PID 校正不可能做到全部闭环极点的任意配置，但可以控制部分极点，以达到系统预期的性能指标。根据相位裕度的定义，有

$$G_c(j\omega_c)G_0(j\omega_c) = 1\angle(-180° + \gamma)$$

则有

$$|G_c(j\omega_c)| = \frac{1}{|G_0(j\omega_c)|}$$

$$\theta = \angle G_c(j\omega_c) = -180° + \gamma - \angle G_0(j\omega_c) \tag{6.6.7}$$

则式（6.6.6）的 PID 控制器在穿越频率处的频率特性可表示为

$$K_p + j\left(K_d\omega_c - \frac{K_i}{\omega_c}\right) = |G_c(j\omega_c)|(\cos\theta + j\sin\theta) \tag{6.6.8}$$

其中

$$K_d = K_p T_d$$

由式（6.6.7）和式（6.6.8），得

$$K_p = \frac{\cos\theta}{|G_0(j\omega_c)|} \tag{6.6.9}$$

$$K_d\omega_c - \frac{K_i}{\omega_c} = \frac{\sin\theta}{|G_0(j\omega_c)|} \tag{6.6.10}$$

由式（6.6.9）可独立地解出比例增益 K_p，而式（6.6.10）包含两个未知参数 K_i 和 K_d，不是唯一解。当采用 PI 控制器或 PD 控制器时，由于减少一个未知数，可唯一解出 K_i 或 K_d。当采用完整 PID 控制器时，通常根据系统的稳态误差要求，先确定积分增益 K_i，然后由式（6.6.10）计算出微分增益 K_d。同时通过数字仿真，反复试探，最终确定 K_p、K_i 和 K_d 三个参数。

【例 6.6.2】设一单位反馈系统，其开环传递函数为

$$G_0(s) = \frac{4}{s(s+1)(s+2)}$$

试设计 PID 控制器，使得系统穿越频率 $\omega_c = 1.7$ rad/s，相位裕度 $\gamma = 50°$。

【解】

$$G_0(j1.7) = 0.454\angle -189.9°$$

由式（6.6.7），得

$$\theta = \angle G_c(j\omega_c) = -180° + 50° + 189.9° = 59.9°$$

由式（6.6.9），得

$$K_p = \frac{\cos 59.9°}{0.454} = 1.1$$

由输入信号引起的系统误差像函数表达式为

$$E(s) = \frac{s^2(s+1)(s+2)}{s^4 + 3s^3 + 2(2K_d+1)s^2 + 4K_p s + 4K_i} R(s)$$

令单位加速度输入的稳态误差 $e_{ss} = 2.5$，利用上式，可得 $K_i = 0.2$。再利用式（6.6.10），得

$$K_d = \frac{\sin 59.9°}{1.7 \times 0.454} + \frac{0.2}{(1.7)^2} = 1.19$$

则可得

$$T_d = 1.08, \quad T_i = 5.5$$

PID 控制器为：$G_c(s) = K_p\left(1 + \frac{1}{T_i s} + T_d s\right) = 1.1 \times \left(1 + \frac{1}{5.5s} + 1.08s\right)$

6.6.5　基于齐格勒-尼柯尔斯法的 PID 控制器设计

对于被控对象比较复杂、数学模型难以建立的情况，在系统的设计和调试过程中，可以考虑借助实验方法，基于齐格勒-尼柯尔斯法（Ziegler and Nichols）对 PID 控制器进行设计。

齐格勒-尼柯尔斯法又分为以下两种方法。

第一种方法：基于被控对象阶跃响应的整定法则

当被控对象的阶跃响应没有超调，且其响应曲线有如图 6.6.9 所示的 S 形状时，可以采用齐格勒-尼柯尔斯第一法整定 PID 控制器的参数。整定方法如下：

对单位阶跃响应曲线上斜率最大的拐点作切线，得参数 L 和 T，则齐格勒-尼柯尔斯法整定 PID 控制器的参数如表 6.6.1 所示。

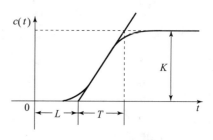

图 6.6.9 S 形响应曲线

表 6.6.1 基于被控对象的阶跃响应整定 PID 控制器参数（第一法）

$G_c(s) = K_p[1 + 1/(T_i s) + T_d s]$			
控制器	K_p	T_i	T_d
P	T/L	∞	0
PI	$0.9T/L$	$L/0.3$	0
PID	$1.2T/L$	$2L$	$0.5L$

第二种方法：基于系统等幅振荡响应的整定法

对于低增益时稳定而高增益时不稳定会产生振荡发散的系统，采用齐格勒-尼柯尔斯第二法（即连续振荡法）整定 PID 控制器参数。开始只加比例校正，系统先以低增益值工作，然后慢慢增加增益，直到闭环系统输出等幅度振荡为止。这表明被控对象加该增益时的比例控制系统已达稳定性极限，为临界稳定状态，此时测量并记录振荡周期 T_u 和比例增益值 K_u，则齐格勒-尼柯尔斯法设定 PID 控制器的参数如表 6.6.2 所示。

表 6.6.2 基于系统等幅振荡响应整定 PID 控制器的参数（第二法）

$G_c(s) = K_p(1 + 1/(T_i s) + T_d s)$			
控制器	K_p	T_i	T_d
P	$0.5K_u$	∞	0
PI	$0.45K_u$	$\dfrac{1}{1.2}T_u$	0
PID	$0.6K_u$	$0.5T_u$	$0.125T_u$

齐格勒-尼柯尔斯法参数整定法则只是给出了 PID 参数的一种合理估值，提供了进行精细调参的起点，而不是一次性给出了 PID 控制器参数的终值。通过整定法则得到的 PID 参数还需要在实际工程中反复调试，以获得满意的控制效果。

6.6.6 基于串联工程法的 PID 控制器设计

常用的串联工程设计方法有三阶最佳设计法和最小 M_r 设计法，两种方法的设计过程类似，只是期望的开环传递函数不同。这里我们只介绍最小 M_r 法，其基本设计思路如下：首先将系统期望的开环频率特性规范化和简化，使系统期望开环频率特性成为图 6.5.1 所示

的 -40 dB/dec、-20 dB/dec、-40 dB/dec 的形状，从而得到期望的开环传递函数 $G(s)$ 如式 (6.5.1) 所示，并以式 (6.5.1) 所能取得的最佳性能来确定期望开环传递函数 $G(s)$ 的参数；然后设定串联校正装置 $G_c(s)$ 为 P、PI、PID 等控制器的形式，通过将被控对象的传递函数 $G_o(s)$ 与期望的开环传递函数 $G(s)$ 进行对比，来确定控制器 $G_c(s)$ 的参数。这种设计方法简单，且易于工程实现，常用来设计自动调节系统和随动系统。

在 6.5 节中，我们已经确定了使式 (6.5.1) 的系统具有最小 M_r 值的转折频率 ω_2 和 ω_3，现在我们来确定期望开环传递函数中的增益 K 值。

当 $\omega = 1$ 时，期望开环频率特性的增益为 $20\lg K$，由图 6.5.1 可知
$$20\lg K = 40(\lg\omega_2 - \lg1) + 20(\lg\omega_c - \lg\omega_2)$$

解得：
$$K = \frac{h+1}{2\,h^2 T_3^2} \tag{6.6.11}$$

则系统期望的开环传递函数为
$$G(s) = \frac{K(T_2 s + 1)}{s^2(T_3 s + 1)} \tag{6.6.12}$$

其中的参数选择公式为
$$T_2 = hT_3, \quad K = \frac{h+1}{2\,h^2 T_3^2} \tag{6.6.13}$$

式中 h 一般取为 5。

串联工程设计中常见的参数选择方式分为以下五种情况：

（1）若待校正系统传递函数为
$$G_o(s) = \frac{K_o}{s(T_o s + 1)}$$

则可选择 PI 控制器，即
$$G_c(s) = \frac{K_p}{s}\left(s + \frac{1}{T_i}\right)$$

使得校正后系统的开环传递函数为
$$G(s) = G_c(s)G_o(s) = \frac{K_o K_p}{T_i}\frac{(T_i s + 1)}{s^2(T_o s + 1)}$$

根据式 (6.6.13)，得到 PI 控制器参数如下：
$$T_i = hT_o, \quad K_p = \frac{h+1}{2hT_o K_o} \tag{6.6.14}$$

（2）若待校正系统传递函数为
$$G_o(s) = \frac{K_o}{s(T_{o1} s + 1)(T_{o2} s + 1)} \quad (T_{o1} \gg T_{o2})$$

则将 $G_o(s)$ 简化为
$$G_o(s) \approx \frac{K_o}{T_{o1} s(T_{o2} s + 1)}$$

然后按照第一种情况处理，确定 PI 控制器的参数。

（3）若待校正系统传递函数为
$$G_o(s) = \frac{K_o}{s(T_{o1} s + 1)(T_{o2} s + 1)}$$

则可选择 PID 控制器，即

$$G_c(s) = \frac{K_p}{T_i s}\left[(T_d s + 1)(T_i s + 1)\right]$$

根据实际具体系统，令 $T_i = T_{o2}$（或者 $T_i = T_{o1}$），校正后系统为

$$G(s) = G_c(s)G_o(s) = \frac{K_o K_p}{T_i}\frac{(T_d s + 1)}{s^2(T_{o1}s + 1)}$$

PID 控制器参数选为

$$T_d = hT_{o1}, \quad T_i = T_{o2}, \quad K_p = \frac{(h+1)T_i}{2h^2 K_o T_{01}^2} \tag{6.6.15}$$

（4）若待校正系统传递函数为

$$G_o(s) = \frac{K_o}{s(T_{o1}s+1)(T_{o2}s+1)(T_{o3}s+1)} \quad (T_{o3} \gg T_{o1}、T_{o2})$$

则可将原系统简化为

$$G_o(s) \approx \frac{K_o}{T_{o3}s(T_{o1}s+1)(T_{o2}s+1)}$$

然后按第三种情况设计 PID 控制器的参数。

（5）若待校正系统传递函数为

$$G_o(s) = \frac{K_o}{s(T_{o1}s+1)(T_{o3}s+1)(T_{o4}s+1)(T_{o5}s+1)}$$

且 T_{o3}、T_{o4}、T_{o5} 均远小于 T_{o1}，则可将这些小时间常数的惯性环节合并成一个惯性环节，即

$$G_o(s) \approx \frac{K_o}{s(T_{o1}s+1)(T_{o2}s+1)}$$

其中

$$T_{o2} = T_{o3} + T_{o4} + T_{o5}$$

然后可按第三种情况处理。

【例 6.6.3】设单位反馈待校正系统的开环传递函数为

$$G_o(s) = \frac{40}{s(0.003s+1)}$$

试用串联工程设计方法确定串联校正装置 $G_c(s)$。

【解】

由于待校正系统为 I 型系统，在斜坡函数输入作用下必然存在稳态误差，因此，可考虑采用工程设计方法，使系统成为 II 系统。按照最小 M_r 设计法，校正后系统传递函数为

$$G(s) = G_c(s)G_o(s) = \frac{40K_p}{T_i}\frac{(T_i s + 1)}{s^2(0.003s+1)}$$

取 $h = 5$，按照式（6.6.14）可以解得

$$T_i = 5 \times 0.003 = 0.015$$

$$K_p = \frac{h+1}{2hT_o K_o} = \frac{6}{2 \times 5 \times 0.003 \times 40} = 5$$

因此得 PI 控制器为

$$G_c(s) = \frac{5}{s}\left(s + \frac{1}{0.015}\right)$$

6.7 基于标准闭环传递函数的串联综合法校正

本节要讨论的标准闭环传递函数法，属于一种综合设计方法，即根据性能指标的要求，首先确定系统的闭环传递函数，然后根据系统固有部分的传递函数，设计出相应控制器的传递函数。这种方法的关键是，如何根据性能指标得到期望的闭环传递函数，即标准传递函数。标准传递函数综合法是直接按期望的闭环传递函数进行系统综合，它与以开环频率特性或开环传递函数为基础的综合方法不同。下面介绍两种典型的闭环标准传递函数及其时域性能。

6.7.1 按 ITAE 准则确定标准传递函数

系统综合性能指标的定量描述方式有很多种，例如误差平方的积分（ISE）、误差绝对值的积分（IAE）、时间与误差绝对值乘积的积分（ITAE）、时间与误差的平方的乘积作积分（ITSE）等。下面我们仅给出以 ITAE 为性能指标的标准闭环传递函数。

基于 ITAE 准则的综合性能指标函数为

$$J = \int_0^\infty t \,|\, e(t) \,|\, \mathrm{d}t \tag{6.7.1}$$

其中误差 $e(t)$ 是系统的实际输出与希望输出之间的误差。当 J 达到极小值时，就称系统是 ITAE 最优系统。ITAE 准则能够降低初始误差对综合性能指标的影响，加大系统响应末段误差的权重，有很大的实用价值。

ITAE 指标的积分区间是从零到无穷大。对于零型系统，由于 $\lim\limits_{t \to \infty} e(t) \neq 0$，ITAE 指标函数 J 将趋于无穷大，因此不能用它作为零型系统的综合性能指标。下面将只讨论使用较多的 Ⅰ 型和 Ⅱ 型系统。

设闭环传递函数为

$$\Phi(s) = \frac{b_m s^m + b_{m-1} s^{m-1} + \cdots + b_1 s + b_0}{s^n + a_{n-1} s^{n-1} + \cdots + a_1 s + a_0} \tag{6.7.2}$$

不难证明，对于 Ⅰ 型系统有

$$b_0 = a_0 \tag{6.7.3}$$

对于 Ⅱ 型系统有

$$\begin{cases} b_0 = a_0 \\ b_1 = a_1 \end{cases} \tag{6.7.4}$$

可以看出，阶跃输入下产生零稳态误差的闭环传递函数 $\Phi(s)$ 有许多可能的形式。当分子仅由 b_0 组成，且满足式（6.7.3）时，称为阶跃零误差系统。当分子仅由 $b_1 s + b_0$ 组成，且满足式（6.7.4）时，称为斜坡零误差系统。

对于阶跃零误差系统和斜坡零误差系统，使 ITAE 性能指标最小的标准传递函数列于表 6.7.1 和表 6.7.2 中。注意，表 6.7.1 中调节时间 t_s 对应的误差带为 $\Delta = 5\%$。表 6.7.1 中标准传递函数对应的单位阶跃响应曲线如图 6.7.1 所示，其中时间尺度为规范化时间 $\omega_n t$。由图可见，系统具有较好的阶跃响应。表 6.7.2 中标准传递函数对应的斜坡响应如图 6.7.2 所示。

表 6.7.1　输入为阶跃信号时基于 ITAE 指标确定的闭环系统标准传递函数及其性能

n	$\sigma_p \%$	$\omega_n t_s$	标准传递函数 $\dfrac{a_0}{s^n + a_{n-1}s^{n-1} + \cdots + a_1 s + a_0}$ 的分母
1	0	3.0	$s + \omega_n$
2	4.4	3.0	$s^2 + 1.41\omega_n s + \omega_n^2$
3	2.0	3.6	$s^3 + 1.75\omega_n s^2 + 2.15\omega_n^2 s + \omega_n^3$
4	1.9	4.3	$s^4 + 2.1\omega_n s^3 + 3.4\omega_n^2 s^2 + 2.7\omega_n^3 s + \omega_n^4$
5	2.1	5.2	$s^5 + 2.8\omega_n s^4 + 5.0\omega_n^2 s^3 + 5.5\omega_n^3 s^2 + 3.4\omega_n^4 s + \omega_n^5$
6	5.0	5.6	$s^6 + 3.25\omega_n s^5 + 6.60\omega_n^2 s^4 + 8.6\omega_n^3 s^3 + 7.45\omega_n^4 s^2 + 3.95\omega_n^5 s + \omega_n^6$

表 6.7.2　输入为斜坡信号时基于 ITAE 指标确定的系统标准传递函数

n	标准传递函数 $\dfrac{a_1 s + a_0}{s^n + a_{n-1}s^{n-1} + \cdots + a_1 s + a_0}$ 的分母
2	$s^2 + 3.2\omega_n s + \omega_n^2$
3	$s^3 + 1.75\omega_n s^2 + 3.25\omega_n^2 s + \omega_n^3$
4	$s^4 + 2.41\omega_n s^3 + 4.93\omega_n^2 s^2 + 5.14\omega_n^3 s + \omega_n^4$
5	$s^5 + 2.19\omega_n s^4 + 6.50\omega_n^2 s^3 + 6.30\omega_n^3 s^2 + 5.24\omega_n^4 s + \omega_n^5$
6	$s^6 + 6.12\omega_n s^5 + 13.42\omega_n^2 s^4 + 17.16\omega_n^3 s^3 + 14.14\omega_n^4 s^2 + 6.76\omega_n^5 s + \omega_n^6$

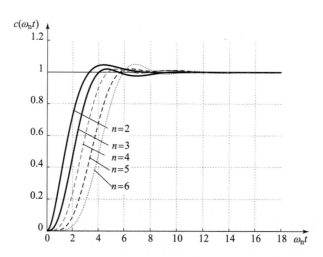

图 6.7.1　表 6.7.1 中标准传递函数的单位阶跃响应曲线

【例 6.7.1】如图 6.7.3 所示的温度控制系统，其被控对象为

$$G(s) = \frac{1}{(s+1)^2}$$

试设计控制器 $G_c(s)$、$G_p(s)$，使系统的阶跃响应具有最佳的 ITAE 指标，且调节时间不大于 0.36 s（$\Delta = 5\%$）。

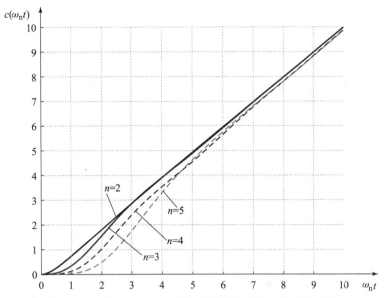

图 6.7.2 表 6.7.2 中标准传递函数的单位斜坡响应曲线

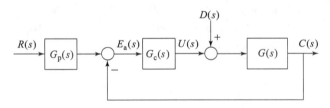

图 6.7.3 温度反馈控制系统

当 $G_p(s) = 1$、$G_c(s) = 1$ 时,系统对阶跃输入信号的稳态跟踪误差高达 50%,为了使系统的阶跃响应具有最佳的 ITAE 性能,且调节时间不大于 0.36 s($\Delta = 5\%$),考虑采用 PID 控制器来校正系统。

我们把 PID 控制器传递函数 $G_c(s) = K_p[1 + 1/(T_i s) + T_d s]$ 写成如下形式:

$$G_c(s) = \frac{K_d s^2 + K_p s + K_i}{s} \tag{6.7.5}$$

其中

$$K_d = K_p T_d, \quad K_i = K_p / T_i$$

当 $G_p(s) = 1$ 时,已校正系统的闭环传递函数为

$$\Phi_1(s) = \frac{C(s)}{R(s)} = \frac{G_c(s)G(s)}{1 + G_c(s)G(s)} = \frac{K_d s^2 + K_p s + K_i}{s^3 + (2 + K_d)s^2 + (1 + K_p)s + K_i}$$

当采用 ITAE 指标时,由表 6.7.1 可知最优特征多项式应该为

$$s^3 + 1.75\omega_n s^2 + 2.15\omega_n^2 s + \omega_n^3$$

为了满足对调节时间的设计要求,需要选取 ω_n。因为三阶标准系统的规范化调节时间 $\omega_n t_s = 3.6$,所以若要求调节时间不大于 0.36 s,则需要 $\omega_n \geqslant 10$,取 $\omega_n = 10$。将 $\omega_n = 10$ 代入最优特征多项式,并让 $\Phi_1(s)$ 的分母与之相等,比较系数后可以得到 $K_p = 214$、$K_d = 15.5$、$K_i = 1\,000$,则

$$\Phi_1(s) = \frac{15.5s^2 + 214s + 1\,000}{s^3 + 17.5s^2 + 215s + 1\,000}$$

$$= \frac{15.5(s+6.9+j4.1)(s+6.9-j4.1)}{s^3 + 17.5s^2 + 215s + 1\,000}$$

该系统的阶跃响应的超调量高达 34%，调节时间为 0.57 s（$\Delta=5\%$），稳态误差为零。阶跃响应的超调量大的原因是因为系统存在闭环零点。

接着，选择前置滤波器 $G_p(s)$，以消除 $\Phi_1(s)$ 中的零点，使系统具有预期的最优 ITAE 指标，即使系统的闭环传递函数变为

$$\Phi(s) = \frac{G_c(s)G(s)G_p(s)}{1+G_c(s)G(s)} = \frac{1\,000}{s^3 + 17.5s^2 + 215s + 1\,000}$$

由此可以得到

$$G_p(s) = \frac{64.5}{s^2 + 13.8s + 64.5}$$

经过完全校正后的系统的阶跃响应如图 6.7.4（a）中的实线所示，超调量很小，调节时间为 $t_s=0.3$ s（$\Delta=5\%$），稳态误差为零。另外，由单位阶跃干扰引起的最大输出也仅仅为 0.003，表明本例设计的 PID 控制器是非常令人满意的。

注意：ω_n 的可选值受到控制器输出 $u(t)$ 的最大容许值的限制。$\omega_n=6$ 时的闭环单位阶跃响应如图 6.7.4（a）中的虚线所示，控制量 $u(t)$ 的曲线如图 6.7.4（b）中的虚线所示。由图可见，$\omega_n=6$ 时，控制量明显减少，但是系统的调节时间 $t_s=0.6$ s（$\Delta=5\%$），系统动态响应变慢。

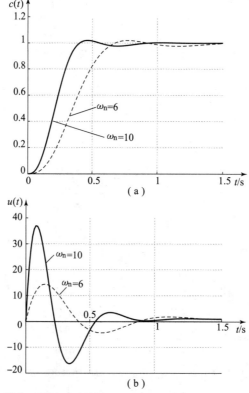

图 6.7.4 温度反馈控制系统的单位阶跃响应曲线及对应的控制量曲线
（a）单位阶跃响应曲线；（b）控制量 $u(t)$ 曲线

在本例中，若系统的性能指标要求是 $\Delta=2\%$ 时的调节时间，则可以利用 $t_s=4/(\zeta\omega_n)$ 求出 ω_n，其中令 $\zeta\approx0.7$，因为由图 6.7.1 可见，标准传递函数阶跃响应的超调量都很小，所以，可认为系统的阻尼系数较大。若校正后系统的调节时间大于要求值，则适度增大 ω_n，重新进行控制器设计；反之，则适当减小 ω_n。

6.7.2 按最小节拍响应确定标准传递函数

控制系统的设计目标是：系统具有快速的阶跃响应，并且具有最小超调量。最小节拍（deadbeat）响应就是指以最小的超调量快速到达稳态响应的允许波动范围，并能够持续保持在该波动范围之内的响应，如图 6.7.5 所示。当系统输入为阶跃信号时，通常将允许波动范围定义为稳态响应的 $\pm2\%$ 误差带，即 $\Delta=2\%$。具体地讲，最小节拍响应具有如下特征：

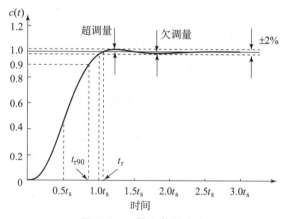

图 6.7.5 最小节拍响应

① 在阶跃输入作用下稳态误差为零；
② 系统阶跃响应具有最小的上升时间和调节时间；
③ $0.1\%\leqslant$ 阶跃响应超调量 $<2\%$；
④ 阶跃响应欠超调 $<2\%$。

其中，第③个和第④个特征意味着，一旦到达系统的调节时间，系统的响应就会进入并保持在 $\pm2\%$ 允许波动带内。

表 6.7.3 列出了具有最小节拍响应的二阶至六阶系统的标准化传递函数及阶跃响应的主要性能指标。在设计具有最小节拍响应特性的实际控制系统时，可以依据表 6.7.3，根据系统的调节时间或上升时间等性能指标要求，确定所需要的 ω_n。然后选择合适的校正器类型，并令校正后的闭环传递函数等于期望的最小节拍响应标准传递函数，就可以最终确定所需要的校正网络。

表 6.7.3 最小节拍响应系统的标准传递函数和性能指标

系统阶数	标准闭环传递函数	超调量	欠调量	$\omega_n t_{r90}$	$\omega_n t_r$	$\omega_n t_s$
2	$\dfrac{\omega_n^2}{s^2+1.82\omega_n s+\omega_n^2}$	0.10%	0.00%	3.47	6.59	4.82
3	$\dfrac{\omega_n^3}{s^3+1.9\omega_n s^2+2.2\omega_n^2 s+\omega_n^3}$	0.65%	1.36%	3.48	4.32	4.04

系统阶数	标准闭环传递函数	超调量	欠调量	$\omega_n t_{r90}$	$\omega_n t_r$	$\omega_n t_s$
4	$\dfrac{\omega_n^4}{s^4+2.2\omega_n s^3+3.5\omega_n^2 s^2+2.8\omega_n^3 s+\omega_n^4}$	0.89%	0.95%	4.16	5.29	4.81
5	$\dfrac{\omega_n^5}{s^5+2.7\omega_n s^4+4.9\omega_n^2 s^3+5.4\omega_n^3 s^2+3.4\omega_n^4 s+\omega_n^5}$	1.29%	0.37%	4.84	5.73	5.43
6	$\dfrac{\omega_n^6}{s^6+3.15\omega_n s^5+6.5\omega_n^2 s^4+8.7\omega_n^3 s^3+7.55\omega_n^4 s^2+4.05\omega_n^5 s+\omega_n^6}$	1.63%	0.94%	5.49	6.31	6.04

【例 6.7.2】 考虑图 6.7.6 给出的单位反馈系统，受控对象为 $G(s)=\dfrac{K}{s(s+1)}$，校正器为 $G_c(s)=\dfrac{s+z}{s+p}$，设计具有最小节拍响应的系统。

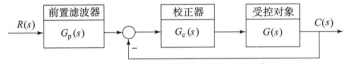

图 6.7.6　带前置滤波器的控制系统

【解】 假设前置滤波器为

$$G_p(s)=\frac{z}{s+z}$$

则校正后系统的闭环传递函数为

$$\Phi(s)=\frac{Kz}{s^3+(1+p)s^2+(K+p)s+Kz}$$

由表 6.7.3 可知，如果要求系统的调节时间为 2 s（$\Delta=2\%$），则有 $\omega_n t_s=4.04$，于是可以得到 $\omega_n=2.02$，则具有最小节拍响应的系统的特征方程应为

$$q(s)=s^3+3.84s^2+8.98s+8.24$$

比较系数后可以得到，具有最小节拍响应的系统参数有 $p=2.84$，$z=1.34$，$K=6.14$。校正后系统的实际动态性能为 $\sigma_p\%=1.65\%$，$t_s=2$ s，$t_r=2.14$ s，$t_{r90}=1.72$ s。系统的单位阶跃响应曲线如图 6.7.7 所示。

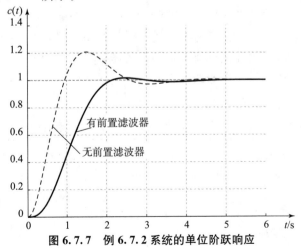

图 6.7.7　例 6.7.2 系统的单位阶跃响应

当系统无前置滤波器时，系统的动态性能为 $\sigma_p\% = 21\%$，$t_s = 3.48\text{ s}$，$t_r = 0.95\text{ s}$，$t_{r90} = 0.84\text{ s}$。

6.8　反馈校正

6.8.1　反馈校正的基本思想

反馈校正有稳定被反馈包围部分元件参数和抗干扰能力强的优点，因此被广泛应用。但反馈校正的计算是比较复杂的，本节只通过简单例子说明局部反馈校正的基本概念和特性。

局部反馈校正（简称反馈校正）是工程上广泛应用的另一种基本校正方法。反馈校正系统的典型结构如图 6.8.1 所示，$G_1(s)$、$G_2(s)$ 是被控系统的数学模型，其中 $G_2(s)$ 为被控系统中参数变化较大或特性不够理想的部分，是影响系统性能提高的主要环节。如果其输出是可测的，则可从它的输出端引出反馈信号并将校正装置 $G_c(s)$ 设置在反馈通道上，从而构成一个局部反馈回路，简称内回路（或内环）。而 $G_2(s)$ 和内环以及主反馈通道所构成的外部反馈回路，称为主反馈回路或外环。本节将着重讨论局部反馈校正的作用和特性。

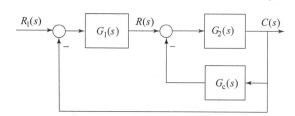

图 6.8.1　反馈校正系统的典型结构图

由图可知，局部反馈回路的等效传递函数为

$$G(s) = \frac{C(s)}{R(s)} = \frac{G_2(s)}{1 + G_2(s)G_c(s)}$$

当 $|G_2(s)G_c(s)| \gg 1$ 时，上式可简化为

$$G_2(s) \approx \frac{1}{G_c(s)} \tag{6.8.1}$$

因此，反馈校正的基本思想是：将原系统中特性较差并成为阻碍系统性能提高的某些环节选作 $G_2(s)$，并构成一局部反馈回路；通过适当地选择反馈校正装置 $G_c(s)$ 的形式和参数，就可在反馈校正起作用的一定频率范围内将系统的原有特性 $G_2(s)$ 改造成 $\frac{1}{G_c(s)}$ 的特性。而 $G_c(s)$ 是人为设计的，可以做得比较理想，从而可以有效减少或者克服原系统 $G_2(s)$ 的特性缺陷以及作用在其上的扰动等不确定因素所造成的不良影响，使校正后的系统满足系统性能指标的要求。

在控制系统初步设计时，往往把 $|G_2(s)G_c(s)| \gg 1$ 的条件改为 $|G_2(s)G_c(s)| > 1$，这样会产生一定的误差，但是一般在工程允许的误差范围之内。

6.8.2 常用的反馈校正系统

1. 比例反馈包围惯性环节

如图 6.8.2 所示，其等效传递函数为

$$G(s) = \frac{C(s)}{R(s)} = \frac{K}{1+Ka} \cdot \frac{1}{\dfrac{T}{1+Ka}s+1}$$

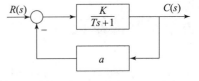

图 6.8.2 比例反馈包围惯性环节

$$(6.8.2)$$

由式（6.8.2）可以看出比例反馈包围惯性环节的效果为：①减小了被包围惯性环节的时间常数，有利于提高系统的响应速度；②降低了开环增益，但这可以通过提高未被包围部分的增益来补偿。

原系统的增益为 K，原系统对 K 变化的灵敏度为 1，加了比例反馈后，系统的增益变为

$$K_n = K/(1+Ka)$$

$$S_K^{K_n} = \frac{\partial K_n}{\partial K} \times \frac{K}{K_n} = \frac{1}{(1+Ka)^2} \times \frac{K}{\dfrac{K}{1+Ka}} = \frac{1}{1+Ka}$$

系统对增益 K 的灵敏度与原系统相比，缩小为原来的 $\dfrac{1}{1+Ka}$，可见反馈校正能够降低系统对参数变化的灵敏度。

2. 微分反馈包围积分环节和惯性环节相串联的元件

如图 6.8.3 所示，其等效传递函数为

$$G(s) = \frac{C(s)}{R(s)} = \frac{K}{1+Kb} \cdot \frac{1}{s\left(\dfrac{T}{1+Kb}s+1\right)} \qquad (6.8.3)$$

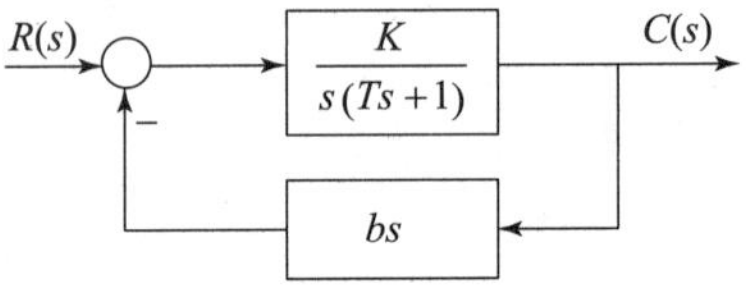

图 6.8.3 微分反馈包围积分环节和惯性环节相串联的元件

由式（6.8.3）可见，此种反馈的效果是：①保存了原有的积分环节；②减小了惯性环节的时间常数；③降低了开环增益，这也可以通过提高未被包围部分的增益来补偿。

式（6.8.3）又可以写为

$$G(s) = \frac{K}{1+Kb} \cdot \frac{1}{s\left(\dfrac{T}{1+Kb}s+1\right)} = \frac{K}{s(Ts+1)} \frac{\dfrac{1}{1+Kb}(Ts+1)}{\dfrac{T}{1+Kb}s+1}$$

其控制效果与串联校正类似。

对应串联校正控制器的传递函数如下

$$G_c(s) = \frac{\dfrac{1}{1+Kb}(Ts+1)}{\dfrac{T}{1+Kb}s+1}$$

可见，这种微分反馈校正相当于串联校正中的超前校正。

3. 微分反馈包围振荡环节

如图 6.8.4 所示，其等效传递函数为

$$G(s) = \frac{C(s)}{R(s)} = \frac{K}{\frac{1}{\omega_n^2}s^2 + 2\left(\zeta + \frac{Kb\omega_n}{2}\right)s + 1}$$

(6.8.4)

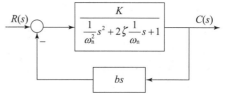

图 6.8.4 微分反馈包围振荡环节

可见，微分反馈增加了振荡环节的阻尼比。

4. 一阶微分和二阶微分反馈包围由积分环节和振荡环节相串联组成的元件

如图 6.8.5 所示，其等效传递函数为

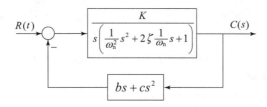

图 6.8.5 一阶微分和二阶微分反馈包围由积分环节和振荡环节相串联组成的元件

$$G(s) = \frac{C(s)}{R(s)} = \frac{K_n}{s\left(\frac{1}{\omega_{nn}^2}s^2 + 2\zeta_n \frac{1}{\omega_{nn}}s + 1\right)}$$

(6.8.5)

式中

$$K_n = \frac{K}{1 + Kb}$$

$$\zeta_n = \frac{\zeta}{\sqrt{1 + Kb}} + \frac{Kc\omega_n}{2\sqrt{1 + Kb}}$$

$$\omega_{nn} = \omega_n\sqrt{1 + Kb}$$

这种反馈的效果是：①一阶微分反馈提高了振荡环节的无阻尼振荡频率，但降低了阻尼；②二阶微分反馈可增加阻尼；③保存了原有的积分环节。另外，二阶微分反馈校正相当于串联校正中的超前-滞后校正（即近似 PID 校正），限于篇幅，此处不再展开叙述。

前面反馈校正方法中使用了一阶微分和二阶微分，但在实际物理装置中，这种理想微分元件是不存在的，可选用近似微分来代替纯微分，会得到相近的效果，例如，用 $\frac{bs}{Ts+1}$ 代替 bs。还应指出，反馈校正要增加一些设备或元件，有的还要改变物理结构，例如，对于电动机的微分反馈，常采用测速电机作为反馈元件。因此，在设计之初就应考虑反馈校正装置的安装问题，否则，待系统制成后再考虑校正装置的安装就为时已晚了。

反馈校正的主要作用总结概括如下：

(1) 它与串联校正一样，可以用来改善反馈控制系统的性能。

在闭环系统中引入反馈校正可以有效地改善系统的性能，如局部比例负反馈可以降低内环的等效时间常数，从而提高系统响应的快速性；应用局部负反馈可以改变原系统中不希望存在的特性；系统引入反馈校正可以获得与串联校正相类似的控制效果。

（2）局部负反馈可以降低被包围环节特性和参数变化对系统特性的影响，从而提高系统的鲁棒性，降低系统对参数变化的灵敏度。采用局部反馈校正后，可以有效抑制被内环所包围的受控对象 $G_2(s)$ 的参数或特性变化、非线性特性和未建模动态特性等不确定因素对系统特性的影响，还可以抑制作用在 $G_2(s)$ 上的扰动信号对系统特性的影响，从而提高了系统的鲁棒性。

反馈校正和串联校正是控制系统中常用的两种基本校正方式。在要求较高的控制系统中往往同时使用串联校正与反馈校正。

6.9 复合校正

串联校正和反馈校正是反馈控制系统工程中两种常用的校正方法，在一定程度上可以使已校正系统满足给定的性能指标要求。然而，如果控制系统中存在强扰动，特别是低频强扰动，或者系统的稳态精度和响应速度要求很高，则一般的串联校正和反馈校正方法难以满足系统要求，这时应采用一种把前馈控制和反馈控制有机结合起来的校正方法，这就是复合控制校正，也称为**双通道控制**。

复合校正中的前馈控制器是按**不变性原理**进行设计的，可分为**按扰动补偿和按输入补偿**两种方式。

6.9.1 按扰动补偿的复合校正

实际系统总是会受到干扰影响，如果干扰可测量，就可以设计补偿控制器消除干扰对系统输出的影响，这种设计原理就是 20 世纪 40 年代最早由苏联学者提出的不变性原理，按照消除的是干扰的稳态影响还是它的全部影响，分别称为**稳态不变性或者完全不变性**。不变性原理是一种非常重要、实用的控制系统设计思想。

下面将详细介绍按扰动补偿的复合控制的基本控制原理。

设按扰动补偿的复合控制系统如图 6.9.1 所示。图中，$D(s)$ 为可量测扰动，$G_1(s)$ 和 $G_2(s)$ 为系统的前向通路传递函数，$G_{cf}(s)$ 为前馈补偿器的传递函数。扰动作用下的系统输出为

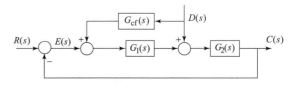

图 6.9.1 按扰动补偿的复合控制系统

$$C_d(s) = \frac{G_2(s)[1+G_1(s)G_{cf}(s)]}{1+G_1(s)G_2(s)}D(s) \tag{6.9.1}$$

扰动作用下的系统误差为

$$E_d(s) = -C_d(s) = -\frac{G_2(s)[1+G_1(s)G_{cf}(s)]}{1+G_1(s)G_2(s)}D(s) \tag{6.9.2}$$

若选择前馈补偿器的传递函数

$$G_{cf}(s) = -\frac{1}{G_1(s)} \tag{6.9.3}$$

则由式（6.9.1）和式（6.9.2）知，必有 $C_d(s)=0$ 及 $E_d(s)=0$。因此，式（6.9.3）称为对扰动的误差全补偿条件。

具体设计时，可以选择 $G_1(s)$ 的形式与参数，使系统获得满意的动态性能和稳态性能；

然后按式（6.9.3）确定前馈补偿器的传递函数 $G_{cf}(s)$，使系统完全不受可量测扰动的影响。但是，误差全补偿条件式（6.9.3）在物理上往往无法准确实现，因为对由物理装置实现的 $G_1(s)$ 来说，其分母多项式次数总是大于或等于分子多项式的次数。因此，在实际应用中，多采用近似全补偿或稳态全补偿的方案。

按扰动补偿的复合控制的基本原理是，主要扰动引起的误差，由前馈控制进行全部或部分补偿；次要扰动引起的误差，由反馈控制予以抑制。这样，在不提高开环增益的情况下，各种扰动引起的误差均可得到补偿，从而有利于同时兼顾提高系统稳定性和减小系统稳态误差的要求。注意，由于前馈控制是一种开环控制，因此要求构成前馈补偿器的元部件具有较高的参数稳定性，否则将削弱补偿效果，并给系统输出造成新的误差。

另外，从补偿原理来看，由于前馈补偿实际上是采用开环控制方式去补偿可量测的扰动信号，因此前馈补偿并不改变反馈控制系统的特性。

【例 6.9.1】设按扰动补偿的复合校正随动系统如图 6.9.2 所示。图中 $K_1/(T_1s+1)$ 为综合放大器和滤波器的传递函数，$K_m/[s(T_ms+1)]$ 为伺服电机的传递函数，$D(s)$ 为负载转矩扰动。试设计前馈补偿器 $G_{cf}(s)$，使系统输出不受扰动影响。

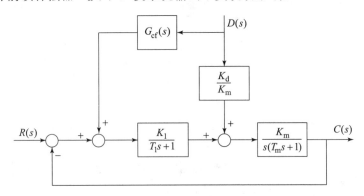

图 6.9.2 带前馈补偿的随动系统

【解】由图 6.9.2 可见，扰动作用下的系统输出为

$$C_d(s)=\frac{K_m}{s(T_ms+1)}\Big[\frac{K_d}{K_m}+\frac{K_1}{T_1s+1}G_{cf}(s)\Big]D(s) \qquad (6.9.4)$$

令

$$G_{cf}(s)=-\frac{K_d}{K_1K_m}(T_1s+1)$$

系统输出便可不受负载转矩扰动 $D(s)$ 的影响。但是由于 $G_{cf}(s)$ 的分子次数高于分母次数，不便于物理实现。若令

$$G_{cf}(s)=-\frac{K_d}{K_1K_m}\frac{(T_1s+1)}{(T_2s+1)},T_1\gg T_2$$

则 $G_{cf}(s)$ 在物理上能够实现，且能达到近似全补偿目的，即在扰动信号作用的主要频段内进行了全补偿。此外，若取

$$G_{cf}(s)=-\frac{K_d}{K_1K_m}$$

则由式（6.9.4）可知，在稳态时，系统输出完全不受扰动的影响，这就是稳态全补偿，它

在物理上更易于实现。

6.9.2 按输入补偿的复合校正

设按输入补偿的复合控制系统如图 6.9.3 所示。图中，$G_{cf}(s)$ 为前馈补偿器的传递函数。

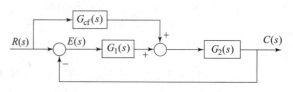

图 6.9.3 按输入补偿的复合控制系统

由图 6.9.3 可知，复合控制系统的输出量

$$C(s) = \frac{[G_1(s) + G_{cf}(s)]G_2(s)}{1 + G_1(s)G_2(s)} R(s)$$

于是，等效系统的闭环传递函数为

$$\Phi(s) = \frac{[G_1(s) + G_{cf}(s)]G_2(s)}{1 + G_1(s)G_2(s)}$$

等效系统的误差传递函数为

$$\Phi_e(s) = \frac{1 - G_{cf}(s)G_2(s)}{1 + G_1(s)G_2(s)} \tag{6.9.5}$$

由上式可见，当取

$$G_{cf}(s) = \frac{1}{G_2(s)} \tag{6.9.6}$$

时，复合控制系统将实现误差全补偿。基于同样的理由，完全实现全补偿条件（6.9.6）是困难的。为了使 $G_{cf}(s)$ 在物理上能够实现，通常只进行部分补偿，将系统误差减小至允许范围内即可。

假设 $G_2(s)$ 中包含一个积分环节、$G_1(s)$ 中没有积分环节，即原系统是 Ⅰ 型系统，则它对阶跃输入无误差，但对斜坡输入是有误差的。设

$$\frac{1}{G_2(s)} = f_1 s + f_2 s^2 + f_3 s^3 + \cdots \tag{6.9.7}$$

因为 $G_2(s)$ 中有一个积分环节，所以上式中无常数项 f_0。取

$$G_{cf}(s) = f_1 s \tag{6.9.8}$$

由式（6.9.5）求得

$$E(s) = \frac{1 - G_{cf}(s)G_2(s)}{1 + G_1(s)G_2(s)} R(s)$$

对于斜坡输入 $R(s) = 1/s^2$，求得稳态误差为

$$e_{ss} = \lim_{t \to \infty} e(t) = \lim_{s \to 0} sE(s) = \lim_{s \to 0} s \cdot \frac{1}{s^2} \cdot \frac{1 - f_1 s \dfrac{1}{f_1 s + f_2 s^2 + f_3 s^3 + \cdots}}{1 + G_1(s)G_2(s)}$$

$$= \lim_{s \to 0} \frac{\dfrac{f_2 s^2 + f_3 s^3 + \cdots}{f_1 s + f_2 s^2 + f_3 s^3 + \cdots}}{s + sG_1(s)G_2(s)} = \frac{0}{K_v} = 0$$

可见，加了前馈控制 $G_{cf}(s) = f_1 s$ 后，原来的 Ⅰ 型系统现在就相当于 Ⅱ 型系统，提高了系统复现输入信号的能力和精度。

不难验证，若取 $G_{cf}(s) = f_1 s + f_2 s^2$，原来的 Ⅰ 型系统可以变成 Ⅲ 型系统。因此，即使

$G_{\mathrm{cf}}(s)$ 不严格等于 $1/G_2(s)$ ，也能对系统的性能有明显的改善作用。

【例 6.9.2】设复合校正随动系统如图 6.9.4 所示。试选择前馈补偿方案和参数，使复合控制系统等效为Ⅱ型或Ⅲ型系统。

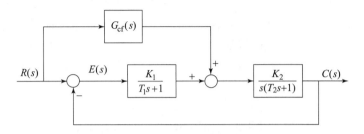

图 6.9.4　复合校正随动系统

【解】前馈补偿方案及其参数的选择，可按如下几步讨论：

(1) 选择 $G_{\mathrm{cf}}(s) = f_1 s$ 。在图 6.9.4 中，

$$G_1(s) = \frac{K_1}{T_1 s + 1}, \quad G_2(s) = \frac{K_2}{s(T_2 s + 1)}$$

$$G(s) = G_1(s) G_2(s) = \frac{K_1 K_2}{s[T_1 T_2 s^2 + (T_1 + T_2)s + 1]}$$

可知，未补偿系统为Ⅰ型系统。由式（6.9.5）得等效系统的误差传递函数为

$$\Phi_{\mathrm{e}}(s) = \frac{T_1 T_2 s^3 + (T_1 + T_2 - f_1 K_2 T_1)s^2 + (1 - f_1 K_2)s}{s(T_1 s + 1)(T_2 s + 1) + K_1 K_2}$$

显然，若选

$$f_1 = \frac{1}{K_2}$$

则复合控制系统等效为Ⅱ型系统，在斜坡函数输入时的稳态误差为零。实质上，取 $f_1 = 1/K_2$ ，只是一种部分补偿。

(2) 选择 $G_{\mathrm{cf}}(s) = f_2 s^2 + f_1 s$ ，则等效系统的闭环传递函数为

$$\Phi(s) = \frac{K_1 K_2 + K_2(f_2 s^2 + f_1 s)(T_1 s + 1)}{s(T_1 s + 1)(T_2 s + 1) + K_1 K_2}$$

等效误差传递函数为

$$\Phi_{\mathrm{e}}(s) = \frac{(T_1 T_2 - K_2 T_1 f_2)s^3 + (T_1 + T_2 - K_2 T_1 f_1 - K_2 f_2)s^2 + (1 - K_2 f_1)s}{s(T_1 s + 1)(T_2 s + 1) + K_1 K_2}$$

若选

$$f_1 = \frac{1}{K_2}, \quad f_2 = \frac{T_2}{K_2}$$

可使 $\Phi_{\mathrm{e}}(s) \equiv 0$ 。此时，由于满足误差全补偿条件 $G_{\mathrm{cf}}(s) = 1/G_2(s)$ ，故复合校正系统对任何形式的输入信号均不产生误差。但是

$$G_{\mathrm{cf}}(s) = \frac{s(T_2 s + 1)}{K_2}$$

的形式是难以准确实现的，只能在一定的频段范围内近似实现。

(3) 选择 $G_{\mathrm{cf}}(s) = \dfrac{f_2 s^2 + f_1 s}{T s + 1}$ ，不难证明，当取

$$f_1 = \frac{1}{K_2} , f_2 = \frac{T_2 + T}{K_2}$$

时，复合校正系统等效为Ⅲ型系统，在加速度函数输入作用下，系统的稳态误差为零。在物理装置上，可考虑采用测速发电机与无源电路网络的组合线路近似实现上述补偿方案。

从式（6.9.2）及式（6.9.5）可以看出，没有前馈控制时的反馈控制系统的特征方程，与有前馈控制时的复合控制系统的特征方程完全一致，表明系统的稳定性与前馈控制无关。因此，复合校正控制系统很好地解决了一般反馈控制系统在提高控制精度与确保系统稳定性之间存在的矛盾。

6.10 控制系统的性能指标描述与设计约束

6.10.1 基于开环幅频曲线的性能指标描述与设计约束

在频域法校正中，针对最小相位系统，我们可以把控制系统的性能指标要求转化为期望的开环幅频特性，然后进行控制系统的串联综合校正（详见本书 6.5 节）。期望的开环幅频特性 $G_c(j\omega)G(j\omega)$ 的幅值在低频段应有下限，以保证系统有满意的稳态误差；在高频段幅值应有上限，以抑制传感器噪声和系统中的未知高频动态干扰，从而保证系统具有鲁棒性。为了处理方便，从频率响应的思路出发，将低频处的下限和高频处的上限定义为关于频率的函数 W_1 和 W_2^{-1}，并在系统的开环幅频特性曲线上描述它们，如图 6.10.1 所示。

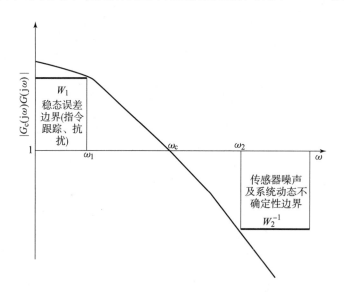

图 6.10.1　基于开环幅频特性的性能指标描述

例如，若某控制系统要求以低于 1% 的误差跟踪 $0 \sim \omega_1$ 频率范围的任意正弦输入信号，那么在 $0 \leqslant \omega \leqslant \omega_1$ 的频率区间内，W_1 应等于 100。注意，实际系统的输入信号是比较复杂的，并不总是简单的阶跃、斜坡等信号，为了简化分析又不失准确性，可认为输入信号是由某些特定频率的正弦信号叠加合成的。

一般控制系统的设计都是针对被控对象的标称数学模型 $G_0(s)$ 进行的，而实际系统由于温度变化、部件老化、环境变化等因素，被控系统的动态特性会偏离其标称情况，我们希望在系统动态特性发生变化时，控制系统依然可以稳定，即希望控制系统具有一定的鲁棒性。我们用 $W_2(\omega)$ 描述不同频率处被控对象幅值变化的大小，即

$$W_2(\omega) = \left| \frac{G(j\omega) - G_0(j\omega)}{G_0(j\omega)} \right| \tag{6.10.1}$$

式中 $G_0(j\omega)$ 为标称系统的频率特性。系统在低频段的建模精度一般比较高，因此 W_2 在低频处通常很小，而在高频处 W_2 会比较大，即系统存在未建模高频动态，因此我们希望 $\omega_2 \leqslant \omega$ 时，即在高频处使开环系统的幅值低于 W_2^{-1}。

一般我们希望系统在尽可能宽的频率范围内保持小的系统误差，且系统在高频处具有鲁棒性，即希望 W_1 和 W_2 在各自的频率范围内尽可能大，并希望 ω_1 尽可能接近 ω_2，这样就需要控制系统的开环幅频特性曲线以很陡的斜率快速地从 W_1 降低到 W_2^{-1}。但是，根据伯德提出的幅相定理，斜率越陡，系统的相位裕度就会越小，甚至为负（在 5.6.1 节我们已经讨论了系统幅值与相位的近似关系）。所以，为保证系统具有一定的稳定裕度，在 ω_1 和 ω_2 这两个频率之间的频段上，系统的开环对数幅频特性应该以斜率 $-20\,\text{dB/dec}$ 的斜率穿越 $0\,\text{dB}$ 线，并在穿越频率 ω_c 附近的约 10 倍频程内尽量保持这一斜率，这个限制条件是控制系统设计者必须遵守的约束条件。

6.10.2 基于灵敏度函数的性能指标描述与设计约束

对于典型的单位反馈控制系统，输入信号 R 作用下的误差为

$$E(j\omega) = \frac{1}{1 + G_c(j\omega)G(j\omega)}R = \mathcal{S}(j\omega)R \tag{6.10.2}$$

式中 $\mathcal{S}(j\omega) = \dfrac{1}{1 + G_c(j\omega)G(j\omega)}$ 正是反馈控制系统的灵敏度函数，$G(j\omega)$ 是被控对象的频率特性，$G_c(j\omega)$ 是控制器的频率特性，R 是由某些特定频率的正弦信号叠加合成的实际系统输入信号。

从式 (6.10.2) 可见，灵敏度函数 $\mathcal{S}(j\omega)$ 是系统误差的乘数因子，$|\mathcal{S}(j\omega)|$ 大，系统误差就会被放大；灵敏度函数也是 $G_c(j\omega)G(j\omega)$ 的奈奎斯特曲线与临界点 $(-1, j0)$ 的距离的倒数，因此，$|\mathcal{S}(j\omega)|$ 的取值越大，表示 $G_c(j\omega)G(j\omega)$ 的奈奎斯特曲线越接近 $(-1, j0)$ 点，闭环系统就越接近不稳定。

根据图 6.10.1 中开环幅频曲线对系统性能指标的描述，可知低频段 $|G_c(j\omega)G(j\omega)| \geqslant W_1$，所以

$$|\mathcal{S}(j\omega)| = \left| \frac{1}{1 + G_c(j\omega)G(j\omega)} \right| < \frac{1}{W_1} = W_1^{-1} \tag{6.10.3}$$

在高频段 $|G_c(j\omega)G(j\omega)| \leqslant \dfrac{1}{W_2} = W_2^{-1}$，所以

$$|\mathcal{S}| \approx 1 \tag{6.10.4}$$

因此要想得到满意的反馈系统性能，在 $0 \leqslant \omega \leqslant \omega_1$ 的频率范围内，应满足 $|\mathcal{S}| < W_1^{-1}$；要想使系统在高频段具有鲁棒性，在 $\omega_2 \leqslant \omega$ 的频率范围内，应满足 $|\mathcal{S}| \approx 1$，这就是基于灵敏度函数的系统性能指标描述。

在前面我们说过，伯德提出了幅相定理，给出了频域内控制系统设计的重要约束条件。伯德的另一个突出贡献就是基于灵敏度函数提出了伯德积分定理。伯德积分将反馈系统的控

制难度在频域内进行了量化，即伯德积分是反馈系统控制难度的一个量化指标，这个指标对控制系统设计约束的阐释非常深刻、朴实、简单、清晰，优于很多其他描述方法。每个控制理论学家或者控制工程师，都应该掌握伯德积分定理并深入理解它的含义。

伯德积分定理指出，反馈控制系统的 $\ln|S(\mathrm{j}\omega)|$ 的积分值在某些条件下是恒定不变的定值，类似守恒定律。Freudenberg 和 Looze 在 1985 年发展了伯德的观点，Bing-Fei Wu 在 1992 年进一步完善了伯德积分定理。

伯德积分定理：假设系统开环传递函数 $G_c(s)G(s)$ 在右半 s 平面有 n_p 个极点 p_i，并且其开环对数幅频曲线在高频段以小于 $-20\ \mathrm{dB/dec}$ 的斜率迅速下降，这对于有理式而言，意味着开环传递函数中有限极点的数目至少比零点的数目多两个，在此假设条件下，闭环系统灵敏度函数幅值的 ln 值（即 $\ln|S(\mathrm{j}\omega)|$）的积分是一个常值，即

$$\int_0^\infty (\ln|S(\mathrm{j}\omega)|)\mathrm{d}\omega = \pi \sum_{i=1}^{n_p} \mathrm{Re}[p_i] \qquad (6.10.5)$$

即 $\ln|S|$ 的积分值是由 $G_c(s)G(s)$ 在右半 s 平面的极点所决定的。

注意，我们讨论的是灵敏度函数幅值的 ln 值，因此，若 $\ln|S(\mathrm{j}\omega)|$ 是负值，意味着灵敏度函数的幅值 $|S(\mathrm{j}\omega)|$ 小于 1，因此，加入反馈后的闭环系统性能比开环系统好；若 $\ln|S(\mathrm{j}\omega)|$ 是正值，意味着灵敏度的幅值 $|S(\mathrm{j}\omega)|$ 大于 1，即加入反馈后的闭环系统性能还不如开环系统好。

下面分两种情况对伯德积分定理进行讨论。

1. 开环系统稳定的情况

由式（6.10.5）可见，如果 $G_c(s)G(s)$ 在右半 s 平面没有极点，即系统是开环稳定的，则 $\ln|S|$ 的积分值为零。这意味着，如果在某个频率范围内，$\ln|S|$ 远远小于零，那么在另一个频率范围内，$\ln|S|$ 必然远远大于零，因此会放大系统在此频率段的误差，这种特点被称为"水床效应"（**Water Bed Effect**）。"水床效应"规则适用于所有的反馈控制系统，不管它的控制器是怎么被设计出来的，即系统在一个频段的灵敏度改善必然会被另一个频段的灵敏度恶化抵消掉，灵敏度的改善总是有代价的。举一个简单例子，若一单位反馈系统的开环传递函数为 $G_1(s) = \dfrac{10}{(s+1)(s+2)}$，则其闭环系统的 $\ln|S|$ 随频率的变化曲线如图 6.10.2 所示。

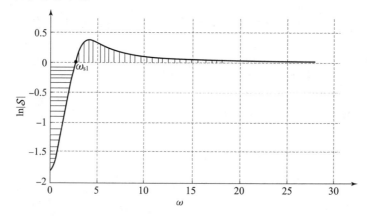

图 6.10.2　$\ln|S|$ 随频率的变化曲线 $\left(G_1(s) = \dfrac{10}{(s+1)(s+2)}\right)$

从图 6.10.2 可以看出，积分面积为正的区域与积分面积为负的区域相等，因此面积的和为零。当频率低于 ω_{s1} 时，$|S|$ 小于 1，可以减小系统在这个频率范围内的误差；而在频率大于 ω_{s1} 的频段内，$|S|$ 大于 1，从而会放大系统在这个频率范围内的误差。若增大系统的开环增益，例如 $G_2(s) = \dfrac{30}{(s+1)(s+2)}$，则其闭环系统的 $\ln|S|$ 随频率的变化曲线如图 6.10.3 中的实线所示，图中虚线为开环增益 $K = 10$ 时（即 $G_1(s)$）的曲线。

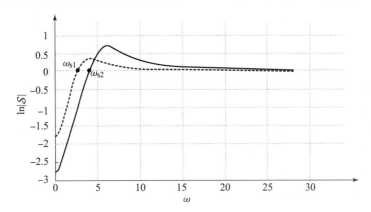

图 6.10.3　$\ln|S|$ 随频率的变化曲线 $\left(G_2(s) = \dfrac{30}{(s+1)(s+2)}\right)$

由图 6.10.3 可见，$K = 30$ 时，频率低于 ω_{s1} 的闭环系统误差比 $K = 10$ 时降低了，但是频率高于 ω_{s2} 的系统误差却增大了。

2. 开环系统不稳定的情况

根据式（6.10.5），如果系统开环传递函数 $G_c(s)G(s)$ 有不稳定极点，则 $\ln|S|$ 积分面积为正的区域将比积分面积为负的区域大，因此对系统误差的放大作用要比对误差的减小作用大，这充分说明了相对于稳定的开环系统而言，不稳定开环系统的控制系统设计难度要大一些。例如一单位反馈系统的开环传递函数为 $G_3(s) = \dfrac{10}{(s-1)(s+2)}$，为开环不稳定系统，其 $\ln|S|$ 随频率的变化曲线如图 6.10.4 中的实线所示，虚线对应开环传递函数为 $G_1(s)$ 时的曲线。从图中可以看出，$\ln|S|$ 积分面积为正的区域比积分面积为负的区域大了 3.14，对频率高于 ω_{s3} 的系统误差的放大作用比图 6.10.2 的开环稳定系统要大很多。另外，由于控制

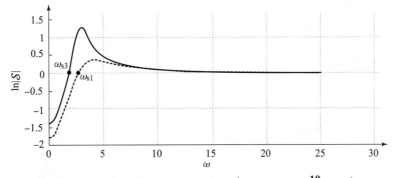

图 6.10.4　$\ln|S|$ 随频率的变化曲线 $\left(G_3(s) = \dfrac{10}{(s-1)(s+2)}\right)$

能量受限，开环不稳定的反馈控制系统只能是局域稳定的，而不可能是全局稳定的。

由图 6.10.2 可见，针对最小相位系统，为了提高反馈控制系统在 $\omega_{s1} \leqslant \omega < \infty$ 频段上的系统灵敏度性能，如果我们凭直觉使这部分的 $\ln|S| = \varepsilon$，且 ε 非常小，即积分为正的这部分区域的厚度非常薄，相应的灵敏度函数的幅值就会非常小，可惜这是无法实现的。因为 $\ln|S| = \varepsilon$ 成立的条件是开环系统 $G_c(s)G(s)$ 的奈奎斯特曲线在 $\omega_{s1} \leqslant \omega \leqslant \infty$ 的频段内，位于一个以 $(-1, j0)$ 为圆心、以 $(1-\varepsilon)$ 为半径的圆周附近。这意味着开环系统 $G_c(s)G(s)$ 不能在高频处简单直接地进行幅值的衰减，而必须沿着一条非常精确的轨迹进行幅值衰减，这就需要开环系统在很宽的频率范围内具有很精确的频率特性，也就是说，要求控制系统模型在高频段也必须是非常准确的。但是被控对象在一定带宽范围之外的频率特性是不确定和不精确的，因为被控系统总是存在着不确定性、未建模动态、执行功率限制、非线性、控制器数字实现误差以及其他很多干扰因素。进一步，实际系统的可用带宽受制于反馈控制回路中各实际物理元部件的硬件性能，且可用带宽是有限的，因而不可能使灵敏度函数的幅值在 $\omega_{s1} \leqslant \omega < \infty$ 的频段上都非常小。**可用带宽的有限性是控制系统设计中非常重要的概念，其重要性远远超过非最小相位系统概念。**

考虑系统可用带宽 Ω_a 的限制，式（6.10.5）所示的伯德积分变为有限积分，积分范围为 $0 \leqslant \omega \leqslant \Omega_a$，即

当开环系统稳定时，
$$\int_0^{\Omega_a} (\ln|S(j\omega)|)\,d\omega = \delta \tag{6.10.6}$$

当开环系统不稳定时，
$$\int_0^{\Omega_a} (\ln|S(j\omega)|)\,d\omega = \pi \sum_{i=1}^{n_p} \text{Re}[p_i] + \delta \tag{6.10.7}$$

以上两式表明，在进行反馈控制系统设计时，灵敏度的改善和灵敏度的恶化，都必须在 $0 \leqslant \omega \leqslant \Omega_a$ 这个频段内发生，只有很少的一点误差 δ 可以发生在这个频率范围之外，这个误差 δ 可正可负，系统设计要保证其绝对值很小。

灵敏度函数与系统的稳定程度密切相关，针对最小相位系统，在低于系统带宽的某个频率点上，灵敏度函数 S 会有一个有限的但可能很大的正值 S_{max}。S_{max} 越大，意味着开环传递函数 $G_c(s)G(s)$ 的奈奎斯特曲线越接近临界点 $(-1, j0)$，系统的矢量裕度 VM 就越小，其关系如下：

$$VM = 1/S_{max} \tag{6.10.8}$$

例如，针对 $G_1(s) = \dfrac{10}{(s+1)(s+2)}$，由图 6.10.2 可知，$S_{max} = e^{0.377} = 1.458$，则 $VM = 1/S_{max} = 0.686$。该系统的相位裕度为 56°。

6.11 控制系统设计实例

6.11.1 磁盘驱动器读取系统

当忽略电机磁场影响时，具有 PD 控制器的磁盘驱动系统如图 6.11.1 所示。为了消除 PD 控制形成的零点因式 $(s + z)$ 对闭环动态性能的不利影响，系统配置了前置滤波器 $G_p(s)$。要求设计 PD 控制器 $G_c(s)$ 和前置滤波器 $G_p(s)$，使系统成为最小节拍响应系统，

并满足以下设计要求：

（1）单位阶跃响应超调量 $\sigma_p\% < 5\%$；

（2）单位阶跃响应调节时间 $t_s < 50$ ms（$\Delta = 2\%$）；

（3）单位阶跃扰动作用下的最大响应 $< 5 \times 10^{-3}$。

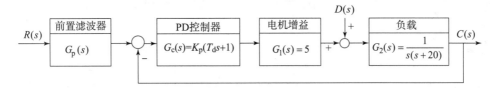

图 6.11.1　带有 PD 控制器的磁盘驱动器控制系统

【解】　由图 6.11.1 知，当不考虑 $G_p(s)$ 时，系统开环传递函数为

$$G(s) = G_c(s)G_1(s)G_2(s) = \frac{5K_p(T_d s + 1)}{s(s + 20)}$$

相应的闭环传递函数为

$$\Phi(s) = \frac{G(s)}{1 + G(s)} = \frac{5K_p(T_d s + 1)}{s^2 + (20 + 5K_p T_d)s + 5K_p}$$

由表 6.7.3 可知，二阶最小节拍系统的标准闭环传递函数为

$$T(s) = \frac{\omega_n^2}{s^2 + 1.82\omega_n s + \omega_n^2} \tag{6.11.1}$$

按表 6.7.3 可知规范化调节时间应为

$$\omega_n t_s = 4.82$$

而实际系统对调节时间的设计要求为 $t_s < 50$ ms，于是可取 $\omega_n = 120$，在这种情况下，调节时间为 $t_s = \dfrac{4.82}{120} = 40.2$ ms < 50 ms，满足设计要求。

由图 6.11.1 可得闭环系统的特征方程为

$$s^2 + (20 + 5K_p T_d)s + 5K_p = 0$$

与式（6.11.1）的系数进行比较，有

$$120 \times 1.82 = 20 + 5K_p T_d, \quad 120 \times 120 = 5K_p$$

解得：

$$K_p = 2\,880, T_d = 0.013\,8$$

$$G_c(s) = 2\,880 \times (0.013\,8s + 1)$$

为了消除由于 PD 控制器而引入的新增闭环零点 $(s + 72.8)$ 的不利影响，将前置滤波器取为

$$G_p(s) = \frac{72.8}{s + 72.8}$$

就能进一步抵消 PD 控制器引入的闭环零点。最后，对所设计的系统进行仿真测试，无前置滤波器时单位阶跃响应如图 6.11.2 中的虚线所示，表明闭环零点可以减小系统的上升时间，但会恶化系统的超调量；而有前置滤波时系统的单位阶跃时间响应如图 6.11.2 中的实线所示，其动态性能大为改善，超调量 $\sigma_p\% = 0.1\%$，调节时间 $t_s = 40$ ms（$\Delta = 2\%$）；该系统对单位阶跃扰动响应的最大值为 6.9×10^{-5}，从而全部满足设计指标要求。

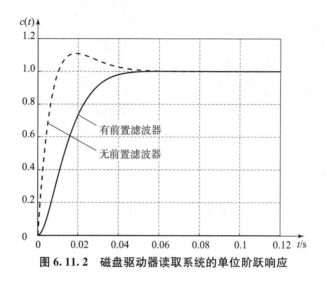

图 6.11.2 磁盘驱动器读取系统的单位阶跃响应

由于 $\sigma_p\%$ 发生在 $\Delta=2\%$ 的误差带内，因此也可认为系统的超调量为零。

6.11.2 热钢锭机器人控制系统

热钢锭机器人控制系统的机械结构如图 6.11.3（a）所示。该系统有一个视觉传感器，用于测量热钢锭的位置 $R(s)$。系统使用另外一个视觉传感器来测量机器人自身在轨道上的位置 $C(s)$，并反馈给控制器。控制器利用二者的偏差信息，产生控制量，将机器人移动到热钢锭的上方（沿 x 轴）。然后机器人夹起热钢锭，放入淬火槽。热钢锭机器人控制系统的方框图如图 6.11.3（b）所示。

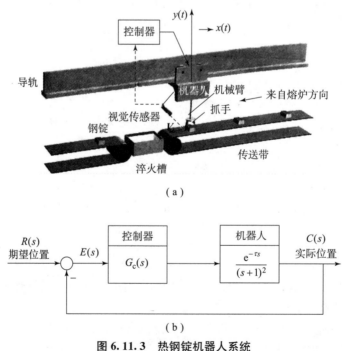

（a）

（b）

图 6.11.3 热钢锭机器人系统

（a）热钢锭机器人系统示意图；（b）热钢锭机器人控制系统的方框图

机器人的动力学数学模型为：

$$G_o(s) = \frac{K e^{-\tau s}}{(s+1)^2}$$

其中 $\tau = 0.78$ s。

设计控制器使系统达到如下性能指标：

(1) 阶跃响应的稳态误差小于 10%。

(2) 相位裕度 $\gamma \geqslant 50°$。

(3) 阶跃响应的超调量 $\sigma_p\% < 10\%$。

【解】先假设 $G_c(s) = 1$，且先忽略延迟环节，则系统的开环传递函数为

$$G(s) = \frac{K}{(s+1)^2}$$

由图 6.11.3 (b) 可知，这是一个零型系统，在阶跃输入信号 $R(s) = a/s$ 的作用下，误差为

$$E(s) = \frac{s^2 + 2s + 1}{s^2 + 2s + 1 + K} \frac{a}{s}$$

根据终值定理（K 取正值时，系统始终稳定），可以得到

$$e_{ss} = \lim_{s \to 0} sE(s) = \frac{a}{1+K}$$

为了满足性能指标设计要求（1），也就是要求稳态误差小于 10%，应该有

$$e_{ss} \leqslant \frac{a}{10}$$

由此增益应该满足 $K \geqslant 9$。取 $K = 9$，得未校正系统的开环传递函数为

$$G(s) = \frac{9}{(s+1)^2} e^{-0.78s}$$

其伯德图如图 6.11.4 所示，穿越频率 $\omega_c = 2.83$ rad/s 处，相位裕度为 $\gamma = -87.5°$，因此系

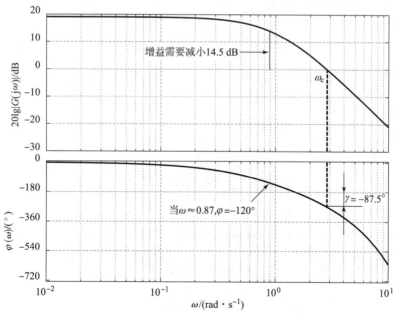

图 6.11.4　$G(s) = \dfrac{9}{(s+1)^2} e^{-0.78s}$ 时未校正系统的伯德图

统不稳定。

考虑采用 PI 控制器，则系统的开环传递函数为

$$G_c(s)G(s) = \frac{K_p}{s}\left(s + \frac{1}{T_i}\right)\frac{9}{(s+1)^2}e^{-\tau s}$$

系统变成了 I 型系统，系统阶跃响应的稳态误差将会为零，满足设计要求（1）。

根据超调量指标，可以确定期望的阻尼系数范围。由于 $\sigma_p\% = 10\%$，可以得到 $\zeta \geqslant 0.59$。由于采用了 PI 控制器，系统增加了一个零点 $s = -\frac{1}{T_i}$。这个零点虽然不会影响闭环系统的稳定性，但是会影响其动态性能。利用近似关系

$$\zeta \approx 0.01\gamma$$

可知相位裕度需要达到 $60°$，所以需要通过补偿，使校正后的系统在穿越频率处的相角 φ 为 $-120°$。从图 6.11.4 可以估计得到，相角为 $\varphi = -120°$ 的频率为 $\omega \approx 0.87$ rad/s。在 $\omega \approx 0.87$ rad/s 处，未校正系统的幅值为 14.5 dB，如果想使穿越频率等于 0.87 rad/s，需要将系统的增益减小 14.5 dB。

由图 6.6.2 的 PI 控制器的伯德图可知，当 ω 取值较大时，比例-积分控制器高频段的增益为 $20\lg K_p$，因此

$$20\lg K_p = -14.5$$

则

$$K_p = 0.188$$

最后，我们还需要确定系数 T_i。如前所述，我们希望控制器的转折频率小于系统的穿越频率，这样就可以保证相位裕度不会因为 PI 控制器的零点而发生太大的变化。可使 $\frac{1}{T_i} = 0.1\omega_c$，即将 PI 控制器的转折频率选为穿越频率的十分之一，于是有 $T_i = \frac{1}{0.1\omega_c} = 11.49$，最终得到的 PI 控制器为

$$G_c(s) = \frac{0.188}{s}\left(s + \frac{1}{11.49}\right)$$

校正后系统的增益裕度和相位裕度分别为 $K_g = 5.35$ dB 和 $\gamma = 56.8°$。

校正后系统的阶跃响应超调量为 $\sigma_p\% \approx 4.0\%$，可见，校正后的系统满足了所有设计要求。

6.11.3 天线方位控制系统

天线方位控制系统的开环传递函数为

$$G(s) = \frac{6.63K}{s(s+1.71)(s+100)}$$

利用频率响应法设计串联校正器，使得：（1）静态速度误差系数 $K_v = 9.85$；（2）单位阶跃响应的超调量 $\sigma_p\% \leqslant 20\%$；（3）调节时间 $t_s \leqslant 3.5$ s（$\Delta = 2\%$）。

【解】（1）由

$$\sigma_p\% = e^{-\pi\zeta/\sqrt{1-\zeta^2}} \times 100\%$$

可得

$$\zeta = \frac{-\ln\sigma_p}{\sqrt{\pi^2 + (\ln\sigma_p)^2}} = \frac{-\ln 0.2}{\sqrt{\pi^2 + (\ln 0.2)^2}} = 0.456$$

因为期望的调节时间 $t_s = 3.5$ s（$\Delta = 2\%$），所以根据式（5.7.8）可计算得到期望的系统闭环带宽 $\omega_b = 3.3$ rad/s。

天线方位控制系统的开环传递函数为

$$G(s) = \frac{6.63K}{s(s+1.71)(s+100)} = \frac{0.038\ 8K}{s\left(\dfrac{s}{1.71}+1\right)\left(\dfrac{s}{100}+1\right)}$$

若 $K = 254$，则 $K_v = 9.85$。

绘制 $G(s) = \dfrac{0.038\ 8 \times 254}{s\left(\dfrac{s}{1.71}+1\right)\left(\dfrac{s}{100}+1\right)}$ 的伯德图，如图 6.11.5 所示。

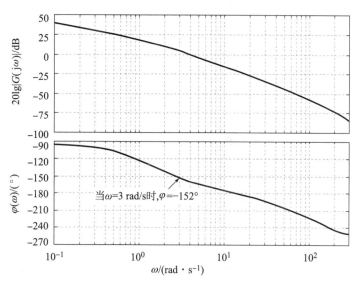

图 6.11.5　未校正系统的伯德图

未校正系统的相位裕度 $\gamma = 21.3°$，$\omega_c = 3.93$ rad/s，$\sigma_p\% = 54.8\%$，$t_s(\Delta = 2\%) = 4.88$ s。

利用二阶近似公式可知，20% 的超调量需要 48.1° 的相位裕度。选取 $\omega_c' = 3$ rad/s 为已校正系统的穿越频率，如图 6.11.5 所示，$\omega = 3$ rad/s 对应的相位角为 $\varphi = -152°$（对应相位裕度为 28°）。如果允许滞后校正器产生 7° 的相位裕度，则超前校正器必须产生（$48.1° - 28° + 7°$）$= 27.1°$ 的相位裕度，由 $\alpha = \dfrac{1 + \sin \varphi_{max}}{1 - \sin \varphi_{max}}$，可知 $\alpha = 2.67$。

确定滞后校正器的参数：

为了使滞后校正器的相位滞后特性影响尽量较小，选择 $\omega_2 = 0.1 \times 3 = 0.3$ rad/s，则 $T_2 = 3.33$，$\alpha T_2 = 3.33 \times 2.67 = 8.9$，则滞后校正器为

$$G_{lag}(s) = \frac{3.33s + 1}{8.9s + 1}$$

确定超前校正器的参数：

由于

$$\omega_1 = \frac{1}{\sqrt{\alpha}}\omega_c' = 1.83, T_1 = 1/1.83 = 0.54, T_1/\alpha = 0.54/2.67 = 0.2$$

则超前校正器为

$$G_{\text{lead}}(s) = \frac{0.54s+1}{0.2s+1}$$

因此滞后-超前校正器为

$$G_c(s) = \frac{(3.33s+1)(0.54s+1)}{(8.9s+1)(0.2s+1)}$$

经校验，已校正系统的相位裕度 $\gamma=51.4°$，$\omega_c=3.0$ rad/s，系统闭环带宽 $\omega_b=5.0$ rad/s，单位阶跃响应的超调量为 19.4%，调节时间为 3.4 s（$\Delta=2\%$）。

6.12　利用 Matlab 进行控制系统校正

下面通过一个例题，说明如何利用 Matlab 指令进行控制器设计。

针对天线方位控制系统

$$G(s) = \frac{9.85}{s\left(\frac{s}{1.71}+1\right)\left(\frac{s}{100}+1\right)}$$

利用频率响应法设计超前校正器，使得阶跃响应的超调量 $\sigma_p\%\leqslant 20\%$。

【解】下面采用的 Matlab 指令，可以为天线方位控制系统设计一个超前校正器。

g= tf([6.63* 254],[1 101.71 171 0]); margin(g)	画出未校正系统的伯德图，求出未校正系统的相位裕度为 $\gamma=21.3°$，$\omega_c=3.93$ rad/s
alfa = (1+ sin(40 * 3.14/180))/(1-sin(40* 3.14/180)) bb= 10* log10(alfa)	假定需要超前校正器提供 $\varphi_{max}=40°$ 的超前角，求出 $\alpha=4.6$，并计算出 $-10\lg\alpha=-6.6$ dB
w= logspace(- 1,2.47,10000); bode(g,w)	在伯德图幅频曲线上移动数据游标"+"，找到 -6.6 dB 对应的频率 $\omega_c'=5.8$ rad/s
w1= 1/sqrt(alfa)* 5.8 w2= sqrt(alfa)* 5.8 lead= tf([1/w1 1],[1/w2 1])	求出超前校正器的转折频率，给出校正器的传递函数
glead= g* lead margin(glead)	求出已校正系统的相位裕度 $\gamma=52°$，$\omega_c'=5.8$ rad/s
c= glead/(1+ glead) step(c)	求出系统的闭环传递函数，画出单位阶跃响应曲线，在曲线上移动数据游标"+"，读出各个时域指标，验证是否达到系统要求的性能指标。若不满足设计要求，或者指标比设计要求过高，则重新调整 φ_{max}，重复上述设计过程
uc= lead/(1+ glead) step(uc)	画出单位阶跃输入时的控制量曲线，检验控制量是否在工程系统允许的范围内，即是否合理可行，如果过大，则需要改进控制器的参数或者结构

通过上述程序设计出的超前校正器为

$$G_{\text{lead}}(s) = \frac{0.37s+1}{0.083s+1}$$

仿真显示已校正系统超调量为 18%，调节时间 $t_s=0.86$ s $(\Delta=2\%)$，远远快于 6.11.3 节的控制系统，然而付出的代价是系统控制量会变大。

6.13　基于 Matlab 的系统频域校正数学仿真实验

实验目的：

利用 Matlab 软件进行系统的串联校正，掌握超前、滞后、滞后 - 超前等三种串联校正方法，验证三种校正系统的特点。

实验预习：

求出典型二阶系统超调量为 15% 时对应的相位裕度。

实验：

单位反馈系统的开环传递函数为 $G(s)=\dfrac{K}{s(s+8)(s+30)}$，利用 Matlab 软件分别设计超前、滞后、滞后 - 超前等三种校正器，使得静态误差系数 $K_v=20$，系统超调量小于 15%，且要求超前校正系统的带宽不要过大、滞后校正系统的带宽不要过小。

实验报告：

给出基于 Matlab 软件的超前、滞后、滞后 - 超前等三种校正器的设计步骤及设计结果；分别给出已校正系统的相位裕度、穿越频率等频域指标；分别绘制已校正系统的单位阶跃响应曲线及控制量曲线，并读出系统的超调量、调节时间等时域指标；对上述三种校正系统的时域指标、频域指标、控制量大小等进行对比，总结三种校正系统的优缺点。

习　题　6

6-1　要求系统为二阶无静差，且要求 $\omega_c=50$ rad/s，$\gamma=40°$，求期望的开环传递函数。

6-2　要求系统为一阶无静差，且要求 $K_v=300$，$\omega_c=10$ rad/s，$\gamma=50°$，求期望的开环传递函数。

6-3　要求系统为一阶无静差，且要求 $K_v=400$，$\omega_c=20$ rad/s，$\gamma=45°$，且已知原系统传递函数在高频段有一个小时间常数的一阶惯性环节，求期望的开环传递函数。

6-4　已知系统的结构图如图 E6-1 所示，其中 $G(s)=10/[s(s+1)]$。

(1) 设计一超前校正器，使系统的动态性能指标为 $\omega_c=10$ rad/s，$\gamma=40°$，并计算系统的静态速度误差系数 K_v。

(2) 设计一滞后校正器，使系统的动态性能指标为 $K_v=20$，$\gamma=40°$，并计算系统的穿越频率 ω_c。

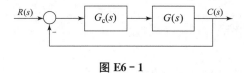

图 E6-1

6-5　设一位置随动系统结构图如图 E6-2 所示，系统的静态速度误差系数 $K_v=2$。

（1）确定 K 值，计算该 K 值下的相位裕度和幅值裕度；

（2）在（1）确定的 K 值情况下，串接超前校正器 $G_c(s) = (0.4s+1)/(0.08s+1)$，计算校正后系统的相位裕度和幅值裕度，并说明超前校正对系统动态性能的影响。

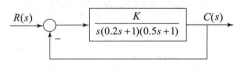

图 E6-2

6-6 单位反馈系统开环传递函数为

$$G_0(s) = \frac{K}{s(0.1s+1)}$$

为满足稳态性能指标，取 $K=200$。试设计一串联校正器，使校正后系统的相位裕度 γ 不小于 $45°$，穿越频率 ω_c 不低于 50 rad/s。

6-7 单位反馈系统开环传递函数为

$$G_0(s) = \frac{7}{s\left(\frac{1}{2}s+1\right)\left(\frac{1}{6}s+1\right)}$$

试设计一串联滞后校正器，使校正后系统的相位裕度 $\gamma \geqslant 40°$、幅值裕度不低于 10 dB、$\omega_c \geqslant 1$ rad/s，且保持开环增益不变。

6-8 在图 E6-3 所示的位置随动系统中，由电动机和功率放大器所组成的系统不变部分传递函数为

$$G_0(s) = \frac{\theta(s)}{U(s)} = \frac{250}{s(0.1s+1)}$$

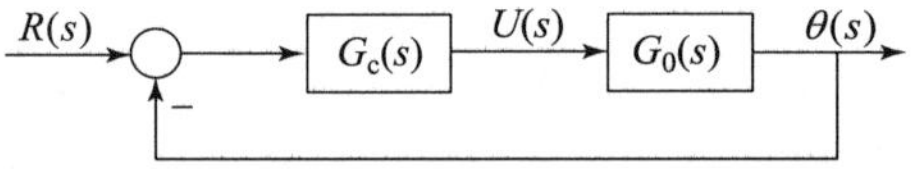

图 E6-3

欲使系统相位裕度 $\gamma \geqslant 50°$，需设计一校正器 $G_c(s)$，它可由下面 3 种方案完成：

（1）$G_c(s)$ 为增益可调的放大器，即 $G_c(s) = K$

（2）$G_c(s) = \dfrac{0.8s+1}{50s+1}$

（3）$G_c(s) = \dfrac{1+s/30}{1+s/225}$

试做如下内容：

（1）画出上述 3 种方案校正后的伯德图；

（2）从稳态误差、过渡过程、抗干扰 3 个方面比较上述方案的优劣。

6-9 设单位反馈系统的开环传递函数为

$$G_0(s) = \frac{40}{s(0.2s+1)(0.062\,5s+1)}$$

要求校正后系统的相位裕度 $\gamma \geqslant 30°$，幅值裕度 $K_g \geqslant 10$，试设计串联超前校正器。

6-10 设开环传递函数

$$G(s) = \frac{K}{s(s+1)(0.01s+1)}$$

单位斜坡输入下的稳态误差 e_{ss} 小于 0.062 5。若使校正后相位裕度不小于 45°，穿越频率不低于 2 rad/s，试设计校正器。

6-11　已知一角度随动系统的结构图如图 E6-4 所示，其中 $K_1 = 0.25$，$K_3 = 400$，$T_f = 0.008$，$T_m = 1$。系统的性能指标要求为 $K_v \geqslant 500/s$，$t_s \leqslant 0.4$ s，$\sigma_p\% \leqslant 30\%$，要求设计串联校正的传递函数 $G_c(s)$。

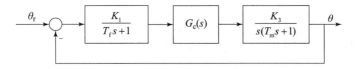

图 E6-4

6-12　设系统结构仍如图 E6-1 所示，且已知

$$G(s) = \frac{10}{s(s+1)(0.01s+1)}$$

要求系统为 I 型系统，并取 $\omega_n = 5$ rad/s，试用 ITAE 设计串联校正传递函数 $G_c(s)$。

6-13　某单位负反馈控制系统的受控对象为

$$G(s) = \frac{400}{s(s+40)}$$

校正器取为比例-积分控制器，即

$$G_c(s) = K_p + \frac{K_i}{s}$$

若校正后的系统斜坡响应的稳态误差为零。

① 当 $K_i = 1$ 时，确定 K_p 的合适取值，使阶跃响应的超调量约为 20%。

② 计算校正后系统的调节时间 $t_s(\Delta = 2\%)$。

6-14　设单位反馈系统开环传递函数为

$$G_0(s) = \frac{10}{s(0.2s+1)(0.5s+1)}$$

要求校正后系统的相位裕度 $\gamma \geqslant 65°$、幅值裕度 $h \geqslant 6$ dB，试设计串联超前校正器。

6-15　设系统开环传递函数

$$G_0(s) = \frac{K}{s(s+1)(0.5s+1)}$$

要求 $K_v = 5$，相位裕度不小于 40°，幅值裕度不低于 10 dB，试设计校正器。

6-16　设单位反馈系统的开环传递函数为

$$G_0(s) = \frac{8}{s(2s+1)}$$

若采用滞后-超前校正器

$$G_c(s) = \frac{(10s+1)(2s+1)}{(100s+1)(0.2s+1)}$$

对系统进行串联校正，试绘制校正前、后的对数幅频渐近特性，并计算系统校正前、后的相位裕度。

6-17 某单位负反馈控制系统的受控对象为

$$G(s) = \frac{40}{s(s+2)}$$

要求闭环系统对斜坡输入 $r(t) = At$ 的响应的稳态误差小于 $0.05A$，相位裕度为 $30°$，穿越频率 ω_c 为 10 rad/s，试判定应该采用超前校正还是滞后校正。

6-18 汽车点火控制系统中有一个单位负反馈控制环节，其开环传递函数为 $G_c(s)G(s)$，其中 $G(s) = \dfrac{K}{s(s+5)}$，且 $G_c(s) = K_p + \dfrac{K_i}{s}$，若已知 $\dfrac{K_i}{K_p} = 0.5$，试确定 K_i 和 K_p 的取值，使与系统的主导极点对应的阻尼系数 $\zeta = 1/\sqrt{2}$。

6-19 自动导航小车（AGV）通常可以视为一种用来搬运物品的自动化设备。AGV 导航系统的框图如图 E6-5 所示，其中 $\tau_1 = 40 \text{ ms}$，$\tau_2 = 1 \text{ ms}$。为了使系统响应斜坡输入的稳态误差仅为 1%，要求系统的速度误差系数为 $K_v = 100$。在忽略 τ_2 的条件下，试设计超前校正器 $G_c(s)$，使系统的相位裕度满足 $45° \leqslant \gamma \leqslant 65°$。按相位裕度的两个极端情况设计系统之后，计算并比较所得系统的阶跃响应的超调量和调节时间。

图 E6-5

6-20 对如图 E6-5 中的系统，试设计合适的滞后校正器，使系统的相位裕度达到 $50°$，并计算校正后系统的超调量及峰值时间。

6-21 已知一角度随动系统的结构图如图 E6-6 所示，其中 $K_2 = 2\,000$，$T_f = 0.008$，$T_m = 1$。系统的性能指标为 $K_v \geqslant 500/\text{s}$，$t_s \leqslant 0.4 \text{ s}$，$\sigma_p\% \leqslant 30\%$，试设计校正器 $G_c(s)$ 并确定出 K_1 的大小。

6-22 考虑如图 E6-7 所示的系统，要求设计一个 PID 控制器 $G_c(s)$，其中 $a = 1$，使得闭环主导极点位于 $s = -1 \pm j\sqrt{3}$，试确定 K 和 b 的值。

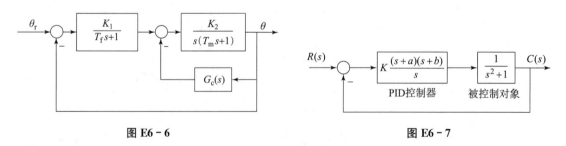

图 E6-6　　　　　　　　　　　　　　**图 E6-7**

6-23 考虑如图 E6-8 所示的系统，要求设计一个 PI 控制器 $G_c(s)$，使得系统的静态速度误差系数为 4，相位裕度为 $50°$，且增益裕量大于等于 10 dB。

6-24 对于如图 E6-9 所示的轴位置控制系统，利用伯德图设计超前校正器，使得 $K_v = 40$，超调量为 20%，峰值时间为 0.1 s。

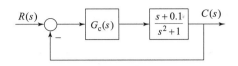

图 E6 - 8

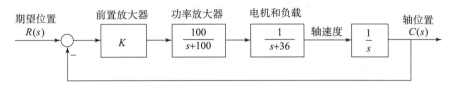

图 E6 - 9

6 - 25 考虑单位反馈系统的开环传递函数为 $G(s) = \dfrac{K}{s(s+2)}$，设计一超前校正器，使得系统的相位裕度不小于 $45°$，系统斜坡响应的稳态误差为 5%。

6 - 26 若单位反馈系统的开环传递函数为 $G(s) = \dfrac{K}{s(s+50)(s+120)}$，用频率响应法设计控制器增益 K，使得系统的超调量为 20%。

6 - 27 若单位反馈系统的开环传递函数为 $G(s) = \dfrac{K}{s(s+50)(s+120)}$，利用伯德图设计超前校正器，使得 $K_v = 50$，超调量为 20%，调节时间为 $0.2\ \mathrm{s}$。

6 - 28 针对图 E6-10 所示的控制系统，基于伯德图设计一超前校正器，使得：$K_v = 10$，超调量小于 10%，调节时间 $t_s \leqslant 3\ \mathrm{s}$。

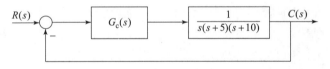

图 E6 - 10

第7章
线性离散系统分析

[本章学习目标]
(1) 掌握采样器与保持器的数学描述；
(2) 掌握 z 变换和 z 反变换方法；
(3) 理解脉冲传递函数的内涵，能够建立离散系统的脉冲传递函数；
(4) 掌握离散控制系统的稳定性分析方法，
(5) 能够分析离散控制系统的稳态误差；
(6) 能够分析离散控制系统的动态性能；
(7) 掌握基于离散等效法的离散控制系统校正。

从控制系统中信号的形式来划分控制系统的类型，可以把控制系统划分为连续控制系统和离散控制系统。在前面各章所研究的控制系统中，系统中各处的信号都是时间的连续函数，控制器也是连续的模拟控制器。随着数字计算机，特别是微处理器的蓬勃发展，数字控制器在很多场合替代了模拟控制器，从而使连续系统转变为离散系统。

基于工程实践的需要，作为分析与设计数字控制系统的基础理论，离散控制系统理论的发展非常迅速。本章主要讨论线性离散系统的分析与设计方法，首先建立信号采样器和保持器的数学描述，然后介绍 z 变换理论和脉冲传递函数，最后讲述线性离散系统的稳定性分析与校正方法。

7.1 离散控制系统的基本概念

如果系统中有一处或几处的信号是脉冲序列或数字编码，即这些信号仅定义在离散时间上，则这样的系统称为离散时间系统，简称离散系统。所谓离散控制系统是指间断地对系统中某些变量进行测量和控制的系统。一般来说，离散系统中的离散信号是脉冲序列形式的，称为采样控制系统或者脉冲控制系统；而当离散信号为数字序列形式时，则称为数字控制系统或计算机控制系统。

7.1.1 采样控制系统

如图 7.1.1 所示为一个典型的采样控制系统原理方框图，系统由采样开关、控制器、保持器、测量元件和被控对象等组成。

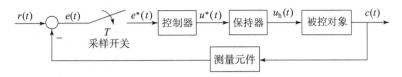

图 7.1.1　采样控制系统原理方框图

采样开关受某一信号控制，使其短暂地接通之后立即断开。采样开关的接通时间可以是等间隔的，也可以是不等间隔的。如果在有规律的间隔上，系统取到了离散信息，则称这种采样为**周期采样**，反之为**非周期采样**。本书仅讨论周期采样，如图 7.1.2 所示。这样，连续信号 $e(t)$ 通过采样开关之后就变成了离散信号 $e^*(t)$。通常把这种连续信号经采样开关变成离散信号的过程称为**采样**，含有采样开关的系统称为采样系统。用 T 表示采样周期，单位为 s（秒）；$f_s = 1/T$ 表示采样频率，单位为 $1/s$；$\omega_s = 2\pi f_s$ 表示采样角频率，单位为 rad/s。

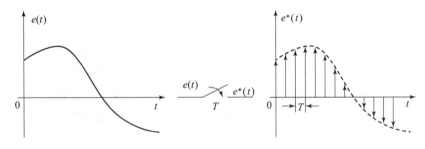

图 7.1.2　周期采样

不难看出，采样系统的特点是，在采样开关接通时刻，系统处于闭环工作状态，而在采样开关断开期间，系统处于开环工作状态。采样就是通过采样开关的作用将连续信号变成脉冲序列的过程。

在采样控制系统中，把脉冲序列转变为连续信号的过程称为信号复现过程，实现复现过程的装置称为保持器。在采样控制系统中，控制器输出的是脉冲信号 $u^*(t)$，如果直接作用于系统连续元件，$u^*(t)$ 的高频分量相当于给系统加入了噪声，不但影响控制质量，严重时会加剧机械部件的磨损。因此，需要将 $u^*(t)$ 信号复原成连续信号，再加到系统的连续元件上。

7.1.2　数字控制系统

由于数字计算机的发展与普及，数字控制系统或计算机控制系统迅速发展，数字控制系统在控制精度、控制速度、抗噪声、性价比等方面都比模拟控制系统表现出明显的优越性，在军事、航空及工业过程中得到了广泛应用。数字计算机一般用于代替连续控制系统中的控制器，例如第 6 章讲过的超前、滞后、滞后-超前、PID 等控制器。当系统设计发生改变时，一般情况下，只需要改变数字计算机中的软件算法即可，大大提高了控制系统设计的灵活性。图 7.1.3 所示为以数字计算机为控制器组成的一个典型计算机控制系统原理方框图，系统通常由数字处理器、A/D 变换器、D/A 变换器、被控对象及测量元件等组成。

在计算机控制系统，由 A/D 转换器和 D/A 转换器分别充当采样器和保持器，进行连续信号和离散信号之间的转换。

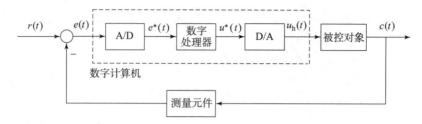

图 7.1.3　计算机控制系统原理方框图

A/D 转换器是把连续的模拟信号转换为离散数字信号的模/数转换装置。A/D 转换器对偏差信号 $e(t)$ 进行采样，把连续信号变成离散信号 $e^*(t)$，并且把其值由十进制数转换成二进制数，即编码，然后输入数字处理器，A/D 转换器可以用一个每隔 T 秒瞬时闭合一次的理想采样开关来表示。

数字处理器对 A/D 转换器采集的数据进行处理，对其按照给定的控制算法进行运算，然后发出二进制脉冲控制信号。数/模转换装置 D/A 转换器把数字处理器输出的控制脉冲 $u^*(t)$ 变换成十进制数（即解码）并进行保持，形成阶梯连续信号 $u_h(t)$，作用于被控对象。D/A 转换器类似采样系统中的保持器。在计算机控制系统中，用数字处理器的内部时钟设定采样周期，在采样时刻到达时，A/D 转换器开始采样，然后数字处理器进行运算、D/A 转换，对被控对象施加控制，这些工作必须在一个采样周期内完成，在下一个采样时刻到达时，重复上述过程，这样就达到了控制的目的。

7.2　信号的采样与保持

在离散控制系统中，为了把连续信号转换为离散信号需要使用采样器；离散信号不能直接作为连续元部件的输入信号，而要用保持器将其转换为连续信号。为了定量研究离散系统，必须对信号的采样和保持过用数学的方法加以描述。

7.2.1　采样过程及其数学描述

把连续信号变换为脉冲信号的装置称为采样器，又称为采样开关。采样器的采样过程，可以用一个周期性闭合的采样开关来表示，如图 7.2.1 所示。

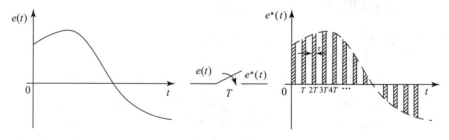

图 7.2.1　实际采样过程

对于实际采样过程，将连续信号 $e(t)$ 加到采样开关的输入端，采样开关以周期 T 闭合一次，闭合的持续时间为 τ，在闭合期间，截取被采样的 $e(t)$ 的幅值，作为采样开关的输出。在断开期间采样开关的输出为零。于是在采样开关的输出端就得到宽度为 τ 的脉冲序列 $e^*(t)$（以"*"表示采样信号）。

对于具有有限脉冲宽度的采样系统来说，要准确进行数学分析是非常复杂的，且无此必要。考虑到采样开关的闭合时间 τ 非常小，通常为毫秒到微秒级，一般远小于采样周期 T 和系统连续部分的最小时间常数，因此在分析时，可以认为 $\tau = 0$。这样，采样器就可以用一个理想采样器来代替。

在理想的采样过程中，连续信号经采样开关的周期采样后，得到的采样脉冲的强度等于连续信号在采样时刻的幅值。因此，理想采样开关可以视作一个脉冲调制器，采样过程可以视作一个单位脉冲序列 $\delta_T(t)$ 被输入信号 $e(t)$ 进行幅值调制的过程，如图 7.2.2 所示。其中，单位脉冲序列 $\delta_T(t) = \sum_{k=-\infty}^{+\infty} \delta(t-kT)$ 为载波信号，$e(t)$ 为调制信号。

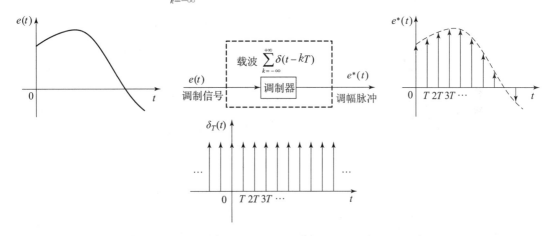

图 7.2.2 幅值调制过程（采样过程）

假设当 $t < 0$ 时，$e(t) = 0$，因此脉冲序列从零开始，这个前提在实际控制系统中，通常都是满足的。因此当 $t \geq 0$ 时，输出信号可表示为

$$e^*(t) = e(t)\delta_T(t) = e(t)\sum_{k=0}^{+\infty}\delta(t-kT) \tag{7.2.1}$$

式（7.2.1）为理想采样过程的数学表达式，其中 $\delta(t-kT)$ 是出现在 $t=kT$、强度为 1 的单位脉冲。

考虑到 δ 函数的特点，式（7.2.1）可描述为

$$e^*(t) = \sum_{k=0}^{+\infty} e(kT)\delta(t-kT) \tag{7.2.2}$$

对采样信号 $e^*(t)$ 进行拉氏变换，可得

$$E^*(s) = L[e^*(t)] = L\left[\sum_{k=0}^{+\infty} e(kT)\delta(t-kT)\right] \tag{7.2.3}$$

根据拉氏变换的位移定理，有

$$L[\delta(t-kT)] = e^{-kTs}\int_0^{+\infty}\delta(t)e^{-st}dt = e^{-kTs}$$

所以，采样信号的拉氏变换为

$$E^*(s) = \sum_{k=0}^{+\infty} e(kT) e^{-kTs} \qquad\qquad (7.2.4)$$

式（7.2.4）将 $E^*(s)$ 与采样函数 $e(kT)$ 联系起来，$e(kT)$ 描述的是 $e^*(t)$ 在采样瞬时的值，所以 $E^*(s)$ 不能给出连续函数 $e(t)$ 在采样间隔之间的信息。

【**例 7.2.1**】设 $e(t) = e^{-at}$，$t \geqslant 0$，a 为常数，试求 $e^*(t)$ 的拉氏变换。

【**解**】由式（7.2.4），有

$$
\begin{aligned}
E^*(s) &= \sum_{k=0}^{+\infty} e^{-akT} e^{-kTs} = \sum_{k=0}^{+\infty} e^{-k(s+a)T} \\
&= \frac{1}{1 - e^{-(s+a)T}} = \frac{e^{Ts}}{e^{Ts} - e^{-aT}}, \quad |e^{-(\sigma+a)T}| < 1
\end{aligned}
$$

式中，σ 为 s 的实部。上式是 e^{Ts} 的有理函数。

【**例 7.2.2**】设 $e(t) = e^{-t} - e^{-2t}$，$t \geqslant 0$，试求采样拉氏变换 $E^*(s)$。

【**解**】

$$
\begin{aligned}
E^*(s) &= \sum_{k=0}^{+\infty} (e^{-kT} - e^{-2kT}) e^{-kTs} \\
&= \frac{1}{1 - e^{-T(s+1)}} - \frac{1}{1 - e^{-T(s+2)}} \\
&= \frac{(e^{-T} - e^{-2T}) e^{Ts}}{(e^{Ts} - e^{-T})(e^{Ts} - e^{-2T})}
\end{aligned}
$$

而连续信号 $e(t)$ 的拉氏变换为

$$E(s) = \frac{1}{(s+1)(s+2)}$$

通过例题求解结果可以看出，用拉氏变换法研究离散系统，尽管可以得到 e^{Ts} 的有理函数，但它是一个复变量 s 的超越函数，不便于进行分析和设计。为了克服这一困难，通常采用 z 变换法研究离散系统。z 变换可以把离散系统的 s 超越方程，变换为变量 z 的代数方程。有关 z 变换理论将在 7.3 节介绍。

7.2.2 采样定理

要对被控对象进行控制，通常要把采样信号恢复成连续信号，此工作一般是由低通滤波器来完成的。但是信号能否恢复到原来的形状，主要取决于采样信号是否包含反映原信号的全部信息。实际上这又与采样频率有关，因为连续信号经采样后，只能给出采样时刻的数值，不能给出采样时刻之间的数值，亦即损失掉了 $e(t)$ 的部分信息。由图 7.2.1 可以直观地看出，连续信号变化越缓慢，采样频率越高，则采样信号 $e^*(t)$ 就越能反映原信号 $e(t)$ 的变化规律，即越多地包含原信号的信息。采样定理则是定量地给出采样频率与被采样的连续信号的"变化快慢"的关系。下面首先分析采样前后信号频谱的变化。

1. 采样信号的频谱与香农（Shannon）采样定理

首先将式（7.2.1）中的 $\delta_T(t)$ 展开成傅里叶级数

$$\delta_T(t) = \sum_{k=-\infty}^{+\infty} \delta(t - kT) = \sum_{k=-\infty}^{+\infty} c_k e^{jk\omega_s t}$$

式中，$\omega_s = \dfrac{2\pi}{T} = 2\pi f_s$，为采样角频率；$f_s$ 为采样频率；T 为采样周期；c_k 为傅氏级数的系数，

由下式决定

$$c_k = \frac{1}{T}\int_{-T/2}^{+T/2}\delta_T(t)\mathrm{e}^{-jk\omega_s t}\mathrm{d}t \tag{7.2.5}$$

由于 $\delta_T(t)$ 在 $-T/2$ 到 $+T/2$ 区间仅在 $t=0$ 时有值，所以

$$c_k = \frac{1}{T}\int_{0_-}^{0_+}\delta(t)\mathrm{d}t = \frac{1}{T} \tag{7.2.6}$$

故有

$$\delta_T(t) = \frac{1}{T}\sum_{k=-\infty}^{+\infty}\mathrm{e}^{jk\omega_s t} \tag{7.2.7}$$

由式（7.2.1）可得

$$e^*(t) = \frac{1}{T}\sum_{k=-\infty}^{+\infty}e(t)\cdot\mathrm{e}^{jk\omega_s t} \tag{7.2.8}$$

由拉氏变换的位移定理可得

$$\begin{aligned}
E^*(s) &= L[e^*(t)] = L\Big[\frac{1}{T}\sum_{k=-\infty}^{+\infty}e(t)\mathrm{e}^{jk\omega_s t}\Big]\\
&= \frac{1}{T}\sum_{k=-\infty}^{+\infty}L[e(t)\cdot\mathrm{e}^{jk\omega_s t}]\\
&= \frac{1}{T}\sum_{k=-\infty}^{+\infty}E(s-jk\omega_s) \tag{7.2.9}
\end{aligned}$$

于是，得到采样信号的频率特性为

$$E^*(j\omega) = \frac{1}{T}\sum_{k=-\infty}^{+\infty}E(j\omega-jk\omega_s) \tag{7.2.10}$$

式中，$E(j\omega)$ 为原输入信号 $e(t)$ 的频率特性；$E^*(j\omega)$ 为采样信号 $e^*(t)$ 的频率特性。

一般来说，连续信号 $e(t)$ 的频谱为 $|E(j\omega)|$，是单一的连续频谱，如图 7.2.3（a）所示，它的最高频率为 ω_h。采样信号 $e^*(t)$ 的频谱 $|E^*(j\omega)|$，是无限多个以采样频率 ω_s 为周

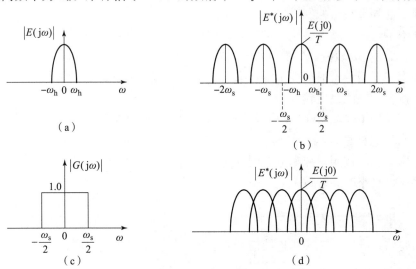

图 7.2.3　信号的频谱

（a）连续信号频谱；（b）采样信号频谱（$\omega_s>2\omega_h$）；（c）理想滤波器的频率特性；（d）采样信号频谱（$\omega_s<2\omega_h$）

期的原信号 $e(t)$ 的频谱 $|E(\mathrm{j}\omega)|$ 之和，如图 7.2.3（b）所示。其中 $k=0$ 时，就是原信号的频谱，只是幅值为原来的 $1/T$；而其余的是由于采样产生的高频频谱。如果 $|E^*(\mathrm{j}\omega)|$ 中各个波形不重复搭接，相互间有一定的距离（频率），即若

$$\frac{\omega_s}{2} \geqslant \omega_h \tag{7.2.11}$$

则可以用理想低通滤波器（其频率特性如图 7.2.3（c）所示）把 $\omega > \omega_h$ 的高频分量滤掉，只留下 $\dfrac{1}{T}|E(\mathrm{j}\omega)|$ 部分，就能把原连续信号复现出来。否则，如果 $\dfrac{\omega_s}{2} < \omega_h$，就会使 $|E^*(\mathrm{j}\omega)|$ 中各个波形互相搭接，如图 7.2.3（d）所示，无法通过滤波器滤除 $E^*(\mathrm{j}\omega)$ 中的高频部分，也就不能将 $e^*(t)$ 恢复为 $e(t)$。

香农采样定理指出：如果采样器的输入信号 $e(t)$ 具有有限带宽，并且有直到 ω_h 的频率分量，则使信号 $e(t)$ 圆满地从采样信号 $e^*(t)$ 中恢复出来的采样周期 T，满足下列条件

$$T \leqslant \frac{\pi}{\omega_h} \tag{7.2.12}$$

式中，ω_h 为连续信号 $e(t)$ 的最高次谐波的频率，采样定理表达式（7.2.12）与 $\omega_s \geqslant 2\omega_h$ 是等价的。这就是说，如果选择的采样频率足够高，使得对连续信号所含的最高次谐波，能做到在一个周期内采样两次以上，那么经采样后所得到的脉冲序列，就包含了原连续信号的全部频谱信息，就有可能通过理想滤波器把原信号毫无失真地恢复出来。否则采样频率过低，信息损失很多，原信号就不能准确复现。

2. 采样周期的选取

香农采样定理只是给出了采样周期选择的基本原则，并未给出选择采样周期的具体计算公式。显然，采样周期 T 选得越小，即采样频率 ω_s 选得越高，对控制过程的信息便获得越多，控制效果也会越好。但是，采样周期 T 选得过小，将增加不必要的计算负担，造成实现较复杂控制规律的困难。而且采样周期 T 小到一定的程度后，再减小就没有多大实际意义了。反之，采样周期 T 选得过大，又会给控制过程带来较大的误差，降低系统的动态性能，甚至有可能导致整个控制系统失去稳定。

采样频率的选择依赖于系统的带宽，一般而言，采样频率应该是 20 倍的系统带宽，即 $\omega_s = 20\omega_b$，以便使离散控制器的性能与其对应的连续控制器的性能匹配。如果系统可以容忍因采样频率降低而导致的性能下降，那么也可以降低采样速率。但是，一般当 $\omega_s \geqslant 25\omega_b$ 时，数字控制器的性能是比较好的。

Astrom 和 Wittenmark（1984）给出了采样周期 T 的选择方法，即 T 的数值应该在 $0.15/\omega_c$ 到 $0.5/\omega_c$ 秒之间，其中 ω_c 是已校正系统的穿越频率。

根据经验，也可按照系统响应时间确定采样周期，即 $T = 0.1 T_{\min}$，$T_{\min}$ 是系统中反应最快的子系统的最小时间常数。

7.2.3　保持器的数学描述

保持器是将采样信号转换成连续信号的装置，其转换过程是采样过程的逆过程。从数学上说，保持器的任务是解决采样时刻之间的插值问题。

在 kT 时刻，采样信号 $e^*(kT)$ 直接转换成连续信号 $e(t)|_{t=kT}$，同理，在 $(k+1)T$ 时刻，连续信号为 $e(t)|_{t=(k+1)T} = e^*[(k+1)T]$，但在 kT 和 $(k+1)T$ 之间，即当 $kT < t < (k+$

1)T 时，连续信号应取何值就是保持器要解决的问题。

零阶保持器的作用是把 kT 时刻的采样值，保持到下一个采样时刻 $(k+1)T$ 到来之前，即按常值外推，如图 7.2.4 所示。为了对零阶保持器进行动态分析，需要求出它的传递函数。由图 7.2.4 可以看出，零阶保持器的单位脉冲响应是一个幅值为 1、宽度为 T 的矩形波 $g_h(t)$，此矩形波可表达为两个单位阶跃函数的叠加，即

$$g_h(t) = 1(t) - 1(t-T) \tag{7.2.13}$$

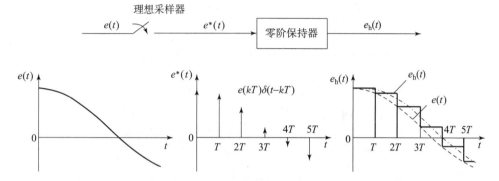

图 7.2.4　零阶保持器的输入/输出信号

由于传递函数就是系统单位脉冲响应函数的拉氏变换，可求得零阶保持器的传递函数为

$$G_h(s) = L\big[g_h(t)\big] = L\big[1(t) - 1(t-T)\big]$$
$$= \frac{1}{s} - \frac{1}{s}e^{-Ts} = \frac{1 - e^{-Ts}}{s} \tag{7.2.14}$$

其频率特性为

$$G_h(j\omega) = \frac{1 - e^{-j\omega T}}{j\omega} = \frac{e^{-\frac{j\omega T}{2}}\left(e^{\frac{j\omega T}{2}} - e^{-\frac{j\omega T}{2}}\right)}{j\omega}$$
$$= T\frac{\sin(\omega T/2)}{\omega T/2}e^{-j\omega T/2} = \frac{2\pi}{\omega_s}\frac{\sin(\pi\omega/\omega_s)}{\pi\omega/\omega_s}e^{-j\pi\omega/\omega_s}$$

其中，采样频率 $\omega_s = 2\pi/T$。

零阶保持器的幅频特性为

$$|G_h(j\omega)| = T\frac{|\sin(\omega T/2)|}{\omega T/2} = \frac{2\pi}{\omega_s}\frac{|\sin(\pi\omega/\omega_s)|}{\pi\omega/\omega_s} \tag{7.2.15}$$

则零阶保持器的相频特性为

$$\varphi_h(\omega) = -\frac{\omega T}{2} + \angle\sin(\pi\omega/\omega_s) \tag{7.2.16}$$

由式（7.2.16）可见，零阶保持器具有相位滞后特性。

零阶保持器的幅频和相频特性曲线，如图 7.2.5 所示。

零阶保持器的相角在 $k\omega_s$ 处发生突变，这是因为当频率从 $k\omega_s^-$ 变化到 $k\omega_s^+$ 时，$\sin(\omega\pi/\omega_s)$

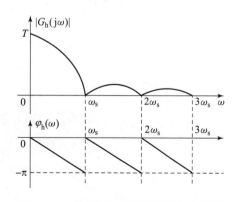

图 7.2.5　零阶保持器的幅频和相频特性

改变正负号，从而产生 $-180°$ 的相角突变。它在 $\omega = \omega_s$ 时产生 $-\pi$ 的相角，对系统频率特性的中频段会产生很大的影响，使系统的稳定性下降，而在更高的频率处，相角突变可以被记为 $-180°$，具体地讲，在频率越过 $\omega = \omega_s$ 时，相角应从 $-\pi$ 跳变为 -2π。不过，如果采样频率选择得当，高于 ω_s 的频率成为系统的高频段，对一般系统的分析没有太大影响，所以为图形紧凑起见，图 7.2.5 将相角画成从 $-180°$ 跳变到 $0°$。

可以看出，零阶保持器是一个低通滤波器，其幅值在低频段较大，在高频处幅值很小，可以有效地衰减采样信号中的高频分量。零阶保持器的低通滤波性能与采样频率 ω_s 有关，采样频率 ω_s 越高，其低通滤波性能越好，零阶保持器的输出越接近原来的连续信号。因此，零阶保持器是一种在特性上较接近理想低通滤波器而又简单易于实现的保持器，在工程上得到了广泛的应用。

采用更高阶的保持器可以获得更理想的滤波特性，从而获得更接近连续信号的频谱，例如一阶保持器就比零阶保持器更接近理想低通滤波器，但它的相角滞后却大得多，在 $\omega = \omega_s$ 时相角达到 $-279°$，过多的相角滞后会减小系统的相位裕度，甚至使闭环系统不稳定，所以在实际系统中很少采用高阶保持器。

从图 7.2.4 的零阶保持器的时域输出曲线可以看出，每个采样时刻 $e(kT)$ 的值都被保持不变，直到下一个采样时刻，因此保持器输出的连续值 $e_h(t)$ 呈阶梯状，其平均响应为 $e(t-T/2)$，表明其输出比输入在时间上滞后 $T/2$。因此，当采样速率比较低时，例如远远低于 $20\omega_b$ 时，这时在连续控制系统中，应该加入一个延迟时间为 $T/2$ 的延迟环节，才能使系统的分析结果比较正确。

7.3 z 变换理论

线性连续控制系统的动态及稳态性能，可以用拉氏变换的方法进行分析。与此相似，线性离散系统的性能，可以采用 z 变换的方法来分析。z 变换是研究离散系统的主要数学工具，是从拉氏变换直接引申出来的一种变换方法，它实际上是采样函数拉氏变换的变形。因此，z 变换又称为采样拉氏变换。

7.3.1 z 变换的定义

在采样系统中，连续函数信号 $e(t)$ 经过采样开关，变成采样信号 $e^*(t)$，由式（7.2.4）给出

$$e^*(t) = \sum_{k=0}^{+\infty} e(kT)\delta(t-kT)$$

对上式进行拉氏变换得

$$E^*(s) = \sum_{k=0}^{+\infty} e(kT) \cdot e^{-kTs} \tag{7.3.1}$$

从此式可以看出，任何采样信号的拉氏变换中，都含有超越函数 e^{-kTs}，因此，若仍用拉氏变换处理采样系统的问题，就会给运算带来很多困难。为此，引入新变量 z，令

$$z = e^{Ts} \tag{7.3.2}$$

则式（7.3.1）可以改写为

$$E(z) = \sum_{k=0}^{+\infty} e(kT) z^{-k} \tag{7.3.3}$$

这样就变成了以复变量 z 为自变量的函数，称此函数为 $e^*(t)$ 的 z 变换。

需要指出的是，$E(z)$ 是 $e^*(t)$ 的 z 变换，它只考虑了采样时刻的信号值 $e(kT)$。为了书写方便，通常采用多种 z 变换的表示符号，例如 $\mathscr{Z}[e(t)]$ 和 $\mathscr{Z}[E(s)]$，不管方括号内写的是离散信号 $e^*(t)$，还是对应的连续信号 $e(t)$ 或相应的拉氏变换式 $E(s)$，在概念上均应理解为对相应的采样脉冲序列进行 z 变换，即

$$\mathscr{Z}[e(t)] = \mathscr{Z}[e^*(t)] = \mathscr{Z}[E(s)] = E(z) = \sum_{k=0}^{+\infty} e(kT) z^{-k}$$

将式（7.3.3）展开：

$$E(z) = e(0)z^0 + e(T)z^{-1} + e(2T)z^{-2} + \cdots + e(kT)z^{-k} + \cdots \tag{7.3.4}$$

可见，采样函数的 z 变换是变量 z 的幂级数，其一般项 $e(kT)z^{-k}$ 具有明确的物理意义：$e(kT)$ 表示采样脉冲的强度，z 的幂次表示该采样脉冲出现的时刻，$e(kT)z^{-k}$ 包含量值与时间的概念。

7.3.2　z 变换的求法

1. 级数求和法

级数求和法是直接根据 z 变换的定义，将 $E(z) = \sum\limits_{k=0}^{+\infty} e(kT) z^{-k}$ 展开，根据无穷级数求和公式

$$a + aq + aq^2 + \cdots = \frac{a}{1-q}, \quad |q| < 1 \tag{7.3.5}$$

即可求出函数的 z 变换。通常，对于常用函数 z 变换的级数形式，都可以写出其闭合形式。

【例 7.3.1】试求单位阶跃函数 $1(t)$ 的 z 变换。

【解】由于 $e(t) = 1(t)$ 在所有采样时刻上的采样值均为 1，即

$$e(kT) = 1 \quad (k = 0, 1, 2, \cdots, \infty)$$

由定义有

$$E(z) = \sum_{k=0}^{+\infty} 1(kT)z^{-k} = 1 + z^{-1} + z^{-2} + \cdots + z^{-k} + \cdots$$

在上式中，若 $|z^{-1}| < 1$ 时，则该无穷级数收敛，这时利用等比级数求和公式，可得 z 变换形式为

$$E(z) = \frac{1}{1 - z^{-1}} = \frac{z}{z-1}$$

【例 7.3.2】设 $e(t) = \delta_T(t) = \sum\limits_{k=0}^{+\infty} \delta(t - kT)$，试求理想脉冲序列 $\delta_T(t)$ 的 z 变换。

【解】由于 T 为采样周期，故

$$e^*(t) = \delta_T(t) = \sum_{k=0}^{+\infty} \delta(t - kT)$$

由拉氏变换知

$$E^*(s) = \sum_{k=0}^{+\infty} e^{-kTs}$$

故
$$E(z) = \mathcal{Z}\left[e^*(t)\right] = 1 + z^{-1} + z^{-2} + \cdots$$
$$= \frac{z}{z-1} \quad (|z^{-1}| < 1)$$

从例 7.3.1 和例 7.3.2 可以看出，相同的 z 变换 $E(z)$ 对应于相同的采样函数 $e^*(t)$，但是不一定对应于相同的连续函数 $e(t)$，这是利用 z 变换分析离散系统时特别要注意的一个问题。

2. 部分分式法

利用部分分式法求 z 变换时，先求出已知连续时间函数 $e(t)$ 的拉氏变换 $E(s)$，然后将有理分式函数 $E(s)$ 展成部分分式之和的形式，使每一部分分式对应简单的时间函数，其相应的 z 变换是已知的，于是可方便地求出 $E(s)$ 对应的 z 变换 $E(z)$。

【**例 7.3.3**】已知 $E(s) = \dfrac{a}{s(s+a)}$，求 z 变换。

【**解**】将 $E(s)$ 按照它的极点展成部分分式
$$E(s) = \frac{a}{s(s+a)} = \frac{1}{s} - \frac{1}{s+a}$$

对上式逐项取拉氏反变换，可得
$$e(t) = 1 - e^{-at}$$

则
$$E(z) = \mathcal{Z}\left[e(t)\right] = \frac{z}{z-1} - \frac{z}{z-e^{-aT}} = \frac{z(1-e^{-aT})}{(z-1)(z-e^{-aT})} = \frac{z(1-e^{-aT})}{z^2 - (1+e^{-aT})z + e^{-aT}}$$

【**例 7.3.4**】设 $e(t) = \sin\omega t$，试求其 $E(z)$。

【**解**】对 $e(t) = \sin\omega t$ 取拉氏变换，得
$$E(s) = \frac{\omega}{s^2 + \omega^2}$$

将上式展开为部分分式为
$$E(s) = \frac{1}{2j}\left(\frac{1}{s-j\omega} - \frac{1}{s+j\omega}\right)$$

根据指数函数的 z 变换表达式，可以得到
$$E(z) = \frac{1}{2j}\left(\frac{z}{z-e^{j\omega T}} - \frac{z}{z-e^{-j\omega T}}\right) = \frac{1}{2j}\left[\frac{z(e^{j\omega T} - e^{-j\omega T})}{z^2 - z(e^{j\omega T} + e^{-j\omega T}) + 1}\right]$$

化简后得
$$E(z) = \frac{z\sin\omega T}{z^2 - 2z\cos\omega T + 1}$$

常见时间函数的 z 变换如表 7.3.1 所示。由表可见，这些函数的 z 变换都是 z 的有理分式，且分母多项式的次数大于或等于分子多项式的次数。值得指出的是，表中各 z 变换有理分式中，分母 z 多项式的最高次数与相应传递函数分母 s 多项式的最高次数相等。

表 7.3.1 z 变换表

序号	拉氏变换 $E(s)$	时间函数 $e(t)$	z 变换 $E(z)$
1	e^{-kTs}	$\delta(t-kT)$	z^{-k}
2	1	$\delta(t)$	1

序号	拉氏变换 $E(s)$	时间函数 $e(t)$	z 变换 $E(z)$
3	$\dfrac{1}{s}$	$1(t)$	$\dfrac{z}{z-1}$
4	$\dfrac{1}{s^2}$	t	$\dfrac{Tz}{(z-1)^2}$
5	$\dfrac{1}{s^3}$	$\dfrac{t^2}{2!}$	$\dfrac{T^2 z(z+1)}{2\,(z-1)^3}$
6	$\dfrac{1}{s^4}$	$\dfrac{t^3}{3!}$	$\dfrac{T^3 z(z^2+4z+1)}{6\,(z-1)^4}$
7	$\dfrac{1}{s-(1/T)\ln a}$	$a^{t/T}$	$\dfrac{z}{z-a}$
8	$\dfrac{1}{s+a}$	e^{-at}	$\dfrac{z}{z-\mathrm{e}^{-aT}}$
9	$\dfrac{1}{(s+a)^2}$	$t\mathrm{e}^{-at}$	$\dfrac{Tz\mathrm{e}^{-aT}}{(z-\mathrm{e}^{-aT})^2}$
10	$\dfrac{1}{(s+a)^3}$	$\dfrac{1}{2}t^2\mathrm{e}^{-at}$	$\dfrac{T^2 z\mathrm{e}^{-aT}}{2\,(z-\mathrm{e}^{-aT})^2}+\dfrac{T^2 z\mathrm{e}^{-2aT}}{(z-\mathrm{e}^{-aT})^3}$
11	$\dfrac{a}{s(s+a)}$	$1-\mathrm{e}^{-at}$	$\dfrac{(1-\mathrm{e}^{-aT})z}{(z-1)(z-\mathrm{e}^{-aT})}$
12	$\dfrac{a}{s^2(s+a)}$	$t-\dfrac{1}{a}(1-\mathrm{e}^{-aT})$	$\dfrac{Tz}{(z-1)^2}-\dfrac{(1-\mathrm{e}^{-aT})z}{a(z-1)(z-\mathrm{e}^{-aT})}$
13	$\dfrac{1}{(s+a)(s+b)(s+c)}$	$\dfrac{\mathrm{e}^{-at}}{(b-a)(c-a)}+$ $\dfrac{\mathrm{e}^{-bt}}{(a-b)(c-b)}+$ $\dfrac{\mathrm{e}^{-ct}}{(a-c)(b-c)}$	$\dfrac{z}{(b-a)(c-a)(z-\mathrm{e}^{-aT})}+$ $\dfrac{z}{(a-b)(c-b)(z-\mathrm{e}^{-bT})}+$ $\dfrac{z}{(a-c)(b-c)(z-\mathrm{e}^{-cT})}$
14	$\dfrac{s+d}{(s+a)(s+b)(s+c)}$	$\dfrac{(d-a)\mathrm{e}^{-at}}{(b-a)(c-a)}+$ $\dfrac{(d-b)\mathrm{e}^{-bt}}{(a-b)(c-b)}+$ $\dfrac{(d-c)\mathrm{e}^{-ct}}{(a-c)(b-c)}$	$\dfrac{(d-a)z}{(b-a)(c-a)(z-\mathrm{e}^{-aT})}+$ $\dfrac{(d-b)z}{(a-b)(c-b)(z-\mathrm{e}^{-bT})}+$ $\dfrac{(d-c)z}{(a-c)(b-c)(z-\mathrm{e}^{-cT})}$
15	$\dfrac{abc}{s(s+a)(s+b)(s+c)}$	$1-\dfrac{bc\mathrm{e}^{-at}}{(b-a)(c-a)}-$ $\dfrac{ca\mathrm{e}^{-bt}}{(a-b)(c-b)}-$ $\dfrac{ab\mathrm{e}^{-ct}}{(a-c)(b-c)}$	$\dfrac{z}{z-1}-\dfrac{bcz}{(b-a)(c-a)(z-\mathrm{e}^{-aT})}-$ $\dfrac{caz}{(a-b)(c-b)(z-\mathrm{e}^{-bT})}-$ $\dfrac{abz}{(a-c)(b-c)(z-\mathrm{e}^{-cT})}$

序号	拉氏变换 $E(s)$	时间函数 $e(t)$	z 变换 $E(z)$
16	$\dfrac{\omega}{s^2+\omega^2}$	$\sin\omega t$	$\dfrac{z\sin\omega T}{z^2-2z\cos\omega T+1}$
17	$\dfrac{s}{s^2+\omega^2}$	$\cos\omega t$	$\dfrac{z(z-\cos\omega T)}{z^2-2z\cos\omega T+1}$
18	$\dfrac{\omega}{s^2-\omega^2}$	$\sinh(\omega t)$	$\dfrac{z\sinh\omega T}{z^2-2z\cosh\omega T+1}$
19	$\dfrac{s}{s^2-\omega^2}$	$\cosh(\omega t)$	$\dfrac{z(z-\cosh\omega T)}{z^2-2z\cosh\omega T+1}$
20	$\dfrac{\omega^2}{s(s^2+\omega^2)}$	$1-\cos\omega t$	$\dfrac{z}{z-1}-\dfrac{z(z-\cos\omega T)}{z^2-2z\cos\omega T+1}$
21	$\dfrac{\omega}{(s+a)^2+\omega^2}$	$\mathrm{e}^{-at}\sin\omega t$	$\dfrac{z\mathrm{e}^{-aT}\sin\omega T}{z^2-2z\mathrm{e}^{-aT}\cos\omega T+\mathrm{e}^{-2aT}}$
22	$\dfrac{(s+a)}{(s+a)^2+\omega^2}$	$\mathrm{e}^{-at}\cos\omega t$	$\dfrac{z^2-z\mathrm{e}^{-aT}\cos\omega T}{z^2-2z\mathrm{e}^{-aT}\cos\omega T+\mathrm{e}^{-2aT}}$
23	$\dfrac{b-a}{(s+a)(s+b)}$	$\mathrm{e}^{-at}-\mathrm{e}^{-bt}$	$\dfrac{z}{z-\mathrm{e}^{-aT}}-\dfrac{z}{z-\mathrm{e}^{-bT}}$
24	$\dfrac{a^2b^2}{s^2(s+a)(s+b)}$	$abt-(a+b)-\dfrac{b^2}{a-b}\mathrm{e}^{-at}+\dfrac{a^2}{a-b}\mathrm{e}^{-bt}$	$\dfrac{abTz}{(z-1)^2}-\dfrac{(a+b)z}{z-1}-\dfrac{b^2z}{(a-b)(z-\mathrm{e}^{-aT})}+\dfrac{a^2z}{(a-b)(z-\mathrm{e}^{-bT})}$

7.3.3 z 变换的性质

z 变换有一些基本定理,可以使 z 变换的应用变得简单和方便,其内容在许多方面与拉氏变换的基本定理有相似之处。

1. 线性定理

若 $E_1(z)=\mathcal{Z}[e_1(t)],E_2(z)=\mathcal{Z}[e_2(t)]$, a 为常数,则

$$\mathcal{Z}[e_1(t)\pm e_2(t)]=E_1(z)\pm E_2(z) \tag{7.3.6}$$

$$\mathcal{Z}[ae(t)]=aE(z) \tag{7.3.7}$$

其中 $E(z)=\mathcal{Z}[e(t)]$ 。

2. 实数位移定理

实数位移定理又称平移定理。实数位移的含义,是指整个采样序列在时间轴上左右平移若干采样周期,其中向左平移为超前,向右平移为滞后。实数位移定理如下:

如果函数 $e(t)$ 是可拉氏变换的,其 z 变换为 $E(z)$,则有

$$\mathcal{Z}[e(t-kT)]=z^{-k}E(z) \tag{7.3.8}$$

以及

$$\mathcal{Z}\big[e(t+kT)\big] = z^k\Big[E(z) - \sum_{n=0}^{k-1}e(nT)z^{-n}\Big] \tag{7.3.9}$$

其中 k 为正整数。

在实数位移定理中，式（7.3.8）称为滞后定理，式（7.3.9）称为超前定理。显然可见，算子 z 有明确的物理意义：z^{-k} 代表时域中的滞后环节，它将采样信号滞后 k 个采样周期；同理，z^k 代表超前环节，它把采样信号超前 k 个采样周期。但是，z^k 仅用于运算，在物理系统中并不存在。

实数位移定理是一个重要定理，其作用相当于拉氏变换中的微分和积分定理。应用实数位移定理，可将描述离散系统的差分方程转换为 z 域的代数方程。

3. 复数位移定理

如果函数 $e(t)$ 是可拉氏变换的，其 z 变换为 $E(z)$，则有

$$\mathcal{Z}\big[e^{\mp at}e(t)\big] = E(ze^{\pm aT}) \tag{7.3.10}$$

复数位移定理说明，$e^{\mp at}e(t)$ 的 z 变换，等于在 $e^*(t)$ 的 z 变换表达式 $E(z)$ 中，以 $ze^{\pm aT}$ 取代原算子 z。

4. 终值定理

如果函数 $e(t)$ 的 z 变换为 $E(z)$，函数序列 $e(nT)$ 为有限值（$n = 0,1,2,\cdots$），且极限 $\lim\limits_{n\to\infty}e(nT)$ 存在，则该函数序列的终值为

$$\lim_{n\to\infty}e(nT) = \lim_{z\to1}(z-1)E(z)$$

z 变换的终值定理形式亦可表示为

$$e(\infty) = \lim_{n\to\infty}e(nT) = \lim_{z\to1}(1-z^{-1})E(z) \tag{7.3.11}$$

在离散系统分析中，常采用终值定理求取系统输出序列的终值误差，或称稳态误差。

5. 卷积定理

设 $x(nT)$ 和 $y(nT)$ 为两个采样函数，其离散卷积定义为

$$x(nT)*y(nT) = \sum_{k=0}^{+\infty}x(kT)y\big[(n-k)T\big] \tag{7.3.12}$$

若

$$g(nT) = x(nT)*y(nT)$$

必有

$$G(z) = X(z)Y(z) \tag{7.3.13}$$

卷积定理指出，两个采样函数卷积的 z 变换，就等于这两个采样函数相应 z 变换的乘积。在离散系统分析中，卷积定理是沟通时域与 z 域的桥梁。

7.3.4　z 反变换

在连续系统中，应用拉氏变换的目的，是把描述系统的微分方程转换为 s 的代数方程，然后写出系统的传递函数，即可用拉氏反变换法求出系统的时间响应，从而简化了控制系统的分析研究。与此类似，在离散系统中应用 z 变换，也是为了把 s 的超越方程或者描述离散系统的差分方程转换为 z 的代数方程，然后写出离散系统的脉冲传递函数（z 传递函数），再用 z 反变换法求出离散系统的时间响应。

所谓 z 反变换，是已知 z 变换表达式 $E(z)$，求相应离散序列 $e(kT)$ 的过程。z 反变换可

以记作

$$e(kT) = \mathcal{Z}^{-1}[E(z)] \tag{7.3.14}$$

因为 z 变换只表征连续函数在采样时刻的特性，并不反映采样时刻之间的特性，所以 z 反变换只能求出采样函数 $e^*(t)$ 或 $e(kT)$，而不能求出连续函数 $e(t)$。

求 z 反变换的方法通常有以下 3 种：部分分式法、幂级数法（综合除法）、反演积分法。在求 z 反变换时，仍假定当 $k < 0$ 时，$e(kT) = 0$。下面介绍最常用的两种求 z 反变换的方法。

1. 部分分式法

部分分式法又称查表法。此法是将 $E(z)$ 通过部分分式分解为低阶的分式之和，直接从 z 变换表中查出各项对应的 z 反变换，然后相加得到 $e(kT)$。考虑到 z 变换表中，所有 z 变换函数 $E(z)$ 在其分子上普遍都有因子 z，所以应将 $E(z)/z$ 展开为部分分式，然后将所得结果的每项都乘以 z，即得 $E(z)$ 的部分分式展开式。

大部分连续时间信号都是由基本信号组合而成的，而基本信号的 z 变换大都可以借用 z 变换表查得。

【例 7.3.5】 已知 $E(z) = \dfrac{(1 - \mathrm{e}^{-at})z}{(z-1)(z - \mathrm{e}^{-at})}$，求 $e(kT)$。

【解】 由于 $E(z)$ 中通常含有一个 z 因子，所以首先将式 $E(z)/z$ 展成部分分式较容易些。

$$\frac{E(z)}{z} = \frac{(1 - \mathrm{e}^{-at})}{(z-1)(z - \mathrm{e}^{-at})} = \frac{1}{z-1} - \frac{1}{z - \mathrm{e}^{-at}}$$

再求 $E(z)$ 的分解因式

$$E(z) = \frac{z}{z-1} - \frac{z}{z - \mathrm{e}^{-at}}$$

查 z 变换表 7.3.1，得到

$$\mathcal{Z}^{-1}\left[\frac{z}{z-1}\right] = 1, \ \mathcal{Z}^{-1}\left[\frac{z}{z - \mathrm{e}^{-at}}\right] = \mathrm{e}^{-akt}$$

所以在采样瞬时相应的信号序列为

$$e(kT) = 1 - \mathrm{e}^{-akT} \quad (k = 0, 1, 2, \cdots)$$

$$e^*(t) = \sum_{k=0}^{+\infty} (1 - \mathrm{e}^{-akt})\delta(t - kT)$$

即

$$e(0) = 0, \ e(T) = 1 - \mathrm{e}^{-aT}, \ e(2T) = 1 - \mathrm{e}^{-2aT}, \ \cdots$$

2. 幂级数法

幂级数法又称综合除法或长除法，即把式 $E(z)$ 展开成按 z^{-1} 升幂排列的幂级数。因为 $E(z)$ 的形式通常是两个 z 多项式之比，即

$$E(z) = \frac{b_m z^m + b_{m-1} z^{m-1} + \cdots + b_0}{a_n z^n + a_{n-1} z^{n-1} + \cdots + a_0} \quad (n \geqslant m)$$

所以，很容易用综合除法展成幂级数。对上式用分母去除分子，所得之商按 z^{-1} 的升幂排列

$$E(z) = c_0 + c_1 z^{-1} + c_2 z^{-2} + \cdots + c_k z^{-k} + \cdots = \sum_{k=0}^{+\infty} c_k z^{-k} \tag{7.3.15}$$

这正是 z 变换的定义式。z^{-k} 项的系数 c_k 就是时间函数 $e(t)$ 在采样时刻 $t=kT$ 时的值。因此，只要求得上述形式的级数，就知道时间函数在采样时刻的函数值序列，即 $e(kT)$。

【例 7.3.6】试用长除法求 $E(z)=\dfrac{0.5z}{(z-0.4)(z-0.5)}$ 的 z 反变换。

【解】

$$E(z)=\frac{0.5z}{(z-0.4)(z-0.5)}=\frac{0.5z}{z^2-0.9z+0.2}$$

进行综合除法运算

$$
\begin{array}{r}
0.5z^{-1}+0.45z^{-2}+0.305z^{-3}+0.1845z^{-4}\\[2pt]
\hline
z^2-0.9z+0.2\ \sqrt{\ 0.5z}\\
\underline{0.5z-0.45+0.1z^{-1}}\\
0.45-0.1z^{-1}\\
\underline{0.45-0.405z^{-1}+0.09z^{-2}}\\
0.305z^{-1}-0.09z^{-2}\\
\underline{0.305z^{-1}-0.274\,5z^{-2}+0.061z^{-3}}\\
0.184\,5z^{-2}-0.061z^{-3}
\end{array}
$$

即

$$E(z)=0+0.5z^{-1}+0.45z^{-2}+0.305z^{-3}+0.184\,5z^{-4}+\cdots$$

由上式的系数可知

$$e(0)=0,\ e(T)=0.5,\ e(2T)=0.45,\ e(3T)=0.305,\ e(4T)=0.184\,5,\cdots$$

在实际应用中，常常只需要计算有限几项就够了。用幂级数法计算 $e^*(t)$ 最简便，这是 z 变换法的优点之一。但是，要求出 $e^*(t)$ 的通项表达式，一般是比较困难的。

7.4　离散系统的数学模型

为了研究离散系统的性能，需要建立离散系统的数学模型。线性离散系统的数学模型有差分方程、脉冲传递函数和离散状态空间表达式。与连续系统数学模型的微分方程、传递函数和状态空间有对应关系。

本节主要介绍差分方程及其解法，脉冲传递函数的基本概念，以及开环脉冲传递函数和闭环脉冲传递函数的建立方法。

7.4.1　线性常系数差分方程及其解法

微分方程是描述连续系统动态过程的最基本的数学模型。但对于采样系统，由于系统中的信号已离散化，因此，描述连续函数的微分等概念就不适用了，而需要用建立在差分等概念基础上的差分方程来描述采样系统的动态过程。

对于一般的线性定常离散系统，k 时刻的输出 $c(k)$，不但与 k 时刻的输入 $r(k)$ 有关，而且与 k 时刻以前的输入 $r(k-1)$、$r(k-2)$、$\cdots$ 有关，同时还与 k 时刻以前的输出 $c(k-1)$、$c(k-2)$、$\cdots$ 有关，这种关系一般可以用下列 n 阶后向差分方程来描述：

$$c(k)+a_1c(k-1)+a_2c(k-2)+\cdots+a_{n-1}c(k-n+1)+a_nc(k-n)$$
$$=b_0r(k)+b_1r(k-1)+\cdots+b_{m-1}r(k-m+1)+b_mr(k-m)$$

上式亦可表示为

$$c(k) = -\sum_{i=1}^{n} a_i c(k-i) + \sum_{j=0}^{m} b_j r(k-j) \qquad (7.4.1)$$

式中，$a_i(i=1,2,\cdots,n)$ 和 $b_j(j=0,1,\cdots,m)$ 为常系数，$m \leqslant n$。式（7.4.1）称为 n 阶线性常系数差分方程，它在数学上代表一个线性定常离散系统。

线性定常离散系统也可以用如下 n 阶前向差分方程来描述：

$$c(k+n) + a_1 c(k+n-1) + \cdots + a_{n-1} c(k+1) + a_n c(k)$$
$$= b_0 r(k+m) + b_1 r(k+m-1) + \cdots + b_{m-1} r(k+1) + b_m r(k)$$

上式也可写为

$$c(k+n) = -\sum_{i=1}^{n} a_i c(k+n-i) + \sum_{j=0}^{m} b_j r(k+m-j) \qquad (7.4.2)$$

常系数差分方程的求解方法有经典法、迭代法和 z 变换法。与微分方程的经典解法类似，差分方程的经典解法也要求出齐次方程的通解和非齐次方程的一个特解，非常不便。这里仅介绍工程上常用的后两种解法。

1. 迭代法求解差分方程

迭代法也称为数值递推法，非常适于用计算机求解。

【例7.4.1】已知差分方程 $c(k) = r(k) + 5c(k-1) - 6c(k-2)$，输入序列 $r(k) = 1$，初始条件为 $c(0) = 0, c(1) = 1$，试用迭代法求输出序列 $c(k)(k = 0,1,2,3,4)$。

【解】根据初始条件及递推关系，得

$$c(0) = 0$$
$$c(1) = 1$$
$$c(2) = r(2) + 5c(1) - 6c(0) = 6$$
$$c(3) = r(3) + 5c(2) - 6c(1) = 25$$
$$c(4) = r(4) + 5c(3) - 6c(2) = 90$$

2. 用 z 变换法解差分方程

具体步骤是，首先对差分方程进行 z 变换，然后解出方程中输出量的 z 变换 $C(z)$，最后求 $C(z)$ 的 z 反变换，得差分方程的解 $c(k)$。

【例7.4.2】试用 z 变换法解下列差分方程

$$c(k+2) + 3c(k+1) + 2c(k) = 0$$

已知初始条件为 $c(0) = 0, c(1) = 1$，求 $c(k)$。

【解】对方程两边取 z 变换，并应用实数位移定理，得

$$z^2 C(z) - z^2 c(0) - zc(1) + 3zC(z) - 3zc(0) + 2C(z) = 0$$

代入初始条件，整理后得

$$(z^2 + 3z + 2)C(z) = z$$

$$C(z) = \frac{z}{z^2 + 3z + 2} = \frac{z}{z+1} - \frac{z}{z+2}$$

查变换表，进行反变换得

$$c(k) = (-1)^k - (-2)^k \quad (k = 0,1,2,\cdots)$$

差分方程的解，可以提供线性定常离散系统在给定输入序列作用下的输出序列响应特性，但不便于研究系统参数变化对离散系统性能的影响，因此需要研究线性定常离散系统的

另一种数学模型——脉冲传递函数。

7.4.2　脉冲传递函数

1. 脉冲传递函数的定义

设开环离散系统如图 7.4.1 所示，在零初始条件下，线性定常离散系统的离散输出采样信号的 z 变换与离散输入采样信号 z 变换之比，称为该系统的脉冲传递函数（或 z 传递函数），记作

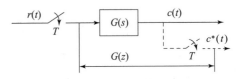

图 7.4.1　开环离散系统

$$G(z) = \frac{C(z)}{R(z)} = \frac{\sum\limits_{k=0}^{+\infty} c(kT)z^{-k}}{\sum\limits_{k=0}^{+\infty} r(kT)z^{-k}} \tag{7.4.3}$$

其中，$R(z)$、$C(z)$ 分别是离散系统输入离散信号和输出离散信号的 z 变换，即 $R(z) = \mathcal{Z}\big[r^*(t)\big]$，$C(z) = \mathcal{Z}\big[c^*(t)\big]$。

所谓零初始条件，是指在 $t < 0$ 时，输入脉冲序列各采样值及输出脉冲序列各采样值均为零。

式（7.4.3）表明，如果已知 $R(z)$ 和 $G(z)$，则在零初始条件下，线性定常离散系统的输出采样信号为

$$c^*(t) = \mathcal{Z}^{-1}[C(z)] = \mathcal{Z}^{-1}[G(z)R(z)]$$

由于 $R(z)$ 是已知的，因此求 $c^*(t)$ 的关键在于求出系统的脉冲传递函数 $G(z)$。

然而，对大多数实际系统来说，其输出往往是连续信号 $c(t)$，而不是采样信号 $c^*(t)$，如图 7.4.1 所示。此时，可以在系统输出端虚设一个理想采样开关，如图中虚线所示，它与输入采样开关同步工作，并具有相同的采样周期。如果系统的实际输出 $c(t)$ 比较平滑，且采样频率较高，则可用 $c^*(t)$ 近似描述 $c(t)$。必须指出，虚设的采样开关是不存在的，它只表明脉冲传递函数所能描述的只是输出连续信号 $c(t)$ 的采样信号 $c^*(t)$。

2. 脉冲传递函数的含义

对于连续系统，当其输入为单位脉冲函数，即 $r(t) = \delta(t)$ 时，其输出为单位脉冲响应 $g(t)$。对于如图 7.4.1 所示的离散控制系统，设其输入的采样信号为

$$r^*(t) = \sum_{n=0}^{+\infty} r(nT)\delta(t - nT)$$

根据叠加原理，系统的输出响应为

$$c(t) = r(0)g(t) + r(T)g(t-T) + \cdots + r(nT)g(t-nT) = \sum_{n=0}^{+\infty} r(nT)g(t-nT)$$

当 $t = kT$ 时，可得

$$c(kT) = \sum_{n=0}^{+\infty} r(nT)g[(k-n)T] \tag{7.4.4}$$

因为

$$C(z) = \sum_{k=0}^{+\infty} c(kT)z^{-k}$$

所以

$$C(z) = \sum_{k=0}^{+\infty} \sum_{n=0}^{+\infty} r(nT)g[(k-n)T]z^{-k}$$

令 $m = k - n$，则

$$C(z) = \sum_{m+n=0}^{+\infty} \sum_{n=0}^{+\infty} r(nT)g(mT)z^{-(m+n)}$$

由单位脉冲函数的特点可知，当 $t < 0$ 时，$g(t) = 0$。当 $n > 0$ 时，$m+n = 0$ 对应的 m 值都为负，因此上式可以写为

$$C(z) = \sum_{m=0}^{+\infty} g(mT)z^{-m} \sum_{n=0}^{+\infty} r(nT)z^{-n} \qquad (7.4.5)$$

即

$$C(z) = G(z)R(z)$$

式中：

$$G(z) = \sum_{n=0}^{+\infty} g(nT)z^{-n} \qquad (7.4.6)$$

脉冲传递函数 $G(z)$ 即为系统单位脉冲响应的采样信号 $g^*(t)$ 的 z 变换。

3. 脉冲传递函数的求法

连续系统或元件的脉冲传递函数 $G(z)$，可以通过其传递函数 $G(s)$ 来求取。方法是：先求 $G(s)$ 的拉氏反变换，得到脉冲响应函数 $g(t)$；再将 $g(t)$ 按采样周期离散化，得到加权序列 $g(nT)$；最后将 $g(nT)$ 进行 z 变换，得出 $G(z)$。

其实如果把 z 变换表 7.3.1 中的时间函数 $e(t)$ 看成 $g(t)$，则表中的 $E(s)$ 就是 $G(s)$，而 $E(z)$ 相当于 $G(z)$，因此通过 z 变换表 7.3.1，可以直接从 $G(s)$ 得到 $G(z)$，而不必逐步推导。

【例 7.4.3】 开环系统中 $G(s) = \dfrac{1}{s(s+1)}$，求系统的脉冲传递函数。

【解】 将 $G(s)$ 展开为部分分式

$$G(s) = \frac{1}{s} - \frac{1}{s+1}$$

$$g(t) = L^{-1}[G(s)] = 1 - e^{-t}$$

系统的脉冲传递函数为

$$G(z) = \mathcal{Z}[g(t)] = \frac{z}{z-1} - \frac{z}{z-e^{-T}} = \frac{z(1-e^{-T})}{(z-1)(z-e^{-T})}$$

在实际应用中，可以根据 z 变换表，直接从 $G(s)$ 得到 $G(z)$，而不必逐步推导。如果 $G(s)$ 为阶次较高的有理分式函数，则需将 $G(s)$ 展成部分分式，使各部分分式对应的 z 变换都可以在表中查到。

习惯上，常把 $G(z)$ 表示为 $G(z) = \mathcal{Z}[G(s)]$，并称之为 $G(s)$ 的 z 变换，这时应理解为根据式（7.4.3）求解所得的 $G(z)$。

如果描述线性定常离散系统的差分方程为

$$c(k) = -\sum_{i=1}^{n} a_i c(k-i) + \sum_{j=0}^{m} b_j r(k-j)$$

在零初始条件下，对上式进行 z 变换，并应用 z 变换实数位移定理，可得

$$C(z) = -\sum_{i=1}^{n} a_i C(z) z^{-i} + \sum_{j=0}^{m} b_j R(z) z^{-j}$$

相应的脉冲传递函数为

$$G(z) = \frac{C(z)}{R(z)} = \frac{\sum_{k=0}^{m} b_k z^{-k}}{1 + \sum_{k=1}^{n} a_k z^{-k}}$$

可见，差分方程和脉冲传递函数都是对系统物理特性的数学描述，它们虽然形式不同，但实质相同。

7.4.3　开环系统脉冲传递函数

（1）两串联环节间有采样开关。

设开环离散系统如图 7.4.2 所示，两个串联环节间有采样开关隔开，所以有

$$D(z) = G_1(z)R(z)$$
$$C(z) = G_2(z)D(z)$$

式中，$G_1(z)$、$G_2(z)$ 分别为线性环节 $G_1(s)$、$G_2(s)$ 的脉冲传递函数，即 $G_1(z) = \mathcal{Z}[G_1(s)]$，$G_2(z) = \mathcal{Z}[G_2(s)]$，可得

$$C(z) = G_1(z)G_2(z)R(z)$$

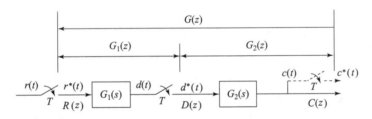

图 7.4.2　环节串联时的开环离散系统（环节间有采样开关）

所以，图 7.4.2 所示系统的脉冲传递函数为

$$G(z) = \frac{C(z)}{R(z)} = G_1(z)G_2(z)$$

可见，两个环节间有采样开关隔开时，则系统等效脉冲传递函数为两个环节的脉冲传递函数的乘积。同理，n 个环节串联，且所有环节之间均有采样器隔开时，则系统等效脉冲传递函数为所有环节的脉冲传递函数的乘积，即

$$G(z) = G_1(z) \cdot G_2(z) \cdot \cdots \cdot G_n(z) \tag{7.4.7}$$

（2）串联环节间无采样开关。

如图 7.4.3 所示，由于环节间没有采样开关，因而 $G_2(s)$ 环节输入的信号不是脉冲序列，而是连续函数。所以不能像图 7.4.2 那样求 $G_2(z) = C(z)/D(z)$，而应先把 $G_1(s)$、$G_2(s)$ 进行串联运算求出等效环节 $G_1(s) \cdot G_2(s)$，则 $G_1(s)G_2(s)$ 的 z 变换才是 $R(z)$、$C(z)$ 之间的脉冲传递函数，即

$$G(z) = \frac{C(z)}{R(z)} = \mathcal{Z}[G_1(s)G_2(s)] = G_1G_2(z)$$

式中，$G_1G_2(z)$ 表示 $G_1(s) \cdot G_2(s)$ 乘积的 z 变换。显然

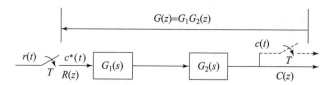

图 7.4.3　环节串联时的开环离散系统（环节间无采样开关）

$$\mathcal{Z}\big[G_1(s)G_2(s)\big] = G_1G_2(z) \neq G_1(z)G_2(z)$$

即各环节传递函数乘积的 z 变换，不等于各环节传递函数 z 变换的乘积。

由此可知，两个串联环节间无采样开关隔开时，则其等效脉冲传递函数等于两个环节传递函数乘积后相应的 z 变换。同理，此结论也适用于多个环节串联而无采样开关隔开的情况，即

$$G(z) = \mathcal{Z}\big[G_1(s)G_2(s)\cdots G_n(s)\big] = G_1G_2\cdots G_n(z) \tag{7.4.8}$$

如果串联的多个环节中存在上述两种情况（环节间有无采样开关），则分段按上述原则处理。如果把离散后的传递函数和变量记为 $G^*(s)$ 和 $R^*(s)$、$C^*(s)$，则可以把上述两种情况简单归纳为下面两个重要公式：

若 $C(s) = R^*(s)G(s)$，则 $C^*(s) = [R^*(s)G(s)]^* = R^*(s)G^*(s)$，即

$$C(z) = R(z) \cdot G(z)$$

若 $C(s) = R(s)G(s)$，则 $C^*(s) = [R(s)G(s)]^* = RG^*(s) = GR^*(s)$，即

$$C(z) = RG(z) = GR(z)$$

（3）有零阶保持器时的开环系统脉冲传递函数。

设有零阶保持器的开环离散系统如图 7.4.4 所示。图中，$G_h(s)$ 为零阶保持器传递函数，$G_0(s)$ 为连续部分传递函数，两个串联环节之间无同步采样开关隔离。因此串联环节的 z 变换不等于单个环节 z 变换后的乘积。

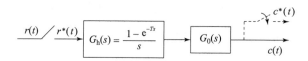

图 7.4.4　有零阶保持器的开环离散系统

为分析方便起见，将图 7.4.4 等效为图 7.4.5 的形式。

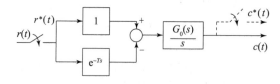

图 7.4.5　有零阶保持器的开环离散系统等效图

由图 7.4.5 可见，采样信号 $r^*(t)$ 分两条通道作用于开环系统，一条通道直接作用于 $\dfrac{1}{s}G_0(s)$；另一条通道通过纯滞后环节，滞后一个采样周期后作用于 $\dfrac{1}{s}G_0(s)$，其响应分别为

$$C_1(z) = \mathcal{Z}\left[\frac{G_0(s)}{s}\right]R(z)$$

$$C_2(z) = z^{-1}\,\mathcal{Z}\left[\frac{G_0(s)}{s}\right]R(z)$$

最后求得开环脉冲传递函数为

$$G(z) = \frac{C(z)}{R(z)} = \frac{z-1}{z}\,\mathcal{Z}\left[\frac{G_0(s)}{s}\right] \tag{7.4.9}$$

【例 7.4.4】若图 7.4.4 所示系统中 $G_0(s) = \dfrac{1}{s(s+1)}$，试求开环系统的脉冲传递函数 $G(z) = C(z)/R(z)$。

【解】

$$\frac{G_0(s)}{s} = \frac{1}{s^2(s+1)} = \frac{1}{s^2} - \frac{1}{s} + \frac{1}{s+1}$$

查变换表，进行 z 变换，得

$$\mathcal{Z}\left[\frac{G_0(s)}{s}\right] = \mathcal{Z}\left[\frac{1}{s^2} - \frac{1}{s} + \frac{1}{s+1}\right] = \frac{Tz}{(z-1)^2} - \frac{z}{z-1} + \frac{z}{z-e^{-T}}$$

根据式（7.4.9）得

$$G(z) = \frac{z-1}{z}\left[\frac{Tz}{(z-1)^2} - \frac{z}{z-1} + \frac{z}{z-e^{-T}}\right] = \frac{T}{z-1} - 1 + \frac{z-1}{z-e^{-T}}$$

$$G(z) = \frac{(T-1+e^{-T})z + 1 - (T+1)e^{-T}}{(z-1)(z-e^{-T})}$$

现在把上述结果与例 7.4.3 所得结果做比较，在例 7.4.3 中，连续部分的传递函数与本例相同，但没有零阶保持器。比较两例的开环系统脉冲传递函数可知，两者的极点完全相同，仅零点不同。所以，零阶保持器不影响离散系统脉冲传递函数的极点。

7.4.4　闭环系统的脉冲传递函数

在离散控制系统中，由于采样开关在闭环系统中可以有多种配置，因而对于离散系统而言，会有多种闭环结构形式，这就使得闭环离散控制系统的脉冲传递函数没有一般的计算公式，只能根据系统的实际结构具体分析。

图 7.4.6 所示为最常见的一类闭环离散控制系统结构图。输出信号 $C(z) = E(z)\,\mathcal{Z}[G_1(s)] = E(z)G_1(z)$，误差信号为

$$E(z) = \mathcal{Z}[R(s)] - E(z)\,\mathcal{Z}[G_1(s)G_2(s)]$$
$$= R(z) - E(z)G_1G_2(z)$$

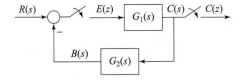

图 7.4.6　常见的闭环离散控制系统的结构图

整理可得

$$E(z) = \frac{1}{1 + G_1 G_2(z)} R(z)$$

则

$$C(z) = \frac{G_1(z)}{1 + G_1 G_2(z)} R(z)$$

给定输入作用下系统的闭环脉冲传递函数为

$$\Phi(z) = \frac{C(z)}{R(z)} = \frac{G_1(z)}{1 + G_1 G_2(z)}$$

如图 7.4.7 所示闭环离散系统，连续的输入信号直接进入连续环节 $G_1(s)$，在这种情况下，只能求输出信号的 z 变换表达式 $C(z)$，而求不出系统的脉冲传递函数 $\dfrac{C(z)}{R(z)}$。

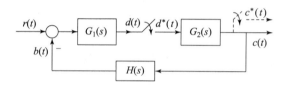

图 7.4.7　闭环离散系统结构图

对于连续环节 $G_1(s)$，其输入为 $r(t) - b(t)$，输出为 $d(t)$，于是有

$$D(s) = G_1(s)[R(s) - B(s)] = G_1(s)R(s) - G_1(s)B(s)$$

$$B(s) = G_2(s)H(s) \cdot D^*(s)$$

则

$$D(s) = G_1(s)R(s) - G_1(s)G_2(s)H(s) \cdot D^*(s)$$

对上式采样，有

$$D^*(s) = [G_1(s)R(s)]^* - [G_1(s)G_2(s)H(s)]^* D^*(s)$$

取 z 变换，有

$$D(z) = G_1 R(z) - G_1 G_2 H(z) \cdot D(z)$$

所以

$$D(z) = \frac{G_1 R(z)}{1 + G_1 G_2 H(z)}$$

因为

$$C(s) = G_2(s) \cdot D^*(s)$$

采样后

$$C^*(s) = G_2^*(s) \cdot D^*(s)$$

进行 z 变换得

$$C(z) = G_2(z)D(z)$$

得

$$C(z) = \frac{G_2(z) \cdot G_1 R(z)}{1 + G_1 G_2 H(z)} \tag{7.4.10}$$

由式 (7.4.10) 知，解不出 $\dfrac{C(z)}{R(z)}$，但有了 $C(z)$，仍可由 z 反变换求输出的采样信号

$c^*(t)$。表 7.4.1 列出了部分典型闭环离散系统结构图及其输出 z 变换函数。

表 7.4.1 部分典型闭环离散系统结构图及输出 z 变换函数

	结构图	$C(z)$
1		$C(z) = \dfrac{G(z)R(z)}{1+G(z)H(z)}$
2		$C(z) = \dfrac{GR(z)}{1+GH(z)}$
3		$C(z) = \dfrac{G(z)R(z)}{1+GH(z)}$
4		$C(z) = \dfrac{G_2(z)G_1R(z)}{1+G_1G_2H(z)}$
5		$C(z) = \dfrac{G_1(z)G_2(z)R(z)}{1+G_1(z)G_2H(z)}$
6		$C(z) = \dfrac{G(z)R(z)}{1+G(z)H(z)}$
7		$C(z) = \dfrac{G_2(z)G_3(z)G_1R(z)}{1+G_2(z)G_1G_3H(z)}$
8		$C(z) = \dfrac{G_2(z)G_1R(z)}{1+G_2(z)G_1H(z)}$

7.5 离散系统的稳定性与稳态误差

7.5.1 离散系统稳定的充分必要条件

连续线性系统稳定的充要条件是闭环系统特征方程的根全部位于左半 s 平面上。而在线性离散系统中，稳定性是由闭环脉冲传递函数的极点在 z 平面上的分布确定的，应该用 z 平面来判断其稳定性。因此，需要分析 s 平面和 z 平面之间存在的映射关系，以便用连续系统的稳定判据来分析离散系统的稳定性。

s 平面和 z 平面之间的映射关系为：

$$z = e^{Ts}$$

如果将复变量 $s = \sigma + j\omega$ 代入上式，则有

$$z = e^{Ts} = e^{\sigma T} e^{j\omega T}$$

所以

$$z = e^{\sigma T} \angle \omega T \tag{7.5.1}$$

s 平面上每一块区域通过式（7.5.1）都可以映射到 z 平面的相应区域。

设复变量 s 在 s 平面上沿虚轴取值，即 $s = j\omega$，对应的 $z = e^{j\omega T}$，它是 z 平面上幅值为 1 的单位向量，其幅角为 ωT，随 ω 而改变。因此，s 平面上的虚轴在 z 平面上的映射是以原点为圆心的单位圆。

当 s 位于 s 平面虚轴左侧时，$\sigma < 0$，这时 $|z| < 1$，此时 s 在 z 平面上的映射点位于以原点为圆心的单位圆内；若 s 位于 s 平面虚轴右侧时，$\sigma > 0$，这时 $|z| > 1$，此时 s 在 z 平面上的映射点位于以原点为圆心的单位圆外。可见，s 平面左半部分在 z 平面上的映射为以原点为圆心的单位圆的内部区域，如图 7.5.1 所示。

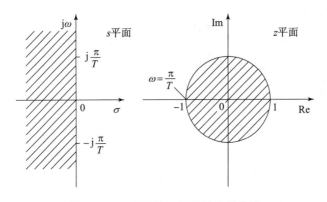

图 7.5.1　z 平面与 s 平面的映射关系

由此可以得到离散控制系统稳定的充分必要条件是：系统特征方程的根，即闭环极点必须都分布在 z 平面上以原点为圆心的单位圆内。只要有一个特征根在原点为圆心的单位圆外，离散控制系统就不稳定；若系统闭环特征方程在单位圆上有重根，系统也不稳定；当闭环特征方程只有一个单根在单位圆上，而其他根都在单位圆内时，则闭环系统临界稳定，在工程上通常将临界稳定视为不稳定情况。

而线性定常离散系统为 BIBO 稳定的充分必要条件是，闭环系统脉冲传递函数极点均分布在 z 平面的单位圆内。

【例 7.5.1】图 7.5.2 所示系统中，设采样周期 $T = 1$ s，试分析当 $K = 10$ 和 $K = 1$ 时系统的稳定性。

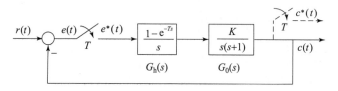

图 7.5.2 例 7.5.1 的系统框图

【解】系统连续部分的传递函数为

$$G(s) = \frac{1-\mathrm{e}^{-Ts}}{s} \frac{K}{s(s+1)}$$

则当 $T = 1$ 时，

$$G(z) = \mathcal{Z}\left[(1-\mathrm{e}^{-Ts})\frac{K}{s^2(s+1)}\right] = K\frac{\mathrm{e}^{-1}z + 1 - 2\mathrm{e}^{-1}}{z^2 - (1+\mathrm{e}^{-1})z + \mathrm{e}^{-1}}$$

所以，系统的闭环脉冲传递函数为

$$\Phi(z) = \frac{C(z)}{R(z)} = \frac{G(z)}{1+G(z)} = \frac{K(\mathrm{e}^{-1}z + 1 - 2\mathrm{e}^{-1})}{z^2 + (K\mathrm{e}^{-1} - 1 - \mathrm{e}^{-1})z + (\mathrm{e}^{-1} + K - 2K\mathrm{e}^{-1})}$$

系统的闭环特征方程为

$$z^2 + (K\mathrm{e}^{-1} - 1 - \mathrm{e}^{-1})z + (\mathrm{e}^{-1} + K - 2K\mathrm{e}^{-1}) = 0$$

将 $K = 10$ 代入方程，得

$$z^2 + 2.31z + 3.01 = 0$$

解得

$$z_1 = -1.155 + \mathrm{j}1.294, \quad z_2 = -1.155 - \mathrm{j}1.294$$

z_1、z_2 均在单位圆外，所以系统是不稳定的。

将 $K = 1$ 代入闭环特征方程，得

$$z^2 - z + 0.632 = 0$$

解得

$$z_1 = 0.5 + \mathrm{j}0.618, \quad z_2 = 0.5 - \mathrm{j}0.618$$

z_1、z_2 均在单位圆内，所以系统是稳定的。

7.5.2 离散系统的稳定性判据

连续系统中的劳斯判据是判别根是否全部在左半 s 平面，从而确定系统的稳定性。而在 z 平面内，稳定性取决于根是否全部在单位圆内。因此劳斯判据是不能直接应用的，如果将 z 平面再复原到 s 平面，则系统的方程中又将出现超越函数。所以我们需要寻找一种新的变换，将 z 平面上的单位圆映射为新坐标系的虚轴，而圆内部分映射为新坐标系的左半平面，圆外部分映射为新坐标系的右半平面，这种坐标变换称为**双线性变换**，亦称为 w 变换，相应的新的平面称为 w 平面，在此平面上，我们就可直接应用劳斯稳定判据了。

做双线性变换

$$z = \frac{w+1}{w-1} \tag{7.5.2}$$

则有

$$w = \frac{z+1}{z-1} \qquad (7.5.3)$$

其中 z、w 均为复变量，写作

$$z = x + \mathrm{j}y$$
$$w = u + \mathrm{j}v \qquad (7.5.4)$$

将式 (7.5.4) 代入式 (7.5.3)，并将分母有理化，整理后得

$$w = u + \mathrm{j}v = \frac{x+\mathrm{j}y+1}{x+\mathrm{j}y-1} = \frac{[(x+1)+\mathrm{j}y][(x-1)-\mathrm{j}y]}{(x-1)^2+y^2}$$
$$= \frac{x^2+y^2-1-\mathrm{j}2y}{(x-1)^2+y^2} = \frac{x^2+y^2-1}{(x-1)^2+y^2} - \mathrm{j}\frac{2y}{(x-1)^2+y^2}$$

w 平面的实部为

$$u = \frac{x^2+y^2-1}{(x-1)^2+y^2}$$

w 平面的虚轴对应于 $u=0$，则有

$$x^2+y^2-1=0$$

即

$$x^2+y^2=1 \qquad (7.5.5)$$

式 (7.5.5) 为 z 平面中的单位圆方程。若极点在 z 平面的单位圆内，则有 $x^2+y^2<1$，对应于 w 平面中的 $u<0$，即虚轴以左；若 $x^2+y^2>1$，则为 z 平面的单位圆外，对应于 w 平面中的 $u>0$，就是虚轴以右，如图 7.5.3 所示。

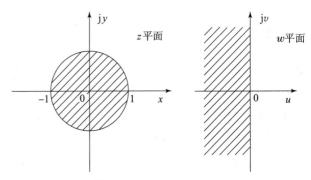

图 7.5.3 由 z 平面到 w 平面的映射

利用上述变换，可以将闭环离散系统的特征方程 $D(z)=0$，转换成 $D(w)=0$，然后就可直接应用连续系统中所介绍的劳斯稳定判据来判别离散系统的稳定性。

【例 7.5.2】设离散系统的闭环特征方程为

$$D(z) = 45z^3 - 117z^2 + 119z - 39 = 0$$

试用劳斯判据判别系统的稳定性。

【解】将

$$z = \frac{w+1}{w-1}$$

代入特征方程得

$$45\left(\frac{w+1}{w-1}\right)^3 - 117\left(\frac{w+1}{w-1}\right)^2 + 119\left(\frac{w+1}{w-1}\right) - 39 = 0$$

两边乘 $(w-1)^3$，化简后得

$$D(w) = w^3 + 2w^2 + 2w + 40 = 0$$

列出劳斯行列表为

w^3	1	2	0
w^2	2	40	0
w^1	-18	0	
w^0	40		

因为第一列元素有两次符号改变，所以系统不稳定。正如连续系统中介绍的那样，劳斯判据还可以判断出有多少个根在右半平面。本例有两次符号改变，即有两个根在 w 右半平面，也即有两个根在 z 平面的单位圆外。

【例 7.5.3】针对图 7.5.4 所示系统，当 $K=10$ 时，确定使系统稳定的采样周期 T 的范围。当采样周期分别为 $T=0.1$ s 和 $T=0.15$ s 时，确定使系统稳定的 K 值，$K>0$。

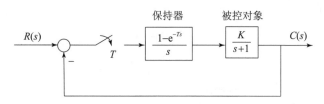

图 7.5.4 例 7.5.3 的离散系统

【解】由于 $H(s)=1$，可得闭环系统的 z 变换为

$$\Phi(z)=\frac{G(z)}{1+G(z)}$$

为了得到 $G(z)$，首先对 $G(s)$ 进行因式分解：

$$G(s)=K\frac{1-\mathrm{e}^{-Ts}}{s(s+1)}=K(1-\mathrm{e}^{-Ts})\left(\frac{1}{s}-\frac{1}{s+1}\right)$$

进行 z 变换，有

$$G(z)=K\frac{z-1}{z}\left(\frac{z}{z-1}-\frac{z}{z-\mathrm{e}^{-T}}\right)=K\frac{1-\mathrm{e}^{-T}}{z-\mathrm{e}^{-T}}$$

因此

$$\Phi(z)=\frac{K(1-\mathrm{e}^{-T})}{z-(K+1)\mathrm{e}^{-T}+K}$$

当 $K=10$ 时，其极点为 $11\mathrm{e}^{-T}-10$，所以当 $0<T<0.2$ 时系统稳定。

若 $T=0.1$ s，其极点为 $0.905(K+1)-K$，则当 $K<20$ 时系统稳定。

若 $T=0.15$ s，其极点为 $0.8607(K+1)-K$，则当 $K<13.3$ 时系统稳定。

从上面的例子可以看出，采样周期对系统的稳定性是有影响的，这是连续系统与离散系统的显著区别。采样周期越长，系统的稳定域越小，对离散系统的稳定性和动态性能均不利，甚至可使系统不稳定。

7.5.3 离散系统的稳态误差

稳态误差是离散系统分析和设计的一个重要指标，用离散系统理论分析的稳态误差仍然是指采样时刻的值。由于离散控制系统的脉冲传递函数与采样开关的配置有关，没有统一的公式可用，故通常采用终值定理计算稳态误差。只要系统的特征根全部位于 z 平面的单位圆内，即若离散系统是稳定的，则可用 z 变换的终值定理求出采样时刻的稳态误差。

设单位反馈离散控制系统的结构图如图 7.5.5 所示。$G(s)$ 是系统连续部分的传递函数，$e(t)$ 为连续误差信号，$e^*(t)$ 为采样误差信号。

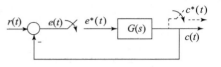

图 7.5.5　单位反馈离散系统

系统的误差脉冲传递函数为

$$\Phi_e(z) = \frac{E(z)}{R(z)} = \frac{1}{1 + G(z)}$$

由此可得误差信号的 z 变换为

$$E(z) = \Phi_e(z)R(z) = \frac{1}{1 + G(z)}R(z)$$

假定系统是稳定的，即 $\Phi_e(z)$ 的全部极点均在 z 平面的单位圆内，则可用终值定理求出稳态时采样时刻处的稳态误差为

$$e_{ss} = e(\infty) = \lim_{z \to 1}(1 - z^{-1})E(z) = \lim_{z \to 1}(1 - z^{-1})\frac{1}{1 + G(z)}R(z) \tag{7.5.6}$$

下面分别讨论 3 种典型输入信号作用下系统的稳态误差。

1. 单位阶跃输入信号作用下的稳态误差

由 $r(t) = 1(t)$，可得

$$R(z) = \frac{z}{z - 1}$$

将此式代入式（7.5.6），得稳态误差为

$$e_{ss} = \lim_{z \to 1}\frac{1}{1 + G(z)}$$

与连续系统类似，定义

$$K_p = \lim_{z \to 1}G(z)$$

为静态位置误差系数，则稳态误差为

$$e_{ss} = \frac{1}{1 + K_p} \tag{7.5.7}$$

从 K_p 定义式中可以看出，当 $G(z)$ 中有一个以上 $z = 1$ 的极点时，$K_p = \infty$，则稳态误差为零。也就是说，系统在阶跃输入信号作用下，系统无差的条件是 $G(z)$ 中至少要有一个 $z = 1$ 的极点。

2. 单位斜坡输入信号作用下的稳态误差

由 $r(t) = t$，可得

$$R(z) = \frac{Tz}{(z - 1)^2}$$

将此式代入式（7.5.6），得稳态误差为

$$e_{ss} = \lim_{z \to 1}\frac{T}{(z - 1)G(z)} \tag{7.5.8}$$

定义

$$K_v = \lim_{z \to 1}(z - 1)G(z) \tag{7.5.9}$$

为静态速度误差系数，则稳态误差为

$$e_{ss} = \frac{T}{K_v} \tag{7.5.10}$$

从 K_v 定义式中可以看出，当 $G(z)$ 中有两个以上 $z=1$ 的极点时，$K_v=\infty$，则稳态误差为零。也就是说，系统在斜坡输入信号作用下，系统无差的条件是 $G(z)$ 中至少要有两个 $z=1$ 的极点。

3. 单位抛物线输入信号作用下的稳态误差

由 $r(t)=\dfrac{1}{2}t^2$，可得

$$R(z)=\frac{T^2 z(z+1)}{2(z-1)^3}$$

将此式代入式（7.5.6），得稳态误差为

$$e_{ss}=\lim_{z\to 1}\frac{T^2}{(z-1)^2 G(z)} \tag{7.5.11}$$

定义

$$K_a=\lim_{z\to 1}(z-1)^2 G(z) \tag{7.5.12}$$

为静态加速度误差系数，则稳态误差为

$$e_{ss}=\frac{T^2}{K_a} \tag{7.5.13}$$

从 K_a 定义式中可以看出，当 $G(z)$ 中有 3 个以上 $z=1$ 的极点时，$K_a=\infty$，则稳态误差为零。也就是说，系统在抛物线函数输入信号作用下，无差的条件是 $G(z)$ 中至少要有 3 个 $z=1$ 的极点。

从前面的分析中可以看出，离散系统采样时刻处的稳态误差与输入信号的形式、开环脉冲传递函数 $G(z)$ 中 $z=1$ 的极点数目以及采样周期 T 有关。$G(z)$ 中 $z=1$ 的极点数就是系统的类型 ν，对于 $G(z)$ 中 $z=1$ 的极点数为 0、1、2、$\cdots$、ν 的离散系统，分别称为 0、Ⅰ、Ⅱ、$\cdots$、ν 型系统。

总结前面讨论的结果，列成表 7.5.1。从表中可以看出，高散系统的稳态误差除了与采样周期 T 有关外，其他规律与连续系统相同。

表 7.5.1 采样时刻处的稳态误差

给定输入 系统型别	$r(t)=1(t)$	$r(t)=t$	$r(t)=\dfrac{1}{2}t^2$
0	$1/(1+K_p)$	∞	∞
Ⅰ	0	T/K_v	∞
Ⅱ	0	0	T^2/K_a

【**例 7.5.4**】离散系统的方框图如图 7.5.6 所示，其中 $K=1$。设采样周期 $T=0.1\,\mathrm{s}$，试确定系统分别在单位阶跃、单位斜坡和单位加速度函数输入信号作用下的稳态误差。

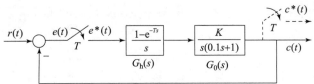

图 7.5.6 例 7.5.4 的系统框图

【解】 系统的开环传递函数为

$$G(s) = \frac{1-e^{-Ts}}{s} \frac{1}{s(0.1s+1)} = (1-e^{-Ts})\left[\frac{1}{s^2} - \frac{0.1}{s} + \frac{0.1}{s+10}\right]$$

系统的开环脉冲传递函数为

$$G(z) = \mathcal{Z}[G(s)] = \frac{T}{z-1} - 0.1 + \frac{0.1(z-1)}{z-e^{-10T}} = \frac{0.037z+0.026}{(z-1)(z-0.368)}$$

为应用终值定理，必须判别系统是否稳定，否则求稳态误差没有意义。

系统闭环特征方程为

$$D(z) = 1 + G(z) = 0$$

即

$$(z-1)(z-0.368) + 0.037z + 0.026 = 0$$
$$z^2 - 1.33z + 0.394 = 0$$

求得特征根 $z_1 = 0.885$，$z_2 = 0.445$，所以系统是稳定的。

静态位置误差系数为

$$K_p = \lim_{z \to 1} G(z) = \lim_{z \to 1} \frac{0.037z+0.026}{(z-1)(z-0.368)} = \infty$$

静态速度误差系数为

$$K_v = \lim_{z \to 1}(z-1)G(z) = \lim_{z \to 1} \frac{0.037z+0.026}{z-0.368} = 0.1$$

静态加速度误差系数为

$$K_a = \lim_{z \to 1}(z-1)^2 G(z) = \lim_{z \to 1}(z-1)\frac{0.037z+0.026}{z-0.368} = 0$$

不同输入信号作用下的稳态误差为：

单位阶跃输入信号作用下

$$e_{ss} = \frac{1}{1+K_p} = 0$$

单位斜坡输入信号作用下

$$e_{ss} = \frac{T}{K_v} = \frac{0.1}{0.1} = 1$$

单位加速度输入信号作用下

$$e_{ss} = \frac{T^2}{K_a} = \infty$$

7.6　离散系统的动态性能

离散控制系统的动态性能，可以通过求解单位阶跃响应，获得系统的性能指标来进行分析。用 z 变换分析离散控制系统的时间响应与用拉氏变化法分析连续系统的时间响应相似。根据闭环脉冲传递函数和单位阶跃输入信号，求出系统的单位阶跃响应 $c^*(t)$。根据 $c^*(t)$，可按照定义求出超调量、调节时间等性能指标。关于这些性能指标的定义，与连续系统是完全一样的。但应当指出的是，由于离散控制系统的时域性能指标只能按采样周期的整数倍处的采样值来计算，因此是近似的。

设离散系统的结构图如图 7.6.1 所示。图中 $G_o(s)$ 和 $G_h(s)$ 分别为被控对象与零阶保持器的传递函数。假定采样周期 $T=1$ s。

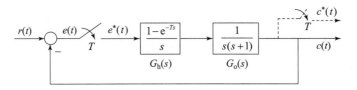

图 7.6.1 离散系统结构图

因为保持器与被控对象之间没有采样开关，所以系统的闭环脉冲传递函数为

$$\Phi(z) = \frac{C(z)}{R(z)} = \frac{G_h G_o(z)}{1 + G_h G_o(z)}$$

其中

$$G_h(s) G_o(s) = (1 - e^{-Ts}) \frac{1}{s^2(s+1)}$$

进行 z 变换，并将 $T=1$ s 代入，得

$$G_h G_o(z) = \mathcal{Z}\left[(1 - e^{-Ts}) \frac{1}{s^2(s+1)}\right] = \frac{e^{-1}z + 1 - 2e^{-1}}{z^2 - (1 + e^{-1})z + e^{-1}} = \frac{0.368z + 0.264}{z^2 - 1.368z + 0.368}$$

因此求得

$$\Phi(z) = \frac{G_h G_o(z)}{1 + G_h G_o(z)} = \frac{0.368z + 0.264}{z^2 - z + 0.632}$$

系统输出的 z 变换为

$$C(z) = \Phi(z) R(z) = \frac{0.368z + 0.264}{z^2 - z + 0.632} R(z)$$

因为 $r(t) = 1(t)$，所以 $R(z) = z/(z-1)$，代入上式，求得系统输出的 z 变换为

$$C(z) = \frac{0.368z + 0.264}{z^2 - z + 0.632} \cdot \frac{z}{z-1} = \frac{0.368z^2 + 0.264z}{z^3 - 2z^2 + 1.632z - 0.632}$$

用综合除法进行幂级数展开，得

$$C(z) = 0.368z^{-1} + z^{-2} + 1.4z^{-3} + 1.4z^{-4} + 1.147z^{-5} + 0.895z^{-6} + 0.802z^{-7} +$$
$$0.868z^{-8} + 0.994z^{-9} + 1.082z^{-10} + 1.085z^{-11} + 1.035z^{-12} + \cdots$$

取 $C(z)$ 的 z 反变换，求得系统的单位阶跃响应序列值为

$$c(0) = 0, \qquad c(1) = 0.368, \qquad c(2) = 1,$$
$$c(3) = 1.4, \qquad c(4) = 1.4, \qquad c(5) = 1.147,$$
$$c(6) = 0.895, \qquad c(7) = 0.802, \qquad c(8) = 0.868,$$
$$c(9) = 0.994, \qquad c(10) = 1.082, \qquad c(11) = 1.085,$$
$$c(12) = 1.035, \qquad \cdots$$

根据这些系统输出在采样时刻的值，可以大致描绘出系统单位阶跃响应的近似曲线（因为不能确定采样时刻之间的输出值），如图 7.6.2 所示。

从图 7.6.2 中可以看出，系统的过渡过程具有衰减振荡的形式。输出的峰值发生在阶跃输入后的第三、四拍之间，最大值 $c_{\max} \approx c(3) = c(4) = 1.4$。由此可得出响应的最大超调量为

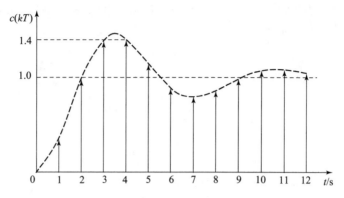

图 7.6.2 系统单位阶跃响应曲线（$T=1$ s）

$$\sigma_p \% = \frac{c_{\max} - c(\infty)}{c(\infty)} \times 100\% = \frac{1.4 - 1.0}{1.0} \times 100\% = 40\%$$

调节时间为

$$t_s(\Delta = 5\%) \approx 12T = 12 \text{ (s)}$$

因为此系统为单位反馈系统，所以有

$$\Phi_e(z) = \frac{E(z)}{R(z)} = \frac{R(z) - C(z)}{R(z)} = 1 - \Phi(z) = 1 - \frac{0.368z + 0.264}{z^2 - z + 0.632}$$

$$= \frac{z^2 - 1.368z + 0.368}{z^2 - z + 0.632}$$

由此求得误差信号的 z 变换为

$$E(z) = \Phi_e(z)R(z) = \frac{z^2 - 1.368z + 0.368}{z^2 - z + 0.632} \cdot \frac{z}{z - 1}$$

应用 z 变换的终值定理，可以求得系统在阶跃输入信号作用下的稳态误差为

$$e_{ss} = \lim_{z \to 1}[(z-1)R(z)] = \lim_{z \to 1}\left[(z-1)\frac{z^2 - 1.368z + 0.368}{z^2 - z + 0.632} \cdot \frac{z}{z - 1}\right] = 0$$

由此可见，用 z 变换法分析离散系统的过渡过程，求取一些性能指标是很方便的。

当 $T = 0.5$ s 时，系统的单位阶跃响应曲线如图 7.6.3 所示。

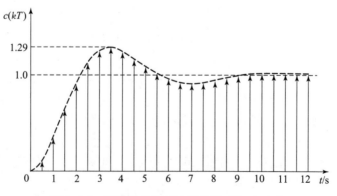

图 7.6.3 系统单位阶跃响应曲线（$T=0.5$ s）

当 $T = 2$ s 时，系统的单位阶跃响应曲线如图 7.6.4 所示。

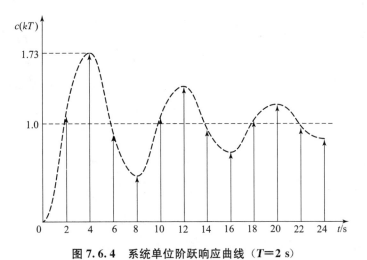

图 7.6.4　系统单位阶跃响应曲线（$T=2$ s）

可见，采样周期对系统的动态性能影响很大。采样周期过大时，系统将由稳定系统变为不稳定系统。

7.7　离散控制系统串联校正设计与实现

7.7.1　离散控制系统串联校正设计

离散控制系统的校正有两种方法，一种是直接在 z 域内进行，称为离散域设计；另一种是离散等效法，即在连续域利用根轨迹法、频率响应法、时域法等设计得到连续控制器 $G_c(s)$，然后将其转换为 $G_c(z)$，使 $G_c(z)$ 与 $G_c(s)$ 近似等效。本节主要介绍离散等效法。

有关离散域设计方法，请读者参考专门的数字控制系统方面的书。

我们经常采用 Tustin 变换将 $G_c(s)$ 转化为 $G_c(z)$，利用 Tustin 变换可以手工计算出 $G_c(z)$，而且变换得到的脉冲传递函数 $G_c(z)$ 的响应在采样时刻近似等于 $G_c(s)$ 在对应时刻的响应。Tustin 变换为

$$s = \frac{2(z-1)}{T(z+1)} \tag{7.7.1}$$

采样周期 T 越小（采样频率越高），变换得到的离散控制器的输出结果越接近连续控制器。如果采样频率不够高，则离散控制器与连续控制器的频率响应在较高频率上会出现差异，有修正这种差异的方法，但超出了本书的讨论范围，故略。

下面举例说明如何得到 $G_c(z)$。要为如图 7.7.1 所示的数字控制系统设计一个离散控制器，首先将其转化为如图 7.7.2 所示的连续控制系统，然后根据性能指标要求，在连续域设计控制器得到 $G_c(s)$。

假设

$$G_o(s) = \frac{1}{s(s+6)(s+10)}$$

性能指标要求为 $K_v = 6.8$，超调量 $\sigma_p\% < 20\%$，调节时间 $t_s < 1.1$ s（$\Delta = 2\%$）。

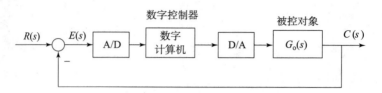

图 7.7.1　数字控制系统

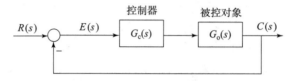

图 7.7.2　用于控制器设计的连续控制系统

为使 $K_v=6.8$，则系统开环传递函数增益应为 $K=408$。

接下来按照第 6 章给出的超前校正方法可以设计得到超前校正器：

$$G_c(s) = 408 \times \frac{0.167s+1}{0.034s+1}$$

$G(s)=G_o(s)G_c(s)$ 的穿越频率为 $\omega_c=5.8$ rad/s。系统的闭环带宽为 10 rad/s。按照 $\omega_s \geqslant 20\omega_b$ 的原则，T 的值应该为 $T \leqslant 2\pi/(20\times10)=0.03$。我们取 $T=0.01$ s。

$T=0.01$ s 时，将式 $s=\frac{2(z-1)}{T(z+1)}$ 带入 $G_c(s)$ 中可得

$$G_c(z) = \frac{1\,778z-1\,674}{z-0.746}$$

$T=0.01$ s 时，被控对象和零阶保持器的 z 变换为

$$G(z) = \frac{1.602\times10^{-7}z^2 + 6.156\times10^{-7}z + 1.478\times10^{-7}}{z^3 - 2.847z^2 + 2.699z - 0.852\,1}$$

已校正数字控制系统的方框图如图 7.7.3 所示，已校正离散闭环系统的单位阶跃响应如图 7.7.4 所示，可以看出已校正系统满足动态过程响应性能指标的要求。图中也给出了采样周期 $T=0.03$ s 时的单位阶跃响应曲线。

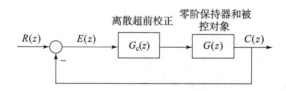

图 7.7.3　已校正系统的数字控制系统框图

图 7.7.5 给出了 $G_c(s)$ 和 $G_c(z)$ 的单位阶跃响应曲线，以显示 Tustin 变换较高的转换精度。除了 Tustin 变换方法外，也可以采用零极点匹配法进行连续与离散控制器之间的转换，下面以一个简单例子说明零极点匹配法的基本原理。

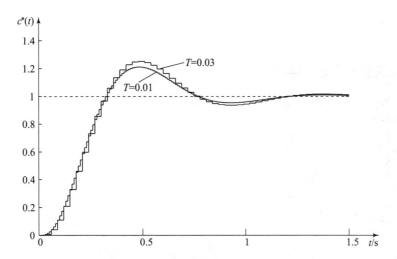

图 7.7.4　已校正离散控制系统的单位阶跃响应（注意：仅在采样时刻有值）

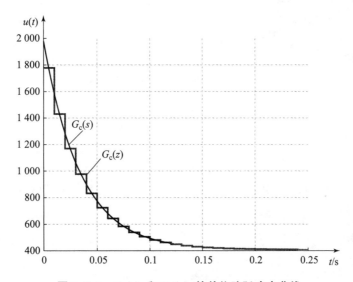

图 7.7.5　$G_c(s)$ 和 $G_c(z)$ 的单位阶跃响应曲线

（注意：离散系统仅在采样时刻有值）

若

$$G_c(s) = K\frac{s+a}{s+b} \tag{7.7.2}$$

则

$$G_c(z) = C\frac{z-A}{z-B} \tag{7.7.3}$$

其中，$A = e^{-aT}$，$B = e^{-bT}$，即 $G_c(s)$ 的零点和极点分别影射成 $G_c(z)$ 的零点和极点，通过下式求出 C

$$K\frac{s+a}{s+b}\bigg|_{s=0} = C\frac{z-A}{z-B}\bigg|_{z=1} \tag{7.7.4}$$

即

$$K\frac{a}{b} = C\frac{1-A}{1-B} \qquad (7.7.5)$$

7.7.2　离散控制器的实现

如图 7.7.6 所示的前向通路中，离散控制器 $G_c(z)$ 可以直接通过数字计算机来实现。通过推导一个数值算法，得到计算机采样输出的表达式 $u^*(t)$，其 z 变换为 $U(z)$，然后可以用这个表达式来编制控制器的计算机实现程序。

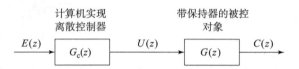

图 7.7.6　用数字计算机实现离散控制器的框图

假设一离散控制器的传递函数为

$$G_c(z) = \frac{U(z)}{E(z)} = \frac{z+0.5}{z^2-0.5z+0.7} \qquad (7.7.6)$$

交叉相乘得

$$(z^2-0.5z+0.7)U(z) = (z+0.5)E(z)$$

求解出与 $U(z)$ 相乘的 z 的最高阶项

$$z^2 U(z) = (z+0.5)E(z) - (-0.5z+0.7)U(z)$$

求解出等式左边的 $U(z)$

$$U(z) = (z^{-1}+0.5z^{-2})E(z) - (-0.5z^{-1}+0.7z^{-2})U(z) \qquad (7.7.7)$$

用图 7.7.7 中的流程图可以实现式（7.7.3），即图 7.7.7 是离散控制器式（7.7.6）的计算机实现流程图，图中 T 为采样周期。

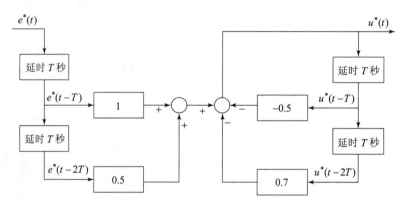

图 7.7.7　实现 $G_c(z) = \dfrac{z+0.5}{z^2-0.5z+0.7}$ 的数字计算流程图

可见，控制器输出采样值是输入的当前值、输入过去时刻的采样值、输出的过去时刻采样值的函数。图 7.7.7 可以用来编写控制器的计算机实现程序。从图中可以看出，控制器可以通过存储输入和输出的连续几个时刻的采样值来实现，控制器输出就是这些存储变量的加权线性组合。

7.8 离散控制系统设计实例

7.8.1 导弹数字控制系统的稳定性判断

图 7.8.1（a）所示的导弹通过弹体舵面的偏转产生力矩来进行气动控制，舵偏角指令来自一台计算机，计算机基于导弹制导律产生的加速度指令与导弹实际机动加速度的偏差来控制导弹按期望弹道飞行。图 7.8.1（b）所示为控制系统工作原理方框图，导弹的加速度计检测实时加速度，并反馈给计算机。试计算该系统的闭环脉冲传递函数，并确定系统在 $K=20$ 和 $K=100$ 时系统是否稳定，其采样周期 $T=0.1\,\text{s}$。

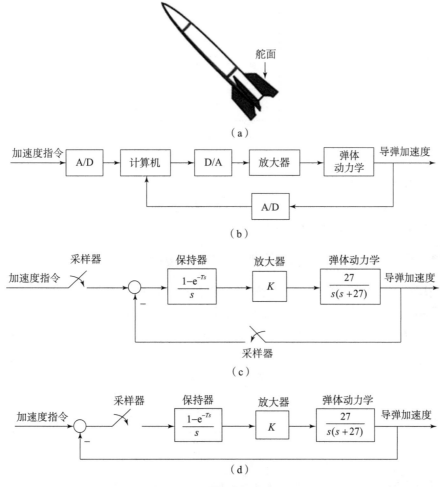

图 7.8.1 导弹数字控制系统

（a）导弹；（b）系统工作原理方框图；（c）系统结构图；（d）等效系统

【解】控制系统中的计算机可以用采样器和保持器进行建模，因此，系统的数学模型如图 7.8.1（c）所示，图 7.8.1（d）是其等效模型。

$$G(s) = \frac{1 - \mathrm{e}^{-Ts}}{s} \frac{Ka}{s(s+a)}$$

其中，$a = 27$，进行 z 变换得

$$G(z) = (1 - z^{-1}) \mathcal{Z}\{Ka/[s^2(s+a)]\}$$

首先用因式分解对 $Ka/[s^2(s+a)]$ 进行展开，有

$$\mathcal{Z}\left[\frac{Ka}{s^2(s+a)}\right] = K\mathcal{Z}\left[\frac{a}{s^2(s+a)}\right] = K\mathcal{Z}\left[\frac{1}{s^2} - \frac{1/a}{s} + \frac{1/a}{s+a}\right]$$

$$= K\left[\frac{Tz}{(z-1)^2} - \frac{z/a}{z-1} + \frac{z/a}{z-\mathrm{e}^{-aT}}\right]$$

$$= K\left[\frac{Tz}{(z-1)^2} - \frac{(1-\mathrm{e}^{-aT})z}{a(z-1)(z-\mathrm{e}^{-aT})}\right]$$

因此有

$$G(z) = K\left[\frac{T(z-\mathrm{e}^{-aT}) - (z-1)\left(\frac{1-\mathrm{e}^{-aT}}{a}\right)}{(z-1)(z-\mathrm{e}^{-aT})}\right]$$

令 $T = 0.1$，$a = 27$，有

$$G(z) = \frac{K(0.065\,5z + 0.027\,83)}{(z-1)(z-0.067\,2)}$$

最后，得到系统的闭环脉冲传递函数 $\Phi(z)$：

$$\Phi(z) = \frac{G(z)}{1+G(z)} = \frac{K(0.065\,5z + 0.027\,83)}{z^2 + (0.065\,5K - 1.067\,2)z + (0.027\,83K + 0.067\,2)}$$

通过求特征方程的根判断系统的稳定性，当 $K = 20$ 时，分母的根为 $0.12 \pm \mathrm{j}0.78$，由于极点都在单位圆内，因此系统是稳定的。当 $K = 100$ 时，极点为 -0.58 和 -4.9，由于其中一个极点在单位圆外，因此系统是不稳定的。

7.8.2 天线方位控制系统的离散串联校正设计

忽略功率放大器的动力学模型，并假设电位计的模型为 1，可得到天线方位连续控制系统的简化框图如图 7.8.2（a）所示。设计一个天线方位数字控制系统，如图 7.8.2（b）所示，性能指标要求为调节时间不大于 2 s（$\Delta=2\%$），系统阻尼系数为 0.5，静态速度误差系数 $K_v=4$。

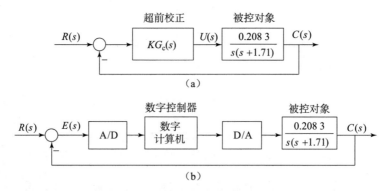

图 7.8.2 天线方位控制系统的简化框图

（a）连续控制系统；（b）数字控制系统

【解】首先在频域内设计控制器，下面简单给出 $KG_c(s)$ 的设计过程。根据设计要求 $t_s=2$ 和 $\zeta=0.5$，得到期望系统的自然振荡频率为 $\omega_n=4/(\zeta t_s)=4$ rad/s，相位裕度 $\gamma\approx52°$。

因为 $K_v=4$，所以 $K=32.8$。

未校正系统 $G(s)=\dfrac{0.208\,3\times32.8}{s(s+1.71)}$ 的相位裕度为 $\gamma_0\approx36°$、穿越频率 $\omega_c=2.35$。

假设需要超前校正器提供的最大超前角为 $\varphi_{max}\approx23°$，则 $\alpha=2.3$。

根据 $10\lg\alpha=3.6$ dB，在 $G(s)$ 的伯德图上找到 -3.6 dB 对应的频率为 $\omega_m=3$ rad/s。则超前校正器的转折频率为 $\omega_1=1.96$ rad/s，由于这个转折频率与原系统的转折频率非常接近，因此可以令 $\omega_1=1.71$ rad/s，则 $\omega_2=4$ rad/s。所以有

$$G_c(s)=\dfrac{\dfrac{1}{1.71}s+1}{\dfrac{1}{4}s+1}\qquad KG_c(s)=\dfrac{76.7(s+1.71)}{s+4}$$

已校正系统的相位裕度为 $\gamma\approx52°$，穿越频率 $\omega_c=3.14$ rad/s。

校正后闭环系统的带宽为 $\omega_b=5$ rad/s，自然振荡频率 $\omega_n=4$ rad/s，$\zeta=0.5$，调节时间为 2 s，满足了设计要求。

按照采样频率 $\omega_s\geqslant20\omega_b$ 的原则，采样周期 T 应该小于 0.06 s，我们选一个较小值 $T=0.025$ s。

利用 Tustin 变换，得到离散超前校正器

$$KG_c(z)=\dfrac{74.6z-71.5}{z-0.904\,8}$$

如果在图 7.8.2（b）中前向通路中串联零阶保持器，并对被控对象和零阶保持器一起进行 z 变换，采样周期为 $T=0.025$ s，则得到

$$G_p(z)=\dfrac{6.418\times10^{-5}z+6.327\times10^{-5}}{z^2-1.958z+0.958\,2}$$

天线方位数字控制系统的单位阶跃响应如图 7.8.3 所示，系统的超调量约为 18.35%，调节时间为 2.1 s。

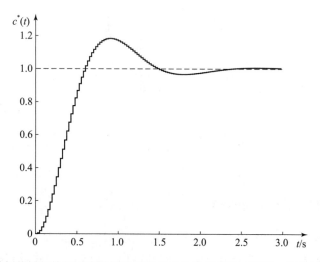

图 7.8.3　带超前校正的闭环离散控制系统的单位阶跃响应（注意：仅在采样时刻有值）

定义 $KG_c(z) = U(z)/E(z)$，则
$$(z - 0.904\,8)U(z) = (74.6z - 71.5)E(z)$$
得到 $U(z)$ 上 z 的最高次幂
$$zU(z) = (74.6z - 71.56)E(z) + 0.904\,8U(z)$$
解得 $U(z)$ 为
$$U(z) = (74.6 - 71.56z^{-1})E(z) + 0.904\,8z^{-1}U(z)$$
上式可以用来编写控制器的计算机实现程序。

7.9　利用 Matlab 进行离散控制系统分析

7.9.1　基本指令介绍

与可用于连续系统设计的函数对应，Matlab 也提供了用于离散系统设计的函数。

用下面的 tf 函数可以创建离散系统传递函数模型，其中 T 为采样周期。

```
sysd=tf(num,den,T)
```

c2d 函数用于将连续系统模型转换成离散系统模型，d2c 函数用于将离散系统模型转换为连续系统模型。

若受控对象的传递函数为
$$G(s) = \frac{1}{s(s+1)}$$

设采样周期取为 $T=1$ s，利用下面的指令

```
sys=tf([1],[1 1 0])
sysd=c2d(sys,1,'zoh')
```

就可以得到 $G(z)$：
$$G(z) = \frac{0.367\,9z + 0.264\,2}{z^2 - 1.368\,0z + 0.368\,0}$$

反之，利用下面的指令就可以把 $G(z)$ 转换为 $G(s)$：

```
sysd=tf([0.3679 0.2642],[1 - 1.368 0.3678],1)
sys=d2c(sysd,'zoh')
```

上面指令中的 'zoh' 是指零阶保持器方法，也就是相当于求了 $G(s) = \dfrac{1-e^{-Ts}}{s}\dfrac{1}{s(s+1)}$ 的 z 变换。

7.9.2　闭环离散系统的响应

可以用 step 函数、impulse 函数、lsim 函数来仿真计算离散系统的响应，其使用方法与仿真连续系统略有区别，在离散系统中，它们的输出为 $c(kT)$，并且在一个周期 T 中保持不变，因此输出具有阶梯函数的形式。

例如，考虑图 7.6.1 给出的闭环系统，7.6 节利用长除法得到了闭环离散控制系统的阶跃响应，这里我们采用下面的 Matlab 指令计算其输出响应 $c(kT)$，如图 7.9.1 所示。

```
num=[1];den=[1 1 0];
sysc=tf(num,den);
sysd=c2d(sysc,1,'zoh');
sys=feedback(sysd,[1]);
TD=[0:1:20];step(sys,TD)
```

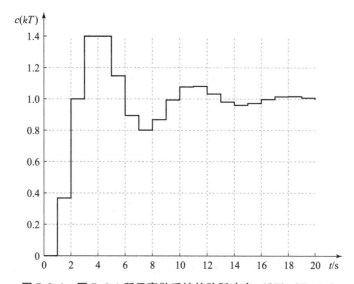

图 7.9.1 　图 7.6.1 所示离散系统的阶跃响应 $c(kT)$ （$T=1$ s）

也可以用 dstep 函数、dimpulse 函数、dlsim 函数直接来仿真离散系统的响应。例如，下面的指令就给出了离散系统 $G(z)=\dfrac{2z^2-3.4z+1.5}{z^2-1.6z+0.8}$ 的单位阶跃响应。

```
num= [2,-3.4,1.5];
den= [1,-1.6,0.8];
dstep(num,den)
```

7.9.3 　带数字控制器的离散控制系统仿真

针对 7.7.1 节的算例，下面的 Matlab 指令完成了将连续控制器转化为离散控制器（采用 Tustin 变换）、将被控对象带零阶保持器一起进行离散化、离散系统闭环传递函数求解等，离散系统的单位阶跃响应如图 7.9.2 所示，采样周期为 $T=0.05$ s。

```
gc=tf([408*0.167 408],[0.034 1]);
gcd=c2d (gc, 0.05, 'tustin');
gp=tf ( [1], [1 16 60 0]);
gpd=c2d (gp, 0.05, 'zoh');
```

```
sysd=gpd* gcd/ (1+ gpd* gcd);
TD=[0: 0.05: 2];
step (sysd，TD);
```

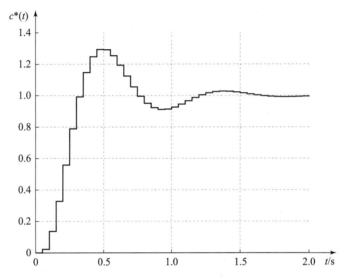

图 7.9.2 闭环离散控制系统的阶跃响应 （$T=0.05$ s）

7.10 基于 Matlab 或 Simulink 的离散控制系统仿真实验

实验目的：

掌握离散控制系统的仿真方法；验证采样周期对离散控制系统时域响应的影响规律。

实验预习：

针对如图 7.10.1 所示的简化的比例控制天线方位控制系统，设计比例控制器参数 K，使得系统的超调量为 10%。当采样周期分别为 $T=0.01$ s、$T=0.05$ s、$T=0.1$ s、$T=0.15$ s 时，将被控对象带零阶保持器一起进行离散化，得到其离散化模型。进一步，求取不同采样周期下使系统稳定的 K 值范围。

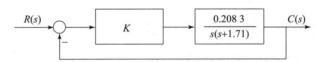

图 7.10.1 天线方位连续控制系统 （比例控制器）

实验：

利用 Matlab 或者 Simulink 软件，基于所设计的比例控制器参数 K（对应超调量 10%），分别对天线方位连续控制系统、不同采样周期下 （$T=0.01$ s、$T=0.05$ s、$T=0.1$ s、$T=0.15$ s） 的天线方位离散控制系统等进行单位阶跃响应仿真，并分别记录系统的超调量和峰值时间。另外，对不同采样周期下使系统稳定的 K 值范围进行仿真验证。

实验报告：

（1）制作表格，表格中包括：天线方位连续控制系统及不同采样周期下的天线方位离散控制系统阶跃响应的超调量和峰值时间；不同采样周期下使天线方位离散控制系统稳定的 K 值范围。

（2）对不同采样周期下的天线方位离散控制系统的阶跃响应曲线与天线方位连续控制系统的阶跃响应进行比较，并分析造成差异的原因。

（3）总结采样周期对系统稳定性、动态性能的影响规律。

习　题　7

7-1　试求下列函数的 z 变换。

（1）$f(t) = 1 - e^{-at}$

（2）$f(t) = \cos\omega t$

（3）$f(t) = a^{t/T}$

（4）$f(t) = te^{-at}$

（5）$f(t) = t^2$

7-2　求下列拉氏变换式的 z 变换（式中 T 为采样周期）。

（1）$F(s) = \dfrac{(s+3)}{(s+1)(s+2)}$

（2）$F(s) = \dfrac{1}{(s+2)^2}$

（3）$F(s) = \dfrac{1}{s^2}$

（4）$F(s) = \dfrac{K}{s(s+a)}$

（5）$F(s) = \dfrac{1}{s^2(s+a)}$

（6）$F(s) = \dfrac{\omega}{s^2 - \omega^2}$

（7）$F(s) = \dfrac{e^{-nTs}}{s+a}$

7-3　求下列函数的 z 反变换（式中 T 为采样周期）。

（1）$F(z) = \dfrac{z(1 - e^{-T})}{(z-1)(z - e^{-T})}$

（2）$F(z) = \dfrac{z}{(z-1)^2(z-2)}$

（3）$F(z) = \dfrac{z}{(z+1)^2(z-1)^2}$

（4）$F(z) = \dfrac{2z(z^2 - 1)}{(z^2 + 1)^2}$

（5）$F(z) = \dfrac{0.5 + 3z + 0.6z^2 + z^3 + 4z^4 + 5z^5}{z^5}$

7-4 求下列函数的初值与终值。

(1) $F(z) = \dfrac{z^2}{(z-0.8)(z-0.1)}$

(2) $F(z) = \dfrac{1+0.3z^{-1}+0.1z^{-2}}{1-4.2z^{-1}+5.6z^{-2}-2.4z^{-3}}$

(3) $F(z) = \dfrac{z^2}{(z-0.5)(z-1)}$

7-5 用 z 变换方法求解下列差分方程，结果以 $f(k)$ 表示。

(1) $f(k+2)+2f(k+1)+f(k)=u(k)$
$f(0)=0, f(1)=0, u(k)=k \quad (k=0,1,2,\cdots)$

(2) $f(k+2)-4f(k)=\cos k\pi \quad (k=0,1,2,\cdots)$
$f(0)=1, f(1)=0$

(3) $f(k+2)+5f(k+1)+6f(k)=\cos\dfrac{k}{2}\pi \quad (k=0,1,2,\cdots)$
$f(0)=0, f(1)=1$

7-6 求图 E7-1 所示系统的输出 $C(z)$，假定图中采样开关是同步的。

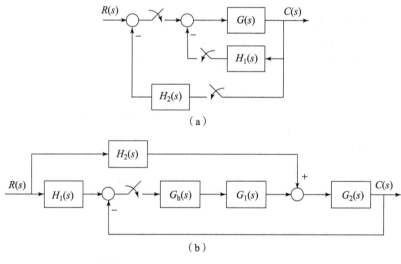

（a）

（b）

图 E7-1

7-7 试求图 E7-2 所示系统的闭环脉冲传递函数。

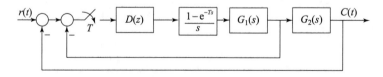

图 E7-2

7 - 8　已知系统结构如图 E7-3 所示，$T=1$ s。

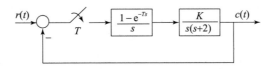

图 E7 - 3

(1) 当 $K=8$ 时，分析系统的稳定性。若稳定，计算当 $r(t)=1(t)+t$ 时的稳态误差；

(2) 求 K 的临界稳定值；

(3) 当 $K=3$ 时，求 K_p、K_v、K_a。

7 - 9　已知系统结构如图 E7-4 所示，试求 $T=1$ s 及 $T=0.5$ s 时，系统临界稳定时的 K 值，并讨论采样周期 T 对稳定性的影响。

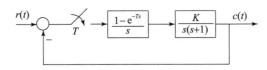

图 E7 - 4

7 - 10　已知系统结构如图 E7-5 所示，其中 $K=10$，$T=0.2$ s，输入为

$$r(t)=1(t)+t+\frac{t^2}{2}$$

试用静态误差系数法求系统的稳态误差。

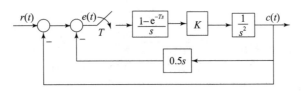

图 E7 - 5

7 - 11　设图 E7-6 所示离散系统的采样周期 $T=1$ s，试确定此系统稳定时的临界增益 K。

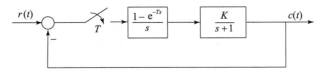

图 E7 - 6

7 - 12　设离散系统如图 E7-7 所示，试求：

(1) $T=1$ s 时，使系统稳定的临界增益 K；

(2) $T=0.1$ s 时，使系统稳定的临界增益 K，并讨论采样周期对系统稳定性的影响；

(3) 若在图 E7-7 的采样开关后增加一个零阶保持器，求使系统稳定的临界增益 K，并讨论零阶保持器对系统稳定性的影响。

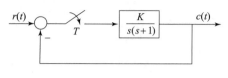

图 E7－7

7－13 设离散系统如图 E7-8 所示，试求输入信号为 $r(t) = 1 + t$ 时系统的稳态误差。

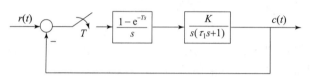

图 E7－8

7－14 设离散系统如图 E7-8 所示，若 $T = 0.1 \text{ s}, \tau_1 = 1 \text{ s}, K = 10$，试求系统的峰值时间 t_p 和超调量 $\sigma_p\%$。

7－15 设离散系统如图 E7-8 所示，若 $T = 0.1 \text{ s}, \tau_1 = 2 \text{ s}, K = 1$，试求系统单位阶跃响应 $c^*(t)$。

7－16 离散系统框图如图 E7-9 所示，给出使系统稳定的采样周期 T 的范围。

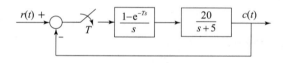

图 E7－9

7－17 设离散系统的闭环特征方程为
$$D(z) = z^3 - z^2 - 0.5z + 0.3 = 0$$
试用劳斯判据判别系统的稳定性。

7－18 针对如图 E7-10 所示的离散控制系统，其中 $G(s) = \dfrac{20(s+3)}{(s+4)(s+5)}$，试分别在 $T = 0.1 \text{ s}$ 和 $T = 0.5 \text{ s}$ 的情况下，画出系统的单位阶跃响应曲线。

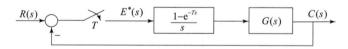

图 E7－10　某离散控制系统

7－19 某单位反馈系统的开环传递函数为 $G_o(s) = \dfrac{100K}{s(s+36)(s+100)}$，设计串联校正器，使校正后系统的性能指标满足 $K_v = 40$，超调量 $\sigma_p\% \leqslant 21\%$，峰值时间 $t_p \leqslant 0.1 \text{ s}$。若校正器拟用数字计算机实现，采样周期为 $T = 0.001 \text{ s}$，请给出 $G_c(z)$ 的表达式，并画出离散串联校正器的计算机实现流程图。分别在 $T = 0.001 \text{ s}$、$T = 0.01 \text{ s}$、$T = 0.02 \text{ s}$ 情况下画出离散系统的单位阶跃闭环响应曲线，讨论采样周期对系统稳定性、动态性能、稳态误差的影响规律。

第 8 章

非线性系统

[本章学习目标]

（1）了解常见的一些非线性特性；

（2）掌握描述函数法的定义及使用限制条件；

（3）能够基于描述函数法分析非线性系统的稳定性；

（4）掌握自激振荡的内涵，并能够计算稳定的自激振荡的振幅和频率。

8.1 非线性系统概述

8.1.1 本质非线性与非本质非线性

严格地说，绝大部分自动控制系统都属于非线性系统。

系统中只要有一个非线性环节，则整个系统就是非线性系统。自动控制系统中所包含的非线性特性大致可以分为两类，一类是非本质非线性特性，另一类是本质非线性特性。

非本质非线性是指一些不太严重的非线性特性，当系统运行在某一工作点附近的较小范围时，这些非线性特性可以线性化，在这种情况下，可以用线性控制系统理论来分析和设计系统。另一类非线性特性，不能采用第 2 章讲述的小偏差线性化方法进行线性化，这些非线性特性称为本质非线性特性。如果系统中存在本质非线性环节，则系统不满足叠加定理，因而线性系统的分析方法原则上不适用于这类非线性系统。对非线性控制系统的理论研究远比对线性系统的研究要复杂和困难，至今还没有统一和普遍适用的非线性系统理论分析与设计方法。

8.1.2 常见非线性特性

1. 死区（不灵敏区）特性

死区特性如图 8.1.1（a）所示。一般控制系统的测量元件、执行元件都存在死区（$-a \leqslant x \leqslant a$），也称为不灵敏区域。例如某些测量元件当被检测信号很小而达不到一定值时，其输出为零；当给执行机构的驱动信号比较小时，执行机构不会动作。在控制系统中，由于有死区特性的存在，当 $|x| < a$ 时，系统处于开环状态，失去调节作用，从而使系统产生稳态误差，降低系统的精度。

2. 饱和特性

饱和特性如图 8.1.1（b）所示。在饱和特性中，当输入信号仅在一定范围内（$|x| \leqslant a$）

变化时，输入与输出呈线性关系；当输入信号的绝对值超出一定范围（$|x|>a$）时，输出则保持为一个常值。控制系统中常用的放大器和执行元件通常都具有饱和非线性特性，由于受到能源、功率等条件的限制，许多元件的运动范围、运动速度也都具有饱和特性。有时从系统安全性的角度考虑，常常在控制系统中加入各种限幅装置，其特性也属于饱和特性。

饱和特性通常使系统在大信号作用下的等效增益下降，稳态误差增大，为避免饱和特性使系统动态性能变差，一般应尽量设法扩大元部件的线性工作范围。

3. 间隙特性

间隙特性如图 8.1.1（c）所示，其特点是，当输入量的变化方向改变时，输出量保持不变，一直到输入量的变化超出一定数值（间隙）后，输出量才跟着变化。机械传动一般都有间隙存在，例如齿轮传动，当主动轮转向时，需先越过两倍的齿隙，才能驱动从动轮反向运行。

间隙的存在会降低系统的跟踪精度，而且会使系统的输出产生相位滞后，使系统稳定裕度减小，使系统动态性能恶化，容易产生自振。

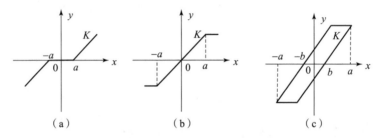

图 8.1.1 死区、饱和、间隙非线性特性
（a）死区特性；（b）饱和特性；（c）间隙特性

4. 继电特性

理想继电特性如图 8.1.2 所示。继电器、接触器等都具有继电特性。实际继电器工作时，只有流经线圈的电流大于吸合值后，继电器的衔铁方能吸合，所以，继电特性一般都有死区存在，如图 8.1.2（b）所示。此外，由于继电器的吸合电流一般都大于释放电流，因此，实际的继电特性具有滞环的特点，如图 8.1.2（c）和图 8.1.2（d）所示。继电特性常常使系统产生振荡现象，但如果选择合适的继电特性则可提高系统的响应速度，也可构成正弦信号发生器。

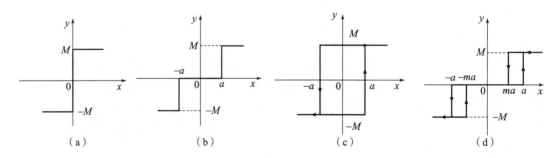

图 8.1.2 几种典型的继电特性
（a）理想继电器；（b）带死区的继电器；（c）带滞环的继电器；（d）带死区和滞环的继电器

8.1.3　非线性系统的运动特点

线性系统的重要特征是可以应用线性叠加原理。由于描述非线性系统运动的数学模型为非线性微分方程，不能应用叠加原理，故能否应用叠加原理是两类系统的本质区别。非线性系统的运动主要有以下特点。

1. 稳定性

线性系统的稳定性只取决于系统本身的结构和参数，与外作用和初始条件无关。非线性系统的稳定性不仅与系统本身的结构和参量有关，还与输入信号及系统的初始状态有关，对于同一个结构和参数的非线性系统，初始状态位于某一较小区域时系统稳定，但在较大初始值时系统可能不稳定，有时也可能情况相反。故对非线性系统，不能笼统地断定系统是否稳定。

2. 自激振荡

非线性系统在没有外界周期变化信号的作用时，系统中产生的具有固定振幅和频率的稳定周期运动，称为自激振荡，简称自振。 自振是非线性系统特有的，是非线性控制系统理论研究的重要问题。

线性系统只有在临界稳定的情况下，才能产生周期运动，而且一旦系统受到外扰，这个周期运动将不能维持，因此线性系统的这种临界稳定时产生的周期运动不是自激振荡。

必须指出，长时间大幅度的振荡会造成机械磨损，增加控制误差。因此多数情况下不希望系统有自振发生，但在有些控制系统中通过引入高频小幅度的颤振，可克服间隙、死区等非线性因素的不良影响。另外在振动试验中，则必须使系统产生稳定的周期运动。因此研究自振的产生条件及抑制，确定自振的频率与幅值，是非线性系统分析的重要内容。

3. 频率响应

稳定的线性系统的频率响应，即正弦信号作用下的稳态输出量是与输入信号同频率的正弦信号，其幅值和相位为输入正弦信号频率的函数。而非线性系统的频率响应除了含有与输入同频率的正弦信号分量（基频分量）外，还含有高次谐波分量，使输出波形发生非线性畸变。

8.1.4　非线性系统的分析方法

1. 相平面法

相平面法是求解二阶微分方程的图解法。图形的横坐标为系统中所研究的变量，纵坐标为这个变量的一阶导数，这个图称为相平面图。应用相平面图可以分析非线性系统的稳定性、过渡过程、自激振荡等问题，这种工程方法称为相平面法。

相平面法只限于研究二阶非线性系统，它是时域分析法在非线性系统中的推广应用。

2. 描述函数法

描述函数法是一种等效线性化方法，是一种频域分析方法。当系统满足一定条件时，其非线性特性可用等效线性函数——描述函数来表示。简化为线性系统之后，可用推广的频率响应法分析系统的稳定性及自激振荡。

描述函数法是线性系统理论中的频率法在非线性系统中的推广应用，不受系统阶次限制，但必须满足一定的假设条件。

3. 计算机求解法

即通过计算机仿真方法研究分析非线性系统的特性。

本章主要介绍描述函数法，这种方法虽然不能对一般非线性系统都普遍适用，但对解决其中的某些问题还是很有成效的。

8.2 描述函数

8.2.1 描述函数的基本概念

描述函数法是达尼尔（P. J. Daniel）于 1940 年首先提出的，其基本思想是：当系统满足一定的假设条件时，系统中非线性环节在正弦信号作用下的输出可用一次谐波分量来近似，由此导出非线性环节的近似等效频率特性，即描述函数。这时非线性系统就可以近似等效为一个线性系统，并可应用线性系统理论中的频率法对系统进行频域分析，但是当输入为非正弦信号时，这种描述就不成立了。因此，描述函数法只能用来研究系统的频率响应特性，不能给出时间响应的确切信息。描述函数主要用来分析在无外作用的情况下，非线性系统的稳定性和自激振荡问题，不受系统阶次的限制，因而获得了广泛的应用。但是由于描述函数对系统结构、非线性环节的特性和线性部分的性能都有一定的要求，而且其本身也是一种近似的分析方法，因而该方法的应用有一定的限制条件。

1. 描述函数的定义

描述函数法是线性系统的频率响应法在非线性系统中的推广。在线性系统中，若在元件或系统的输入端加入一个正弦信号，在达到稳态时，其输出为与输入信号同频率的正弦函数，但是对于非线性元件或系统，当输入信号为正弦函数时，其稳态输出由于有高次谐波的存在而失真，成为一个周期函数。在下述情况下可以应用描述函数法：如果非线性元件输出的周期函数信号加到另一个线性元件的输入端，当线性元件有滤除非线性元件输出 $y(t)$ 中二次及二次以上谐波的低通滤波特性时，那么线性元件的输出为与非线性元件输入同频率的正弦函数，如图 8.2.1 所示。这样，对于线性元件的输出，我们有理由只考虑非线性元件输出中的一次谐波。因此，**可以把非线性元件输出的一次谐波与其输入的正弦函数振幅比为模、相位差为辐角构成一个复数，用这个复数作为非线性元件的等效频率特性，称为非线性元件的描述函数。**

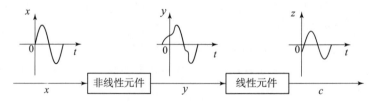

图 8.2.1 非线性系统的输入与输出信号对比

若非线性元件的输入为

$$x(t) = X\sin\omega t$$

非线性元件的输出为 $y(t)$，则 $y(t)$ 的傅里叶级数展开式为

$$y(t) = A_0 + \sum_{n=1}^{\infty} (A_n \cos n\omega t + B_n \sin n\omega t) \tag{8.2.1}$$

式中

$$\begin{cases} A_0 = \dfrac{1}{2\pi} \displaystyle\int_0^{2\pi} y(t)\,\mathrm{d}(\omega t) \\[2mm] A_n = \dfrac{1}{\pi} \displaystyle\int_0^{2\pi} y(t)\cos n\omega t\,\mathrm{d}(\omega t) \\[2mm] B_n = \dfrac{1}{\pi} \displaystyle\int_0^{2\pi} y(t)\sin n\omega t\,\mathrm{d}(\omega t) \end{cases} \tag{8.2.2}$$

$$(n = 1,2,3,\cdots)$$

若 $A_0 = 0$，且 $n > 1$ 时，$Y_n = \sqrt{A_n^2 + B_n^2}$ 很小，则可近似认为非线性环节的正弦响应仅有一次谐波，其一次谐波为：

$$\begin{aligned} y_1(t) &= A_1 \cos\omega t + B_1 \sin\omega t \\ &= Y_1 \sin(\omega t + \phi) \end{aligned} \tag{8.2.3}$$

式中

$$Y_1 = \sqrt{A_1^2 + B_1^2}$$

$$\phi = \arctan \frac{A_1}{B_1} \tag{8.2.4}$$

若以 $N(X)$ 表示非线性元件的描述函数，依定义则有

$$N(X) = \frac{Y_1}{X} \mathrm{e}^{\mathrm{j}\phi}$$

或

$$N(X) = \frac{B_1}{X} + \mathrm{j}\frac{A_1}{X} \tag{8.2.5}$$

实际大多数非线性环节中不包含储能元件，其输出与输入信号的频率无关，所以常见非线性环节的描述函数仅是输入信号幅值的函数，即描述函数只是输入正弦信号幅值的函数。

2. 应用描述函数法的限制条件

（1）非线性系统的结构图可以简化成一个非线性环节和一个线性环节闭环连接的典型形式，如图 8.2.2 所示。

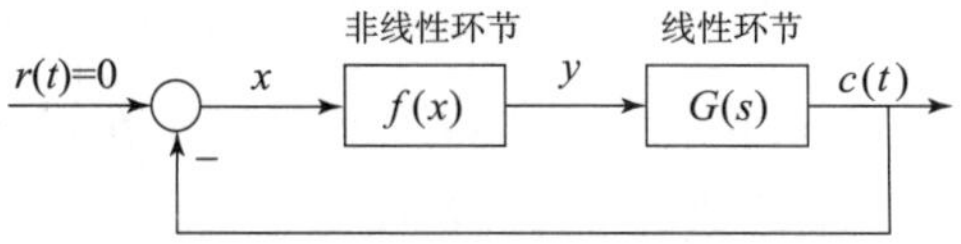

图 8.2.2 非线性系统典型结构形式

（2）非线性环节的特性 $f(x)$ 应是 x 的奇函数，即 $f(x) = -f(-x)$，或正弦输入下的输出为关于 t 的奇对称函数，即 $y\left(t + \dfrac{\pi}{\omega}\right) = -y(t)$，以保证非线性环节在正弦信号作用下的输出中不包含常值分量，也就是 $A_0 = 0$。证明如下：

若非线性环节的正弦响应是关于 t 的奇对称函数，即

$$y(t) = f(A\sin\omega t) = -y\left(t + \frac{\pi}{\omega}\right)$$

则

$$A_0 = \frac{1}{2\pi}\int_0^{2\pi} y(t)\,\mathrm{d}(\omega t) = \frac{1}{2\pi}\left[\int_0^{\pi} y(t)\,\mathrm{d}(\omega t) + \int_{\pi}^{2\pi} y(t)\,\mathrm{d}(\omega t)\right]$$

取变换 $\omega t = \omega u + \pi$，有

$$A_0 = \frac{1}{2\pi}\left[\int_0^\pi y(t)\mathrm{d}(\omega t) + \int_0^\pi y\left(u+\frac{\pi}{\omega}\right)\mathrm{d}(\omega u)\right]$$

$$= \frac{1}{2\pi}\left[\int_0^\pi y(t)\mathrm{d}(\omega t) + \int_0^\pi -y(u)\mathrm{d}(\omega u)\right] = 0$$

而当非线性特性为输入 x 的奇函数时，即 $f(x) = -f(-x)$，有

$$y\left(t+\frac{\pi}{\omega}\right) = f\left[A\sin\omega\left(t+\frac{\pi}{\omega}\right)\right] = f[A\sin\omega(\pi+\omega t)] = f(-A\sin\omega t)$$

$$= f(-x) = -f(x) = -y(t)$$

即 $y(t)$ 是关于 t 的奇对称函数，直流分量 A_0 为零。

(3) 系统的线性部分具有较好的低通滤波性能。当非线性环节的输入为正弦信号时，实际输出必定含有高次谐波分量，但经线性部分传递之后，由于低通滤波的作用，高次谐波分量将被大大削弱，因此闭环系统内近似地只有一次谐波分量流通，从而保证应用描述函数分析方法所得的结果比较准确。工程上许多非线性系统，通常是满足此条件的。

描述函数法是一种工程近似方法，结果的准确度在很大程度上取决于高次谐波分量被衰减的程度，即取决于非线性环节在正弦信号作用下系统输出中高次谐波分量所占的比重，以及系统中线性环节的低通滤波性能。当非线性系统满足上述三个条件时，描述函数法便是一种简便而有效的工程分析方法。

值得注意的是，线性系统的频率特性是输入正弦信号频率 ω 的函数，与正弦信号的幅值 X 无关，而由描述函数表示的非线性环节的近似频率特性则是输入正弦信号幅值 X 的函数，因而描述函数又表现为关于输入正弦信号的幅值 X 的复变增益放大器，这正是非线性环节的近似频率特性与线性系统频率特性的本质区别。当非线性环节的频率特性由描述函数近似表示后，就可以推广应用线性系统的频率法来分析非线性系统的运动特性，问题的关键是描述函数的计算。

8.2.2 描述函数计算举例

非线性特性描述函数的计算步骤如下：

(1) 画出非线性元件在正弦输入 $x(t) = X\sin\omega t$ 情况下的输出 $y(t)$ 的波形；

(2) 写出 $y(t)$ 的数学表达式；

(3) 按式 (8.2.2) 计算 $y(t)$ 的一次谐波系数 A_1 和 B_1；

(4) 按式 (8.2.5) 计算非线性元件的描述函数。

【例 8.2.1】 若非线性元件具有图 8.2.3 (a) 所示的饱和放大器特性，试求其描述函数。

【解】 (1) 饱和放大器的输入 $x(t)$ 和输出 $y(t)$ 波形分别示于图 8.2.3 (b)、(c)。

(2) 求 $y(t)$ 的数学表达式。

$y(t)$ 在 1/4 周期的表达为

$$y(t) = \begin{cases} KX\sin\omega t, & 0 < \omega t < \theta \\ Ka, & \theta < \omega t < \frac{\pi}{2} \end{cases}$$

式中

$$\theta = \arcsin\frac{a}{X}$$

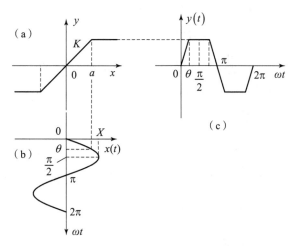

图 8.2.3　饱和特性和正弦响应曲线

(a) 饱和特性；(b) 饱和放大器的输入信号 $x(t)$；(c) 饱和放大器的输出 $y(t)$

(3) 求 A_1 和 B_1。

由于 $y(t)$ 为奇函数，即 $y(t) = -y(-t)$，所以有

$$A_1 = 0$$

由于 $y(t)$ 为奇函数，且又满足半周期内对称，即

$$y(t) = y\left(\frac{\pi}{\omega} - t\right)$$

故在计算 B_1 时，积分限可以取 0 至 $\pi/2$，再把积分值乘以 4，即

$$
\begin{aligned}
B_1 &= \frac{1}{\pi}\int_0^{2\pi} y(t)\sin\omega t\, \mathrm{d}(\omega t) \\
&= \frac{4}{\pi}\int_0^{\frac{\pi}{2}} y(t)\sin\omega t\, \mathrm{d}(\omega t) \\
&= \frac{4}{\pi}\left[\int_0^{\theta} KX\,\sin^2\omega t\, \mathrm{d}(\omega t) + \int_{\theta}^{\frac{\pi}{2}} Ka\sin\omega t\, \mathrm{d}(\omega t)\right] \\
&= \frac{2KX}{\pi}\left[\arcsin\frac{a}{X} + \frac{a}{X}\sqrt{1 - \left(\frac{a}{X}\right)^2}\right]
\end{aligned}
$$

(4) 求 $N(X)$。

根据描述函数定义并考虑图 8.2.3 (a) 的特性，则有

$$
N(X) = \begin{cases} \dfrac{2K}{\pi}\left[\arcsin\dfrac{a}{X} + \dfrac{a}{X}\sqrt{1 - \left(\dfrac{a}{X}\right)^2}\right], & X \geqslant a \\[4mm] K, & X \leqslant a \end{cases}
\tag{8.2.6}
$$

由式 (8.2.6) 可见，饱和放大器的描述函数是实数，即其输出的一次谐波与输入正弦波同相位，当 $X/a \leqslant 1$ 时，即 $X \leqslant a$ 时，元件工作在线性段，$N(X/a) = K$；当 $X/a > 1$ 时，即 $X > a$ 时，元件进入饱和区，$N(X/a)$ 随 X/a 增大而减小；当 $X/a \to \infty$ 时，$N(X/a) = 0$。

【例 8.2.2】若非线性元件的特性如图 8.2.4 (a) 所示，是含有死区的继电特性，试求其描述函数。

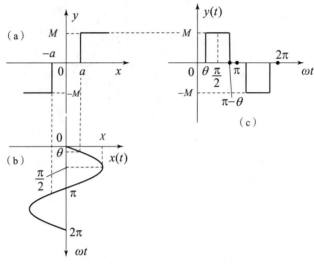

图 8.2.4 死区继电特性和正弦响应曲线

(a) 死区继电特性；(b) 输入信号 $x(t)$；(c) 输出信号 $y(t)$

【解】(1) 有死区的继电特性的输入 $x(t)$ 与输出 $y(t)$ 的波形图示于图 8.2.4 (b)、(c)。

(2) 求 $y(t)$ 的表达式。

$y(t)$ 在 1/4 周期内的表达式为

$$y(t) = \begin{cases} 0, & 0 \leqslant \omega t \leqslant \theta \\ M, & \theta \leqslant \omega t \leqslant \dfrac{\pi}{2} \end{cases}$$

式中

$$\theta = \arcsin\frac{a}{X}$$

(3) 求 A_1 和 B_1。

由于 $y(t)$ 为奇函数，则有

$$A_1 = 0$$

并同时满足半周期内对称，即

$$y(t) = y\left(\frac{\pi}{\omega} - t\right)$$

所以在计算 B_1 时，积分限可取 0 至 $\pi/2$，再把积分值乘以 4，即

$$\begin{aligned} B_1 &= \frac{1}{\pi}\int_0^{2\pi} y(t)\sin\omega t\, \mathrm{d}(\omega t) \\ &= \frac{4}{\pi}\int_0^{\frac{\pi}{2}} y(t)\sin\omega t\, \mathrm{d}(\omega t) \\ &= \frac{4}{\pi}\int_\theta^{\frac{\pi}{2}} M\sin\omega t\, \mathrm{d}(\omega t) \\ &= \frac{4M}{\pi}\sqrt{1 - \left(\frac{a}{X}\right)^2} \end{aligned}$$

(4) 求 $N(X)$。

根据描述函数定义并考虑图 8.2.4 (a) 有

$$N(X) = \begin{cases} 0, & X \leqslant a \\ \dfrac{4M}{\pi X}\sqrt{1 - \left(\dfrac{a}{X}\right)^2}, & X \geqslant a \end{cases} \tag{8.2.7}$$

死区继电特性的描述函数为实数，即元件输出的一次谐波与输入正弦波同相位。描述函数在 $X/a \leqslant 1$（即 $X \leqslant a$）时，等于 0；在 $X/a > 1$，即 $X > a$ 时，$\dfrac{a}{M} \cdot N\left(\dfrac{X}{a}\right)$ 随 X/a 先增大后减小；在 $X/a = \sqrt{2}$ 时出现极大值，其极大值为 $2/\pi$。

【**例 8.2.3**】若非线性元件具有图 8.2.5（a）所示的滞环特性，试求其描述函数。

【**解**】（1）画出滞环特性的输入 $x(t)$ 和输出 $y(t)$ 的波形图，分别示于图 8.2.5（b）、（c）。

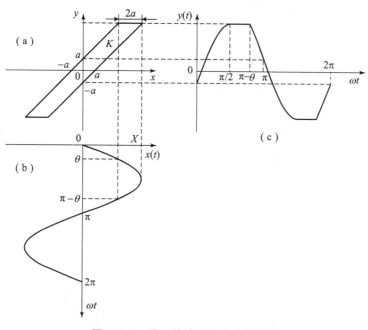

图 8.2.5　滞环特性和正弦响应曲线
（a）滞环特性；（b）输入信号 $x(t)$；（c）输出信号 $y(t)$

（2）求 $y(t)$ 表达式。

$y(t)$ 在半周期内的表达式为

$$y(t) = \begin{cases} K(X\sin\omega t - a), & 0 \leqslant \omega t \leqslant \dfrac{\pi}{2} \\ K(X - a), & \dfrac{\pi}{2} \leqslant \omega t \leqslant \pi - \theta \\ K(X\sin\omega t + a), & \pi - \theta \leqslant \omega t \leqslant \pi \end{cases}$$

式中

$$\theta = \arcsin\left(1 - \frac{2a}{X}\right)$$

（3）求 A_1 和 B_1。

由于 $y(t)$ 既不是奇函数，也不是偶函数，故 A_1 和 B_1 均不为零。由于 $y(t)$ 满足

$$y(\omega t + \pi) = -y(\omega t)$$

故求 A_1 和 B_1 的积分可计算半个周期乘以 2 而得到，即

$$A_1 = \frac{1}{\pi}\int_0^{2\pi} y(t)\cos\omega t\, \mathrm{d}(\omega t)$$

$$= \frac{2}{\pi}\int_0^{\pi} y(t)\cos\omega t\, \mathrm{d}(\omega t)$$

$$= \frac{2}{\pi}\int_0^{\frac{\pi}{2}} K(X\sin\omega t - a)\cos\omega t\, \mathrm{d}(\omega t) + \frac{2}{\pi}\int_{\frac{\pi}{2}}^{\pi-\theta} K(X-a)\cos\omega t\, \mathrm{d}(\omega t) +$$

$$\frac{2}{\pi}\int_{\pi-\theta}^{\pi} K(X\sin\omega t + a)\cos\omega t\, \mathrm{d}(\omega t)$$

$$= \frac{4Ka}{\pi}\left(\frac{a}{X}-1\right), X \geqslant a$$

$$B_1 = \frac{1}{\pi}\int_0^{2\pi} y(t)\sin\omega t\, \mathrm{d}(\omega t)$$

$$= \frac{2}{\pi}\int_0^{\pi} y(t)\sin\omega t\, \mathrm{d}(\omega t)$$

$$= \frac{2}{\pi}\int_0^{\frac{\pi}{2}} K(X\sin\omega t - a)\sin\omega t\, \mathrm{d}(\omega t) + \frac{2}{\pi}\int_{\frac{\pi}{2}}^{\pi-\theta} K(X-a)\sin\omega t\, \mathrm{d}(\omega t) +$$

$$\frac{2}{\pi}\int_{\pi-\theta}^{\pi} K(X\sin\omega t + a)\sin\omega t\, \mathrm{d}(\omega t)$$

$$= \frac{KX}{\pi}\left[\frac{\pi}{2} + \arcsin\left(1-\frac{2a}{X}\right) + 2\left(1-\frac{2a}{X}\right)\sqrt{\frac{a}{X}\left(1-\frac{a}{X}\right)}\right], X \geqslant a$$

（4）求描述函数。

根据描述函数定义，并考虑图 8.2.5（a）后，得滞环特性的描述函数为

$$\begin{cases} N(X) = \dfrac{B_1}{X} + \mathrm{j}\dfrac{A_1}{X} \\ \qquad = \dfrac{K}{\pi}\left[\dfrac{\pi}{2} + \arcsin\left(1-\dfrac{2a}{X}\right) + 2\left(1-\dfrac{2a}{X}\right)\sqrt{\dfrac{a}{X}\left(1-\dfrac{a}{X}\right)}\right] + \mathrm{j}\dfrac{4Ka}{\pi X}\left(\dfrac{a}{X}-1\right), X \geqslant a \\ N(X) = 0, X < a \end{cases}$$

$$(8.2.8)$$

滞环特性的描述函数为复数，即非线性元件的输出的一次谐波与输入的正弦波相比，除振幅上有变化之外，还有相位差。

为使用方便，表 8.2.1 示出了常见非线性特性的描述函数。

表 8.2.1 常见非线性特性的描述函数

非线性类型	非线性特性	描述函数 $N(X)$
理想继电特性		$\dfrac{4M}{\pi X}$

非线性类型	非线性特性	描述函数 $N(X)$
有死区的继电特性		$\dfrac{4M}{\pi X}\sqrt{1-\left(\dfrac{a}{X}\right)^2}, \quad X>a$
有滞环的继电特性		$\dfrac{4M}{\pi X}\sqrt{1-\left(\dfrac{a}{X}\right)^2}-\mathrm{j}\dfrac{4Ma}{\pi X^2}, \quad X>a$
带死区与滞环的继电特性		$\dfrac{2M}{\pi X}\left[\sqrt{1-\left(\dfrac{ma}{X}\right)^2}+\sqrt{1-\left(\dfrac{a}{X}\right)^2}\right]+\mathrm{j}\dfrac{2Ma}{\pi X^2}(m-1), \quad X>a$
饱和特性		$\dfrac{2K}{\pi}\left[\arcsin\left(\dfrac{a}{X}\right)+\dfrac{a}{X}\sqrt{1-\left(\dfrac{a}{X}\right)^2}\right], \quad X>a$
带死区的饱和特性		$\dfrac{2K}{\pi}\left[\arcsin\left(\dfrac{b}{X}\right)-\arcsin\left(\dfrac{a}{X}\right)+\dfrac{b}{X}\sqrt{1-\left(\dfrac{a}{X}\right)^2}-\dfrac{b}{X}\sqrt{1-\left(\dfrac{a}{X}\right)^2}\right], \quad X>b$
死区特性		$\dfrac{2K}{\pi}\left[\dfrac{\pi}{2}-\arcsin\left(\dfrac{a}{X}\right)-\dfrac{a}{X}\sqrt{1-\left(\dfrac{a}{X}\right)^2}\right], \quad X>a$
带死区的线性特性		$K-\dfrac{2K}{\pi}\arcsin\left(\dfrac{a}{X}\right)+\dfrac{(4-2K)a}{\pi X}\sqrt{1-\left(\dfrac{a}{X}\right)^2}, \quad X>a$

非线性类型	非线性特性	描述函数 $N(X)$
变增益 特性		$K_2 + \dfrac{2(K_1-K_2)}{\pi}\left[\arcsin\left(\dfrac{a}{X}\right) + \dfrac{a}{X}\sqrt{1-\left(\dfrac{a}{X}\right)^2}\,\right], \quad X > a$
间隙特性		$\dfrac{K}{\pi}\left[\dfrac{\pi}{2} + \arcsin\left(1-\dfrac{2a}{X}\right) + 2\left(1-\dfrac{2a}{X}\right)\sqrt{\dfrac{a}{X}\left(1-\dfrac{a}{X}\right)}\,\right] +$ $\mathrm{j}\dfrac{4Ka}{\pi X}\left(\dfrac{a}{X}-1\right), \quad X > a$
库仑摩擦 加黏性 摩擦		$K + \dfrac{4a}{\pi X}$

描述函数计算完后，即建立了非线性系统的频域数学模型，下面重点对系统的稳定性进行分析。

8.3　用描述函数法分析非线性系统

8.3.1　非线性系统的稳定性分析

对于图 8.3.1 所示系统，$N(X)$ 表示系统中非线性元件的描述函数，$G(\mathrm{j}\omega)$ 表示系统中线性部分的频率特性。如果线性元件有低通滤波特性，并能充分滤除非

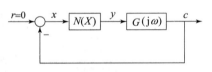

图 8.3.1　非线性系统

线性元件输出中二次及二次以上的各次谐波，则用描述函数研究系统的运动特性是足够准确的。

描述函数是非线性元件的等效频率特性。当非线性元件的输入正弦波幅值一定时，描述函数可以作为一个实数或复数增益来处理。在这种情况下，可用线性系统中的奈奎斯特稳定性判据分析系统的稳定性。

对于图 8.3.1 所示的非线性系统，在非线性元件线性化后系统的开环频率特性为

$$G_1(\mathrm{j}\omega) = N(X)G(\mathrm{j}\omega)$$

当 $G_1(\mathrm{j}\omega)$ 通过（−1，j0）点时，如图 8.3.2 所示，闭环系统将产生等幅振荡，即

$$G_1(\mathrm{j}\omega) = N(X)G(\mathrm{j}\omega) = -1$$

或

$$G(\mathrm{j}\omega) = -\frac{1}{N(X)} \qquad (8.3.1)$$

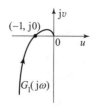

图 8.3.2 开环系统的奈氏图

式中，$-\dfrac{1}{N(X)}$ 为非线性元件的负倒描述函数。若在系统中无非线性元件，则 $N(X) = 1$，这时式（8.3.1）变为

$$G(\mathrm{j}\omega) = -1 \qquad (8.3.2)$$

根据奈氏判据可知，$(-1, \mathrm{j}0)$ 点是判别系统稳定性的临界点，比较式（8.3.1）和式（8.3.2）可以看出，当系统引入非线性元件时，判别稳定性由 $(-1, \mathrm{j}0)$ 点变成 $-1/N(X)$ 曲线。因此，当线性部分无右半 s 平面极点时，可以根据 $G(\mathrm{j}\omega)$ 与 $-1/N(X)$ 的相对位置判断有关非线性系统的稳定性。稳定性结论如下：

（1）当 $G(\mathrm{j}\omega)$ 曲线不包围 $-1/N(X)$ 曲线时，系统是稳定的，如图 8.3.3（a）所示。

（2）当 $G(\mathrm{j}\omega)$ 曲线包围 $-1/N(X)$ 曲线时，系统是不稳定的，如图 8.3.3（b）所示。

（3）当 $G(\mathrm{j}\omega)$ 曲线与 $-1/N(X)$ 曲线相交时，系统处于临界稳定状态，如图 8.3.3（c）所示，系统可能产生自激振荡。

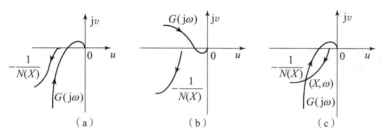

图 8.3.3 $G(\mathrm{j}\omega)$ 曲线与 $-1/N(X)$ 曲线的相对位置示意图

(a) $G(\mathrm{j}\omega)$ 不包围 $-1/N(X)$；(b) $G(\mathrm{j}\omega)$ 包围 $-1/N(X)$；(c) $G(\mathrm{j}\omega)$ 与 $-1/N(X)$ 相交

自激振荡是一种周期运动，可能稳定或不稳定，严格来说这种周期运动不是正弦的，但稳定的自激振荡可以用一个正弦的周期运动来近似。周期运动的频率和幅值可用交点处 $G(\mathrm{j}\omega)$ 曲线上对应的 ω 和 $-1/N(X)$ 对应的 X 来表征。

8.3.2 自激振荡的稳定性

1. 稳定的自激振荡定义

稳定的自激振荡是指系统受到轻微扰动后，偏离原来的运动状态，在扰动消失后，系统的运动能重新收敛于原来的等幅持续振荡状态。不稳定的自激振荡是指系统受扰动后，系统的运动不能重新收敛于原来的等幅持续振荡。

2. 自激振荡分析

当系统中线性部分的频率特性 $G(\mathrm{j}\omega)$ 曲线与非线性元件的负倒描述函数 $-1/N(X)$ 曲线相交时，可能产生自激振荡，那么这个自激振荡在扰动作用下是否能够稳定存在呢？现在讨论这个问题。

如图 8.3.4 所示，频率特性 $G(\mathrm{j}\omega)$ 曲线与负倒描述函数 $-1/N(X)$ 交于 A、B 两点，A、B 两点可能

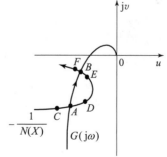

图 8.3.4 存在周期运动的非线性系统

产生自激振荡。

对于 A 点，$G(j\omega)$ 的频率为 ω_A，$-1/N(X)$ 的幅值为 X_A。如果系统受到扰动，使振荡幅值增加，则工作点由 A 点沿 $-1/N(X)$ 曲线移动到 D 点，由于 D 点被 $G(j\omega)$ 所包围，所以振荡幅值将继续增加，远离 A 点；如果系统受到扰动，使振荡幅值减小，则工作点由 A 点沿 $-1/N(X)$ 曲线移动到 C 点，由于 C 点不被 $G(j\omega)$ 曲线所包围，则振荡幅值将继续减小，直至为零。因此，A 点为不稳定的自激振荡。不稳定的自激振荡观察不到。

对于 B 点，$G(j\omega)$ 的频率为 ω_B，非线性元件的负倒描述函数的幅值为 X_B。如果系统受到扰动幅值增加时，工作点将由 B 点沿 $-1/N(X)$ 曲线移动到 F 点，由于 F 点不被 $G(j\omega)$ 曲线所包围，所以振荡幅值减小，回到 B 点；如果系统受到扰动振幅减小时，工作点将由 B 点沿 $-1/N(X)$ 曲线移动到 E 点，由于 E 点被 $G(j\omega)$ 曲线所包围，故振荡将增幅，回到 B 点。因此 B 点是稳定的自激振荡点。稳定的自激振荡可以被观察到。

由上述讨论可得如下结论：若在线性部分的频率特性 $G(j\omega)$ 曲线与非线性元件的负倒描述函数 $-1/N(X)$ 曲线的交点处，沿振幅 X 增加的方向，$-1/N(X)$ 上的点不被 $G(j\omega)$ 曲线所包围，则这个交点是稳定的自激振荡点。自激振荡的振荡频率为交点处 $G(j\omega)$ 的 ω 值，振荡幅值为交点处 $-1/N(X)$ 曲线的 X 值。

另外，对于图 8.3.4 所示情况，如果初始振荡的幅值小于 X_A，如在 C 点，则振荡会自动消失，系统是稳定的；如果大于 X_A，如在 D 点，则振荡振幅会自动增加，最后稳定于 B 点，形成稳定的自激振荡，因此非线性系统的稳定性与初始条件有关，系统产生自激振荡是有条件的，此外还应注意到稳定的自激振荡只是对一定范围的扰动而言具有稳定性，当扰动较大时，系统将停振或发散至无穷。另外，应用描述函数法分析非线性系统的稳定性，都是建立在只考虑基波分量的基础之上的，实际上，系统中仍有一定量的高次谐波分量通过，因此系统的自激振荡并非纯正弦波。

【例 8.3.1】 若系统框图如图 8.3.5 所示，试求该系统能否产生稳定的自激振荡；如果产生，确定振荡的频率及幅值。

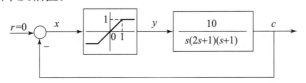

图 8.3.5　例 8.3.1 的非线性系统方框图

【解】（1）绘制系统线性部分的幅相频率特性曲线。

由于系统中的饱和非线性特性的描述函数 $N(X)$ 为正实数，故 $-1/N(X)$ 为负实数，为了确定自激振荡，只需准确求出 $G(j\omega)$ 与负实轴的交点，而其他部分可近似画出。系统线性部分的频率特性为

$$G(j\omega) = \frac{10}{j\omega(2j\omega+1)(j\omega+1)}$$

$$= \frac{10}{-3\omega^2 + j\omega(1-2\omega^2)} \qquad (8.3.3)$$

若 $G(j\omega)$ 曲线与负实轴交点的频率为 ω_1，则有

$$1 - 2\omega_1^2 = 0$$

$$\omega_1 = 0.707 \ (\text{rad/s}) \qquad\qquad (8.3.4)$$

把式（8.3.4）代入式（8.3.3），得 $G(j\omega)$ 与负实轴的交点坐标为

$$G(j\omega_1) = \frac{10}{-3 \times 0.707^2} = -6.7 \qquad (8.3.5)$$

图 8.3.6 示出了 $G(j\omega)$ 曲线。

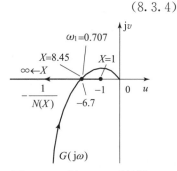

图 8.3.6　例 8.3.1 系统的 $G(j\omega)$ 和 $-1/N(X)$ 曲线

（2）绘制饱和放大器非线性特性的负倒描述函数曲线。

根据表 8.2.1 中饱和特性的描述函数公式，令 $K=1$，$a=1$，计算饱和放大器非线性特性的负倒描述函数数据列于表 8.3.1，根据表 8.3.1 在图 8.3.6 上绘出 $-1/N(X)$ 曲线。

表 8.3.1　例 8.3.1 数据

X	1	2	3	4	5	6	7	8	9	10	11
$\dfrac{-1}{N(X)}$	-1	-1.64	-2.4	-3.17	-3.95	-4.74	-5.25	-6.28	-7.07	-7.87	-9.43

（3）确定自激振荡及其稳定性。

由图 8.3.6 可知，$G(j\omega)$ 与 $-1/N(X)$ 曲线在横轴 -6.7 处相交。当幅值 X 从交点处增加时，$-1/N(X)$ 曲线不被 $G(j\omega)$ 曲线包围，所以系统产生自激振荡，而且自激振荡是稳定的，其振荡频率为 0.707 rad/s，振荡幅值为 $X = 8.45$。

（4）讨论。

由图 8.3.6 可以看出，线性区增益等于 1 的饱和放大器的 $-1/N(X)$ 曲线位于自 $(-1,$ j0) 点之左的横轴上，如果 $G(j\omega)$ 曲线不与负实轴相交或交于 $(-1, j0)$ 点之右，则系统不会产生自激振荡。因此，按放大器线性区增益设计出的系统如果是稳定的，则信号进入放大器饱和区仍是稳定的。

图 8.3.7 给出了该系统自激振荡时饱和放大器输入端信号的时域响应曲线。

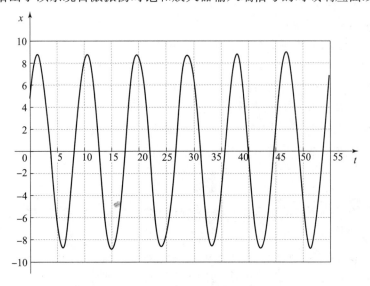

图 8.3.7　例 8.3.1 系统中的自激振荡现象

【例 8.3.2】若非线性系统框图如图 8.3.8 所示，图中 $2a=0.2$，$K=0.1$，试确定该系统是否产生自激振荡；若产生自激振荡，则确定其频率和幅值。

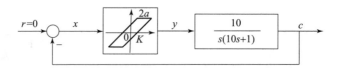

图 8.3.8　例 8.3.2 的系统框图

【解】（1）绘制 $G(j\omega)$ 曲线。

若将 $-1/N(X)$ 中的 K 值考虑到 $G(j\omega)$ 中，可绘出 $KG(j\omega)$ 的曲线，如图 8.3.9 所示。

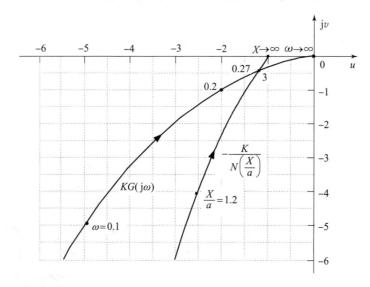

图 8.3.9　例 8.3.2 系统的 $KG(j\omega)$ 和 $-K/N(X)$ 曲线

（2）绘制 $-1/N(X)$ 曲线。

由于线性部分绘制的是 $KG(j\omega)$ 曲线，所以负倒描述函数应画出 $-K/N(X)$ 曲线。根据表 8.2.1 中间隙特性的描述函数公式和图 8.3.8 中非线性特性的参数，在图 8.3.9 上绘出 $-K/N(X/a)$ 曲线。

（3）确定系统是否产生自激振荡及其稳定性。

由图 8.3.9 可以看出，$KG(j\omega)$ 曲线与曲线 $-K/N(X/a)$ 有一个交点，系统可能产生自激振荡；由于在交点处沿 X/a 增加方向的 $-K/N(X/a)$ 曲线不被 $KG(j\omega)$ 所包围，故此自激振荡是稳定的，由交点处的数据查出自激振荡频率为 $\omega=0.27$ rad/s；相对幅值为 $X/a=3$，题设 $a=0.1$，所以 $X=3a=3\times0.1=0.3$。

（4）讨论。

本系统为二阶系统，若没有滞环非线性特性存在，当开环增益 $K>0$ 时，闭环系统总是稳定的。但是由于滞环系统的引入，使得自动控制系统产生了不希望的稳定等幅振荡。从步骤（3）得到的结果表明，自激振荡的幅值 X 与间隙 $2a$ 成正比。因此在设计中应该限制传动装置的间隙。另外指出，因为实际系统有摩擦，而摩擦对自激振荡有一定的抑制作用，所以并不是所有系统传动装置有一点间隙就一定产生自激振荡。

8.4 基于 Simulink 分析非线性控制系统

8.4.1 基于 Simulink 的非线性开环系统仿真分析

Simulink 可建立起直观形象的系统结构图数学模型,非常适用于分析非线性系统的运动特点。例如可以很方便地观察到信号经过非线性环节后的畸变,以及非线性环节的输出经过一个线性环节后的信号变化,能够帮助非线性系统初学者深入形象地理解非线性系统的特点。

如图 8.4.1 所示为一个死区非线性开环系统,$a = 0.5$,仿真运行后,在 Matlab 环境下用 plot(t,x,t,y1,t,y2)指令,可画出各变量的变化曲线如图 8.4.2 所示,也可以直接采用 Simulink 中的示波器进行观察。

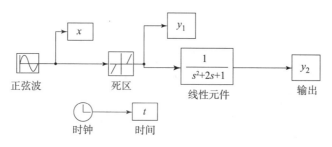

图 8.4.1 含有死区非线性的开环系统

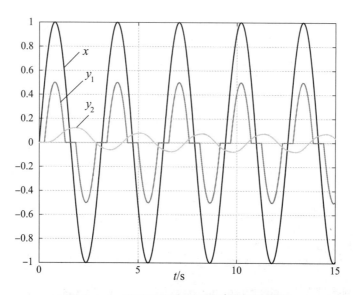

图 8.4.2 死区非线性开环系统中的各信号

若将图 8.4.1 中的死区非线性特性换成饱和特性,且 $a = 0.5$,则系统中各变量变化曲线如图 8.4.3 所示。

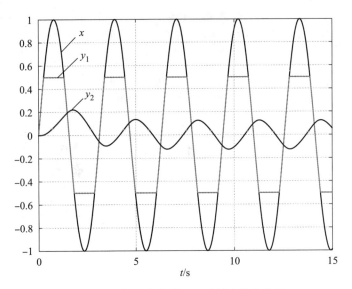

图 8.4.3   饱和非线性开环系统中的各信号

若将图 8.4.1 中的死区非线性特性换成理想继电特性，且 $M=0.5$，则系统中各变量的变化曲线如图 8.4.4 所示。

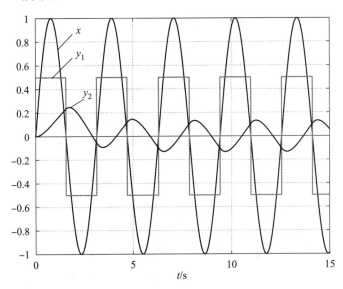

图 8.4.4   理想继电非线性开环系统中的各信号

8.4.2   基于 Simulink 的非线性控制系统闭环响应仿真分析

图 8.4.5 是例 8.3.2 系统的 Simulink 仿真图，我们在 $t=0$ s 给系统加一个宽度为 0.1、幅值为 0.3 的脉动函数作为输入信号，即在 $t=0$ s 给系统一个幅值为 0.3 的阶跃激励，然后在 $t=0.1$ s 撤掉这个信号，即 $t=0.1$ s 后系统没有任何外作用。图 8.4.6 给出了间隙非线性环节输入端的信号变化曲线，可见，系统形成了稳定的自激振荡，振幅为 0.3，振荡周期为 23.3 s。

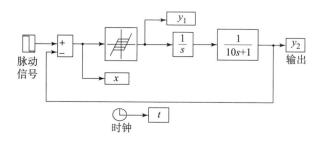

图 8.4.5　例 8.3.2 系统的 Simulink 仿真图

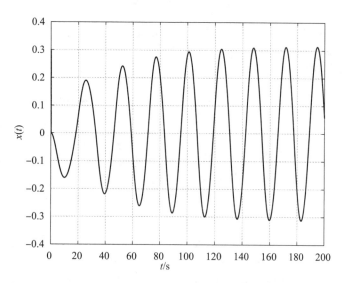

图 8.4.6　例 8.3.2 所示非线性系统中的自激振荡现象

8.5　基于 Simulink 的非线性控制系统数学仿真实验

实验目的：

验证采用描述函数法可以分析系统的稳定性，并求解稳定的自激振荡的振幅和频率。

实验预习：

已知含有饱和特性的非线性系统如图 8.5.1 所示，当 $K = 15$ 时，试用描述函数法分析非线性系统的稳定性；如果存在自激振荡，分析自激振荡的稳定性；如果自激振荡稳定，求其振幅和频率。进一步，欲使系统不出现自激振荡且稳定地工作，求 K 的最大容许值 $K_{\max}$。

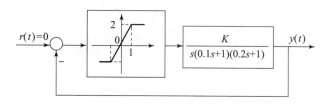

图 8.5.1　某含有饱和特性的非线性系统

实验：

实验 1：在 Simulink 环境中描述如图 8.5.1 所示的非线性系统，在 $t=0$ s 时给系统加一个宽度为 0.1、幅值为 0.1 的脉动函数作为输入信号，即在 $t=0$ s 时给系统一个幅值为 0.1 的阶跃激励，然后在 $t=0.1$ s 时撤掉这个信号，使得 0.1 s 后系统没有任何外作用。当线性环节增益分别为 $K=15$、$K=30$ 时，画出非线性环节输入端和输出端，以及线性环节输出端的信号变化曲线。

实验 2：如图 8.5.1 所示的非线性系统，输入信号改为单位阶跃信号，当 $K=3$ 和 $K=6$ 时，分别画出非线性环节输入端和输出端，以及线性环节输出端的信号变化曲线。

实验报告：

针对实验 1，根据仿真曲线，给出当 $K=15$、$K=30$ 时的自激振荡的振幅和频率，分析参数 K 对自激振荡的振幅和频率的影响规律。针对实验 1 和实验 2，分析总结参数 K 对系统稳定性的影响规律。

习 题 8

8-1 试判断图 E8-1 中各系统的稳定性，以及 $-1/N(X)$ 与 $G(j\omega)$ 的交点是否是稳定的自激振荡点。图中的箭头方向分别表示 X 增加的方向和 ω 增加的方向。

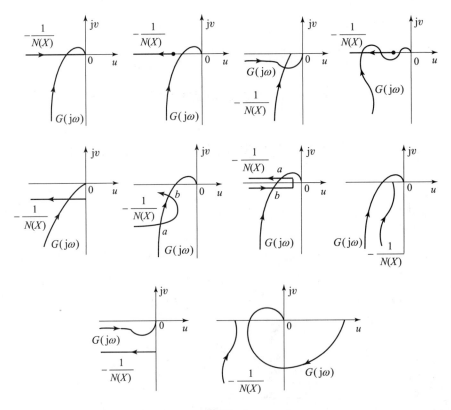

图 E8-1

8-2 具有非线性反馈增益的二阶系统示于图 E8-2。在速度反馈回路中，非线性元件具有饱和特性，试分析系统的稳定性及是否产生自激振荡。

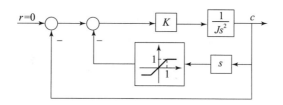

图 E8-2

8-3　一非线性系统结构图如图 E8-3 所示。

（1）试求不产生自激振荡时的最大 K 值；

（2）试求当 $K = 15$ 时系统的自激振荡振幅和频率。

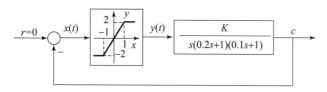

图 E8-3

8-4　一非线性系统结构图如图 E8-4 所示，试求其自激振荡的振幅及频率。

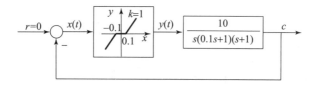

图 E8-4

8-5　一非线性系统结构图如图 E8-5 所示，试求其自激振荡的振幅及频率。

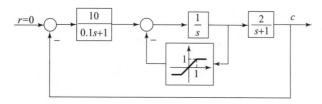

图 E8-5

8-6　一非线性系统结构图如图 E8-6 所示，试求其自激振荡的振幅及频率。

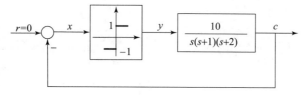

图 E8-6

8－7 图 E8-7 所示为非线性系统，试分析系统稳定性和自激振荡的稳定性，并确定稳定自激振荡的振幅和频率。

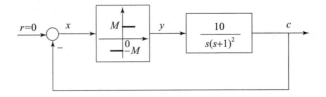

图 E8－7

8－8 图 E8-8 所示为双位继电器非线性系统，其中 $a=1$，$M=3$，试分析自激振荡的稳定性，并确定稳定的自激振荡的振幅和频率。

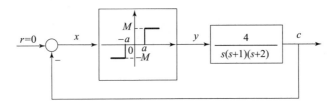

图 E8－8

8－9 已知非线性系统如图 E8-9 所示，其中线性环节的传递函数为

$$G(s) = \frac{5}{s(s+1)(0.5s+1)}$$

非线性环节是一个有滞环的继电器，$a=0.2$，$M=1$。试用描述函数法分析非线性系统的稳定性；如果存在自激振荡，分析自激振荡的稳定性，如果稳定，求出其振幅和频率。

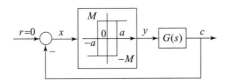

图 E8－9 某非线性系统

8－10 设非线性系统如图 E8-10 所示，试采用描述函数法和 Simulink 软件分析：
① $G_c(s) = 1$；
② $G_c(s) = \frac{(0.25s+1)}{(0.03s+1)} \times \frac{1}{8.3}$

时非线性系统的运动特性。

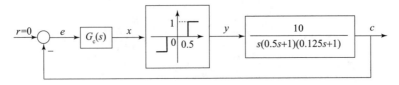

图 E8－10 非线性系统的结构图

附　录

拉氏变换与拉氏反变换

1. 拉氏变换的定义

对于函数 $f(t)$，如果满足下列条件：

① 当 $t < 0_-$ 时，$f(t) = 0$；当 $t \geqslant 0_-$ 时，$f(t)$ 在每个有限区间上是分段连续的。

② $\int_{0_-}^{\infty} f(t) \mathrm{e}^{-\sigma t} \mathrm{d}t < \infty$，其中 σ 为正实数，即 $f(t)$ 为指数级的，则可定义 $f(t)$ 的拉普拉斯变换（简称拉氏变换）$F(s)$ 为

$$F(s) = \int_{0_-}^{\infty} f(t) \mathrm{e}^{-st} \mathrm{d}t \tag{A.1}$$

式中，s 为复变数，$f(t)$ 为原函数，$F(s)$ 为像函数。

在拉氏变换中，s 的量纲是时间的倒数，即 $[t]^{-1}$，$F(s)$ 的量纲则是 $f(t)$ 的量纲与时间 t 量纲的乘积。

2. 拉氏变换的性质

性质 1（线性性质）设 $g(t) = af_1(t) + bf_2(t)$，则有

$$G(s) = aF_1(s) + bF_2(s) \tag{A.2}$$

性质 2（平移定理）设 $g(t) = f(t)\mathrm{e}^{-at}$，则

$$G(s) = F(s+a) \tag{A.3}$$

性质 3（延时定理）设原函数在时间上延迟 $a(\geqslant 0)$，即有 $g(t) = f(t-a) \cdot 1(t-a)$，

$$g(t) = \begin{cases} 0, & t < a \\ f(t-a), & t \geqslant a \end{cases}$$

则

$$G(s) = \mathrm{e}^{-as}F(s) \tag{A.4}$$

性质 4（时间尺度定理）

若

$$g(t) = f\left(\frac{t}{a}\right)$$

其中 $a > 0$，则

$$G(s) = aF(as) \tag{A.5}$$

性质 5（积分定理）

若

$$f(t) = \int_0^t g(x)\mathrm{d}x \tag{A.6}$$

则有

$$F(s) = \frac{G(s)}{s} \tag{A.7}$$

性质 6（微分定理）

若
$$g(t) = \frac{\mathrm{d}f(t)}{\mathrm{d}t}$$

则
$$G(s) = sF(s) - f(0_-) \tag{A.8}$$

重复应用微分定理，可以得到高阶导函数的像函数。

若
$$g(t) = \frac{\mathrm{d}^{(n)} f(t)}{\mathrm{d}t^n} \quad (n \geqslant 1)$$

则重复应用微分定理 n 次就可得到
$$G(s) = s^n F(s) - s^{n-1} f(0_-) - s^{n-2} f'(0_-) - s^{n-3} f''(0_-) -$$
$$\cdots - sf^{(n-2)}(0_-) - f^{(n-1)}(0_-) \tag{A.9}$$

特别地，如果已知当 $t = 0_-$ 时函数 $f(t)$ 及其各阶导数均为 0，则得到更简洁的公式
$$G(s) = s^n F(s) \tag{A.10}$$

性质 7（初值定理） 利用拉氏变换可以求得原函数在 $t = 0_+$ 的初值（注意不是 $t = 0_-$ 的初值。按照拉氏变换的定义，在 t 从 0_- 到 0_+ 的区间，原函数的值如发生幅度有限的跳变，不可能在像函数中得到反映），公式如下
$$f(0_+) = \lim_{s \to \infty} sF(s) \tag{A.11}$$

性质 8（终值定理） 如果原函数 $f(t)$ 在 $t \to \infty$ 时有极限存在，则此极限称为其终值，记作 $f(\infty)$。终值也可以利用拉氏变换求得，公式如下
$$f(\infty) = \lim_{t \to \infty} f(t) = \lim_{s \to 0} sF(s) \tag{A.12}$$

利用该性质，可在复域（ s 域）中计算系统在时间域中的稳态值，求系统的稳态误差。应注意，运用终值定理的前提是函数有终值存在，终值不确定则不能用终值定理。

例如，对于像函数 $F(s) = \omega/(s^2 + \omega^2)$ 就不能应用终值定理，事实上该函数的原函数为 $\sin \omega t$，在 $t \to \infty$ 时终值不确定。

性质 9（卷积定理） 设当 $t < 0$ 时，函数 $f_1(t)$ 和 $f_2(t)$ 均等于 0，且有
$$f(t) = \int_0^t f_1(t-\tau) f_2(\tau) \mathrm{d}\tau \quad (\tau > 0) \tag{A.13}$$

则称函数 $f(t)$ 为函数 $f_1(t)$ 和 $f_2(t)$ 的卷积或褶积，常简记为
$$f(t) = f_1(t) * f_2(t)$$

且可以证明有
$$f_2(t) * f_1(t) = f_1(t) * f_2(t)$$

卷积定理：设 $f_1(t)$ 和 $f_2(t)$ 各自的拉氏变换分别为 $F_1(s)$ 和 $F_2(s)$，则有
$$F(s) = F_1(s)F_2(s) \tag{A.14}$$

性质 10 时间 t 乘函数后的拉氏变换。

若
$$g(t) = tf(t)$$

则
$$G(s) = -\frac{\mathrm{d}F(s)}{\mathrm{d}s}$$

3. 简单函数的拉氏变换

（1）单位阶跃函数 $1(t)$ 的拉氏变换：

$$1(t) = \begin{cases} 0, & t < 0 \\ 1, & t > 0 \end{cases}$$

$$L[1(t)] = \int_0^{+\infty} 1(t)\mathrm{e}^{-st}\mathrm{d}t = -\frac{1}{s}\mathrm{e}^{-st}\Big|_0^{+\infty} = \frac{1}{s}$$

（2）指数函数 $\mathrm{e}^{at} \cdot 1(t)$ 的拉氏变换：

$$L[(\mathrm{e}^{at} \cdot 1(t))] = \int_0^{+\infty} \mathrm{e}^{at} \cdot 1(t)\mathrm{e}^{-st}\mathrm{d}t = \int_0^{+\infty} \mathrm{e}^{-(s-a)t}\mathrm{d}t = -\frac{1}{s-a}\mathrm{e}^{-(s-a)t}\Big|_0^{+\infty} = \frac{1}{s-a}$$

（3）正弦函数 $\sin\omega t \cdot 1(t)$ 和余弦函数 $\cos\omega t \cdot 1(t)$ 的拉氏变换。

根据欧拉公式，有

$$\mathrm{e}^{\mathrm{j}\theta} = \cos\theta + \mathrm{j}\sin\theta$$

$$\mathrm{e}^{-\mathrm{j}\theta} = \cos\theta - \mathrm{j}\sin\theta$$

$$\sin\theta = \frac{\mathrm{e}^{\mathrm{j}\theta} - \mathrm{e}^{-\mathrm{j}\theta}}{2\mathrm{j}}$$

$$\cos\theta = \frac{\mathrm{e}^{\mathrm{j}\theta} + \mathrm{e}^{-\mathrm{j}\theta}}{2}$$

于是可以利用前面指数函数拉氏变换的结果，得出正弦函数和余弦函数的拉氏变换：

$$L[\sin\omega t \cdot 1(t)] = L\left[\frac{\mathrm{e}^{\mathrm{j}\omega t} - \mathrm{e}^{-\mathrm{j}\omega t}}{2\mathrm{j}} \cdot 1(t)\right]$$

$$= \frac{1}{2\mathrm{j}}\left(\frac{1}{s-\mathrm{j}\omega} + \frac{1}{s+\mathrm{j}\omega}\right) = \frac{\omega}{s^2 + \omega^2}$$

$$L[\cos\omega t \cdot 1(t)] = L\left[\frac{\mathrm{e}^{\mathrm{j}\omega t} + \mathrm{e}^{-\mathrm{j}\omega t}}{2} \cdot 1(t)\right]$$

$$= \frac{1}{2}\left(\frac{1}{s-\mathrm{j}\omega} + \frac{1}{s+\mathrm{j}\omega}\right) = \frac{s}{s^2 + \omega^2}$$

（4）幂函数 $t^n \cdot 1(t)$ 的拉氏变换。

可以利用 Γ 函数的性质得出结果。

$$\Gamma(\alpha) \xlongequal{\mathrm{def}} \int_0^{+\infty} x^{\alpha-1}\mathrm{e}^{-x}\mathrm{d}x$$

$$\Gamma(n+1) = n\Gamma(n) = n!$$

令 $u = st$ ，则

$$t = \frac{u}{s}$$

$$\mathrm{d}t = \frac{1}{s}\mathrm{d}u$$

$$L[t^n \cdot 1(t)] = \int_0^{+\infty} t^n \cdot 1(t)\mathrm{e}^{-st}\mathrm{d}t = \frac{1}{s^{n+1}}\int_0^{+\infty} u^n\mathrm{e}^{-u}\mathrm{d}u = \frac{n!}{s^{n+1}}$$

4. 拉氏反变换

拉氏反变换的公式为

$$f(t) = \frac{1}{2\pi\mathrm{j}}\int_{\sigma-\mathrm{j}\infty}^{\sigma+\mathrm{j}\infty} F(s)\mathrm{e}^{st}\mathrm{d}s$$

简写为

$$f(t) = L^{-1}[F(s)]$$

它是复平面 s 上的积分，计算起来很困难，绝大多数情况下，工程上遇到的 $F(s)$ 是有理函数，所以总是把它分解为部分分式，然后利用拉氏反变换表求出原函数。下面对部分分式展开法做简单介绍。

（1）$F(s)$ 只含不同单极点的情况：

$$F(s) = \frac{b_0 s^m + b_1 s^{m-1} + \cdots + b_{m-1}s + b_m}{s^n + a_1 s^{n-1} + \cdots + a_{n-1}s + a_n}$$

$$= \frac{b_0 s^m + b_1 s^{m-1} + \cdots + b_{m-1}s + b_m}{(s+p_1)(s+p_2)\cdots(s+p_n)}$$

$$= \frac{\alpha_1}{s+p_1} + \frac{\alpha_2}{s+p_2} + \cdots + \frac{\alpha_{n-1}}{s+p_{n-1}} + \frac{\alpha_n}{s+p_n}$$

式中，α_k 是常值，为 $s = -p_k$ 极点处的留数，α_k 可由下式求得

$$\alpha_k = [F(s) \cdot (s+p_k)]_{s=-p_k}$$

将上式进行拉氏反变换，可得

$$f(t) = L^{-1}[F(s)] = (\alpha_1 e^{-p_1 t} + \alpha_2 e^{-p_2 t} + \cdots + \alpha_k e^{-p_k t}) \cdot 1(t)$$

【例 A.1】试求 $F(s) = \dfrac{s+3}{s^2+3s+2}$ 的拉氏反变换。

【解】

$$F(s) = \frac{s+3}{s^2+3s+2}$$

$$= \frac{s+3}{(s+1)(s+2)}$$

$$= \frac{\alpha_1}{s+1} + \frac{\alpha_2}{s+2}$$

$$\alpha_1 = \left[\frac{s+3}{(s+1)(s+2)} \cdot (s+1)\right]_{s=-1} = 2$$

$$\alpha_2 = \left[\frac{s+3}{(s+1)(s+2)} \cdot (s+2)\right]_{s=-2} = -1$$

$$F(s) = \frac{2}{s+1} + \frac{-1}{s+2}$$

$$f(t) = (2e^{-t} - e^{-2t}) \cdot 1(t)$$

（2）$F(s)$ 含共轭复数极点的情况：

$$F(s) = \frac{b_0 s^m + b_1 s^{m-1} + \cdots + b_m}{s^n + a_1 s^{n-1} + \cdots + a_n}$$

$$= \frac{\alpha_1 s + \alpha_2}{(s+\sigma+j\beta)(s+\sigma-j\beta)} + \frac{\alpha_3}{a+p_3} + \cdots + \frac{\alpha_n}{s+p_n} \tag{A.15}$$

式中，α_1 和 α_2 是常数，由以下步骤求得：

将式（A.15）两边乘以 $(s+\sigma+j\beta)(s+\sigma-j\beta)$，同时令 $s=-\sigma-j\beta$（或同时令 $s=-\sigma+j\beta$），得

$$[\alpha_1 s + \alpha_2]_{s=-\sigma-j\beta} = [F(s)(s+\sigma+j\beta)(s+\sigma-j\beta)]_{s=-\sigma-j\beta} \tag{A.16}$$

分别令式（A.16）两端实、虚部相等，即可求得 α_1 和 α_2，二者为共轭复数。

$\dfrac{\alpha_1 s + \alpha_2}{s^2+cs+d}$ 可通过配方，化成正弦、余弦像函数的形式，然后求其反变换。

【例 A. 2】试求 $F(s) = \dfrac{s+1}{s^3 + s^2 + s}$ 的拉氏反变换。

【解】

$$F(s) = \frac{s+1}{s^3 + s^2 + s} = \frac{s+1}{s(s^2 + s + 1)} = \frac{\alpha_1 s + \alpha_2}{s^2 + s + 1} + \frac{\alpha_3}{s}$$

将该式两边同乘 $s^2 + s + 1$，并令

$$s = -\frac{1}{2} - j\frac{\sqrt{3}}{2}$$

$$\left[\frac{s+1}{s}\right]_{s=-\frac{1}{2}-j\frac{\sqrt{3}}{2}} = (\alpha_1 s + \alpha_2)_{s=-\frac{1}{2}-j\frac{\sqrt{3}}{2}}$$

即

$$\frac{1}{2} + j\frac{\sqrt{3}}{2} = \left(-\frac{1}{2}\alpha_1 + \alpha_2\right) + j\left(-\frac{\sqrt{3}}{2}\alpha_1\right)$$

则

$$\begin{cases} \dfrac{1}{2} = -\dfrac{1}{2}\alpha_1 + \alpha_2 \\ \dfrac{\sqrt{3}}{2} = -\dfrac{\sqrt{3}}{2}\alpha_1 \end{cases}$$

得

$$\begin{cases} \alpha_1 = -1 \\ \alpha_2 = 0 \end{cases}$$

又因为

$$\alpha_3 = \left[\frac{s+1}{s^3 + s^2 + s} \cdot s\right]_{s=0} = 1$$

故

$$F(s) = \frac{-s}{s^2 + s + 1} + \frac{1}{s} = \frac{-\left(s+\frac{1}{2}\right) + \frac{\sqrt{3}}{3} \cdot \frac{\sqrt{3}}{2}}{\left(s+\frac{1}{2}\right)^2 + \left(\frac{\sqrt{3}}{2}\right)^2} + \frac{1}{s}$$

$$= \frac{-\left(s+\frac{1}{2}\right)}{\left(s+\frac{1}{2}\right)^2 + \left(\frac{\sqrt{3}}{2}\right)^2} + \frac{\sqrt{3}}{3} \cdot \frac{\frac{\sqrt{3}}{2}}{\left(s+\frac{1}{2}\right)^2 + \left(\frac{\sqrt{3}}{2}\right)^2} + \frac{1}{s}$$

则

$$f(t) = \left\{ e^{-\frac{1}{2}t}\left[\frac{\sqrt{3}}{3}\sin\left(\frac{\sqrt{3}}{2}t\right) - \cos\left(\frac{\sqrt{3}}{2}t\right)\right] + 1 \right\} \cdot 1(t)$$

含共轭复根的情况，也可用第一种情况的方法。

【例 A. 3】求 $F(s) = \dfrac{s+1}{s^3 + s^2 + s}$ 的拉氏反变换。

【解】

$$F(s) = \frac{s+1}{s^3 + s^2 + s} = \frac{\alpha_1}{s + \frac{1}{2} + j\frac{\sqrt{3}}{2}} + \frac{\alpha_2}{s + \frac{1}{2} - j\frac{\sqrt{3}}{2}} + \frac{\alpha_3}{s}$$

$$\begin{cases} \alpha_1 = \left[\dfrac{s+1}{s^3+s^2+s} \cdot \left(s+\dfrac{1}{2}+\mathrm{j}\dfrac{\sqrt{3}}{2}\right)\right]_{s=-\frac{1}{2}-\mathrm{j}\frac{\sqrt{3}}{2}} = -\dfrac{1}{2}+\mathrm{j}\dfrac{\sqrt{3}}{6} \\[4mm] \alpha_2 = -\dfrac{1}{2}-\mathrm{j}\dfrac{\sqrt{3}}{6} \\[4mm] \alpha_3 = \left[\dfrac{s+1}{s^3+s^2+s} \cdot s\right]_{s=0} = 1 \end{cases}$$

则

$$F(s) = \frac{s+1}{s^3+s^2+s} = \frac{-\dfrac{1}{2}+\mathrm{j}\dfrac{\sqrt{3}}{6}}{s+\dfrac{1}{2}+\mathrm{j}\dfrac{\sqrt{3}}{2}} + \frac{-\dfrac{1}{2}-\mathrm{j}\dfrac{\sqrt{3}}{6}}{s+\dfrac{1}{2}-\mathrm{j}\dfrac{\sqrt{3}}{2}} + \frac{1}{s}$$

则

$$f(t) = \left[\left(-\frac{1}{2}+\mathrm{j}\frac{\sqrt{3}}{6}\right)\mathrm{e}^{-\left(\frac{1}{2}+\mathrm{j}\frac{\sqrt{3}}{2}\right)t} + \left(-\frac{1}{2}-\mathrm{j}\frac{\sqrt{3}}{6}\right)\mathrm{e}^{-\left(\frac{1}{2}-\mathrm{j}\frac{\sqrt{3}}{2}\right)t} + 1\right] \cdot 1(t)$$

$$= \left\{\mathrm{e}^{-\frac{1}{2}t}\left[\frac{\sqrt{3}}{3}\sin\left(\frac{\sqrt{3}}{2}t\right) - \cos\left(\frac{\sqrt{3}}{2}t\right)\right] + 1\right\} \cdot 1(t)$$

(3) $F(s)$ 含多重极点的情况:

$$F(s) = \frac{b_0 s^m + b_1 s^{m-1} + \cdots + b_{m-1}s + b_m}{s^n + a_1 s^{n-1} + \cdots + a_{n-1}s + a_n}$$

$$= \frac{b_0 s^m + b_1 s^{m-1} + \cdots + b_{m-1}s + b_m}{(s+p_1)^r(s+p_2)\cdots(s+p_l)}$$

$$= \frac{\alpha_r}{(s+p_1)^r} + \frac{\alpha_{r-1}}{(s+p_1)^{r-1}} + \cdots + \frac{\alpha_{r-j}}{(s+p_1)^{r-j}} + \cdots + \frac{\alpha_1}{s+p_1} + \frac{\beta_2}{s+p_2} + \cdots + \frac{\beta_l}{s+p_l}$$

式中,a_{r-j} 可由下式求得

$$\alpha_r = \left[F(s)(s+p_1)^r\right]_{s=-p_1}$$

$$\alpha_{r-1} = \left\{\frac{\mathrm{d}}{\mathrm{d}s}\left[F(s)(s+p_1)^r\right]\right\}_{s=-p_1}$$

$$\vdots$$

$$\alpha_{r-j} = \frac{1}{j!}\left\{\frac{\mathrm{d}^j}{\mathrm{d}s^j}\left[F(s)(s+p_1)^r\right]\right\}_{s=-p_1}$$

$$\vdots$$

$$\alpha_1 = \frac{1}{(r-1)!}\left\{\frac{\mathrm{d}^{r-1}}{\mathrm{d}s^{r-1}}\left[F(s)(s+p_1)^r\right]\right\}_{s=-p_1}$$

根据拉氏变换表,有

$$L^{-1}\left[\frac{1}{(s+p_1)^k}\right] = \frac{t^{k-1}}{(k-1)!}\mathrm{e}^{-p_1 t} \cdot 1(t)$$

据此,可求出含多重极点情况的拉氏反变换式。

【例 A. 4】求 $F(s) = \dfrac{s^2+2s+3}{(s+1)^3}$ 的拉氏反变换。

【解】

$$F(s) = \frac{s^2+2s+3}{(s+1)^3} = \frac{\alpha_3}{(s+1)^3} + \frac{\alpha_2}{(s+1)^2} + \frac{\alpha_1}{s+1}$$

$$\alpha_3 = \left[\frac{s^2+2s+3}{(s+1)^3} \cdot (s+1)^3\right]_{s=-1} = 2$$

$$\alpha_2 = \left\{ \frac{\mathrm{d}}{\mathrm{d}s}\left[\frac{s^2+2s+3}{(s+1)^3}\cdot(s+1)^3 \right] \right\}_{s=-1} = \{2s+2\}_{s=-1}=0$$

$$\alpha_1 = \frac{1}{2!}\left\{ \frac{\mathrm{d}^2}{\mathrm{d}s^2}\left[\frac{s^2+2s+3}{(s+1)^3}\cdot(s+1)^3 \right] \right\}_{s=-1} = \frac{1}{2!}\{2\}=1$$

$$F(s) = \frac{2}{(s+1)^3} + \frac{1}{s+1}$$

$$f(t) = (t^2\mathrm{e}^{-t}+\mathrm{e}^{-t})\cdot 1(t)$$

5. 用拉氏变换解线性微分方程

前面已介绍了描述控制系统运动特性的微分方程的建立方法，要想得到其时间特性，还需要把微分方程解出来。解微分方程有两种方法，一种是经典解法，另一种是用拉氏变换法求解。后一种方法比较简单，本节将举例说明线性常微分方程的拉氏变换解法及解中各分量的物理意义。线性常微分方程的拉氏变换解法步骤如下：

（1）考虑初始条件，对微分方程中的每项分别进行拉氏变换，将微分方程转换为变量 s 的代数方程；

（2）由代数方程求出输出量拉氏变换函数的表达式；

（3）对输出量拉氏变换函数求反变换，得到输出量的时域表达式，即为所求微分方程的解。

【例 A.5】若描述系统输入、输出特性的微分方程为

$$\ddot{y}+3\dot{y}+2y = 5x(t) \tag{A.17}$$

式中，$y(t)$ 为输出量，$x(t)$ 为输入量，并且 $x(t)=1(t)$，其初始条件为 $y(0_-)=-1$，$\dot{y}(0_-)=4$，试求其时间解。

【解】对方程（A.17）两端取拉氏变换有

$$s^2Y(s)-sy(0_-)-\dot{y}(0_-)+3[sY(s)-y(0_-)]+2Y(s) = \frac{5}{s}$$

整理得

$$(s^2+3s+2)Y(s) = \frac{5}{s}+y(0_-)s+\dot{y}(0_-)+3y(0_-)$$

$$Y(s) = \frac{5}{s^2+3s+2}\frac{1}{s} + \frac{y(0_-)s+\dot{y}(0_-)+3y(0_-)}{s^2+3s+2}$$

上式代入初始条件可得

$$Y(s) = \frac{5}{s^2+3s+2}\frac{1}{s} + \frac{-s+4-3}{s^2+3s+2}$$
$$= \frac{5}{s^2+3s+2}\frac{1}{s} + \frac{-s+1}{s^2+3s+2}$$

把上式分解成部分分式

$$Y(s) = \frac{A}{s} + \frac{B_1}{s+1} + \frac{B_2}{s+2} + \frac{C_1}{s+1} + \frac{C_2}{s+2}$$

式中

$$A = \frac{5}{s^2+3s+2}\bigg|_{s=0} = \frac{5}{2}, \quad B_1 = \frac{5}{s(s+2)}\bigg|_{s=-1} = -5$$

$$B_2 = \frac{5}{s(s+1)}\bigg|_{s=-2} = \frac{5}{2}, \quad C_1 = \frac{-s+1}{s+2}\bigg|_{s=-1} = 2$$

$$C_2 = \frac{-s+1}{s+1}\bigg|_{s=-2} = -3$$

把上面的系数代回原式，得

$$Y(s) = \frac{5}{2}\frac{1}{s} - \frac{5}{s+1} + \frac{5}{2}\frac{1}{s+2} + \frac{2}{s+1} - \frac{3}{s+2}$$

$$y(t) = L^{-1}[Y(s)] = \frac{5}{2} - 5\mathrm{e}^{-t} + \frac{5}{2}\mathrm{e}^{-2t} + 2\mathrm{e}^{-t} - 3\mathrm{e}^{-2t}, t \geqslant 0 \qquad (\text{A.18})$$

式（A.18）中前三项称为零状态响应，它表示在初始条件为零情况下，输入信号加入后系统输出量的运动规律。这个规律和输入信号的形式有关，也和描述系统的微分方程有关，即和系统的结构、参数有关。

式（A.18）中后两项称为零输入响应，它表示在输入信号加入以前，系统存储的能量在信号加入以后的释放规律，这个规律取决于系统的结构和参数，其大小取决于初始条件。

另外，式（A.18）的第一项称为受迫分量或稳态分量，它表示在输入信号作用下，系统达到平衡状态以后的运动规律。这个规律取决于输入信号的形式，其大小和系统的结构参数有关。受迫分量对应经典解法中非齐次方程的特解。

式（A.18）中第二、三项与第四、五项中的相同函数可以合并，合并之后称为自由分量或暂态分量，其变化规律取决于系统的结构和参数，其大小和输入信号及初始条件有关。自由分量对应经典解法中齐次方程的通解，即对象自由运动的模态完全取决于微分方程的特征多项式。

参 考 文 献

［1］ GENE F F，POWELL J D，ABBAS E N. Feedback Control of Dynamic Systems ［M］. Seventh Edition. Pearson Higher Education，Inc.，2015.

［2］ NORMAN S N. Control Systems Engineering ［M］. Sixth Edition. John Wiley & Sons，Inc.，2011.

［3］ RICHARD C D，ROBERT H B. Modern Control Systems ［M］. Twelfth Edition，Prentice Hall，2011.

［4］ 胡寿松. 自动控制原理 ［M］. 第五版. 北京：科学出版社，2007.

［5］ 黄家英，自动控制原理 ［M］. 北京：高等教育出版社，2010.

［6］ CHARLES E R，JAMES L M，DONALD G S. Linear Control System ［M］. New York：McGraw-Hill，Inc.，1993.

［7］ FARID G，BENJAMIN C K. Automatic Control Systems ［M］. Ninth Edition. John Wiley & Sons，Inc.，2010.

［8］ TSIEN H S.（钱学森）. Engineering Cybernetics ［M］. New York：McGraw-Hill Book Company，1954.

［9］ ASTROM K J and WITTENMARK B. Computer Controlled Systems ［M］. Prentice Hall，Upper Saddle River，NJ，1984.

［10］ 高志强. 浅谈工程控制的信息问题 ［J］. 系统科学与数学，2016，36（7），908-923.

［11］ STEIN G. Respect the Unstable ［J］. IEEE Control Systems Magazine，2003，23（4）：12-25.

［12］ TRINKS W. Govenors and Governing of Prime Movers ［M］. New York：D. Van Nostrand Company，1919.

［13］ WIENER N. Cybernetics：Control and Communication in the Animal and the Machine ［M］. Boston：MIT Press，1948.

［14］ 张旺，王世鎏. 自动控制原理 ［M］. 北京：北京理工大学出版社，1994.

［15］ 宋建梅，等. 自动控制原理 ［M］. 北京：电子工业出版社，2012.

［16］［美］Gene F F，et al. 现代控制系统 ［M］. 第十一版. 谢红伟，等译. 北京：电子工业出版社，2011.

［17］ 孙增圻. 系统分析与控制 ［M］. 北京：清华大学出版社，1994.

［18］ 李素玲. 自动控制原理 ［M］. 西安：西安电子科技大学出版社，2007.

［19］ 吴麒，王诗宓. 自动控制原理 ［M］. 北京：清华大学出版社，2006.

［20］ KATSUHIKO O. Modern Control Engineering ［M］. Fifth Edition. Prentice Hall

International，Inc.，2010.

[21] 黄忠霖. 控制系统 Matlab 计算及仿真 [M]. 第 3 版. 北京：国防工业出版社，2009.

[22] [美] GENE F F，et al. 自动控制原理与设计 [M]. 第五版. 李中华，张雨浓，等译. 北京：人民邮电出版社，2006.

[23] 窦曰轩. 自动控制原理 [M]. 北京：机械工业出版社，2007.

[24] 胡寿松. 自动控制原理习题解析 [M]. 北京：科学出版社，2006.

[25] 魏巍. Matlab 控制工程工具箱技术手册 [M]. 北京：国防工业出版社，2004.

[26] NEWTON G C，LEONARD G A，JAMES K F. Analytical Design of Linear Feedback Controls [M]. New York：Wiley，1957.

[27] 万百五. 我国古代自动装置的原理分析及其成就的探讨 [J]. 自动化学报，1965，3 (2)：57 - 65.

[28] WU B F and EDMOND A. A Simplified Approach to Bode's Theorem for Continuous - Time and Discrete - Time Systems [J]. IEEE Transactions on Automatic Control，1992，37 (11)：1797 - 1802.